Applied Information Technology Engineer

令和 **05** 年 ···················· 【秋期】

応用情報技術者

パーフェクトラーニング

過去問題集

加藤昭＋矢野龍王 他・著

技術評論社

応用情報技術者 パーフェクトラーニング　過去問題集

CONTENTS

令和５年度 秋期試験問題を検証！
出題傾向と対策ポイント

▌午前問題

●出題の傾向

　分野別の出題数は，テクノロジ系50問，マネジメント系10問，ストラテジ系20問です。過去出題の再出題問題が31問（39%）で前回より4問少なくなり，過去出題の類似問題の出題が2問（2.5%），他試験区分の過去問題の出題が18問（22.5%）となっています。再出題問題・類似問題が合わせて41%と，やや少なくなっています。他試験区分の過去問題も含めると64%でした。今回は新規問題が多い感じでしたが，毎回，再出題問題＋類似問題を中心にした出題がされる傾向に変わりはありません。同じようなテーマでも表現方法や観点を変えて繰り返し出題されています。

　テクノロジ系は再出題問題が50問中22問（44%）と多く，過去問題の類似問題が1問と少なく，合わせて50問中23問（46%）の出題で過去出題問題を中心とした出題傾向といえます。マネジメント系の再出題問題は10問中2問（20%），他区分試験の過去問題が4問と多く，ストラテジ系は再出題問題が20問中7問（35%），他区分試験の過去問題が3問出題されています。

　テクノロジ系の内訳は基礎理論8問，コンピュータシステム17問，技術要素20問（このうち，セキュリティ分野10問），開発技術5問の出題です。マネジメント系はプロジェクトマネジメント4問，サービスマネジメント6問，ストラテジ系はシステム戦略5問，経営戦略8問，企業と法務7問の出題で，前回とほぼ同じ出題数です。

　初出問題のテーマは，CVE，Docker，ISMAP，JSON形式，LiDAR，NFC，ROAS，ROC曲線，ドップラー効果，イーサネットフレームに含まれる宛先情報の送出順，ウェアレベリング，エネルギーハーベスティング，カスタマーエクスペリエンス，企業と大学との共同研究，合流バッファ，サーバプロビジョニングツール，事業部制組織，情報銀行，製造原価，セキュアOS，ダイオードの電圧波形，トレーサビリティ，認証VLAN，ハンドオーバー，プロジェクト憲章，べき等な操作などです。

●対策ポイント

　過去に出題された問題（他試験区分を含む）あるいは類似テーマの問題が多く出題される傾向にあります。したがって，試験対策は過去問題を中心にして，出題頻度が高いテーマを確実に押さえることがポイントになります。

▌午後問題

●出題の傾向

　前回の令和4年秋期と難易度は同等であった印象ですが，問3は前回と同様高い難易度だったと思います。問2の中堅電子機器製造会社の経営戦略の問題は，ブルーオーシャン戦略の出題でしたが，問題にヒントがあり，よく読めば対応できるもので，難易度は普通だったと思います。問3の多倍長整数の演算に関するプログラムは配列位置の使い方が難しく，特に親ノードと子ノードの関係解釈に時間がかかったと思われます。問4のITニュース配信サービスの再構築は用語を知っていないと答えられないものであったと思います。問5のWebサイトの増設問題は過去問題で問われてきた用語が多く，難易度は普通だったと思います。

　問6のデータベース設計の問題の難易度は前回と同様と思います。問7の位置通知タグの設計，問8のバージョン管理ツール，それ以外の問題も同様の難易度だったと思います。

●対策ポイント

　テクノロジ分野については，応用情報技術者試験の午後の過去問題で出てくるキーワードをしっかり理解して過去問題やその類似問題を多く解くことが対策となります。データベースのE-R分析，SQL，ネットワークの構成，IPアドレス変換，サブネット，セキュリティ対策などの基本を理解した上で，ネットワークやセキュリティ分野の最新の世の中のトレンドとなる知識を調べ，理解することが必要です。

　マネジメント分野についても，過去の類似問題のキーワードを学習することに加え，ITサービスマネージャやプロジェクトマネージャ，システム監査技術者試験の午後Ⅰ問題で練習することが有効です。また，監査の実務を書籍などで理解しておくことをおすすめします。

　ストラテジ分野についても同様です。過去の類似問題のキーワードの学習と，ITストラテジストやシステムアーキテクトの午後Ⅰ問題で練習するのがよいでしょう。これも，関連書を読み，実務的な部分を頭に入れておくことをおすすめします。

　本書には，令和3年度秋期〜令和5年度春期の本試験問題を収録しています。なお，試験範囲の詳細や実施要項については，下記サイトをご覧ください。
　◎独立行政法人情報処理推進機構　IT人材育成センター国家資格・試験部
　　https://www.jitec.ipa.go.jp/

応用情報技術者試験　午後問題の
重要キーワード

応用情報技術者試験の午後は，11の分野から出題されます。

---

① 情報セキュリティ
② 経営戦略／情報戦略／
　戦略立案・コンサルティング技法
③ プログラミング（アルゴリズム）
④ システムアーキテクチャ
⑤ ネットワーク

⑥ データベース
⑦ 組込みシステム開発
⑧ 情報システム開発
⑨ プロジェクトマネジメント
⑩ サービスマネジメント
⑪ システム監査

　これまでの午後試験の出題傾向を分析すると，出題分野によって傾向の違いがみられます。①情報セキュリティ，④システムアーキテクチャ，⑤ネットワーク，⑥データベース，⑧情報システム開発の5分野は，同じキーワードが繰り返し出題されています。一方，その他の分野は応用問題が多く，キーワード自体を問うより，問題解析力を問うものがほとんどです。

　ここでは，繰り返し出題されている5分野のキーワードをまとめました。これらの重要キーワードを使って，効率的な午後対策をしましょう。

情報セキュリティ

■共通鍵（秘密鍵）暗号方式

　暗号化と復号に同じ鍵を利用する暗号方式。処理時間がかからないメリットがありますが，送信者が暗号化に使用した鍵を受信者に送付しなければならず，第三者に盗聴されるリスクがあります。

■公開鍵暗号方式とデジタル署名

　暗号化と復号に異なる鍵を利用し，一方を公開し（公開鍵），一方を非公開（秘密鍵）にする暗号方式。公開鍵は不特定多数が入手できるようになっていますが，秘密鍵は自分自身しか保有しません。公開鍵で暗号化したものは，秘密鍵でしか復号できず，秘密鍵で暗号化したものも，公開鍵でしか復号できません。これを応用した技術にメッセージダイジェストを使うデジタル署名があります。

■メッセージダイジェスト，ハッシュ関数

　デジタル署名で，通信の改ざん検知として使われるのがメッセージダイジェストです。メッセージダイジェストは，通信文からハッシュ関数と呼ばれる不可逆性のある関数で生成され，元に戻せません。この性質を利用し，送信者が生成したメッセージダイジェストと，正当な受信者が受け取った通信文からハッシュ関数で生成したものが一致すれば，改ざんはないことを証明できます。

■VPN（Virtual Private Network），トンネリング

　VPNは，インターネット網や公衆回線など不特定多数が使う回線をあたかも専用線のように安全に通信できる仕組みのことです。通信の両端にVPN装置を使ってトンネルをつくり，暗号化等セキュリティ対策を施します。これはトンネリングと呼ばれます。

■DMZ（DeMilitarized Zone）

　DMZは「非武装地帯」と訳され，インターネットに接続されたネットワークでファイアウォールにより外部ネットワーク（インターネット）からも内部ネットワーク（組織内のネットワーク）からも隔離された区域を意味します。外部に公開

するサーバをここに置いておけば，ファイアウォールによって外部からの不正なアクセスを排除できます。

■ファイアウォール

オープンな外部ネットワークから内部ネットワークを守る防火壁の役割を担うのが**ファイアウォール**です。試験のネットワーク図では「FW」と略記されることが多いです。

内部ネットワークは，ウイルスによる攻撃，悪意ある者による不正侵入によって，重要データを持ち出されたり，破壊されるなどの危険性をもっています。これらの攻撃から内部ネットワークにある情報を保護するため，不正な通信を除去するなどの役割を担います。

■WAF（Web Application Firewall）

Webサーバに対して行われるHTTPやHTTPSのトラフィックを監視することによって不正アクセスを防ぐファイアウォールのことです。通常のファイアウォールがネットワークレベルで通信を監視するのに対して，WAFはアプリケーションレベルで不正アクセスを防ぐことを目的としています。

■TLS

インターネットなどの通信ネットワークで，セキュリティを要求される通信を行うための暗号機能を付加したプロトコル。通信相手の認証，通信内容の暗号化，改ざん検出機能などを提供します。

長く標準的に利用されてきた**SSL**（Secure Sockets Layer）をベースに作られたため，実社会ではTLSも含め，SSLと呼ばれることがあります（過去問題にも登場しますが，現在の試験ではTLSに統一されています）。

■トロイの木馬

有用なソフトウェアに見せかけて，悪意のある機能を有しているソフトウェアのことで，ユーザの情報を盗んだり，外部から遠隔操作ができるようになったり，不正な動作を行います。

■スパイウェア

パソコン内に不正に侵入し，そのユーザに関す

■攻撃手法

SQLインジェクション	アプリケーションのセキュリティ上の不具合をついて，アプリケーションが意図しないSQL文を実行させ，データベースを不正に操作することで，情報を漏えいさせたりするような攻撃。SQL文に不正命令を「注入（Injection）」することから，この名前が付いている
クロスサイトスクリプティング（cross site scripting）	ソフトウェアの脆弱性を悪用した攻撃手法の一つ。たとえば，あるインターネットサイトにユーザからの入力（掲示板サイトなどの投稿など）をそのまま表示（動的にHTMLを生成）するページがあった場合，単純なテキストデータが入力される場合はよいが，攻撃者がこの仕組みを悪用すると「悪意のあるスクリプト」が埋め込めてしまう。このようなスクリプトが埋め込まれたページをユーザが閲覧すると，ユーザのブラウザで意図しないスクリプトが実行され，深刻な問題を引き起こす可能性がある
クロスサイトリクエストフォージェリ（cross site request forgeries）	WWWにおける攻撃手法。たとえば，Web注文サイトにおいて，正当なユーザAがログインしている状態で，攻撃者Bが悪意のスクリプトをAのクライアントで実行させ，その結果，ユーザAが意図しない注文を行ったり，会員情報を書き換えるような被害を発生せしめる攻撃などが該当する
標的型攻撃（targeted attack）	特定の企業や組織のユーザを狙った攻撃のこと。たとえば，標的として設定した企業の社員向けに，知り合いの名前を装ってウイルスメールを送信し，システム利用者IDを搾取し，さらなる攻撃に悪用したりする攻撃
DoS攻撃，DDoS攻撃	DoS攻撃は標的となるサーバに対して大量のパケットを送信することで，過剰に負荷をかけてサービスの妨害や停止に陥れる攻撃。DDoS攻撃は，複数の踏み台になるサーバを乗っ取ってDoS攻撃する行為
パスワードリスト攻撃	複数のサイトで同じログインID，パスワードを使い回して利用している人が多いことから，あるサイトで不正に入手したログインIDとパスワードの組み合わせをもとに，別のサイトで不正アクセスを行うこと
ブルートフォース攻撃	総当たり攻撃の意味で，考えられるすべてのパターンのパスワードでログインを試み，不正アクセスを行うこと
フィッシング	ユーザを偽のインターネットサイトへ誘導し，クレジットカードの情報やユーザID，パスワードを入力させて，その情報を盗むこと
水飲み場型攻撃	正規のインターネットサイトを改ざんして，閲覧したユーザに不正なソフトウェアをダウンロードさせる攻撃手法
ドライブバイダウンロード	悪意のあるインターネットサイトにアクセスしたとき，ユーザに気づかれないように不正なソフトウェアをダウンロードさせる攻撃手法
ゼロデイ攻撃（0-day attack）	OSやミドルウェアなど，ソフトウェアのセキュリティ上の脆弱性（セキュリティホール）が発見された場合，問題が広く世の中に周知される前に，いち早く脆弱性を悪用して行われる攻撃

る情報を収集し，外部へ送信するソフトウェアのことです。

■ランサムウェア

このソフトウェアに感染すると，コンピュータが正しく動作しなくなります。これを解除するために金銭を要求するといった特徴を有するソフトウェアです。

システムアーキテクチャ

■集中処理システム

システムの処理機能を特定の1か所（センタ）に集中した形態です。障害対応，保守，監視などが行い易く，セキュリティも確保しやすいメリットがある反面，システムダウン時にはシステム全体がストップするリスクがあります。

■分散処理システム

システム機能を地域性や業務内容に応じて複数箇所，複数マシンに分散する形態です。分散の形態には水平分散，垂直分散，機能分散，負荷分散があります。

■フォールトトレランス，フォールトアボイダンス

フォールトトレランスは，冗長構成や分散処理により，障害が発生しても機能を継続実行させるための考え方です。なお，システム構成要素の信頼性を高め，障害自体を発生させない考え方をフォールトアボイダンスと呼びます。

■フェールソフト，フェールセーフ

フェールソフトは，障害発生時に機能を縮小させて継続実行する考え方です。また，フェールセーフは，障害発生時に影響範囲を広げないように，安全な動作を選択する考え方です。

■サーバ仮想化

1台のサーバ上で，複数のサーバを仮想的に構成させるようにできる技術で，利用者からは物理的複数のサーバを利用できているように見えます。ベースとなる1台のサーバを物理サーバ，仮想化されたサーバを仮想サーバと呼び，仮想化を行うとCPU，メモリ，ディスクなどのシステム資源を効率的に活用できます。

■スケールイン，スケールアウト

システムを構成するサーバの台数を減らすことをスケールイン，台数を増やすことをスケールアウトと呼びます。たとえば，Webシステムにおいて，Webサーバが処理しきれない量のアクセスがある場合スケールアウトを，アクセス数が恒常的に減る場合はスケールインを行って，システム資源の最適化を行います。

■負荷分散装置（ロードバランサ）

複数のサーバ構成において，特定のサーバに処理負荷が集中しないように処理を振り分ける機能をもつ機器です。ネットワーク図では「LB」と略記されることが多いです。たとえば，2台の処理サーバに均等に処理を振り分けるような用途で利用されます。

■アクティブ／アクティブ

複数のサーバと負荷分散装置の構成において，複数サーバがどれも稼働（アクティブ）している構成。たとえば，処理サーバ2台と負荷分散装置のアクティブ／アクティブ構成では，1台の処理サーバが故障しても，残った1台で処理を継続でき，業務を止めることなく，連続稼働が可能となります。

■アクティブ／スタンバイ

稼働（アクティブ）しているサーバと待機（スタンバイ）しているサーバで構成されます。稼働しているサーバが故障すると待機サーバを立ち上げ，処理を継続しますが，業務停止時間が発生します。業務を停止することになるので絶対的な連続稼働が必要なシステムには使えません。

■クラウドコンピューティング（cloud computing）

サーバを所有することなく，クライアントのWebブラウザを起動し，インターネット上にあるWebサービスをハードやソフト，ネットワークが

どうなっているのか気にせずに，すべて利用するだけで済むという考え方で，コンピュータが雲（クラウド）の向こうにあるという意味でクラウドと呼ばれます。クラウドを構成する技術的サービスとしては，FaaS，SaaS，PaaS，IaaSがあります。

FaaS (Function as a Service)	インフラやOS，ミドルウェアに加え，データベースや機能（ファンクション）までもサービス事業者が提供する形態。利用者は常時サーバを運用する必要がなく，処理が必要なときだけ稼働させて利用することが可能となる（このように常時サーバを必要としない構成を「サーバレス」という）
SaaS (Software as a Service)	利用者に対して，インターネット経由で経理，人事業務，販売管理業務アプリケーションなどの機能を提供するサービス。または，実現するための仕組全般のこと
PaaS (Platform as a Service)	アプリケーションソフトが稼動するためのプラットフォームであるサーバなどのハードウェア，OSなど基本ソフト，DBMSなどミドルウェア一式を，インターネット上のサービスとして利用できるようにしたサービス
IaaS (Infrastructure as a Service)	アプリケーションソフトやOS，ミドルウェアなどの基本ソフト，ミドルウェアを稼動させるために必要な機器や回線などのシステム基盤（インフラ）を，インターネット上のサービスとして利用できるようにしたサービス

■エッジコンピューティング

あらゆるモノがインターネットにつながるIoT（Internet of Things：モノのインターネット）では，つながるモノが増えるにしたがってデータ量が増えます。また，データが発生した場所から遠くにあるクラウド上のサーバで処理するには通信自体に時間がかかるため，リアルタイムに処理できないといった問題が出てきます。この問題の解決策として，データの発生源（ネットワークの末端＝エッジ）の近くにエッジサーバを置いて処理を分散し，膨大なデータを効率よく，リアルタイムで処理する手法がエッジコンピューティングです。

■Web API（Web Application Programming Interface）

Webシステム上で使われるソフトウェア同士がデータなどを互いにやりとりするのに使用するインタフェース手順仕様のことです。異なるシステム間でデータを交換するには個別に手順を決める必要がありますが，これを標準手順化し，どのシステムとも簡単にデータ交換ができるようにするため，APIが普及するようになりました。

■目標復旧時間（RTO：Recovery Time Objective）

事業継続計画において，災害，事故，その他の理由による障害で業務や情報システムが停止してから，あらかじめ定められた業務レベルに復旧するまでに必要となる経過時間を示す指標のことです。

■目標復旧時点（RPO：Recovery Point Objective）

災害，事故，その他の理由による障害で情報システムが停止した際に，どの時点までさかのぼってデータを回復させるかを示す指標のことです。通常，業務で使うデータはバックアップを取得しますが，その取得頻度が高い（多い）ほど，データの復旧は（バックアップを復元した後の差分トランザクションの入力期間が短いため）簡単になります。しかし，データのバックアップ取得頻度が高いと，それだけバックアップ時間がかかることになるという短所もあります。

■信頼度計算

平均故障間隔 (MTBF：Mean Time Between Failures)	システムの信頼性を示す指標で，故障と故障の間の平均連続稼働時間を示す。この指標が大きいほど，信頼性が高い
平均修理時間 (MTTR：Mean Time To Repair)	システムの保守性を示す指標で，故障の修復のための平均時間を示す。この指標が小さいほど，保守性が高い
稼働率	システムの可用性を示す指標で，$MTBF／(MTBF＋MTTR)$ で定義される。この指標が大きいほど，可用性が高い
故障率	システムが一定の時間内に故障する確率。MTBFの逆数となる。たとえば，MTBFが500時間の場合は，$1／500＝0.002$の故障率

■LRU（Least Recently Used）

LRUは，仮想メモリやキャッシュの管理などで一般的に使われるアルゴリズムです。「最近最も使われていない」という意味で，メモリブロックをページアウトする際に，未使用の時間が最も長いブロックを選択し，入れ替えを行います。

■M/M/1の待ち行列モデル

待ち行列理論のうち，最も試験に出題されるモデルがM/M/1です。このモデルで前提となるこ

とは下表のとおりです。

平均到着率 [λ]	サービスを受ける客が単位時間当たりに到着する数を表す（データやトランザクションの到着件数／単位時間）
平均サービス時間 [E(T$_S$)]	1件の客に対するサービスの平均サービス処理時間を表す（トランザクション処理時間，データ転送時間等）
平均サービス率 [μ]	平均サービス時間 [E(T$_S$)] の逆数 ■平均サービス率 [μ] ＝1／平均サービス時間 [E(T$_S$)]
窓口利用率 [ρ]	窓口がサービス中のためふさがっている割合を表す（回線利用率，CPU利用率等） ■窓口利用率 [ρ] ＝平均到着率[λ]×平均サービス時間[E(T$_S$)] または ■窓口利用率 [ρ] ＝平均到着率 [λ]／平均サービス率 [μ]
平均待ち時間 [E(T$_W$)]	システムリソースが使用中のため，サービスを受けるまでに待たされる平均の時間を表す ■平均待ち時間 [E(T$_W$)] ＝窓口利用率 [ρ]／(1−窓口利用率 [ρ]) ×平均サービス時間 [E(T$_S$)]
平均応答時間 [E(T$_Q$)]	平均待ち時間 [E(T$_W$)] と平均サービス時間 [E(T$_S$)] の合計 ■平均応答時間 [E(T$_Q$)] ＝平均待ち時間 [E(T$_W$)] ＋平均サービス時間 [E(T$_S$)] ＝1／(1−ρ)×平均サービス時間[E(T$_S$)]

■ターンアラウンドタイム

システムに処理の要求を送信してから，画面などに結果が出力されるまでに必要な時間です。

■レスポンスタイム

システムに処理の要求を送信してから，結果アの最初のデータを送信しはじめるまでに必要な時間です。

■アクセスタイム

CPUが記憶装置のデータを読んだり，書き込んだりするのに必要な時間です。

■スループット

単位時間あたりにシステムが処理できるデータ量です。

ネットワーク

■IP（Internet Protocol）アドレスとクラス

IPアドレスは通信を行うための住所の役割を果たし，ネットワークアドレス部（ネットワークを特定する）とホストアドレス部（コンピュータを特定する）から構成されます。IPv4でのIPアドレスは32ビット構成（IPv6は128ビット構成）で，8ビットずつに区切って10進数表記します。

```
11011011. 01100101. 11000110. 00000100
   219.      101.      198.        4
```

インターネットなどネットワークの普及に伴い，IPv4のIPアドレスは枯渇する運命にあったので，IPアドレス資源を有効に使うためにサブネットの概念やCIDRが導入されています。また，128ビットに拡張されたIPv6もIPv4と同じネットワーク上に併存可能です。IPv6は128ビットを16ビットずつ8つに区切った16進数の数値列で表記します。なお，情報処理試験の午後ではIPv4での出題がまだ主流のため，特にIPv6の表記がない場合は，IPv4の場合の説明を行います。

■サブネットとサブネットマスク

IPアドレスを有効に使う方法としてサブネットという概念があります。サブネットとは，ホストアドレスを示す8ビットの一部をネットワークアドレスに含め，より多くのネットワークを管理する考え方です。32ビットのアドレスのうち，ネットワークアドレス部とホストアドレス部の境界を管理するのが，サブネットマスクです。サブネットマスクは，ネットワークアドレス部に1，ホストアドレス部に0を並べたビット列で，1がネットワークアドレス，0がホストアドレスと認識します。

```
・IPアドレス
  11000000 10101000 00000000 00000001
・サブネットマスク
  11111111 11111111 11111111 11000000
      ←――― ネットワークアドレス部 ―――→  ←―→ ホスト
                                          アドレス部
・ネットワークアドレス
  11000000 10101000 00000000 00000000
・ホストアドレス
                                000001
```

■プレフィックス表記

32ビットのIPアドレスのうち，ネットワーク

部（サブネットの場合も含む）がどのビット列かを示す場合に，「192.168.199.64/27」のように表現することがあります。これを，**プレフィックス表記**と呼び，32ビットのうち，先頭から27ビットをネットワークアドレス部，残りがホストアドレス部であることを示します。

■CIDR（Classless Inter-Domain Routing）

CIDRはクラスの概念を取り払い，IPアドレスのネットワークアドレス部とホストアドレス部の長さを1ビット単位で任意に決められるものです。CIDRにはクラスやサブネットアドレス部という概念がなく，ネットワークアドレス部とホストアドレス部の二つにしか分かれません。その二つの部分は，任意の場所によって区別することができ，左端からネットワークアドレスの最後までのビット数で管理します。

■DHCP（Dynamic Host Configuration Protocol）

ネットワークに一時的に接続する端末（**クライアントコンピュータ**）に，IPアドレス，サブネットマスクなど必要なネットワーク管理情報を自動的に割り当てるプロトコルのことです。通常，ネットワークに接続するには，端末に固定的にIPアドレスなどのネットワーク情報を保持する必要があり，端末の追加，交換時はネットワーク情報の手作業での設定が必要です。しかし，DHCPでは，IPアドレス情報をDHCPサーバと呼ばれるサーバが一元管理し，端末の接続要求に応じてアドレス情報を貸し出す（リースする）ため，端末へのネットワーク情報設定労力が軽減される，IPアドレス資源を有効利用できる，ネットワーク情報の一元管理が可能となるなどのメリットがあります。

■MACアドレス（Media Access Control address）

LAN方式であるイーサネットにおいて，ネットワークを構成するコンピュータや通信機器などを全世界で一意に識別するために設定されている固有のID番号です。OSI参照モデルの**データリンク層**レベルの物理アドレスとなります。ハブ，レイヤー2スイッチ，ブリッジはMACアドレスによって通信を振り分けます。

■グローバルIPアドレス，プライベートIPアドレス，NAT，IPマスカレード

グローバルIPアドレスとは，インターネットでの通信を行うためのIPアドレスで，重複が許されません。しかし，グローバルIPアドレスは枯渇しており，取得できる量も限られています。そこで，組織内のネットワークに接続された機器に自由に割り振ることができる**プライベートIPアドレス**が使われています。しかし，組織内でしか一意性が確保されないため，そのままではインターネット上での通信はできません。そこで，プライベートIPアドレスしかもたない機器がインターネットで通信を行うために，**NAT**や**IPマスカレード**のアドレス変換技術によってプライベートIPアドレスをグローバルIPアドレスに変換することが必要になります。

■TCP（Transmission Control Protocol）

TCPは，インターネットで利用される通信プロトコルの一つで，OSI参照モデルの**トランスポート層**に位置し，ネットワーク層で操作するIPと，セション層以上のプロトコル（HTTP，HTTPS，FTP，SMTP等）の橋渡しをします。

TCPはコネクション型通信であり，信頼性向上に必要な処理が多く用意されています。このため，通信データ量が多くなるうえ，通信手続きに要する時間もかかるため，「信頼性は高いが転送速度が低い」という特徴があり，データがすべて確実に伝わることが必要なアプリケーションに利用されています。

■ポート番号

IPアドレスでは，通信元，通信先のホスト（PCやサーバ）しか特定できませんが，実際にはホスト上では複数のサービスやアプリケーションが動作するため，どのサービスやアプリケーションの用途で通信されているかを特定する手段が必要になります。

そこで，TCPプロトコルとUDPプロトコルには，通信を監視し，通信相手のサービスやアプリケーションを特定する**ポート番号**が用意されてい

ます。たとえばHTTPプロトコルはポート80，SMTPプロトコルはポート25という具合です。このような一般に広く使われるポート番号は**ウェルノウンポート番号**と呼ばれ，0〜1023の範囲で推奨値が決められています（ただし実際の通信で推奨外のポート番号を使うことは可能）。

■ルータ

異なるネットワークを相互接続するための中継用機器で，通常の通信経路，障害時の通信経路などを保持しており，送られてきた**パケット**（データ）を宛先のネットワークまで中継（**ルーティング**）します。OSI基本参照モデルの**ネットワーク層**以上で動作します。また，通信をコントロールするフィルタリング機能などもあります。

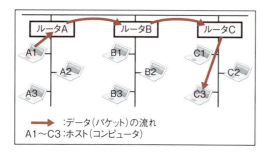

→ ：データ（パケット）の流れ
A1〜C3：ホスト（コンピュータ）

■ルーティング

IPプロトコルでは，異なるネットワークをまたがった通信を行う場合にルータを使います。ルータは，送られてきたIPパケットの宛先IPアドレスを解釈し，そのIPアドレスが自身の属するネットワーク宛であれば該当ホストに送信し，IPアドレスが自身の属するネットワーク以外であれば，宛先IPアドレスに最短で到達するためのルータに中継します。

■フィルタリング

パケットのヘッダ情報を使い，通信をコントロールする機能で，ファイアウォールとして最も簡単な仕組みです。パケットのヘッダが保有する送発信アドレス，番号などを判断し，ユーザが指定したルールに応じ，パケットの通過，遮断を行います。

■DNS（Domain Name System）

インターネット上のIPアドレスとホスト名を相互変換するための仕組みで，IPアドレスからホスト名を求めたり，その逆を行う**ホストの名前解決**ができます。名前解決をするためのサーバを**DNSサーバ**と呼びます。IPアドレスは数字の羅列なので，人間が見たり記憶するには取り扱いが不便です。そのため，人が扱いやすいホスト名とIPアドレスの変換が必要になりました。

■レイヤー2スイッチ（L2SW），レイヤー3スイッチ（L3SW）

どちらもネットワークの中継機器です。

OSI参照モデルのデータリンク層（第2層＝レイヤー2）で，MACアドレスで通信の宛先を判断して転送を行う機能をもつものをレイヤー2スイッチと呼びます。

レイヤー3スイッチは，レイヤー2スイッチにルーティング機能をもたせたもので，OSI参照モデルのネットワーク層（第3層＝レイヤー3）で，IPアドレスで通信の宛先を判断して転送を行います。同じくレイヤー3の中継機能をもつルータと比較すると，LAN内部での運用に特化していますが，その分シンプルな内部構成となり，より安価で高速かつ多数のポートを搭載する製品が多いです。

■ゲートウェイ

OSI基本参照モデルの全階層のプロトコルが異なるネットワーク同士を相互接続するため，プロトコルの変換を行うのが**ゲートウェイ**です。メーカ独自のプロトコル（SNA等）とTCP/IPを接続するような場合に利用します。

■プロキシサーバ

内部ネットワークに接続されたクライアントPCに代わって外部ネットワーク（インターネット等）とのアクセス（送受信）を行うためのサーバで，キャッシュ機能による負荷軽減，検索速度向上や情報秘匿効果を目的としています。

①キャッシュ機能

一度参照したWebページをキャッシュしておき，検索速度を向上させます。

②情報秘匿機能

クライアントPCのIPアドレスなど，情報を外

部から秘匿します。外部サイトへの送信元は、クライアントPCの情報ではなく、プロキシサーバの情報に書き換えられます。

■デフォルトゲートウェイ

あるホスト（コンピュータ機器）がネットワークの異なるホストと通信を行うためには、ルータにルーティングを依頼しなければなりません。ホストが属するネットワークと外部のネットワークの間にあるルータなどのネットワーク機器であるゲートウェイのIPアドレスを指定しなければ、各ホストには、デフォルトゲートウェイを登録し、そこが外部との通信の橋渡しを行います。

■VLAN（Virtual LAN）

企業内ネットワーク（LAN）において、物理的な接続形態とは独立した端末の仮想的なグループを構成させる技術です。一般に、サブネット分割を行ってネットワークを分けていくと物理的な端末の位置やネットワークの設定に影響を与え、社内組織の変更といった論理的な変更や、機器移設のような物理的な変更が発生した際に設定変更作業の手間がかかりますが、VLANであれば、ネットワーク分割の作業と物理的な接続状況とを分離するため、運用の手間の軽減やネットワークの負荷軽減が可能です。

VLANには、スイッチの設定でポートごとにVLANを設定する**ポートVLAN**と、通信のタグ情報によってVLANを識別する**タグVLAN**の、大きく2種類があります。ポートVLANでは、1つのポートが1つのVLANに対応するのに対して、タグVLANは物理的な配線に縛られず、1つのポートを複数のVLANポートに対応させることも可能です。

■PoE（Power over Ethernet）

イーサネットのLANケーブルを利用して電力を供給する標準規格で、IEEE 802.3afとして標準化されています。通信と電源供給を1本のLANケーブルでまかなうことができるため、電源コンセントがない場所や電源を確保しにくい場所であっても、電源工事なしでIP電話や無線LANといった機材を設置できます。

データベース

■E-R図（Entity-Relationship Diagram）

データ分析を行うためのダイアグラムです。**実体（エンティティ）**、**属性（アトリビュート）**、**関係（リレーション）**で構成され、エンティティ間の関係を表記しデータ設計に使用します。なお、関係（リレーション）には「1対1」、「1対多」、「多対多」のカーディナリティがあり、矢印などを使って表記します。

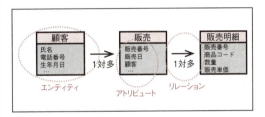

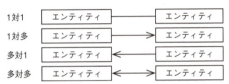

■主キー，外部キー

テーブルのタプル（行）を一意に決定できるデータ属性を**主キー**と呼びます。主キーは重複が許されません。また、他のテーブルを参照するための項目を**外部キー**と呼びます。

■整合性制約

データベースの整合性を維持するために用いられる機能を**整合性制約**と呼びます。主キーは必ず有効値である**非ナル制約**、主キーの重複を許さない**一意性制約**、参照関係がある（複数）テーブル間において、相互整合性を維持するため、データの入力や削除を制限する**参照制約**などがあります。

■SQL（Structured Query Language）

リレーショナルデータベースに対する問合せ言語のことです。データ構造の定義言語（DDL：Data Definition Language）、データ操作言語（DML：Data Manipulation Language）から構

成されます。DDLはテーブル，ビュー，インデックスの定義（CREATE～）に使用され，DMLは，SELECT，INSERT，UPDATE，DELETEなどの照会文を定義します。

■INSERT

表に行を挿入します。
・挿入する値を指定する場合
INSERT INTO テーブル名 (列名1, 列名2, …)
VALUES (値1, 値2, …)
・結果をすべて挿入する場合
INSERT INTO テーブル名 (列名1, 列名2, …)
SELECT文

■GROUP BY

SQLクエリ内で使用される句で，指定された列に基づいてレコードをグループ化する機能を提供します。集約関数（SUM，COUNT，AVGなど）と組み合わせて，グループごとの数値計算結果を取得する使い方が一般的です。

■INNER JOIN（内部結合）

結合キーが双方のテーブルに存在するレコードのみ対象とする結合です。

■OUTER JOIN（外部結合）

基準となるテーブルに存在するレコードは必ず対象とする結合です。基準となるテーブルを右にするか，左にするかで，RIGHT OUTER JOIN，LEFT OUTER JOINと記述分けします。基準となる表のキーと一致するキーの行の項目は取得し，存在しない場合はNULL値を設定します。

■UNION

複数のクエリの結果を統合する場合に使います。重複行を削除する場合はUNION，重複行を削除しない場合はUNION ALL。

■COUNT（カラム名）

行のカラム（項目）の数をカウントします。カラムにNULL値があればカウントしません。また，COUNT(*)の場合は，全行数をカウントします。

■正規化

正規化とは「データ重複，不整合を防ぐために1事実を1か所に保存する」手順をいいます。第1正規形，第2正規形から第3正規形，ボイスコッド正規形，第4正規形，第5正規形がありますが，応用情報技術者試験で問われるのは，第1から第3正規形です。

■コミット，ロールバック，ログ（ジャーナル）の更新前情報

トランザクション処理で，複数のデータベースは整合性をもって更新されますが，実際のデータ更新は時系列で行われています。すべてのデータが正しく更新され，完了するのがコミットです。

また，コミットされる前の状態で，何らかの理由でトランザクションを正常に終了できない場合，それまでの更新をすべて取り消し，データをトランザクション開始時の状態に戻すことをロールバックと呼びます。ロールバックは，トランザクション開始時にログ（ジャーナル）に記録したデータベースの更新前情報を使用して復旧します。

■ロールフォワード，ログ（ジャーナル）の更新後情報

障害時にDBMS（データベース管理システム）が行う復旧処理をロールフォワードといいます。ログ（ジャーナル）の更新後情報を使い，データベースを正しく更新し直し，復旧することです。しかるべきポイント（最終コミット時点）まで，更新後情報で上書きして復旧します。

■チェックポイント

通常，トランザクション処理では，処理高速化のためデータをキャッシュ（メモリ）を介して読み書きしています。データ更新はキャッシュに随時反映されますが，常にディスクにも反映するものではないため，メモリとディスクの内容が一致していません。この状態で，電気系障害が発生するとメモリのデータが消失し，データが失われることになります。このため，定期的にメモリとディスクの同期をとります。この同期点をチェックポイントと呼びます。

システム開発

■アジャイル型開発

ソフトウェアの開発手法の一つで，ソフトウェアを短期間で開発したり，要件の変更に対し，柔軟に対応できるように開発する手法です。代表的なフレームワークに**スクラム**があります。比較的少人数の開発チームで，ソフトウェアを短い期間で開発し，それを何度も反復して最終的にシステム全体を組み立てます。採用する具体的な手法（作業ツール）を**プラクティス**と呼びます。また，アジャイル型開発において，反復する開発工程サイクルのことを**イテレーション**と呼び，一回のイテレーションは数週間が多くなっています。

■プロダクトバックログ

開発すべき機能やシステムの技術的改善要素などの「実施すべき作業」に優先順位を付けて記述し，一覧にしたドキュメント。開発者，利用者など，ステークホルダ全員が参照し，現在のプロダクトの状況を把握するために利用します。

■スプリントバックログ

プロダクトバックログの中からスプリント期間（当面の作業期間で，1〜4週間が多い）分を抜き出した当面の作業タスク一覧。これに基づいて開発作業を実施します。

■ペアプログラミング

一つのプログラムを2名で開発する手法。2名で行うことで，レビュー効果による品質向上，ベテランとペアを組む場合は知識付与効果などの教育効果もありますが，1名体制で開発する場合と比べて生産性が低いなどの課題もあります。

■アジャイルコーチ，スクラムマスタ

アジャイル型開発を導入する際に，チームメンバにアジャイル開発の概念，思想，テクニカルな部分を教え，アジャイル開発を根付かせることをコーチする役割の人のことです。

似た役割で，スクラムにおいて，チームメンバが進め方を理解し，自律的に協働できているか管理し，作業を円滑に進める支援，マネジメントを行う役割の人を**スクラムマスタ**といいます。

■バーンダウンチャート

進捗状況をチーム全体で把握するために，残作業量を可視化したグラフです。縦軸に残作業量，横軸に時間をとり，想定している進捗を右下がりの直線で表します。この線より，実績の線が上にあれば作業が遅れており，下にあれば前倒しで作業が進んでいることを意味します。

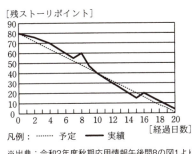

※出典：令和2年度秋期応用情報午後問8の図1より

■ユーザストーリー

アジャイル型開発での要件に当たるもので，開発すべき対象となる顧客の考えや要求です。アジャイル型開発にはウォータフォール開発での完成した「要件」の概念はなく，前提にあるのは顧客のもっている曖昧な考えや不確かな要求です。この曖昧な考え，不確かな要求を元に短い期間で繰り返し開発をして最終的なシステムを開発します。

■リファクタリング

コンピュータプログラミングにおいて，プログラムの外部機能を変えずにプログラムの内部構造を見直し，開発効率などを向上させることです。プログラムは仕様変更などを繰り返すと内部構造が複雑化し，解析性が悪化し，保守生産性が悪化することがあるので，外部構造を変更することなく，内部構造を整理されます。

■継続的インテグレーション（CI：Continuous Integration）

ソフトウェア開発において，多人数の開発者がソースコードを変更し，ビルドしてもシステム全体として正しく，かつ素早く作業できるようにす

る手法。ビルド，テスト，失敗した場合の連絡などが自動化され，ソフトウェアのバグを早期に発見し対処することができ，開発スピードを上げ，システム品質を保証することを目的とします。

■リポジトリ（repository）

ソフトウェア開発プロジェクトに関連して必要要素になる，システム仕様，デザイン，ソースコード，テスト情報，インシデント情報などのデータの一元的な保存場所のことです。

■ビルド（build）

プログラムのソースコードをソフトウェア生成物に変換するプロセス，またはその結果を意味し，システムを動かせる状態にすることです。

■エクストリームプログラミング

ソフトウェアの開発手法。ウォータフォール型開発の「計画が立てやすい半面，変更や修正にコストと時間がかかる」点を補う特徴をもちます。ソフトウェアが途中で修正変更されることを受け入れ，全体を小さな部分に分け，開発サイクルを短くして開発を進めるのが特徴です。

■オブジェクト指向（Object Oriented）

関連するデータの集合と，それに対する操作（メソッド）をオブジェクトと呼ばれる一つのまとまりとして管理し，その組み合わせによってソフトウェアを構築する考え方です。これにより，データの構造などが第三者にわからなくても，手続き（メソッド）がわかれば，目的とする結果を得ることができます。なお，オブジェクト指向分析設計で必要となる主な用語は以下のとおりです。

クラス	データとその操作手順であるメソッドをまとめたオブジェクトの雛型（テンプレート）。この概念により，同じ属性をもつオブジェクトをまとめて扱うことができる。また，クラスに対して，具体的なデータ（属性値）をもつ実体をインスタンスと呼ぶ。クラスは属性と操作（メソッド）をもち，外部からのメッセージで操作される。具体的な属性にデータを与え，インスタンスを生成するメソッドをインスタンスメソッドと呼び，具体的なデータを必要としない（＝インスタンスを生成しない）メソッドを静的メソッドと呼ぶ。静的メソッドには，クラスの生成（クラス自体の作成）などがある

多重度	関連するオブジェクト間での対応数を示すもの。たとえば，図書館に書籍が所蔵されている関連は，通常1と複数になる。なお，複数を表現する場合は，「1以上：1..*」，「1〜5：1..5」，「0以上：0..*」などと表現する
継承（インヘリタンス），汎化	クラスの定義を他のクラスに受け継がせることを継承（インヘリタンス）またはis-a関係と呼び，元のクラスをスーパクラス，新たに定義されたクラスをサブクラスと呼ぶ。この関係は，サブクラスから見ると上位クラスに汎化するという
集約（part-of関係），コンポジション	関連するオブジェクト間に「全体−部分」がある状態を集約，またはpart-of関係（例：タイヤはpart-of自動車）と呼ぶ。特に関係の強いものをコンポジションと呼ぶ
多相性（ポリモルフィズム）	同じ操作（メソッド）であってもクラスが違えば異なる振る舞いをすることをポリモルフィズム（多相性）と呼ぶ。たとえば，"ライオン"と"イヌ"という違うクラスに同じ"吠える"という操作を定義する場合，それぞれ"ガオー"，"ワン"と違う振る舞いを想定する。具体的に属性データに値が入ったインスタンスメソッドで発生し，静的メソッドでは発生しない
UML（Unified Modeling Language）	オブジェクト指向分析設計におけるプログラム設計図の統一表記法の一つで，データ属性やメソッドを表現するクラス図，クラスとメッセージの動的なやりとりを表現するシーケンス図などがある

■テスト技法

ホワイトボックステスト	プログラムの単体テストで主に使われるテスト方法。「プログラムの内部構造を意識したテストデータを作成してテストする」ことが特徴で，命令網羅，条件網羅などの手法が使われる
ブラックボックステスト	プログラムの内部構造を意識せず，機能（入力データと出力結果の関係）の実現度のみでチェックするもの。同値分割や限界値分析，原因−結果グラフなどが使われる
ユニットテスト（単体テスト）	プログラムモジュール単体のテストを実施し，エラーを検出する。ホワイトボックステストやブラックボックステストが使われる
ソフトウェア統合テスト（結合テスト）	複数のプログラムモジュールを連結したテストを実施する。結合テストにはモジュールを順次結合する増加テストがあり，上位モジュールから下位モジュールに増加させていくものをトップダウンテスト，下位から上位に増加させるものをボトムアップテスト，すべてを一斉に結合するものをビックバンテストと呼ぶ
リグレッションテスト（regression test）	コンピュータプログラムに変更を行うことで，意図しない別の箇所に影響がないかを確認するテストのこと（回帰テスト，退行テストも同じ意味）。プログラムが大規模で複雑になってくると，何も関係がないかのように見えるプログラムが相互に関係し合っているために，影響を出すことが多くなります。リグレッションテストには，追加機能部分のテストデータでなく，機能全体の正当性を確認できるテストデータを使う

応用情報技術者試験 受験のてびき

■ 応用情報技術者試験とは

　応用情報技術者試験とは，ITソリューション・製品・サービスを実現する業務や，基本戦略立案の業務に従事し，高度IT系人材となるために必要な応用的知識を問う，経済産業省の国家試験です。独立行政法人情報処理推進機構（IPA）が主催しており，情報処理技術者試験の体系のうち，応用情報技術者はレベル3に属します。

　合格すると，高度試験の午前Ⅰ試験が免除されます。また，午後試験では，自分の専門分野によって問題を選択できるため，高度試験へのファーストステップともなります。

■ 実施時期

　応用情報技術者試験は，年2回実施されています。詳細な実施日については，決まり次第、試験のホームページ（下記「試験の概要」に示すURL）で公表されます。

春期	4月　（申込み：1月中旬～2月初旬頃）
秋期	10月　（申込み：7月上旬～7月下旬頃）

■ 試験の概要

　応用情報技術者試験の概要は，次のとおりです。

	午前	午後
試験時間	9:30～12:00（150分）	13:00～15:30（150分）
出題形式	多肢選択式（四肢択一）	記述式
出題数	問1～問80までの80問	問1～問11
解答数	80問（すべて必須問題）	問1：解答必須 問2～問11：4問を選択
合格基準	60点以上（100点満点）	60点以上（100点満点）

　実施要項や申込み方法などの詳細は，下記のIT人材育成センター国家資格・試験部のホームページに記載されています。出題分野の問題数や配点は変更される場合がありますので，受験の際には必ずご確認ください。

> 独立行政法人　情報処理推進機構　IT人材育成センター国家資格・試験部
> 　URL：https://www.jitec.ipa.go.jp/
> 　TEL：03-5978-7600（代表）
> 　FAX：03-5978-7610

> 実施時期や実施内容が変更される場合がありますのでご留意ください。必ず，上記ホームページにて最新の情報をご確認ください。

100点満点で，午前・午後とも満点の60%以上であることが合格基準です。なお，午前問題の得点が60%に達しない場合は，午後試験の採点を行わずに不合格となります。

	問題番号	解答数	配点割合	満点
午前	問1〜問80	80	各1.25点	100点
午後	問1	1	20点	100点
	問2〜問11	4	各20点	

■ 午前試験の分野と出題数

午前試験の分野は次のとおりです。テクノロジ系，マネジメント系，ストラテジ系から幅広く出題されます。

テクノロジ系（50問）	1. 基礎理論
	2. コンピュータシステム
	3. 技術要素
	4. 開発技術
マネジメント系（10問）	5. プロジェクトマネジメント
	6. サービスマネジメント
ストラテジ系（20問）	7. システム戦略
	8. 経営戦略
	9. 企業と法務

■ 午後試験の分野と出題数

午後試験の分野と出題数です。

問題番号	出題分野	選択
問1	情報セキュリティ	解答必須
問2〜問11	経営戦略／情報戦略／戦略立案・コンサルティング技法	10問中4問選択
	プログラミング（アルゴリズム）	
	システムアーキテクチャ	
	ネットワーク	
	データベース	
	組込みシステム開発	
	情報システム開発	
	プロジェクトマネジメント	
	サービスマネジメント	
	システム監査	

■ シラバスVer 6.2における表記の変更について

令和3年10月に改訂されたシラバスVer 6.2では，システム開発技術分野における，JISの改正（JIS X 0160:2021 ソフトウェアライフサイクルプロセス）を踏まえた構成・表記の変更および用語の整理が行われました。試験で問われる知識・技能の範囲そのものに変更はありませんが，頻出用語の表記が置き換わりましたので，主要なものを一覧いたします。

従来表記	シラバスVer 6.2での表記
ディジタル	デジタル
コーディング基準	コーディング標準
結合テスト（ソフトウェア〜／システム〜）	統合テスト（ソフトウェア〜／システム〜）
適格性確認テスト（ソフトウェア〜／システム〜）	検証テスト（ソフトウェア〜／システム〜）

※なお，本書では出題時の表記のまま掲載しています。解説文につきましても，問題文の表記に準じて解説しています。

令和5年度 春期

応用情報技術者

【午前】試験時間　2時間30分

問題は次の表に従って解答してください。

問題番号	選択方法
問1〜問80	全問必須

【午後】試験時間　2時間30分

問題は次の表に従って解答してください。

問題番号	選択方法
問1	必須
問2〜問11	4問選択

問題文中で共通に使用される表記ルール

各問題文中に注記がない限り，次の表記ルールが適用されているものとする。

1．論理回路

図記号	説明
	論理積素子（AND）
	否定論理積素子（NAND）
	論理和素子（OR）
	否定論理和素子（NOR）
	排他的論理和素子（XOR）
	論理一致素子
	バッファ
	論理否定素子（NOT）
	スリーステートバッファ
	素子や回路の入力部又は出力部に示される○印は，論理状態の反転又は否定を表す。

2．回路記号

図記号	説明
	抵抗（R）
	ダイオード（D）
	接地

ご注意　午後試験の長文問題は記述式解答方式であるため，複数解答がある場合や著者の見解が生じる可能性があり，本書の解答は必ずしも IPA 発表の模範解答と一致しないことがあります。この点につきまして，ご理解のうえご利用くださいますようお願い申し上げます。

問1

0以上255以下の整数nに対して,

$$\mathrm{next}(n) = \begin{cases} n+1 & (0 \leqq n < 255) \\ 0 & (n = 255) \end{cases}$$

と定義する。next(n)と等しい式はどれか。ここで, x AND y及びx OR yは, それぞれxとyを2進数表現にして, 桁ごとの論理積及び論理和をとったものとする。

ア　(n+1) AND 255
イ　(n+1) AND 256
ウ　(n+1) OR 255
エ　(n+1) OR 256

問2

平均が60, 標準偏差が10の正規分布を表すグラフはどれか。

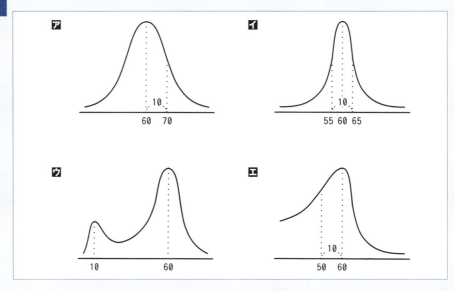

問3

AIにおける機械学習で, 2クラス分類モデルの評価方法として用いられるROC曲線の説明として, 適切なものはどれか。

ア　真陽性率と偽陽性率の関係を示す曲線である。
イ　真陽性率と適合率の関係を示す曲線である。
ウ　正解率と適合率の関係を示す曲線である。
エ　適合率と偽陽性率の関係を示す曲線である。

解答・解説

問1　ビット演算に関する問題

関数next(n)は0以上255以下の整数, すなわち, 8ビットの符号なし2進数で表現できる整数に対して次のように定義されています。

$$next(n) = \begin{cases} n+1 & (0 \leq n < 255) \\ 0 & (n=255) \end{cases}$$

nの値が0〜254のときにはn+1である1〜255を返しますが, nの値が255のときだけ0を返します。もし, nの値が255のときにn+1を計算すると, 256になり, 返す値も8ビットではなく9ビットになってしまいます。

```
    11111111  （255）
 +  00000001  （1）
 ─────────────────────
  1 00000000  （256）
    00000000  （0）下位8ビット
```

しかし, 1を加えた結果から下位8ビットだけを取り出すことができれば, next(n)を全ての値について満たす関数を作成することができます。

AND演算（論理積）では, 二つの入力が1のときだけ, 出力が1になります。この演算をビットごとに行うと, 必要なビットだけを取り出すことができます。

```
    11111110  （254）
 ∩  00001111  （15）
 ─────────────────────
    0000 1110  （14）
 下位4ビットだけがそのまま出力されている
```

next(n)と等しい式を得るためには, n+1の計算結果の下位8ビットだけを取り出せばよいので, 255（11111111）とのAND演算を行います。よって**ア**が答えとなります。

問2　正規分布を表すグラフに関する問題

正規分布は, 図のようにデータの平均値を中心に平均から離れるほどデータ件数が左右均等に少なくなっていく左右対称の釣鐘型のデータ分布です。このため, 左右対称ではない**ウ**と**エ**は候補から外します。

標準偏差をσとすると, 平均値$\pm\sigma$にデータの約68%が, 平均値$\pm2\sigma$にデータの約95%が含まれるという特徴をもっています。標準偏差σが10なので, これをグラフで示している**ア**が答えになります。

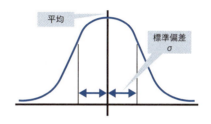

問3　ROC曲線に関する問題

AIにおける機械学習で, 与えられたデータを適切な二つのクラスに分類する方法を2クラス分類といいます。例えばある画像を「犬」「猫」の2種類に分類するケースがこれにあたります。このとき, ある画像が「犬」と判定されて本当に犬だった（正しく判定された）割合を真陽性率, 犬ではなかった（誤って判定された）割合を偽陽性率といいます。

ROC曲線（Receiver Operating Characteristic curve）は, 2値の判定のしきい値を0から1まで変化させたときの真陽性率と偽陽性率の割合を図示したものです（**ア**）。しきい値とは, この例では犬猫の推定を犬寄りにするか猫寄りにするかのパラメータで, 完全な予測モデルであれば, どんなに猫寄りに設定しても犬は犬と判定できますが, 推定が信用できなければしきい値によって結果は大きく異なります。

解答	問1 **ア**	問2 **ア**	問3 **ア**

問 4 ドップラー効果を応用したセンサーで測定できるものはどれか。

ア 血中酸素飽和度 イ 血糖値
ウ 血流量 エ 体内水分量

問 5 要求に応じて可変量のメモリを割り当てるメモリ管理方式がある。要求量以上の大きさをもつ空き領域のうちで最小のものを割り当てる最適適合（best-fit）アルゴリズムを用いる場合，空き領域を管理するためのデータ構造として，メモリ割当て時の平均処理時間が最も短いものはどれか。

ア 空き領域のアドレスをキーとする2分探索木
イ 空き領域の大きさが小さい順の片方向連結リスト
ウ 空き領域の大きさをキーとする2分探索木
エ アドレスに対応したビットマップ

問 6 従業員番号と氏名の対がn件格納されている表に線形探索法を用いて，与えられた従業員番号から氏名を検索する。この処理における平均比較回数を求める式はどれか。ここで，検索する従業員番号はランダムに出現し，探索は常に表の先頭から行う。また，与えられた従業員番号がこの表に存在しない確率をaとする。

ア $\dfrac{(n+1)\ na}{2}$ イ $\dfrac{(n+1)\ (1-a)}{2}$

ウ $\dfrac{(n+1)\ (1-a)}{2} + \dfrac{n}{2}$ エ $\dfrac{(n+1)\ (1-a)}{2} + na$

解答・解説

問 4 ドップラー効果を応用したセンサーに関する問題

ドップラー効果といえば，救急車がこちらに向かって来るときにそのサイレン音が高く聞こえ，遠ざかっていくときに低く聞こえることがよく知られています。

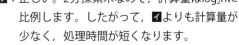

これは，サイレン音など波の発生源が観測者に近づけば，観測者に届く波は波の速さに救急車の速度が加わり図のように波面が圧縮されるので，波の間隔が狭まり周波数としては高くなるためです。これは音に限らず波で構成される光でも起きる現象です。例えば宇宙は非常に速い速度で膨張しているため，遠くの星ほど波長が長く（赤色寄りに）観測されます。このほか，移動する物体の速度を測定するスピードガンでは対象物に電磁波を発射し，返ってきた電磁波の波長と比較することで対象物の速度を推定します。このようにドップラー効果によって測定できるのは移動する物体です。選択肢には医療関係用語が含まれていますが，「動いているかどうか」によって正答を見つけることができるでしょう。

ア：血中酸素飽和度は，血液中の酸素量の分析なので誤りです。

イ：血糖値は，血液の成分なので誤りです。

ウ：正しい。血流量は，赤血球が反射する周波数の超音波やレーザーを照射し，反射してきた波の周波数や量から血液の流速や流量を測定できます。

エ：体内水分量は，体液の成分分析なので誤りです。

問5 メモリ割当ての管理方法に関する問題

複数の空き領域の中から，要求された容量以上でかつ最小のメモリを割り当てるメモリの管理方法を求める問題です。ここで管理しなければならないデータは，空き領域の先頭アドレスと，その容量となります。

ア：空き領域のアドレスをキーにしています。ここでは，空き領域の大きさに適応した領域を割り当てる必要があるので，この方法を使った場合，空き領域の全数をチェックする必要があります。

イ：空き領域の大きさをキーにしています。このこと自体は正しいのですが，片方向連結リス

トのため，計算量はデータ数nに比例します。

ウ：正しい。2分探索木なので，計算量は$\log_2 n$に比例します。したがって，**イ**よりも計算量が少なく，処理時間が短くなります。

エ：アドレスに対応した処理を行うことと，ビットマップを用いることの双方が正しくありません。

問6 線形探索法による平均比較回数に関する問題

線形探索法は，探索対象のデータ群を先頭から順に値を比較していく探索方法です。例えば探索対象のデータが五つあった場合（n＝5），

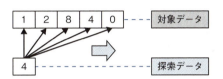

このようにデータを比較していくので，

・最大比較回数はn
・平均比較回数は(n＋1)／2

となります。

一方この問題では，「与えられた従業員番号がこの表に存在しない確率をaとする」とあります。表に検索対象が存在しない場合の比較回数は，最大比較回数のnなので，比較回数の平均値は，

> 平均比較回数×検索対象が存在する確率
> ＋最大比較回数×検索対象が存在しない確率

となります。すなわち，

$$\{(n＋1)／2\} \times (1－a)＋n \times a$$
$$＝\{(n＋1)(1－a)／2\}＋na$$

という式で表すことができます（**エ**）。

解答　問4 **ウ**　　問5 **ウ**　　問6 **エ**

問 7　配列に格納されたデータ2，3，5，4，1に対して，クイックソートを用いて昇順に並べ替える。2回目の分割が終わった状態はどれか。ここで，分割は基準値より小さい値と大きい値のグループに分けるものとする。また，分割のたびに基準値はグループ内の配列の左端の値とし，グループ内の配列の値の順番は元の配列と同じとする。

- ア　1，2，3，5，4
- イ　1，2，5，4，3
- ウ　2，3，1，4，5
- エ　2，3，4，5，1

問 8　動作周波数1.25GHzのシングルコアCPUが1秒間に10億回の命令を実行するとき，このCPUの平均CPI（Cycles Per Instruction）として，適切なものはどれか。

- ア　0.8
- イ　1.25
- ウ　2.5
- エ　10

問 9　全ての命令が5ステージで完了するように設計された，パイプライン制御のCPUがある。20命令を実行するには何サイクル必要となるか。ここで，全ての命令は途中で停止することなく実行でき，パイプラインの各ステージは1サイクルで動作を完了するものとする。

- ア　20
- イ　21
- ウ　24
- エ　25

解答・解説

問7　クイックソートに関する問題

　クイックソートはデータの中から基準値を決めて，基準値より小さい値のグループと大きい値のグループに分割することを繰り返して，全ての値が決まればソート終了です。問題では基準値は配列の左端と決められているので，実際にクイックソートを行うと次のようになります。

・初期値　2　3　5　4　1

　左端の2を基準にグループを分割します。

・1回目　1　2　3　5　4

　2よりも小さなグループの要素は一つなので，このグループの要素は確定します。

1　2　3　5　4

　2よりも大きなグループの左端の3を基準に新たにグループを分割します。

・2回目　1　2　3　5　4

　したがって，2回目の分割が終わった状態は「1，2，3，5，4」（**ア**）となります。以降，最後まで並べ替えを見ていきます。
　3よりも小さな数はないので3を確定します。

1　2　3　5　4

　残りの要素の左端の5を基準にグループを分割します。

・3回目　1　2　3　4　5

　5よりも小さなグループは要素一つ，大きなグループはないのでこれで並べ替えは終了です。

1　2　3　4　5

問8　CPUのCPIに関する問題

　CPI（Cycles Per Instruction）とは，1命令あたりに必要な平均クロック数です。CPUの動作周波数とCPI，そしてCPUが1秒間に実行できる百万単位の平均命令数（MIPS；Million Instructions Per Second）の間には，次の関係があります。

MIPS＝動作周波数（MHz）／CPI

　この式に問題文の数値を入れて計算します。1秒間に10億回の命令を実行するので，10億回＝100万回×1,000＝1,000（MIPS），動作周波数1.25GHz＝1,250（MHz）なので，

1000＝1,250／CPI

　したがって，CPI＝1.25となります（**イ**）。

問9　パイプライン制御に関する問題

　パイプライン制御では，命令の実行ステージごとに命令を並列に動作させることが可能です。最初の命令が2ステージ目に入ると同時に，次の命令を実行し始めることができます。

実行ステージ

	1	2	3	4	5	6	7	8
1	○	○	○	○	●			
2		○	○	○	○	●		
3			○	○	○	○	●	
4				○	○	○	○	●

命令の順序

　この図から，命令が完了するステージ数をmとすると，n番目の命令が実行を完了するステージは，(n−1)＋mの関係が成立します。したがって，20番目の命令が終了する命令ステージは，

(20−1)＋5＝24（**ウ**）

となります。

解答	問7 **ア**	問8 **イ**	問9 **ウ**

問 10　キャッシュメモリへの書込み動作には，ライトスルー方式とライトバック方式がある。それぞれの特徴のうち，適切なものはどれか。

- ア　ライトスルー方式では，データをキャッシュメモリだけに書き込むので，高速に書込みができる。
- イ　ライトスルー方式では，データをキャッシュメモリと主記憶の両方に同時に書き込むので，主記憶の内容は常にキャッシュメモリの内容と一致する。
- ウ　ライトバック方式では，データをキャッシュメモリと主記憶の両方に同時に書き込むので，速度が遅い。
- エ　ライトバック方式では，読出し時にキャッシュミスが発生してキャッシュメモリの内容が追い出されるときに，主記憶に書き戻す必要が生じることはない。

問 11　フラッシュメモリにおけるウェアレベリングの説明として，適切なものはどれか。

- ア　各ブロックの書込み回数がなるべく均等になるように，物理的な書込み位置を選択する。
- イ　記憶するセルの電子の量に応じて，複数のビット情報を記録する。
- ウ　不良のブロックを検出し，交換領域にある正常な別のブロックで置き換える。
- エ　ブロック単位でデータを消去し，新しいデータを書き込む。

問 12　有機ELディスプレイの説明として，適切なものはどれか。

- ア　電圧をかけて発光素子を発光させて表示する。
- イ　電子ビームが発光体に衝突して生じる発光で表示する。
- ウ　透過する光の量を制御することで表示する。
- エ　放電によって発生した紫外線で，蛍光体を発光させて表示する。

問 13　スケールインの説明として，適切なものはどれか。

- ア　想定されるCPU使用率に対して，サーバの能力が過剰なとき，CPUの能力を減らすこと
- イ　想定されるシステムの処理量に対して，サーバの台数が過剰なとき，サーバの台数を減らすこと
- ウ　想定されるシステムの処理量に対して，サーバの台数が不足するとき，サーバの台数を増やすこと
- エ　想定されるメモリ使用率に対して，サーバの能力が不足するとき，メモリの容量を増やすこと

解答・解説

問 10　キャッシュメモリの動作に関する問題

■□□

ライトスルー方式

　キャッシュメモリと主記憶の両方に同時にデータの書込みを行います。データを読み出すときには，キャッシュメモリにその内容があれば，

キャッシュメモリのみにアクセスを行います。キャッシュメモリにデータがない場合には，主記憶からCPUにデータを転送すると同時にキャッシュメモリの内容を更新します。

ライトバック方式

CPUは基本的にキャッシュメモリのみにアクセスします。キャッシュミスが発生した場合や，CPUの非アクセス時などに，キャッシュメモリと主記憶との同期をとる方法がとられます。

これらの特徴を踏まえると，答えは**イ**です。

問11 フラッシュメモリの ウェアレベリングに関する問題

フラッシュメモリは，半導体を利用した不揮発性メモリの一種で，フローティングゲートと呼ばれる場所に電荷を蓄えて「0」「1」の情報を記憶します。フローティングゲートに書き込む際にトンネル酸化膜を電子が通過し，このことで酸化膜が劣化するために書込み回数には制限があります。このため，特定の領域（ブロック）に書込みや消去が集中してフラッシュメモリの寿命を早めないように，アクセスするブロックを選択する制御手法があります。これをウェアレベリングといいます。

ア：正しい。

イ：一つのセルに複数のビット情報を記録するMLC（Multi Level Cell）の説明です。

ウ：バッドブロック管理の説明です。一般的に，フラッシュメモリでは不良ブロックの交換領域を確保するため，数%の余剰ブロックをもっています。

エ：フラッシュメモリの特徴です。一般的なフラッシュメモリでは，構造を単純化するためにデータの消去をブロック単位で行います。

問12 有機ELディスプレイに関する問題

有機ELディスプレイは，正孔輸送層，発光層，電子輸送層の三層の有機膜を電極ではさんで電圧をかけたときに発光する性質を用いたディスプレイです。

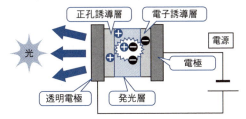

ア：正しい。有機ELディスプレイの説明です。

イ：CRT（ブラウン管ディスプレイ）に関する説明です。

ウ：液晶ディスプレイに関する説明です。

エ：プラズマディスプレイに関する説明です。

問13 サーバのスケールインに関する問題

ア：スケールダウン（の一種）の説明です。スケールダウンは，サーバスペックが過剰な場合に，スペックを落とすアプローチです。

イ：正しい。サーバの能力が負荷に対して適切になるようにサーバの台数を削減するアプローチです。

ウ：スケールアウトの説明です。大量の負荷に対してサーバの台数を増やすアプローチです。

エ：スケールアップ（の一種）です。大量の負荷に対してサーバのスペックを上げるアプローチです。

解答	問10 **イ**	問11 **ア**
	問12 **ア**	問13 **イ**

CPUと磁気ディスク装置で構成されるシステムで，表に示すジョブA，Bを実行する。この二つのジョブが実行を終了するまでのCPUの使用率と磁気ディスク装置の使用率との組合せのうち，適切なものはどれか。ここで，ジョブA，Bはシステムの動作開始時点ではいずれも実行可能状態にあり，A，Bの順で実行される。CPU及び磁気ディスク装置は，ともに一つの要求だけを発生順に処理する。ジョブA，Bとも，CPUの処理を終了した後，磁気ディスク装置の処理を実行する。

単位 秒

ジョブ	CPU の処理時間	磁気ディスク装置の処理時間
A	3	7
B	12	10

	CPU の使用率	磁気ディスク装置の使用率
ア	0.47	0.53
イ	0.60	0.68
ウ	0.79	0.89
エ	0.88	1.00

コンピュータシステムの信頼性を高める技術に関する記述として，適切なものはどれか。

ア　フェールセーフは，構成部品の信頼性を高めて，故障が起きないようにする技術である。

イ　フェールソフトは，ソフトウェアに起因するシステムフォールトに対処するための技術である。

ウ　フォールトアボイダンスは，構成部品に故障が発生しても運用を継続できるようにする技術である。

エ　フォールトトレランスは，システムを構成する重要部品を多重化して，故障に備える技術である。

解答・解説

問14　CPUと磁気ディスクの使用率に関する問題

次の3点に着目して，CPUと磁気ディスクの行う処理を時系列に図にして考えてみましょう。

①CPUや磁気ディスクは同時に二つの処理を行うことができない。
②CPUと磁気ディスクは互いに独立しているので，双方が同時に異なるジョブの処理を行うことができる。
③CPUや磁気ディスクの処理は，一連の処理を分割して行うことができる。

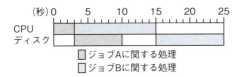

図に示したとおり，全体としては25秒の処理時間が必要になります。したがって，

CPUの使用率：(3＋12)／25＝0.6
磁気ディスクの使用率：(7＋10)／25＝0.68

となります（**イ**）。

問15　コンピュータシステムの信頼性に関する問題

選択肢にある「①フェールセーフ」「②フェールソフト」「③フォールトアボイダンス」「④フォールトトレランス」は，全てシステムの信頼性に関連する用語です。

①②は主にシステムの設計思想に関する用語です。③④は主にシステムの構成方法に関する用語です。

ア：フェールセーフは，システムの一部に故障が発生し，安全性を脅かす問題が生じる可能性がある場合に，システム全体を安全側に動作させる設計思想です。例えば信号機が故障した際に全方向に対して赤信号となるように設計されていれば，甚大な事故を防ぐことができます。

イ：フェールソフトは，システムの一部に障害が発生しても，システム全体が停止しないように障害部分を切り離して動作を続行できるようにすることをいいます。この時の稼働状態を縮退運転またはフォールバック運転といいます。

ウ：フォールトアボイダンスは，システムの高い信頼性を得るために，システムを構成する個々のハードウェアやソフトウェアの品質を高めていくことをいいます。

・フォールトアボイダンスの例
一つの構成要素の信頼性が90%だった場合，より信頼性を高めるために故障しにくい部品（信頼性＞90%）を用いるなどして信頼性を向上させる。

エ：正しい。フォールトトレランスは，ハードウェアやソフトウェアに故障や障害が発生しても，システムが正しく動作を続けられるようにする機能です。例えばシステム全体や構成要素を冗長構成にすることで，一部に障害が発生しても処理に影響を及ぼさないような構成にすることができます。

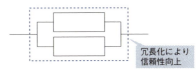

・冗長構成の例
　一つの構成要素（R）の信頼性（稼働率）が90%だった場合，二つの冗長構成にすると，
　　稼働率＝1－(1－R$_1$)(1－R$_2$)
　　　　　＝1－(1－0.9)(1－0.9)＝0.99
で99%になる。

解答	問14 **イ**	問15 **エ**

問 16 3台の装置X～Zを接続したシステムA，Bの稼働率に関する記述のうち，適切なものはどれか。ここで，3台の装置の稼働率は，いずれも0より大きく1より小さいものとし，並列に接続されている部分は，どちらか一方が稼働していればよいものとする。

ア 各装置の稼働率の値によって，AとBの稼働率のどちらが高いかは変化する。
イ 常にAとBの稼働率は等しい。
ウ 常にAの稼働率はBより高い。
エ 常にBの稼働率はAより高い。

問 17 仮想記憶システムにおいて，ページ置換えアルゴリズムとしてFIFOを採用して，仮想ページ参照列1，4，2，4，1，3を3ページ枠の実記憶に割り当てて処理を行った。表の割当てステップ"3"までは，仮想ページ参照列中の最初の1，4，2をそれぞれ実記憶に割り当てた直後の実記憶ページの状態を示している。残りを全て参照した直後の実記憶ページの状態を示す太枠部分に該当するものはどれか。

割当て ステップ	参照する 仮想ページ番号	実記憶ページの状態		
1	1	1	―	―
2	4	1	4	―
3	2	1	4	2
4	4			
5	1			
6	3			

ア | 1 | 3 | 4 |

イ | 1 | 4 | 3 |

ウ | 3 | 4 | 2 |

エ | 4 | 1 | 3 |

問16 3台の装置による稼働率に関する問題

AとBの稼働率を考えます。

Aは，並列に接続された「XとY」が「Z」に直列に接続されているので，Aの稼働率は，

$$\{1-(1-X)(1-Y)\}\times Z$$

となります。

Bは，直列に接続された「XとZ」が「Y」と並列に接続されているので，Bの稼働率は，

$$1-(1-X\times Z)(1-Y)$$

となります。

AとBの稼働率の計算式を展開すると，

$$
\begin{aligned}
\cdot \text{Aの稼働率} &= \{1-(1-X)(1-Y)\}\times Z\\
&= \{1-(1-Y-X+XY)\}\times Z\\
&= XZ+YZ-XYZ
\end{aligned}
$$

$$
\begin{aligned}
\cdot \text{Bの稼働率} &= 1-(1-X\times Z)(1-Y)\\
&= 1-(1-Y-XZ+XYZ)\\
&= XZ+Y-XYZ
\end{aligned}
$$

となり，両者の違いはYとYZの違いのみです。

ここで3台の稼働率は0以上1未満なので，YZはYよりも小さな値となり，Bの稼働率のほうが常に高いことがわかります（**エ**）。

問17 FIFOを採用した仮想記憶システムにおけるページ状態に関する問題

FIFO（First In First Out）アルゴリズムは，キューの容量がいっぱいになったときに，最初に入れたデータを先に出す（別のデータに置き換える）アルゴリズムです。先入れ先出し方式ともいいます。

本問は，仮想記憶システムにおけるページ置換えにこれを用いたもので，仮想ページ4ページにアクセスする中で実記憶は3ページしかなく，どのようにページの置換えが発生するかを問われています。

表のステップ3までは実記憶にも空きがある状態なのでページの置換えは発生しません。それ以降を見ていきます。

・ステップ4
ページ番号4が参照されます。このとき実記憶にもページ番号4があるので，置換えは発生しません。

実記憶ページの状態：1 4 2

・ステップ5
ページ番号1が参照されます。ページ番号1も実記憶に存在するので，置換えは発生しません。

実記憶ページの状態：1 4 2

・ステップ6
ページ番号3が参照されます。ページ番号3は実記憶にないので，実記憶にあるデータの中で最も先にデータが入れられた1 をページアウトし，3 をページインしてデータを置き換えます。

実記憶ページの状態：3 4 2

したがって，ステップ6まで終了した時点での実記憶ページの状態は，3 4 2となります（**ウ**）。

割当て ステップ	参照する 仮想ページ番号	実記憶ページの状態		
1	1	1	—	—
2	4	1	4	—
3	2	1	4	2
4	4	1	4	2
5	1	1	4	2
6	3	3	4	2

解答	問16 **エ**	問17 **ウ**

問18 仮想記憶方式に関する記述のうち，適切なものはどれか。

ア LRUアルゴリズムは，使用後の経過時間が最長のページを置換対象とするページ置換アルゴリズムである。

イ アドレス変換をインデックス方式で行う場合は，主記憶に存在する全ページ分のページテーブルが必要になる。

ウ ページフォールトが発生した場合は，ガーベジコレクションが必要である。

エ ページングが繰り返されるうちに多数の小さな空きメモリ領域が発生することを，フラグメンテーションという。

問19 ハッシュ表の理論的な探索時間を示すグラフはどれか。ここで，複数のデータが同じハッシュ値になることはないものとする。

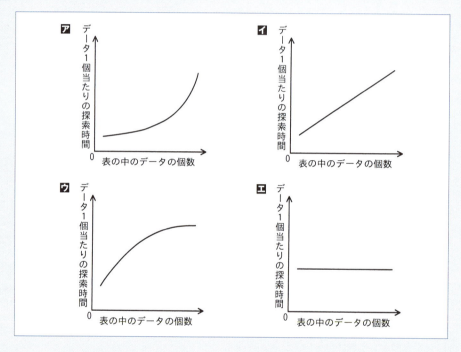

問20 コンテナ型仮想化の環境であって，アプリケーションソフトウェアの構築，実行，管理を行うためのプラットフォームを提供するOSSはどれか。

ア Docker　　　　**イ** KVM　　　　**ウ** QEMU　　　　**エ** Xen

解答・解説

問18　仮想化記憶方式に関する問題

ア：正しい。LRU（Least Recently Used）は，「直近で最も使われていない」すなわち，使用後の経過時間が最長のページを置換するアルゴリズムです。このほか，参照頻度が最も少ないページを置換するLFU（Least Frequently Used），最初に読み込んだページを先に置換するFIFO（First In First Out）などのアルゴリズムがあります。

イ：インデックス方式のアドレス指定は，プロセッサのインデックスレジスタの値をアドレスの基準値として用いる方法で，仮想記憶とは関係がありません。

ウ：ページフォールトは，主記憶上に存在しない仮想ページにアクセスしようとしたときに起きる現象です。このような現象が頻繁に起こることをスラッシングといいます。

エ：ページサイズは決まっているので，ページングを繰り返してもメモリ使用領域の断片化であるフラグメンテーションは発生しません。

問19　ハッシュ表の探索時間に関する問題

ハッシュ表は，データから生成されたハッシュ値を添え字とした配列で管理された表です。例えば会社名から特定のルールに基づいてハッシュ値を計算し（ハッシュ関数），ハッシュ値を添字とした配列変数に関連項目を格納することができます。

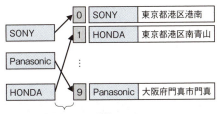

ハッシュ関数による計算

問題に「複数のデータが同じハッシュ値になることはない」とあるので，データ数によらず探索時間は一定になります。よって，答えは**エ**です。

問20　コンテナ型仮想化プラットフォームに関する問題

サーバの仮想化には，ホスト型仮想化，ハイパーバイザー型仮想化，コンテナ型仮想化があります。

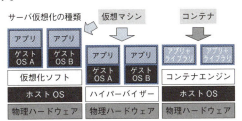

サーバ仮想化の種類

これらの仮想化方式には次のような特徴があります。

ホスト型	ホストOSで仮想化ソフトウェアを動かし，その上で複数のゲストOSを稼働させる。自由度は高いがゲストOSが物理サーバにアクセスするにはホストOSを経由する必要がある
ハイパーバイザー型	サーバで仮想化ソフトウェア（ハイパーバイザー）を動かし，その上で複数のゲストOSを稼働させる。サーバOSとは異なるOSを起動させることもできる
コンテナ型	ホストOS上のプロセスとして独立した空間（コンテナ）を作成し，アプリを必要なライブラリと共に動作させる

ア：正しい。Dockerは，コンテナ型仮想化の環境で，アプリケーションの開発，実行，管理を行うためのオープンプラットフォームです。

イ：KVM（Kernel-based Virtual Machine）は，Linuxカーネルをハイパーバイザーとして利用するための仮想化ソフトです。いまはLinuxカーネルに含まれています。

ウ：QEMUは，さまざまなコンピュータシステムをソフトウェア的に再現するオープンソースのエミュレータです。

エ：Xenも，オープンソースのLinux仮想化ハイパーバイザーの一種です。

解答	問18 **ア**	問19 **エ**	問20 **ア**

問 21

NAND素子を用いた次の組合せ回路の出力Zを表す式はどれか。ここで，論理式中の"・"は論理積，"＋"は論理和，"X̄"はXの否定を表す。

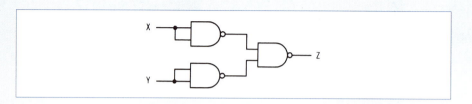

ア X・Y　　　イ X＋Y　　　ウ X̄・Ȳ　　　エ X̄＋Ȳ

問 22

図1の電圧波形の信号を，図2の回路に入力したときの出力電圧の波形はどれか。ここで，ダイオードの順電圧は0Vであるとする。

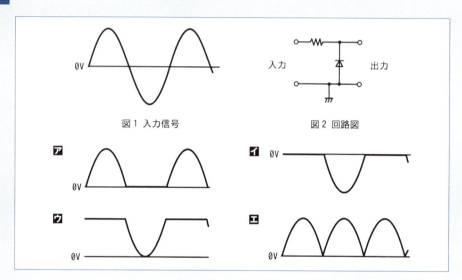

図1 入力信号　　　図2 回路図

解答・解説

問 21　NAND素子に関する問題

NAND素子は，AND素子の出力を反転させた素子です。真理値表は次のようになります。

X	Y	X AND Y	X NAND Y
0	0	0	1
0	1	0	1
1	0	0	1
1	1	1	0

このように，XとYが等しいとき，NAND素子は入力の否定を行います。

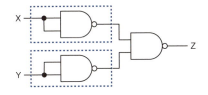

つまり，点線で囲われた部分は「否定」として機能します。XおよびYを否定した値が右側のNAND素子の入力となるので，新たに真理値表を作成すると次のようになります。

X	Y	$\overline{X}$	$\overline{Y}$	Z（$\overline{X}$ NAND $\overline{Y}$）
0	0	1	1	0
0	1	1	0	1
1	0	0	1	1
1	1	0	0	1

これはXとYの論理和（OR）と等しいので，この回路と等価なのはX＋Yとなります（**イ**）。

X	Y	X OR Y
0	0	0
0	1	1
1	0	1
1	1	1

このように，NAND素子は組み合わせ方によって，AND回路（NAND回路＋出力の否定）や，OR回路（問題の回路），NOR回路（OR回路の否定）としても用いることができます。

問22 ダイオードを用いた電気回路の問題

ダイオードは，順方向の電流（アノード側がプラスとなる向き）は通過させ，逆方向（カソード側がプラスとなる向き）の電流は遮断します。ダイオードのみの単純な回路を考えた場合，次のような動作をします。

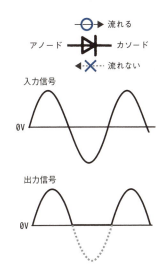

ダイオードの順電圧とは，電流が流れた際に一定電圧だけ下がる電圧のことです。これが0Vなので，電流が流れる方向であれば，入力信号は出力信号にそのまま透過し，ダイオードのアノードとカソード間の電圧も0V（電圧は落ちない）という意味になります。

問題の回路では次のような動きになります。

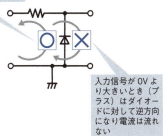

入力信号が0Vより小さいとき（マイナス）はダイオードに順方向の電流が流れる

入力信号が0Vより大きいとき（プラス）はダイオードに対して逆方向になり電流は流れない

入力信号がマイナスのとき，ダイオードに電流が流れ両端の電圧は0Vになるので出力も0Vになります。一方で入力信号がプラスのときダイオードには電流が流れず，入力信号が抵抗を通じてそのまま出力されます。したがって，ダイオードのみの回路と同様に入力がプラスのときそのまま出力され，マイナスのとき0Vになる**ア**が答えとなります。

解答	問21 **イ**	問22 **ア**

問23 車の自動運転に使われるセンサーの一つであるLiDARの説明として，適切なものはどれか。

ア 超音波を送出し，その反射波を測定することによって，対象物の有無の検知及び対象物までの距離の計測を行う。

イ 道路の幅及び車線は無限遠の地平線で一点（消失点）に収束する，という遠近法の原理を利用して，対象物までの距離を計測する。

ウ ミリ波帯の電磁波を送出し，その反射波を測定することによって，対象物の有無の検知及び対象物までの距離の計測を行う。

エ レーザー光をパルス状に照射し，その反射光を測定することによって，対象物の方向，距離及び形状を計測する。

問24 NFC（Near Field Communication）の説明として，適切なものはどれか。

ア 静電容量式のタッチセンサーで，位置情報を検出するために用いられる。

イ 接触式ICカードの通信方法として利用される。

ウ 通信距離は最大10m程度である。

エ ピアツーピアで通信する機能を備えている。

問25 コンピュータグラフィックスに関する記述のうち，適切なものはどれか。

ア テクスチャマッピングは，全てのピクセルについて，視線と全ての物体との交点を計算し，その中から視点に最も近い交点を選択することによって，隠面消去を行う。

イ メタボールは，反射・透過方向への視線追跡を行わず，与えられた空間中のデータから輝度を計算する。

ウ ラジオシティ法は，拡散反射面間の相互反射による効果を考慮して拡散反射面の輝度を決める。

エ レイトレーシングは，形状が定義された物体の表面に，別に定義された模様を張り付けて画像を作成する。

解答・解説

問23 距離を測定するLiDARに関する問題

選択肢は，いずれも車とその周囲にある他車や

障害物との距離を測定するために用いられるセンサーの説明です。選択肢**イ**のカメラ以外は，広い意味で「波」を対象物に当てて戻ってきた波を測定して，距離を測定します。

ア：超音波ソナーの説明です。人間の可聴周波数の上限（20KHz程度）以上の周波数の音を送出し，その反射波が戻ってくるまでの時間から対象物までの距離を測定します。音は伝搬速度が遅いため長距離の検知には不向きであり，指向性が弱いため障害物の細かな形状などは判りません。

イ：単眼カメラの説明です。高い位置から撮影した場合，近くの車のタイヤは遠くの車のタイヤより画面上で下側にずれることが分かります。常に対象物を認識し距離を測定します。

ウ：ミリ波レーダーの説明です。波長が1〜10ミリ程度の電波を照射し対象物までの距離を測定します。一般的には数十センチメートルの物体を見分けることが可能です。

エ：正しい。自動車に用いられるLiDARセンサーでは，近赤外線（波長1000ナノメートル＝0.001ミリメートル前後）が使われ，レーザー光を走査することでミリ波レーダーよりも高い解像度で対象物との距離や形状を測定できます。

問 24　ICカードのNFCに関する問題

NFC（Near Field Communication）は，非接触式のICカードや機器間相互通信（ピアツーピア）に用いられる無線通信技術です。ISO/IEC 18092（NFC IP-1）に由来する13.56MHzの周波数を利用し，通信距離10cm程度までの近距離通信を行います。現在ではISO/IEC 21481（NFC IP-2）に拡張され，RF-IDの通信も含んだ規格となっています。

主要な規格を表にまとめます。

規格	特徴	主な用途
Type A	低コスト	taspo，MIFAREなど
Type B	CPU内蔵，高セキュリティ	マイナンバーカード，運転免許証，パスポートなど
Type F (FeliCa)	高速動作，高セキュリティ	Suicaなどの交通系ICカード，各種電子マネーカードなど

ア：静電容量式のタッチセンサーではありません。また，位置情報を検出するために用いるものでもありません。

イ：接触式ではなく，非接触式ICカードの通信方法として利用されます。

ウ：通信距離は数cm（カード）〜70cm（タグ）程度です。

エ：正しい。ピアツーピア（機器間相互通信）の規格を含んでいます。

問 25　コンピュータグラフィックスの関連用語に関する問題

ア：Zバッファ法の記述です。Zバッファ法では，視点からの光線が物体と交わる点のうち一番近い点を抽出して表示します。それより奥にある点は隠れて見えないことを利用して計算量を抑えることができます。

イ：メタボールは形状生成手法の一つで，電荷を帯びた複数の球体を集めて，等電位となった部分をつなぎ合わせた形状によってモデリングを行います。滑らかな形状や，雲のような自然現象を表現するのに適した方法です。

ウ：正しい。一般的なシェーディング手法では，光源として設定された直接光以外の光は，環境光として一様な光があるものとして計算していました。ラジオシティ法では，壁面からの反射光なども含めた計算を行うことで，より写実的な表現が可能になります。

エ：テクスチャマッピングの記述です。2次元の画像を3次元の物体表面に貼り付けて表示することで，写実的な表現を簡単に行うことができます。例えばボトルの形状をした物体に，ワインのラベル等を含んだ瓶の外観を貼り付けるなどの表現を行います。

なお，レイトレーシングは，視点側から画素ごとに光線をたどって計算を行うレンダリング手法です。環境光（光の乱反射など）を考慮するほど画素ごとに計算を重ねていくので，計算量が多くなります。

解答	問23 **エ**	問24 **エ**	問25 **ウ**

JSON形式で表現される図1，図2のような商品データを複数のWebサービスから取得し，商品データベースとして蓄積する際のデータの格納方法に関する記述のうち，適切なものはどれか。ここで，商品データの取得元となるWebサービスは随時変更され，項目数や内容は予測できない。したがって，商品データベースの検索時に使用するキーにはあらかじめ制限を設けない。

```
{
  "_id":"AA09",
  "品名":"47型テレビ",
  "価格":"オープンプライス",
  "関連商品id":[
    "AA101",
    "BC06"
  ]
}
```
図1　A社Webサービス
　　の商品データ

```
{
  "_id":"AA10",
  "商品名":"りんご",
  "生産地":"青森",
  "価格":100,
  "画像URL":"http://www.example.com/apple.jpg"
}
```
図2　B社Webサービスの商品データ

ア　階層型データベースを使用し，項目名を上位階層とし，値を下位階層とした2階層でデータを格納する。

イ　グラフデータベースを使用し，商品データの項目名の集合から成るノードと値の集合から成るノードを作り，二つのノードを関係付けたグラフとしてデータを格納する。

ウ　ドキュメントデータベースを使用し，項目構成の違いを区別せず，商品データ単位にデータを格納する。

エ　関係データベースを使用し，商品データの各項目名を個別の列名とした表を定義してデータを格納する。

クライアントサーバシステムにおけるストアドプロシージャの記述として誤っているものはどれか。

ア　アプリケーションから一つずつSQL文を送信する必要がなくなる。

イ　クライアント側のCALL文によって実行される。

ウ　サーバとクライアントの間での通信トラフィックを軽減することができる。

エ　データの変更を行うときに，あらかじめDBMSに定義しておいた処理を自動的に起動・実行するものである。

解答・解説

問 26　JSON形式のデータ活用に関する問題

JSON（JavaScript Object Notation：Java Scriptオブジェクト表記）は，JavaScriptのデータ表現形式を用いたテキストベースの汎用データ交換フォーマットです。「{}」の中に「" "」で囲まれた項目名と値を「:」で区切って記述します。

問題文の図1の例で説明すると，

```
    項目名        値
  " _id ": " AA09 "
```

がこれにあたります（前後の{ }は省略）。

　値が数値やブール値の場合は「" "」を省略します（例：「"価格":100」）。また，複数のデータがある場合は「,」で区切ります。データを見やすくするために，任意の場所に改行を入れることもできます。

　一つの項目名に複数のデータがある配列の場合には値を「[ ]」の中に「,」で区切って入力します。図1の例では，

```
    項目名           値1      値2
  "関連商品 id ":[" AA101 ", " BC06 "]
```

の部分がこれにあたります（前後の{ }は省略）。

　JSONの特徴として，CSV形式のように単にデータが先頭からの順番で意味付けされるのではなく，「○○は△△」のように項目名と値をペアで記述できます。JSONの中にJSONをネストすることも可能なので木構造のデータも記述できるなど，柔軟なデータ構造を記述できます。

　同様にデータ交換に用いられるXMLと比較すると，JSONの方が同じデータではタグがない分コンパクトです。また，CSVよりもキー値の取扱いなどがしっかりしているため，幅広く使われるようになりました。

ア：JSONの項目名と値は，上位下位のような親子関係ではないので誤りです。ただし，階層型のデータを記述することは可能です。

イ：グラフデータベースは「ノード」「リレーション」「プロパティ」によってノード間の関係性を記述するデータベースです。JSONにそれらの記述はないので誤りです。

ウ：正しい。項目名と値のペアによって，図1と図2のように項目構成の違いを区別せずデータを格納できます。

エ：関係データベースは各項目を表形式で定義したデータベースです。問題文に「項目数や内容が予測できない」とあるので誤りです。

問27　ストアドプロシージャに関する問題

■■■

　ストアドプロシージャは，データベースに対する一連の手続きに名前を付けてデータベース側に保存したものです。

　例えば顧客表から，住所，氏名，電話番号を抽出する場合，ストアドプロシージャとして「顧客リスト」という名前を付けて

```
CREATE PROCEDURE 顧客リスト AS
SELECT 住所,氏名,電話番号 FROM 顧客
```

として保存しておくと，クライアント側で

```
CALL 顧客リスト
```

とするだけで，SELECT文を記述したのと同様の処理が行えます。

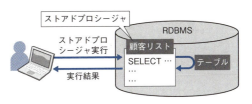

※実際には複数のSQL文からストアドプロシージャを構成し，呼び出し側から引数を渡して実行するものが使われることが多くなっています。

ア：正しい。複数のSQL文をひとかたまりにして，一度に実行することができます。

イ：正しい。クライアントから呼び出す際には，CALL文を用います。

ウ：正しい。複数のSQL文を1回の呼出しにまとめることができるので，通信トラフィックは減少します。

エ：誤り。ストアドプロシージャは，CALL文によって呼出し・実行されます。
　したがって，答えは**エ**です。

解答	問26 **ウ**	問27 **エ**

問28 データベースシステムの操作の説明のうち，べき等（idempotent）な操作の説明はどれか。

ア 同一の操作を複数回実行した結果と，一回しか実行しなかった結果が同一になる操作

イ トランザクション内の全ての処理が成功したか，何も実行されなかったかのいずれかの結果にしかならない操作

ウ 一つのノードへのレコードの挿入処理を，他のノードでも実行する操作

エ 複数のトランザクションを同時に実行した結果と，順番に実行した結果が同一になる操作

問29 UMLを用いて表した図のデータモデルのa，bに入れる多重度はどれか。

〔条件〕
(1) 部門には1人以上の社員が所属する。
(2) 社員はいずれか一つの部門に所属する。
(3) 社員が部門に所属した履歴を所属履歴として記録する。

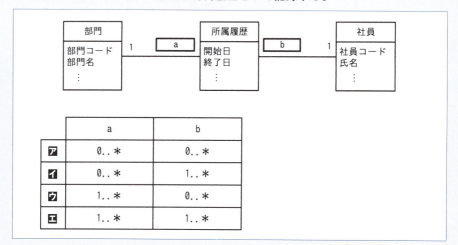

	a	b
ア	0..*	0..*
イ	0..*	1..*
ウ	1..*	0..*
エ	1..*	1..*

問30 図のような関係データベースの"注文"表と"注文明細"表がある。"注文"表の行を削除すると，対応する"注文明細"表の行が，自動的に削除されるようにしたい。参照制約定義の削除規則（ON DELETE）に指定する語句はどれか。ここで，図中の実線の下線は主キーを，破線の下線は外部キーを表す。

注文
注文番号	注文日	顧客番号

注文明細
注文番号	明細番号	商品番号	数量

ア CASCADE　　**イ** INTERSECT　　**ウ** RESTRICT　　**エ** UNIQUE

解答・解説

問28　データベース操作のべき等に関する問題

べき等とは，同じ操作を何度実行しても，同じ結果が得られることを示します。データベースにおいて，例えば更新ボタンの二度押しなどの誤操作や不完全なリトライ処理などのクライアント側の誤った処理により同じデータを何度も挿入することがあった場合でも，データベース側では一度しか挿入されないようにするためにべき等性が必要になります。

ア：正しい。

イ：ACID特性のうち，原子性（Atomicity）に関連する操作です。

ウ：NoSQLデータベースのBASE特性のうち，結果整合性（Eventually consistency）に関連する操作です。

エ：ACID特性のうち，独立性（Isolation）に関連する操作です。

問29　UMLデータモデルの多重度に関する問題

UMLにおける多重度は，クラス図においてクラス間の関連性とインスタンス（実体）数を表します。一般には各々のクラスを結ぶ線の両端に数字や記号を使って表します。問題で示されたUML 2.0の表記方法では，多重度の範囲を次のように表現します。

＜最低値＞..＜最高値＞

多重度	省略形	多重度（相手のインスタンス1個に対して）
0		インスタンスは存在しない
0..1		インスタンスなしまたは1個
1..1	1	インスタンスは1個
0..*	*	0個以上のインスタンス
1..*		少なくとも1個以上のインスタンス
5..5	5	インスタンスは5個
m..n		m個以上n個以下のインスタンス

分かりやすいので空欄bから考えます。空欄bは社員1人あたりに対しての所属履歴の数です。

〔条件〕（2）より社員はいずれか一つの部門に所属し，（3）より部門に所属した履歴を記録するとあるので，所属が変わるたびにインスタンスが増えていきます。よって，bは1以上となるので「1..*」となります。

空欄aは〔条件〕（1）より，部門に対して1人以上の社員が所属するわけですから，所属することにより所属履歴のインスタンスが発生するので最低でも1はあり，異動等によってさらに増える可能性があるので「1..*」となります（エ）。

問30　SQLの参照制約に関する問題

次のようなテーブルをもつ関係データベースを考えてみましょう。

"学生"表（子）

学生番号	氏名	部活	性別
1	芦屋 公太	テニス	男
2	加藤 昭	バレー	男
3	高見澤 秀幸	スキー	男
4	田中 典子	スキー	女
5	矢野 龍王	バレー	男

"部活"表（親）

部活	部室
スキー	101
テニス	102 |（削除）
バレー	103

このとき，部活表の「テニス」を削除すると学生表の「芦屋 公太」の部活の参照先がなくなってしまいます。こうしたことを防ぐために関係データベースでは外部キー制約を設けて，データの整合性を保ちます。表にON DELETEを指定することで，データ削除の際にエラーが発生した場合の動作を設定することができます。

ア：CASCADE…正しい。データ削除時に子表の同じ値をもつカラムのデータを削除します。

イ：INTERSECT…複数のSELECTの結果の積集合を得る命令です。外部参照キー制約とは無関係です。

ウ：RESTRICT…データ削除の際に子表に同じ値をもったカラムがあるとエラーになります。

エ：UNIQUE…一意制約で用いる命令です。データの追加・更新時に他と重複しないデータしか操作できなくなります。外部参照キー制約とは異なります。

解答	問28 ア	問29 エ	問30 ア

問31 通信技術の一つであるPLCの説明として，適切なものはどれか。

- ア 音声データをIPネットワークで伝送する技術
- イ 電力線を通信回線として利用する技術
- ウ 無線LANの標準規格であるIEEE 802.11シリーズの総称
- エ 無線通信における暗号化技術

問32 100Mビット／秒のLANと1Gビット／秒のLANがある。ヘッダーを含めて1,250バイトのパケットをN個送付するときに，100Mビット／秒のLANの送信時間が1Gビット／秒のLANより9ミリ秒多く掛かった。Nは幾らか。ここで，いずれのLANにおいても，パケットの送信間隔（パケットの送信が完了してから次のパケットを送信開始するまでの時間）は1ミリ秒であり，パケット送信間隔も送信時間に含める。

- ア 10
- イ 80
- ウ 100
- エ 800

問33 1個のTCPパケットをイーサネットに送出したとき，イーサネットフレームに含まれる宛先情報の，送出順序はどれか。

- ア 宛先IPアドレス，宛先MACアドレス，宛先ポート番号
- イ 宛先IPアドレス，宛先ポート番号，宛先MACアドレス
- ウ 宛先MACアドレス，宛先IPアドレス，宛先ポート番号
- エ 宛先MACアドレス，宛先ポート番号，宛先IPアドレス

問34 IPネットワークのプロトコルのうち，OSI基本参照モデルのトランスポート層に位置するものはどれか。

- ア HTTP
- イ ICMP
- ウ SMTP
- エ UDP

問31 PLCに関する問題

PLC（Power Line Communication：電力線搬送通信）は，家庭用のコンセントにつながっている電力線をネットワーク通信回線として利用し，家庭内や同じ電力線を使用している構内で，専用のネットワーク回線の代わりに利用する技術です。工事が不要でWi-Fiのように障害物に影響されることなく手軽に利用できます。一方，通信速度は最大でも数百Mbpsであり，ノイズを発生させる家電製品などの影響を受けて通信が不安定になることがあるなどのデメリットもあります。

ア：VoIP（Voice over Internet Protocol）の説明

です。

イ：正しい。

ウ：Wi-Fiの説明です。Wi-FiはIEEE 802.11に準拠し，相互接続が可能なデバイスであることが認証されたことを示す名称です。

エ：無線通信における暗号化技術には，WPA（Wi-Fi Protected Access）やその後継規格であるWPA2，WPA3などがあります。

問32　ネットワークの パケット送出量に関する問題

計算するには，まずビットとバイトの単位をどちらかに合わせます。ここではビットに合わせて計算します。

> 1パケット＝1,250バイト
> 　　　　　＝1,250×8ビット
> 　　　　　＝10,000ビット

1パケット送出にかかる時間は，パケット送出間隔の1ミリ秒（1/1,000秒）も合わせて，次のように計算できます。

> ・100Mビット／秒のLANの場合
> 　10,000/100,000,000＋1/1,000
> ＝1/10,000＋10/10,000
> ＝11/10,000秒＝1.1ミリ秒　……①
> ・1Gビット／秒のLANの場合
> 　10,000/1,000,000,000＋1/1,000
> ＝1/100,000＋100/100,000
> ＝101/100,000＝1.01ミリ秒　……②

パケット送出数をNとすると，①の方が9ミリ秒多くかかったので，

> 1.1N＝1.01N＋9

この式を変形してNを求めると，

> 0.09N＝9
> 　　N＝100

となります（**ウ**）。

問33　イーサネットフレームに含まれる 宛先情報に関する問題

アプリケーションが通信を行う際，OSI基本参

照モデルのセッション層までに整理されたメッセージは，トランスポート層であるTCPにおいてTCPヘッダが付加されたパケットとして構成されます。TCPヘッダを含むパケットは，ネットワーク層であるIPによりIPヘッダを付加されてIPパケット（IPデータグラム）となり，データリンク層に渡されます。そこでデータリンク層のヘッダであるイーサネットフレームヘッダが付加され，物理層で通信が行われます。

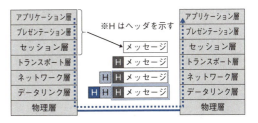

このため，宛先情報の送出順序は，データリンク層のMACアドレス，ネットワーク層のIPアドレス，トランスポート層のポート番号の順になります（**ウ**）。

問34　OSI基本参照モデルの トランスポート層に関する問題

ア：HTTPはアプリケーション層に位置し，Webサーバとクライアント間でデータを送受信するプロトコルです。

イ：ICMPはネットワーク層に位置し，IPプロトコルを使った通信で，エラーの通知や通信状態などの診断を行うためのプロトコルです。

ウ：SMTPはアプリケーション層に位置し，インターネット上のメールサーバ間で電子メールの転送やクライアントが電子メールをサーバに送信するときに使用されるプロトコルです。

エ：正しい。UDPはトランスポート層に位置し，ネットワーク層とセッション層以上の橋渡しを行います。信頼性のための確認応答や順序制御などの機能をもっていないプロトコルです。

解答	問31 **イ**	問32 **ウ**
	問33 **ウ**	問34 **エ**

問35 モバイル通信サービスにおいて，移動中のモバイル端末が通信相手との接続を維持したまま，ある基地局経由から別の基地局経由の通信へ切り替えることを何と呼ぶか。

- **ア** テザリング
- **イ** ハンドオーバー
- **ウ** フォールバック
- **エ** ローミング

問36 ボットネットにおいてC&Cサーバが担う役割はどれか。

- **ア** 遠隔操作が可能なマルウェアに，情報収集及び攻撃活動を指示する。
- **イ** 攻撃の踏み台となった複数のサーバからの通信を制御して遮断する。
- **ウ** 電子商取引事業者などへの偽のデジタル証明書の発行を命令する。
- **エ** 不正なWebコンテンツのテキスト，画像及びレイアウト情報を一元的に管理する。

問37 セキュアOSを利用することによって期待できるセキュリティ上の効果はどれか。

- **ア** 1回の利用者認証で複数のシステムを利用できるので，強固なパスワードを一つぜいだけ管理すればよくなり，脆弱なパスワードを設定しにくくなる。
- **イ** Webサイトへの通信路上に配置して通信を解析し，攻撃をブロックすることができるので，Webアプリケーションソフトウェアの脆弱性を悪用する攻撃からWebサイトを保護できる。
- **ウ** 強制アクセス制御を設定することによって，ファイルの更新が禁止できるので，Iシステムに侵入されてもファイルの改ざんを防止できる。
- **エ** システムへのログイン時に，パスワードのほかに専用トークンを用いて認証が行えるので，パスワードが漏えいしても，システムへの侵入を防止できる。

問38 メッセージにRSA方式のデジタル署名を付与して2者間で送受信する。そのときのデジタル署名の検証鍵と使用方法はどれか。

- **ア** 受信者の公開鍵であり，送信者がメッセージダイジェストからデジタル署名を作成する際に使用する。
- **イ** 受信者の秘密鍵であり，受信者がデジタル署名からメッセージダイジェストを取り出す際に使用する。
- **ウ** 送信者の公開鍵であり，受信者がデジタル署名からメッセージダイジェストを取り出す際に使用する。
- **エ** 送信者の秘密鍵であり，送信者がメッセージダイジェストからデジタル署名を作成する際に使用する。

問35　モバイル通信サービスにおけるハンドオーバーに関する問題

ア：テザリングは，スマートフォンなどインターネットに接続可能なモバイルデータ通信を利用して，他のデバイスにインターネット接続を提供する機能です。

イ：正しい。一つの基地局がカバーできるエリアには限りがあるので，移動しながら複数の基地局を切り替えて通信を継続することをハンドオーバーといいます。

ウ：フォールバック（縮退運転）は，システム障害等の異常時に，機能や性能を制限しながら動作を継続させることです。

エ：ローミングは，スマートフォンなどにおいて利用者が契約しているサービス事業者のエリア外で他の事業者のネットワークに接続するサービスです。

問36　ボットネットにおけるC&Cサーバに関する問題

ボットネットとは，遠隔操作が可能なマルウェアの一種であるボットに感染したコンピュータによって構成されるネットワークで，その中心となってそれらを制御し，攻撃者の指令を伝えたり，情報を攻撃者に伝えたりする役割を担うのがC&Cサーバ（Command and Control Server）です（**ア**）。

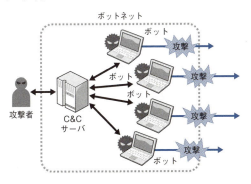

問37　セキュアOSの効果に関する問題

セキュアOSとは，セキュリティ機能を強化したOS（オペレーティングシステム）のことです。一般的には，次の二つの考え方を実現するOSをいいます。

> ① 強制アクセス制御：リソースに対するアクセス権のルールを管理者のみが設定できる方式
> ② 最小特権：管理者やシステム動作に必要なプロセスに対して，すべてのアクセス権を解放するのではなく，部分的に細分化された特権のみを提供する方式

ア：SSO（Single Sign-On）の説明です。

イ：NIDS（Network Intrusion Detection System）の説明です。

ウ：正しい。

エ：トークンを用いた二要素認証の説明です。

問38　デジタル署名の鍵の使用方法に関する問題

デジタル署名は，署名が付加された電子メッセージが，署名者が作成したものであることやメッセージ本体が改ざんされていないことを証明します。デジタル署名の実装には公開鍵暗号が用いられ，送信者の公開鍵を検証鍵としてデジタル署名が正しいことの検証，すなわち受信者が署名を検証するときに用いられます（**ウ**）。

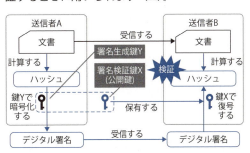

解答	問35 **イ**	問36 **ア**
	問37 **ウ**	問38 **ウ**

問39 "政府情報システムのためのセキュリティ評価制度（ISMAP）"の説明はどれか。

ア 個人情報の取扱いについて政府が求める保護措置を講じる体制を整備している事業者などを評価して，適合を示すマークを付与し，個人情報を取り扱う政府情報システムの運用について，当該マークを付与された者への委託を認める制度

イ 個人データを海外に移転する際に，移転先の国の政府が定めた情報システムのセキュリティ基準を評価して，日本が求めるセキュリティ水準が確保されている場合には，本人の同意なく移転できるとする制度

ウ 政府が求めるセキュリティ要求を満たしているクラウドサービスをあらかじめ評価，登録することによって，政府のクラウドサービス調達におけるセキュリティ水準の確保を図る制度

エ プライベートクラウドの情報セキュリティ全般に関するマネジメントシステムの規格にパブリッククラウドサービスに特化した管理策を追加した国際規格を基準にして，政府情報システムにおける情報セキュリティ管理体制を評価する制度

問40 ソフトウェアの既知の脆弱性を一意に識別するために用いる情報はどれか。

ア CCE（Common Configuration Enumeration）
イ CVE（Common Vulnerabilities and Exposures）
ウ CVSS（Common Vulnerability Scoring System）
エ CWE（Common Weakness Enumeration）

問41 TPM（Trusted Platform Module）に該当するものはどれか。

ア PCなどの機器に搭載され，鍵生成，ハッシュ演算及び暗号処理を行うセキュリティチップ

イ 受信した電子メールが正当な送信者から送信されたものであることを保証する送信ドメイン認証技術

ウ ファイアウォール，侵入検知，マルウェア対策など，複数のセキュリティ機能を統合したネットワーク監視装置

エ ログデータを一元的に管理し，セキュリティイベントの監視者への通知及び相関分析を行うシステム

解答・解説

問39 ISMAPに関する問題

ア：**プライバシーマーク**の説明です。プライバシーマークは，個人情報保護に関して「JIS Q

15001個人情報保護マネジメントシステム―要求事項」に準拠した一定の要件を満たした事業者に対し，日本情報経済社会推進協会（JIPDEC）により使用を認められるサービスマークです。

イ：個人情報保護法第28条にある，海外にデータを移転する際の例外規定の説明です。「個人の権利利益を保護する上で我が国と同等の水準にあると認められる個人情報の保護に関する制度を有している外国として個人情報保護委員会規則で定めるものを除く」とあります。

ウ：正しい。ISMAP（Information system Security Management and Assessment Program）は，クラウドサービスについて，統一的なセキュリティ基準を示し，サービス提供者のサービスがそれらの基準を満たしていることを監視し，適正と評価されたサービスを「登録簿」に記載します。政府がクラウドサービスを利用する際，「登録簿」に掲載されたサービスを利用することで，一定水準のセキュリティが担保されます。

エ：ISMAPは，事業者が提供するクラウドサービスを評価・監視する制度で，政府情報システムそのものを評価する制度ではありません。

問40　ソフトウェアの既知の脆弱性に関する問題

選択肢はSCAP（Security Content Automation Protocol：セキュリティ設定共通化手順）に関するものです。SCAPはセキュリティ情報のフォーマットを標準化します。

ア：CCE（Common Configuration Enumeration：共通セキュリティ設定一覧）は，セキュリティ設定項目にユニークIDを付与するための仕様です。

イ：正しい。CVE（Common Vulnerabilities and Exposures：共通脆弱性識別子）は，ソフトウェアの脆弱性情報を集めて公開するデータベースです。脆弱性に対してユニークIDが付与されます。

ウ：CVSS（Common Vulnerability Scoring System：共通脆弱性評価システム）は，情報システムの脆弱性に対する評価手法および指標です。脆弱性の深刻度を定量的に評価します。

エ：CWE（Common Weakness Enumeration：共通脆弱性タイプ）は，ソフトウェアの脆弱性を分類，識別するための共通基準です。

問41　TPM（Trusted Platform Module）に関する問題

TPMは，一部のPCなどの機器に搭載されるセキュリティ向上のためのハードウェアで，次のような機能をもっています。

- 公開鍵暗号化アルゴリズムに基づく，鍵の生成と格納（後に共通鍵暗号にも対応）
- 暗号化と復号に必要となるハッシュ値の演算と保管
- 不揮発性（電源を切っても記憶し続ける）と耐タンパ性（不正手段によってアクセスできない）をもったストレージ機能

これらの機能によって，TPM搭載機器では端末の個体識別やストレージの暗号化が可能になります。Microsoft社のストレージ暗号化技術であるBitLockerは，鍵をTPMに保存して暗号化することでストレージを保護することができます。

ア：正しい。主に高度なセキュリティが要求される企業用PCなどに搭載されます。

イ：IPアドレスを利用するSPF（Sender Policy Framework）や，電子署名を利用するDKIM（DomainKeys Identified Mail）などいくつかの方法があります。

ウ：UTM（Unified Threat Management：統合脅威管理）です。ネットワークに関連する脅威への対策機能を統合したアプライアンスです。

エ：SIEM（Security Information and Event Management：セキュリティ情報およびイベント管理）です。単にログデータを収集するのではなく，ログ同士の相関分析をリアルタイムに行うことで，セキュリティインシデントなどを早期に発見することが可能です。

解答	問39 ウ	問40 イ	問41 ア

問42 デジタルフォレンジックスの手順は収集，検査，分析及び報告から成る。このとき，デジタルフォレンジックスの手順に含まれるものはどれか。

ア　サーバとネットワーク機器のログをログ管理サーバに集約し，リアルタイムに相関分析することによって，不正アクセスを検出する。

イ　サーバのハードディスクを解析し，削除されたログファイルを復元することによって，不正アクセスの痕跡を発見する。

ウ　電子メールを外部に送る際に，本文及び添付ファイルを暗号化することによって，情報漏えいを防ぐ。

エ　プログラムを実行する際に，プログラムファイルのハッシュ値と脅威情報を突き合わせることによって，プログラムがマルウェアかどうかを検査する。

問43 公衆無線LANのアクセスポイントを設置するときのセキュリティ対策とその効果の組みとして，適切なものはどれか。

	セキュリティ対策	効果
ア	MAC アドレスフィルタリングを設定する。	正規の端末の MAC アドレスに偽装した攻撃者の端末からの接続を遮断し，利用者のなりすましを防止する。
イ	SSID を暗号化する。	SSID を秘匿して，SSID の盗聴を防止する。
ウ	自社がレジストラに登録したドメインを，アクセスポイントの SSID に設定する。	正規のアクセスポイントと同一の SSID を設定した，悪意のあるアクセスポイントの設置を防止する。
エ	同一のアクセスポイントに無線で接続している端末同士のアクセスポイント経由の通信を遮断する。	同一のアクセスポイントに無線で接続している他の端末に，公衆無線 LAN の利用者がアクセスポイントを経由してアクセスすることを防止する。

解答・解説

問42　デジタルフォレンジックスに関する問題

デジタルフォレンジックス（Digital Forensics）とは，事件が発生したときに警察が鑑識を行って犯人捜査を行うように，コンピュータやネットワークの情報漏洩や改ざん，運用妨害などのインシデント，その未遂行為に対してログや不正操作の痕跡などのデジタルデータを収集・保全し，調査・分析，可視化を行う科学的調査方法です。

デジタルフォレンジックスの進め方を図に示します。

デジタルフォレンジックスを行う対象は，コンピュータやネットワーク機器はもちろん，スマートフォン，リモートストレージ，メールなどのコミュニケーションツール，監視カメラなど多岐にわたります。それらが残した電子的な証拠からデータを抽出し，実用的に分かる形に可視化し，必要に応じて警察や弁護士に調査結果を提示して，インシデント対応や犯罪捜査，裁判への協力等を行います。

ア：関連機器のログを当該機器ではなくログ管理サーバに集約することは，デジタルフォレンジックスを行うのに適しています。しかし，インシデント発生以前の対策なので，デジタルフォレンジックスの手順には含まれません。

イ：正しい。サーバからファイルが削除されていても，適切な手順を行うことで，ファイルの復元が可能となるケースは多くあります。

ウ：送信ファイルを暗号化することで，ネットワークを盗聴することによる情報漏洩の可能性を低くすることは可能ですが，これはインシデントの発生を防ぐ対策であり，デジタルフォレンジックスの手順ではありません。

エ：この手順はウイルス対策ソフトウェアなどにおいて，既知のマルウェアを検出する方法です。不正なプログラムの実行によって発生するインシデントを防ぐ対策としては有効ですが，デジタルフォレンジックスの手順ではありません。

問43　公衆無線LANアクセスポイントのセキュリティ対策に関する問題

各選択肢の対策とその効果が正しいか見ていきましょう。

ア：MACアドレスのフィルタリングは，アクセスポイントに接続した端末のMACアドレスが許可されたものかをチェックします。偽装されたMACアドレスを見抜くことはできません。

イ：SSIDは，無線LANのアクセスポイントを識別するための名前（ネットワーク名）です。ステルスモードを使って秘匿することは可能ですが，暗号化することはできません。

ウ：レジストラに登録したドメインをSSIDに設定することは可能ですが，SSIDはアクセスポイントを識別するための名称に過ぎません。だれでも自由に名前をつけることができます。ドメイン名を設定したとしても，レジストラに登録されているかどうかといった名称のチェックは行われません。

エ：正しい。無線LANのアクセスポイントに接続された端末同士は，一般に同一セグメントに置かれます。このため端末同士が見えたり，意図せず公開している共有フォルダにアクセス可能になったりすることがあります。そこで，上流のネットワークとの通信を許可し，アクセスポイントに接続された端末同士の通信を不許可にすることで不要な通信を遮断することがあります。このような機能をプライバシーセパレータといいます。

解答	問42 イ	問43 エ

問44

スパムメール対策として，サブミッションポート（ポート番号587）を導入する目的はどれか。

ア DNSサーバにSPFレコードを問い合わせる。
イ DNSサーバに登録されている公開鍵を使用して，デジタル署名を検証する。
ウ POP before SMTPを使用してメール送信者を認証する。
エ SMTP-AUTHを使用して，メール送信者を認証する。

問45

次に示すような組織の業務環境において，特定のIPセグメントのIPアドレスを幹部のPCに動的に割り当て，一部のサーバへのアクセスをそのIPセグメントからだけ許可することによって，幹部のPCだけが当該サーバにアクセスできるようにしたい。利用するセキュリティ技術として，適切なものはどれか。

〔組織の業務環境〕
・業務ではサーバにアクセスする。サーバは，組織の内部ネットワークからだけアクセスできる。
・幹部及び一般従業員は同一フロアで業務を行っており，日によって席が異なるフリーアドレス制を取っている。
・各席には有線LANポートが設置されており，PCを接続して組織の内部ネットワークに接続する。
・ネットワークスイッチ1台に全てのPCとサーバが接続される。

ア IDS
イ IPマスカレード
ウ スタティックVLAN
エ 認証VLAN

問46

モジュールの独立性を高めるには，モジュール結合度を低くする必要がある。モジュール間の情報の受渡し方法のうち，モジュール結合度が最も低いものはどれか。

ア 共通域に定義したデータを関係するモジュールが参照する。
イ 制御パラメータを引数として渡し，モジュールの実行順序を制御する。
ウ 入出力に必要なデータ項目だけをモジュール間の引数として渡す。
エ 必要なデータを外部宣言して共有する。

解答・解説

 問44 **サブミッションポートに関する問題**

一般的に電子メールの送信には，SMTP（ポー

ト番号25）を用いますが，SMTPにはユーザ認証を行う仕組みがないので，このポートをインターネットに公開してしまうと，不正なメールを中継してしまうなどの問題がありました。そこで

SMTPをインターネットなどの外部ネットワークからも安全に利用するための仕組みとして，サブミッションポート（ポート番号587）を使ってユーザ認証を行うSMTP-AUTHの導入が進んでいます。

ア：Domain Keysを使った送信ドメイン認証です。メールを受信した際，送信者のアドレスが正規であるかの判断に用います。

イ：SPF（Sender Policy Framework）を使った送信ドメイン認証です。

ウ：POP before SMTPは，メール送信時にSMTPとユーザ認証を行うPOPを組み合わせます。先にPOPでの認証を行い，一定時間SMTPを許可して，疑似的に認証を行う仕組みです。

エ：正しい。自ネットワーク内以外のメーラからのSMTPはOP25B（Outbound Port 25 Blocking）によってブロックします。

問45　認証VLANに関する問題

選択肢ウとエにあるVLAN（Virtual Local Area Network）とは，ネットワークの物理的な接続方法とは無関係に，論理的なLANセグメントを構築してグループ化する技術です。ネットワークを任意のセグメントに分割および結合することができます。

ア：IDS（Intrusion Detection System：不正侵入検知システム）は，ネットワーク上のパケットを監視し，不正があった場合に管理者に通知するシステムです。設問のネットワークとは無関係です。

イ：IPマスカレード（IP Masquerade）は，一つのIPアドレスを複数の端末で共有する技術です。しかし，複数の端末を区別することはできません。

ウ：スタティックVLAN（Static VLAN）は，ネットワークスイッチのポート単位に設定するVLANです。フリーアクセスで幹部の座る場所が変わり，PCが接続するLANポートも変わるので，この方法は使えません。

エ：正しい。認証VLANでは，ネットワーク接続時にユーザー認証を行って，ユーザーごとに設定されたVLANに接続します。認証VLANを用いれば，幹部のみを一部のサーバにアクセ

スできるよう設定したセグメントを割り当てることができます。

問46　モジュール結合度に関する問題

モジュール結合度は，モジュール間の関連性の高低（強弱）を表し，モジュールの独立性を評価する尺度の一つです。モジュール間の結合度が弱いほどモジュール間の独立性は高くなります。

モジュール結合には，モジュールが他のモジュールをどのように利用するかによって，結合度が弱い順に，データ結合→スタンプ結合→制御結合→外部結合→共通結合→内部結合があります。

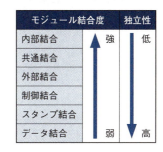

モジュール結合度		独立性
内部結合	強	低
共通結合		
外部結合		
制御結合		
スタンプ結合		
データ結合	弱	高

ア：共通結合です。大域データを用いるため，モジュール間の関連性が高く，他のモジュールの影響を受けやすくなります。

イ：制御結合です。パラメータによってモジュールが制御されるので，モジュール間の関連性は高くなります。

ウ：正しい。データ結合です。

エ：外部結合です。外部宣言されたデータはどのモジュールからも参照・変更が可能なため，モジュール間の関連性は比較的高くなります。

解答	問44 **エ**	問45 **エ**	問46 **ウ**

問47 値引き条件に従って，商品を販売する。決定表の動作指定部のうち，適切なものはどれか。

〔値引き条件〕
① 上得意客（前年度の販売金額の合計が800万円以上の顧客）であれば，元値の3%を値引きする。
② 高額取引（販売金額が100万円以上の取引）であれば，元値の3%を値引きする。
③ 現金取引であれば，元値の3%を値引きする。
④ ①～③の値引き条件は同時に適用する。

上得意客である	Y	Y	Y	Y	N	N	N	N
高額取引である	Y	Y	N	N	Y	Y	N	N
現金取引である	Y	N	Y	N	Y	N	Y	N
値引きしない								
元値の 3%を値引きする								
元値の 6%を値引きする			動作指定部					
元値の 9%を値引きする								

ア

—	—	—	—	—	—	—	X
—	—	X	X	—	X	—	—
—	X	—	—	—	X	—	—
X	—	—	—	X	—	—	—

イ

—	—	X	—	—	—	—	X
—	X	—	—	—	X	X	—
—	—	—	X	X	—	—	—
X	—	—	—	—	—	—	—

ウ

—	—	—	—	—	—	—	X
—	—	—	X	—	X	X	—
—	X	X	—	X	—	—	—
X	—	—	—	—	—	—	—

エ

—	—	—	X	—	—	—	X
—	—	—	—	X	—	X	—
—	X	—	—	—	X	—	—
X	—	—	—	X	—	—	—

問48 スクラムでは，一定の期間で区切ったスプリントを繰り返して開発を進める。各スプリントで実施するスクラムイベントの順序のうち，適切なものはどれか。

〔スクラムイベント〕
1：スプリントプランニング　　　2：スプリントレトロスペクティブ
3：スプリントレビュー　　　　　4：デイリースクラム

ア 1→4→2→3　　　　　　　**イ** 1→4→3→2
ウ 4→1→2→3　　　　　　　**エ** 4→1→3→2

解答・解説

問47 決定表に関する問題

値引きは，どの条件も「元値の3%を値引きする」です。ただし，それぞれの値引き条件は同時に適用する点に注意します。例えば上得意で高額取引なら，3%＋3%＝6%を値引きします。

条件指定部の各条件に整理番号を付けて値引き率を見ていきます。

整理番号	①	②	③	④	⑤	⑥	⑦	⑧
上得意である	Y	Y	Y	Y	N	N	N	N
高額取引である	Y	Y	N	N	Y	Y	N	N
現金取引である	Y	N	Y	N	Y	N	Y	N

①：上得意で，高額取引で，現金取引なので，3%＋3%＋3%＝9%の値引き。

②：上得意で，高額取引で，現金取引ではないので，3%＋3%＝6%の値引き。

③：上得意で，高額取引でなく，現金取引なので，3%＋3%＝6%の値引き。

④：上得意で，高額取引でなく，現金取引でないので，3%の値引き。

⑤：上得意でなく，高額取引で，現金取引なので，3%＋3%＝6%の値引き。

⑥：上得意でなく，高額取引で，現金取引でないので，3%の値引き。

⑦：上得意でなく，高額取引でなく，現金取引なので，3%の値引き。

⑧：上得意でなく，高額取引でなく，現金取引でないので，値引きなし。

①から⑧を決定表の動作指定部で表すと，次のようになります。

整理番号	①	②	③	④	⑤	⑥	⑦	⑧
値引きしない	−	−	−	−	−	−	−	×
3%値引きする	−	−	−	×	−	×	×	−
6%値引きする	−	×	×	−	×	−	−	−
9%値引きする	×	−	−	−	−	−	−	−

したがって，答えは**ウ**です。

問48 スクラムのスプリントで行うイベントに関する問題

スクラム開発では，スプリントとよばれる反復を繰り返しながら，開発を進めていきます。

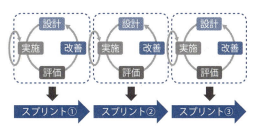

スプリントは，システムに実装すべき機能を小さく分割して優先度順に反復して開発していく単位で，通常1〜4週間単位で行われます。システム構築の要素を含んでおり，設計→実施→評価→改善のプロセスで1サイクルとなります。問題文のスクラムイベントについて確認しましょう。

1：スプリントプランニング
スプリントを開始する前に行うミーティング。スプリント期間中に完了する作業項目を決定し，作業計画を立てる（設計プロセスに該当）

2：スプリントレトロスペクティブ
スプリント全体の終了時に行うミーティング。スプリント期間中の作業の振返りを行い改善点の抽出を行う（改善プロセスに該当）

3：スプリントレビュー
スプリントの開発終了時に，完成した成果物をステークフォルダーに提示し，残りのタスクや今後の見通しを披露するミーティング（評価プロセスに該当）

4：デイリースクラム
開発作業を行う際，毎日同じ時間同じ場所で短期間に進捗管理を繰り返し行うミーティング。開発チームが行う（実施プロセスに該当）

したがって，スクラムイベントの順序は，1（設計）→4（実施）→3（評価）→2（改善）となります。

解答	問47 **ウ**	問48 **イ**

問49 日本国特許庁において特許Aを取得した特許権者から，実施許諾を受けることが必要になる場合はどれか。

- ア 特許Aと同じ技術を家庭内で個人的に利用するだけの場合
- イ 特許Aと同じ技術を利用して日本国内で製品を製造し，その全てを日本国外に輸出する場合
- ウ 特許Aの出願日から25年を越えた後に，特許Aと同じ技術を新たに事業化する場合
- エ 特許Aの出願日より前に特許Aと同じ技術を独自に開発し，特許Aの出願日に日本国内でその技術を用いた製品を製造販売していたことが証明できる場合

問50 サーバプロビジョニングツールを使用する目的として，適切なものはどれか。

- ア サーバ上のサービスが動作しているかどうかを，他のシステムからリモートで監視する。
- イ サーバにインストールされているソフトウェアを一元的に管理する。
- ウ サーバを監視して，システムやアプリケーションのパフォーマンスを管理する。
- エ システム構成をあらかじめ記述しておくことによって，サーバを自動的に構成する。

問51 プロジェクトマネジメントにおける"プロジェクト憲章"の説明はどれか。

- ア プロジェクトの実行，監視，管理の方法を規定するために，スケジュール，リスクなどに関するマネジメントの役割や責任などを記した文書
- イ プロジェクトのスコープを定義するために，プロジェクトの目標，成果物，要求事項及び境界を記した文書
- ウ プロジェクトの目標を達成し，必要な成果物を作成するために，プロジェクトで実行する作業を階層構造で記した文書
- エ プロジェクトを正式に認可するために，ビジネスニーズ，目標，成果物，プロジェクトマネージャ，及びプロジェクトマネージャの責任・権限を記した文書

解答・解説

問49 特許権の実施許諾に関する問題

　特許権とは，「自然法則を利用」した「技術思想」によって「創作」した，産業上利用できる発明を独占的に使用できるものです。特許権を得るためには，特許庁に出願して登録しなければなりません。

特許権者とは，特許法（発明の保護及び利用を図ることにより，発明を奨励し，もって産業の発達に寄与することを目的とした法律）によって，発明を一定期間独占的に実施する権利や独占的に生産・販売・譲渡する権利を得た者です。

実施許諾とは，特許権者が特許されている発明を他人に実施させることを許すことです。

ア：特許権は業として（事業として）発明を独占的に実施できる権利なので，家庭内で個人的に利用する場合は実施許諾を受ける必要はありません。

イ：正しい。

ウ：特許権の存続期間は，出願日から20年で終了します。したがって，25年を越えた後で事業化する場合は，特許権の存続期間は終了しており，実施許諾を受けることなく事業化できます。

エ：特許Aが出願される日より前にその実施または準備をしている者には，先使用による通常実施権（先使用権）があるので，実施許諾を受ける必要はありません。

問50　サーバプロビジョニングツールに関する問題

プロビジョニングとは，「供給する」「準備する」「規定する」ことを意味します。ITにおけるプロビジョニングは，ITインフラストラクチャの作成と設定プロセスを指します。さまざまなリソースへの，ユーザーとシステムのアクセスを管理するために必要な手順をいいます。

サーバプロビジョニングとは，物理または仮想ハードウェアのセットアップ，オペレーティングシステムやアプリケーションなどのソフトウェアのインストールと設定，ミドルウェア，ネットワーク，ストレージへの接続を行うプロセスです。

ア：サーバ監視ツールの機能です。例えばオープンソースソフトウェアベースの監視ツールのZabbixでは，監視に必要な機能がそろっており，リモートからのサービス監視も行うことができます。

イ：IT資産管理ツールの機能です。インストールされたソフトウェアやライセンスなどの保有，利用状況を可視化し，効率的に管理することができます。

ウ：これもサーバ監視ツールの機能です。CPUやメモリの使用状況や，アプリケーションパフォーマンスを監視し，可視化することができます。

エ：正しい。あらかじめ決められたテンプレートに基づいてサーバやネットワークの設定が可能です。

問51　プロジェクト憲章に関する問題

プロジェクト憲章とは，プロジェクトを立ち上げるときに作成される企画文書です。プロジェクト憲章によってプロジェクトが正式に認められ，組織に周知され，組織の資源をプロジェクト活動に適用する権限がプロジェクトマネージャーに与えられます。PMBOK（第6版）によれば，プロジェクト憲章の記述内容として次のものを示しています。

- プロジェクトの目的
- プロジェクトの目標と成功基準
- 要求事項の概略
- プロジェクト記述概略と主要成果物
- プロジェクトの全体リスク
- 要約マイルストーン，スケジュール
- 事前承認された財源
- 主要ステークホルダー・スケジュール
- プロジェクト承認要求事項
- プロジェクト終了基準
- プロジェクトマネージャー，その責任と権限
- プロジェクト憲章を承認するスポンサー

ア：プロジェクトマネジメント計画書の説明です。

イ：プロジェクトスコープ記述書の説明です。

ウ：WBS（Work Breakdown Structure：作業分解構造図）の説明です。

エ：正しい。

解答	問49 イ	問50 エ	問51 エ

問 52　クリティカルチェーン法に基づいてスケジュールネットワーク上にバッファを設ける。クリティカルチェーン上にないアクティビティが遅延してもクリティカルチェーン上のアクティビティに影響しないように，クリティカルチェーンにつながっていくアクティビティの直後に設けるバッファはどれか。

ア　合流バッファ　　　　　　　　　　　　**イ**　資源バッファ
ウ　フレームバッファ　　　　　　　　　　**エ**　プロジェクトバッファ

問 53　過去のプロジェクトの開発実績に基づいて構築した作業配分モデルがある。システム要件定義からシステム内部設計までをモデルどおりに進めて228日で完了し，プログラム開発を開始した。現在，200本のプログラムのうち100本のプログラムの開発を完了し，残りの100本は未着手の状況である。プログラム開発以降もモデルどおりに進捗すると仮定するとき，プロジェクトの完了まで，あと何日掛かるか。ここで，プログラムの開発に掛かる工数及び期間は，全てのプログラムで同一であるものとする。

〔作業配分モデル〕

	システム 要件定義	システム 外部設計	システム 内部設計	プログラム 開発	システム 結合	システム テスト
工数比	0.17	0.21	0.16	0.16	0.11	0.19
期間比	0.25	0.21	0.11	0.11	0.11	0.21

ア　140　　　　　　**イ**　150　　　　　　**ウ**　161　　　　　　**エ**　172

問 54　プロジェクトのリスクマネジメントにおける，リスクの特定に使用する技法の一つであるデルファイ法の説明はどれか。

ア　確率分布を使用したシミュレーションを行う。
イ　過去の情報や知識を基にして，あらかじめ想定されるリスクをチェックリストにまとめておき，チェックリストと照らし合わせることによってリスクを識別する。
ウ　何人かが集まって，他人のアイディアを批判することなく，自由に多くのアイディアを出し合う。
エ　複数の専門家から得られた見解を要約して再配布し，再度見解を求めることを何度か繰り返して収束させる。

解答・解説

**問 52　クリティカルチェーン法における
バッファに関する問題**

クリティカルチェーン法は，利用できるリソー

スが限られている（制約条件のある）プロジェクトを管理するためのプロジェクトマネジメント手法の一つです。アクティビティに遅れなどの問題が発生してもプロジェクトが順調に進むように，

適切にバッファ（余裕）を設けて管理します。一般に用いられるバッファには次の三つがあります。

プロジェクト バッファ	一連のクリティカルチェーンの最後に設定するバッファ。各工程ごとの所要時間は通常どおりに見積り，ある工程で遅れが発生しても，プロジェクトバッファの時間を使って完了日を守れるように設定する
合流バッファ	非クリティカルチェーンからクリティカルチェーンへの合流点に設定するバッファ。非クリティカルチェーンに遅れが発生してもクリティカルチェーンに影響が出ないように時間的余裕を設定する
資源バッファ	人員や機器などの資源に変動が発生した場合に対応するために設定するバッファ。資源が不足することによってクリティカルチェーン全体に影響が出ないように設定する

したがって，答えは**ア**です。なお，**ウ**の<u>フレームバッファ</u>とは，ディスプレイに表示する画像データを一時的に保存するメモリです。

問53　プロジェクト完了までの日数に関する問題

問題の状態を整理しておきましょう。

・要求定義からシステム内部設計までは，モデルどおりに228日で完了している
・200本あるプログラムのうち，100本はプログラム開発を完了している
・プログラム開発以降もモデルどおりに進捗する

まず，完了している要求定義からシステム内部設計までに掛かった期間比は，

> 要求定義＋システム外部設計＋システム内部設計
> ＝0.25＋0.21＋0.11＝0.57

です。
プログラム開発は200本中100本完了しているので，残り100本のプログラムを開発するための期間比は，

> $0.11 \div 2 = 0.055$

掛かります。よって，残りの期間比は，

> プログラム開発＋システム結合＋システムテスト
> ＝0.055＋0.11＋0.21＝0.375

になります。

プログラム開発以降もモデルどおりに進捗するので，システム内部設計までに要した期間比0.57と228日から，残りの日数をxとすると，

> $0.57 : 228 = 0.375 : x$
> $0.57x = 85.5$
> $x = 150$

となります（**イ**）。

問54　デルファイ法に関する問題

<u>デルファイ法</u>は，将来の予測に用いられる技法の一つで，多くの意見を収集できる利点があります。大まかな流れは次のとおりです。

> ① 問題に関するアンケートを作成する
> ② 複数の専門家に匿名でアンケートを行い，回答（見解）を得る
> ③ 回答（見解）を集計する
> ④ 集計結果を専門家に戻して共有し，再度アンケートを行う
> ⑤ ②～④を何度か繰り返す
> ⑥ 回答（見解）を集約してまとめる

ア：<u>モンテカルロ法</u>の説明です。モンテカルロシミュレーション，多重確率シミュレーションとも呼ばれ，さまざまな予測モデルでリスクの測定，リスクの影響などを推定するために使用される数学的手法です。

イ：<u>チェックリスト分析</u>の説明です。考慮すべき事項，処置，ポイント等をチェックリスト化しておきます。チェックリストを常に見直して最新の状態にしておくことが重要です。

ウ：<u>ブレーンストーミング</u>の説明です。少人数で批判厳禁，自由奔放，質より量，結合，改善というルールで行われる討議法です。

エ：正しい。

解答	問52 **ア**	問53 **イ**	問54 **エ**

問55 JIS Q 20000-1:2020 （サービスマネジメントシステム要求事項）によれば，サービスマネジメントシステム（SMS）における**継続的改善**の説明はどれか。

- **ア** 意図した結果を得るためにインプットを使用する，相互に関連する又は相互に作用する一連の活動
- **イ** 価値を提供するため，サービスの計画立案，設計，移行，提供及び改善のための組織の活動及び資源を，指揮し，管理する，一連の能力及びプロセス
- **ウ** サービスを中断なしに，又は合意した可用性を一貫して提供する能力
- **エ** パフォーマンスを向上するために繰り返し行われる活動

問56 JIS Q 20000-1:2020 （サービスマネジメントシステム要求事項）によれば，組織は，サービスレベル目標に照らしたパフォーマンスを監視し，レビューし，顧客に報告しなければならない。レビューをいつ行うかについて，この規格はどのように規定しているか。

- **ア** SLAに大きな変更があったときに実施する。
- **イ** あらかじめ定めた間隔で実施する。
- **ウ** 間隔を定めず，必要に応じて実施する。
- **エ** サービス目標の未達成が続いたときに実施する。

問57 A社は，自社がオンプレミスで運用している業務システムを，クラウドサービスへ段階的に移行する。段階的移行では，初めにネットワークとサーバをIaaSに移行し，次に全てのミドルウェアをPaaSに移行する。A社が行っているシステム運用作業のうち，この移行によって不要となる作業の組合せはどれか。

〔A社が行っているシステム運用作業〕
① 業務システムのバッチ処理のジョブ監視
② 物理サーバの起動，停止のオペレーション
③ ハードウェアの異常を警告する保守ランプの目視監視
④ ミドルウェアへのパッチ適用

	IaaS への移行によって不要となるシステム運用作業	PaaS への移行によって不要となるシステム運用作業
ア	①	②，④
イ	①，③	②
ウ	②，③	④
エ	③	②，④

解答・解説

問55 JIS Q 20000-1:2020における継続的改善に関する問題

JIS Q 20000-1:2020 （サービスマネジメントシ

ステム要求事項）は，サービスマネジメントシステム（SMS）を確立し，実施し，維持し，継続的改善をするために，組織に対する要求事項について規定したもので，次の人や組織が利用できま

す。

① サービスを求め，そのサービスの質に関して保証を必要とする顧客
② サプライチェーンに属するものを含め，全てのサービス提供者によるサービスのライフサイクルに対する一貫した取組みを求める顧客
③ サービスの計画立案，設計，移行，提供及び改善に関する能力を実証する組織
④ 自らのSMS及びサービスを，監視，測定及びレビューする組織
⑤ サービスの計画立案，設計，移行，提供及び改善を，SMSの効果的な実施及び運用を通じて改善する組織
⑥ この規格に規定する要求事項に対する適合性評価を実施する組織又は他の関係者
⑦ サービスマネジメントの教育・訓練又は助言の提供者

問題文の「継続的改善」は，マネジメントシステム固有の用語として規定されています。選択肢の説明はどれも用語の説明として規定されているものです。

ア：「プロセス」の説明です。
イ：「サービスマネジメント」の説明です。
ウ：「サービス継続」の説明です。
エ：正しい。

問 56　JIS Q 20000-1:2020おけるサービスレベル管理に関する問題

JISではサービスレベル管理について，次のように規定しています。

組織及び顧客は提供するサービスについて合意し，組織はサービスレベルの目標，作業負荷の限度及び例外を含んだ一つ以上のSLAを顧客と合意しなければならない。SLAには，サービスレベル目標，作業負荷の限度及び例外を含めなければならない。
あらかじめ定めた間隔で，組織は，次の事項を監視し，レビューし，顧客に報告しなければならない。
・サービスレベル目標に照らしたパフォーマンス

・SLAの作業負荷限度と比較した，実績及び周期的な変化
サービスレベルが達成されていない場合，組織は，改善のための機会を特定しなければならない。

したがって，答えは**イ**です。

問 57　クラウドサービスへの移行によって不要となる作業に関する問題

クラウドサービスとは，コンピュータリソースやソフトウェアなどを，インターネットを経由してサービスとして提供されている形態です。クラウドサービスを大別すると，IaaS，PaaS，SaaSの三つに分類されます。

IaaS	Infrastructure as a Service。サーバやデスクトップ仮想化技術などハードウェアやインフラ機能を利用できるサービス
PaaS	Platform as a Service。アプリケーションサーバやミドルウェア，データベースなど，アプリケーションの開発や実行用のプラットフォーム機能を利用できるサービス
SaaS	Software as a Service。メールや文書作成，顧客管理などのソフトウェア機能を利用できるサービス

A社が行っているシステム運用作業①～④について，それぞれ見ていきましょう。

① 業務システムのバッチ処理のジョブ監視
業務システムの運用はA社が行うので，不要になりません。
② 物理サーバの起動，停止のオペレーション
IaaSの提供業者が行うので，不要になります。
③ ハードウェアの異常を警告する保守ランプの目視監視
IaaSの提供業者が行うので，不要になります。
④ ミドルウェアへのパッチ適用
PaaSの提供業者が行うので，不要になります。

したがって，答えは**ウ**です。

解答	問55 **エ**	問56 **イ**	問57 **ウ**

問 58 システム監査基準（平成30年）における予備調査についての記述として，適切なものはどれか。

ア 監査対象の実態を把握するために，必ず現地に赴いて実施する。

イ 監査対象部門の事務手続やマニュアルなどを通じて，業務内容，業務分掌の体制などを把握する。

ウ 監査の結論を裏付けるために，十分な監査証拠を入手する。

エ 調査の範囲は，監査対象部門だけに限定する。

問 59 システム監査基準（平成30年）における監査手続の実施に際して利用する技法に関する記述のうち，適切なものはどれか。

ア インタビュー法とは，システム監査人が，直接，関係者に口頭で問い合わせ，回答を入手する技法をいう。

イ 現地調査法は，システム監査人が監査対象部門に直接赴いて，自ら観察・調査する技法なので，当該部門の業務時間外に実施しなければならない。

ウ コンピュータ支援監査技法は，システム監査上使用頻度の高い機能に特化した，しかも非常に簡単な操作で利用できる専用ソフトウェアによらなければならない。

エ チェックリスト法とは，監査対象部門がチェックリストを作成及び利用して，監査対象部門の見解を取りまとめた結果をシステム監査人が点検する技法をいう。

問 60 金融庁"財務報告に係る内部統制の評価及び監査の基準（令和元年）"における，内部統制に関係を有する者の役割と責任の記述のうち，適切なものはどれか。

ア 株主は，内部統制の整備及び運用について最終的な責任を有する。

イ 監査役は，内部統制の整備及び運用に係る基本方針を決定する。

ウ 経営者は，取締役及び執行役の職務の執行に対する監査の一環として，独立した立場から，内部統制の整備及び運用状況を監視，検証する役割と責任を有している。

エ 内部監査人は，モニタリングの一環として，内部統制の整備及び運用状況を検討，評価し，必要に応じて，その改善を促す職務を担っている。

問 61 情報化投資計画において，投資効果の評価指標であるROIを説明したものはどれか。

ア 売上増やコスト削減などによって創出された利益額を投資額で割ったもの

イ 売上高投資金額比，従業員当たりの投資金額などを他社と比較したもの

ウ 現金流入の現在価値から，現金流出の現在価値を差し引いたもの

エ プロジェクトを実施しない場合の，市場での競争力を表したもの

解答・解説

問 58 システム監査基準（平成30年）における予備調査に関する問題

予備調査は，本調査を実施する上で被監査部門の概要を把握し，どこに重点をおいて，どのように監査を実施していくかを決めるために行うものです。関連する文書や資料等の閲覧，監査対象部門や関連部門へのインタビューなどによって，次

の事項を把握します。

> ・監査対象の詳細
> ・事務手続きやマニュアル等を通じた業務内容，業務分掌の体制など

ア：必ずしも現地に赴いて調査をする必要はありません。

イ：正しい。

ウ：本調査の記述です。本調査では，十分な量と確かめるべき事項に適合しかつ証明できる証拠を入手します。

エ：予備調査では，監査対象部門だけでなく関連部門も対象として照会する場合があります。

問 59 監査手続きの実施に際して利用する技法に関する問題

監査手続とは，システム監査時に監査項目についての十分な監査証拠を入手するために，監査技法を選択し，収集するための手順です。監査技法には，チェックリスト法，ドキュメントレビュー法，インタビュー法，ウォークスルー法，突合・照合法，現地調査法，コンピュータ支援監査技法があります。

ア：正しい。

イ：現地調査法は，システム監査人が対象業務の流れなどの状況を観察・調査するので，監査対象部門が業務を行っている必要があり，業務時間内に実施します。

ウ：コンピュータ支援監査技法は，システム監査を支援する専用のソフトウェアだけでなく，表計算ソフトウェアなどを利用して実施する技法です。

エ：チェックリスト法は，システム監査人があらかじめ作成したチェックリストに対して，関係者から回答を求める技法です。

問 60 "財務報告に係る内部統制の評価及び監査の基準（令和元年）"に関する問題

内部統制に関係を有する者の役割と責任は，次のように示されています。

関係を有する者	役割と責任
経営者	組織の全ての活動について最終的な責任を有し，基本方針に基づき内部統制を整備及び運用
取締役会	内部統制の整備及び運用に係る基本方針を決定，経営者による内部統制の整備及び運用に対する監督責任
監査役等	独立した立場から，内部統制の整備及び運用状況を監視，検証
内部監査人	内部統制の整備及び運用状況を検討，評価し，必要に応じて，その改善を促す
組織内のその他の者	自らの業務の関連において，有効な内部統制の整備及び運用に一定の役割を担う

ア：最終的な責任を有するのは，株主ではなく経営者です。

イ：監査役ではなく，取締役会の役割と責任です。

ウ：経営者ではなく，監査役等の役割と責任です。

エ：正しい。

問 61 ROIに関する問題

ROI（Return on Investment）とは，投下資本利益率で，投資額に対する利益の割合です。投資額に見合った利益を出している（投資対効果）か，評価するための指標として用いられます。基本的には次の式で求められます。

$$ROI = \frac{利益額}{投資額} \times 100$$

ROIの値は大きければ大きいほど，投資対効果が高いことになります。

ア：正しい。

イ：優れた手法やプロセスを実行している組織の業務手法と自社の手法を比較して，自社に取り込むことで改善に結びつけるベンチマーキングの説明です。

ウ：NPV（Net Present Value）の説明です。NPV＞0なら，投資価値があると判断されます。

エ：機会損失の説明です。プロジェクトの投資評価に使用されます。

解答	問58 **イ**	問59 **ア**
	問60 **エ**	問61 **ア**

問62 B. H. シュミットが提唱したCEM（Customer Experience Management）における，カスタマーエクスペリエンスの説明として，適切なものはどれか。

- ア 顧客が商品，サービスを購入・使用・利用する際の，満足や感動
- イ 顧客ロイヤルティが失われる原因となる，商品購入時のトラブル
- ウ 商品の購入数・購入金額などの数値で表される，顧客の購買履歴
- エ 販売員や接客員のスキル向上につながる，重要顧客への対応経験

問63 ビッグデータの利活用を促す取組の一つである情報銀行の説明はどれか。

- ア 金融機関が，自らが有する顧客の決済データを分析して，金融商品の提案や販売など，自らの営業活動に活用できるようにする取組
- イ 国や自治体が，公共データに匿名加工を施した上で，二次利用を促進するために共通プラットフォームを介してデータを民間に提供できるようにする取組
- ウ 事業者が，個人との契約などに基づき個人情報を預託され，当該個人の指示又は指定した条件に基づき，データを他の事業者に提供できるようにする取組
- エ 事業者が，自社工場におけるIoT機器から収集された産業用データを，インターネット上の取引市場を介して，他の事業者に提供できるようにする取組

問64 システム要件定義プロセスにおいて，トレーサビリティが確保されていることを説明した記述として，適切なものはどれか。

- ア 移行マニュアルや運用マニュアルなどの文書化が完了しており，システム上でどのように業務を実施するのかを利用者が確認できる。
- イ 所定の内外作基準に基づいて外製する部分が決定され，調達先が選定され，契約が締結されており，調達先を容易に変更することはできない。
- ウ モジュールの相互依存関係が確定されており，以降の開発プロセスにおいて個別モジュールの仕様を変更することはできない。
- エ 利害関係者の要求の根拠と成果物の相互関係が文書化されており，開発の途中で生じる仕様変更をシステムに求められる品質に立ち返って検証できる。

解答・解説

問62 CEMにおけるカスタマーエクスペリエンスに関する問題

従来のマーケット戦略は「どんな人がいつ何を

購入したか」といったデータを蓄え，分析して顧客との良好な関係を維持して販売につなげる，顧客との関係に重点を置いたものでした。これをCRM（Customer Relationship Management。顧

客関係管理）といいます。

これに対して，CEM（Customer Experience Management）は，購入までの間や商品・サービス利用中の心地よい感動，満足感といった顧客体験（カスタマーエクスペリエンス）に重点を置いたものです。良い顧客体験を提供して，自社の商品やサービスに強い愛着をもってもらい，競合他社に乗り換えることなく，繰り返し購入してくれる顧客（ロイヤルカスタマー）を獲得して，売上の向上につなげるマネジメント戦略です。

ア：正しい。顧客に満足感や心地よい感動の体験を与えることが，カスタマーエクスペリエンスです。

イ：商品購入時のトラブルは主に取引や契約上のトラブルであり，カスタマーエクスペリエンスではありません。

ウ：顧客の購買履歴は，顧客が過去にどのような商品を購入したかを記録したもので，カスタマーエクスペリエンスではありません。

エ：重要顧客への対応経験ではなく，顧客に心地よい感動や満足感を体験してもらうものです。

問63 情報銀行に関する問題

情報銀行とは，個人からの委託を受けてパーソナルデータ（個人情報）を管理し，そのデータを第三者に提供するものです。「情報信託機能の認定に係る指針 Ver2.2」において，下記のように定義されています。

> 「情報銀行」は，実効的な本人関与（コントローラビリティ）を高めて，パーソナルデータの流通・活用を促進するという目的の下，利用者個人が同意した一定の範囲において，利用者個人が，信頼できる主体に個人情報の第三者提供を委任するというもの。

情報銀行を運営する事業者は，経営，セキュリティ基準，ガバナンス体制，個人情報の取得方法や利用目的の明示，利用者がコントロールできる機能，損害賠償責任などの認定基準を満たして認定されるので，消費者が安心してサービスを利用できる仕組みになっています。

ア：金融機関における決済データ利活用について

の説明です。金融機関を利用したカード決算や口座振替などの決済データを分析して，顧客のニーズにあった商品やサービスを提供する取組です。

イ：オープンデータの説明です。オープンデータとは，特定のデータに対して，インターネットなどを通じてだれでも容易に利用できるように公開されているべき，とする考え方です。日本の行政が保有しているデータは，一部を除き原則として，全てオープンデータとして公開することになっています。

ウ：正しい。

エ：データ取引市場の説明です。「データ保有者と当該データの活用を希望する者を仲介し，売買等による取引を可能とする仕組み（市場）」と定義されています。

問64 システム要求プロセスにおけるトレーサビリティに関する問題

トレーサビリティ（Traceability）とは追跡可能性を意味し，食品の流通において，生産から店頭までの履歴を追跡する取組等がよく知られています。システム開発においても，要求定義からプログラムの完成までの工程を可視化し追跡できるので，開発の対応漏れやテスト漏れなどを抑え，トラブル時に迅速に対応できるなど，品質を保証できることから重視されています。

ア：業務マニュアルの整備は，だれでも業務を実施できるためには重要ですが，トレーサビリティの確保とは関係がありません。

イ：調達先を容易に変更できないことは契約上の問題であり，トレーサビリティの確保とは関係がありません。

ウ：個別モジュールの仕様を変更できないのはモジュールの依存関係が確定しているためで，トレーサビリティの確保とは関係がありません。

エ：正しい。仕様変更をシステムに求められる品質に立ち返って検証できるので，トレーサビリティが確保されています。

解答	問62 ア	問63 ウ	問64 エ

問65 情報システムの調達の際に作成されるRFIの説明はどれか。

ア 調達者から供給者候補に対して，システム化の目的や業務内容などを示し，必要な情報の提供を依頼すること

イ 調達者から供給者候補に対して，対象システムや調達条件などを示し，提案書の提出を依頼すること

ウ 調達者から供給者に対して，契約内容で取り決めた内容に関して，変更を要請すること

エ 調達者から供給者に対して，双方の役割分担などを確認し，契約の締結を要請すること

問66 組込み機器の開発を行うために，ベンダーに見積りを依頼する際に必要なものとして，適切なものはどれか。ここで，システム開発の手順は共通フレーム2013に沿うものとする。

ア 納品書　　　イ 評価仕様書　　　ウ 見積書　　　エ 要件定義書

問67 Webで広告費を600,000円掛けて，単価1,500円の商品を1,000個販売した。ROAS（Return On Advertising Spend）は何％か。

ア 40　　　イ 60　　　ウ 250　　　エ 600

問68 バランススコアカードで使われる戦略マップの説明はどれか。

ア 切り口となる二つの要素をX軸，Y軸として，市場における自社又は自社製品のポジションを表現したもの

イ 財務，顧客，内部ビジネスプロセス，学習と成長という四つの視点を基に，課題，施策，目標の因果関係を表現したもの

ウ 市場の魅力度，自社の優位性という二つの軸から成る四つのセルに自社の製品や事業を分類して表現したもの

エ どのような顧客層に対して，どのような経営資源を使用し，どのような製品・サービスを提供するのかを表現したもの

解答・解説

問65 RFIに関する問題

情報システムの導入や業務委託では，外部業者

（供給候補者）に**RFP**（Request For Proposal：提案依頼書）を発行して提案を依頼し，提案内容を検討して供給者を決めて契約，実施します。

RFPを作成する際，自社の要求を取りまとめる

ために，供給候補者から自社ではわからない現在の状況において利用可能な技術・製品，供給候補者における導入実績など実現手段に関して必要な情報の提供を依頼することがあります。この依頼のための文書がRFI（Request For Information：情報提供依頼書）です。

RFIをもとにRFPを作成し，供給候補者に指定した期限内で効果的な実現策の依頼をするのが一般的です。

ア：正しい。

イ：RFPの説明です。

ウ：契約内容の変更依頼書の説明です。

エ：契約締結の依頼書の説明です。

問66 ベンダーに見積りを依頼するときに必要なものに関する問題

ア：納品書は，受注した見積書どおりの内容でシステムやソフトウェアが完成していることを伝える文書です（一般的には，商品やサービスを納品すると同時に発行される）。実際には，納品書と一緒に請求書も発行されることが多いです。

イ：評価仕様書は，発注したシステムやソフトウェアが要求定義書のとおりに機能するか確認，検査する（検収）ための文書です。

ウ：見積書は，発注者から示された要求定義書を確認して，開発金額，工程，期間などをベンダーが提示する文書です。

エ：正しい。要件定義書は共通フレーム2013によれば，「何ができるシステムを作りたいかを機能要件（インターフェース，プロセス，データ），非機能要件（品質要件，技術要件，その他の要件）」にまとめて，ベンダーに提示する文書です。

問67 ROASに関する問題

ROAS（Return On Advertising Spend）とは，広告に掛けた費用がどのくらい効果があったか（広告の費用対効果）を表す指標です。ROASの値が大きいほど効果が高いことを示し，次の式で求めることができます。

$$ROAS＝売上÷広告費×100$$

広告による売上は，単価1,500円の商品を1,000個販売したので，1,500円×1,000個＝1,500,000円です。したがって，

$$ROAS＝1,500,000÷600,000×100＝250\%$$

となり，答えは**ウ**です。

問68 バランススコアカードの戦略マップに関する問題

バランススコアカード（BSC：Balanced Score Card）は，企業戦略遂行の具体的目標や施策を次の四つの視点で策定する手法です。

①財務の視点：売上高，利益，流動性比率，自己資本比率など
②顧客の視点：顧客満足度，顧客定着率，クレーム発生率，市場占有率など
③内部ビジネスプロセスの視点：在庫回転率，品質，納期，品切れ率など
④学習と成長の視点：人材育成，新技術開発，知的財産向上など

戦略マップは，上の四つの視点で施策を洗い出し，同義・類似などでグルーピングし，四つの視点の象限に配置して因果関係で結んだものです。

ア：自社や自社製品の市場におけるの位置付けを明確にするポジショニングマップの説明です。

イ：正しい。

ウ：市場の魅力度と自社の優位度の二軸から成る分析ツールとして，ビジネススクリーンがあります。ただし，ビジネススクリーンは九つのセルで分類します。同様の分析を行うPPM（プロダクト・ポートフォリオ・マネジメント）は四つのセルで分類しますが，市場成長率と市場占有率の二軸から成ります。

エ：事業ドメインの説明です。

解答			
問65 **ア**		問66 **エ**	
問67 **ウ**		問68 **イ**	

問69 新規ビジネスを立ち上げる際に実施するフィージビリティスタディはどれか。

ア 新規ビジネスに必要なシステム構築に対するIT投資を行うこと
イ 新規ビジネスの採算性や実行可能性を，調査・分析し，評価すること
ウ 新規ビジネスの発掘のために，アイディアを社内公募すること
エ 新規ビジネスを実施するために必要な要員の教育訓練を行うこと

問70 企業と大学との共同研究に関する記述として，適切なものはどれか。

ア 企業のニーズを受け入れて共同研究を実施するための機関として，各大学にTLO（Technology Licensing Organization）が設置されている。
イ 共同研究で得られた成果を特許出願する場合，研究に参加した企業，大学などの法人を発明者とする。
ウ 共同研究に必要な経費を企業が全て負担した場合でも，実際の研究は大学の教職員と企業の研究者が対等の立場で行う。
エ 国立大学法人が共同研究を行う場合，その研究に必要な費用は全て国が負担しなければならない。

問71 IoTを支える技術の一つであるエネルギーハーベスティングを説明したものはどれか。

ア IoTデバイスに対して，一定期間のエネルギー使用量や稼働状況を把握して，電力使用の最適化を図る技術
イ 周囲の環境から振動，熱，光，電磁波などの微小なエネルギーを集めて電力に変換して，IoTデバイスに供給する技術
ウ データ通信に利用するカテゴリ5以上のLANケーブルによって，IoTデバイスに電力を供給する技術
エ 必要な時だけ，デバイスの電源をONにして通信を行うことによって，IoTデバイスの省電力化を図る技術

解答・解説

問69 フィージビリティスタディに関する問題

フィージビリティスタディとは，FS（Feasibility Study），実現可能性調査，実行可能性調査などといわれ，新規事業やプロジェクトの実施前に，実現できるか，可能性がどの程度あるかを調査することです（**イ**）。

フィージビリティスタディで調査・検証する代表的な対象には次のものがあります。

技術	設備や機器，技術面などで必要な要素があるか
市場	市場性や市場規模，市場競争，売上予測などの市場の状況，顧客ニーズがあるか
財務	事業収支シミュレーション（短期・中期の収支試算），ROI（投資収益率）の予測など
運用	法制度や規制などの外的要件やスタッフ，組織構造，ビジネス戦略といった組織の体制

このように調査・検証する対象が多岐にわたるので，計画する事業やプロジェクトの規模によっては，数ヶ月から数年かかることもあります。

フィージビリティスタディの結果は，新規事業計画を実施するか判断するための資料として用いられます。

問70 企業と大学との共同研究に関する問題

ア：TLOとは，大学や研究機関が開発した技術に関する研究成果を特許などの権利化を行って民間事業者へライセンス供与して新規事業の創出支援など技術移転を行い，その収益の一部を特許料収入として大学等に還元して，大学等はそれを新たな研究資金に充てるという技術移転機関です。事業計画が承認・認定されたTLOの事業者を，「承認や認定TLO」といい，大学に設置することが求められていますが，各大学に設置されてはいません。

イ：特許出願については，特許法で次のように規定されており，発明者は個人名でなければなりません。

特許を受けようとする者は，次に掲げる事項を記載した願書を特許庁長官に提出しなければならない。
一　特許出願人の氏名又は名称及び住所又は居所
二　発明者の氏名及び住所又は居所

ウ：正しい。

エ：共同研究費は企業と大学の両方が納得した形で決めます。

問71 エネルギーハーベスティングに関する問題

エネルギーハーベスティングとは，環境発電技術と呼ばれ，周りの環境から採取できる微小なエネルギーを回収して電力に変換し，機器の動作などに活用する技術です。

例えば人が歩いたときに発生する振動や高速道路の振動を利用した振動力発電，テレビ・携帯電話・無線LANなどが発する電波のエネルギーを利用した電磁波発電，太陽光を利用した光発電など，「どこでも発電」として実用化が進んでいます。

IoTデバイスを導入する場合，電源のないところではどう電源を確保するかという問題があります。また，多数のセンサーを設置する場合には電源からセンサーまで配線する必要がありますが，センサーが大量にある場合は困難です。エネルギーハーベスティング技術を利用して電源を確保できれば，配線がいらなくなります。

ア：EMS（Energy Management System：エネルギーマネジメントシステム）の説明です。

イ：正しい。

ウ：PoE（Power over Ethernet）の説明です。通信用のLANケーブルを利用して電力供給も行う技術です。対応した機器をネットワーク配線のみで稼働できます。

エ：ノーマリーオフコンピューティングの説明です。

解答	問69 **イ**	問70 **ウ**	問71 **イ**

問72 アグリゲーションサービスに関する記述として，適切なものはどれか。

ア 小売販売の会社が，店舗やECサイトなどあらゆる顧客接点をシームレスに統合し，どの顧客接点でも顧客に最適な購買体験を提供して，顧客の利便性を高めるサービス

イ 物品などの売買に際し，信頼のおける中立的な第三者が契約当事者の間に入り，代金決済等取引の安全性を確保するサービス

ウ 分散的に存在する事業者，個人や機能への一括的なアクセスを顧客に提供し，比較，まとめ，統一的な制御，最適な組合せなどワンストップでのサービス提供を可能にするサービス

エ 本部と契約した加盟店が，本部に対価を支払い，販売促進，確立したサービスや商品などを使う権利を受け取るサービス

問73 各種センサーを取り付けた航空機のエンジンから飛行中に収集したデータを分析し，仮想空間に構築したエンジンのモデルに反映してシミュレーションを行うことによって，各パーツの消耗状況や交換時期を正確に予測できるようになる。このように産業機器などにIoT技術を活用し，現実世界や物理的現象をリアルタイムに仮想空間で忠実に再現することを表したものはどれか。

ア サーバ仮想化　　　　　　イ スマートグリッド
ウ スマートメーター　　　　エ デジタルツイン

問74 事業部制組織の特徴を説明したものはどれか。

ア ある問題を解決するために一定の期間に限って結成され，問題解決とともに解散する。

イ 業務を機能別に分け，各機能について部下に命令，指導を行う。

ウ 製品，地域などで構成された組織単位に，利益責任をもたせる。

エ 戦略的提携や共同開発など外部の経営資源を積極的に活用することによって，経営環境に対応していく。

解答・解説

問72 アグリゲーションサービスに関する問題
□□□

アグリゲーションサービスとは，異なる企業から提供されている複数のサービスを集約（aggregation）して，一つのサービスとして利用できる形で提供するサービス形態のことです。

例えば金融関係のアカウントアグリゲーションは，銀行や証券会社，クレジットカード会社など複数の金融機関の口座残高や入出金履歴などの取引情報を一元管理するサービスです。利用している複数の金融サービスのIDやパスワードを登録して共通のアカウントを開設し，この一つのアカウントで複数の金融機関の取引情報を把握できます。

ア：オムニチャネルの記述です。

イ：エスクローサービスの記述です。

ウ：正しい。

エ：フランチャイズの記述です。

問73 デジタルツインに関する問題

「現実世界や物理的現象をリアルタイムに仮想空間で忠実に再現」したものは，デジタルツイン（Digital Twin）といいます。現実と仮想の二つがあるのでデジタルの双子（ツイン）と表現されています。

例えば実物の製品や設備などに接続されたセンサーが測定したIoTデータを，リアルタイムでデジタル空間に送り，その振る舞いを実現することができます。これによって実物の状態をリアルタイムで把握して，状況に応じて遠隔地からの指示や故障の予知とその対応をする，実物ではできないようなシミュレーションを行い改善につなげる，といったことが可能になります。

ア：サーバ仮想化は，1台の物理サーバに仮想化技術によって複数のサーバ（OS）を稼働させて利用する仕組みです。

イ：スマートグリッドは，次世代送電網と呼ばれ，電力の流れを供給側と需要側の両方からコントロールできる送電網です。例えば発電所と家庭や事業所などがネットワークで結ばれて，リアルタイムで電力消費量を把握でき，電力需要のピークに合わせた柔軟な電力供給ができます。

ウ：スマートメーターは，通信機能をもっている

電力量計のことです。HEMS（Home Energy Management System：住宅用エネルギー管理システム）によって，家庭で電気の使用状況が分かり，電力使用量の見える化が可能になり，消費者が自らエネルギーを管理できるようになります。

エ：正しい。

問74 事業部制組織に関する問題

企業には業種や業態に応じて，事業活動を効率的に行うためにさまざまな組織形態があります。代表的な組織形態として，職能別組織，事業部制組織，マトリックス組織，プロジェクト組織，社内ベンチャー組織があります。

事業部制組織は，企業を製品別や地域別，得意先などの部門に分けて，部門単位に利益責任をもたせた独立採算制の事業部として分権化した組織です。各事業部は利益管理単位として独立性をもっており，大幅に分権された分権管理単位の組織形態です。

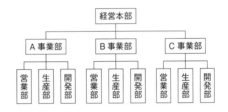

ア：プロジェクト制組織の説明です。

イ：機能別組織の説明です。

ウ：正しい。

エ：オープンイノベーションの説明です。

| 解答 | 問72 ウ | 問73 エ | 問74 ウ |

問
75
ビッグデータ分析の手法の一つであるデシジョンツリーを活用してマーケティング施策の判断に必要な事象を整理し，発生確率の精度を向上させた上で二つのマーケティング施策a，bの選択を行う。マーケティング施策を実行した場合の利益増加額（売上増加額－費用）の期待値が最大となる施策と，そのときの利益増加額の期待値の組合せはどれか。

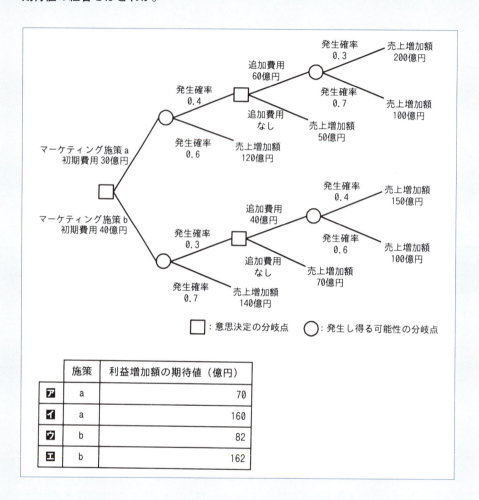

	施策	利益増加額の期待値（億円）
ア	a	70
イ	a	160
ウ	b	82
エ	b	162

問
76
原価計算基準に従い製造原価の経費に算入する費用はどれか。

ア　製品を生産している機械装置の修繕費用
イ　台風で被害を受けた製品倉庫の修繕費用
ウ　賃貸目的で購入した倉庫の管理費用
エ　本社社屋建設のために借り入れた資金の支払利息

解答・解説

問
75
デシジョンツリーを活用した
マーケティング施策に関する問題

■■■

施策aと施策bの利益増加額の期待値を求めて，大きいほうを選択します。デシジョンツリーの最後の枝部分から左の方向に遡って売上増加額期待値を求めていきます。期待値とは，どのくらいの値が得られるかという値で，「（発生する確率×発

生する数値）の合計」で求めることができます。デシジョンツリーの〇では，分岐している枝の売上増加額の期待値を求めます。□では分岐している枝の売上増加額の期待値の大きいほうを選択します。

・施策a

1. 最後の〇における売上増加額の期待値（発生確率0.3と0.7）

$$(0.3 \times 200) + (0.7 \times 100) = 130（億円）$$

追加費用が60億円なので売上増加額は，

$$130 - 60 = 70（億円）$$

2. 施策aの□（発生確率0.4）における選択

追加費用なしのケースの売上増加額は50億円，追加費用60億円のケースは70億円なので，70億円を選択します。

3. 最初の〇における売上増加額の期待値

$$(0.4 \times 70) + (0.6 \times 120) = 100（億円）$$

4. 施策aの利益増加額の期待値

初期費用が30億円なので，

$$100 - 30 = 70（億円）$$

・施策b

1. 最後の〇における売上増加額の期待値（発生確率0.4と0.6）

$$(0.4 \times 150) + (0.6 \times 100) = 120（億円）$$

追加費用が40億円なので売上増加額は，

$$120 - 40 = 80（億円）$$

2. 施策bの□（発生確率0.3）における選択

追加費用なしのケースの売上増加額は，70億円。追加費用40億円のケースは80億円なので，80億円を選択します。

3. 最初の〇における売上増加額の期待値

$$(0.3 \times 80) + (0.7 \times 140) = 122（億円）$$

4. 施策bの利益増加額の期待値

初期費用が40億円なので，

$$122 - 40 = 82（億円）$$

したがって，期待値が最大となる施策はbで，利益増加額の期待値は82億円です（**ウ**）。

問76	製造原価の経費に算入する費用に関する問題

　原価計算基準によれば，原価計算の目的は，財務諸表の作成，価格計算，原価管理，予算の編成と統制，経営の基本計画に必要な原価情報を提供することにあるとされています。

　原価計算をするときには，次のような項目は非原価項目として原価に算入しません。

経営目的に関連しない価値の減少	・次の資産に関する減価償却費，管理費，租税等の費用 - 投資資産の不動産，有価証券，貸付金，未稼働の固定資産，長期にわたり休止している設備 - その他経営目的に関連しない資産 ・寄付金等の経営目的に関連しない支出 ・支払利息，割引料，社債発行割引料償却，社債発行費償却，株式発行費償却，設立費償却，開業費償却，支払保険料等の財務費用
異常な状態を原因とする価値の減少	・異常な仕損，減損，たな卸減耗等 ・火災，震災，風水害，盗難，争議等の偶発的事故による損失 ・予期し得ない陳腐化等によって固定資産に著しい減価を生じた場合の臨時償却費 ・延滞償金，違約金，罰課金，損害賠償金 ・偶発債務損失，訴訟費，臨時多額の退職手当，固定資産売却損および除却損，異常な貸倒損失
税法上特に認められている損失算入項目	・価格変動準備金繰入額 ・租税特別措置法による償却額のうち通常の償却範囲をこえる額
その他の利益剰余金に関する項目	・法人税，所得税，都道府県民税，市町村民税 ・配当金，役員賞与金，任意積立金繰入額，建設利息償却

ア：正しい。

イ：台風で被害を受けたという異常な状態を原因とした価値の減少なので，算入しません。

ウ：投資資産の不動産の管理費は，経営目的に関連しない価値の減少なので，算入しません。

エ：支払利息は，経営目的に関連しない価値の減少なので，算入しません。

解答	問75 **ウ**　　問76 **ア**

問 77 会社の固定費が150百万円，変動費率が60％のとき，利益50百万円が得られる売上高は何百万円か。

ア 333 　　　　イ 425 　　　　ウ 458 　　　　エ 500

問 78 ソフトウェア開発を，下請法の対象となる下請事業者に委託する場合，下請法に照らして，禁止されている行為はどれか。

ア 継続的な取引が行われているので，支払条件，支払期日などを記載した書面をあらかじめ交付し，個々の発注書面にはその事項の記載を省略する。

イ 顧客が求める仕様が確定していなかったので，発注の際に，下請事業者に仕様が未記載の書面を交付し，仕様が確定した時点では，内容を書面ではなく口頭で伝える。

ウ 顧客の都合で仕様変更の必要が生じたので，下請事業者と協議の上，発生する費用の増加分を下請代金に加算することによって仕様変更に応じてもらう。

エ 振込手数料を下請事業者が負担する旨を発注前に書面で合意したので，親事業者が負担した実費の範囲内で振込手数料を差し引いて下請代金を支払う。

問 79 労働者派遣法において，派遣元事業主の講ずべき措置等として定められているものはどれか。

ア 派遣先管理台帳の作成
イ 派遣先責任者の選任
ウ 派遣労働者を指揮命令する者やその他関係者への派遣契約内容の周知
エ 労働者の教育訓練の機会の確保など，福祉の増進

問 80 技術者倫理の遵守を妨げる要因の一つとして，集団思考というものがある。集団思考の説明として，適切なものはどれか。

ア 自分とは違った視点から事態を見ることができず，客観性に欠けること
イ 組織内の権威に無批判的に服従すること
ウ 正しいことが何かは知っているが，それを実行する勇気や決断力に欠けること
エ 強い連帯性をもつチームが自らへの批判的思考を欠いて，不合理な合意へと達すること

解答・解説

問 77 利益が得られる売上高に関する問題

売上高と費用（固定費＋変動費）が同じ点を損

益分岐点といい，売上高が費用を上回れば黒字，下回ると赤字になります。損益分岐点を求める式は下記となります。

損益分岐点売上高＝固定費÷（1－変動費率）
※変動費率＝変動費÷売上高

　この式を応用して，目標とする利益を得るために必要な売上高は，次の式で求めることができます。

必要売上高＝（固定費＋目標利益）÷（1－変動費率）

　この式に問題文の条件（固定費：150百万円，変動費率：60%，目標利益：50百万円）を入れて計算します。

必要売上高＝（150＋50）÷（1－0.6）
　　　　　＝200÷0.4
　　　　　＝500

　したがって，利益50百万円が得られる売上高は500百万円になります（**エ**）。

問 78　下請法で禁止されている行為に関する問題

　下請法では，親事業者の遵守義務と禁止行為が定められています。

親事業者の遵守義務	発注時に発注書面を交付，発注時に支払い期日を定める，取引記録の書類を作成・保存，支払いが遅れた場合は遅延利息を支払う
親事業者の禁止行為	受領拒否，下請代金の減額，下請代金の支払い遅延，不当返品，買いたたき，報復措置，物の購入強制・役務の利用強制，有償支給原材料等の対価の早期決済，割引困難な手形の交付，不当な給付内容の変更・やり直し，不当な経済上の利益の提供要請

ア：継続的な取引が行われている場合，一定期間を通じて共通な事項は，あらかじめ書面で通知しておけば省略できます。

イ：正しい。仕様が確定した時点で，口頭でなく，書面（補充書面）で伝えなければなりません。

ウ：下請事業者と協議の上，増加分を下請代金に加算しているので，禁止行為にはなりません。

エ：下請事業者が負担することを発注前に書面で合意しているので，禁止行為にはなりません。

問 79　労働者派遣法における派遣元事業主の講ずべき措置等に関する問題

　労働者派遣法とは，「労働者派遣事業の適正な運営の確保と派遣労働者の保護等を図り，派遣労働者の雇用の安定と福祉の増進に資する」ことを目的とした法律です。派遣元事業主の講ずべき措置等として，特定有期雇用派遣労働者等の雇用の安定，段階的かつ体系的な教育訓練，不合理な待遇の禁止，職務の内容等を勘案した賃金の決定などが規定されています。

ア：派遣先管理台帳は，派遣先が作成します。

イ：派遣先責任者は，派遣先が選定します。

ウ：派遣先が講ずべき措置等です。

エ：正しい。

問 80　集団思考に関する問題

　集団思考（groupthink）とは，集団で合意や意思決定を行うときに，横並びになるような合意（画一な合意）に陥って最適な意思決定ができない状況です。メンバーが個人的な疑問や意見を抑えて集団の意見や場の空気に合わせてしまい，個々が単独でするよりも不合理な意思決定をする傾向になることです。集団思考を避けるためには，メンバーが異なった意見を出しやすくする，複数の集団に意思決定させるなどの方法があります。

ア：客観性に欠けることではなく，集団の画一性や連帯性に合わせることです。

イ：権威に無批判的に服従するのではなく，集団の一体感や結束力に影響されることです。

ウ：実行する勇気や判断力に欠けていることではなく，集団の意見や場の空気に合わせて不合理な合意をしてしまうことです。

エ：正しい。

解答	問77 **エ**	問78 **イ**
	問79 **エ**	問80 **エ**

〔問題一覧〕
●問1（必須）

問題番号	出題分野	テーマ
問1	情報セキュリティ	マルウェア対策

●問2〜問11（10問中4問選択）

問題番号	出題分野	テーマ
問2	経営戦略	中堅の電子機器製造販売会社の経営戦略
問3	プログラミング	多倍長整数の演算
問4	システムアーキテクチャ	ITニュース配信サービスの再構築
問5	ネットワーク	Webサイトの増設
問6	データベース	KPI達成状況集計システムの開発
問7	組込みシステム開発	位置通知タグの設計
問8	情報システム開発	バージョン管理ツールの運用
問9	プロジェクトマネジメント	金融機関システムの移行プロジェクト
問10	サービスマネジメント	クラウドサービスのサービス可用性管理
問11	システム監査	工場在庫管理システムの監査

> **次の問1は必須問題です。必ず解答してください。**

問1 マルウェア対策に関する次の記述を読んで，設問に答えよ。

　R社は，全国に支店・営業所をもつ，従業員約150名の旅行代理店である。国内の宿泊と交通手段を旅行パッケージとして，法人と個人の双方に販売している。R社は，旅行パッケージ利用者の個人情報を扱うので，個人情報保護法で定める個人情報取扱事業者である。

〔ランサムウェアによるインシデント発生〕
　ある日，R社従業員のSさんが新しい旅行パッケージの検討のために，R社からSさんに支給されているPC（以下，PC-Sという）を用いて業務を行っていたところ，PC-Sに身の代金を要求するメッセージが表示された。Sさんは連絡すべき窓口が分からず，数時間後に連絡が取れた上司からの指示によって，R社の情報システム部に連絡した。連絡を受けた情報システム部のTさんは，PCがランサムウェアに感染したと考え，①PC-Sに対して直ちに実施すべき対策を伝えるとともに，PC-Sを情報システム部に提出するようにSさんに指示した。
　Tさんは，セキュリティ対策支援サービスを提供しているZ社に，提出されたPC-S及びR社LANの調査を依頼した。数日後にZ社から受け取った調査結果の一部を次に示す。
・PC-Sから，国内で流行しているランサムウェアが発見された。
・ランサムウェアが，取引先を装った電子メールの添付ファイルに含まれていて，Sさんが当該ファイルを開いた結果，PC-Sにインストールされた。
・PC-S内の文書ファイルが暗号化されていて，復号できなかった。
・PC-Sから，インターネットに向けて不審な通信が行われた痕跡はなかった。

- PC-Sから，R社LAN上のIPアドレスをスキャンした痕跡はなかった。
- ランサムウェアによる今回のインシデントは，表1に示すサイバーキルチェーンの攻撃の段階では　　a　　まで完了したと考えられる。

表1　サイバーキルチェーンの攻撃の段階

項番	攻撃の段階	代表的な攻撃の事例
1	偵察	インターネットなどから攻撃対象組織に関する情報を取得する。
2	武器化	マルウェアなどを作成する。
3	デリバリ	マルウェアを添付したなりすましメールを送付する。
4	エクスプロイト	ユーザーにマルウェアを実行させる。
5	インストール	攻撃対象組織のPCをマルウェアに感染させる。
6	C&C	マルウェアとC&Cサーバを通信させて攻撃対象組織のPCを遠隔操作する。
7	目的の実行	攻撃対象組織のPCで収集した組織の内部情報をもち出す。

〔セキュリティ管理に関する評価〕

　Tさんは，情報システム部のU部長にZ社からの調査結果を伝え，PC-Sを初期化し，初期セットアップ後にSさんに返却することで，今回のインシデントへの対応を完了すると報告した。U部長は再発防止のために，R社のセキュリティ管理に関する評価をZ社に依頼するよう，Tさんに指示した。Tさんは，Z社にR社のセキュリティ管理の現状を説明し，評価を依頼した。

　R社のセキュリティ管理に関する評価を実施したZ社は，ランサムウェア対策に加えて，特にインシデント対応と社員教育に関連した取組が不十分であると指摘した。Z社が指摘したR社のセキュリティ管理に関する課題の一部を表2に示す。

表2　R社のセキュリティ管理に関する課題（一部）

項番	種別	指摘内容
1	ランサムウェア対策	PC上でランサムウェアの実行を検知する対策がとられていない。
2	インシデント対応	インシデントの予兆を捉える仕組みが整備されていない。
3		インシデント発生時の対応手順が整備されていない。
4	社員教育	インシデント発生時の適切な対応手順が従業員に周知されていない。
5		標的型攻撃への対策が従業員に周知されていない。

　U部長は，表2の課題の改善策を検討するようにTさんに指示した。Tさんが検討したセキュリティ管理に関する改善策の候補を表3に示す。

表3　Tさんが検討したセキュリティ管理に関する改善策の候補

項番	種別	改善策の候補
1	ランサムウェア対策	②PC上の不審な挙動を監視する仕組みを導入する。
2	インシデント対応	PCやサーバ機器，ネットワーク機器のログからインシデントの予兆を捉える仕組みを導入する。
3		PCやサーバ機器の資産目録を随時更新する。
4		新たな脅威を把握して対策の改善を行う。
5		インシデント発生時の対応体制や手順を検討して明文化する。
6		脆弱性情報の収集方法を確立する。
7	社員教育	インシデント発生時の対応手順を従業員に定着させる。
8		標的型攻撃への対策についての社員教育を行う。

〔インシデント対応に関する改善策の具体化〕

Tさんは，表3の改善策の候補を基に，インシデント対応に関する改善策の具体化を行った。Tさんが検討した，インシデント対応に関する改善策の具体化案を表4に示す。

表4　インシデント対応に関する改善策の具体化案

項番	改善策の具体化案	対応する表3の項番
1	R社社内に③インシデント対応を行う組織を構築する。	5
2	R社の情報機器のログを集約して分析する仕組みを整備する。	2
3	R社で使用している情報機器を把握して関連する脆弱性情報を収集する。	b ， c
4	社内外の連絡体制を整理して文書化する。	d
5	④セキュリティインシデント事例を調査し，技術的な対策の改善を行う。	4

検討したインシデント対応に関する改善策の具体化案をU部長に説明したところ，表4の項番5のセキュリティインシデント事例について，特にマルウェア感染などによって個人情報が窃取された事例を中心に，Z社から支援を受けて調査するように指示を受けた。

〔社員教育に関する改善策の具体化〕

Tさんは，表3の改善策の候補を基に，社員教育に関する改善策の具体化を行った。Tさんが検討した，社員教育に関する改善策の具体化案を表5に示す。

表5　社員教育に関する改善策の具体化案

項番	改善策の具体化案	対応する表3の項番
1	標的型攻撃メールの見分け方と対応方法などに関する教育を定期的に実施する。	8
2	インシデント発生を想定した訓練を実施する。	7

R社では，標的型攻撃に対応する方法やインシデント発生時の対応手順が明確化されておらず，従業員に周知する活動も不足していた。そこで，標的型攻撃の内容とリスクや標的型攻撃メールへの対応，インシデント発生時の対応手順に関する研修を，新入社員が入社する4月に全従業員に対して定期的に行うことにした。

また，R社でのインシデント発生を想定した訓練の実施を検討した。図1に示す一連のインシデント対応フローのうち，⑤全従業員を対象に実施すべき対応と，経営者を対象に実施すべき対応を中心に，ランサムウェアによるインシデントへの対応を含めたシナリオを作成することにした。

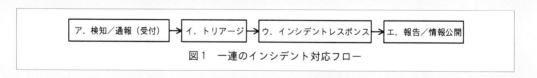

図1　一連のインシデント対応フロー

Tさんは，今回のインシデントの教訓を生かして，ランサムウェアに感染した際にPC内の重要な文書ファイルの喪失を防ぐために，取り外しできる記録媒体にバックアップを取得する対策を教育内容に含めた。検討した社員教育に関する改善策の具体化案をU部長に説明したところ，⑥バックアップを取得した記録媒体の保管方法について検討し，その内容を教育内容に含めるようにTさんに指示した。

設問 1

〔ランサムウェアによるインシデント発生〕について答えよ。

(1) 本文中の下線①について，PC-Sに対して直ちに実施すべき対策を解答群の中から選び，記号で答えよ。

解答群

ア 怪しいファイルを削除する。　　　イ 業務アプリケーションを終了する。

ウ ネットワークから切り離す。　　　エ 表示されたメッセージに従う。

(2) 本文中の ___a___ に入れる適切な攻撃の段階を表1の中から選び，表1の項番で答えよ。

設問 2

〔セキュリティ管理に関する評価〕について答えよ。

(1) 表2中の項番3の課題に対応する改善策の候補を表3の中から選び，表3の項番で答えよ。

(2) 表3中の下線②について，PC上の不審な挙動を監視する仕組みの略称を解答群の中から選び，記号で答えよ。

解答群

ア APT　　　　イ EDR　　　　ウ UTM　　　　エ WAF

設問 3

〔インシデント対応に関する改善策の具体化〕について答えよ。

(1) 表4中の下線③について，インシデント対応を行う組織の略称を解答群の中から選び，記号で答えよ。

解答群

ア CASB　　　　イ CSIRT　　　　ウ MITM　　　　エ RADIUS

(2) 表4中の ___b___ ～ ___d___ に入れる適切な表3の項番を答えよ。

(3) 表4中の下線④について，調査すべき内容を解答群の中から全て選び，記号で答えよ。

解答群

ア 使用された攻撃手法　　　　イ 被害によって被った損害金額

ウ 被害を受けた機器の種類　　　エ 被害を受けた組織の業種

設問 4

〔社員教育に関する改善策の具体化〕について答えよ。

(1) 本文中の下線⑤について，全従業員を対象に訓練を実施すべき対応を図1の中から選び，図1の記号で答えよ。

(2) 本文中の下線⑥について，記録媒体の適切な保管方法を20字以内で答えよ。

ランサムウェア感染後の改善策

専門用語の意味を問う設問が目立ちました。情報セキュリティの出題分野の場合，従来はサイバー攻撃の手法に関する用語など狭義の情報セキュリティの用語を押さえておけば対応できましたが，もう少し広い範囲での

知識を問われるように変化しています。周辺の知識の習得にも積極的に努めましょう。
また，問1（情報セキュリティ）に限っていうと，記述式の設問が少なく，今後もしばらくこの傾向が続く可能性があります。

設問1の解説

□□□

● （1）について

感染後に行う操作によって，その操作をきっかけに状況が悪化するおそれがあります。

ランサムウェアの種類にもよりますが，感染すると，同じネットワーク内にある他のパソコンへの感染拡大を試みるランサムウェアが多数存在します。そのため，被害の拡大を食い止めるために，ランサムウェアに感染したと思しき場合には当該パソコンをネットワークから切り離すべきです。

● （2）について

・【空欄a】

PC-S内の文書ファイルが暗号化されていて，復号できなかったのは，ランサムウェアに感染してしまったためです。したがって，表1の項番5（インストール）は完了してしまっています。

一方，PC-Sからインターネットに向けて不審な通信が行われた痕跡はなく，R社LAN上のIPアドレスをスキャンした痕跡もありません。したがって，表1の項番6（C&C）に記載されている「C&Cサーバを通信させて〜」という状況には至っていないと考えられます。

解答	(1) ウ (2) a：5

設問2の解説

□□□

● （1）について

表2の項番3はインシデント対応に関する課題なので，課題に対する改善策を示す表3の中のインシデント対応に関する改善策から選択します。

今回，インシデント発生時の対応手順が整備されていないために，Sさんは連絡すべき窓口がわからず，PC-Sを情報システム部に提出するまでに時間がかかってしまいました。したがって，インシデント発生時の対応手順の明文化（項番5）が改善策になります。

● （2）について

解答群のそれぞれの字句の意味は以下のとおりです。

字句	意味
APT	Advanced Package Tool。ソフトウェアの更新や削除を自動的に行い，ソフトウェアの管理を容易に行う仕組み
EDR	Endpoint Detection and Response。パソコンなど各機器の動作を監視し，不審な挙動を検知したら適切な対応を行う仕組み
UTM	Unified Threat Management。複数の情報セキュリティの機能をひとつに集約した仕組み
WAF	Web Application Firewall。Webアプリケーションへの不正な攻撃からWebサイトを保護する情報セキュリティの仕組み

このうち，下線②に合致するのは，EDR（イ）となります。

解答	(1) 5 (2) イ

設問3の解説

□□□

● （1）について

解答群のそれぞれの字句の意味は以下のとおりです。

字句	意味
CASB	Cloud Access Security Broker。クラウドサービスを利用する際の情報セキュリティ対策のコンセプト

字句	意味
CSIRT	Computer Security Incident Response Team。インシデントが発生した場合に適切に対応するための専門の組織
MITM	Man in the middle attack。攻撃者が送信者と受信者の間に入り込み，通信内容の盗聴や改ざんを行う攻撃手法
RADIUS	Remote Authentication Dial In User Service。ネットワーク上でユーザ認証を行う通信プロトコルのひとつ

このうち，下線③に合致するのは，CSIRT（**イ**）となります。

● （2）について

表4はインシデント対応に関する改善策と具体化案のため，表3のうち，種別がインシデント対応である項番2～6の中から選択することが大前提となります。

・【空欄b，c】

表4の項番3を前半部分と後半部分とに分割して考えると，前半部分に相当する「R社で使用している情報機器を把握」に紐づくのが，表3の項番3（PCやサーバ機器の資産目録を随時更新する）になります。また，後半部分に相当する「脆弱性情報を収集する」に紐づくのが，表3の項番6（脆弱性情報の収集方法を確立する）になります。

・【空欄d】

表4の項番4（社内外の連絡体制を整理して文書化する）は，文書化とは明文化することですから，表3の項番5（インシデント発生時の対応体制や手順を検討して明文化する）に対応します。

● （3）について

技術的な対策の改善であることが，この設問の主旨です。

一般的に，攻撃手法がわかれば，その攻撃を防御するための技術的な対策を取ることが可能です（**ア**）。また，攻撃を受けた機器やその機器に搭載されているOSなどの種類がわかれば，その機器やOSなどに特化した技術的な対策を取ることが可能です（**ウ**）。

しかし，損害金額（**イ**）や業種（**エ**）がわかっても，取るべき技術的な対策につながりません。

解答	(1) **イ** (2) b：3　　c：6 　　d：5　　（b，cは順不同） (3) **ア**，**ウ**

設問4の解説

□□□

● （1）について

ア：検知／通報（受付）は，全従業員を対象に訓練を実施すべきです。今回のPC-Sがランサムウェアに感染した事例についても，インシデントを検知してから通報するまでの初動に時間がかかっており，被害が拡大されかねませんでした。

イ：トリアージとは，発生した情報セキュリティのインシデントに対して，緊急性や重要性に応じて対応のための優先度をつけることです。本問のケースでは情報システム部が担当しますが，被害の程度などによってもっと上位の組織が担当する場合もあります。

ウ：インシデントレスポンスは，発生したインシデントに対して，実際に処置を行うことです。これも情報システム部が中心になって対応します。

エ：報告／情報公開は，対応したインシデントの事例について関係者に周知を図ることです。そのためインシデントを対応した組織が主体的に行います。

● （2）について

取り外しできる記憶媒体の場合，紛失や盗難に遭うリスクが懸念されます。使用しているとき以外には鍵のかかる引き出しやロッカーに保管し，紛失や盗難のリスク対策を行わなければいけません。

また保管方法ではないため，この設問とは直接関係ありませんが，指紋認証つきの記憶媒体を利用するなど，万が一紛失や盗難に遭った場合でも情報の流出を防げる対策も必要かもしれません。

解答	(1) **ア** (2) 鍵のかかる引き出しやロッカーに保管する（19文字）

次の問2〜問11については4問を選択し，答案用紙の選択欄の問題番号を○印で囲んで解答してください。
　なお，5問以上○印で囲んだ場合は，**はじめの4問**について採点します。

問 2 中堅の電子機器製造販売会社の経営戦略に関する次の記述を読んで，設問に答えよ。

　Q社は，中堅の電子機器製造販売会社で，中小のスーパーマーケット（以下，スーパーという）を顧客としている。Q社の主力製品は，商品管理に使用するバーコードを印字するラベルプリンター，及びバーコードを印字する商品管理用のラベル（以下，バーコードラベルという）などの消耗品である。さらに，技術を転用してバーコード読取装置（以下，バーコードリーダーという）も製造販売している。

　顧客がバーコードラベルを使用する場合は，商品に合った大きさ，厚さ，及び材質のバーコードラベルが必要になり，これに対応してラベルプリンターの設定が必要になる。商品ごとに顧客の従業員がマニュアルを見ながら各店舗でラベルプリンターの画面から操作して設定しているが，続々と新商品が出てくる現在，この設定のスキルの習得は，慢性的な人手不足に悩む顧客にとって負担となっている。

〔現在の経営戦略〕

　Q社では，ラベルプリンターの機種を多数そろえるとともに，ラベルプリンター及びバーコードリーダーと連携して商品管理や消耗品の使用量管理などを支援するソフトウェアパッケージ（以下，Q社パッケージという）を業界で初めて開発して市場に展開し，①競合がない市場を切り開く経営戦略を掲げ，次に示す施策に基づき積極的に事業展開して業界での優位性を保っている。
・顧客の従業員がQ社パッケージのガイド画面から操作して，接続されている全ての店舗のラベルプリンターの設定を一度に変更することで，これまでと比べて負担を軽減できる。さらに②顧客の依頼に応じて，ラベルプリンターの設定作業を受託する。
・ラベルプリンターの販売価格は他社より抑え，バーコードラベルなどの消耗品の料金体系は，Q社パッケージで集計した使用量に応じたものとする。
・毎年，従来機種を改良したラベルプリンターを開発し，ラベルプリンターが有する様々な便利な機能を最大限活用できるように，Q社パッケージの機能を拡充する。

　これらの施策の実施によって，Q社は，　　　a　　　ビジネスモデルを実現し，価格設定や顧客への対応などが受け入れられて，リピート受注を確保でき，業界平均以上の収益性を維持している。

〔現在の問題点〕

　一方で，今後も業界での優位性を維持するには次の問題もある。
・最近開発したラベルプリンターで，設置される環境や操作性などについて，顧客ニーズの変化を十分に把握しきれておらず，顧客満足度が低い機種がある。
・ラベルプリンターは定期的に予防保守を行い，部品を交換しているが，交換する前に故障が発生してしまうことがある。故障が発生した場合のメンテナンスは，顧客の担当者から故障連絡を受けて，高い頻度で発生する故障の修理に必要な部品を持って要員が現場で対応している。しかし，故障部位の詳細な情報は事前に把握できず，修理に必要な部品を持っていない場合は，1回の訪問で修理が完了せず，顧客の業務に影響が出たことがある。また，複数の故障連絡が重なるなど，要員の作業の繁閑が予測困難で，要員が計画的に作業できずに苦慮している。
・多くの顧客では，消費期限が近くなった商品の売れ残りが発生しそうな場合には，消費期限と売れ残りの見通しから予測した時刻に，値引き価格を印字したバーコードラベルを重ねて貼っている。食品の取扱いが多い顧客からは，顧客の戦略目標の一つである食品廃棄量削減を達成するために，値引き価格を印字したバーコードラベルを貼る適切な時刻を通知する機能を情報システムで提供するよう要望を受けているが，現在のQ社パッケージで管理するデータだけでは対応できない。

・ラベルプリンターの製造コストは業界では平均的だが，バーコードリーダーは，開発に多くの要員を割かれていて製造コストは業界での平均よりも高い。バーコードリーダーの製造販売において，他社と差別化できておらず，販売価格を上げられないので利益を確保できていない。
・ラベルプリンターでは，スーパーを顧客とする市場が飽和状態になりつつある中で，大手の事務機器製造販売会社のS社がラベルプリンターを開発して，スーパーを顧客とする事務機器の商社を通して大手のスーパーに納入した。S社は，スーパーとの直接的な取引はないが，今後，Q社が事業を展開している中小のスーパーを顧客とする市場にも進出するおそれが出てきた。
　　将来に備えて経営戦略を強化することを考えたQ社のR社長は，外部企業へ依頼して，Q社が製造販売する製品と提供するサービスに関する調査を行った。

〔経営戦略の強化〕
　　調査の結果，R社長は次のことを確認した。
・ラベルプリンターの開発において，顧客ニーズの変化に素早く対応して他社との差別化を図らなければ，顧客満足度が下がり業界での優位性が失われる。
・メンテナンス対応において，故障による顧客業務への影響を減らせば顧客満足度が上がる。顧客満足度を上げれば，既存顧客からのリピート受注率が高まる。
・顧客満足度を上げるためには，製品開発力及びメンテナンス対応力を強めることに加えて，顧客が情報システムに求める機能の提供力を強めることが必要である。
・バーコードリーダーは，Q社のラベルプリンターやQ社パッケージの製造販売と競合せず，POS端末及び中小のスーパーで定評のある販売管理ソフトウェアパッケージを製造販売するU社から調達できる。
　　そして，Q社及びS社の現状に対して，競争要因別の顧客から見た価値の相対的な高さと，R社長が強化すべきと考えたQ社の計画を図1に示す戦略キャンバス（抜粋）にまとめた。

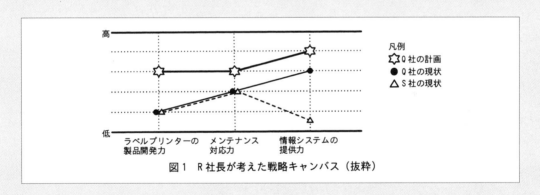

図1　R社長が考えた戦略キャンバス（抜粋）

　　R社長は戦略キャンバス（抜粋）に基づいて，業界での優位性を維持するために社内の幹部と次に示す重点戦略をまとめた。
(1) ラベルプリンターの製品開発力
　　ラベルプリンターの製品開発において，顧客のニーズを聞き，迅速にラベルプリンターの試作品を開発して顧客に確認してもらうことで，従来よりも的確にニーズを取り込めるようにする。
　　ラベルプリンターの試作や顧客確認などの開発段階での業務量が増えることになるが，
　 b 　 。これによって，開発要員を増やさないことと製品開発力を強化することとの整合性を確保する。
(2) メンテナンス対応力
　　R社長は，メンテナンス対応の要員数を変えず，③メンテナンス対応力を強化して顧客満足度を上げることを考えた。具体的には，④Q社パッケージが，インターネット経由で，Q社のラベルプリンターの稼働に関するデータ，及びモーターなどの部品の劣化の兆候を示す電圧変化などのデータを収集して適宜Q社に送信する機能を実現する。

(3) 情報システムの提供力

　Q社の業界での優位性を更に高めるために，⑤SDGsの一つである“つくる責任，つかう責任”に関して，顧客が食品の廃棄量の削減を達成するための支援機能など，Q社パッケージの機能追加を促進する。このために，U社と連携してQ社パッケージとU社の販売管理ソフトウェアパッケージとを連動させる。

設問　1

〔現在の経営戦略〕について答えよ。
(1) 本文中の下線①について，Q社が実行している戦略を解答群の中から選び，記号で答えよ。

解答群

ア	コストリーダーシップ戦略	イ	市場開拓戦略
ウ	フォロワー戦略	エ	ブルーオーシャン戦略

(2) 本文中の下線②について，Q社が設定作業を受託する背景にある顧客の課題は何か。25字以内で答えよ。
(3) 本文中の　　a　　に入れる適切な字句を解答群の中から選び，記号で答えよ。

解答群

ア　Q社パッケージの販売利益でバーコードラベルなどの消耗品の赤字を補填する
イ　バーコードラベルなどの消耗品で利益を確保する
ウ　バーコードラベルなどの消耗品を安く販売し，リピート受注を確保する
エ　ラベルプリンターの販売利益でバーコードラベルなどの消耗品の赤字を補填する

設問　2

〔経営戦略の強化〕について答えよ。
(1) 本文中の答えよ。　　b　　に入れる適切な字句を解答群の中から選び，記号で答えよ。

解答群

ア　Q社パッケージの販売を中止し，開発要員をラベルプリンターの開発に振り向ける
イ　バーコードリーダーの開発を中止し，開発要員をラベルプリンターの開発に振り向ける
ウ　メンテナンス要員をラベルプリンターの開発に振り向ける
エ　ラベルプリンターの機種を減らし，開発要員を減らす

(2) 本文中の下線③について，R社長の狙いは何か。〔経営戦略の強化〕中の字句を用い，15字以内で答えよ。
(3) 本文中の下線④について，顧客の業務への影響を減らすために，Q社において可能となることを二つ挙げ，それぞれ15字以内で答えよ。また，それらによって，Q社にとって，どのようなメリットがあるか。〔現在の問題点〕を参考に，15字以内で答えよ。
(4) 本文中の下線⑤の支援機能として，情報システムで提供する機能は何か。35字以内で答えよ。

問2の ポイント　中堅の電子機器製造販売会社の経営戦略

中小のスーパーマーケットを顧客とする中堅の電子機器製造販売会社における経営戦略に関する出題です。ブルーオーシャン戦略，戦略キャンバスなどの知識，応用力が問われ

ています。スーパーマーケット向け商品開発というテーマは，馴染みが薄い方も多いと思われますが，問題をしっかり読み込むことでヒントを得ることができます。

設問1の解説
□□□

戦略キャンバス

ブルーオーシャン戦略において，競争要素を視覚化するためのグラフィカルな表現ツールのこと。横軸に競争要素，縦軸にその競争要素の達成度をプロットし，企業や製品の競争状況を把握することで，競合企業との違いや顧客価値の差別化を明確にする。

● （1）について

解答群のそれぞれの戦略の意味は以下のとおりです。

字句	意味
コストリーダーシップ戦略	企業が競争相手よりも低コストで製品やサービスを提供し，市場でリーダー的地位を確立することを目指す戦略。低コスト体制を構築することで，利益率の向上や価格競争力の強化が可能となる。
市場開拓戦略	新たな市場や顧客層を開拓することに焦点を当てた戦略。新製品開発や既存製品の改良，ターゲット市場の拡大などを通じて，新たな収益源を創出し，事業の成長を目指す。
フォロワー戦略	市場での競争相手がすでに確立した成功モデルを追随し，そのノウハウや技術を活用して成功を目指す戦略。リスクを最小限に抑えながら，既存の市場で成功している企業を参考に，自社の競争力を高める。
ブルーオーシャン戦略	競争の激しい市場（レッドオーシャン）から脱却し，競争の少ない新たな市場（ブルーオーシャン）を創出することを目指す戦略。従来の競争要素に捉われず，価値革新を通じて顧客ニーズを満たし，市場のルールを変革する。顧客価値の向上や，独自の価値提案を作り出すことを重視する。

したがって，下線①の「競合がない市場を切り開く経営戦略」に該当するのは，「ブルーオーシャン戦略」（**エ**）です。

● （2）について

ラベルプリンターの設定作業を受託しているのは，顧客側にその作業を実施できない理由があると考えます。その理由を探すと「続々と新商品が出てくる現在，この設定の習得は慢性的な人手不足に悩む顧客にとって負担になっている」と記載されており，これが該当します。

● （3）について

・【空欄a】

ア　エ：バーコードラベルなどの消耗品が赤字だとの記載はありません。

イ：正しい。ラベルプリンターの価格は低く抑え，バーコードラベルなどの消耗品で収益を確保する戦略です。このようなビジネスモデルをリカーリングと呼びます。

ウ：ラベルプリンターは他社より安く販売しており，販売利益が高いとは言えません。

リカーリング

顧客が定期的に支払いを行うことで継続的な収益が発生するビジネスモデルのこと。

解答	(1) **エ** (2) 慢性的人手不足で設定スキル習得が負担となっている（24文字） (3) a : **イ**

設問2の解説
□□□

● （1）について

・【空欄b】

空欄bの前後の文章から，会社全体としては開発要員を増やさずに，ラベルプリンターの製品開発力を強化する方法を考えます。

すると，〔現在の問題点〕に「バーコードリーダーは他社と機能において差別化できておらず，

販売価格を上げられないので，利益を確保できていない」との説明があります。また，〔経営戦略の強化〕には「バーコードリーダーは競合しないU社から調達できる」との説明があります。

このことから，バーコードリーダーの自社製造を中止し，その開発要員を付加価値が高められるラベルプリンターの開発に振り向けることが得策であることが分かります。

● （2）について

〔経営戦略の強化〕に「顧客満足度を上げれば，既存顧客からのリピート受注率が高まる」との記載があります。したがって，顧客満足度を上げるのは「リピート受注率を高める」ことが狙いと分かります。

● （3）について

〔現在の問題点〕には，「故障部位の詳細な情報が事前に把握できないので，修理部品がない場合は1回の訪問で修理が完了せず，顧客の業務に影響が出たことがある」と記載されています。

また「複数の故障業務が重なるなど要員の作業繁閑が予測不能で，要員が計画的に作業できない」旨も説明されています。下線④が実現できれ

ば，事前に故障部分が把握できるので1回の訪問で修理を完了することが可能になります。また，事前に不調部分を把握できるので，故障前に部品を交換することが可能になります。これらの結果，要員が計画的に作業できるメリットが生まれます。

● （4）について

食品の廃棄量の削減に関連する記述を探すと，〔現在の問題点〕に「値引き価格を印字したバーコードラベルを貼る適切な時刻を通知する機能を情報システムで提供するよう要望を受けている」との記載があるので，これが該当します。

解答	(1) b：**1**
	(2) リピート受注率を高める（11文字）
	(3) 可能となること： ①1回の訪問で修理を完了できる（14文字） ②故障発生前に部品交換できる（13文字） メリット：要員が計画的に作業できる（12文字）
	(4) 値引き価格を印字したバーコードラベルを貼る適切な時刻を通知する機能（33文字）

問3 多倍長整数の演算に関する次の記述を読んで，設問に答えよ。

コンピュータが一度に処理できる整数の最大桁には，CPUが一度に扱える情報量に依存した限界がある。一度に扱える桁数を超える演算を行う一つの方法として10を基数とした多倍長整数（以下，多倍長整数という）を用いる方法がある。

〔多倍長整数の加減算〕

多倍長整数の演算では，整数の桁ごとの値を，1の位から順に1次元配列に格納して管理する。例えば整数123は，要素数が3の配列に{3，2，1}を格納して表現する。

多倍長整数の加算は，"桁ごとの加算"の後，"繰り上がり"を処理することで行う。456＋789を計算した例を図1に示す。

桁ごとの加算：{6, 5, 4} + {9, 8, 7} → {6+9, 5+8, 4+7} → {15, 13, 11}
繰り上がり　：{⑮, 13, 11} → {5, ⑭, 11} → {5, 4, ⑫} → {5, 4, 2, ①}
　　　　　　　1の位の繰り上がり　10の位の繰り上がり　100の位の繰り上がり

図1　456＋789を計算した例

"桁ごとの加算"を行うと，配列の内容は{15, 13, 11}となる。1の位は15になるが，15は10×1＋5なので，10の位である13に1を繰り上げて{5, 14, 11}とする。これを最上位まで繰り返す。最上位で繰り上がりが発生する場合は，配列の要素数を増やして対応する。減算も同様に"桁ごとの減算"と"繰り下がり"との処理で計算できる。

〔多倍長整数の乗算〕

　多倍長整数の乗算については，計算量を削減するアルゴリズムが考案されており，その中の一つにカラツバ法がある。ここでは，桁数が2のべき乗で，同じ桁数をもった正の整数同士の乗算について，カラツバ法を適用した計算を行うことを考える。桁数が2のべき乗でない整数や，桁数が異なる整数同士の乗算を扱う場合は，上位の桁を0で埋めて処理する。例えば，123×4は0123×0004として扱う。

〔ツリー構造の構築〕

　カラツバ法を適用した乗算のアルゴリズムは，計算のためのツリー構造（以下，ツリーという）を作る処理と，ツリーを用いて演算をする処理から成る。ツリーは，多倍長整数の乗算の式を一つのノードとし，一つのノードは3個の子ノードをもつ。

　M桁×M桁の乗算の式について，乗算記号の左右にある値を，それぞれM/2桁ずつに分けてA，B，C，Dの四つの多倍長整数を作る。これらの整数を使って，①A×C，②B×D，③（A＋B）×（C＋D）の3個の子ノードを作り，M/2桁×M/2桁の乗算を行う層を作る。（A＋B），（C＋D）は多倍長整数の加算の結果であるが，ここでは"桁ごとの加算"だけを行い，"繰り上がり"の処理はツリーを用いて行う演算の最後でまとめて行う。生成した子ノードについても同じ手順を繰り返し，1桁×1桁の乗算を行う最下層のノードまで展開する。

　1234×5678についてのツリーを図2に示す。図2の層2の場合，①は12×56，②は34×78，③は46×134となる。③の（C＋D）は，"桁ごとの加算"だけの処理を行うと，10の位が5＋7＝12，1の位が6＋8＝14となるので，12×10＋14＝134となる。

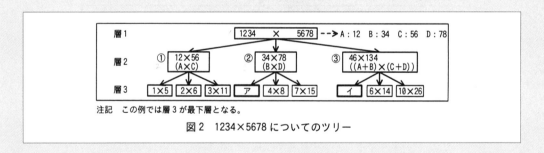

注記　この例では層3が最下層となる。
図2　1234×5678 についてのツリー

〔ツリーを用いた演算〕

　ツリーの最下層のノードは，整数の乗算だけで計算できる。最下層以外の層は，子ノードの計算結果を使って，次の式で計算できることが分かっている。ここで，α，β，γは，それぞれ子ノード①，②，③の乗算の計算結果を，Kは対象のノードの桁数を表す。

$$\alpha \times 10^K + (\gamma - \alpha - \beta) \times 10^{K/2} + \beta \quad \cdots\cdots (1)$$

　図2のルートノードの場合，K＝4，α＝672，β＝2652，γ＝6164なので，計算結果は次のとおりとなる。

$$672 \times 10000 + (6164 - 672 - 2652) \times 100 + 2652 = 7006652$$

〔多倍長整数の乗算のプログラム〕

　桁数が2のべき乗の多倍長整数val1，val2の乗算を行うプログラムを作成した。

　プログラム中で利用する多倍長整数と，ツリーのノードは構造体で取り扱う。構造体の型と要素を表1に示す。構造体の各要素には，構造体の変数名.要素名でアクセスできる。また，配列の添字は1から始まる。

表1　構造体の型と要素

構造体の型	要素名	要素の型	内容
多倍長整数	N	整数	多倍長整数の桁数
	values	整数の配列	桁ごとの値を管理する1次元配列。1の位の値から順に値を格納する。配列の要素は，必要な桁を全て格納するのに十分な数が確保されているものとする。
ノード	N	整数	ノードが取り扱う多倍長整数の桁数。図2の1234×5678のノードの場合は4である。
	val1	多倍長整数	乗算記号の左側の値
	val2	多倍長整数	乗算記号の右側の値
	result	多倍長整数	乗算の計算結果

　多倍長整数の操作を行う関数を表2に，プログラムで使用する主な変数，配列及び関数を表3，与えられた二つの多倍長整数からツリーを構築するプログラムを図3に，そのツリーを用いて演算を行うプログラムを図4に，それぞれ示す。表2，表3中のp，q，v1，v2の型は多倍長整数である。また，図3，図4中の変数は全て大域変数である。

表2　多倍長整数の操作を行う関数

名称	型	内容
add(p, q)	多倍長整数	pとqについて，"桁ごとの加算"を行う。
carry(p)	多倍長整数	pについて"繰り上がり"・"繰り下がり"の処理を行う。
left(p, k)	多倍長整数	pについて，valuesの添字が大きい方のk個の要素を返す。pのvaluesが{4, 3, 2, 1}，kが2であれば，valuesが{2, 1}の多倍長整数を返す。
right(p, k)	多倍長整数	pについて，valuesの添字が小さい方のk個の要素を返す。pのvaluesが{4, 3, 2, 1}，kが2であれば，valuesが{4, 3}の多倍長整数を返す。
lradd(p, k)	多倍長整数	add(left(p, k), right(p, k))の結果を返す。
shift(p, k)	多倍長整数	pを10^k倍する。
sub(p, q)	多倍長整数	pとqについて，"桁ごとの減算"を行いp−qを返す。

表3　使用する主な変数，配列及び関数

名称	種類	型	内容
elements[]	配列	ノード	ツリーのノードを管理する配列。ルートノードを先頭に，各層の左側のノードから順に要素を格納する。図2の場合は，{1234×5678, 12×56, 34×78, 46×134, 1×5, 2×6, …}の順で格納する。
layer_top[]	配列	整数	ルートノードから順に，各層の左端のノードの，elements配列上での添字の値を格納する。図2の場合は1234×5678, 12×56, 1×5の添字に対応する{1, 2, 5}が入る。
mod(m, k)	関数	整数	mをkで割った剰余を整数で返す。
new_elem(k,v1,v2)	関数	ノード	取り扱う多倍長整数の桁数がkで，v1×v2の乗算を表すノード構造体を新規に一つ作成して返す。
pow(m, k)	関数	整数	mのk乗を整数で返す。kが0の場合は1を返す。
t_depth	変数	整数	ツリーの層の数。図2の場合は3である。
val1, val2	変数	多倍長整数	乗算する対象の二つの値。図2の場合，ルートノードの二つの値で，val1は1234，val2は5678である。
answer	変数	多倍長整数	乗算の計算結果を格納する変数

```
// ツリーの各層の，elements配列上での先頭インデックスを算出する
layer_top[1] ← 1                                    // ルートノードは先頭なので1を入れる
for (iを1からt_depth − 1まで1ずつ増やす)
  layer_top[i + 1] ← layer_top[i] +   ウ
endfor


// ツリーを構築する
elements[1] ← new_elem(val1.N, val1, val2)   // ルートノードを用意。桁数はval1の桁数を使う
for (dpを1からt_depth − 1まで1ずつ増やす)       // ルートノードの層から，最下層以外の層を順に処理
  for (iを1からpow(3, dp − 1)まで1ずつ増やす)   // 親ノードになる層の要素数だけ繰り返す
    pe ← elements[layer_top[dp] + (i − 1)]    // 親ノードの要素を取得
    cn ← pe.N / 2                             // 子ノードの桁数を算出
    tidx ← layer_top[dp + 1] +   エ           // 子ノード①へのインデックス
    elements[tidx    ] ← new_elem(cn, left(  オ  , cn), left(  カ  , cn))
    elements[tidx + 1] ← new_elem(cn, right(  オ  , cn), right(  カ  , cn))
    elements[tidx + 2] ← new_elem(cn, lradd(  オ  , cn), lradd(  カ  , cn))
  endfor
endfor
```

図3　与えられた二つの多倍長整数からツリーを構築するプログラム

```
// 最下層の計算
for (iを1からpow(3, t_depth − 1)まで1ずつ増やす)    // 最下層の要素数は3のt_depth−1乗個
  el ← elements[layer_top[t_depth] + (i − 1)]     // 最下層のノード
  mul ← el.val1.values[1] * el.val2.values[1]     // 最下層の乗算
  el.result.N ← 2                                 // 計算結果は2桁の多倍長整数
  el.result.values[1] ←   キ                      // 1の位
  el.result.values[2] ← mul / 10                  // 10の位
endfor


// 最下層以外の計算
for (dpをt_depth − 1から1まで1ずつ減らす)           // 最下層より一つ上の層から順に処理
  for (iを1からpow(3, dp − 1)まで1ずつ増やす)       // 各層の要素数だけ繰り返す
    el ← elements[layer_top[dp] + (i − 1)]        // 計算対象のノード
    cidx ← layer_top[dp + 1] +   エ               // 子ノード①へのインデックス
    s1 ← sub(   ク   .result,   ケ   .result )
    s2 ← sub(s1, elements[cidx + 1].result)       // γ−α−β を計算
    p1 ← shift(elements[cidx].result, el.N)       // α×10^K を計算
    p2 ← shift(s2, el.N / 2)                       // (γ−α−β)×10^{K/2} を計算
    p3 ← elements[cidx + 1].result                // β を計算
    el.result ← add(add(p1, p2), p3)
  endfor
endfor


// 繰り上がり処理
answer ← carry(elements[1].result)               // 計算結果をanswerに格納
```

注記　図4中の   エ   には，図3中の   エ   と同じ字句が入る。

図4　ツリーを用いて演算を行うプログラム

設問　1

図2中の　ア　，　イ　に入れる適切な字句を答えよ。

設問　2

　図2中の層2にある46×134のノードについて，本文中の式（1）の数式は具体的にどのような計算式になるか。次の式の①～④に入れる適切な整数を答えよ。

$$(①)×100+((②)−(③)−84)×10+(④)$$

設問 3

図3中の ［ ウ ］ ～ ［ カ ］ に入れる適切な字句を答えよ。

設問 4

図4中の ［ キ ］ ～ ［ ケ ］ に入れる適切な字句を答えよ。

設問 5

N桁同士の乗算をする場合，多倍長整数の構造体において，配列valuesに必要な最大の要素数は幾つか。Nを用いて答えよ。

問3の ポイント — 多倍長整数の演算に関するプログラム

多倍長整数の乗算に使われる「カラツバ法」を用いて解を求めるプログラム設計の問題です。アルゴリズムの基本的な流れを問われています。難易度は高く時間がかかるとこ ろもありますが，配列や添字の動きをよく理解し，処理を丁寧に追いましょう。アルゴリズムの問題は午後では毎年出題されますので，確実に得点できるようにしましょう。

多倍長整数

コンピュータで通常よりも大きな整数を表現するための数学的な手法。普通の整数では限られた範囲の数しか表現できないが，多倍長整数を使うことで，もっと大きな数を扱うことが可能となる。

カラツバ（Karatsuba）法

1960年にアナトリー・カラツバによって考案された高速な乗算アルゴリズム。伝統的な筆算法に比べて計算量が少なく，大きな数の乗算を効率的に行うことが可能。

設問1の解説
□□□

・【空欄ア，イ】

②の34×78は，3×7と4×8，7（3+4）×15（7+8）に展開されます。したがって，空欄アには「3×7」が入ります。

また，「134」は問題文に10の位が12，1の位が14と親切に書いてあるので，③の46×134は46×［12｜14］となり，「4×12」（空欄イ）6×14，

10（4+6）×26（12+14）に展開されます。

解答	ア：3×7　　イ：4×12

設問2の解説
□□□

図2の2層目の「46×134」ノードの子は，左下から右に向かい，1つ目が α で「4×12 → 48」，次が β で「6×14 → 84」，最後が γ で「10×26 → 260」です。これに桁数K＝2を〔ツリーを用いた演算〕の（1）の式に当てはめると，

$$\alpha \times 10^K + (\gamma - \alpha - \beta) \times 10^{K/2} + \beta$$
$$= ① \times 100 + (② - ③ - 84) \times 10 + ④$$

したがって，①は α なので「48」，②は γ なので「260」，③は α なので「48」，④は β なので「84」となります。

解答	①：48　　②：260
	③：48　　④：84

設問3の解説
□□□

　図3のプログラムで配列elementsには，1階層目の親ノードから，2層目の子ノードの3ノード，3層目の孫の9ノードという順番で左から順に格納されます。なお，〇が付いているものが各層における左端であり，基準となる位置になります。

各層の左端	層	内容	添字
〇	層1	1234×5678	1
〇	層2	12×56	2
	層2	34×78	3
	層2	46×134	4
〇	層3	1×5	5
	層3	2×6	6
	層3	3×11	7
	層3	(空欄ア)	8
	層3	4×8	9
	層3	7×15	10
	層3	(空欄イ)	11
	層3	6×14	12
	層3	10×26	13

・【空欄ウ】

　この処理で，配列elementsの1～3に各層の左端位置を設定します。

layer_topの位置	内容
1	1
2	2
3	5

　まず，layer_top[1]に1を設定します。その後，iは1からt_depth−1（深さは3なので2）までループ処理をし，その中でlayer_top[i+1]（2つ目の位置）← layer_top[i]＋「ウ」を入れています。このツリー構造は，1つの親に対して子が3つ対応する関係なので，層2が3の1乗で3，層3が3の2乗で9個の要素をもちます。そこでpow関数を用いてmに3，kにi−1を設定して，

　　layer_top[i+1] ← layer_top[i]+pow(3, i−1)

を処理すれば各層の先頭インデックスが求まります。したがって，空欄cには「pow (3, i−1)」が入ります。例えば，図2のケースでは以下のように処理されます。

・最初にlayer_top[1]に1を入れる
・iは1～2の間ループする(t_depth−1は2)
・＜i=1の処理＞
　layer_top[2]に，「layer_top[1]に入っている1」と「pow(3, i−1)の結果の1」を足した「2」が入る
・＜i=2の処理＞
　layer_top[3]に，「layer_top[2]に入っている2」と「pow(3, i−1)の結果の3」を足した「5」が入る

・【空欄エ】

　図3の「// ツリーを構築する」では，2つのforループがあります。最初のforループは，階層のループで，変数dpが1からt_depth−1の間実行されます。次のforループは，同じ層の処理ループでは，変数iが1から3^{dp-1}の間実行されます。

　layer_top[dp+1]には，1，2，5の各層の左端位置が入っているので，ここを基準に子ノードの位置を求めます。そのためには，layer_top[dp+1]に，子ノード①の場合は＋0，子ノード②の場合は＋3，子ノード③の場合は＋6とする必要があります（2階層目の場合）。したがって，空欄エには「(i−1) * 3」が入ります。

　このプログラムの各種変数の値は以下のとおりになります。

dp	i	layer_top[dp+1]	(i−1) * 3	tidx	tidx+1	tidx+2
1	1	2	0	2	3	4
2	1	5	0	5	6	7
2	2	5	3	8	9	10
2	3	5	6	11	12	13

・【空欄オ，カ】

　elements[tidx]が子ノード①，elements[tidx+1]が子ノード②，elements[tidx+2]が子ノード③です。それぞれ桁数を指定し，新しいノードを追加しています。このノード①，②，③の数値を指定の桁で追加するので，空欄オは「pe.val1」，空欄カは「pe.val2」が入ります。

解答	ウ：pow (3, i−1) エ：(i−1) * 3 オ：pe.val1 カ：pe.val2

設問4の解説
□□□

・【空欄キ】

図4のプログラム中のコメント文より，elには最下層のノードが設定されており，el.result.value[1]には計算結果の1の位，el.result.value[2]には，計算結果の10の位を設定する必要があります。計算結果は，mulに入っており，ここから10の位を取り出すために「mul / 10」として整数化しています。空欄キでは，mulから1の位を取り出すので，10で割った余り（剰余）を使えばよいことが分かります。したがって，「mod（mul, 10）」が入ります。

・【空欄ク，ケ】

図4のプログラム中のコメント文より，空欄クとケの部分は「γ－α－β」の計算部分だと分かります。

まず，「s2 ← sub（s1, elements[cidx＋1].result）」は，s1からβ部分（elements[cidx＋1].result）を減算する処理です。つまり，s1には「γ－α」の計算結果が入ります。したがって，空欄クには「γ」である「elements[cidx＋2]」，空欄ケには「α」である「elements[cidx]」が入ります。

解答	キ：mod（mul, 10） ク：elements[cidx＋2] ケ：elements[cidx]

設問5の解説
□□□

多倍長整数に限らず，N桁同士の乗算では，計算結果の配列に必要な最大要素数は2Nとなります。たとえば，2桁同士の乗算「99×99」の結果は，9801で4桁となります。これはNの2倍の桁数です。

解答	2N

問4　ITニュース配信サービスの再構築に関する次の記述を読んで，設問に答えよ。

H社は，IT関連のニュースを配信するサービスを提供している。このたび，OSや開発フレームワークの保守期間終了を機に，システムを再構築することにした。

〔現状のシステム構成と課題〕

ITニュース配信サービスでは，多くの利用者にサービスを提供するために，複数台のサーバでシステムを構成している。配信される記事には，それぞれ固有の記事番号が割り振られている。現状のシステム構成を図1に，ニュースを表示する画面一覧を表1に示す。

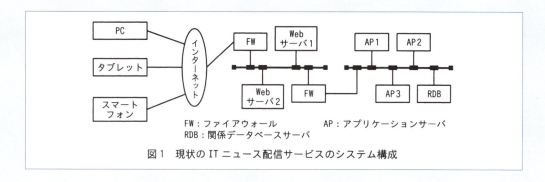

図1　現状のITニュース配信サービスのシステム構成

表1　画面一覧

画面名	概要
ITニュース一覧	記事に関連する画像，見出し，投稿日時を新しいものから順に一覧形式で表示する。一覧は一定の記事数ごとにページを切り替えることで，古い記事の一覧を閲覧することができる。
ITニュース記事	ITニュース一覧画面で記事を選択すると，この画面に遷移し，選択された記事の見出し，投稿日時，本文及び本文内の画像を表示する。さらに，選択された記事と関連する一定数の記事の画像と見出しを一覧形式で表示する。

　現状のシステム構成では，PC，タブレット，スマートフォン，それぞれに最適化したWebサイトを用意している。APでは，RDBとのデータ入出力とHTMLファイルの生成を行っている。また，関連する記事を見つけるために，夜間にWebサーバのアクセスログをRDBに取り込み，URL中の記事番号を用いたアクセス解析をRDB上のストアドプロシージャによって行っている。

　最近，利用者の増加に伴い，通勤時間帯などにアクセスが集中すると，応答速度が遅くなったり，タイムアウトが発生したりしている。

〔新システムの方針〕
　この課題を解消するために，次の方針に沿った新システムの構成とする
・　　a　　の機能を用いて，一つのWebサイトで全ての種類の端末に最適な画面を表示できるようにする。
・APでの動的なHTMLの生成処理を行わない，SPA（Single Page Application）の構成にする。HTML，スクリプトなどのファイルはWebサーバに配置する。動的なデータはAPからWeb APIを通して提供し，データ形式は各端末のWebブラウザ上で実行されるスクリプトが扱いやすい　　b　　とする。
・RDBへの負荷を減らし，応答速度を短縮するために，キャッシュサーバを配置する。
・ITニュース一覧画面に表示する記事の一覧のデータと，ITニュース記事画面に表示する関連する記事に関するデータは，キャッシュサーバに格納する。キャッシュサーバには，これらのデータを全て格納できるだけの容量をもたせる。その上で，記事のデータは，閲覧されたデータをキャッシュサーバに設定したメモリの上限値まで格納する。
・RDBのデータベース構造と，関連する記事を見つける処理は現状の仕組みを利用する。
　APで提供するWeb APIを表2に示す。

表2　APで提供するWeb API

Web API名	概要
ITNewsList	表示させたいITニュース一覧画面のページ番号を受け取り，そのページに含まれる記事の記事番号，関連する画像のURL，見出し，投稿日時のリストを返す。データは，キャッシュサーバから取得する。
ITNewsDetail	ITニュース記事画面に必要な見出し，投稿日時，本文，本文内に表示する画像のURL，関連する記事の記事番号のリストを返す。1件の記事に対して関連する記事は6件である。データは，キャッシュサーバに格納されている場合はそのデータを，格納されていない場合は，RDBから取得してキャッシュサーバに格納して利用する。キャッシュするデータは①LFU方式で管理する。
ITNewsHeadline	ITニュース記事画面に表示する，関連する記事1件分の記事に関する画像のURLと見出しを返す。データは，キャッシュサーバから取得する。

　次に，Webブラウザ上で実行されるスクリプトの概要を表3に示す。

表3 Webブラウザ上で実行されるスクリプトの概要

画面名	概要
ITニュース一覧	表示させたい IT ニュース一覧画面のページ番号を指定して Web API "ITNewsList" を呼び出し，取得したデータを一覧表として整形する。
ITニュース記事	表示させたい記事の記事番号を指定して Web API "ITNewsDetail" を呼び出し，対象記事のデータを取得する。次に，表示させたい記事に関連する記事の記事番号を一つずつ指定して Web API "ITNewsHeadline" を呼び出し，関連する記事の表示に必要なデータを取得する。最後に，取得したデータを文書フォーマットとして整形する。

〔キャッシュサーバの実装方式の検討〕

キャッシュサーバの実装方式として，次に示す二つの方式を検討する。

(1) 各APの内部にインメモリデータベースとして実装する方式

(2) 1台のNoSQLデータベースとして実装する方式

APのOSのスケジューラーが5分間隔で，ITニュース一覧画面に表示する記事の一覧と，各記事に関連する記事の一覧のデータを更新する処理を起動する。(1) の場合，各AP上のプロセスが内部のキャッシュデータを更新する。(2) の場合，特定のAP上のプロセスがキャッシュデータを更新する。

なお，APのCPU使用率が高い場合，Web APIの応答速度を優先するために，更新処理は行わない。

〔応答速度の試算〕

新システムにおける応答速度を試算するために，キャッシュサーバの二つの方式をそれぞれテスト環境に構築して，本番相当のテストデータを用いて処理時間を測定した。その結果を表4に示す。

表4 テストデータを用いて処理時間を測定した結果

No.	測定内容	測定結果 方式(1)	測定結果 方式(2)
1	Web サーバが IT ニュース一覧画面又は IT ニュース記事画面のリクエストを受けてから，HTML やスクリプトなどのファイルを全て転送するまでの時間	80ms	80ms
2	AP が Web API "ITNewsList" のリクエストを受けてから，応答データを全て転送するまでの時間	100ms	200ms
3	AP が Web API "ITNewsDetail" でリクエストされた対象記事のデータがキャッシュサーバに格納されている割合	60%	90%
4	AP が Web API "ITNewsDetail" のリクエストを受けてから，キャッシュサーバにある対象記事のデータを全て転送するまでの時間	60ms	120ms
5	AP が Web API "ITNewsDetail" のリクエストを受けてから，RDB にある対象記事のデータを全て転送するまでの時間	300ms	300ms
6	AP が Web API "ITNewsHeadline" のリクエストを受けてから，応答データを全て転送するまでの時間	15ms	20ms

注記 ms：ミリ秒

インターネットを介した転送時間やWebブラウザ上の処理時間は掛からないと仮定して応答時間を考える。その場合，ITニュース一覧画面を初めて表示する場合の応答時間は，方式 (1) では180ms，方式 (2) では   c   msである。ITニュース一覧画面のページを切り替える場合の応答時間は，方式 (1) では100ms，方式 (2) では   d   msである。次に，記事をリクエストした際の平均応答時間を考える。Web API "ITNewsDetail" の平均応答時間は，方式 (1) では156ms，方式 (2) では   e   msである。したがって，Web API "ITNewsHeadline" の呼び出しも含めたITニュース記事画面を表示するための平均応答時間は，方式 (1) では   f   ms，

　　方式（2）では258msとなる。

　　以上の試算から，方式（1）を採用することにした。

〔不具合の指摘と改修〕

　　新システムの方式（1）を採用した構成についてレビューを実施したところ，次の指摘があった。

(1) ITニュース記事画面の応答速度の不具合

　　ITニュース記事画面を生成するスクリプトが実際にインターネットを介して実行された場合，試算した応答速度より大幅に遅くなってしまうことが懸念される。Web API "　g　" 内から，Web API "　h　" を呼び出すように処理を改修する必要がある。

(2) APのCPU使用率が高い状態が続いた場合の不具合

　　APに処理が偏ってCPU使用率が高い状態が続いた場合，②ある画面の表示内容に不具合が出てしまう。

　　この不具合を回避するためには，各APのCPU使用率を監視して，しきい値を超えた状態が一定時間以上続いた場合，APをスケールアウトして負荷を分散させる仕組みをあらかじめ用意する。

(3) 関連する記事が取得できない不具合

　　関連する記事を見つける処理について，③現状の仕組みのままでは関連する記事が見つけられない。Webサーバのアクセスログを解析する処理を，APのアクセスログを解析する処理に改修する必要がある。

　　以上の指摘を受けて，必要な改修を行った結果，新システムをリリースできた。

設問 1

〔新システムの方針〕について答えよ。

(1) 本文中の　a　に入れる適切な字句を解答群の中から選び，記号で答えよ。

解答群

　　ア CSS　　　　イ DOM　　　　ウ HREF　　　　エ Python

(2) 本文中の　b　に入れる適切な字句を答えよ。

(3) 表2中の下線①の方式にすることで，どのような記事がキャッシュサーバに格納されやすくなるか。15字以内で答えよ。

設問 2

本文中の　c　～　f　に入れる適切な数値を答えよ。

設問 3

〔不具合の指摘と改修〕について答えよ。

(1) 本文中の　g　，　h　に入れる適切な字句を，表2中のWeb API名の中から答えよ。

(2) 本文中の下線②にある不具合とは何か。35字以内で答えよ。

(3) 本文中の下線③の理由を，40字以内で答えよ。

問4の
ポイント

ITニュース配信サービスの再構築

　ITニュース配信サービスを運営する会社のシステム再構築に関する出題です。CSS, LFU, SPA, API, HTMLなどの知識を問われています。ITニュース配信サービスのシステム再構築は実務で担当していないと難しいと思うかもしれませんが，問題に書かれていることを丁寧に読むことで対応できると思います。

設問1の解説

● （1）について

・【空欄a】

　解答群のそれぞれの字句の意味は以下のとおりです。

CSS	Cascading Style Sheets。Webページのデザインやレイアウトを制御するための言語。Webデザイナーや開発者が一元的にデザインやレイアウトを管理し，コンテンツとスタイルを分離できるようにする。HTMLとともに使われることが一般的で，HTMLでページの構造やコンテンツを表現し，CSSで見た目のデザインやスタイルを指定する。
DOM	Document Object Model。HTMLやXMLで記述されたドキュメントの一部を，タグに付けたID名を手掛かりに操作するための言語仕様。
HREF	Hypertext reference。HTMLのaタグ（アンカータグ）において，参照先の場所を指定するための属性。通常はリンク先のURLを記述する。
Python	オブジェクト指向プログラム言語の一種。クラスや関数，条件文などのコードブロックの範囲をインデントの深さによって指定する特徴がある。数値計算やデータ解析に関するライブラリが充実していることから，機械学習やAIに関するプログラミングにもよく利用されている。

　したがって，空欄aに当てはまるのは「CSS」です。

● （2）について

・【空欄b】

　「Webブラウザ上で実行されるスクリプト」が扱いやすいとありますが，Webブラウザ上で実行されるスクリプトの代表格がJavaScriptですから，JavaScriptの言語仕様のうち，オブジェクトの表記法などの一部の仕様を基にして規定したデータ記述の仕様である「JSON」が該当します。

JSON（JavaScript Object Notation）

　データの表現と交換のために開発された軽量なテキストベースのフォーマット。"名前と値の組みの集まり" と "値の順序付きリスト" の二つの構造に基づいてオブジェクトを表現する。人間にも機械にも読みやすく，また編集しやすい構造を持っており，多くのプログラミング言語で簡単に利用できる。主にWebアプリケーションで，クライアントとサーバ間やAPIとの通信において使われる。

● （3）について

　LFU方式（Least Frequently Used）とは，キャッシュアルゴリズムの一種で，最も使用頻度の低いデータをキャッシュから追い出す方法です。したがって，キャッシュサーバに格納されやすくなる記事を問われているので「閲覧される頻度が高い記事」が該当します。

解答	（1）　a：ア （2）　b：JSON （3）　閲覧される回数が多い記事（12文字）

設問2の解説

・【空欄c】

　ITニュース一覧画面を初めて表示する場合は，表のNo.1と2の処理が必要なので，方式（2）では，80ms＋200ms → 280msになります。

・【空欄d】

　ITニュース一覧画面のページを切り替える場合は，No.2だけの処理で済むので，方式（2）では200msになります。

・【空欄e】

　方式（2）の場合，Web API "ITNewsDetail" がキャッシュに保管されている割合が90%（キャ

ッシュにない割合が10%）なので，以下の式で計算できます。

> （キャッシュサーバにある場合の転送時間×0.9）＋（RDBの場合の転送時間×0.1）
> ＝（120×0.9）＋（300×0.1）
> ＝108＋30＝138

・【空欄f】

　表2より，1件の記事に対して関連する記事は6件表示されるとあるので，Web API "ITNewsHeadline" の呼び出しは6回あります。したがって，表4のNo.6の方式（1）の時間15ms×6→90ms，これに方式（1）の平均応答時間156msを足した246msが方式（1）でITニュース記事画面を表示するための平均応答時間となります。

解答	c：280　　　d：200
	e：138　　　f：246

設問3の解説
□□□

● （1）について

・【空欄g，h】

　スクリプトが動くのはPCやタブレット，スマートフォン等の端末側です。このため，スクリプトから何回もサーバ側に処理要求をすると通信の時間がかかり遅くなります。表3より，ITニュース記事のスクリプトは，まず "ITNewsDetail" を呼び出し，その後6回 "ITNewsHeadline" を呼び出すため，インターネットを介した通信が7回実施されます。この通信を少なくするには，"IT

NewsDetail"（空欄g）内から "ITNewsHeadline"（空欄h）を6回呼び出すようにすれば，両方の結果を1回の通信で端末側に返すことができます。

● （2）について

　特定のAPに処理が偏って，CPU使用率が高い状態が続いた場合の不具合を問われています。〔キャッシュサーバの実装方式の検討〕には「APのCPU使用率が高い場合，記事の一覧データの更新処理をしない」との記載があります。このため，偏った方のAPのITニュース一覧画面が最新に更新されず，APサーバによってITニュース一覧画面の内容が異なることが起こります。

● （3）について

　Webサーバのアクセスログ解析では関連記事を見つけられず，APサーバのアクセスログを解析する必要があると記載されており，この理由を問われています。関連記事を分析するには，利用者がどの記事番号を選んだかが分かる必要がありますが，これはWebサーバではなく，APサーバのWeb APIで行っています。このため，APサーバのアクセスログを解析する必要があります。

解答	(1) g：ITNewsDetail h：ITNewsHeadline (2) 処理を受け付けたAPによってITニュース一覧画面の内容が異なる（32文字） (3) ユーザーが参照する記事データはAPで提供するWeb APIを利用して取得するため（40文字）

問5 Webサイトの増設に関する次の記述を読んで，設問に答えよ。

　F社は，契約した顧客（以下，顧客という）にインターネット経由でマーケット情報を提供する情報サービス会社である。F社では，マーケット情報システム（以下，Mシステムという）で顧客向けに情報を提供している。Mシステムは，Webアプリケーションサーバ（以下，WebAPサーバという），DNSサーバ，ファイアウォール（以下，FWという）などから構成されるWebサイトとF社の運用PCから構成される。現在，Webサイトは，B社のデータセンター（以下，b-DCという）に構築されている。

　現在のMシステムのネットワーク構成（抜粋）を図1に，DNSサーバbに登録されているAレコードの情報を表1に示す。

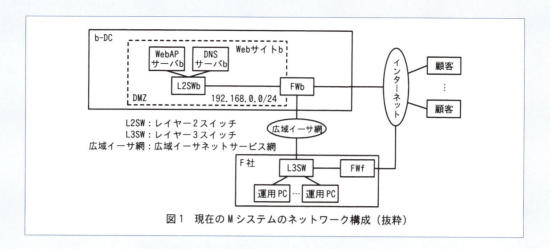

図1　現在のMシステムのネットワーク構成（抜粋）

表1　DNSサーバbに登録されているAレコードの情報

項番	機器名称	サーバのFQDN	IPアドレス
1	DNSサーバb	nsb.example.jp	200.a.b.1/28
2	WebAPサーバb	miap.example.jp	200.a.b.2/28
3	DNSサーバb	nsb.f-sha.example.lan	192.168.0.1/24
4	WebAPサーバb	apb.f-sha.example.lan	192.168.0.2/24

注記1　200.x.y.z（x, y, zは, 0～255の整数）のIPアドレスは, グローバルアドレスである。
注記2　各リソースレコードのTTL（Time To Live）は, 604800が設定されている。

〔Mシステムの構成と運用〕
・Mシステムを利用するにはログインが必要である。
・FWbには, DMZに設定されたプライベートアドレスとインターネット向けのグローバルアドレスを1対1で静的に変換するNATが設定されており, 表1に示した内容で, WebAPサーバb及びDNSサーバbのIPアドレスの変換を行う。
・DNSサーバbは, インターネットに公開するドメインexample.jpとF社の社内向けのドメインf-sha.example.lanの二つのドメインのゾーン情報を管理する。
・F社のL3SWの経路表には, b-DCのWebサイトbへの経路と①デフォルトルートが登録されている。
・運用PCには, ②優先DNSサーバとして, FQDNがnsb.f-sha.example.lanのDNSサーバbが登録されている。
・F社の運用担当者は, 運用PCを使用してMシステムの運用作業を行う。

〔Mシステムの応答速度の低下〕
　最近, 顧客から, Mシステムの応答が遅くなることがあるという苦情が, Mシステムのサポート窓口に入ることが多くなった。そこで, F社の情報システム部（以下, システム部という）の運用担当者のD主任は, 運用PCを使用して次の手順で原因究明を行った。
（ⅰ）顧客と同じURLであるhttps：//　　a　　/でWebAPサーバbにアクセスし, 顧客からの申告と同様の事象が発生することを確認した。
（ⅱ）FWbのログを検査し, 異常な通信は記録されていないことを確認した。
（ⅲ）SSHを使用し, ③広域イーサ網経由でWebAPサーバbにログインしてCPU使用率を調べたところ, 設計値を超えた値が継続する時間帯のあることを確認した。

　この結果から, D主任は, WebAPサーバbの処理能力不足が応答速度低下の原因であると判断した。

〔Webサイトの増設〕

　D主任の判断を基に，システム部では，これまでのシステムの構築と運用の経験を生かすことができる，現在と同一構成のWebサイトの増設を決めた。システム部のE課長は，C社のデータセンター（以下，c-DCという）にWebサイトcを構築してMシステムを増強する方式の設計を，D主任に指示した。

　D主任は，c-DCにb-DCと同一構成のWebサイトを構築し，DNSラウンドロビンを利用して二つのWebサイトの負荷を分散する方式を設計した。

　D主任が設計した，Mシステムを増強する構成を図2に示す。

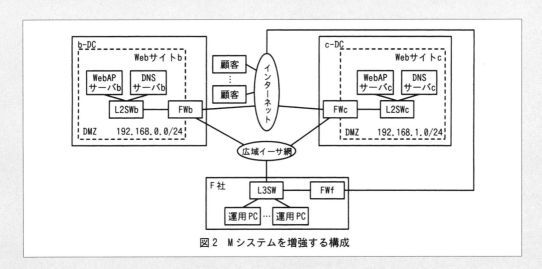

図2　Mシステムを増強する構成

　図2の構成では，DNSサーバbをプライマリDNSサーバ，DNSサーバcをセカンダリDNSサーバに設定する。また，運用PCには，新たに　b　を代替DNSサーバに登録して，　b　も利用できるようにする。

　そのほかに，L3SWの経路表にWebサイトcのDMZへの経路を追加する。

　DNSサーバbに追加登録するAレコードの情報を表2に示す。

表2　DNS サーバ b に追加登録する A レコードの情報

項番	機器名称	サーバの FQDN	IP アドレス
1	DNS サーバ c	nsc.example.jp	200.c.d.81/28
2	WebAP サーバ c	miap.example.jp	200.c.d.82/28
3	DNS サーバ c	nsc.f-sha.example.lan	192.168.1.1/24
4	WebAP サーバ c	apc.f-sha.example.lan	192.168.1.2/24

注記　各リソースレコードの TTL は，表1と同じ 604800 を設定する。

　表2の情報を追加登録することによって，WebAPサーバb，cが同じ割合で利用されるようになる。DNSサーバb，cには　c　転送の設定を行い，DNSサーバbの情報を更新すると，その内容がDNSサーバcにコピーされるようにする。

　WebAPサーバのメンテナンス時は，作業を行うWebサイトは停止する必要があるので，次の手順で作業を行う。④メンテナンス中は，一つのWebサイトでサービスを提供することになるので，Mシステムを利用する顧客への影響は避けられない。

（ⅰ）事前にDNSサーバbのリソースレコードの　d　を小さい値にする。

（ⅱ）メンテナンス作業を開始する前に，メンテナンスを行うWebサイトの，インターネットに公開するドメインのWebAPサーバのFQDNに対応するAレコードを，DNSサーバ上で無効化する。

（ⅲ）この後，一定時間経てばメンテナンス作業が可能になるが，作業開始が早過ぎると顧客に迷惑を掛けるおそれがある。そこで，⑤手順（ⅱ）でAレコードを無効化したWebAPサーバの状態を確認し，問題がなければ作業を開始する。

　D主任は，検討結果を基に作成したWebサイトの増設案を，E課長に提出した。増設案が承認され実施に移されることになった。

設問 1

〔Mシステムの構成と運用〕について答えよ。
(1) 本文中の下線①について，デフォルトルートのネクストホップとなる機器を，図1中の名称で答えよ。
(2) 本文中の下線②の設定の下で，運用PCからDNSサーバbにアクセスしたとき，パケットがDNSサーバbに到達するまでに経由する機器を，図1中の名称で全て答えよ。

設問 2

〔Mシステムの応答速度の低下〕について答えよ。
(1) 本文中の　　a　　に入れる適切なFQDNを答えよ。
(2) 本文中の下線③について，アクセス先サーバのFQDNを答えよ。

設問 3

〔Webサイトの増設〕について答えよ。
(1) 本文中の　　b　　～　　d　　に入れる適切な字句を答えよ。
(2) 本文中の下線④について，顧客に与える影響を25字以内で答えよ。
(3) 本文中の下線⑤について，確認する内容を20字以内で答えよ。

問5のポイント　Webサイトの増設

　マーケット情報を顧客に提供する情報サービス会社におけるWebサイト増設に関する問題です。DNS，レイヤー2，3スイッチ，FQDNの基礎知識や応用知識を問われています。用語を正しく理解していないと解答できないレベルの出題で，難易度は高いと言えるでしょう。この機会にしっかり理解してください。

ファイアウォール

　オープンな外部ネットワーク（インターネット等）から内部ネットワークを守る「防火壁」。ウイルスによる被害，不正侵入による重要データの盗聴・破壊などのリスクから内部ネットワークを保護するため，ファイアウォールは外部からの通信の認証，不正通信の廃棄などを行う。

DMZ（DeMilitarized Zone）

　非武装地帯と呼ばれる，インターネットなど外部のネットワークと内部のネットワークの中間に置かれるセグメントのこと。ファイアウォールで囲まれたセグメントとして設置し，外部に開放するサーバ群をインターネットからの不正なアクセスから保護するとともに，内部ネットワークへの被害拡散を防止する。DMZに設置する代表的なサーバには，Webサーバ，メール

サーバ，DNSサーバなどがある。

DNS（Domain Name System）

　インターネット上のIPアドレスとホスト名を相互変換するための仕組みで，IPアドレスからホスト名を求めたり，その逆を行うことができる。これを「ホストの名前解決」と呼ぶ。IPアドレスは32ビットの数字（IPv4の場合）なので人間が見たり記憶するなど取り扱いが不便なため，人が扱いやすいホスト名とIPアドレスの変換が必要になった。

FQDN（完全修飾ドメイン名）

　インターネット上のコンピュータやサービスを一意に識別するための，ホスト名とドメイン名を組み合わせた名前である。階層的な構造を持ち，トップレベルドメインからサブドメイン，ホスト名までを含む。FQDNを使用することで，IPアドレスとの対応が可能となり，ユーザーが分かりやすい形でリソースにアクセスできる。

設問1の解説

●（1）について

　デフォルトルートとは，特定宛先へのルートが不明の際に使用されるルートで，ネクストホップを含めることで経路決定が可能になります。通常はインターネットゲートウェイやルータがネクストホップとして設定されます。

　図1より，F社のL3SWからは，広域イーサ網につながるルートとFWfを通じてインターネットにつながるルートの2つがあります。〔Mシステムの構成と運用〕には「L3SWの経路表には，b-DCのWebサイトbへの経路とデフォルトルートが登録されている」と記載されており，前者は広域イーサ網を経由するルートを指していると考えられます。したがって，デフォルトルートのネクストホップは，インターネットにつながる「FWf」です。

●（2）について

　L3SWの経路表には，「b-DCのWebサイトbへの経路」が登録されているので，広域イーサ網を経由する，L3SW →（広域イーサ網）→ FWb →

L2SWb → DNSサーバb，という経路になります。

解答	（1）FWf （2）L3SW，FWb，L2SWb

設問2の解説

●（1）について

・【空欄a】

　顧客と同じURLとの記載があります。顧客はWebAPサーバにグローバルアドレスでアクセスするので，表2より，IPアドレスの先頭3桁が200となっているWebAPサーバb「miap.example.jp」が入ります。

●（2）について

　広域イーサ網経由でWebAPサーバbにアクセスする場合は，プライベートアドレスを使うので，表1より「app.f-sha.example.lan」となります。

解答	（1）a：miap.example.jp （2）app.f-sha.example.lan

設問3の解説

●（1）について

　DNSラウンドロビンは，DNSゾーンに複数のサーバのIPアドレスを登録することでサーバの負荷分散を行う手法です。

・【空欄b】

　セカンダリDNSサーバとしてDNSサーバcを設定することから，運用PCの代替DNSサーバとしても「DNSサーバc」を登録するのが妥当です。

・【空欄c】

　「DNSサーバbの情報を更新すると，その内容がDNSサーバcにコピーされる」という記述から，DNSサーバが保持している情報（ゾーン情報）を同期するためのゾーン転送の設定を行うことが考えられます。したがって，空欄cには「ゾーン」が入ります。

　なお，ゾーンとはDNSサーバがドメイン名とIPアドレスの関連情報を管理する領域のことです。

・【空欄d】

問題文から「DNSのリソースレコード」に関する記述を探すと，表2や表3の注記に「各リソースレコードのTTLは〜604800を設定する」とあります。TTLは，リソースレコードを保持する時間を秒単位で指定するもので，604800秒とは7日間を意味します。メンテナンス時には情報の更新が止まってしまうため，メンテナンス終了後にリソースレコードをいち早く更新するために，TTLをあらかじめ小さい値に設定しておきます。

TTLの時間設定は，短すぎる場合はキャッシュの効果を発揮できず，パフォーマンスの低下を招きます。長い場合は，キャッシュの古いデータがいつまでも残り，情報変更時に最新情報にアクセスできないことが起こります。サイトの更新頻度に応じた値を設定することが肝要です。

● （2）について

メンテナンス中は，負荷を分散するために複数化したサーバのうち，一つのサーバでしか処理ができなくなります。このため，Mシステムの応答が遅くなったり，使えなくなったりするなどの影響が発生します。

● （3）について

二つあるサーバのうち，片方を止めてメンテナンス作業を開始する手順となっています。このため，作業開始が早すぎると，顧客がまだ停止させるサーバにアクセスしている可能性があります。したがって，停止するサーバにアクセスしている顧客がいないことを確認し，問題なければ作業を開始することが必要です。

解答	(1) b：DNSサーバc 　　c：ゾーン　　d：TTL (2) Mシステムの応答が遅くなったり，使えなくなる（23文字） (3) サーバにアクセス中の顧客がいないこと（18文字）

問6 KPI達成状況集計システムの開発に関する次の記述を読んで，設問に答えよ。

　G社は，創立20年を迎えた従業員500人規模のソフトウェア開発会社である。G社では，顧客企業や業種業界の変化に応じた組織変更を行ってきた。また，スキルや業務知識に応じた柔軟な人事異動によって，人材の流動性を高めてきた。

　G社の組織は，表1の例に示すように最大三つの階層から構成されている。

　従業員の職務区分には管理職，一般職の二つがあり，1階層から3階層のそれぞれの組織には1名以上の従業員が所属している。なお，複数階層，複数組織の兼務は行わない規定であり，従業員は一つの組織だけに所属する。

表1　G社の組織の例

1階層	2階層	3階層	組織の説明
監査室	－	－	単独階層の組織
総務部	人事課	－	全社共通のスタッフ組織
技術開発部	オープンソース推進課	－	全社共通の開発組織
金融システム本部	証券システム部	証券開発課	業種業界ごとの開発組織

〔KPIの追加〕

　G社では，仕事にメリハリを付け，仕事の質を向上させることが，G社の業績向上につながるものと考え，従来のKPIに加え，働き方改革，従業員満足度向上に関するKPIの項目を今年度から追加することにした。追加したKPIの項目を表2に示す。

表2　追加した KPI の項目

KPI項目名	定量的成果目標	評価方法
年間総労働時間	1,980時間以内／人	・一般職従業員の個人実績を組織単位で集計し，平均値の達成状況を評価する。
年次有給休暇取得日数	16日以上／人	・年度途中入社，年度途中退職した従業員は，評価対象外とする。
年間研修受講日数	6日以上／人	・個人実績の集計は，集計日時点で従業員の所属している直属の組織に対して行う。所属組織の上位階層，又は下位階層の組織の集計には含めない。

　追加したKPIの達成状況を把握し，計画的な目標達成を補助するためにKPI達成状況集計システム（以下，Kシステムという）を開発することになり，H主任が担当となった。

　Kシステムでは，次に示す仕組みと情報を提供する。

・従業員各人が，月ごとの目標を設定する仕組み

・日々の実績を月次で集計し，各組織がKPI達成状況を評価するための情報

〔データベースの設計〕

　G社では，組織変更と人事異動を管理するためのシステムを以前から運用している。H主任は，このシステムのためのE-R図を基に，KPIとその達成状況を把握するために，KPI，月別個人目標，及び日別個人実績の三つのエンティティを追加して，KシステムのためのE-R図を作成することにした。

　作成したE-R図（抜粋）を図1に示す。Kシステムでは，このE-R図のエンティティ名を表名に，属性名を列名にして，適切なデータ型で表定義した関係データベースによってデータを管理する。

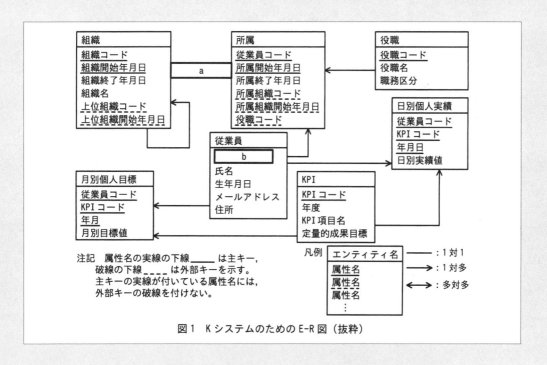

図1　KシステムのためのE-R図（抜粋）

　追加した三つのエンティティを基に新規に作成された表の管理内容と運用方法を表3に示す。

表3　表の管理内容と運用方法

表	管理内容	運用方法
KPI	KPI項目と定量的成果目標を管理する。	・参照だけ（更新は行わない）。
月別個人目標	個人ごとの月別目標値を管理する。	・年度開始時点で在籍している全従業員に対して，当該年度分のレコードを，目標値を0として初期作成する。 ・初期作成したレコードに対して，各人で定量的成果目標を意識した月別目標値を入力し，定期的に見直し，更新する。 ・年度途中入社の従業員については，初期作成レコードが存在しない。月別目標値の入力も行わない。 ・管理職従業員はKPI評価対象外であるが，月別目標値の入力は一般職従業員と同様に行う。
日別個人実績	個人ごとの日別実績値を管理する。	・勤怠管理システム，研修管理システムで管理している追加したKPI項目に関する全従業員の実績値を基に，日次バッチ処理によってレコードを作成する。 ・日別実績のない従業員のレコードは作成しない。

　組織，所属，従業員，及び役職の各表は，以前から運用しているシステムから継承したものである。組織表と所属表では，組織や所属に関する開始年月日と終了年月日を保持し，現在を含む，過去から未来に至るまでの情報を管理している。

　組織表の"組織終了年月日"と所属表の"所属終了年月日"には，過去の実績値，又は予定を設定する。終了予定のない場合は9999年12月31日を設定する。

　なお，組織表の"上位組織コード"，"上位組織開始年月日"には，1階層組織ではNULLを，2階層組織と3階層組織では一つ上位階層の組織の組織コード，組織開始年月日を設定する。また，役職表の"職務区分"の値は，管理職の場合に'01'，一般職の場合に'02'とする。

〔達成状況集計リストの作成〕

　H主任は，各組織がKPI達成状況を評価するための情報として，毎月末に達成状況集計リスト（以下，集計リストという）を作成し，提示することにした。

　集計リスト作成は，オンライン停止時間帯の日次バッチ処理終了後の月次バッチ処理によって，処理結果を一時表に出力して後続処理に連携する方式で行うことにした。

　集計リスト作成処理の概要を表4に示す。

表4　集計リスト作成処理の概要

項番	入力表	出力表	集計日における処理内容
1	所属，役職	従業員_所属_一時	一般職従業員と所属組織の対応表を作成する。
2	月別個人目標	従業員ごと_目標集計_一時	年度開始年月から集計月までの従業員，KPI項目ごとの目標個人集計値を求める。
3	日別個人実績	従業員ごと_実績集計_一時	年度開始年月日から集計日までの従業員，KPI項目ごとの実績個人集計値を求める。
4	項番1〜3の出力表	組織ごと_目標実績集計_一時	組織，KPI項目ごとの目標集計値，実績集計値，従業員数を求める。
5	項番4の出力表	−	組織，KPI項目ごとの目標集計値，実績集計値，従業員数，目標平均値，実績平均値を一覧化した集計リストを作成する。

　集計リスト作成処理のSQL文を図2に示す。ここで，TO_DATE関数は，指定された年月日をDATE型に変換するユーザー定義関数である。関数COALESCE（A, B）は，AがNULLでないときはAを，AがNULLのときはBを返す。また，":年度開始年月日"，":年度開始年月"，":集計年月日"，":集計年月"は，該当の値を格納する埋込み変数である。

H主任は，図2の項番4のSQL文の設計の際に，次に示す考慮を行った。

・表2の評価方法に従い，管理職の従業員データは対象に含めず，年度途中入社と，年度途中退職の従業員データについては出力しないように，抽出日に退職している従業員データを出力しない"従業員_所属_一時表"と，年度開始時点で入社していない従業員データを出力しない"従業員ごと_目標集計_一時表"を　c　によって結合しておく。

・　c　による結合結果と，実績がある場合だけレコードの存在する"従業員ごと_実績集計_一時表"を　d　によって結合しておく。また，①実績個人集計がNULLの際は，0を設定しておく。

項番	SQL文
1	INSERT INTO 従業員_所属_一時(従業員コード, 組織コード) 　SELECT A.従業員コード, A.所属組織コード FROM 所属 A, 役職 B 　　WHERE TO_DATE(:集計年月日)　e　A.所属開始年月日 AND A.所属終了年月日 　　AND A.役職コード = B.役職コード AND　f
2	INSERT INTO 従業員ごと_目標集計_一時(従業員コード, KPIコード, 目標個人集計) 　SELECT 従業員コード, KPIコード, SUM(月別目標値) FROM 月別個人目標 　　WHERE 年月　e　:年度開始年月 AND :集計年月 　　g
3	INSERT INTO 従業員ごと_実績集計_一時(従業員コード, KPIコード, 実績個人集計) 　SELECT 従業員コード, KPIコード, SUM(日別実績値) FROM 日別個人実績 　　WHERE 年月日　e　TO_DATE(:年度開始年月日) AND TO_DATE(:集計年月日) 　　g
4	INSERT INTO　h 　(組織コード, KPIコード, 目標組織集計, 実績組織集計, 対象従業員数) 　SELECT A.組織コード, B.KPIコード, SUM(B.目標個人集計), 　　　SUM(COALESCE(C.実績個人集計, 0)),　i 　　FROM 従業員_所属_一時 A 　　　c　　　　従業員ごと_目標集計_一時 B 　　ON A.従業員コード = B.従業員コード 　　　d　　　　従業員ごと_実績集計_一時 C 　　ON B.従業員コード = C.従業員コード AND B.KPIコード = C.KPIコード 　　GROUP BY A.組織コード, B.KPIコード
5	SELECT A.*, A.目標組織集計/A.対象従業員数, A.実績組織集計/A.対象従業員数 　FROM　h　A ORDER BY A.組織コード, A.KPIコード

図2　集計リスト作成処理

設問 1

図1中の　a　，　b　に入れる適切なエンティティ間の関連及び属性名を答え，E-R図を完成させよ。

なお，エンティティ間の関連及び属性名の表記は，図1の凡例及び注記に倣うこと。

設問 2

〔達成状況集計リストの作成〕について答えよ。

(1) 本文及び図2中の　c　～　i　に入れる適切な字句を答えよ。

(2) 本文中の下線①に示す事態は，年度開始年月日から集計年月日までの間に，どのデータがどのような場合に発生するか。40字以内で答えよ。

設問1の解説

□□□

・【空欄a】

　組織と所属の関係を問われています。1つの組織に対して，複数の所属が関係します。たとえば，人事課には，4名の従業員が所属するなどがそれにあたります。したがって「→」が入ります。

・【空欄b】

　空欄bには，従業員の属性が入ります。従業員エンティティには主キーが見当たらないので，ここには主キーが入ります。主キーは関係するエンティティ全てにある「従業員コード」が該当します。

解答	a：→　　b：従業員コード

設問2の解説

□□□

● （1）について

・【空欄c】

　問題文に「年度途中入社と，年度途中退職の従業員データについては出力しないように」との記載があります。これを実現するために「抽出日に退職している従業員データを出力しない “従業員_所属_一時表”」と「年度開始時点で入社していない “従業員ごと_目標集計_一時表”」を結合するのですから，両表に共通して存在する従業員レコードを対象にする必要があります。したがって，空欄cには「INNER JOIN」を用います。

・【空欄d】

　空欄cでINNER JOINした表には対象の従業員のレコードが存在しています。この表に，実績がある場合だけレコードの存在する “従業員ごと_実績集計_一時表” を結合します。この場合に，

INNER JOINであると，実績がある従業員レコードしか取得できません。実績がない場合にNULLが入るとの記載があるので，左側の表を全件出力する「LEFT OUTER JOIN」が入ります。

INNER JOINとOUTER JOIN

　INNER JOIN（内部結合）は，結合キーが双方のテーブルに存在するレコードのみ対象とする結合のこと。

　これに対してOUTER JOIN（外部結合）は，基準となるテーブルに存在するレコードは必ず対象とする結合で，基準となるテーブルを右にするか，左にするかで，RIGHT OUTER JOIN，LEFT OUTER JOINと記述分けする。基準となる表のキーと一致するキーの行の項目は取得し，ない場合はNULL値を設定する。

書籍

番号	書名
1111	……
2222	……
3333	……

貸出

番号	書名	返却予定日	返却日
2222	……	xx/xx/xx	NULL
3333	……	xx/xx/xx	NULL

INNER JOINの例

番号	書名	返却予定日
2222	……	xx/xx/xx
3333	……	xx/xx/xx

LEFT OUTER JOINの例

番号	書名	返却予定日
1111	……	NULL
2222	……	xx/xx/xx
3333	……	xx/xx/xx

・【空欄e】

　3箇所ある空欄eは，いずれも日付による対象レコードの抽出処理を行っています。項番1の空欄eで考えると，所属表の所属開始年月日と所属終了年月日の間に集計年月日があるレコードを対象とします。したがって，指定された範囲内の値

を検索する「BETWEEN」が入ります。

> **BETWEEN**
>
> 指定された範囲内の値を検索するための条件式で，範囲の最小値と最大値を含む結果を返す。SELECT文などのクエリ内で使用され，数値，日付，文字列などのデータ型に対応する。範囲指定を簡単かつ直感的に行うことができる。

・【空欄f】

〔達成状況集計リストの作成〕に，「表2の評価方法に従い，管理職の従業員データは対象に含めず，年度途中入社と，年度途中退職の従業員データについては出力しないように」とあります。空欄fの属するWHERE句で，まさにこの処理を行っています。

このうち空欄fには，直前の役職コードという記述から予想できるように，一般職だけを対象とすることの条件式が入ります。一般職かどうかは役職表の"職務区分"の値が'02'であることを確認すればよいわけですが，役職表は相関名「B」で表すので，空欄fには「B.職務区分＝'02'」が入ります。

・【空欄g】

図2の項番2と3では，特定の集計期間での従業員，KPI項目ごとの目標値および実績値を求めています。このように，キー項目ごとに集計を行う際は，GROUP BY句を用います。したがって，空欄gには「GROUP BY 従業員コード, KPIコード」が入ります。

同様に"組織，KPI項目ごとの集計値"を求めている項番4のSQL文もヒントになるかと思います。

```
SELECT A.組織コード, B.KPIコード, SUM〜
    :
  GROUP BY A.組織コード, B.KPIコード
```

> **GROUP BY**
>
> SQLクエリ内で使用される句で，指定された列に基づいてレコードをグループ化する機能を提供する。集約関数（SUM，COUNT，AVGなど）と組み合わせて，グループごとの数値計算結果を取得できる。

・【空欄h】

組織コード，KPIコードごとに目標組織集計，

実績組織集計，対象従業員数を集計しているので，ここでINSERTされる表は表4から，「組織ごと_目標実績集計_一時」です。

・【空欄i】

従業員数を数えるためにレコードの件数をカウントするので，関数「COUNT(*)」を使います。

> **COUNT(*)**
>
> SQLの集約関数の一つで，対象となるテーブルやクエリ結果の全行数をカウントする機能を提供する。NULL値も含めて全ての行をカウントし，データの総数やグループ内のレコード数を取得する際に使用される。

● （2） について

表3の日別個人実績の運用方法に，「日別実績のない従業員のレコードは作成しない」と記載されています。月別目標レコードは従業員コード，KPIコードごとに存在しますが，実績は入力されない場合があります。このため，LEFT OUTER JOIN（空欄d）で結合しているので，実績レコードがない場合の結果はNULLになります。したがって「従業員コードとKPI項目単位の目標レコードに対応する日別実績レコードが存在しない場合」となります。

解答	(1) c：INNER JOIN d：LEFT OUTER JOIN e：BETWEEN f：B.職務区分＝'02' g：GROUP BY 従業員コード, KPIコード h：組織ごと_目標実績集計_一時 i：COUNT(*) d：LEFT OUTER JOIN (2) 従業員コードとKPI項目の値が一致する日別個人実績レコードが存在しない場合（37文字）

問 7 位置通知タグの設計に関する次の記述を読んで，設問に答えよ。

E社は，GPSを使用した位置情報システムを開発している。今回，超小型の位置通知タグ（以下，PRTという）を開発することになった。

PRTは，ペンダント，ブレスレット，バッジなどに加工して，子供，老人などに持たせたり，ペット，荷物などに取り付けたりすることができる。利用者はスマートフォン又はPC（以下，端末という）を用いて，PRTの現在及び過去の位置を地図上で確認することができる。

PRTの通信には，通信事業者が提供するIoT用の低消費電力な無線通信回線を使用する。また，PRTは本体内に小型の電池を内蔵しており，ワイヤレス充電が可能である。長時間の使用が要求されるので，必要な時間に必要な構成要素にだけ電力を供給する電源制御を行っている。

〔位置情報システムの構成〕

PRTを用いた位置情報システムの構成を図1に示す。

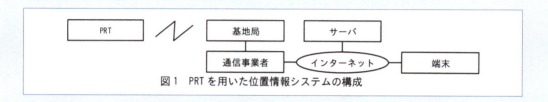

図1　PRT を用いた位置情報システムの構成

端末がPRTに位置情報を問い合わせたときの通信手順を次に示す。

① 端末は，PRTの最新の位置を取得するための位置通知要求をサーバに送信する。サーバは端末からの位置通知要求を受信すると，通信事業者を介して，PRTと通信可能な基地局に位置通知要求を送信する。

② PRTは電源投入後，基地局から現在時刻を取得するとともに，サーバからの要求を確認する時刻（以下，要求確認時刻という）を受信する。以降の要求確認時刻はサーバから受信した要求確認時刻から40秒間隔にスケジューリングされる。PRTは要求確認時刻になると，基地局からの情報を受信する。

③ 基地局は要求確認時刻になると，PRTへの位置通知要求があればそれを送信する。

④ PRTは基地局からの情報に位置通知要求が含まれているかを確認する処理（以下，確認処理という）を行い，位置通知要求が含まれていると，基地局，通信事業者を介して，PRTの最新の位置情報をサーバに送信する。

⑤ サーバはPRTから位置情報を受信し，管理する。サーバは端末と通信し，PRTの最新の位置情報，指定された時刻の位置情報を地図情報とともに端末に送信する。端末は，受信した位置情報及び地図情報を基に，PRTの位置を地図上に表示する。

〔PRTのハードウェア構成〕

PRTのハードウェア構成を図2に，PRTの構成要素を表1に示す。

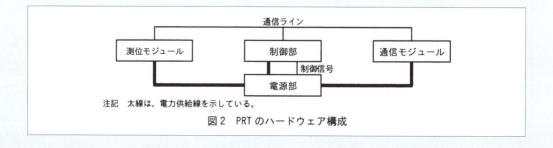

注記　太線は，電力供給線を示している。

図2　PRT のハードウェア構成

表1　PRTの構成要素

構成要素	説明
制御部	・タイマー，CPU，メモリなどから構成され，PRT全体の制御を行う。 ・CPUの動作モードには，実行モード及び休止モードがある。実行モードでは命令の実行ができる。休止モードでは命令の実行を停止し，消費電流が最小となる。 ・CPUは休止モードのとき，タイマー，測位モジュール，通信モジュールからの通知を検出すると実行モードとなり，必要な処理が完了すると休止モードとなる。
測位モジュール	・GPS信号を受信（以下，測位という）してPRTの位置を取得し，位置情報を作成する。 ・電力が供給され，測位可能になると制御部に測位可能通知を送る。 ・制御部からの測位開始要求を受け取ると測位を開始する。測位の開始から6秒経過すると測位が完了して，測位結果（PRTの位置取得時の位置情報又はPRTの位置取得失敗）を測位結果通知として制御部に送る。
通信モジュール	・基地局との通信を行う。 ・電力が供給され，通信可能になると制御部に通信可能通知を送る。 ・制御部から受信要求を受け取ると，確認処理を行い，制御部へ受信結果通知を送る。 ・制御部から送信要求を受け取ると，該当するデータをサーバに送信する。データの送信が完了すると，送信結果通知を制御部に送る。
通信ライン	・制御部と測位モジュールとの間，又は制御部と通信モジュールとの間の通信を行うときに使用する。 ・通信モジュールとの通信と，測位モジュールとの通信が同時に行われると，そのときのデータは正しく送受信できずに破棄される。
電源部	・制御部からの制御信号によって，測位モジュール及び通信モジュールへの電力の供給を開始又は停止する。

〔PRTの動作仕様〕

・40秒ごとに確認処理を行い，基地局から受信した情報に位置通知要求が含まれている場合，測位中でなければ，測位を開始する。測位の完了後，PRTの位置を取得したら位置情報を作成する（以下，測位の開始から位置情報の作成までを測位処理という）。測位処理完了後，位置情報をサーバに送信する。また，測位の完了後，PRTの位置取得に失敗したときは，失敗したことをサーバに送信する。
・120秒ごとに測位処理を行う。失敗しても再試行しない。
・600秒ごとに未送信の位置情報をサーバに送信する（以下，データ送信処理という）。

〔使用可能時間〕

　電池を満充電後，PRTが機能しなくなるまでの時間を使用可能時間という。その間に放電する電気量を電池の放電可能容量といい，単位はミリアンペア時（mAh）である。PRTは放電可能容量が200mAhの電池を内蔵している。
　使用可能時間，放電可能容量，PRTの平均消費電流の関係は，次の式のとおりである。

　　　　　使用可能時間 ＝ 放電可能容量 ÷ PRTの平均消費電流

　PRTが基地局と常に通信が可能で，測位が可能であり，基地局から受信した情報に位置通知要求が含まれていない状態における各処理の消費電流を表2に示す。表2の状態が継続した場合の使用可能時間は　　a　　時間である。
　なお，PRTはメモリのデータの保持などで，表2の処理以外に0.01mAの電流が常に消費される。

表2 各処理の消費電流

処理名称	周期 （秒）	処理時間 （秒）	処理中の消費電流 （mA）	各処理の平均消費電流 （mA）
確認処理	40	1	4	0.1
測位処理	120	6	10	0.5
データ送信処理	600	1	120	0.2

〔制御部のソフトウェア〕

　最初の設計ではタイマーを二つ用いた。初期化処理で，120秒ごとに通知を出力する測位用タイマーを設定し，初期化処理完了後，サーバからの要求確認時刻を受信すると，40秒ごとに通知を出力する通信用タイマーを設定した。しかし，この設計では不具合が発生することがあった。

　不具合を回避するために，タイマーを複数用いず，要求確認時刻を用いて40秒ごとに通知を出力するタイマーだけを設定した。このタイマーを用いて，図3に示すタイマー通知時のシーケンス図に従った処理を実行するようにした。

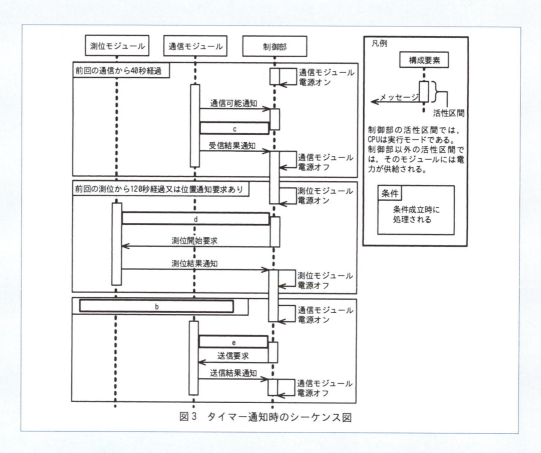

図3 タイマー通知時のシーケンス図

設問　1

　休止モードは最長で何秒継続するか答えよ。ここで，各処理の処理時間は表2に従うものとし，通信モジュール及び測位モジュールの電源オンオフの切替えの時間，通信モジュールの通信時間は無視できるものとする。

設問 2

　〔使用可能時間〕について，本文中の　　a　　に入れる適切な数値を，小数点以下を切り捨てて，整数で答えよ。

設問 3

　〔制御部のソフトウェア〕のタイマー通知時のシーケンス図について答えよ。
(1)　図3中の　　b　　に入れる適切な条件を答えよ。
(2)　図3中の　　c　　～　　e　　に入れる適切なメッセージ名及びメッセージの方向を示す矢印をそれぞれ答えよ。

設問 4

　〔制御部のソフトウェア〕について，タイマーを二つ用いた最初の設計で発生した不具合の原因を40字以内で答えよ。

問7の ポイント　位置通知タグの設計

　ペンダントなどにも組み込めるような超小型の位置情報タグ「PRT」の設計に関する出題です。センサーやデータ転送に関する応用能力を問われています。位置通知タグの設計という内容は慣れていないかもしれませんが，出題内容は分かりやすく常識的なものといえます。しっかり問題文を読んで，考えるようにしてください。

設問1の解説
□□□

　休止モードが最長何秒継続するかを問われています。表1の制御部の説明に「CPUは休止モードのとき，タイマー，測位モジュール，通信モジュールからの通知を検出すると実行モードとなり」と説明されています。ここでは休止モードが最長の場合を考えるので，定期的に入るタイマーでの通知の間隔について，もっとも短い周期のものがどれかを考えればよいことが分かります。

　表2より，最短周期で処理が発生するのは「確認処理」の40秒周期です。したがって，他の通知が入らなければ，最長で39秒間，休止モードが続くことになります。

解答	39秒

設問2の解説
□□□

・【空欄a】
　表2の状態が継続した場合の使用可能時間を問われています。これは，「放電可能容量÷PRTの平均消費電流」が計算式なので，ここに数字を当てはめます。
・放電可能容量：200mAh
・PRTの平均消費電流：表2の各処理の平均消費電流の合算に0.01mAhを加算する必要があるので，

$$200÷(0.1+0.5+0.2+0.01)$$
$$=200÷0.81$$
$$=246.9125…$$
$$≒246（少数点以下切り捨て）$$

解答	a：246

設問3の解説

□□□

● （1）について

・【空欄b】

〔PRTの動作仕様〕に，40秒ごとに確認処理，120秒ごとに測位処理，600秒ごとにデータ送信処理が行われるとあります。40秒経過と120秒経過についてはシーケンス図にすでにあるので，これらに倣って600秒経過時の条件を考えます。

データ送信処理は600秒ごとに行われる他，位置通知要求がされた場合にも発生するので，「前回のデータ送信から600秒経過又は位置通知要求あり」などと解答すればよいでしょう。

● （2）について

・【空欄c】

通信確認では，制御部は通信可能通知を受けると，受信要求を通信モジュールに送ります。したがって，メッセージ名は「受信要求」，メッセージの方向は「←」です。

・【空欄d】

測位モジュールは，測位可能になると測位可能通知を制御部に送るので，メッセージ名は「測位可能通知」，メッセージの方向は「→」となります。

・【空欄e】

通信モジュールは，通信可能になると制御部に通信可能通知を出します。したがって，メッセージ名には「通信可能通知」が入り，メッセージの方向は「→」となります。

解答	（1）b：前回のデータ送信から600秒経過又は位置通知要求あり （2）c：メッセージ名：受信要求 メッセージの方向：← d：メッセージ名：測位可能通知 メッセージの方向：→ e：メッセージ名：通信可能通知 メッセージの方向：→

設問4の解説

□□□

タイマーを二つ使った最初の設計で発生した不具合の原因を問われています。二つのタイマーとは，測位用タイマーと通信用タイマーです。これを手がかりに問題文を探すと，表1の通信ラインの説明に，「通信モジュールとの通信と，測位モジュールとの通信が同時に行われると，その時のデータは正しく送受信できずに破棄される」と記載されています。これが理由に該当します。

解答	通信モジュールと測位モジュールの通信が同時に実施され，データが破棄される（36文字）

問8 バージョン管理ツールの運用に関する次の記述を読んで，設問に答えよ。

A社は，業務システムの開発を行う企業で，システムの新規開発のほか，リリース後のシステムの運用保守や機能追加の案件も請け負っている。A社では，ソースコードの管理のために，バージョン管理ツールを利用している。

バージョン管理ツールには，1人の開発者がファイルの編集を開始するときにロックを獲得し，他者による編集を禁止する方式（以下，ロック方式という）と，編集は複数の開発者が任意のタイミングで行い，編集完了後に他者による編集内容とマージする方式（以下，コピー・マージ方式という）がある。また，バージョン管理ツールには，ある時点以降のソースコードの変更内容の履歴を分岐させて管理する機能がある。以降，分岐元，及び分岐して管理される，変更内容の履歴をブランチと呼ぶ。

ロック方式では，編集開始時にロックを獲得し，他者による編集を禁止する。編集終了時には変更内容をリポジトリに反映し，ロックを解除する。ロック方式では，一つのファイルを同時に1人しか編集できないので，複数の開発者で開発する際に変更箇所の競合が発生しない一方，①開発者間で作業の待ちが発生してしまう場合がある。

A社では，規模の大きな改修に複数人で取り組むことも多いので，コピー・マージ方式のバージ

ョン管理ツールを採用している。A社で採用しているバージョン管理ツールでは，開発者は，社内に設置されているバージョン管理ツールのサーバ（以下，サーバという）のリポジトリの複製を，開発者のPC上のローカル環境のリポジトリとして取り込んで開発作業を行う。編集時にソースコードに施した変更内容は，ローカル環境のリポジトリに反映される。ローカル環境のリポジトリに反映された変更内容は，編集完了時にサーバのリポジトリに反映させる。サーバのリポジトリに反映された変更内容を，別の開発者が自分のローカル環境のリポジトリに取り込むことで，変更内容の開発者間での共有が可能となる。

　コピー・マージ方式では，開発者間で作業の待ちが発生することはないが，他者の変更箇所と同一の箇所に変更を加えた場合には競合が発生する。その場合には，ソースコードの変更内容をサーバのリポジトリに反映させる際に，競合を解決する必要がある。競合の解決とは，同一箇所が変更されたソースコードについて，それぞれの変更内容を確認し，必要に応じてソースコードを修正することである。

　A社で使うバージョン管理ツールの主な機能を表1に示す。

表1　A社で使うバージョン管理ツールの主な機能

コマンド	説明
ブランチ作成	あるブランチから分岐させて，新たなブランチを作成する。
プル	サーバのリポジトリに反映された変更内容を，ローカル環境のリポジトリに反映させる。
コミット	ソースコードの変更内容を，ローカル環境のリポジトリに反映させる。
マージ	ローカル環境において，あるブランチでの変更内容を，他のブランチに併合する。
プッシュ	ローカル環境のリポジトリに反映された変更内容を，サーバのリポジトリに反映させる。
リバート	指定したコミットで対象となった変更内容を打ち消す変更内容を生成し，ローカル環境のリポジトリにコミットして反映させる。

注記　A社では，ローカル環境での変更内容を，サーバのリポジトリに即時に反映させるために，コミット又はマージを行ったときに，併せてプッシュも行うことにしている。

〔ブランチ運用ルール〕
　開発案件を担当するプロジェクトマネージャのM氏は，ブランチの運用ルールを決めてバージョン管理を行っている。取り扱うブランチの種類を表2に，ブランチの運用ルールを図1に，ブランチの樹形図を図2に示す。

表2　ブランチの種類

種類	説明
main	システムの運用環境にリリースする際に用いるソースコードを，永続的に管理するブランチ。 このブランチへの反映は，他のブランチからのマージによってだけ行われ，このブランチで管理するソースコードの直接の編集，コミットは行わない。
develop	開発の主軸とするブランチ。開発した全てのソースコードの変更内容をマージした状態とする。 main ブランチと同じく，このブランチ上で管理するソースコードの直接の編集，コミットは行わない。
feature	開発者が個々に用意するブランチ。担当の機能についての開発とテストが完了したら，変更内容を develop ブランチにマージする。その後に不具合が検出された場合は，このブランチ上で確認・修正し，再度 develop ブランチにマージする。
release	リリース作業用に一時的に作成・利用するブランチ。develop ブランチから分岐させて作成し，このブランチのソースコードで動作確認を行う。不具合が検出された場合には，このブランチ上で修正を行う。

- 開発案件開始時に，main ブランチから develop ブランチを作成し，サーバのリポジトリに反映させる。
- 開発者は，サーバのリポジトリの複製をローカル環境に取り込み，ローカル環境で develop ブランチから feature ブランチを作成する。ブランチ名は任意である。
- feature ブランチで機能の開発が終了したら，開発者自身がローカル環境でテストを実施する。
- 開発したプログラムについてレビューを実施し，問題がなければ feature ブランチの変更内容をローカル環境の develop ブランチにマージしてサーバのリポジトリにプッシュする。
- サーバの develop ブランチのソースコードでテストを実施する。問題が検出されたら，ローカル環境の feature ブランチで修正し，変更内容を develop ブランチに再度マージしサーバのリポジトリにプッシュする。テスト完了後，feature ブランチは削除する。
- 開発案件に関する全ての feature ブランチがサーバのリポジトリの develop ブランチにマージされ，テストが完了したら，サーバの develop ブランチをローカル環境にプルしてから release ブランチを作成し，テストを実施する。検出された問題の修正は release ブランチで行う。テストが完了したら，変更内容を [a] ブランチと [b] ブランチにマージし，サーバのリポジトリにプッシュして，release ブランチは削除する。

図1　ブランチの運用ルール

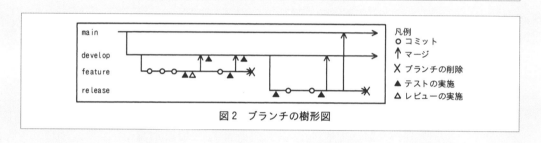

図2　ブランチの樹形図

凡例
○ コミット
↑ マージ
✕ ブランチの削除
▲ テストの実施
△ レビューの実施

〔開発案件と開発の流れ〕

A社が請け負ったある開発案件では，A，B，Cの三つの機能を既存のリリース済のシステムに追加することになった。

A，B，Cの三つの追加機能の開発を開始するに当たり，開発者2名がアサインされた。機能AとCはI氏が，機能BはK氏が開発を担当する。開発の流れを図3に示す。

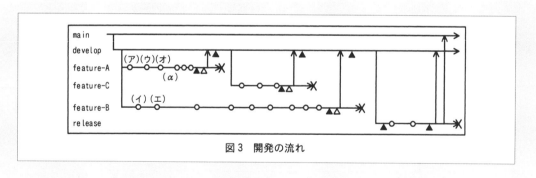

図3　開発の流れ

I氏は，機能Aの開発のために，ローカル環境で [a] ブランチからfeature-Aブランチを作成し開発を開始した。I氏は，機能Aについて（ア），（ウ），（オ）の3回のコミットを行ったところで，（ウ）でコミットした変更内容では問題があることに気が付いた。そこでI氏は，（α）のタイミングで，②（ア）のコミットの直後の状態に滞りなく戻すための作業を行い，編集をやり直すことにした。プログラムに必要な修正を加えた上で [c] した後，③テストを実施し，問題がないことを確認した。その後，レビューを実施し，[a] ブランチにマージした。

機能Bは機能Aと同時に開発を開始したが，規模が大きく，開発の完了は機能A，Cの開発完了後になった。K氏は，機能Bについてのテストとレビューの後，ローカル環境上の [a] ブラン

チにマージし，サーバのリポジトリにプッシュしようとしたところ，競合が発生した。サーバのリポジトリから　a　ブランチをプルし，その内容を確認して競合を解決した。その後，ローカル環境上の　a　ブランチを，サーバのリポジトリにプッシュしてからテストを実施し，問題がないことを確認した。

全ての変更内容をdevelopブランチに反映後，releaseブランチをdevelopブランチから作成して④テストを実施した。テストで検出された不具合を修正し，releaseブランチにコミットした後，再度テストを実施し，問題がないことを確認した。修正内容を　a　ブランチと　b　ブランチにマージし，　b　ブランチの内容でシステムの運用環境を更新した。

〔運用ルールについての考察〕

feature-Bブランチのように，ブランチ作成からマージまでが長いと，サーバのリポジトリ上のdevelopブランチとの差が広がり，競合が発生しやすくなる。そこで，レビュー完了後のマージで競合が発生しにくくするために，随時，サーバのリポジトリからdevelopブランチをプルした上で，⑤ある操作を行うことを運用ルールに追加した。

設問 1

本文中の下線①について，他の開発者による何の操作を待つ必要が発生するのか。10字以内で答えよ。

設問 2

図1及び本文中の　a　～　c　に入れる適切な字句を答えよ。

設問 3

本文中の下線②で行った作業の内容を，表1中のコマンド名と図3中の字句を用いて40字以内で具体的に答えよ。

設問 4

本文中の下線③，④について，実施するテストの種類を，それぞれ解答群の中から選び記号で答えよ。

解答群
- ア　開発機能と関連する別の機能とのインタフェースを確認する結合テスト
- イ　開発機能の範囲に関する，ユーザーによる受入れテスト
- ウ　プログラムの変更箇所が意図どおりに動作するかを確認する単体テスト
- エ　変更箇所以外も含めたシステム全体のリグレッションテスト

設問 5

本文中の下線⑤について，追加した運用ルールで行う操作は何か。表2の種類を用いて，40字以内で答えよ。

バージョン管理ツールの運用

業務システム開発会社のシステム開発業務におけるバージョン管理ツールの利用に関する問題です。ブランチ作成，プル，プッシュ，コミット，マージといった用語の知識や，具体的なバージョン管理ツールの使い方の知識が要求されています。問題を読めば解答につながるヒントが分かるので，落ち着いて対応してください。

バージョン管理ツール

ソースコードやドキュメントの変更履歴を管理・追跡するためのツール。開発者が変更を加えるたびに，その状態を記録し，必要に応じて過去の状態に戻したり，異なるバージョン間の差分を確認したりできる。バージョン管理ツールでは主に以下のような操作を行う。

・ブランチ作成

新しい開発や機能追加を行う際に，元のコードから分岐させたその分岐先のことを**ブランチ**という。複数のブランチを作成して，それぞれが開発を同時に進めることができる。

・プル

リモートリポジトリからローカルリポジトリに最新の変更を取り込む操作。これにより，他の開発者が行った変更を自分の作業環境に反映できる。

・コミット

開発者が変更を加えた後，その変更を履歴として保存する操作。コミットごとに作業した内容をコメントとして付記することもできる。

・マージ

ブランチを統合し，複数の変更をまとめる操作。コンフリクト（競合）が発生した場合，手動で修正が必要となる。

・プッシュ

ローカルリポジトリで加えた変更をリモートリポジトリにアップロードし，他の開発者と共有する操作。

設問1の解説
□□□

ロック方式のバージョン管理では，開発者がファイルを編集する際，そのファイルをロックします。ファイルがロックされている間は，他の開発者は編集できず，ロックが解除されるまで待つ必要があります。

解答	ロックの解除（6文字）

設問2の解説
□□□

空欄aとbは，図1や〔開発案件と開発の流れ〕の最後にあるように，テスト後に変更内容をマージするブランチです。図2や図3から，一方がmainブランチで，もう一方がdevelopブランチだと検討がつきます。

・【空欄a】

「ローカル環境で ___a___ ブランチからfeature-Aブランチを作成し」という記述から，図3より，feature-Aブランチの分岐元になっている「develop」ブランチが該当します。

・【空欄b】

〔開発案件と開発の流れ〕に，「___b___ ブランチの内容でシステムの運用環境を更新した」との記載もあり，運用環境にリリースするのに用いる「main」ブランチが入ります。

・【空欄c】

修正を加えたプログラムをローカル環境のリポリトジに反映させる操作は「コミット」です。

解答	a：develop　　b：main c：コミット

設問3の解説
□□□

feature-Aを（ア）のコミット直後の状態に滞りなく戻すには，表1にある「リバート」が必要です。（α）の状態は，（ア）→（ウ）→（オ）の（オ）が終わった状態なので，まず，（オ）をリバートし，その後（ウ）をリバートすれば，（ア）のコミット直後の状態に戻ります。

解答	feature-Aを対象に，（オ）をリバートしてから，（ウ）をリバートする（37文字）

解答	下線③：**ウ**　　下線④：**エ**

設問4の解説
□□□

・【下線③】

　プログラム修正後に行うテストなので，「単体テスト」（**ウ**）が該当します。単体テストは，修正されたプログラムの個々の部分（関数など）が正しく動作するかを確認するためのテストです。

・【下線④】

　releaseブランチで行うテストのうち，この段階で行われるのは開発チームが実装した機能や修正が，他の機能も含めて問題なく動作するか，悪影響を与えていないかを確認する「レグレッションテスト」（**エ**）です。

設問5の解説
□□□

　競合を防ぐためには，開発者が定期的にサーバリポジトリから最新の変更をプルしてローカルリポジトリを更新し，他の開発者の変更を自分の作業環境に反映させることが重要です。また，小さな単位でコミットし，頻繁にマージを行うことで，競合が発生した際にも解決が容易になります。したがって，プルしたdevelopブランチをfeatureブランチにマージすることが有効です。

解答	プルしたdevelopブランチをfeatureブランチにマージする（33文字）

問 9

金融機関システムの移行プロジェクトに関する次の記述を読んで，設問に答えよ。

　P社は，本店と全国30か所の支店（以下，拠点という）から成る国内の金融機関である。P社は，土日祝日及び年末年始を除いた日（以下，営業日という）に営業をしている。P社では，金融商品の販売業務を行うためのシステム（以下，販売支援システムという）をオンプレミスで運用している。

　販売支援システムは，営業日だけ稼働しており，拠点の営業員及び拠点を統括する商品販売部の部員が利用している。販売支援システムの運用・保守及びサービスデスクは，情報システム部運用課（以下，運用課という）が担当し，サービスデスクが解決できない問合せのエスカレーション対応及びシステム開発は，情報システム部開発課（以下，開発課という）が担当する。

　販売支援システムのハードウェアは，P社内に設置されたサーバ機器，拠点の端末，及びサーバと端末を接続するネットワーク機器で構成される。

　販売支援システムのアプリケーションソフトウェアのうち，中心となる機能は，X社のソフトウェアパッケージ（以下，Xパッケージという）を利用しているが，Xパッケージの標準機能で不足する一部の機能は，Xパッケージをカスタマイズしている。

　販売支援システムのサーバ機器及びXパッケージはいずれも来年3月末に保守契約の期限を迎え，いずれも老朽化しているので以後の保守費用は大幅に上昇する。そこで，P社は，本年4月に，クラウドサービスを活用して現状のサーバ機器導入に関する構築期間の短縮やコストの削減を実現し，さらにXパッケージをバージョンアップして大幅な機能改善を図ることを目的に移行プロジェクトを立ち上げた。X社から，今回適用するバージョンは，OSやミドルウェアに制約があると報告されていた。

　開発課のQ課長が，移行プロジェクトのプロジェクトマネージャ（PM）に任命され，移行プロジェクトの計画の作成に着手した。Q課長は，開発課のR主任に現行の販売支援システムからの移行作業を，同課のS主任に移行先のクラウドサービスでのシステム構築，移行作業とのスケジュールの調整などを指示した。

〔ステークホルダの要求〕

Q課長は，移行プロジェクトの主要なステークホルダを特定し，その要求を確認することにした。

経営層からは，保守契約の期限前に移行を完了すること，顧客の個人情報の漏えい防止に万全を期すこと，重要なリスクは組織で迅速に対応するために経営層と情報共有すること，クラウドサービスを活用する新システムへの移行を判断する移行判定基準を作成すること，が指示された。

商品販売部からは，5拠点程度の単位で数回に分けて切り替える段階移行方式を採用したいという要望を受けた。商品販売部では，過去のシステム更改の際に，全拠点で一斉に切り替える一括移行方式を採用したが，移行後に業務遂行に支障が生じたことがあった。その原因は，サービスデスクでは対応できない問合せが全拠点から同時に集中した際に，システム更改を担当した開発課の要員が新たなシステムの開発で繁忙となっていたので，エスカレーション対応する開発課のリソースがひっ迫し，問合せの回答が遅くなったことであった。また，切替えに伴う拠点での営業日の業務停止は，各拠点で特別な対応が必要になるので避けたい，との要望を受けた。

運用課からは，移行後のことも考えて移行プロジェクトのメンバーと緊密に連携したいとの話があった。

情報システム部長は，段階移行方式では，各回の切替作業に3日間を要するので，拠点との日程調整が必要となること，及び新旧システムを並行して運用することによって情報システム部の負担が過大になることを避けたいと考えていた。

〔プロジェクト計画の作成〕

Q課長は，まず，ステークホルダマネジメントについて検討した。Q課長は経営層，商品販売部及び情報システム部が参加するステアリングコミッティを設置し，移行プロジェクトの進捗状況の報告，重要なリスク及び対応方針の報告，最終の移行判定などを行うことにした。

次に，Q課長は，移行方式について，全拠点で一斉に切り替える①一括移行方式を採用したいと考えた。そこで，Q課長は，商品販売部に，サービスデスクから受けるエスカレーション対応のリソースを拡充することで，移行後に発生する問合せに迅速に回答することを説明して了承を得た。

現行の販売支援システムのサーバ機器及びXパッケージの保守契約の期限である来年3月末までに移行を完了する必要がある。Q課長は，移行作業の期間も考慮した上で，切替作業に問題が発生した場合に備えて，年末年始に切替作業を行うことにした。

Q課長は，移行の目的や制約を検討した結果，IaaS型のクラウドサービスを採用することにした。IaaSベンダーの選定に当たり，Q課長は，S主任に，新システムのセキュリティインシデントの発生に備えて，セキュリティ対策をP社セキュリティポリシーに基づいて策定することを指示した。S主任は，候補となるIaaSベンダーの技術情報を基に，セキュリティ対策を検討すると回答したが，Q課長は，②具体的なセキュリティ対策の検討に先立って実施すべきことがあるとS主任に指摘した。S主任は，Q課長の指摘を踏まえて作業を進め，セキュリティ対策を策定した。

最後に，Q課長は，これまでの検討結果をまとめ，IaaSベンダーに③RFPを提示し，受領した提案内容を評価した。その評価結果を基にW社を選定した。

Q課長は，これらについて経営層に報告して承認を受けた。

〔移行プロジェクトの作業計画〕

R主任とS主任は協力して，移行手順書の作成，移行ツールの開発，移行総合テスト，営業員の教育・訓練及び受入れテスト，移行リハーサル，本番移行，並びに移行後の初期サポートの各作業の検討を開始した。各作業は次のとおりである。

(1) 移行手順書の作成

移行に関わる全作業の手順書を作成し，関係するメンバーでレビューする。

(2) 移行ツールの開発

移行作業の実施に当たって，データ変換ツール，構成管理ツールなどのX社提供の移行ツールを活用するが，XパッケージをカスタマイズしたX機能に関しては，X社提供のデータ変換ツールを利用することができないので，移行に必要なデータ変換機能を開発課が追加開発する。

(3) 移行総合テスト

　　移行総合テストでは，移行ツールが正常に動作し，移行手順書どおりに作業できるかを確認した上で，移行後のシステムの動作が正しいことを移行プロジェクトとして検証する。R主任は，より本番移行に近い内容で移行総合テストを実施する方が検証漏れのリスクを軽減できると考えた。ただし，P社のテスト規定では，個人情報を含んだ本番データはテスト目的に用いないこと，本番データをテスト目的で用いる場合には，その必要性を明らかにした上で，個人情報を個人情報保護法及び関連ガイドラインに従って匿名加工情報に加工する処置を施して用いること，と定められている。そこで，R主任は本番データに含まれる個人情報を匿名加工情報に加工して移行総合テストに用いる計画を作成した。Q課長は，検証漏れのリスクと情報漏えいのリスクのそれぞれを評価した上で，R主任の計画を承認した。その際，PMであるQ課長だけで判断せず，④ある手続を実施した上で対応方針を決定した。

(4) 営業員の教育・訓練及び受入れテスト

　　商品販売部の部員が，S主任及び拠点の責任者と協議しながら，営業員の教育・訓練の内容及び実施スケジュールを計画する。これに沿って，営業日の業務後に受入れテストを兼ねて，商品販売部の部員及び全営業員に対する教育・訓練を実施する。

(5) 移行リハーサル

　　移行リハーサルでは，移行総合テストで検証された移行ツールを使った移行手順，本番移行の当日の体制，及びタイムチャートを検証する。

(6) 本番移行

　　移行リハーサルで検証した一連の手順に従って切替作業を実施する。本番移行は本年12月31日～来年1月2日に実施することに決定した。

(7) 移行後の初期サポート

　　移行後のトラブルや問合せに対応するための初期サポートを実施する。初期サポートの実施に当たり，Q課長は，移行後も，システムが安定稼働して拠点からサービスデスクへの問合せが収束するまでの間，⑤ある支援を継続するようS主任に指示した。

　　Q課長は，これらの検討結果を踏まえて，⑥新システムの移行可否を評価する上で必要な文書の作成に着手した。

〔リスクマネジメント〕

　　Q課長は，R主任に，主にリスクの定性的分析で使用される　　a　　を活用し，分析結果を表としてまとめるよう指示した。さらに，リスクの定量的分析として，移行作業に対して最も影響が大きいリスクが何であるかを判断することができる　　b　　を実施し，リスクの重大性を評価するよう指示した。

　　リスクの分析結果に基づき，R主任は，各リスクに対して，対応策を検討した。Q課長は，来年3月末までに本番移行が完了しないような重大なリスクに対して，プロジェクトの期間を延長することに要する費用の確保以外に，現行の販売支援システムを稼働延長させることに要する費用面の⑦対応策を検討すべきだ，とR主任に指摘した。

　　R主任は，指摘について検討し，Q課長に説明をして了承を得た。

設問　1

〔プロジェクト計画の作成〕について答えよ。

(1) 本文中の下線①について，情報システム部にとってのメリット以外に，どのようなメリットがあるか。15字以内で答えよ。

(2) 本文中の下線②について，実施すべきこととは何か。最も適切なものを解答群の中から選び，記号で答えよ。

解答群

　　ア　過去のセキュリティインシデントの再発防止策検討

　　　　イ　過去のセキュリティインシデントの被害金額算出
　　　　ウ　セキュリティ対策の訓練
　　　　エ　セキュリティ対策の責任範囲の明確化

(3) 本文中の下線③についてQ課長が重視した項目は何か。25字以内で答えよ。

設問 2

〔移行プロジェクトの作業計画〕について答えよ。
(1) 本文中の下線④についてQ課長が実施することにした手続とは何か。35字以内で答えよ。
(2) 本文中の下線⑤について，どのような支援か。25字以内で答えよ。
(3) 本文中の下線⑥について，どのような文書か。本文中の字句を用いて10字以内で答えよ。

設問 3

〔リスクマネジメント〕について答えよ。
(1) 本文中の ┌ a ┐, ┌ b ┐ に入れる適切な字句を解答群の中から選び，記号で答えよ。

解答群
　　　　ア　感度分析　　　　イ　クラスタ分析　　　　ウ　コンジョイント分析
　　　　エ　デルファイ法　　オ　発生確率・影響度マトリックス

(2) 本文中の下線⑦について，来年3月末までに本番移行が完了しないリスクに対して検討すべき対応策について，20字以内で具体的に答えよ。

問9の ポイント　移行プロジェクトの計画

　○○字以内で解答する記述問題が中心の問題構成でした。出題の意図がわかりづらく，いくつか考えられる候補の中から最適な解答を導く設問が目につきました。文章読解力の高い人に有利な問題のため，問題の選択にあたって注意を要します。
　専門用語に関する設問もあるので，プロジェクトマネジメントに関連する最新の用語のキャッチアップにも努めてください。

設問1の解説
□□□

● （1）について

　P社の営業日は，土日祝日及び年末年始を除いた日です。
　〔ステークホルダの要求〕には，切替えに伴う拠点での営業日の業務停止は，各拠点で特別な対応が必要になるので避けたい，との要望を受けています。また，段階移行方式では，各回の切替作業に3日間を要すると記載されています。
　すなわち，段階移行方式を採用した場合には土

日祝日で3連休になる時期を狙い，数回にわたって移行を行わなければいけません。土日祝日で3連休になる時期は限られているので，来年3月末の保守契約期限までに全拠点の移行が完了できません。
　一括移行方式を採用することで，移行のために営業日に業務停止することを回避できるメリットがあります。

● （2）について

　IaaS（Infrastructure as a Service）はネットワークやハードウェアをクラウド事業者が提供し，

ミドルウェアやアプリケーションを利用者が用意するクラウドサービスの形態です。

　情報セキュリティ対策の範囲は幅広く，ネットワークをはじめとするインフラで検討しなければならないものもあれば，ミドルウェアやアプリケーションに対して検討しなければならないものもあります。そのため，前者であればクラウド事業者にて対策しますし，後者であればP社自身が対策しなければいけません。

　セキュリティ対策の責任範囲を明確にした後，クラウド事業者に対策してもらう範囲に対してIaaSベンダーの選定作業を具体化する必要があります（**エ**）。

● （3）について

　Q課長が重視する可能性のあるキーワードとしては，本文中に「今回適用するバージョンは，OSやミドルウェアに制約があると報告されていた」と「経営層からは（中略）顧客の個人情報の漏えい防止に万全を期すこと」が挙げられます。

　後者については，〔移行プロジェクトの作業計画〕の「(3) 移行総合テスト」の内容につながりますが，前者についてはその後どこにもつながらないため，この設問で利用するのが出題者の意図と推察されます。

　つまり，XパッケージのOSやミドルウェアに対する制約に適合する旨を解答すればよいでしょう。

解答	(1) 営業日の業務停止を回避できる（14文字） (2) **エ** (3) XパッケージのOSやミドルウェアの制約への適合性（24文字）

設問2の解説
□□□

● （1）について

　Q課長だけで判断せず，という記載のため，経営層などの判断も必要であることがわかります。これに該当する本文中の記述は，〔プロジェクト計画の作成〕にある，「経営層，商品販売部及び情報システム部が参加するステアリングコミッティを設置し，移行プロジェクトの進捗状況の報告，重要なリスク及び対応方針の報告，最終の移行判定などを行うことにした」の箇所になります。

　ステアリングコミッティ，承認などのキーワードを入れて指定の文字数に収まるように解答します。

● （2）について

　移行後のトラブルや問合せに関する記述を本文中から探すと，〔ステークホルダの要求〕に「サービスデスクでは対応できない問合せが全拠点から同時に集中した際に（中略）エスカレーション対応する開発課のリソースがひっ迫し，問合せの回答が遅くなったこと」とあり，これに対して〔プロジェクト計画の作成〕に「サービスデスクから受けるエスカレーション対応のリソースを拡充することで，移行後に発生する問合せに迅速に回答することを説明して了承を得た」とあります。この記載をベースに解答を考えます。

　エスカレーション対応にリソースを拡充することが，ここでの支援に相当します。

● （3）について

　新システムの移行可否を評価する上で必要な「文書」に相当しそうな本文中の記述として，〔ステークホルダの要求〕に「クラウドサービスを活用する新システムへの移行を判断する移行判定基準を作成すること」とあります。

　本問に限らず，経営層からの指示はいずれかの設問での解答に使われることが少なくありません。問題文に下線を引くなど見落とさないように注意してください。

解答	(1) ステアリングコミッティで対応方針を説明し，承認をもらう（27文字） (2) エスカレーション対応にリソースを拡充すること（22文字） (3) 移行判定基準（6文字）

設問3の解説
□□□

● （1）について

　解答群のそれぞれの字句の意味は以下のとおりです。

字句	意味
感度分析	計画を立てる際に変数などのある要素が変化した場合、最終的な結果にどの程度の影響を与えるのか予測する分析手法
クラスタ分析	データ全体の中で性質の似ているデータ同士をグループ化する分析手法
コンジョイント分析	商品のどの要素が消費者の購買意思に影響しているのか定量的に測定するマーケティング分析手法
デルファイ法	アンケート調査の結果をフィードバックし、その結果をもとに回答を反復する意見集約技法
発生確率・影響度マトリックス	リスクの発生確率と影響度を縦軸と横軸で表形式に表し、視覚化した分析手法

・【空欄a】

　空欄aは、リスクの定性的分析であることから、発生確率・影響度マトリックス（**オ**）になります。

・【空欄b】

　空欄bは、移行作業のリスク要因を定量的に分析することから、感度分析（**ア**）になります。

● （2）について

　現行の販売支援システムを稼働延長させることに要する費用面については、問題の冒頭に「販売支援システムのサーバ機器及びXパッケージはいずれも来年3月末に保守契約の期限を迎え、いずれも老朽化しているので以後の保守費用は大幅に上昇する」とあります。

　保守費用の大幅な上昇への対策として、保守費用の確保が必要です。もしも保守費用の確保ができない場合には、一部の保守契約の条件の見直しなど対応が求められます。

解答	
	（1）a：**オ**　　b：**ア**
	（2）来年3月末以降の保守費用の確保（15文字）

問 10　クラウドサービスのサービス可用性管理に関する次の記述を読んで、設問に答えよ。

　L社は、大手の自動車部品製造販売会社である。2023年4月現在、全国に八つの製造拠点をもち、L社の製造部は、昼勤と夜勤の2交替制で部品を製造している。L社の経理部は、基本的に昼勤で経理業務を行っている。L社のシステム部では、基幹系業務システムを、L社本社の設備を使って、オンプレミスで運用している。また、会計系業務システムは、2023年1月に、オンプレミスでの運用からクラウド事業者M社の提供するSaaS（以下、Sサービスという）に移行した。L社の現在の業務システムの概要を表1に示す。

表1　L社の現在の業務システムの概要

項番	業務システム名称	業務システムの運用形態
1	基幹系[1]	自社開発のアプリケーションソフトウェアをオンプレミスで運用
2	会計系[2]	Sサービスを利用

注[1]　対象は、販売管理、購買管理、在庫管理、生産管理、原価管理などの基幹業務
注[2]　対象は、財務会計、管理会計、債権債務管理、手形管理、給与計算などの会計業務

〔L社のITサービスの現状〕

　システム部は、L社内の利用者を対象に、業務システムをITサービスとして提供し、サービス可用性やサービス継続性を管理している。

　システム部では、ITILを参考にして、サービス可用性として異なる3種の特性及び指標を表2のとおり定めている。

表2　サービス可用性の特性及び指標

特性	説明	指標
可用性	あらかじめ合意された期間にわたって，要求された機能を実行するITサービスの能力	サービス稼働率
a　　性	ITサービスを中断なしに，合意された機能を実行できる能力	MTBF
保守性	ITサービスに障害が発生した後，通常の稼働状態に戻す能力	MTRS

　基幹系業務のITサービスは，生産管理など事業が成功を収めるために不可欠な重要事業機能を支援しており，高可用性の確保が必要である。基幹系業務システムでは，L社本社建屋内にシステムを2系統用意してあり，本番系システムのサーバの故障や定期保守などの場合は，予備系のサーバに切り替えてITサービスの提供を継続できるシステム構成を採っている。また，ストレージに保存されているユーザーデータファイルがマルウェアによって破壊されるリスクに備え，定期的にユーザーデータファイルのフルバックアップを磁気テープに取得している。バックアップを取得する磁気テープは2組で，1組は本社建屋内に保存し，もう1組は災害に対する脆弱性を考える必要があるので，遠隔地に保管している。

〔Sサービスのサービス可用性〕
　システム部のX氏は，会計系業務システムにSサービスを利用する検討を行った際，M社のサービスカタログを基にサービス可用性に関する調査を行い，その後，L社とM社との間でSLAに合意し，2023年1月からSサービスの利用を開始した。M社が案内しているSサービスのサービスカタログ（抜粋）を表3に，L社とM社との間で合意したSLAのサービスレベル目標を表4に示す。

表3　Sサービスのサービスカタログ（抜粋）

サービスレベル項目	説明	サービスレベル目標
サービス時間	サービスを提供する時間	24時間365日（計画停止時間を除く）
サービス稼働率	（サービス時間 － サービス停止時間 [1]）÷ サービス時間 × 100（％）	月間目標値99.5％以上
計画停止時間	定期的なソフトウェアのバージョンアップや保守作業のために設ける時間。サービスは停止される。	毎月1回午前2時～午前5時

注 [1]　インシデントの発生などによって，サービスを提供できない時間（計画停止時間を除く）。

表4　L社とM社との間で合意したSLAのサービスレベル目標

サービスレベル項目	合意したSLAのサービスレベル目標
サービス時間	L社の営業日の午前6時～翌日午前2時（1日20時間）
サービス稼働率	月間目標値99.5％以上
計画停止時間	なし

　2023年1月は，Sサービスでインシデントが発生してサービス停止した日が3日あったが，サービス停止の時間帯は3日とも表4のサービス時間の外だった。よって，表4のサービス稼働率は100％である。仮に，サービス停止の時間帯が3日とも表4のサービス時間の内の場合，サービス停止の月間合計時間が　　b　　分以下であれば，表4のサービス稼働率のサービスレベル目標を達成する。ここで，1月のL社の営業日の日数を30とする。
　3月は，表4のサービス時間の内にSサービスでインシデントが発生した日が1日あった。復旧作業に時間が掛かったので，表4のサービス時間の内で90分間サービス停止した。3月のL社の営業日の日数を30とすると，サービス稼働率は99.75％となり，3月も表4のサービスレベル目標を達成した。しかし，このインシデントは月末繁忙期の日中に発生したので，L社の取引先への支払業務に支障

を来した。

X氏は、サービス停止しないことはもちろんだが、サービス停止した場合に迅速に対応して回復させることも重要だと考えた。そこで、X氏はM社の責に帰するインシデントが発生してサービス停止したときの①サービスレベル項目を表4に追加できないか、M社と調整することにした。

また、今後、経理部では、勤務時間を製造部に合わせて、交替制で夜勤を行う勤務体制を採って経理業務を行うことで、業務のスピードアップを図ることを計画している。この場合、会計系業務システムのサービス時間を見直す必要がある。そこで、X氏は、表4のサービスレベル目標の見直しが必要と考え、表3のサービスカタログを念頭に、②経理部との調整を開始することにした。

〔基幹系業務システムのクラウドサービス移行〕

2023年1月に、L社はBCPの検討を開始し、システム部は地震が発生して基幹系業務システムが被災した場合でもサービスを継続できるようにする対策が必要になった。X氏が担当になって、クラウドサービスを利用してBCPを実現する検討を開始した。

X氏は、まずM社が提供するパブリッククラウドのIaaS（以下、Iサービスという）を調査した。Iサービスのサービスカタログでは、サービスレベル項目としてサービス時間及びサービス稼働率の二つが挙げられていて、サービスレベル目標は、それぞれ24時間365日及び月間目標値99.99％以上になっていた。Iサービスでは、物理サーバ、ストレージシステム、ネットワーク機器などのIT基盤のコンポーネント（以下、物理基盤という）は、それぞれが冗長化されて可用性の対策が採られている。また、ハイパーバイザー型の仮想化ソフト（以下、仮想化基盤という）を使って、1台の物理サーバで複数の仮想マシン環境を実現している。

次に、X氏は、Iサービスを利用した災害対策サービスについて、M社に確認した。災害対策サービスの概要は次のとおりである。

・M社のデータセンター（DC）は、同時に被災しないように東日本と西日本に一つずつある。通常時は、L社向けのIサービスは東日本のDCでサービスを運営する。東日本が被災して東日本のDCが使用できなくなった場合は、西日本のDCでIサービスが継続される。

・西日本のDCのIサービスにもユーザーデータファイルを保存し、東日本のDCのIサービスのユーザーデータファイルと常時同期させる。東日本のDCの仮想マシン環境のシステムイメージは、システム変更の都度、西日本のDCにバックアップを保管しておく。

M社の説明を受け、X氏は次のように考えた。

・地震や台風といった広範囲に影響を及ぼす自然災害に対して有効である。

・災害対策だけでなく、物理サーバに機器障害が発生した場合でも業務を継続できる。

・西日本のDCのIサービスのユーザーデータファイルは、東日本のDCのIサービスのユーザーデータファイルと常時同期しているので、現在行っているユーザーデータファイルのバックアップの遠隔地保管を廃止できる。

X氏は、上司にM社の災害対策サービスを採用することで効果的にサービス可用性を高められる旨を報告した。しかし、上司から、③X氏の考えの中には見直すべき点があると指摘されたので、X氏は修正した。

さらに、上司はX氏に、M社に一任せずに、M社と協議して実質的な改善を継続していくことが重要だと話した。そこで、X氏は、サービス可用性管理として、サービスカタログに記載されているサービスレベル項目のほかに、④可用性に関するKPIを設定することにした。また、基幹系業務システムの災害対策を実現するに当たって、コストの予算化が必要になる。X氏は、災害時のサービス可用性確保の観点でサービス継続性を確保するコストは必要だが、コストの上昇を抑えるために災害時に基幹系業務システムを一部縮退できないか検討した。そして、事業の視点から捉えた機能ごとの⑤判断基準に基づいて継続する機能を決める必要があると考えた。

設問　1

〔L社のITサービスの現状〕について答えよ。

(1) 表2中のMTBF及びMTRSについて，適切なものを解答群の中から選び，記号で答えよ。

解答群

- ア MTBFの値は大きい方が，MTRSの値は小さい方が望ましい。
- イ MTBFの値は大きい方が，MTRSの値も大きい方が望ましい。
- ウ MTBFの値は小さい方が，MTRSの値は大きい方が望ましい。
- エ MTBFの値は小さい方が，MTRSの値も小さい方が望ましい。

(2) 表2中の　　a　　に入れる適切な字句を，5字以内で答えよ。

設問　2

〔Sサービスのサービス可用性〕について答えよ。

(1) 本文中の　　b　　に入れる適切な数値を答えよ。なお，計算結果で小数が発生する場合，答えは小数第1位を四捨五入して整数で求めよ。

(2) 本文中の下線①について，X氏は，M社の責に帰するインシデントが発生してサービス停止したときのサービスレベル項目を追加することにした。追加するサービスレベル項目の内容を20字以内で答えよ。

(3) 本文中の下線②について，経理部と調整すべきことを，30字以内で答えよ。

設問　3

〔基幹系業務システムのクラウドサービス移行〕について答えよ。

(1) Iサービスを使ってL社が基幹系業務システムを運用する場合に，M社が構築して管理する範囲として適切なものを，解答群の中から全て選び，記号で答えよ。

解答群

- ア アプリケーションソフトウェア
- イ 仮想化基盤
- ウ ゲストOS
- エ 物理基盤
- オ ミドルウェア

(2) 本文中の下線③について，上司が指摘したX氏の考えの中で見直すべき点を，25字以内で答えよ。

(3) 本文中の下線④について，クラウドサービスの可用性に関連するKPIとして適切なものを解答群の中から選び，記号で答えよ。

解答群

- ア M社が提供するサービスのサービス故障数
- イ M社起因のインシデントの問題を解決する変更の件数
- ウ M社のDCで実施した災害を想定した復旧テストの回数
- エ M社のサービスデスクが回答した問合せ件数
- オ SLAのサービスレベル目標が達成できなかった原因のうち，ストレージ容量不足に起因する件数

(4) 本文中の下線⑤の判断基準とは何か。本文中の字句を用いて，15字以内で答えよ。

問10の ポイント クラウドサービスにおける可用性管理

クラウドサービス及び可用性管理に関する知識を問われる内容でした。可用性管理はインシデント管理やITサービス継続性管理など，他の管理プロセスと混同してしまいがちなため，しっかりと整理しておく必要があります。なお，問10（サービスマネジメント）については最新の用語を丸暗記するよりも，それぞれの用語の概念を正しく理解するほうが高得点につながると思われます。

設問1の解説

□□□

● （1）について

MTBF（Mean Time Between Failures）は平均故障間隔で，システム障害が発生してから次のシステム障害が発生するまでの平均時間です。平均故障間隔の値が大きければ，可用性が高いと判断できます。

MTRS（Mean Time to Restore Service）は平均サービス回復時間で，システム障害が発生してからユーザーが対象システムを再び利用できるようになるまでの平均時間です。平均サービス回復時間の値が大きいほど，可用性が低いと判断できます。したがって，MTRSの値は小さい方が望ましいといえます（**ア**）。

なお，MTRSと類似の指標にMTTR（Mean Time To Repair）があります。これは平均修復時間で，システム障害が発生してから修復にかかるまでの時間です。システム障害からの修復が終わり，サービスが回復するまでの時間を含めるのがMTRS，含めないのがMTTRですが，同義と考えられます。

また，過去の情報処理技術者試験で，MTBSI（Mean Time Between System Incidents）について出題されたことがあります。これは平均サービス・インシデント間隔で，次の関係が成り立つことを合わせて覚えてください。

MTBSI ＝ MTBF ＋ MTRS

● （2）について

・【空欄a】

ITILにおいて，可用性管理の観点として，可用性，信頼性，保守性が挙げられています。これらの定義は，表2に記載されているとおりです。

ITサービスを中断なしに合意された機能を実行できる能力は「信頼性」に相当します。

| 解答 | (1) **ア** |
| | (2) a：信頼 |

設問2の解説

□□□

● （1）について

・【空欄b】

表4によれば，Sサービスのサービスレベル目標は，サービス時間が1日20時間で，サービス稼働率が99.5%以上となっています。すなわち，月間のサービス時間のうち，0.5%以下のサービス停止であれば，サービスレベル目標を達成することになります。

1月のL社の営業日の日数は30と指定されているため，サービス停止の最大月間合計時間は，

合計時間 ＝ 20時間 × 30日 × 0.5%
＝ 3時間（180分）

空欄bの単位は「分」となっているので，「180」が入ります。

● （2）について

状況を整理すると，

・インシデントが発生し，90分間サービスが停止した
・サービス停止した場合に迅速に対応して回復させることも重要だ

であり，この状況に対策し得るサービスレベル項目を検討します。

前述のMTTRやMTRSがこれに相当すると考えられます。障害から復旧までにかかる時間をサービスレベル項目として取り決めることで，1回のインシデントに対するサービス停止時間に歯止めをかける効果が期待できます。

● （3）について

表3と表4の各項目を比較します。

「計画停止時間」に着目すると，表3で計画停止時間のサービスレベル目標として，毎月1回午前2時～午前5時が指定されていますが，表4では「なし」となっています。これは，午前2時～午前5時の時間帯がL社のサービス時間外のためです。

経理部が交代制で夜勤を行う場合，L社でのサービス時間も深夜時間帯に拡大されると見込まれますが，その際に毎月1回午前2時～午前5時の計画停止時間を経理部に承知してもらう必要があります。

解答	(1) b：180 (2) 障害から復旧までにかかる時間（14文字） (3) 毎月1回午前2時～午前5時に計画停止時間が生じること（26文字）

設問3の解説
□□□

● （1）について

クラウドサービスの提供形態として，主なものにIaaS（Infrastructure as a Service），PaaS（Platform as a Service），SaaS（Software as a Service）があります。これらの違いはクラウド事業者と利用者の責任範囲の広さです。

レイヤー	IaaS	PaaS	SaaS
データ			
アプリケーション			クラウド事業者が提供
開発ツール			
ミドルウェア（DBなど）		クラウド事業者が提供	
ゲストOS			
仮想化基盤	クラウド事業者が提供		
物理基盤（ハードウェア）			
ネットワーク			

今回はIaaSを利用するため，ネットワーク，物理基盤（**エ**），仮想化基盤（**イ**）をM社が構築して管理します。

● （2）について

〔L社のITサービスの現状〕に，「ストレージに保存されているユーザーデータファイルがマルウェアによって破壊されるリスクに備え，定期的にユーザーデータファイルのフルバックアップを磁気テープに取得している」との記述があります。

一方，〔基幹系業務システムのクラウドサービス移行〕には，X氏の考えの中で「現在行っているユーザーデータファイルのバックアップの遠隔地保管を廃止できる」との記述もあります。東日本のDCのIサービスのユーザーデータファイルと西日本のDCのIサービスのユーザーデータファイルは常時同期しているため，東日本側のファイルがマルウェアによって破壊されると，西日本側も破壊されます。

そのため，今後も継続的にユーザーデータファイルのフルバックアップを取得し，遠隔地保管を行う必要があります。

● （3）について

本問を解く上で大切なのは，解答群それぞれの選択肢のKPIが，可用性管理プロセスに基づくものなのかということです。合意されたサービスレベルを維持するために，ユーザーが必要なときにシステムを利用できるよう計画立案，分析，改善するプロセスが可用性管理です。

ア：可用性管理のKPIに該当します。

イ：変更の件数であることから，変更管理のKPIに該当します。

ウ：災害時の想定であることから，ITサービス継続性管理のKPIに該当します。

エ：サービスデスクのKPIに該当します。

オ：ストレージ容量不足に関する内容であるため，キャパシティ管理のKPIに該当します。

● （4）について

事業の視点から捉えた機能ごとの判断基準に関連する記述を，本文中から探します。すると，〔L社のITサービスの現状〕に「基幹系業務のITサービスは，生産管理など事業が成功を収めるために不可欠な重要事業機能を支援しており，高可用性の確保が必要である」とあり，これが判断基準に相当すると考えられます。この内容を15字以内に集約して解答します。

問 11 工場在庫管理システムの監査に関する次の記述を読んで，設問に答えよ。

　　Y社は製造会社であり，国内に5か所の工場を有している。Y社では，コスト削減，製造品質の改善などの生産効率向上の目標達成が求められており，あわせて不正防止を含めた原料の入出庫及び生産実績の管理の観点から，情報の信頼性向上が重要となっている。このような状況を踏まえ，内部監査室長は，工場在庫管理システムを対象に工場での運用状況の有効性についてシステム監査を実施することにした。

〔予備調査の概要〕
　監査担当者が予備調査で入手した情報は，次のとおりである。
(1) 工場在庫管理システム及びその関連システムの概要を，図1に示す。

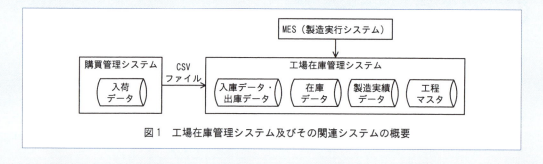

図1　工場在庫管理システム及びその関連システムの概要

① 工場在庫管理システムは，原料の入庫データ・出庫データ，原料・仕掛品の在庫データ，仕掛品の工程別の製造実績データ及び工程マスタを有している。また，工程マスタには，仕掛品の各製造工程で消費する原料標準使用量などが登録されている。
② 原料の入庫データは，購買管理システムの入荷データから入手する。また，製造実績データは，製造工程を制御・管理しているMESの工程実績データから入手する。
③ 工程マスタ，入庫データ・出庫データなどの入力権限は，工場在庫管理システムの個人別の利用者IDとパスワードで制御している。過去の内部監査において，工場の作業現場のPCが利用後もログインされたまま，複数の工場担当者が利用していたことが指摘されていた。
④ 工場在庫管理システムの開発・運用業務は，本社のシステム部が行っている。

(2) 工場在庫管理システムに関するプロセスの概要は，次のとおりである。
① 工場担当者が購買管理システムの当日の入荷データをCSVファイルにダウンロードし，件数と内容を確認後に工場在庫管理システムにアップロードすると，入庫データの生成及び在庫データの更新が行われる。工場担当者は，作業実施結果として，作業実施日及びエラーの有無を入庫作業台帳に記録している。
② 製造で消費された原料の出庫データは，製造実績データ及び工程マスタの原料標準使用量に基づいて自動生成（以下，出庫データ自動生成という）される。このため，実際の出庫実

　績を工場在庫管理システムに入力する必要はない。また，工程マスタは，目標生産効率を考慮して，適宜，見直しされる。

③　仕掛品については，MESから日次で受信した工程実績データに基づいて，日次の夜間バッチ処理で，製造実績データ及び在庫データが更新される。

④　工場では，本社管理部の立会いの下で，原料・仕掛品の実地棚卸が月次で行われている。工場担当者は，保管場所・在庫種別ごとに在庫データを抽出し，実地棚卸リストを出力する。工場担当者は，実地棚卸リストに基づいて実地棚卸を実施し，在庫の差異があった場合には実地棚卸リストに記入し，在庫調整入力を行う。この入力に基づいて，原料の出庫データ及び原料・仕掛品の在庫データの更新が行われる。

⑤　工場では，工場在庫管理システムから利用者ID，利用者名，権限，ID登録日，最新利用日などの情報を年次で利用者リストに出力し，不要な利用者IDがないか確認している。この確認結果として，不要な利用者IDが発見された場合は，利用者IDが削除されるように利用者リストに追記する。

〔監査手続の作成〕

　監査担当者が作成した監査手続案を表1に示す。

表1　監査手続案

項番	プロセス	監査手続
1	原料の入庫	①　CSVファイルのアップロードが実行され，実行結果としてエラーの有無が記載されているか入庫作業台帳を確かめる。
2	原料の出庫	①　出庫データ自動生成の基礎となる工程マスタに適切な原料標準使用量が設定されているか確かめる。
3	仕掛品の在庫	①　工程マスタの工程の順番がMESと一致しているか確かめる。 ②　当日にMESから受信した工程実績データに基づいて，仕掛品の在庫が適切に更新されているか確かめる。
4	実地棚卸	①　実地棚卸リストに実地棚卸結果が適切に記載されているか確かめる。 ②　実地棚卸で判明した差異が正確に在庫調整入力されているか確かめる。
5	共通（アクセス管理）	①　工場内PCを観察し，作業現場のPCが　　a　　されたままになっていないか確かめる。 ②　利用者リストを閲覧し，長期間アクセスのない工場担当者を把握し，利用者IDが適切に削除されるように記載されているか確かめる。

　内部監査室長は，表1をレビューし，次のとおり監査担当者に指示した。

(1)　表1項番1の①は，　　b　　を確かめる監査手続である。これとは別に不正リスクを鑑み，アップロードしたCSVファイルと　　c　　との整合性を確保するためのコントロールに関する追加的な監査手続を作成すること。

(2)　表1項番2の①は，出庫データ自動生成では　　d　　が発生する可能性が高いので，設定される工程マスタの妥当性についても確かめること。

(3)　表1項番3の②は，　　e　　を確かめる監査手続なので，今回の監査目的を踏まえて実施の要否を検討すること。

(4)　表1項番4の①の前提として，　　f　　に記載された　　g　　の網羅性が確保されているかについても確かめること。

(5)　表1項番4の②は，在庫の改ざんのリスクを踏まえ，差異のなかった　　g　　について在庫調整入力が行われていないか追加的な監査手続を作成すること。

(6)　表1項番5の②は，不要な利用者IDだけでなく，　　h　　を利用してアクセスしている利用者も検出するための追加的な監査手続を作成すること。

設問 1

〔監査手続の作成〕の [a] に入れる適切な字句を5文字以内で答えよ。

設問 2

〔監査手続の作成〕の [b] , [c] に入れる最も適切な字句の組合せを解答群の中から選び，記号で答えよ。

解答群

	b	c
ア	自動処理の正確性・網羅性	工場在庫管理システムの在庫データ
イ	自動処理の正確性・網羅性	工場在庫管理システムの入庫データ
ウ	自動処理の正確性・網羅性	購買管理システムの入荷データ
エ	手作業の正確性・網羅性	工場在庫管理システムの在庫データ
オ	手作業の正確性・網羅性	工場在庫管理システムの入庫データ
カ	手作業の正確性・網羅性	購買管理システムの入荷データ

設問 3

〔監査手続の作成〕の [d] に入れる最も適切な字句を解答群の中から選び，記号で答えよ。

解答群

ア 工程間違い	イ 在庫の差異
ウ 製造実績の差異	エ 入庫の差異

設問 4

〔監査手続の作成〕の [e] に入れる最も適切な字句を解答群の中から選び，記号で答えよ。

解答群

ア 自動化統制	イ 全社統制
ウ 手作業統制	エ モニタリング

設問 5

〔監査手続の作成〕の [f] ～ [h] に入れる適切な字句を，それぞれ10字以内で答えよ。

工場在庫管理システムに対するシステム監査

システム監査に関する問題ではありますが，在庫管理の一般的な業務知識があることを前提とした設問で構成されています。そのため，在庫や棚卸の概念をわかった上で，問題文からデータや現物の流れを整理して解く

能力が要求されます。解いていてわからなくなってきたら，簡単にでも図示してみると，問題点が明らかになる場合があります。実際の業務でも応用できるので，この機会に習慣づけを心がけてください。

設問1の解説
□□□

・【空欄a】

アクセス管理に関して，作業現場のPCについて記載されている箇所を，本文中から探します。

〔予備調査の概要〕に，「工場の作業現場のPCが利用後もログインされたまま，複数の工場担当者が利用していた」という記述があります。複数担当者でのログインIDの使い回しは情報セキュリティの観点で問題があるため，都度ログアウトされていることが改めて監査の対象になったと考えられます。

解答	a：ログイン

設問2の解説
□□□

・【空欄b】

〔予備調査の概要〕(2) 工場在庫管理システムに関するプロセスの概要の①に着目します。①のプロセスを細かく追うと，下記の手順を行っています。

1 工場担当者が入荷データをCSVファイルにダウンロードする
2 工場担当者が件数と内容を確認する
3 工場担当者が工場在庫管理システムにアップロードする
4 入庫データの生成及び在庫データの更新が実行される
5 工場担当者が作業実施日及びエラーの有無を入庫作業台帳に記録する

ここで4に対する監査であれば自動処理の正確性・網羅性を確かめる監査手続で，5に対する監査であれば手作業の正確性・網羅性を確かめる

監査手続です。

本問では実行結果としてエラーの有無が記載されていることを中心に監査するため，後者になります。

・【空欄c】

不正リスクとは，2の作業の際に，工場担当者がCSVファイルの中身を故意に書き換えてしまうことが考えられます。

そのため3のアップロードしたCSVファイルと1のダウンロードしたCSVファイルのインプットとなる情報を比較するのが適切です。すなわち，購買管理システムの入荷データになります。

解答	カ

設問3の解説
□□□

・【空欄d】

データの流れを整理します。本文の説明から，以下のことがいえます。

・入荷データをもとに入庫データと在庫データが更新される
・工程実績データから製造実績データが更新される
・製造実績データと工程マスタから出庫データが更新される

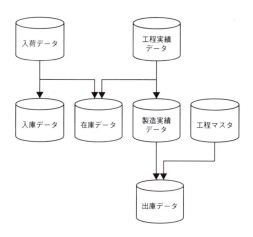

工程マスタに不適切なデータが設定されていると，出庫データが不適切な数値になります。

実際の出庫は出庫データをもとに行われるのではなく，MESの製造実行時に行われることを，本文から読み解く必要があります。そのため工程マスタの設定に妥当性がないと，出庫データの数値と実際の出庫数との間に差異が発生します。在庫の数量は入庫と出庫の数量から求まるため，在庫との間でも差異が発生します（**イ**）。

解答	d：**イ**

設問4の解説

□□□

・【空欄e】

仕掛品については，MESから日次で受信した工程実績データに基づいて，日次の夜間バッチ処理で，製造実績データ及び在庫データが更新されると本文に記載されています。

表1項番3の②は，日次の夜間バッチ処理です。すなわち，自動で行われる処理に対する監査手続です。対象が自動で行われる処理だからこそ，今回のシステム監査の目的である，工場での運用状況の有効性と照らし合わせて監査の実施の要否を検討という指示につながっていると考えられます。したがって，解答群の自動化統制（**ア**）が該当します。

解答	e：**ア**

設問5の解説

□□□

・【空欄f, g】

実地棚卸リストについて，以下のようなイメージの帳票と想定されます。

実地棚卸リスト

出力日　xxxx年xx月xx日

保管場所　xxxx倉庫xx-xxエリア
在庫種別　原料

品目（原料・仕掛品）	在庫数量（在庫データ）	在庫数量（実地棚卸結果）
原料A101	523	
原料A102	78	
原料A103	164	
原料B201	201	
：	：	

そのため，表1項番4の①の前提として，在庫データで管理されている原料・仕掛品のすべての品目が実地棚卸リスト（空欄f）に記載されていることが挙げられます。実地棚卸リストに抜け漏れがあったら，実地棚卸結果も適切に記載されていないことになってしまいます。

また，表1項番4の②として，棚卸の結果，在庫に差異のなかった原料・仕掛品（空欄g）について，不要な在庫調整が行われていないことの監査手続を挙げています。

・【空欄h】

表1項番5の②で，長期間アクセスのない工場担当者の把握を行います。長期間アクセスがない理由のひとつとして，不要な利用者IDであることが挙げられますが，必要であるにもかかわらず長期間アクセスのない工場担当者がいる可能性も考えられます。具体的には，工場の作業現場のPCが利用後もログインされたまま，複数の工場担当者が利用しているケースです。

このように，他人の利用者ID（空欄h）でログインしているため，長期間アクセスの記録のない工場担当者についても検出するよう指示があったと考えられます。

解答	f：実地棚卸リスト（7文字） g：原料・仕掛品（6文字） h：他人の利用者ID（8文字）

令和4年度 秋期

応用情報技術者

【午前】試験時間 2時間30分

問題は次の表に従って解答してください。

問題番号	選択方法
問1～問80	全問必須

【午後】試験時間 2時間30分

問題は次の表に従って解答してください。

問題番号	選択方法
問1	必須
問2～問11	4問選択

問題文中で共通に使用される表記ルール

各問題文中に注記がない限り，次の表記ルールが適用されているものとする。

〔論理回路〕

図記号	説明
	論理積素子（AND）
	否定論理積素子（NAND）
	論理和素子（OR）
	否定論理和素子（NOR）
	排他的論理和素子（XOR）
	論理一致素子
	バッファ
	論理否定素子（NOT）
	スリーステートバッファ
	素子や回路の入力部又は出力部に示される○印は，論理状態の反転又は否定を表す。

問1　aを正の整数とし，b＝a²とする。aを2進数で表現するとnビットであるとき，bを2進数で表現すると最大で何ビットになるか。

ア　n+1　　　　イ　2n　　　　ウ　n²　　　　エ　2ⁿ

問2　A，B，C，Dを論理変数とするとき，次のカルノー図と等価な論理式はどれか。ここで，・は論理積，＋は論理和，$\overline{X}$はXの否定を表す。

AB＼CD	00	01	11	10
00	1	0	0	1
01	0	1	1	0
11	0	1	1	0
10	0	0	0	0

ア　$A \cdot B \cdot \overline{C} \cdot D + \overline{B} \cdot \overline{D}$

イ　$\overline{A} \cdot \overline{B} \cdot \overline{C} \cdot \overline{D} + B \cdot D$

ウ　$A \cdot B \cdot D + \overline{B} \cdot \overline{D}$

エ　$\overline{A} \cdot \overline{B} \cdot \overline{D} + B \cdot D$

問3　製品100個を1ロットとして生産する。一つのロットからサンプルを3個抽出して検査し，3個とも良品であればロット全体を合格とする。100個中に10個の不良品を含むロットが合格と判定される確率は幾らか。

ア　$\dfrac{178}{245}$　　　　イ　$\dfrac{405}{539}$　　　　ウ　$\dfrac{89}{110}$　　　　エ　$\dfrac{87}{97}$

問4　AIにおける過学習の説明として，最も適切なものはどれか。

ア　ある領域で学習した学習済みモデルを，別の領域に再利用することによって，効率的に学習させる。

イ　学習に使った訓練データに対しては精度が高い結果となる一方で，未知のデータに対しては精度が下がる。

ウ　期待している結果とは掛け離れている場合に，結果側から逆方向に学習させて，その差を少なくする。

エ　膨大な訓練データを学習させても効果が得られない場合に，学習目標として成功と判断するための報酬を与えることによって，何が成功か分かるようにする。

問1 整数を2進数で表現した際のビット数に関する問題

aはnビットの2進数で示される正の整数なので，2進数では次のように表現することができます。

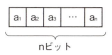

2進数は，0と1で表現できる組合せの種類と考えると，nビットの2進数で表現できるのは最大で2^n種類の2進数です。これをbについて考えると，

$$b=a^2=2^n\times2^n=2^{2n}$$

となり，bは最大2n種類の2進数，すなわち2nビットの2進数で表せることがわかります。

問2 カルノー図と論理式に関する問題

カルノー図の周囲の論理変数（A，B，C，D）とその否定は，該当する行または列の論理変数が"1"であることを示しています。ここでA，B，C，Dが"1"となっている部分をグループ化すると，図の上端下端，左端右端は連続したものとして取り扱うため次のようになります。

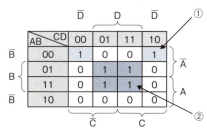

①のグループは，$\overline{A}$と$\overline{B}$および$\overline{D}$のグループに属しています。したがって，これらに共通となるよう論理積をとると，$\overline{A}\cdot\overline{B}\cdot\overline{D}$となります。

同様に，②のグループで共通となる論理積は$B\cdot D$となります。最終的な論理式は，これら二つのグループの論理和となるので，

$$\overline{A}\cdot\overline{B}\cdot\overline{D}+B\cdot D$$

となります（エ）。

問3 サンプル検査によりロットが合格とされる確率に関する問題

ロットからサンプルを3個抽出する際に，最初の1個が良品である確率は，

$$\frac{(100-10)}{100}=\frac{90}{100}=\frac{9}{10}$$

1個目が良品でかつ2個目も良品である確率は，

$$\frac{9}{10}\times\frac{(90-1)}{(100-1)}=\frac{9}{10}\times\frac{89}{99}$$

1個目，2個目が良品で3個目も良品である確率は，式を約分した後に計算し，

$$\frac{9}{10}\times\frac{89}{99}\times\frac{(89-1)}{(99-1)}=\frac{9}{10}\times\frac{89}{99}\times\frac{88}{98}=\frac{178}{245}$$

となります（ア）。

問4 AIにおける過学習に関する問題

AIにおいて「学習」とは膨大な訓練データから特徴や法則を捉えることをいいます。学習には入力データと正解を与える教師あり学習，入力データのみから法則性を見出す教師なし学習，入力データに関して報酬を与えて成否を判断する強化学習などがあります。

ア：転移学習の説明です。

イ：正しい。訓練で得られるデータのみに適合することを過学習といいます。データに偏りがあれば正しい学習ができず，未知のデータには全く合わないモデルが形成される可能性があります。

ウ：ニューラルネットワークにおけるバックプロパゲーション（誤差逆伝搬法）の説明です。

エ：強化学習の説明です。

解答		
	問1 イ	問2 エ
	問3 ア	問4 イ

問 5　自然数をキーとするデータを，ハッシュ表を用いて管理する。キーxのハッシュ関数h(x)を

　　h(x)＝x mod n

とすると，任意のキーaとbが衝突する条件はどれか。ここで，nはハッシュ表の大きさであり，x mod nはxをnで割った余りを表す。

- **ア**　a＋bがnの倍数
- **イ**　a－bがnの倍数
- **ウ**　nがa＋bの倍数
- **エ**　nがa－bの倍数

問 6　未整列の配列A[i]（i＝1, 2, …, n）を，次の流れ図によって整列する。ここで用いられる整列アルゴリズムはどれか。

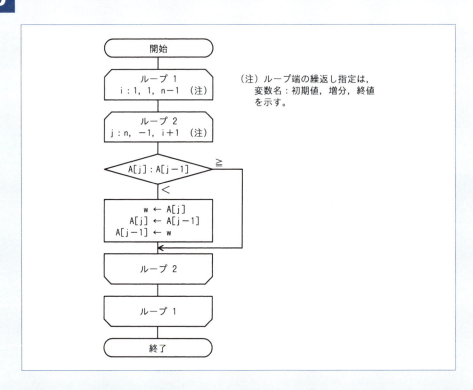

- **ア**　クイックソート
- **イ**　選択ソート
- **ウ**　挿入ソート
- **エ**　バブルソート

問 7　XMLにおいて，XML宣言中で符号化宣言を省略できる文字コードはどれか。

- **ア**　EUC-JP
- **イ**　ISO-2022-JP
- **ウ**　Shift-JIS
- **エ**　UTF-16

問5 シノニムが発生する条件に関する問題

ハッシュ表は，入力されたデータをキーとしてハッシュ関数による計算を行い，その結果をハッシュ表の格納位置とする表です。コンパイラなどのプログラム開発環境で，ラベル名や変数名などのキーの検索を高速に行う場合に用いられます。

ハッシュ関数における衝突とは，ハッシュ関数による計算結果が同じ値（シノニム）をとることをいいます。用意したハッシュ表の大きさがキーの大きさよりも小さい場合は，特に衝突が発生しやすくなります。

問題のハッシュ関数では，キー値をハッシュ表の大きさnで割った余りがハッシュ値となることから，キー値がとる値がn個ごとに同じになることがわかります。例えば，n＝3の場合は次の表のようになります。

キーの値	0	1	2	3	4	5	6	7	8	9
ハッシュ値	0	1	2	0	1	2	0	1	2	0

任意のキーaとbが衝突するのは，h(a)＝h(b)のときなので，この式を変形していきます。

$h(a)=h(b)$
$a \bmod n = b \bmod n$
$a \bmod n - b \bmod n = 0$
$(a-b) \bmod n = 0$

（a−b）をnで割った余りが0ということは，「（a−b）がnの倍数」であることになります（**イ**）。

問6 整列アルゴリズムに関する問題

選択肢に挙げられている整列（ソート）アルゴリズムについて簡単に整理しておきましょう。

ア：クイックソート…基準値を選び，その値よりも大きな値のグループと小さな値のグループに分割する作業を繰り返して並べ替えを行うアルゴリズム。

イ：選択ソート…未整列のデータの中から最大値（あるいは最小値）を探して先頭から順に整列済データと入れ替えていくアルゴリズム。

ウ：挿入ソート…対象データを一つずつ取り出して整列済みデータの適切な大きさの位置に配置（挿入）することを繰り返して並べ替えを行うアルゴリズム。

エ：バブルソート…隣り合ったデータ同士を比較し，どちらかのデータが大きい（あるいは小さい）ようにデータを交換していくアルゴリズム。

次に流れ図を参照します。

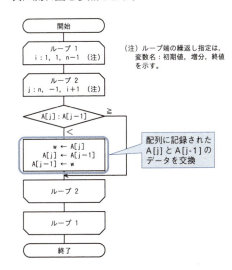

（注）ループ端の繰返し指定は，
変数名：初期値，増分，終値
を示す。

吹き出しをつけた部分でデータの交換を行っていますが，A[j]とA[j−1]，すなわち隣り合ったデータで行われていることから，バブルソートであることがわかります（**エ**）。

問7 XMLの文字コードに関する問題

XMLでは，XML宣言中に符号化宣言を行い，文字コードを確定します。

例：`<?xml version="1.0" encoding="EUC-JP" ?>`

W3CのXML 1.0勧告によれば「UTF-8またはUTF-16以外の符号化方式で保存されるデータは，符号化宣言を含むテキスト宣言で始めなければならない」とあるので，省略できるのはUTF-8またはUTF-16（**エ**）です。

解答	問5 **イ**	問6 **エ**	問7 **エ**

問8 ディープラーニングの学習にGPUを用いる利点として，適切なものはどれか。

ア　各プロセッサコアが独立して異なるプログラムを実行し，異なるデータを処理できる。

イ　行列演算ユニットを用いて，行列演算を高速に実行できる。

ウ　浮動小数点演算ユニットをコプロセッサとして用い，浮動小数点演算ができる。

エ　分岐予測を行い，パイプラインの利用効率を高めた処理を実行できる。

問9 キャッシュメモリのライトスルーの説明として，適切なものはどれか。

ア　CPUがメモリに書込み動作をするとき，キャッシュメモリだけにデータを書き込む。

イ　CPUがメモリに書込み動作をするとき，キャッシュメモリと主記憶の両方に同時にデータを書き込む。

ウ　主記憶のデータの変更は，キャッシュメモリから当該データが追い出される時に行う。

エ　主記憶へのアクセス頻度が少ないので，バスの占有率が低い。

問10 L1，L2と2段のキャッシュをもつプロセッサにおいて，あるプログラムを実行したとき，L1キャッシュのヒット率が0.95，L2キャッシュのヒット率が0.6であった。このキャッシュシステムのヒット率は幾らか。ここでL1キャッシュにあるデータは全てL2キャッシュにもあるものとする。

ア　0.57　　　　イ　0.6　　　　ウ　0.95　　　　エ　0.98

問11 電気泳動型電子ペーパーの説明として，適切なものはどれか。

ア　デバイスに印加した電圧によって，光の透過状態を変化させて表示する。

イ　電圧を印加した電極に，着色した帯電粒子を集めて表示する。

ウ　電圧を印加すると発光する薄膜デバイスを用いて表示する。

エ　半導体デバイス上に作成した微小な鏡の向きを変えて，反射することによって表示する。

解答・解説

問8 ディープラーニングにGPUを用いる利点に関する問題

GPU（Graphics Processing Unit）では3Dグラ

フィックスを描画するために，整数や浮動小数点の行列演算を異なる表示オブジェクトに対して並列に行う必要があります。このとき用いられる計算モデルがSIMD（Single Instruction Multiple

Data）です。SIMDモデルが向いているのは，同じデータ構造の大量データを並列に計算することですが，このモデルがディープラーニングにもあてはまるので，汎用計算ユニットとして利用されています。この用途での利用をGPGPU（General Purpose computing on GPU）といいます。

ア：一般的なマルチコアプロセッサの説明です。

イ：正しい。

ウ：数値演算コプロセッサの説明です。

エ：命令パイプライン高速化手法の一つです。

問9 キャッシュメモリのライトスルーに関する問題

キャッシュメモリの制御方式のライトスルー方式では，キャッシュメモリに書込むと同時に主記憶にも書込みを行います。この場合，キャッシュメモリと主記憶の一貫性は常に保たれますが，書込み時の速度は高速化されません。

一方，ライトバック方式では，CPUはキャッシュメモリに書込むだけで処理を終了し，キャッシュメモリから主記憶への書込みはキャッシュメモリから当該データが追い出されるときにCPUの空き時間に非同期に行われます。処理は高速化されますが，主記憶への書込みが終了するまでキャッシュメモリとの一貫性が保たれません。

ア：ライトバック方式の説明です。

イ：正しい。主記憶とキャッシュメモリの一貫性が保たれているので障害に強い特徴もあります。

ウ：ライトバック方式の説明です。

エ：ライトバック方式の説明です。キャッシュメモリからデータが追い出されない限り主記憶へアクセスしないので，バスの占有率は低くなります。

問10 キャッシュシステムのヒット率に関する問題

CPUが多段のキャッシュをもつ場合，CPUは，まずCPUに近い1段目のキャッシュ（L1）にデータがあるか確認し，ない場合に2段目（L2）にアクセスしに行きます。一般的にL1の方が容量は少ないがアクセス速度は速いので，L1を優先す

ることでシステム全体のパフォーマンスを向上させています。

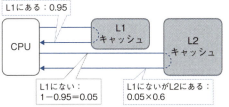

L1，L2のヒット率からシステムのヒット率を計算すると，次のようになります（**エ**）。

> L1にある＋L1にないがL2にある
> ＝0.95＋（0.05×0.6）＝0.98

問11 電気泳動型電子ペーパーに関する問題

ア：液晶方式の説明です。液晶分子は電圧をかけると一定の方向に並ぶ性質をもっています。これに一定の方向からの光の波を透過させる偏光フィルタを組み合わせて，光の透過量を制御してディスプレイとして利用します。

イ：正しい。例えば，プラスの電気を帯びた白色の顔料とマイナスの電気を帯びた黒色の顔料を一つのセルに閉じ込め，裏側からプラスの電気をかけると黒色の顔料は吸着して裏側に，白色の顔料は反発して表面側に集まります。この原理を利用して電子ペーパーとして利用します。

ウ：EL（Electro Luminescence：電界発光）方式の説明です。発光材料に有機素材を用いることが多く，有機ELディスプレイとして利用されています。

エ：デジタルミラーデバイス（DMD）の説明です。MEMS（Micro Electro Mechanical Systems）デバイスの一種で，鏡面の反射光を用いるため，透過光を用いる液晶よりも光効率が良く，コントラストも大きいという特徴があります。プロジェクタやデジタルシネマの投影機などに利用されています。

解答	問8 **イ**	問9 **イ**
	問10 **エ**	問11 **イ**

問 12 コンテナ型仮想化の説明として，適切なものはどれか。

ア 物理サーバと物理サーバの仮想環境とがOSを共有するので，物理サーバか物理サーバの仮想環境のどちらかにOSをもてばよい。

イ 物理サーバにホストOSをもたず，物理サーバにインストールした仮想化ソフトウェアによって，個別のゲストOSをもった仮想サーバを動作させる。

ウ 物理サーバのホストOSと仮想化ソフトウェアによって，プログラムの実行環境を仮想化するので，仮想サーバに個別のゲストOSをもたない。

エ 物理サーバのホストOSにインストールした仮想化ソフトウェアによって，個別のゲストOSをもった仮想サーバを動作させる。

問 13 システムの信頼性設計に関する記述のうち，適切なものはどれか。

ア フェールセーフとは，利用者の誤操作によってシステムが異常終了してしまうことのないように，単純なミスを発生させないようにする設計方法である。

イ フェールソフトとは，故障が発生した場合でも機能を縮退させることなく稼働を継続する概念である。

ウ フォールトアボイダンスとは，システム構成要素の個々の品質を高めて故障が発生しないようにする概念である。

エ フォールトトレランスとは，故障が生じてもシステムに重大な影響が出ないように，あらかじめ定められた安全状態にシステムを固定し，全体として安全が維持されるような設計方法である。

問 14 あるシステムにおいて，MTBFとMTTRがともに1.5倍になったとき，アベイラビリティ（稼働率）は何倍になるか。

ア $\dfrac{2}{3}$　　　　**イ** 1.5　　　　**ウ** 2.25　　　　**エ** 変わらない

問12　コンテナ型仮想化に関する問題

　サーバ仮想化を実現する方法には，ホスト型，ハイパーバイザー型，コンテナ型があります。コンテナ型はアプリの実行環境を，ゲストOSを用いず直接ホストOSがコンテナソフトを使って構築する点に特徴があります。

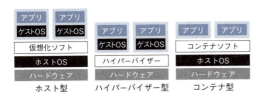

ホスト型　　　ハイパーバイザー型　　　コンテナ型

ア：コンテナ型仮想化では，OSは必ず物理サーバがもつので誤りです。

イ：コンテナ型仮想化では，ホストOSがコンテナ構築ソフトによってコンテナと呼ばれる実行環境を作成するので誤りです。ホストOSが不要なのはハイパーバイザー型です。

ウ：正しい。ホストOS上に直接実行環境であるコンテナを作成します。一方でホストOSと異なるOSでコンテナを作成することはできないなどの制約もあります。

エ：ホスト型仮想化の説明です。アプリの要求は，ゲストOSから仮想化ソフトを経由しホストOSに伝えるのでオーバヘッドが大きくなりますが，自由度は高いという特徴があります。

問13　システムの信頼性設計に関する問題

ア：フールプルーフの説明です。フェールセーフとは，故障の発生や誤った操作をしてもその被害を最低限に抑え，他の正常な部分に影響が及ばないように，全体として安全が保たれるようにする方法です。

イ：フォールトトレランスの説明です。フェールソフトとは，異常が発生したとき故障や誤動作をする箇所を切り離して，システムを全面的に停止させずに，機能は低下してもシステムが稼働し続けられるようにする方法です。

システムを2重化し，故障が発生しても運用を続ける方式があります。

ウ：正しい。フォールトアボイダンスは，システムを構成する個々の部品に信頼性の高い部品を使用したり，バグの少ないソフトウェアを開発したりして故障が発生しないようにする考え方です。

エ：フェールセーフの説明です。フォールトトレランスとは対障害性を意味し，障害が発生しても正しく動作しつづけるようにした設計です。システムの一部に障害が発生しても，システム全体は動作できるように，システムを構成する重要部品を多重化します。

問14　MTBFとMTTRからアベイラビリティを求める問題

　MTBF（平均故障間隔）とMTTR（平均修理時間）から，稼働率は次の式で求めることができます。

$$稼働率 = \frac{MTBF}{MTBF + MTTR}$$

　MTBFとMTTRがそれぞれ1.5倍になると，次のような式になります。

$$稼働率 = \frac{MTBF \times 1.5}{MTBF \times 1.5 + MTTR \times 1.5}$$
$$= \frac{MTBF \times 1.5}{(MTBF + MTTR) \times 1.5}$$

　したがって，稼働率は変わりません（**エ**）。

[別解]

　稼働率は，例えば，運転時間中に正常に稼働していた時間の割合です。MTBFは稼働時間の合計÷故障回数，MTTRは停止時間の合計÷故障回数なので，MTBFとMTTRが1.5倍になり故障回数が同じなら稼働率は変わりません。

稼働率2/3

稼働（1）	故障（1）	稼働（1）

稼働率2/3（全体が伸びても「率」は同じ）

稼働（1.5）	故障（1.5）	稼働（1.5）

解答	問12 **ウ**	問13 **ウ**	問14 **エ**

問15 あるクライアントサーバシステムにおいて，クライアントから要求された1件の検索を処理するために，サーバで平均100万命令が実行される。1件の検索につき，ネットワーク内で転送されるデータは平均2×10^5バイトである。このサーバの性能は100MIPSであり，ネットワークの転送速度は8×10^7ビット／秒である。このシステムにおいて，1秒間に処理できる検索要求は何件か。ここで，処理できる件数は，サーバとネットワークの処理能力だけで決まるものとする。また，1バイトは8ビットとする。

ア 50 　　　　イ 100 　　　　ウ 200 　　　　エ 400

問16 二つのタスクが共用する二つの資源を排他的に使用するとき，デッドロックが発生するおそれがある。このデッドロックの発生を防ぐ方法はどれか。

ア 一方のタスクの優先度を高くする。
イ 資源獲得の順序を両方のタスクで同じにする。
ウ 資源獲得の順序を両方のタスクで逆にする。
エ 両方のタスクの優先度を同じにする。

問17 ほとんどのプログラムの大きさがページサイズの半分以下のシステムにおいて，ページサイズを半分にしたときに予想されるものはどれか。ここで，このシステムは主記憶が不足しがちで，多重度やスループットなどはシステム性能の限界で運用しているものとする。

ア ページサイズが小さくなるので，領域管理などのオーバーヘッドが減少する。
イ ページ内に余裕がなくなるので，ページ置換えによってシステム性能が低下する。
ウ ページ内の無駄な空き領域が減少するので，主記憶不足が緩和される。
エ ページフォールトの回数が増加するので，システム性能が低下する。

問 15 クライアントサーバシステムの処理件数に関する問題

クライアントサーバシステムにおいて，サーバが処理できる能力とネットワーク処理能力を求めて，どちらか小さい方がボトルネックとなって，全体の処理能力が決まるという点に着目します。

1MIPSの性能のサーバは，1秒間当たり100万個の命令を実行きます。問題のクライアントサーバシステムでは，1件の検索につき平均100万命令が実行されるので，100MIPSの性能であれば，1秒間に処理できる検索要求は100件となります。

一方，ネットワークの転送速度は$8×10^7$ビット／秒＝10Mバイト／秒です。1件の検索につき平均$2×10^5$バイトのデータを転送する必要があるので，1秒間に処理できるデータ量は，

$$\frac{10^7}{2×10^5}=50件$$

となります。

これらの計算から，このクライアントサーバシステムでは，サーバでは100件／秒の検索を処理できますが，ネットワークの転送速度がボトルネックとなって，50件／秒（**ア**）の要求しか処理できません。

問 16 デッドロックに関する問題

デッドロックとは，複数のタスクが共通の資源をロックして使用するとき，互いに資源が解放されるのを待って，処理が停止状態になることです。

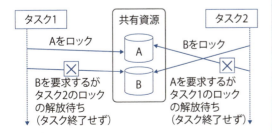

ア：一方のタスクの優先度を高くしても優先度の低いタスクが資源を占有している限り，タス

クを実行することはできません。

イ：正しい。順序が同じであれば，先に資源を獲得されたタスクはその資源を獲得することができないので，デッドロックは発生しません。

ウ：それぞれのタスクが逆の資源を獲得し，デッドロックが発生します。

エ：資源は排他的に使用されるため，タスクの優先度には影響されません。

問 17 ページサイズの変更に関する問題

ページング方式を用いるOSでは，主記憶をページと呼ばれる領域に分割してプログラムが必要とする数だけ割当てます。

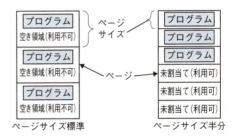

ページサイズ標準　　　ページサイズ半分

プログラムが必要とするページを割当てられない場合，補助記憶装置とページ単位で内容を交換して割当てます。これをページ置換えといいます。

ア：ページサイズが小さくなると，相対的に領域管理のオーバーヘッドは大きくなります。

イ：ページサイズを半分にしてもほとんどのプログラムはページ内に収まるので，ページの割当てに余裕ができ，ページの置換え頻度は少なくなります。

ウ：正しい。他に割当てができないページ内の空き領域は，ページサイズを半分にしてページ数が増えたので，割当て可能な主記憶として利用できるので主記憶不足が緩和されます。

エ：より多くのページを割り当てることが可能になるので，ページフォールトの回数は減少します。

解答	問15 **ア**	問16 **イ**	問17 **ウ**

問18 優先度に基づくプリエンプティブなスケジューリングを行うリアルタイムOSにおける割込み処理の説明のうち，適切なものはどれか。ここで，割込み禁止状態は考慮しないものとし，割込み処理を行うプログラムを割込み処理ルーチン，割込み処理以外のプログラムをタスクと呼ぶ。

ア タスクの切替えを禁止すると，割込みが発生しても割込み処理ルーチンは呼び出されない。

イ 割込み処理ルーチンの処理時間の長さは，システムの応答性に影響を与えない。

ウ 割込み処理ルーチンは，最も優先度の高いタスクよりも優先して実行される。

エ 割込み処理ルーチンは，割り込まれたタスクと同一のコンテキストで実行される。

問19 LANに接続された3台のプリンターA〜Cがある。印刷時間が分単位で4，6，3，2，5，3，4，3，1の9個の印刷データがこの順で存在する場合，プリンターCが印刷に要する時間は何分か。ここで，プリンターは，複数台空いていれば，A，B，Cの順で割り当て，1台も空いていなければ，どれかが空くまで待ちになる。また，初期状態では3台とも空いている。

ア 7 　　　　イ 9 　　　　ウ 11 　　　　エ 12

問20 アクチュエーターの機能として，適切なものはどれか。

ア アナログ電気信号を，コンピュータが処理可能なデジタル信号に変える。

イ キーボード，タッチパネルなどに使用され，コンピュータに情報を入力する。

ウ コンピュータが出力した電気信号を力学的な運動に変える。

エ 物理量を検出して，電気信号に変える。

問21 次の電子部品のうち，整流作用をもつ素子はどれか。

ア コイル　　　　イ コンデンサ　　　　ウ ダイオード　　　　エ 抵抗器

解答・解説

問18　プリエンプティブなスケジューリングに関する問題

プリエンプティブなスケジューリングを行う

OSでは全ての割込みやタスク管理はOSが行い，スケジュールに基づいて実行プロセスを強制的に切り替えます。「割込み」は最も優先度の高い処理として処理されます。

ア：割込みはタスクに優先して処理されるので，タスク切替えを禁止しても実行されます。

イ：割込みは全てのタスクに優先して処理されるので，全体のパフォーマンスに影響があります。

ウ：正しい。

エ：各々のタスクや割込み処理は，それぞれ独立したコンテキスト（その処理ルーチンが実行できる状況）で実行されます。

| 問 19 | LANに接続されたプリンターの印刷時間に関する問題 |

初期状態ではプリンターは3台とも空いているので，まず印刷時間が4分，6分，3分の印刷データがプリンターA，B，Cの順に割当てられます。

```
A 4
B 6
C 3
                    → 時間（分）
```

次の2分の印刷データは，どれかのプリンターが空くまで「待ち」になりますが，一番早く印刷が終わるのがプリンターCなので，このデータはプリンターCに割当てられます。

```
A 4
B 6
C 3    2
```

同様に，残りの5分，3分，4分，3分，1分のデータ全てを割当てると，次のようになります。

```
A 4      5        1
B 6          4
C 3   2  3   3
```

したがって，プリンターCの印刷時間は3＋2＋3＋3＝11分（**ウ**）です。

| 問 20 | アクチュエータの機能に関する問題 |

ア：A/Dコンバータの説明です。アナログ信号をデジタル信号に変換するためには，標本化と量子化の作業が必要です。一般的にA/Dコンバータはこれらを1チップ（あるいは多機能チップの中の1機能として）で実現します。

イ：コンピュータを構成する装置を分類してコンピュータの五大装置（入力装置，出力装置，演算装置，制御装置，記憶装置）といいます。キーボードやタッチパネルなどは入力装置に分類され，コンピュータに処理すべきデータを与えます。

ウ：正しい。電気信号をある決められた範囲の力学的運動に変えるものをアクチュエータといいます。例えば，移動量をフィードバックしながら緻密な制御を行うサーボモータは，ロボットの関節に使われ，工作機械など大きな力を必要とする場合には油圧を使って動かすアクチュエータが用いられます。

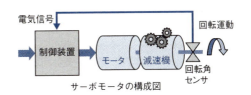

サーボモータの構成図

エ：物理センサの説明です。温度を電気信号に変える温度センサ，赤外線を検出する赤外線センサ，物理的な動きを検出する加速度センサなど，さまざまなセンサがあります。

| 問 21 | 電子部品の整流作用に関する問題 |

電流には，流れる方向が一定の直流と，時間によって方向が逆転する交流があります。整流とは，交流を直流に変換することをいいます。

ア：コイルは，直流に対して抵抗がなく交流に対して抵抗をもつ素子で，整流作用はありません。

イ：コンデンサは，直流を通さず，交流のみを通過させる素子です。

ウ：正しい。ダイオードは，一方向の電流のみを通過させるので整流作用があります。

エ：抵抗器は，直流交流問わず電流を制限します。

| 解答 | 問18 **ウ** | 問19 **ウ** |
| | 問20 **ウ** | 問21 **ウ** |

問22 フラッシュメモリの特徴として，適切なものはどれか。

ア 書込み回数は無制限である。

イ 書込み時は回路基板から外して，専用のROMライターで書き込まなければならない。

ウ 定期的にリフレッシュしないと，データが失われる。

エ データ書換え時には，あらかじめ前のデータを消去してから書込みを行う。

問23 入力XとYの値が同じときにだけ，出力Zに1を出力する回路はどれか。

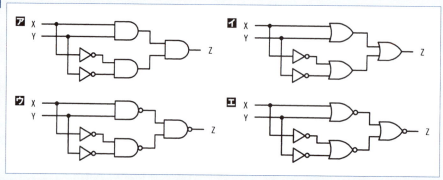

問24 顧客に，A〜Zの英大文字26種類を用いた顧客コードを割り当てたい。現在の顧客総数は8,000人であって，毎年，前年対比で2割ずつ顧客が増えていくものとする。3年後まで全顧客にコードを割り当てられるようにするためには，顧客コードは少なくとも何桁必要か。

ア 3　　　　　イ 4　　　　　ウ 5　　　　　エ 6

問25 H.264/MPEG-4 AVCの説明として，適切なものはどれか。

ア インターネットで動画や音声データのストリーミング配信を制御するための通信方式

イ テレビ会議やテレビ電話で双方向のビデオ配信を制御するための通信方式

ウ テレビの電子番組案内内で使用される番組内容のメタデータを記述する方式

エ ワンセグやインターネットで用いられる動画データの圧縮符号化方式

解答・解説

問22 フラッシュメモリの特徴に関する問題

ア：フラッシュメモリは，データを読み書きするときに，酸化膜でできた絶縁体を電子が貫通するので酸化膜が劣化していきます。このため，書込み回数には制限があります。

イ：フラッシュメモリは，書込みに大きな電流を必要としないので，回路基板に装着された状態で書込みできます。

ウ：フラッシュメモリは不揮発性で，電源を切ってもその内容を維持します。リフレッシュは不要です。定期的にリフレッシュが必要なメモリには，DRAM（Dynamic Random Access

Memory）があります。DRAMはキャパシタに電荷を蓄えて情報を記憶するので，徐々に失われる電荷をリフレッシュして情報を維持する必要があります。

エ：正しい。フラッシュメモリは，内部構造を単純化するために，消去に用いる構成部品をブロック単位で共用しています。このため，ブロック単位で消去してから書込みを行う必要があります。

問 23 XORの否定回路に関する問題

まず，XとYに0を入力してZが1となる回路を確かめてみましょう。なお，これと似た論理回路で，XとYの値が異なるときだけ出力Zが1となる**排他的論理和（XOR）**と呼ばれる回路があります。本問の回路はXORの否定回路です。

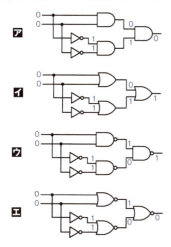

この時点で答えは，**イ**または**ウ**に絞られます。同様にXとYに異なる値を入力します。例えば，1と0を入力すると答えは0になるはずなので確かめると，

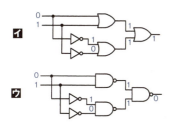

となり，答えは**ウ**になります。

本来であれば，すべての回路の真理値表を作成して比較すべきですが，時間が限られている試験

では，このように場合分けをして時間を短縮することも必要です。

問 24 コードに必要な桁数に関する問題

まず，3年後の顧客の総数を計算します。

現在	1年後	2年後	3年後
8,000	9,600	11,520	13,824

×1.2　　×1.2　　×1.2

次に英大文字A～Zの26種類を使って表現できる数は，26進数と考えることができます。n進数m桁で表現できる数はn^m種類なので，

> 1桁なら$26^1＝26$種類
> 2桁なら$26^2＝676$種類
> 3桁なら$26^3＝17576$種類

となり，3年後の予測顧客総数を超えます。したがって，顧客コードが3桁あれば，顧客全員にコードを割り当てることができます（**ア**）。

問 25 動画データの圧縮符号化形式に関する問題

H.264/MPEG-4 AVCは，動画データの圧縮符号化方式（ビデオコーデック）です。ISO/IECのビデオとオーディオの符号化に関するワーキンググループ**MPEG**（Moving Picture Experts Group）が，MPEG-4を拡張・改良し圧縮効率を高めたものです。

一方でISO/IECとは別団体のITU-Tでは，H.261，H.263などのビデオコーデックを策定していましたが，H.264がMPEG-4 AVCと共同提案の形になったため，両表記を合わせて記載するようになりました。

ア：**RTSP**（Real Time Streaming Protocol）の説明です。

イ：**SIP**（Session Initiation Protocol）の説明です。

ウ：**EPG**（Electronic Program Guide）の説明です。

エ：正しい。

解答	問22 **エ**	問23 **ウ**
	問24 **ア**	問25 **エ**

問26　データ項目の命名規約を設ける場合，次の命名規約だけでは<u>回避できない事象</u>はどれか。

〔命名規約〕
(1) データ項目名の末尾には必ず"名"，"コード"，"数"，"金額"，"年月日"などの区分語を付与し，区分語ごとに定めたデータ型にする。
(2) データ項目名と意味を登録した辞書を作成し，異音同義語や同音異義語が発生しないようにする。

ア　データ項目"受信年月日"のデータ型として，日付型と文字列型が混在する。
イ　データ項目"受注金額"の取り得る値の範囲がテーブルによって異なる。
ウ　データ項目"賞与金額"と同じ意味で"ボーナス金額"というデータ項目がある。
エ　データ項目"取引先"が，"取引先コード"か"取引先名"か，判別できない。

 問27　"従業員"表に対して"異動"表による差集合演算を行った結果はどれか。

従業員

従業員 ID	従業員名	所属
A001	情報太郎	人事部
A005	情報花子	経理部
B010	情報次郎	総務部
C003	試験桃子	人事部
C011	試験一郎	経理部

異動

従業員 ID	従業員名	所属
A005	情報花子	経理部
B010	情報次郎	総務部
D080	技術桜子	経理部

ア

従業員 ID	従業員名	所属
A001	情報太郎	人事部
A005	情報花子	経理部
B010	情報次郎	総務部
C003	試験桃子	人事部
C011	試験一郎	経理部
D080	技術桜子	経理部

イ

従業員 ID	従業員名	所属
A001	情報太郎	人事部
C003	試験桃子	人事部
C011	試験一郎	経理部

ウ

従業員 ID	従業員名	所属
A005	情報花子	経理部
B010	情報次郎	総務部

エ

従業員 ID	従業員名	所属
D080	技術桜子	経理部

問26　データ項目の命名規約に関する問題

データ項目の命名規約にはシステム上の制限の他，それを取り扱う人間側のミスを防ぐために設けるものがあります。例えば，問題文の〔命名規約〕(1)では，「データ項目名の末尾には必ず"名"，"コード"，"数"，"金額"，"年月日"などの区分語を付与し，区分語ごとに定めたデータ型にする」とあります。顧客の氏名であれば「顧客氏名：名」，顧客の郵便番号であれば「顧客郵便番号：コード」とし，末尾が名であれば「文字列型」，コードであれば「整数型」と決めておくと，冗長にはなりますが，ミスや勘違いを防ぐことができます。

ア：〔命名規約〕(1)により，データ項目名が決まれば自動的にデータ型が決まるので，回避できます。

イ：正しい。いずれの命名規約によっても，データ型の値の範囲は定義されていないので，範囲の制限を行うことはできません。

ウ：〔命名規約〕(2)により，異音同義語が発生しないようになるので，回避できます。

エ：〔命名規約〕(1)により，データ項目の末尾を見ればコードか名称かを判別できるので，回避できます。

問27　表の差集合演算に関する問題

集合演算においてよく使われる「和」「差」「積」について，問題文にある"従業員"表と，"異動"表を使って整理しておきましょう。

従業員

従業員ID	従業員名	所属
A001	情報太郎	人事部
A005	情報花子	経理部
B010	情報次郎	総務部
C003	試験桃子	人事部
C011	試験一郎	経理部

異動

従業員ID	従業員名	所属
A005	情報花子	経理部
B010	情報次郎	総務部
D080	技術桜子	経理部

和は，"従業員"表と"異動"表に含まれる全ての行で構成される表を求める演算です。この際，重複する行は排除されます。

差は，"従業員"表に属する行から"異動"表に属する行を取り除いた表を求める演算です。"異動"表にあって"従業員"表にない行については何もしません。

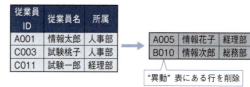

積は，"従業員"表と"異動"表に含まれる共通の行を求める演算です。

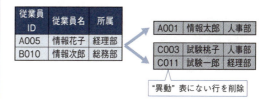

ア：二つの表の行に含まれる全ての行で構成される表です。和集合演算によって求められます。

イ：正しい。"従業員"表に属する行から"異動"表に属する行を取り除いた表です。差集合演算によって求められます。

ウ："従業員"表と"異動"表に含まれる共通の行が表示されています。積集合演算によって求められます。

エ："異動"表だけに含まれる行が表示されています。**イ**とは逆に，"異動"表に対して"従業員"表による差集合演算を行った結果となります。

解答	問26 **イ**	問27 **イ**

問28 "商品"表に対して，次のSQL文を実行して得られる仕入先コード数は幾つか。

〔SQL文〕
```
SELECT DISTINCT 仕入先コード FROM 商品
  WHERE (販売単価 - 仕入単価) >
        (SELECT AVG (販売単価 - 仕入単価) FROM 商品)
```

商品

商品コード	商品名	販売単価	仕入先コード	仕入単価
A001	A	1,000	S1	800
B002	B	2,500	S2	2,300
C003	C	1,500	S2	1,400
D004	D	2,500	S1	1,600
E005	E	2,000	S1	1,600
F006	F	3,000	S3	2,800
G007	G	2,500	S3	2,200
H008	H	2,500	S4	2,000
I009	I	2,500	S5	2,000
J010	J	1,300	S6	1,000

ア 1　　　イ 2　　　ウ 3　　　エ 4

問29 チェックポイントを取得するDBMSにおいて，図のような時間経過でシステム障害が発生した。前進復帰（ロールフォワード）によって障害回復できるトランザクションだけを全て挙げたものはどれか。

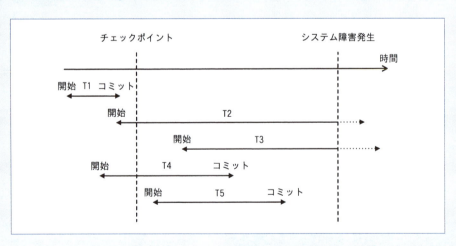

ア T1　　　イ T2とT3　　　ウ T4とT5　　　エ T5

問30 ACID特性の四つの性質に含まれないものはどれか。

ア 一貫性　　　イ 可用性　　　ウ 原子性　　　エ 耐久性

問28　副問合せのあるSQL文に関する問題

SQL文をいくつかに分割して考えます。

①

```
SELECT DISTINCT 仕入先コード FROM 商品
WHERE （販売単価 − 仕入単価）＞
      （SELECT AVG（販売単価 − 仕入単価）FROM 商品）
```

②　③

このSQL文の最終的な出力は①で，仕入先コードが重複なしで出力されます。②では商品から出力する仕入先コードが，販売価格−仕入単価が③で得られる数より大きいものに限定されています。

③が副問合わせで，各行の販売単価から仕入単価を引いたもののAVG，すなわち平均を算出しています。このため③の計算を先に行います。

販売単価−仕入単価を「差額」と定義し，問題にある表に追加します。

商品コード	商品名	販売単価	仕入先コード	仕入単価	差額
A001	A	1,000	S1	800	200
B002	B	2,500	S2	2,300	200
C003	C	1,500	S2	1,400	100
D004	D	2,500	S1	1,600	900
E005	E	2,000	S1	1,600	400
F006	F	3,000	S3	2,800	200
G007	G	2,500	S3	2,200	300
H008	H	2,500	S4	2,000	500
I009	I	2,500	S5	2,000	500
J010	J	1,300	S6	1,000	300

まず，差額の平均値を求めると，

$$（200＋200＋100＋900＋400＋200＋300＋500＋500＋300）÷10＝360$$

となります。

次に②の条件式を満たす行は，差額が平均値より大きい行なので，商品コードでいえば，D004，E005，H008，I009となります。これらの仕入れ先コードは，それぞれS1，S1，S4，S5となります。

仕入れ先を出力する①の式にはDISTINCTがあるので，重複が排除されます。したがって，出力される仕入先コードはS1，S4，S5の三つ（**ウ**）となります。

問29　トランザクションの前進復帰に関する問題

前進復帰（ロールフォワード）は，システム障害が発生した時点で，一度チェックポイントまでデータを復元し，続いて更新後ログファイルを用いてチェックポイント後のトランザクションを再現して障害直前の状態まで回復させる手法です。それぞれのトランザクションについて見ていきましょう。

- T1：チェックポイント以前にコミットされているので，T1は障害回復に関係ありません。
- T2：障害発生時にコミットされていないので，障害回復されません。更新前ログを使ってトランザクション開始前の状態に戻されます。
- T3：障害発生時にコミットされていないので，障害回復されません。更新前ログを使ってトランザクション開始前の状態に戻されます。
- T4：障害発生時にコミットされているので，前進復帰によってコミットされたデータも回復します。
- T5：障害発生時にコミットされているので，前進復帰によってコミットされたデータも回復します。

したがって，前進復帰によって障害回復できるトランザクションはT4とT5です（**ウ**）。

問30　ACID特性に関する問題

ACID特性とは，トランザクション処理を行うシステムがもつべき，Atomicity（原子性），Consistency（一貫性），Isolation（独立性），Durability（耐久性）の四つの特性です。したがって，これらの特性に含まれないのは**イ**の可用性です。可用性は，情報セキュリティ3要素であるCIAの一つ（Availability）です。

解答	問28 **ウ**	問29 **ウ**	問30 **イ**

問31 IPアドレスの自動設定をするためにDHCPサーバが設置されたLAN環境の説明のうち，適切なものはどれか。

ア DHCPによる自動設定を行うPCでは，IPアドレスは自動設定できるが，サブネットマスクやデフォルトゲートウェイアドレスは自動設定できない。

イ DHCPによる自動設定を行うPCと，IPアドレスが固定のPCを混在させることはできない。

ウ DHCPによる自動設定を行うPCに，DHCPサーバのアドレスを設定しておく必要はない。

エ 一度IPアドレスを割り当てられたPCは，その後電源が切られた期間があっても必ず同じIPアドレスを割り当てられる。

問32 TCP/IPネットワークで，データ転送用と制御用とに異なるウェルノウンポート番号が割り当てられているプロトコルはどれか。

ア FTP　　　　　イ POP3　　　　　ウ SMTP　　　　　エ SNMP

問33 IPv4のネットワークアドレスが192.168.16.40/29のとき，適切なものはどれか。

ア 192.168.16.48は同一サブネットワーク内のIPアドレスである。

イ サブネットマスクは，255.255.255.240である。

ウ 使用可能なホストアドレスは最大6個である。

エ ホスト部は29ビットである。

問34 IPの上位階層のプロトコルとして，コネクションレスのデータグラム通信を実現し，信頼性のための確認応答や順序制御などの機能をもたないプロトコルはどれか。

ア ICMP　　　　　イ PPP　　　　　ウ TCP　　　　　エ UDP

解答・解説

問31 DHCPサーバを設置するネットワーク環境に関する問題

DHCP（Dynamic Host Configuration Protocol）は，クライアントとなるコンピュータがIPv4ネッ

トワークに接続する際に必要なIPアドレスやデフォルトゲートウェイ，サブネットマスク，DNSアドレスなどの設定情報を自動的に割り当てるために必要となるプロトコルです。

クライアントはネットワークに接続すると，

DHCPクエリをブロードキャストで送信して必要な設定情報を得ようとします。要求を受信したDHCPサーバは、管理しているネットワーク情報から有効なIPアドレスやネットワーク設定に必要な情報を返信します。

ア：IPアドレス以外に必要な情報も提供します。

イ：DHCPサーバが管理するIPアドレスの範囲を設定することで、固定IPアドレスのPCと混在させることができます。

ウ：正しい。DHCPクエリはブロードキャストされるので、DHCPサーバのアドレスは不要です。

エ：DHCPサーバが動的割り当て設定となっていた場合、リース期間が満了したIPアドレスは別のクライアントに割り当てられることがあります。

10進数	192	168	16	40
2進数	11000000	10101000	00010000	00101000
サブネットマスク	11111111	11111111	11111111	11111000

ア：192.168.16.48は第4オクテット（最後の8ビット）が「00110000」となり、ネットワーク部が異なります。同一サブネットワークではありません。

イ：サブネットマスクの第4オクテットは「11111000」で、10進数にすると248です。

ウ：正しい。ホスト部は3ビットなのでアドレスは8個ありますが、全て0はネットワークアドレス、全て1はブロードキャストアドレスなので使えるのは最大6個です。

エ：ホスト部は3ビットです（29ビットはネットワーク部）。

問 32　TCP/IPネットワークのプロトコルとポート番号に関する問題

TCP/IPネットワークでは、ポート番号を使って同一IPアドレスによる複数の通信セッションを制御します。ポート番号は0～65535番までありますが、0～1023番まではウェルノウンポートといい、よく使われるサービスに予約され、他のサービスで使わないように推奨されています。

ア：正しい。20番がFTPのデータ転送に、21番がFTPの制御に用いられます。FTPでは、大量のデータ転送で20番ポートの通信が塞がっているときでも、中止や再送などの制御は21番ポートを使って行えるようになっています。

イ：POP3では110番ポートを用います。

ウ：SMTPでは25番ポートを用います。

エ：SNMPでは161番および162番ポートを用いますが、TCPではなくUDPを使います。

問 33　IPv4ネットワークのアドレス利用方法に関する問題

IPv4のネットワークアドレス表記で「/29」のような表記がある場合、上位29ビットをネットワーク部、残りの3ビットをホスト部として用います。また、サブネットマスクはネットワーク部の29ビットを全て1にしたものが該当します。

問 34　コネクションレス通信プロトコルに関する問題

通信に用いるプロトコルは、物理的な取決めからアプリケーションで用いるルールまでいくつかの層に分類できます。選択肢のプロトコルは、OSI参照モデルにおいて、それぞれ次のように区分けされます。

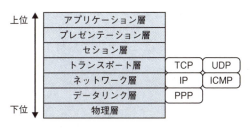

IPの上位プロトコルはトランスポート層のTCPおよびUDPです。

トランスポート層ではポート番号によってアプリケーションを分類し、TCPではコネクションによって伝達保証性の確保を行います。一方、UDPを用いた通信ではコネクションを省略するので伝達保証性はありませんが、代わりにリアルタイム性が高いなどの特徴があります（**エ**）。

解答	問31 **ウ**	問32 **ア**
	問33 **ウ**	問34 **エ**

問35　次のURLに対し，受理するWebサーバのポート番号（8080）を指定できる箇所はどれか。
`https://www.example.com/member/login?id=user`

ア　クエリ文字列（id=user）の直後
`https://www.example.com/member/login?id=user:8080`

イ　スキーム（https）の直後
`https:8080://www.example.com/member/login?id=user`

ウ　パス（/member/login）の直後
`https://www.example.com/member/login:8080?id=user`

エ　ホスト名（www.example.com）の直後
`https://www.example.com:8080/member/login?id=user`

問36　オープンリゾルバを悪用した攻撃はどれか。

ア　ICMPパケットの送信元を偽装し，多数の宛先に送ることによって，攻撃対象のコンピュータに大量の偽のICMPパケットの応答を送る。

イ　PC内のhostsファイルにあるドメインとIPアドレスとの対応付けを大量に書き換え，偽のWebサイトに誘導し，大量のコンテンツをダウンロードさせる。

ウ　送信元IPアドレスを偽装したDNS問合せを多数のDNSサーバに送ることによって，攻撃対象のコンピュータに大量の応答を送る。

エ　誰でも電子メールの送信ができるメールサーバを踏み台にして，電子メールの送信元アドレスを詐称したなりすましメールを大量に送信する。

問37　サイドチャネル攻撃に該当するものはどれか。

ア　暗号アルゴリズムを実装した攻撃対象の物理デバイスから得られる物理量（処理時間，消費電力など）やエラーメッセージから，攻撃対象の秘密情報を得る。

イ　企業などの秘密情報を不正に取得するソーシャルエンジニアリングの手法の一つであり，不用意に捨てられた秘密情報の印刷物をオフィスの紙ごみの中から探し出す。

ウ　通信を行う2者間に割り込み，両者が交換する情報を自分のものとすり替えることによって，その後の通信を気付かれることなく盗聴する。

エ　データベースを利用するWebサイトに入力パラメータとしてSQL文の断片を送信することによって，データベースを改ざんする。

解答・解説

問35　Webサーバのポート番号指定に関する問題

Web上のリソースへのアクセス方法は，RFC 3986で規定されています。Web上に存在するリソースの場所を示すURL（Uniform Resource Locater），名前を示すURN（Uniform Resource Name）といい，その両方を包含した一般的な呼

称がURI（Uniform Resource Identifier）です。

Webサーバのアドレスを示す用語としては，一般にURLが用いられます。URLは次のようなブロックに分けることができます。

- スキーム：資源に到達するための手段を示したもの。一般的にはプロトコル名ですが，「mailto:」など単純な手段の場合もある。
- オーソリティ：「//」で始まる。一般的な構文では，ホスト名を登録名やサーバアドレス（IPv4アドレス）で示す。
- ポート番号：ホスト名の後に「:」によって区切られた任意のポート番号を示す。スキームの初期値と同じ場合は省略する。
- パス：一般的には階層形式でオーソリティが示している場所からのパスやファイル名を示す。
- クエリ：「?」で始まる。一般に「key=value」の形式で，オーソリティ（サーバ）に情報を送信するために用いる。複数の情報を送りたい場合は「&」でつなげる。URLパラメータともいう。
- フラグメント：「#」で始まる。主要リソースに対する追加識別情報を示す。HTMLの場合は同一ページ内の場所を示すために用いられる。

ア：クエリ文字列の後は，フラグメント以外に記述されることはありません。

イ：スキームの後は，オーソリティを記述します。

ウ：パスの後は，クエリを示す文字列が記述されます。

エ：正しい。オーソリティの一部として，ホスト名の後に「:」で区切ってポート番号を付加することができます。

問 36　オープンリゾルバに関する問題

オープンリゾルバは，外部の不特定のIPアドレスからのDNS（Domain Name System）の問合せにも応答する状態になっているDNSサーバのことです。

ア：ICMP Flood攻撃の説明です。攻撃対象のコンピュータのIPアドレスに偽装したICMPパケットを多数の宛先に送り，そのレスポンスが攻撃対象のコンピュータに集中し，サービスを妨害します。

イ：ファーミングと呼ばれる攻撃の一種です。ユーザーが正しいURLを入力，あるいはリンクによってアクセスしてもDNSに優先するhostsファイルを書き換えて，偽のWebサイトに誘導することが可能です。

ウ：正しい。DNSリフレクション攻撃ともいいます。攻撃対象のコンピュータのIPアドレスに偽装したDNS要求を多数のオープンリゾルバに送ることによって，そのレスポンスを攻撃対象のコンピュータに集中させてサービス不能を引き起こします。

エ：SMTPのオープンリレー（第三者中継）を悪用した攻撃です。

問 37　サイドチャネル攻撃に関する問題

ア：正しい。サイドチャネル攻撃では，攻撃対象そのものの脆弱性ではなく，物理的な実装や周辺環境から得た観測情報をもとに攻撃を行います。

イ：トラッシング（Trashing）の説明です。企業システムに侵入する前の事前情報収集として行われることが多い手法です。

ウ：中間者攻撃（Man In The Middle attack）の一例です。暗号化されていない通信は，より危険性が高くなります。

エ：SQLインジェクションの説明です。SQLの処理において意味のある文字列を無効化できていない場合に，外部から不正なパラメタを送り込まれてしまう攻撃方法です。

解答	問35 **エ**	問36 **ウ**	問37 **ア**

問 38　デジタル証明書が失効しているかどうかをオンラインで確認するためのプロトコルはどれか。

　　ア　CHAP　　　　イ　LDAP　　　　ウ　OCSP　　　　エ　SNMP

問 39　組織的なインシデント対応体制の構築を支援する目的でJPCERTコーディネーションセンターが作成したものはどれか。

　　ア　CSIRTマテリアル
　　イ　ISMSユーザーズガイド
　　ウ　証拠保全ガイドライン
　　エ　組織における内部不正防止ガイドライン

問 40　JPCERTコーディネーションセンターとIPAとが共同で運営するJVNの目的として，最も適切なものはどれか。

　　ア　ソフトウェアに内在する脆弱性を検出し，情報セキュリティ対策に資する。
　　イ　ソフトウェアの脆弱性関連情報とその対策情報とを提供し，情報セキュリティ対策に資する。
　　ウ　ソフトウェアの脆弱性に対する汎用的な評価手法を確立し，情報セキュリティ対策に資する。
　　エ　ソフトウェアの脆弱性のタイプを識別するための基準を提供し，情報セキュリティ対策に資する。

問 41　JIS Q 31000:2019（リスクマネジメント―指針）におけるリスクアセスメントを構成するプロセスの組合せはどれか。

　　ア　リスク特定，リスク評価，リスク受容
　　イ　リスク特定，リスク分析，リスク評価
　　ウ　リスク分析，リスク対応，リスク受容
　　エ　リスク分析，リスク評価，リスク対応

解答・解説

問 38　デジタル証明書の失効確認に関する問題

ア：CHAP（Challenge Handshake Authentication

Protocol）は，ネットワークに接続されたクライアントやユーザーを認証するプロトコルです。

イ：LDAP（Lightweight Directory Access Protocol）

は，ユーザーやクライアントを管理するディレクトリサービスに接続するプロトコルです。

ウ：正しい。デジタル証明書の失効確認にはCRL（Certificate Revocation Lists）が使われていましたが，リアルタイムに確認することができませんでした。OCSP（Online Certificate Status Protocol）は，OCSPレスポンダが，確認要求された証明書の状態だけをHTTPを使ってリアルタイムに応答することができます。

エ：SNMP（Simple Network Management Protocol）は，TCP/IPで接続されているネットワーク機器の管理を行うためのプロトコルです。

問 39　JPCERTコーディネーションセンターが作成したガイドラインに関する問題

ア：正しい。CSIRT（Computer Security Incident Response Team）は，組織内のセキュリティインシデント対応を専門に行う専門家チームです。CSIRTマテリアルはCSIRTの構築を支援する目的でJPCERTコーディネーションセンターが作成した参考資料で，CSIRTが備えるべき機能や能力を，その構想フェーズから構築フェーズ，運用フェーズに至るまで詳しくまとめられています。

イ：ISMSユーザーズガイドは，一般財団法人 日本情報経済社会推進協会が，ISMS（情報セキュリティマネジメントシステム）認証基準の要求事項を解説した参考資料です。

ウ：証拠保全ガイドラインは，デジタルフォレンジック研究会が，電磁的証拠保全手続きの参考として多くの知見やノウハウをまとめた資料です。なお，デジタルフォレンジックとは，電磁的記録の証拠保全や調査・分析のために，改ざんや毀損についての分析・情報収集を行う調査手法や技術の総称です。

エ：組織における内部不正防止ガイドラインは，情報処理推進機構（IPA）が，企業やその他の組織において必要な内部不正対策を効果的に実施可能とすることを目的として作成したガイドラインです。

問 40　JVNの目的に関する問題

JVN（Japan Vulnerability Notes）については，公式サイトで次のように記載されています。

> 日本で使用されているソフトウェアなどの脆弱性関連情報とその対策情報を提供し，情報セキュリティ対策に資することを目的とする脆弱性対策情報ポータルサイトです。脆弱性関連情報の受付と安全な流通を目的とした「情報セキュリティ早期警戒パートナーシップ」に基いて，2004年7月よりJPCERTコーディネーションセンターと独立行政法人情報処理推進機構（IPA）が共同で運営しています。

ア：JVNの情報を元に，インストールされたソフトウェアのバージョンのチェックや脆弱性対策情報収集などのフレームワークであるMyJVNの説明です。

イ：正しい。

ウ：CVSS（Common Vulnerability Scoring System：共通脆弱性評価システム）の説明です。

エ：CWE（Common Weakness Enumeration：共通脆弱性タイプ一覧）の説明です。

問 41　リスクマネジメント指針に関する問題

JIS Q 31000:2019（リスクマネジメント―指針）は，ISO 31000を基に，技術的内容及び構成を変更することなく作成した日本工業規格です。「リスクマネジメントを行い，意思を決定し，目的の設定及び達成を行い，並びにパフォーマンスの改善のために組織における価値を創造し保護する人々が使用する」ために作成された指針となっています。

この指針によれば，リスクアセスメントは「リスク特定，リスク分析及びリスク評価を網羅するプロセス全体を指す」とあります。したがって，答えはリスク特定，リスク分析，リスク評価の組合せの**イ**です。

解答	問38 **ウ**	問39 **ア**
	問40 **イ**	問41 **イ**

問 42

WAFによる防御が有効な攻撃として，最も適切なものはどれか。

- **ア** DNSサーバに対するDNSキャッシュポイズニング
- **イ** REST APIサービスに対するAPIの脆弱性を狙った攻撃
- **ウ** SMTPサーバの第三者不正中継の脆弱性を悪用したフィッシングメールの配信
- **エ** 電子メールサービスに対する電子メール爆弾

 問 43

家庭内で，PCを無線LANルータを介してインターネットに接続するとき，期待できるセキュリティ上の効果の記述のうち，適切なものはどれか。

- **ア** IPマスカレード機能による，インターネットからの侵入に対する防止効果
- **イ** PPPoE機能による，経路上の盗聴に対する防止効果
- **ウ** WPA機能による，不正なWebサイトへの接続に対する防止効果
- **エ** WPS機能による，インターネットからのマルウェア感染に対する防止効果

 問 44

SPF（Sender Policy Framework）の仕組みはどれか。

- **ア** 電子メールを受信するサーバが，電子メールに付与されているデジタル署名を使って，送信元ドメインの詐称がないことを確認する。
- **イ** 電子メールを受信するサーバが，電子メールの送信元のドメイン情報と，電子メールを送信したサーバのIPアドレスから，送信元ドメインの詐称がないことを確認する。
- **ウ** 電子メールを送信するサーバが，電子メールの宛先のドメインや送信者のメールアドレスを問わず，全ての電子メールをアーカイブする。
- **エ** 電子メールを送信するサーバが，電子メールの送信者の上司からの承認が得られるまで，一時的に電子メールの送信を保留する。

解答・解説

問 42 **WAFによる防御に関する問題**

WAF（Web Application Firewall）とは，Web

アプリケーションへの攻撃を防ぐために，Webサーバへの通信を監視し不正な攻撃があった場合に通信を遮断する機能をもったセキュリティシステムです。具体的にはWebサーバに対して行わ

れるHTTPやHTTPSのトラフィックを監視し，SQL
インジェクションなどWebサーバに対して悪意
のある要素を検出した場合にその要素を排除しま
す。

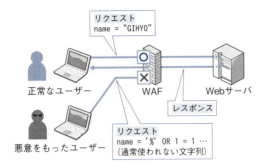

リクエスト
name = "GIHYO"

正常なユーザー　　　WAF　　　Webサーバ

レスポンス

悪意をもったユーザー

リクエスト
name = '%' OR 1 = 1 …
（通常使われない文字列）

ア：WAFはWebサーバを防御するものなので，
DNSサーバの通信はチェックしません。

イ：正しい。REST API（REpresentational State
Transfer）は，HTTP通信においてREST 4原則
（統一インターフェース，アドレス可能性，
接続性，ステートレス性）に沿ったシステム
をいいます。HTTP通信を使っているので，
WAFの検査対象となります。適切な処置を行
えば攻撃を遮断することができます。

ウ：自ドメイン以外のメールの中継を行うこと
で，フィッシング目的のメールを中継してし
まう脆弱性について，WAFでは防ぐことがで
きません。ただし，通常のファイアウォール
であればIPアドレスで遮断が可能です。

エ：電子メール爆弾とは，通常では考えられない
量のメールを送り付けるなどしてサーバをダ
ウンさせる攻撃です。WAFでは不可能です
が，IPS（Intrusion Prevention System）を
使って一定の通信量を超えた通信を遮断する
ことが可能です。

<table>
<tr><td>問
43</td><td>無線LANルータのセキュリティ上の効果
に関する問題</td></tr>
</table>

ア：正しい。ルータがIPアドレスを変換する際，
インターネットからのパケットは，送信時に
記録した返信パケットの宛先ポート番号と変
換テーブルを照合して中継するので，不正な
パケットは破棄され，不正侵入に対する効果
があります。

イ：PPPoE（Point-to-Point Protocol over

Ethernet）に経路暗号化の機能はありませ
ん。

ウ：WPA（Wi-Fi Protected Access）は，無線
LANでデータを送受信する際の暗号化規格で
す。ルータとPC間の接続を暗号化しますが，
Webサイトへの接続には関係がありません。

エ：WPS（Wi-Fi Protected Setup）は，無線LAN
の暗号化設定を簡単にするための仕組みで
す。マルウェアとは関係がありません。

<table>
<tr><td>問
44</td><td>SPFの仕組みに関する問題</td></tr>
</table>

SPF（Sender Policy Framework）を使えば，
送信者のメールドメインを認証することで，悪意
のあるメールがユーザーの受信箱に届く可能性を
減らすことができます。

具体的には，送信者のメールドメインのDNSサ
ーバに，どのIPアドレスからメール送信が許可さ
れるかの属性をSPFレコードとして記述します。
メールを受信したサーバは，メールのヘッダ情報
とSPFレコードの情報から，送信者が本物かどう
かを判断し「スパム」や「迷惑メール」などの判
定を行います。

ア：PGP（Pretty Good Privacy）やS/MIME
（Secure/Multipurpose Internet Mail
Extensions）がメールのデジタル署名として
使われています。

イ：正しい。SPFの仕組みです。

ウ：メールアーカイブシステムの説明です。内部
統制やコンプライアンス対策として導入され
ます。

エ：上長承認機能などメール誤送信を防止する機
能の一部です。

問45 ファジングに該当するものはどれか。

ア Webサーバに対し、ログイン、閲覧などのリクエストを大量に送り付け、一定時間内の処理量を計測して、DDoS攻撃に対する耐性を検査する。

イ ソフトウェアに対し、問題を起こしそうな様々な種類のデータを入力し、そのソフトウェアの動作状態を監視して脆弱性を発見する。

ウ パスワードとしてよく使われる文字列を数多く列挙したリストを使って、不正にログインを試行する。

エ マークアップ言語で書かれた文字列を処理する前に、その言語にとって特別な意味をもつ文字や記号を別の文字列に置換して、脆弱性が悪用されるのを防止する。

問46 仕様書やソースコードといった成果物について、作成者を含めた複数人で、記述されたシステムやソフトウェアの振る舞いを机上でシミュレートして、問題点を発見する手法はどれか。

ア ウォークスルー   **イ** サンドイッチテスト
ウ トップダウンテスト   **エ** 並行シミュレーション

問47 信頼性工学の視点で行うシステム設計において、発生し得る障害の原因を分析する手法であるFTAの説明はどれか。

ア システムの構成品目の故障モードに着目して、故障の推定原因を列挙し、システムへの影響を評価することによって、システムの信頼性を定性的に分析する。

イ 障害と、その中間的な原因から基本的な原因までの全ての原因とを列挙し、それらをゲート（論理を表す図記号）で関連付けた樹形図で表す。

ウ 障害に関するデータを収集し、原因について"なぜなぜ分析"を行い、根本原因を明らかにする。

エ 多角的で、互いに重ならないように定義したODC属性に従って障害を分類し、どの分類に障害が集中しているかを調べる。

問 45 ファジングに関する問題

ファジング（Fuzzing）は，ソフトウェアの診断方法の一つで，診断対象となるソフトウェアに対して「不正」「想定外」「ランダム」などの入力を行い，ソフトウェアの脆弱性や欠陥を明らかにします。一般にこれらの入力はファジングツールという自動化されたツールで行い，ソフトウェアの挙動を監視します。

```
正しいデータ     ファジング     正常レスポンス ○
範囲外のデータ →  [    ]    →  エラーレスポンス ○
想定外のデータ   テスト対象     ？？クラッシュ ✕
                 プログラム
```

- **ア**：負荷テストの説明です。Webサーバの脆弱性診断テストの一環として行われることがあります。
- **イ**：正しい。
- **ウ**：辞書攻撃の説明です。
- **エ**：サニタイジングの説明です。SQLインジェクションなど，不正なデータベース操作を抑止します。

問 46 ウォークスルーに関する問題

- **ア**：正しい。完成したシステムやソフトウェアを複数の人がチェックすることで，多重チェックとなり，システムの品質を高めることができます。なお，ウォークスルーは机上のシミュレーション以外にも用いる用語です。
- **イ**：サンドイッチテスト（折衷テスト）は，トップダウンテストとボトムアップテストを同時進行で進める結合テストです。
- **ウ**：トップダウンテストは，上位モジュールから下位モジュールに向かってテストを進める手法です。下位モジュールが未完成の場合は，スタブと呼ばれるテストモジュールを使います。
- **エ**：並行シミュレーションは，別途用意した検証用プログラムと監査対象プログラムに同一の

データを入力して，両者の実行結果を比較して正確性を検証するテスト手法です。

問 47 FTAの説明に関する問題

最初にフォールトツリー（FT）について説明します。フォールトツリーとは，重要なシステム事象とその原因の相互関係を表示するトップダウン式の論理図です。フォールトツリーの主な要素は以下のとおりです。

- ・トップ事象
- ・基本事象
- ・ORゲートやANDゲートなどの論理ゲート

フォールトツリーの例

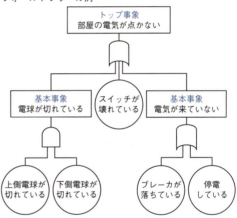

FTA（Fault Tree Analysis）とは，フォールトツリーに基づいて行う定性的および定量的な分析です。

- **ア**：故障モード影響解析（FMEA：Failure Mode and Effects Analysis）の説明です。
- **イ**：正しい。
- **ウ**：根本原因分析（RCA：Root Cause Analysis）の説明です。
- **エ**：直交欠陥分類（Orthogonal Defect Classification）による分析の説明です。

解答	問45 **イ**	問46 **ア**	問47 **イ**

問48 流れ図で示したモジュールを表の二つのテストケースを用いてテストしたとき，テストカバレージ指標であるC_0（命令網羅）とC_1（分岐網羅）とによる網羅率の適切な組みはどれか。ここで，変数V〜変数Zの値は，途中の命令で変更されない。

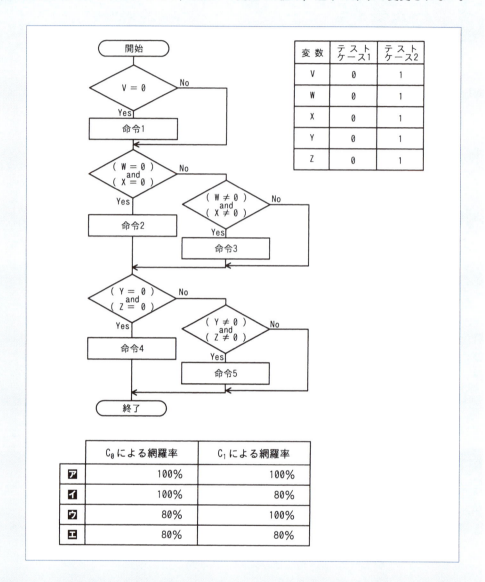

変数	テストケース1	テストケース2
V	0	1
W	0	1
X	0	1
Y	0	1
Z	0	1

	C_0による網羅率	C_1による網羅率
ア	100%	100%
イ	100%	80%
ウ	80%	100%
エ	80%	80%

問49 エクストリームプログラミング（XP：Extreme Programming）における"テスト駆動開発"の特徴はどれか。

ア　最初のテストで，なるべく多くのバグを摘出する。
イ　テストケースの改善を繰り返す。
ウ　テストでのカバレージを高めることを目的とする。
エ　プログラムを書く前にテストコードを記述する。

問 48 命令網羅と分岐網羅に関する問題

最初に分岐網羅と命令網羅について整理しておきます。

種類	概要
命令網羅	全ての命令を少なくとも1回は確認するテスト方法
分岐網羅	全ての分岐の選択肢を少なくとも1回は確認するテスト方法

テストケース1とテストケース2が流れ図上でどの命令を実行し，分岐するのか確認します。分岐についてはYes／Noの全てに番号を振っておきます。

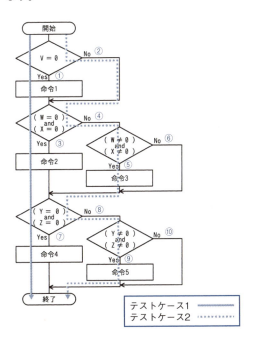

それぞれのテストケースで命令や分岐をどの程度網羅できたかを確認して表にします。

テストケース	命令	分岐
1	命令1・命令2・命令4	①③⑦
2	命令3・命令5	②④⑤⑧⑨

以上の結果から，二つのテストケースを合わせると，C0（命令網羅）については全ての命令を実行できているので網羅率100%です。C1（分岐網羅）は，10個の分岐選択肢のうち⑥と⑩がテ

ストされていないので，網羅率80%となります（**イ**）。

問 49 テスト駆動開発に関する問題

XP（eXtreme Programing）実践方法の一つであるテスト駆動開発（Test-Driven Development）は，テストという目標でソフトウェアの目的を明確にして開発を迅速に行うための手法です。

手順としては，最初にテスト設計を行い，それを実行するためのプログラムをコーディングします。次にテストを実行して成功を確認したのち，リファクタリングを行って内部構造を整理します。

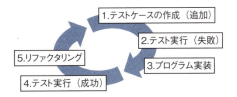

問題では，テストケース作成後にプログラミングを行う**エ**が答えとなります。

解答	問48 **イ**	問49 **エ**

問 50 スクラムのスプリントにおいて，（1）～（3）のプラクティスを採用して開発を行い，スプリントレビューの後にKPT手法でスプリントレトロスペクティブを行った。"KPT"の"T"に該当する例はどれか。

〔プラクティス〕
(1) ペアプログラミングでコードを作成する。
(2) スタンドアップミーティングを行う。
(3) テスト駆動開発で開発を進める。

ア 開発したプログラムは欠陥が少なかったので，今後もペアプログラミングを継続する。

イ スタンドアップミーティングにメンバー全員が集まらないことが多かった。

ウ 次のスプリントからは，スタンドアップミーティングにタイムキーパーを置き，終了5分前を知らせるようにする。

エ テストコードの作成に見積り以上の時間が掛かった。

問 51 プロジェクトマネジメントにおけるスコープの管理の活動はどれか。

ア 開発ツールの新機能の教育が不十分と分かったので，開発ツールの教育期間を2日間延長した。

イ 要件定義が完了した時点で再見積りをしたところ，当初見積もった開発コストを超過することが判明したので，追加予算を確保した。

ウ 連携する計画であった外部システムのリリースが延期になったので，この外部システムとの連携に関わる作業は別プロジェクトで実施することにした。

エ 割り当てたテスト担当者が期待した成果を出せなかったので，経験豊富なテスト担当者と交代した。

解答・解説

問 50 スプリントレトロスペクティブにおける KPT手法に関する問題

アジャイル開発のスクラムでは，スプリントと

呼ばれる反復を繰り返しながら，開発を進めていきます。

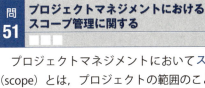

問題では，スプリントレビュー（評価）のの
ち，次の改善を明らかにするためにスプリントレ
トロスペクティブ（反省会）を行ったとあります。KPT手法は「振り返り」のフレームワーク
で，これまでに起きたことを

・K（Keep）　… 継続すべきこと
・P（Problem）… 問題点
・T（Try）　　… 取り組むべき課題

の三つの要素に分けて検討します。

一般にホワイトボードや紙，EXCELの共有など
を行って次のような表を作成し，KPTを行う参加
者がそれぞれのエリアに提案を書き込みます。

KEEP ・継続すべきこと	TRY ・取り組むべき課題
PROBLEM ・問題点	

各々の提案は提案者が理由を説明すると同時
に，参加者でKEEPやPROBLEMの要因や原因につ
いてディスカッションし，TRYについて検討します。

ア：「欠陥が少なかった」のは，ペアプログラミ
ングの肯定的意見で継続すべきことなので，
"K" に該当します。

イ：「メンバー全員が集まらない」という問題点
なので，"P" に該当します。

ウ：正しい。「次のスプリントからは」とあるよ
うに，これは取り組むべき課題なので，T"
に該当します。

エ：「時間が掛かった」という問題点なので，"P"
に該当します。

問51 プロジェクトマネジメントにおけるスコープ管理に関する

プロジェクトマネジメントにおいてスコープ
（scope）とは，プロジェクトの範囲のことです。
PMBOKでは，プロジェクトが生み出す成果物
（成果物スコープ）とそれを生み出すために実行
しなければならない全ての作業（プロジェクトス
コープ）を指します。

スコープの管理では，実施中のプロジェクトの
スコープの状況を監視し，プロジェクト開始後に
発生した変更を管理します。プロジェクト計画と
実施状況の差異や傾向を分析して対処措置を検討
します。スコープの管理では変更の処置は行わな
いで，プロジェクトに対する全ての変更要求，提
案された是正措置や予防措置を統合変更管理に要
求します。

ア：教育期間を2日間延長したので，スケジュー
ルが変更されるスケジュールコントロールの
活動です。スケジュールコントロールは，プ
ロジェクトの状況を監視してスケジュールの
変更を管理します。

イ：追加予算を確保した（予算を変更した）の
で，コストコントロールの活動です。コスト
コントロールは，プロジェクトの予算を更新
するためにプロジェクトの状況を監視して管
理します。

ウ：正しい。計画されていた作業を別プロジェク
トに移しているので，スコープ内にあった作
業を外に出すことになり，スコープの管理の
活動です。

エ：経験豊富なテスト担当者と交代しているの
で，チームマネジメントの活動です。チーム
マネジメントは，チームメンバーのパフォー
マンスを追跡し，課題を解決し，チームの変
更をマネジメントしてプロジェクトのパ
フォーマンスを最適化します。

解答	問50 **ウ**	問51 **ウ**

問 52　図は，実施する三つのアクティビティについて，プレシデンスダイアグラム法を用いて，依存関係及び必要な作業日数を示したものである。全ての作業を完了するための所要日数は最少で何日か。

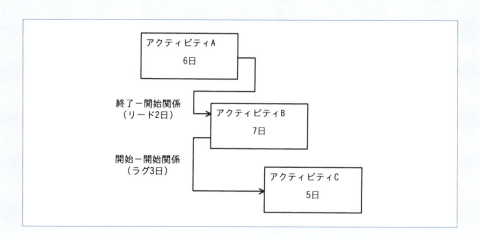

ア 11　　　　**イ** 12　　　　**ウ** 13　　　　**エ** 14

問 53　あるシステムの設計から結合テストまでの作業について，開発工程ごとの見積工数を表1に，開発工程ごとの上級技術者と初級技術者との要員割当てを表2に示す。上級技術者は，初級技術者に比べて，プログラム作成・単体テストにおいて2倍の生産性を有する。表1の見積工数は，上級技術者の生産性を基に算出している。

全ての開発工程に対して，上級技術者を1人追加して割り当てると，この作業に要する期間は何か月短縮できるか。ここで，開発工程の期間は重複させないものとし，要員全員が1か月当たり1人月の工数を投入するものとする。

表 1

開発工程	見積工数（人月）
設計	6
プログラム作成・単体テスト	12
結合テスト	12
合計	30

表 2

開発工程	要員割当て（人）	
	上級技術者	初級技術者
設計	2	0
プログラム作成・単体テスト	2	2
結合テスト	2	0

ア 1　　　　**イ** 2　　　　**ウ** 3　　　　**エ** 4

| 問 52 | プレシデンスダイアグラム法に関する問題 |

プレシデンスダイアグラム法（PDM：Precedence Diagram Method）とは，作業工程を表すダイアグラムの一つで，作業（アクティビティ）をノードとして四角形で示し，ノードとノードの依存関係あるいは論理的順序関係を矢線（アロー）でつないで表したものです。依存関係には，次の四つがあります。

- 終了－開始関係（FS関係）
  Aが終わるとBが始まる（後続作業の開始は，先行作業の完了に左右される）
- 終了－終了関係（FF関係）
  Aが終わるとBも終わる（後続作業の完了は，先行作業の完了に左右される）
- 開始－開始関係（SS関係）
  Aが始まるとBも始まる（後続作業の開始は，先行作業の開始に左右される）
- 開始－終了（SF関係）
  Aが始まるとBが終わる（後続作業の完了は，先行作業の開始に左右される）

問題には依存関係の他に，リードとラグがあります。

| リード | 後続アクティビティを前倒しで開始できる時間 |
| ラグ | 後続アクティビティの開始を遅らせる時間 |

アクティビティの依存関係とリードに注意して，問題の図を見ていきます。

- アクティビティA
  A→Bは「終了－開始関係」なので，Aが終了してからBを始める。ただし，リードが2日あるので，Aに必要な日数は6－2＝4日とみなせる。
- アクティビティBとC
  アクティビティBに必要な日数は7日だが，B→Cは「開始－開始関係」なので，CはBと同時に始めることができる。ただし，ラグが3日あるので，Cに必要な日数は3＋5＝8日となる。

図示すると次のようになります。

したがって，全ての作業を完了するのに必要な日数は12日（**ア**）です。

| 問 53 | 開発見積工数に関する問題 |

まず，現在の要員の割当てでかかる開発工数（人月）を，上級技術者に換算して計算します。

- 設計… 見積工数6人月÷上級2人＝3人月
- プログラム作成・単体テスト…
  見積工数12人月÷（上級2人＋初級2人）
  ただし，この工程の初級技術者の生産性は上級技術者の1/2なので，
  12÷（2＋2×1/2)＝4人月
- 結合テスト…
  見積工数12人月÷上級2人＝6人月
- 合計工数… 3＋4＋6＝13人月

同様に，全ての工程で上級技術者を1人追加して割り当てた場合にかかる開発工数（人月）を計算します。

- 設計… 6÷（2＋1)＝2人月
- プログラム作成・単体テスト…
  12÷（3＋1)＝3人月
- 結合テスト… 12÷（2＋1)＝4人月
- 合計工数… 2＋3＋4＝9人月

両者の差をとると，

| 13－9＝4人月 （4か月分の作業量） |

したがって，上級技術者を1人追加すると，開発期間を4か月短縮できます（**エ**）。

| 解答 | 問52 **ア** | 問53 **エ** |

問54　あるシステム導入プロジェクトで，調達候補のパッケージ製品を多基準意思決定分析の加重総和法を用いて評価する。製品A〜製品Dのうち，総合評価が最も高い製品はどれか。ここで，評価点数の値が大きいほど，製品の評価は高い。

〔各製品の評価〕

〔各製品の評価〕					
評価項目	評価項目の重み	製品の評価点数			
		製品 A	製品 B	製品 C	製品 D
機能要件の充足度合い	5	7	8	9	9
非機能要件の充足度合い	1	9	10	4	7
導入費用の安さ	4	8	5	7	6

　ア　製品A　　　　　イ　製品B　　　　　ウ　製品C　　　　　エ　製品D

問55　サービスマネジメントにおける問題管理の目的はどれか。

　ア　インシデントの解決を，合意したサービスレベル目標の時間枠内に達成することを確実にする。
　イ　インシデントの未知の根本原因を特定し，インシデントの発生又は再発を防ぐ。
　ウ　合意した目標の中で，合意したサービス継続のコミットメントを果たすことを確実にする。
　エ　変更の影響を評価し，リスクを最小とするようにして実施し，レビューすることを確実にする。

問56　あるサービスデスクでは，年中無休でサービスを提供している。要員は勤務表及び勤務条件に従って1日3交替のシフト制で勤務している。1週間のサービス提供で必要な要員は，少なくとも何人か。

〔勤務表〕

〔勤務表〕			
シフト名	勤務時間帯	勤務時間（時間）	勤務する要員数（人）
早番	0:00〜8:30	8.5	2
日中	8:00〜16:30	8.5	4
遅番	16:00〜翌日0:30	8.5	2

〔勤務条件〕
・勤務を交替するときに30分間で引継ぎを行う。
・1回のシフト中に1時間の休憩を取り，労働時間は7.5時間とする。
・1週間の労働時間は，40時間以内とする。

　ア　8　　　　　　　イ　11　　　　　　　ウ　12　　　　　　　エ　14

問54 多基準意思決定分析の加重総和法に関する問題

多基準意思決定分析とは，一つの評価基準だけで判断することが難しい場面において，複数の評価基準を用いて多面的に評価して最適な案を決定するために用いられる手法です。加重総和法，順位法，レジーム法など様々な手法があります。

本問の加重総和法は，評価基準ごとの評価する対象の点数に各基準に設定された重みを乗じ，全ての重みづけされた点数を加算した値を評価点数として比較する手法です。

問題では評価項目とその重み，各製品の評価項目ごとの評価点数が示されています。各製品の評価項目ごとの点数に重みを掛けてその評価項目の点数を求め，三つの評価項目の点数を加算した値がその製品の評価点数となります。製品A～Dの評価点数を計算していきます。

- 製品A　$(7×5) + (9×1) + (8×4) = 76$
- 製品B　$(8×5) + (10×1) + (5×4) = 70$
- 製品C　$(9×5) + (4×1) + (7×4) = 77$
- 製品D　$(9×5) + (7×1) + (6×4) = 76$

「評価点数の値が大きいほど，製品の評価は高い」ので，総合評価が最も高い製品は製品Cです（**ウ**）。

問55 サービスマネジメントにおける問題管理に関する問題

システムの運用において，障害（インシデント：好ましくない事象）などのトラブルによってITサービスが中断したときには，その原因を特定して適切な解決策をとることが重要です。インシデントが発生したらインシデント管理でインシデントレコードを記録し，復旧策を実施して中断したITサービスを復旧させます。

問題管理では，原因が特定されていない未知の根本原因である「問題」と，根本的な原因が特定されている「既知の誤り」に分けて扱います。「問題」であれば調査や分析を行い，根本原因を特定して解決策を策定します。解決すると（変更要求を出して変更管理に変更を依頼），「既知の誤り」として記録します。また，インシデントが発生する前に，発生する可能性がある問題を予防するプロアクティブな活動を行い，インシデントの再発を防ぎます。

ア：サービスレベル管理の目的です。
イ：正しい。
ウ：サービス継続管理の目的です。
エ：変更管理の目的です。

問56 サービスデスクに必要な要員数に関する問題

ポイントを確かめておきましょう。

- 1回の労働時間は，7.5時間
- 1週間の労働時間は，40時間以内
- シフトは，早番，日中，遅番の3区分
- シフト別の勤務する要員数は，早番2人，日中4人，遅番2人

1週間のサービス提供に必要な最小の人数を求めるので，1週間分のシフトを何人で行うことができるかを計算していきます。

まず，1人が1週間にどれだけシフトに入れるかを求めます。週40時間以内で1回7.5時間の労働時間なので，

$40÷7.5=5.33$

シフトは分割できないので，小数点以下を切り捨てます。したがって，要員1人で週に5回シフトに入ることができます。

このサービスデスクの1週間の全シフト枠の数を求めると，

- 1日のシフト枠：$2+4+2=8$枠
- 1週間のシフト枠：$8×7=56$枠

1週間に1人がシフトに入れるのは5回までなので，

$56÷5=11.2$人

人は分割できないので，小数点以下を切り上げます。したがって，1週間のサービス提供には少なくとも12人の要員が必要です（**ウ**）。

解答	問54 **ウ**	問55 **イ**	問56 **ウ**

問57 入出力データの管理方針のうち，適切なものはどれか。

ア 出力帳票の利用状況を定期的に点検し，利用されていないと判断したものは，情報システム部門の判断で出力を停止する。

イ 出力帳票は授受管理表などを用いて確実に受渡しを行い，情報の重要度によっては業務部門の管理者に手渡しする。

ウ チェックによって発見された入力データの誤りは，情報システム部門の判断で迅速に修正する。

エ 入力原票やEDI受信ファイルなどの取引情報は，機密性を確保するために，データをシステムに取り込んだ後に速やかに廃棄する。

問58 JIS Q 27001:2014（情報セキュリティマネジメントシステムー要求事項）に基づいてISMS内部監査を行った結果として判明した状況のうち，監査人が，指摘事項として監査報告書に記載すべきものはどれか。

ア USBメモリの使用を，定められた手順に従って許可していた。

イ 個人情報の誤廃棄事故を主務官庁などに，規定されたとおりに報告していた。

ウ マルウェアスキャンでスパイウェアが検知され，駆除されていた。

エ リスクアセスメントを実施した後に，リスク受容基準を決めていた。

問59 システム監査における"監査手続"として，最も適切なものはどれか。

ア 監査計画の立案や監査業務の進捗管理を行うための手順

イ 監査結果を受けて，監査報告書に監査人の結論や指摘事項を記述する手順

ウ 監査項目について，十分かつ適切な証拠を入手するための手順

エ 監査テーマに合わせて，監査チームを編成する手順

問60 システム監査基準の意義はどれか。

ア システム監査業務の品質を確保し，有効かつ効率的な監査を実現するためのシステム監査人の行為規範となるもの

イ システム監査の信頼性を保つために，システム監査人が保持すべき情報システム及びシステム監査に関する専門的知識・技能の水準を定めたもの

ウ 情報システムのガバナンス，マネジメント，コントロールを点検・評価・検証する際の判断の尺度となるもの

エ どのような組織体においても情報システムの管理において共通して留意すべき基本事項を体系化・一般化したもの

解答・解説

問57 入出力データの管理方針に関する問題

ア：利用部門の管理者は，出力管理ルールを作成してそれに基づいた出力をします。出力帳票は状況を記録して定期的に分析し，利用されていないと判断したものは出力管理ルールに基づいて出力を停止します。情報システム部

門の判断で出力を停止するのは不適切です。

イ：正しい。

ウ：利用部門の管理者が承認した担当者は，入力管理ルールに基づいて，入力を漏れなく，重複なく，正確に行なわなくてはなりません。したがって，入力データの誤りは利用部門の担当者が判断して修正します。

エ：入力原票で，取引があったことを証明する証憑書類は，法人税法，消費税法，会社法などの法律によって一定期間保存することが義務付けられています。EDIで授受されるデータについても，電子帳簿保存法で法人税および所得税に係る保存義務者は，取引情報を保存することが義務付けされています。

問58　監査人の指摘事項に関する問題

ア：USBメモリなどの取外し可能な媒体は，管理のための手順を定めて管理します。ここでは定められた手順に従って許可していたので，指摘事項になりません。

イ：個人情報の誤廃棄事故のような情報セキュリティインシデントは，文書化した手順に従って対応しなければなりません。主務官庁などに規定されたとおりに報告していたので，指門摘事項になりません。

ウ：マルウェアについて，利用者に適切に認識させて，検出，予防や回復のための管理策を実施しなければなりません。スパイウェアが検知されて駆除されていたので，指摘事項になりません。

エ：正しい。リスク受容基準，実施基準を定めて，リスクアセスメントを実施しなければならないので，指摘事項として記載します。

問59　システム監査における監査手続に関する問題

システム監査人は，システム監査の目的に応じた監査報告書を作成し監査の依頼者に提出しますが，監査証拠に裏付けされた合理的な根拠に基づいたものでなければなりません。このためには，監査の実施過程において必要十分な監査証拠を入手する必要があります。この監査証拠を入手する

ために実施する手続きが，**監査手続**です。システム監査基準には，次のように書かれています。

> システム監査人は，システム監査を行う場合，適切かつ慎重に監査手続を実施し，監査の結論を裏付けるための監査証拠を入手しなければならない。

監査手続は，まず予備調査を実施して監査対象の実態を把握し，得た情報を踏まえて本調査を実施して証拠として十分な量があり，確かめるべき事項に適合して証明できる内容をもっている監査証拠を入手します（**ウ**）。監査手続は通常，一つの監査目的に対して複数の監査手続を組み合わせて実施されます。

問60　システム監査基準の意義に関する問題

システム監査基準とは，経済産業省が策定した情報システムを監査するときの基準です。システム監査基準によれば，システム監査の意義は，

> 情報システムのガバナンス，マネジメント又はコントロールを点検・評価・検証する業務（システム監査業務）の品質を確保し，有効かつ効率的な監査を実現するためのシステム監査人の行為規範である。

とされています。

ア：正しい。

イ：システム監査人は監査能力の保持と向上に努めなければなりませんが，その水準は定めていません。

ウ：システム監査上の判断尺度として，「システム管理基準又は組織体の基準・規定等を利用することが望ましい」としています。

エ：システム管理基準の概念です。

解答	問57 **イ**	問58 **エ**
	問59 **ウ**	問60 **ア**

問 61

BCPの説明はどれか。

ア 企業の戦略を実現するために，財務，顧客，内部ビジネスプロセス，学習と成長という四つの視点から戦略を検討したもの

イ 企業の目標を達成するために，業務内容や業務の流れを可視化し，一定のサイクルをもって継続的に業務プロセスを改善するもの

ウ 業務効率の向上，業務コストの削減を目的に，業務プロセスを対象としてアウトソースを実施するもの

エ 事業の中断・阻害に対応し，事業を復旧し，再開し，あらかじめ定められたレベルに回復するように組織を導く手順を文書化したもの

問 62

経済産業省が取りまとめた"デジタル経営改革のための評価指標（DX推進指標）"によれば，DXを実現する上で基盤となるITシステムの構築に関する指標において，"ITシステムに求められる要素"について経営者が確認すべき事項はどれか。

ア ITシステムの全体設計や協働できるベンダーの選定などを行える人材を育成・確保できているか。

イ 環境変化に迅速に対応し，求められるデリバリースピードに対応できるITシステムとなっているか。

ウ データ処理において，リアルタイム性よりも，ビッグデータの蓄積と事後の分析が重視されているか。

エ データを迅速に活用するために，全体最適よりも，個別最適を志向したITシステムとなっているか。

問 63

エンタープライズアーキテクチャ（EA）を説明したものはどれか。

ア オブジェクト指向設計を支援する様々な手法を統一して標準化したものであり，クラス図などの構造図と，ユースケース図などの振る舞い図によって，システムの分析や設計を行うものである。

イ 概念データモデルを，エンティティとリレーションシップとで表現することによって，データ構造やデータ項目間の関係を明らかにするものである。

ウ 各業務や情報システムなどを，ビジネスアーキテクチャ，データアーキテクチャ，アプリケーションアーキテクチャ，テクノロジアーキテクチャの四つの体系で分析し，全体最適化の観点から見直すものである。

エ 企業のビジネスプロセスを，データフロー，プロセス，ファイル，データ源泉／データ吸収の四つの基本要素で抽象化して表現するものである。

解答・解説

問 61 BCPに関する問題
□□□

BCP（Business Continuity Plan：事業継続計画）
自然災害，大火災，テロ攻撃などの予期せぬ

事象が発生した場合に，最低限の業務（中核となる業務）を継続，あるいは早期に復旧・再開できるようにするために，緊急時における事業継続のための方法，手段などを事前に取り決めておく行動計画のこと。

災害や事故が発生した場合には，まず「BCP を発動」して，「最も緊急度の高い業務を対象に，代替設備や代替手段に切り替え，復旧作業の推進，要員などの経営資源のシフトを実施」して業務を再開する。次のステップとしては，「代替設備や代替手段の運営を継続しながら，さらに業務範囲を拡大」し，平常運用の全面回復へとつなげていく。

ア：BSC（Balanced Scorecard：バランススコアカード）の説明です。四つの視点に基づいて相互の適切な関係を考慮しながら具体的に目標および施策を策定する手法です。

イ：BPM（Business Process Management：ビジネスプロセスマネジメント）の説明です。業務プロセスの改善が常に行われるところに特徴があります。

ウ：BPO（Business Process Outsourcing：ビジネスプロセスアウトソーシング）の説明です。業務プロセスの一部を外部の専門会社に委託するので，目的に加えて自社の人材や資源を重要な業務に配置することもできます。

エ：正しい。

問 62	デジタル経営改革のための評価指標に関する問題

　経済産業省の"DX推進指標"は，「DX推進に向けて，経営者や社内の関係者が，自社の取組の現状や，あるべき姿と現状とのギャップ，あるべき姿に向けた対応策について認識を共有し，必要なアクションをとっていくための気付きの機会を提供する」ものです。ITシステムに求められる要素として次の八つを示しています。

データ活用	データを，リアルタイム等使いたい形で使えるITシステムとなっているか
スピード・アジリティ	環境変化に迅速に対応し，求められるデリバリースピードに対応できるITシステムとなっているか
全社最適	部門を超えてデータを活用し，バリューチェーンワイドで顧客視点での価値創出ができるよう，システム間を連携させるなどにより，全社最適を踏まえたITシステムとなっているか

IT資産の分析・評価	IT資産の現状について，全体像を把握し，分析・評価できているか
廃棄	価値創出への貢献の少ないもの，利用されていないものについて，廃棄できているか
競争領域の特定	データやデジタル技術を活用し，変化に迅速に対応すべき領域を精査の上特定し，それに適したシステム環境を構築できているか
非競争領域の標準化・共通化	非競争領域について，標準パッケージや業種ごとの共通プラットフォームを利用し，カスタマイズをやめて標準化したシステムに業務を合わせるなど，トップダウンで機能圧縮できているか
ロードマップ	ITシステムの刷新に向けたロードマップが策定できているか

　したがって，答えは**イ**です。

問 63	エンタープライズアーキテクチャに関する問題

　エンタープライズアーキテクチャ（EA）とは，企業や政府機関・自治体などの組織が組織構造や業務手順，情報システムなどを最適化し，経営効率を高めるための方法論です。EAは，次の四つのアーキテクチャで構成されています。

ビジネス（政策・業務体系）	ビジネス戦略に必要な業務プロセスや情報の流れ
データ（データ体系）	業務に必要なデータの内容，データ間の関連や構造など
アプリケーション（適用処理体系）	業務プロセスを支援するシステムの機能や構成など
テクノロジー（技術体系）	情報システムの構築・運用に必要な技術的構成要素

ア：UMLの説明です。

イ：E-R図の説明です。

ウ：正しい。

エ：DFDの説明です。

解答	問61 **エ**	問62 **イ**	問63 **ウ**

問64　投資効果を正味現在価値法で評価するとき，最も投資効果が大きい（又は最も損失が小さい）シナリオはどれか。ここで，期間は3年間，割引率は5%とし，各シナリオのキャッシュフローは表のとおりとする。

単位　万円

シナリオ	投資額	回収額		
		1年目	2年目	3年目
A	220	40	80	120
B	220	120	80	40
C	220	80	80	80
投資をしない	0	0	0	0

ア A　　　　　　**イ** B　　　　　　**ウ** C　　　　　　**エ** 投資をしない

問65　組込み機器のハードウェアの製造を外部に委託する場合のコンティンジェンシープランの記述として，適切なものはどれか。

ア 実績のある外注先の利用によって，リスクの発生確率を低減する。
イ 製造品質が担保されていることを確認できるように委託先と契約する。
ウ 複数の会社の見積りを比較検討して，委託先を選定する。
エ 部品調達のリスクが顕在化したときに備えて，対処するための計画を策定する。

問66　"情報システム・モデル取引・契約書＜第二版＞"によれば，ウォーターフォールモデルによるシステム開発において，ユーザ（取得者）とベンダ（供給者）間で請負型の契約が適切であるとされるフェーズはどれか。

ア システム化計画フェーズから受入・導入支援フェーズまで
イ 要件定義フェーズから受入・導入支援フェーズまで
ウ 要件定義フェーズからシステム結合フェーズまで
エ システム内部設計フェーズからシステム結合フェーズまで

問64 正味現在価値法に関する問題

正味現在価値法とは，投資によって得られるキャッシュフローを正味現在価値（NPV：Net Present Value）に換算して計算することで，投資判断の基準とする手法です。**NPV**は，ある期間に得られるキャッシュフローを現在価値に換算した総和から投資額を差し引いたものです。NPVがプラスであれば投資する価値があり，マイナスであれば投資する価値はないと判断できます。

問題のNPVは，CF1を1年目，CF2を2年目，CF3を3年目の回収額として，次の式で求めることができます。

$$NPV = \frac{CF1}{(1+5\%)^1} + \frac{CF2}{(1+5\%)^2} + \frac{CF3}{(1+5\%)^3}$$
$$- 投資額$$
$$= \frac{CF1}{1.05} + \frac{CF2}{1.1025} + \frac{CF3}{1.157625} - 投資額$$

シナリオA，B，CのNPVを求めると次のようになります。

・シナリオA
$$\frac{40}{1.05} + \frac{80}{1.1025} + \frac{120}{1.157625} - 220 = -5.68\cdots$$
・シナリオB
$$\frac{120}{1.05} + \frac{80}{1.1025} + \frac{40}{1.157625} - 220 = 1.40\cdots$$
・シナリオC
$$\frac{80}{1.05} + \frac{80}{1.1025} + \frac{80}{1.157625} - 220 = -2.14\cdots$$

投資をしない場合のNPVは0なので，シナリオBが最も投資効果が大きくなります（**イ**）。

問65 コンティンジェンシープランに関する問題

コンティンジェンシープラン（contingency plan）は緊急時対応計画ともいい，IPAの資料によれば「その策定対象が潜在的に抱える脅威が万一発生した場合に，その緊急事態を克服するための理想的な手続きが記述された文書」とされています。

コンティンジェンシーには不測の事態という意味があります。発生することが不確実なリスクが発生した場合にとるべき対応策や行動手順をあらかじめ定めておいて，その被害や影響を最小限に抑えて事業やプロジェクトに支障を来さないようにするための計画です。

- **ア**：リスク対策のリスク低減です。リスク対策にはこの他，リスク回避，リスク保有，リスク移転があります。
- **イ**：品質保証条項（求める品質水準を維持することを委託先に保証させる条項）を明記した契約のことです。
- **ウ**：より良い条件を提示した委託先を選定するために，複数の委託先に同じ条件で見積りを提出してもらうことを相見積りといいます。
- **エ**：正しい。

問66 請負型契約に関する問題

"情報システム・モデル取引・契約書＜第二版＞"では，業務委託契約の類型として請負型，準委任型を次のように示しています。

請負型	仕事の完成を目的に受注者が仕事を行い，発注者はその完成した仕事の成果に対して対価を支払う契約
準委任型	仕事の遂行を目的に受注者が仕事を行い，それに対しての対価を得る契約。委託された者は発注者に成果物を引き渡す必要はなく，成果物に不具合（瑕疵）があってもその責任を取らなくてよい

また，ソフトウェア開発フェーズの契約類型は，次のようになっています。

フェーズ	契約類型
要件定義	準委任型
システム外部設計	準委任型又は請負型
システム内部設計	請負型
ソフトウェア設計，プログラミング，ソフトウェアテスト	請負型
システム結合	請負型
システムテスト	準委任型又は請負型
運用テスト	準委任型

したがって，答えは**エ**です。

解答	問64 **イ**	問65 **エ**	問66 **エ**

問67 M&Aの際に，買収対象企業の経営実態，資産や負債，期待収益性といった企業価値などを買手が詳細に調査する行為はどれか。

- ア 株主総会招集請求
- イ 公開買付開始公告
- ウ セグメンテーション
- エ デューデリジェンス

問68 ターゲットリターン価格設定の説明はどれか。

- ア 競合の価格を十分に考慮した上で価格を決定する。
- イ 顧客層，時間帯，場所など市場セグメントごとに異なった価格を決定する。
- ウ 目標とする投資収益率を実現するように価格を決定する。
- エ リサーチなどによる消費者の値頃感に基づいて価格を決定する。

問69 コンジョイント分析の説明はどれか。

- ア 顧客ごとの売上高，利益額などを高い順に並べ，自社のビジネスの中心をなしている顧客を分析する手法
- イ 商品がもつ価格，デザイン，使いやすさなど，購入者が重視している複数の属性の組合せを分析する手法
- ウ 同一世代は年齢を重ねても，時代が変化しても，共通の行動や意識を示すことに注目した，消費者の行動を分析する手法
- エ ブランドがもつ複数のイメージ項目を散布図にプロットし，それぞれのブランドのポジショニングを分析する手法

解答・解説

問67 **M&Aに関する問題**

M&AはMergers and Acquisitionsの略で，企業

の合併と買収のことです（Mergersは合併，Acquisitionsは買収の意味）。企業が新しい事業や分野に進出しようとするとき，すでに実績がある企業を買収して事業を展開する戦略があります

（特定の事業部門だけの場合や子会社化もある）。また，企業グループを再編成して事業を多角化する，業績不振の企業を救済するためにも行われます。競争力をつけるために，大企業同士の合併も行われています。

ア：株主総会は取締役が招集するのが原則ですが，総議決権の3％以上を持っている株主も，目的と理由を示して株主総会の招集を請求することができます。この権利を**株主総会招集請求**といいます。

イ：公開買付はTOB（Take Over Bid）ともいい，買収する企業の株式を取得するときの透明性と公正性を確保するための制度です。**公開買付開始公告**は，株主に公平に売却の機会をもってもらうために，公開買付を開始する場合に買取株数や価格，期間を開示することです。

ウ：**セグメンテーション**は，商品やサービスの販売を行うとき，どのような顧客を対象にするか明確にするために，地域や性別，購買動機などの基準で，類似した購買行動の集団（セグメント）に分類することです。

エ：正しい。**デューデリジェンス**は，M＆Aを行うときの重要な工程の一つで，M＆Aの対象企業の企業価値を事前に調査することです。

問68 ターゲットリターン価格設定に関する問題

ターゲットリターン価格設定とは，コストに基づいた価格設定の一つです。ターゲットリターンは投資額に対する利益で，企業が期待している投資収益率（ROI：Return on Investment）を達成できるように価格を設定します。

ROIは投下資本利益率で，投資額に対する利益の割合です。投資額に見合った利益を出している（投資対効果）か，評価するための指標として用いられ，

$$ROI＝（利益額／投資額）×100$$

で求められます。

ターゲットリターン価格は，次の式で求めることができます。

> ターゲットリターン価格＝
> 原価＋（期待投資収益率×投下資本／販売数）

例えば，1,000万円を投資して，原価が1,000円の製品Aの販売個数を1,000個と予想しているとします。この場合，20％の投資収益率を得られるような価格を設定したいとすると，次のように計算できます。

> 設定価格
> ＝1,000円＋（0.2×10,000,000円／1,000個）
> ＝3,000円

したがって，20％の収益率を上げるための価格は，1個3,000円となります。

ア：実勢価格設定の説明です。競合している商品がある場合，競合商品の価格を考慮して価格を決定する方法で，競合商品と同じ価格や低く，あるいは高く設定する方法があります。

イ：需要差別価格設定の説明です。需要に差があるセグメントごとに価格を設定します。

ウ：正しい。

エ：知覚価値価格設定の説明です。ユーザがその商品をいくらと考えるか市場調査などで得て，それを基に価格を設定します。

問69 コンジョイント分析に関する問題

コンジョイント分析とは，商品やサービスのどの要素や機能（属性と呼ぶ）が，消費者の購入に影響しているか評価するための手法です。どのような要素の組合せが消費者にとって最適な商品やサービスになるかを明確にすることができます。

新商品の開発や既存の商品を一部改良するときなどに，コンジョイント分析によって消費者に受け入れられる要素の組み合わせを探り，商品に反映することができます。

ア：**パレート分析**の説明です。

イ：正しい。

ウ：**コーホート分析**の説明です。

エ：**コレスポンデンス分析**の説明です。

解答	問67 **エ**	問68 **ウ**	問69 **イ**

問 70 APIエコノミーの事例として，適切なものはどれか。

ア 既存の学内データベースのAPIを活用できるEAI（Enterprise Application Integration）ツールを使い，大学業務システムを短期間で再構築することによって経費を削減できた。

イ 自社で開発した音声合成システムの利用を促進するために，自部門で開発したAPIを自社内の他の部署に提供した。

ウ 不動産会社が自社で保持する顧客データをBI（Business Intelligence）ツールのAPIを使い可視化することによって，商圏における売上規模を分析できるようになった。

エ ホテル事業者が，他社が公開しているタクシー配車アプリのAPIを自社のアプリに組み込み，サービスを提供した。

問 71 ファブレスの特徴を説明したものはどれか。

ア 1人又は数人が全工程を担当する生産方式であり，作業内容を変えるだけで生産品目を変更することができ，多品種少量生産への対応が容易である。

イ 後工程から，部品納入の時期，数量を示した作業指示書を前工程に渡して部品供給を受ける仕組みであり，在庫を圧縮することができる。

ウ 生産設備である工場をもたないので，固定費を圧縮することができ，需給変動などにも迅速に対応可能であり，企画・開発に注力することができる。

エ 生産設備をもたない企業から製造を請け負う事業者・生産形態のことであり，効率の良い設備運営や高度な研究開発を行うことができる。

問 72 構成表の製品Aを300個出荷しようとするとき，部品bの正味所要量は何個か。ここで，A，a，b，cの在庫量は在庫表のとおりとする。また，他の仕掛残，注文残，引当残などはないものとする。

構成表　　　　　　　　　　単位 個

品名	構成部品		
	a	b	c
A	3	2	0
a		1	2

在庫表　　単位 個

品名	在庫量
A	100
a	100
b	300
c	400

ア 200　　　　**イ** 600　　　　**ウ** 900　　　　**エ** 1,500

問70　APIエコノミーに関する問題

　API（Application Programming Interface）とは，OSやソフトウェア，サービスを他のアプリケーションから連携・利用できるようにしたソフトウェアインタフェースです。APIの利用者は公開されているAPIに要求を出すと，提供されているサービスやソフトウェアが要求を処理して結果を返します。例えば，Web試験の本人確認で，PCのカメラで受験者を撮影して，提供されているAPIの顔認証システムに送信すると，登録されている顔写真と一致しているか否か返信されて，本人の確認ができます。

　APIエコノミーは，他社が公開しているAPIと連携・活用することで，これまでにはなかった新しいサービスを展開して広がった経済圏や商業圏をいいます。

ア：学内のAPIを活用した経費削減なので，APIエコノミーではありません。

イ：自社内の他の部署へのAPIの提供なので，APIエコノミーではありません。

ウ：BIツールのAPIを使って可視化したものなので，APIエコノミーではありません。

エ：正しい。

問71　ファブレスに関する問題

　ファブレス（fabless）とは，製造業において工場などの生産設備を持たず，製造は外部の企業に委託して行う企業やビジネスモデルです。自社では，製品の企画・設計や販売などに注力します（設計だけを行う企業もある）。

ア：セル生産方式の説明です。屋台生産方式とも呼ばれ，1人～数人の作業者がセルと呼ばれる屋台のようなブースで，全ての工程を担当して製品を作り上げる生産方式です。

イ：かんばん方式の説明です。必要なものを，必要になったとき，必要なだけ作り（ジャスト・イン・タイム），中間在庫をなるべく持たないようにする生産方式です。

ウ：正しい。

エ：ファウンドリの説明です。半導体製品の委託製造を専門に行うファウンドリサービスを指す場合もあります。

問72　部品の所要量の計算に関する問題

　構成表から，製品Aを1個作るのに必要な部品の個数を整理します。

製品	必要な部品			
A	a ➡	b	c	c
	a ➡	b	c	c
	a ➡	b	c	c
	b	b		
	b	b		

　上の図より，製品Aを作るために必要な部品は，全てbとcで表すことができるとわかります。製品Aを1個作るのに必要な部品の個数は，次のようになります。

・部品b：5個
・部品c：6個

　いま製品Aを300個出荷しようとしていますが，製品Aには100個の在庫があります。したがって，あと200個作ればよいことになります。

　製品Aを200個作るのに必要な部品の個数は，

・部品b：200×5＝1,000個
・部品c：200×6＝1,200個

ですが，部品aには100個の在庫があるので，部品aを作るための部品b100個（と部品c200個）は，作らなくてよいことになります。また，部品bの在庫も300個あるのでこれらを差し引くと，

部品b：1,000－100－300＝600個

が部品bの正味所要量です（イ）。

解答	問70 エ	問71 ウ	問72 イ

問73 サイバーフィジカルシステム（CPS）の説明として，適切なものはどれか。

ア　1台のサーバ上で複数のOSを動かし，複数のサーバとして運用する仕組み

イ　仮想世界を現実かのように体感させる技術であり，人間の複数の感覚を同時に刺激することによって，仮想世界への没入感を与える技術のこと

ウ　現実世界のデータを収集し，仮想世界で分析・加工して，現実世界側にリアルタイムにフィードバックすることによって，付加価値を創造する仕組み

エ　電子データだけでやり取りされる通貨であり，法定通貨のように国家による強制通用力をもたず，主にインターネット上での取引などに用いられるもの

問74 ハーシィとブランチャードが提唱したSL理論の説明はどれか。

ア　開放の窓，秘密の窓，未知の窓，盲点の窓の四つの窓を用いて，自己理解と対人関係の良否を説明した理論

イ　教示的，説得的，参加的，委任的の四つに，部下の成熟度レベルによって，リーダーシップスタイルを分類した理論

ウ　共同化，表出化，連結化，内面化の四つのプロセスによって，個人と組織に新たな知識が創造されるとした理論

エ　生理的，安全，所属と愛情，承認と自尊，自己実現といった五つの段階で欲求が発達するとされる理論

問75 予測手法の一つであるデルファイ法の説明はどれか。

ア　現状の指標の中に将来の動向を示す指標があることに着目して予測する。

イ　将来予測のためのモデル化した連立方程式を解いて予測する。

ウ　同時点における複数の観測データの統計比較分析によって将来を予測する。

エ　複数の専門家へのアンケートの繰返しによる回答の収束によって将来を予測する。

問76 引き出された多くの事実やアイディアを，類似するものでグルーピングしていく収束技法はどれか。

ア　NM法　　　　　　　　　　　　イ　ゴードン法

ウ　親和図法　　　　　　　　　　　エ　ブレーンストーミング

解答・解説

問73 サイバーフィジカルシステム（CPS）に関する問題

サイバーフィジカルシステム（CPS：Cyber-Physical System）とは，実世界（フィジカル）で発生したデータを収集して，サイバー空間（コンピュータの世界）で分析・解析し，その結果を実世界にフィードバックして活用するシステムです。鉄道電気設備スマートメンテナンス，スマート工場，スマート農業などでの活用が見られます。

ア：サーバ仮想化の説明です。

イ：XR（Cross Reality）の説明です。

ウ：正しい。

エ：暗号資産（電子通貨）の説明です。

問74　SL理論に関する問題

SL理論（Situational Leadership theory）とは，リーダ（上司）が部下に対して，部下の状況（経験や仕事の習熟度）に合わせて部下に対する行動を変えることが有効であるという理論です。状況対応型リーダシップとも呼ばれます。例えば，新入社員や新業務に不慣れな社員と入社10年で練度が高い社員では，それに合わせた接し方をしていきます。

部下の状況に合わせたリーダシップとして，四つの型に分類しています。

型	リーダシップの例
教示型	新入社員など，習熟度が低い部下に対しては，具体的な指示を出し，事細かに管理し，成果を見守る
説得型	習熟度が上がった若手部下に対しては，よくコミュニケーションをとり，よく仕事を説明し，疑問に答え，成果を見守る
参加型	さらに習熟度が上がった中堅部下に対しては，問題解決や意思決定を適切に行えるように，指示や助言をして支援する
委任型	ベテランで，仕事の習熟度や遂行能力が高く，自信をもっている部下に対しては，権限や責任を委譲し，仕事を任せる

ア：自己分析に使用するジョハリの窓の説明です。
イ：正しい。
ウ：ナレッジマネジメントのSECIモデルの説明です。
エ：マズローの欲求5段階説の説明です。自己実現理論ともいいます。

問75　デルファイ法に関する問題

デルファイ法は，将来の予測に用いられる技法の一つで，多くの意見を収集できる利点があります。大まかな流れは次のとおりです。

① 問題に関するアンケートを作成する
② 多数の専門家に匿名でアンケートを行い，回答を得る
③ 回答を集計する
④ 集計結果を専門家に戻して共有し，再度アンケートを行う
⑤ ③〜④を何度か繰り返す
⑥ 意見を集約し，まとめる

ア：先行指標の説明です。景気の動向を示す指標の一つで，新規求人数，新設住宅着工床面積，東証株価指数などがあります。
イ：計量経済モデルの説明です。相互に依存する要因が複数個ある場合に用いるモデルで，経済予測や経済計画に用いられています。
ウ：多変量解析の説明です。アンケート調査のような複数の項目（多変量）を分析して，予測や判別をします。
エ：正しい。

問76　親和図法に関する問題

ア：NM法は，中山正和が考案した，事柄が似ていることから他を推し測る類比を使った発想方法です。具体的なアイディアを引き出すことができるので，新製品やサービスの開発で活用されています。
イ：ゴードン法は，参加者には本来のテーマを教えないで，抽象的なテーマでブレーンストーミング（エを参照）を進め，会議の最後に本来のテーマを示して，出そろったアイディアを基に結論を導き出す技法です。
ウ：正しい。親和図法は，バラバラのデータを内容の親和性（相性の良さ）によってグループを作り，グループ間の関係を明らかにして，全体像がよくわからない問題を明確にする技法です。
エ：ブレーンストーミングは，少人数で全員が発言しやすい環境を用意し，批判厳禁，自由奔放，質より量，結合改善というルールで行われる討議法です。アイディアを引き出し，より高められる問題解決の代表的な技法の一つです。

解答		
	問73 **ウ**	問74 **イ**
	問75 **エ**	問76 **ウ**

問77 表の製品甲と乙とを製造販売するとき，年間の最大営業利益は何千円か。ここで，甲と乙の製造には同一の機械が必要であり，機械の年間使用可能時間は延べ10,000時間，年間の固定費総額は10,000千円とする。また，甲と乙の製造に関して，機械の使用時間以外の制約条件はないものとする。

製品	製品単価	製品1個当たりの変動費	製品1個当たりの機械使用時間
甲	30千円	18千円	10時間
乙	25千円	14千円	8時間

ア 2,000 　　**イ** 3,750 　　**ウ** 4,750 　　**エ** 6,150

問78 A社は顧客管理システムの開発を，情報システム子会社であるB社に委託し，B社は要件定義を行った上で，ソフトウェア設計・プログラミング・ソフトウェアテストまでを，協力会社であるC社に委託した。C社では自社の社員Dにその作業を担当させた。このとき，開発したプログラムの著作権はどこに帰属するか。ここで，関係者の間には，著作権の帰属に関する特段の取決めはないものとする。

ア A社 　　**イ** B社 　　**ウ** C社 　　**エ** 社員D

問79 発注者と受注者との間でソフトウェア開発における請負契約を締結した。ただし，発注者の事業所で作業を実施することになっている。この場合，指揮命令権と雇用契約に関して，適切なものはどれか。

ア 指揮命令権は発注者にあり，さらに，発注者の事業所での作業を実施可能にするために，受注者に所属する作業者は，新たな雇用契約を発注者と結ぶ。

イ 指揮命令権は発注者にあり，受注者に所属する作業者は，新たな雇用契約を発注者と結ぶことなく，発注者の事業所で作業を実施する。

ウ 指揮命令権は発注者にないが，発注者の事業所での作業を実施可能にするために，受注者に所属する作業者は，新たな雇用契約を発注者と結ぶ。

エ 指揮命令権は発注者になく，受注者に所属する作業者は，新たな雇用契約を発注者と結ぶことなく，発注者の事業所で作業を実施する。

問80 ソフトウェアやデータに欠陥がある場合に，製造物責任法の対象となるものはどれか。

ア ROM化したソフトウェアを内蔵した組込み機器
イ アプリケーションソフトウェアパッケージ
ウ 利用者がPCにインストールしたOS
エ 利用者によってネットワークからダウンロードされたデータ

問77 最大営業利益の計算に関する問題

製品甲と乙を製造したときの営業利益（販売額－（固定費＋変動費））を計算します。

◎製品甲の営業利益
・年間の製造個数：10,000÷10＝1,000個
・販売額：30,000×1,000＝30,000,000円
・固定費：10,000,000円
・変動費：18,000×1,000＝18,000,000円
・営業利益：30,000,000－（10,000,000＋18,000,000）
＝2,000,000円

◎製品乙の営業利益
・年間の製造個数：10,000÷8＝1,250個
・販売額：25,000×1,250＝31,250,000円
・固定費：10,000,000円
・変動費：14,000×1,250＝17,500,000円
・営業利益：31,250,000－（10,000,000＋17,500,000）
＝3,750,000円

したがって，最大営業利益は3,750千円（**イ**）です。

問78 著作権の帰属に関する問題

プログラムの著作物の著作権は，それを作成した者に帰属するのが原則です。ただし，法人などに所属している従業員が，法人などの発意に基づいて職務上作成したプログラムは，作成するときに契約，就業規則やその他で別段の取決めがなければ，その著作権は法人などに帰属します。

作成形態が委託の場合の著作権は「委託先」に帰属しますので，プログラムの作成を委託されたC社以外のA社，B社には著作権は帰属しません。

C社でその作業を担当したC社の社員Dには，自ら発意して作成したプログラムの著作権が帰属します。しかし，問題文には「C社では自社の社員Dにその作業を担当させた」とあるので，C社の社員Dはその作業を職務上行ったことになります。著作権の帰属について特段の取決めをしていないので，著作権はC社に帰属します（**ウ**）。

問79 請負契約の指揮命令権と雇用契約に関する問題

請負契約とは，発注者から仕事を請け負って，自社の労働者によって仕事を行う契約方式です。自社が雇用する労働者を発注者の事業所で働かせる場合，受注者は次のように指揮命令します。

・雇用する労働者の労働力を，自ら直接利用する
・労働時間などに関する指示を自ら行う
・企業における秩序の維持，確保などのための指示を自ら行う

受注者に所属する作業者は，受注者とのみ雇用契約を結び，発注者の事業所で作業を実施しても発注者との間での雇用関係は生じません。
ア：指揮命令権は受注者にあり，発注者との雇用契約関係は結びません。
イ：指揮命令権は受注者にあります。
ウ：雇用契約は受注者とだけ結びます。
エ：正しい。

問80 製造物責任法に関する問題

製造物責任法とは，PL（Product Liability）法とも呼ばれ，製造物の欠陥によって生命や身体，財産に損害を被った場合，製造業者に対して賠償を求めることができる法律です。

製造物とは，製造または加工された動産です。また，製造業者とは，製造物を業として製造や加工または輸入した者，製造業者として表示をした者，製造業者と誤認させる表示をした者などです。
ア：正しい。ソフトウェアを組み込んだ製造物は対象になる場合があります。
イ：製造物を対象にしており，ソフトウェアパッケージは対象になりません。
ウ：OSは製造物ではないので，対象にはなりません。
エ：データは製造物ではないので，対象にはなりません。

解答	問77 **イ**	問78 **ウ**
	問79 **エ**	問80 **ア**

〔問題一覧〕
●問1（必須）

問題番号	出題分野	テーマ
問1	情報セキュリティ	マルウェアへの対応策

●問2〜問11（10問中4問選択）

問題番号	出題分野	テーマ
問2	経営戦略	教育サービス業の新規事業開発
問3	プログラミング	迷路の探索処理
問4	システムアーキテクチャ	コンテナ型仮想化技術
問5	ネットワーク	テレワーク環境への移行
問6	データベース	スマートデバイス管理システムのデータベース処理
問7	組込みシステム開発	傘シェアリングシステム
問8	情報システム開発	設計レビュー
問9	プロジェクトマネジメント	プロジェクトのリスクマネジメント
問10	サービスマネジメント	サービス変更の計画
問11	システム監査	テレワーク環境の監査

次の問1は必須問題です。必ず解答してください。

問1　マルウェアへの対応策に関する次の記述を読んで，設問に答えよ。

　P社は，従業員数400名のIT関連製品の卸売会社であり，300社の販売代理店をもっている。P社では，販売代理店向けに，インターネット経由で商品情報の提供，見積書の作成を行う代理店サーバを運用している。また，従業員向けに，代理店ごとの卸価格や担当者の情報を管理する顧客サーバを運用している。代理店サーバ及び顧客サーバには，HTTP Over TLSでアクセスする。

　P社のネットワークの運用及び情報セキュリティインシデント対応は，情報システム部（以下，システム部という）の運用グループが行っている。

　P社のネットワーク構成を図1に示す。

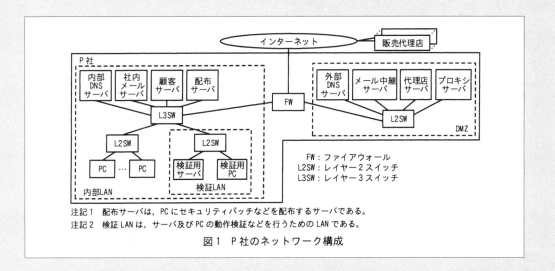

注記1　配布サーバは，PCにセキュリティパッチなどを配布するサーバである。
注記2　検証LANは，サーバ及びPCの動作検証などを行うためのLANである。

図1　P社のネットワーク構成

〔セキュリティ対策の現状〕

　P社では，複数のサーバ，PC及びネットワーク機器を運用しており，それらには次のセキュリティ対策を実施している。

・　　a　　では，インターネットとDMZ間及び内部LANとDMZ間で業務に必要な通信だけを許可し，通信ログ及び遮断ログを取得する。

・　　b　　では，SPF（Sender Policy Framework）機能によって送信元ドメイン認証を行い，送信元メールアドレスがなりすまされた電子メール（以下，電子メールをメールという）を隔離する。

・外部DNSサーバでは，DMZのゾーン情報の管理のほかに，キャッシュサーバの機能を稼働させており，外部DNSサーバを①DDoSの踏み台とする攻撃への対策を行う。

・P社からインターネット上のWebサーバへのアクセスは，DMZのプロキシサーバを経由し，プロキシサーバでは，通信ログを取得する。

・PC及びサーバで稼働するマルウェア対策ソフトは，毎日，決められた時刻にベンダーのWebサイトをチェックし，マルウェア定義ファイルが新たに登録されている場合は，ダウンロードして更新する。

・システム部の担当者は，毎日，ベンダーのWebサイトをチェックし，OSのセキュリティパッチやアップデート版の有無を確認する。最新版が更新されている場合は，ダウンロードして検証LANで動作確認を1週間程度行う。動作に問題がなければ，PC向けのものは　　c　　に登録し，サーバ向けのものは，休日に担当者が各サーバに対して更新作業を行う。

・PCは，電源投入時に　　c　　にアクセスし，更新が必要な新しい版が登録されている場合は，ダウンロードして更新処理を行う。

・FW及びプロキシサーバのログの検査は，担当者が週に1回実施する。

〔マルウェアXの調査〕

　ある日，システム部のQ課長は，マルウェアXの被害が社外で多発していることを知り，R主任にマルウェアXの調査を指示した。R主任による調査結果を次に示す。

(1) 攻撃者は，不正なマクロを含む文書ファイル（以下，マクロ付き文書ファイルAという）をメールに添付して送信する。

(2) 受信者が，添付されたマクロ付き文書ファイルAを開きマクロを実行させると，マルウェアへの指令や不正アクセスの制御を行うインターネット上のC&Cサーバと通信が行われ，マルウェアXの本体がダウンロードされる。

(3) PCに侵入したマルウェアXは，内部ネットワークの探索，情報の窃取，窃取した情報のC&Cサーバへの送信及び感染拡大を，次の (a) 〜 (d) の手順で試みる。

　(a) ②PCが接続するセグメント及び社内の他のセグメントの全てのホストアドレス宛てに，宛先アドレスを変えながらICMPエコー要求パケットを送信し，連続してホストの情報を取得する。

(b) ③ (a) によって情報を取得できたホストに対して，攻撃対象のポート番号をセットした TCPのSYNパケットを送信し，応答内容を確認する。

(c) (b) でSYN/ACKの応答があった場合，指定したポート番号のサービスの脆弱性を悪用して 個人情報や秘密情報などを窃取し，C&Cサーバに送信する。

(d) 侵入したPCに保存されている過去にやり取りされたメールを悪用し，当該PC上でマクロ付き文書ファイルAを添付した返信メールを作成し，このメールを取引先などに送信して感染拡大を試みる。

R主任が調査結果をQ課長に報告したときの，2人の会話を次に示す。

Q課長：マルウェアXに対して，現在の対策で十分だろうか。

R主任：十分ではないと考えます。文書ファイルに組み込まれたマクロは，容易に処理内容が分析できない構造になっており，マルウェア対策ソフトでは発見できない場合があります。また，④マルウェアXに感染した社外のPCから送られてきたメールは，SPF機能ではなりすましが発見できません。

Q課長：それでは，マルウェアXに対する有効な対策を考えてくれないか。

R主任：分かりました。セキュリティサービス会社のS社に相談してみます。

〔マルウェアXへの対応策〕

　R主任は，現在のセキュリティ対策の内容をS社に説明し，マルウェアXに対する対応策の提案を求めた。S社から，セキュリティパッチの適用やログの検査が迅速に行われていないという問題が指摘され，マルウェアX侵入の早期発見，侵入後の活動の抑止及び被害内容の把握を目的として，EDR（Endpoint Detection and Response）システム（以下，EDRという）の導入を提案された。

　S社が提案したEDRの構成と機能概要を次に示す。

・EDRは，管理サーバ，及びPCに導入するエージェントから構成される。

・管理サーバは，エージェントの設定，エージェントから受信したログの保存，分析及び分析結果の可視化などの機能をもつ。

・エージェントは，次の（ⅰ），（ⅱ）の処理を行うことができる。

　（ⅰ）PCで実行されたコマンド，通信内容，ファイル操作などのイベントのログを管理サーバに送信する。

　（ⅱ）PCのプロセスを監視し，あらかじめ設定した条件に合致した動作が行われたことを検知した場合に，設定した対応策を実施する。例えば，EDRは，(a) ～ (c) に示した⑤マルウェアXの活動を検知した場合に，⑥内部ネットワークの探索を防ぐなどの緊急措置をPCに対して実施することができる。

　R主任は，S社の提案を基に，マルウェアXの侵入時の対応策をまとめ，Q課長にEDRの導入を提案した。提案内容は承認され，EDRの導入が決定した。

設問 1

〔セキュリティ対策の現状〕について答えよ。

(1) 本文中の [a] ～ [c] に入れる適切な機器を，解答群の中から選び記号で答えよ。

解答群

ア	FW	イ	L2SW	ウ	L3SW
エ	外部DNSサーバ	オ	検証用サーバ	カ	社内メールサーバ
キ	内部DNSサーバ	ク	配布サーバ	ケ	メール中継サーバ

(2) 本文中の下線①の攻撃名を，解答群の中から選び記号で答えよ。

解答群

| ア | DNSリフレクション攻撃 | イ | セッションハイジャック攻撃 |
| ウ | メール不正中継攻撃 | | |

設問　2

〔マルウェアXの調査〕について答えよ。
(1) 本文中の下線②の処理によって取得できる情報を，20字以内で答えよ。
(2) 本文中の下線③の処理を行う目的を，解答群の中から選び記号で答えよ。

解答群

　　ア　DoS攻撃を行うため
　　イ　稼働中のOSのバージョンを知るため
　　ウ　攻撃対象のサービスの稼働状態を知るため
　　エ　ホストの稼働状態を知るため

(3) 本文中の下線④について，発見できない理由として最も適切なものを解答群の中から選び，記号で答えよ。

解答群

　　ア　送信者のドメインが詐称されたものでないから
　　イ　添付ファイルが暗号化されているので，チェックできないから
　　ウ　メールに付与された署名が正規のドメインで生成されたものだから
　　エ　メール本文に不審な箇所がないから

設問　3

〔マルウェアXへの対応策〕について答えよ。
(1) 本文中の下線⑤について，どのような事象を検知した場合に，マルウェアXの侵入を疑うことができるのかを，25字以内で答えよ。
(2) 本文中の下線⑥について，緊急措置の内容を25字以内で答えよ。
(3) EDR導入後にマルウェアXの被害が発生したとき，被害内容を早期に明らかにするために実施すべきことは何か。本文中の字句を用いて20字以内で答えよ。

問1の ポイント　マルウェアの侵入に対する取り組み

　マルウェアの特徴や対策について細かく問われています。情報セキュリティの用語を丸暗記するだけでは解答が難しく，本問はもう少し掘り下げて理解しているかを要求されています。もしも参考書の説明ではわかりづらい用語などあれば，その部分についてインターネットや書籍で調べてみるなど工夫が必要です。特に情報セキュリティはネットワークと関係性が深く，ネットワークに興味を向けるのも有益です。

設問1の解説

● (1) について

　解答群のそれぞれの字句の意味は以下のとおりです。

字句	意味
FW	ファイアウォール。インターネットと社内ネットワーク相互間の不正なアクセスを遮断し，セキュリティを高めるための機器
L2SW	レイヤ2スイッチ。レイヤ2はOSI参照モデルのデータリンク層を指し，ネットワーク内の機器同士の通信経路制御を行うネットワーク機器

字句	意味
L3SW	レイヤ3スイッチ。レイヤ3はOSI参照モデルのネットワーク層を指し、ネットワーク外の機器同士の通信経路制御を行うネットワーク機器
外部DNSサーバ	インターネット上にあるドメイン名とIPアドレスとの対応づけを管理するサーバ。インターネットの機器の名前解決などに利用する
検証用サーバ	本番環境へソフトウェアなどを導入する前に、事前にテスト利用するためのサーバ
社内メールサーバ	社内ネットワーク上にあるメールの送受信を行うためのサーバ
内部DNSサーバ	社内ネットワーク上にあるドメイン名とIPアドレスとの対応づけを管理するサーバ。社内の機器の名前解決などに利用する
配布サーバ	最新のソフトウェアをクライアントへ配布するためのサーバ
メール中継サーバ	社内ネットワークのパソコンとインターネット上のメールサーバとの通信の中継を担い、メールの送受信を行うためのサーバ

字句	意味
DNSリフレクション攻撃	送信元のIPアドレスを偽装してDNSリクエストをDNSサーバに送信することで、攻撃対象に大量のデータを送ってダウンさせるDoS攻撃の一種
セッションハイジャック攻撃	ログイン中の利用者のセッションIDを不正に取得し、本人になりすまして通信を行う攻撃
メール不正中継攻撃	悪意のある第三者からスパムメールが送りつけられ、受け取ったサーバが必要のないメール配信を行うこと

　下線①では、DNSに由来するDDoSの踏み台とする攻撃であることから、DNSリフレクション攻撃（**ア**）が該当します。

解答	(1) a：**ア**　　b：**カ**　　c：**ク**
	(2) **ア**

設問2の解説
□□□

● （1）について

　ICMPエコー要求パケットとは、一般的にPINGコマンドと呼ばれているもので、指定されたIPアドレスに対して応答の有無を検知できます。応答があれば、該当するIPアドレスを持つ機器が稼働中であることを示します。

● （2）について

　特定の機器に対してTCPのSYNパケットを送ることで、当該機器にコネクションの確立要求を行います。当該機器が通信可能な状態であれば、当該機器からコネクションの確立要求（SYN/ACKの応答）が返ってきます。コネクションの確立要求が返ってくれば、攻撃対象のポート番号は利用可能であることを意味します。

　つまり、攻撃対象のサービスの稼働状態を知るために、TCPのSYNパケットを送りつけています（**ア**）。

● （3）について

　マルウェアXに感染した社外のPCからは、正当なPCとしてマクロ付き文書ファイルAを添付したメールを送信できる状況となります。送信者のド

・【空欄a】

　必要な通信だけを許可する役割を担うのはFW（**ア**）です。あらためて問題文の図1を見れば、インターネット、DMZ、内部LANの間に設置されているFWが適切な選択肢だとわかります。

・【空欄b】

　送られてきたメールの隔離を行うのはメールサーバです。なりすましのメールは社内ネットワークの手前で侵入を遮断したいため、社内メールサーバではなく、DMZにあるメール中継サーバ（**カ**）で隔離するのが適切です。

・【空欄c】

　動作検証済のOSのセキュリティパッチなどの配布を目的とする記述であることから、配布サーバ（**ク**）が適切です。

● （2）について

　解答群のそれぞれの字句の意味は以下のとおりです。

メインが詐称されているわけではないため，SPF機能ではなりすましとはみなされず，隔離することはできません（**ア**）。

解答	(1) 稼働している機器のIPアドレス（15文字） (2) **ア** (3) **ア**

設問3の解説
□□□

● （1）について

EDRの導入によって検知可能なマルウェアXの活動の特徴として，以下の2点が挙げられます。

・① 宛先アドレスを変えながらICMPエコー要求パケットを送信
・② 攻撃対象のポート番号をセットしたTCPのSYNパケットを送信

ただし，②を検知した時点で緊急措置を行っても，マルウェアXはすでに指定したポート番号のサービスに脆弱性があると検知してしまっているため，手遅れになります。

したがって，①の時点でマルウェアXの活動を検知するべきです。

● （2）について

マルウェアXの活動を検知したら，直ちに当該PCをネットワークから隔離しないと被害が拡大します。PCからLANケーブルを抜くなど物理的な措置が有効です。

● （3）について

〔マルウェアXへの対応策〕にて，EDRの導入に至る指摘事項として，セキュリティパッチの適用やログの検査が挙げられています。このうち後者が，被害内容を早期に明らかにするために実施すべきこととして有効です。

本文によれば，「PCで実行されたコマンド，通信内容，ファイル操作などのイベントのログを管理サーバに送信」し，「管理サーバは，エージェントの設定，エージェントから受信したログの保存，分析及び分析結果の可視化などの機能をもつ」とあるので，これらの特徴を所定の文字数内で解答します。

解答	(1) 宛先を変えながらICMPエコー要求パケットを送信（24文字） (2) 対象PCをネットワークから隔離する（17文字） (3) 管理サーバでログの分析結果を確認する（18文字）

令和4年度秋期

午前

午後

　次の問2～問11については4問を選択し，答案用紙の選択欄の問題番号を○印で囲んで解答してください。
　なお，5問以上○印で囲んだ場合は，**はじめの4問**について採点します。

問2 教育サービス業の新規事業開発に関する次の記述を読んで，設問に答えよ。

　B社は，教育サービス業の会社であり，中高生を対象とした教育サービスを提供している。B社では有名講師を抱えており，生徒の能力レベルに合った分かりやすく良質な教育コンテンツを多数保有している。これまで中高生向けに塾や通信教育などの事業を伸ばしてきたが，ここ数年，生徒数が減少しており，今後大きな成長の見込みが立たない。また，教育コンテンツはアナログ形式が主であり，Web配信ができるデジタル形式のビデオ教材になっているものが少ない。B社の経営企画部長であるC取締役は，この状況に危機感を抱き，3年後の新たな成長を目指して，デジタル技術を活用して事業を改革し，B社のDX（デジタルトランスフォーメーション）を実現する顧客起点の新規事業を検討することを決めた。C取締役は，事業の戦略立案と計画策定を行う戦略チームを経営企画部のD課長を長として編成した。

〔B社を取り巻く環境と取組〕

　D課長は，戦略の立案に当たり，B社を取り巻く外部環境，内部環境を次のとおり整理した。
・ここ数年で，法人において，非対面でのオンライン教育に対するニーズや，時代の流れを見据えて従業員が今後必要とされるスキルや知識を新たに獲得する教育（リスキリング）のニーズが高まっている。今後も法人従業員向けの教育市場の伸びが期待できる。
・最近，法人向けの教育サービス業において，異業種から参入した企業による競合サービスが出現し始めていて，価格競争が激化している。
・教育サービス業における他社の新規事業の成功事例を調査したところ，特定の業界で他企業に対する影響力が強い企業を最初の顧客として新たなサービスの実績を築いた後，その業界の他企業に展開するケースが多いことが分かった。
・B社では，海外の教育関連企業との提携，及びE大学の研究室との共同研究を通じて，データサイエンス，先進的プログラム言語などに関する教育コンテンツの拡充や，AIを用いて個人の能力レベルに合わせた教育コンテンツを提供できる教育ツールの研究開発に取り組み始めた。この教育ツールは実証を終えた段階である。このように，最新の動向の反映が必要な分野に対して，業界に先駆けた教育コンテンツの整備力が強みであり，新規事業での活用が見込める。

〔新規事業の戦略立案〕

　D課長は，内外の環境の分析を行い，B社の新規事業の戦略を次のとおり立案し，C取締役の承認を得た。
・新規事業のミッションは，“未来に向けて挑戦する全ての人に，変革の機会を提供すること”と設定した。
・B社は，新規事業領域として，①法人従業員向けの個人の能力レベルに合わせたオンライン教育サービスを選定し，SaaSの形態（以下，教育SaaSという）で顧客に提供する。
・中高生向けの塾や通信教育などでのノウハウをサービスに取り入れ，法人でのDX推進に必要なデータサイエンスなどの知識やスキルを習得する需要に対して，AIを用いた個人別の教育コンテンツをネット経由で提供するビジネスモデルを構築することを通じて，②B社のDXを実現する。
・最初に攻略する顧客セグメントは，データサイエンス教育の需要が高まっている大手製造業とする。顧客企業の人事教育部門は，B社の教育SaaSを利用することで，社内部門が必要なときに必要な教育コンテンツを提供できるようになる。
・対象の顧客セグメントに対して，従業員が一定規模以上の企業数を考慮して，販売目標数を設定する。毎月定額で，提示するカタログの中から好きな教育コンテンツを選べるサービスを提供することで，競合サービスよりも利用しやすい価格設定とする。
・Webセミナーやイベントを通じてB社の教育SaaSの認知度を高める。また，法人向けの販売を強化するために，F社と販売店契約を結ぶ。F社は，大手製造業に対する人材提供や教育を行う企業であり，大手製造業の顧客を多く抱えている。
　D課長は，戦略に基づき新規事業の計画を策定した。

〔顧客実証〕

　D課長は，新規事業の戦略の実効性を検証する顧客実証を行うこととして，その方針を次のように定めた。
・教育ニーズが高く，商談中の③G社を最初に攻略する顧客とする。G社は，製造業の大手企業であり，同業他社への影響力が強い。
・G社への提案前に，B社の提供するサービスが適合するか確認するために　　a　　を実施する。　　a　　にはF社にも参加してもらう。

〔ビジネスモデルの策定〕

　D課長は，ビジネスモデルキャンバスの手法を用いて，B社のビジネスモデルを図1のとおり作成した。なお，新規事業についての要素を“★”で，既存事業についての要素を無印で記載する。

（省略）はほかに要素があることを示す。

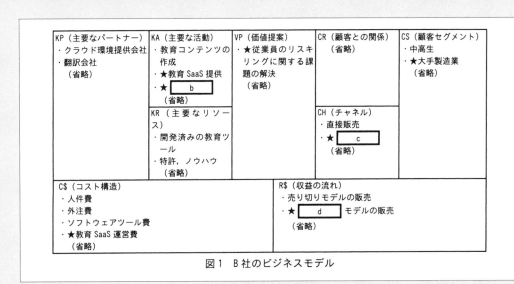

図1　B社のビジネスモデル

〔財務計画〕

　D課長は，B社の新規事業に向けた財務計画第1版を表1のとおり作成し，C取締役に提出した。なお，財務計画作成で，次の前提をおいた。

・競争優位性を考慮して，教育SaaS開発投資を行う。開発投資は5年で減価償却し，固定費に含める。

・競合サービスを考慮して，販売単価は，1社当たり10百万円／年とする。

・利益計算に当たって，損益計算書を用い，キャッシュフローや現在価値計算は用いない。金利はゼロとする。

表1　財務計画第1版

単位　百万円

科目	1年目	2年目	3年目	4年目	5年目	5年合計
売上高	10	40	90	160	300	600
費用	50	65	90	125	195	525
変動費	5	20	45	80	150	300
固定費	45	45	45	45	45	225
営業利益	−40	−25	0	35	105	75
累積利益	−40	−65	−65	−30	75	

　D課長は，財務部長と財務計画をレビューし，"既存事業の業績の見通しが厳しいので新規事業の費用を削減して，4年目に累積損失を0にしてほしい"との依頼を受けた。

　D課長は，C取締役に財務部長の依頼を報告し，この財務計画は現時点で最も確かな根拠に基づいて設定した計画であること，また新規事業にとっては④4年目に累積損失を0にするよりも優先すべきことがあるので，財務計画第1版の変更はしないことを説明し了承を得た。

　その後，D課長は，計画の実行を適切にマネジメントすれば，変動費を抑えて4年目に累積損失を0にできる可能性はあると考え，この想定で別案として財務計画第2版を追加作成した。財務計画第2版の変動費率は　　e　　％となり，財務計画第1版と比較して5年目の累積利益は，　　f　　％増加する。

187

設問 1

〔新規事業の戦略立案〕について答えよ。

(1) 本文中の下線①について，この事業領域を選定した理由は何か。強みと機会の観点から，それぞれ20字以内で答えよ。

(2) 本文中の下線②について，留意すべきことは何か。最も適切な文章を解答群の中から選び，記号で答えよ。

解答群

ア　B社のDXにおいては，データドリブン経営はAIなしで人手で行うので十分である。

イ　B社のDXの戦略立案に際しては，自社のあるべき姿の達成に向け，デジタル技術を活用し事業を改革することが必要となる。

ウ　B社のDXは，デジタル技術を用いて製品やサービスの付加価値を高めた後，教育コンテンツのデジタル化に取り組む必要がある。

エ　B社のDXは，ニーズの不確実性が高い状況下で推進するので，一度決めた計画は遵守する必要がある。

設問 2

〔顧客実証〕について答えよ。

(1) 本文中の下線③について，この方針の目的は何か。20字以内で答えよ。

(2) 本文中の ____a____ に入れる最も適切な字句を解答群の中から選び，記号で答えよ。

解答群

ア　KPI　　　　イ　LTV　　　　ウ　PoC　　　　エ　UAT

設問 3

〔ビジネスモデルの策定〕について答えよ。

(1) 図1中の ____b____ ，____c____ に入れる最も適切な字句を解答群の中から選び，記号で答えよ。

解答群

ア　E大学　　　　イ　F社　　　　ウ　G社

エ　教育　　　　オ　コンサルティング　　　　カ　プロモーション

(2) 図1中の ____d____ には販売の方式を示す字句が入る。片仮名で答えよ。

設問 4

〔財務計画〕について答えよ。

(1) 本文中の下線④について，新規事業にとって4年目に累積損失を0にすることよりも優先すべきこととは何か。20字以内で答えよ。

(2) 本文中の ____e____ ，____f____ に入れる適切な数値を整数で答えよ。

問2の **ポイント** | **教育サービス業の新規事業開発**

教育サービス会社におけるリスキリング用の教育サービスを使った新規事業に関する出題です。DX（デジタルトランスフォーメーション），SaaSなどの知識，応用力が問われています。新規事業は難易度が高いと思うこともあるかもしれませんが，問題をしっかり読み込むことでヒントを得て，解答するようにしてください。

設問1の解説
□□□

● (1) について

「法人従業員向けの個人の能力レベルに合わせたオンライン教育サービス」を選定した理由を，強みと機会の観点から問われています。

〔B社を取り巻く環境と取組〕には，「ここ数年で～今後も法人従業員向けの教育市場の伸びが期待できる」と記載されており，これがビジネス機会となります。

また「B社では，海外の教育機関と提携～業界に先駆けた教育コンテンツの整備力が強みであり～」とあり，これが強みと考えられます。

● (2) について

B社のDXについての留意点を問われています。
- **ア**：データドリブン経営とは，データ活用を経営に活かす経営姿勢のことを意味します。あらゆる意思決定にデータ分析が伴うので人手で行うだけでは十分ではありません。
- **イ**：正しい。
- **ウ**：DXではスピードを重視することが多く，商品，サービス，コンテンツは一体で考えて進める必要があります。
- **エ**：ニーズが不確実な状況では，一度決めた計画も柔軟に見直す必要があります。

解答	(1) 強み：業界に先駆けた教育コンテンツの整備力（18文字） 機会：法人従業員向け教育市場の伸びが期待できる（20文字） (2) **イ**

設問2の解説
□□□

● (1) について

G社を最初に攻略する理由を問われています。

〔B社を取り巻く環境と取組〕には，「～特定の業界で他企業に対する影響力が強い企業を最初の顧客として新たなサービスの実績を築いた後，その業界の他企業に展開するケースが多い」との記載があります。

また，〔新規事業の戦略立案〕には，「最初に攻略する顧客セグメントは，データサイエンス教育の需要が高まっている大手製造業とする」との記載もあります。これらから，G社を最初に攻略するのは，G社での実績を使い，他製造業に展開するためと考えられます。

● (2) について
・【空欄a】
サービスが適合するかを確認するために行うものは，PoC（**ウ**）です。

> **PoC（Proof of Concept：概念実証）**
> 事業や行政サービスなどにおいて，新しいビジネスアイデアやサービスコンセプトの実現可能性や効果などについて実際に近い形で検証（消費者を絞る，縮小した規模のサービスで実験を行うなど）すること。PoCを経て，期待した効果が得られると判断できれば実プロジェクトを進めていく流れになることが多い。

なお，KPIは実施した経営施策の評価を測るための指標，LTVは顧客生涯価値，UATはユーザーが行うシステム受け入れ検証のことです。

解答	(1) G社での実績を使い，他製造業に展開する（19文字） (2) a：**ウ**

設問3の解説
□□□

● (1) について

ビジネスモデルキャンバスは，ビジネスモデル

を可視化するためのフレームワークです。図1にあるようにビジネス要素を9つの領域に分類して図示することで，既存ビジネスの分析や新規ビジネスの発想に利用します。

・【空欄b】

KA（主要な活動）には，商品の開発，サービスの提供や販売促進活動などの項目を記載します。したがって，ここには販売促進活動である「プロモーション」（カ）が入ります。

・【空欄c】

CH（チャネル）とは，販売チャネルのことで，自社直販や他の企業を販売代理店として使うなどを記載します。〔新規事業の戦略立案〕には「F社と販売代理店契約を結ぶ」と記載されているので，F社（イ）を記載する必要があります。

● （2）について

・【空欄d】

売り切りモデルとは異なる販売方式を問われています。〔新規事業の戦略立案〕に「毎月定額で，提示するカタログの中から，好きな教育コンテンツを選べるサービスを提供～」との記載があり，これが該当します。このような販売方式をサブスクリプションモデルといいます。

> **売り切りとサブスクリプション**
>
> 商品やサービスの料金がその都度発生する形態を売り切りモデルと呼び，一定期間利用することができる権利に対して料金が継続発生するビジネスモデルをサブスクリプションモデルと呼ぶ。一般に後者は，一定料金を支払っている期間は商品やサービスは自由に使うことが可能だが，契約が終了すると利用が停止される。

解答	（1）b：カ　　c：イ （2）d：サブスクリプション

設問4の解説

□□□

● （1）について

新規事業にとって4年目に累積損失を0にすることよりも優先すべきことを問われています。〔財務計画〕には「競争優位性を考慮して，教育

SaaS開発投資を行う」と記載されています。競争優位性を確保するには，教育教材やサービスを差別化し，市場から選ばれるものにする継続投資が必要になるので，これが優先すべきことになります。

● （2）について

・【空欄e】

表1の第1版では，4年目の累積利益は－30です。これを0にする必要があるので，1年目から4年目までの変動費合計を－30させることができる変動費率を求めます。なお，変動比率は「変動費÷売上高×100」で求めることができます。

> ・現在の変動比率
> 　1年目の売上高10と変動費5より
> 　　5÷10×100＝50%
> ・変動費の削減率の計算
> 　4年間の売上高合計を求めると，
> 　　10＋40＋90＋160＝300

引きたい変動費合計30は，この売上高合計300の10%なので，変動費率を－10%すればよいことになります。したがって，現在の変動費率（50%）－10%＝40%が正解です。

・【空欄f】

第1版の5年目の累積利益は，表1から75です。

次に第2版の5年目の累積利益を考えると，第2版は変動率が40%になるので，下記のように計算できます。

> 変動費　：300×40%＝120
> 費用　　：120＋45＝165
> 営業利益：300－165＝135

第2版では4年目に累積利益が0になるので，5年目の累積利益は5年目の営業利益と同じ135です。したがって，135÷75＝1.8となり，パーセント表記では80%増加することになります。

解答	（1）教育SaaSの競争優位性を高める開発投資（20文字） （2）e：40　　f：80

問3 迷路の探索処理に関する次の記述を読んで，設問に答えよ。

　　始点と終点を任意の場所に設定するn×mの2次元のマスの並びから成る迷路の解を求める問題を考える。本問の迷路では次の条件で解を見つける。

・迷路内には障害物のマスがあり，n×mのマスを囲む外壁のマスがある。障害物と外壁のマスを通ることはできない。

・任意のマスから，そのマスに隣接し，通ることのできるマスに移動できる。迷路の解とは，この移動の繰返しで始点から終点にたどり着くまでのマスの並びである。ただし，迷路の解では同じマスを2回以上通ることはできない。

・始点と終点は異なるマスに設定されている。

　　5×5の迷路の例を示す。解が一つの迷路の例を図1に，解が複数（四つ）ある迷路の例を図2に示す。

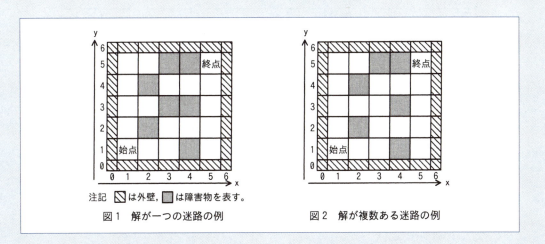

注記 ▨は外壁, ▥は障害物を表す。

図1　解が一つの迷路の例　　　　　　図2　解が複数ある迷路の例

〔迷路の解を見つける探索〕

　　迷路の解を全て見つける探索の方法を次のように考える。

　　迷路と外壁の各マスの位置をx座標とy座標で表し，各マスについてそのマスに関する情報（以下，マス情報という）を考える。与えられた迷路に対して，障害物と外壁のマス情報にはNGフラグを，それ以外のマス情報にはOKフラグをそれぞれ設定する。マス情報全体を迷路図情報という。

　　探索する際の"移動"には，"進む"と"戻る"の二つの動作がある。"進む"は，現在いるマスから①y座標を1増やす，②x座標を1増やす，③y座標を1減らす，④x座標を1減らす，のいずれかの方向に動くことである。マスに"進む"と同時にそのマスのマス情報に足跡フラグを入れる。足跡フラグが入ったマスには"進む"ことはできない。"戻る"は，今いるマスから"進んで"きた一つ前のマスに動くことである。マスに"移動"したとき，移動先のマスを"訪問"したという。

　　探索は，始点のマスのマス情報に足跡フラグを入れ，始点のマスを"訪問"したマスとして，始点のマスから開始する。現在いるマスから次のマスに"進む"試みを①～④の順に行い，もし試みた方向のマスに"進む"ことができないならば，次の方向に"進む"ことを試みる。4方向いずれにも"進む"ことができないときには，現在いるマスのマス情報をOKフラグに戻し，一つ前のマスに"戻る"。これを終点に到達するまで繰り返す。終点に到達したとき，始点から終点まで"進む"ことでたどってきたマスの並びが迷路の解の一つとなる。

　　迷路の解を見つけた後も，他の解を見つけるために，終点から一つ前のマスに"戻り"，迷路の探索を続け，全ての探索を行ったら終了する。迷路を探索している間，それまでの経過をスタックに格納しておく。終点にたどり着いた時点でスタックの内容を順番にたどると，それが解の一つになる。

　　図1の迷路では，始点から始めて，(1,1) → (1,2) → (1,3) → (1,4) → (1,5) → (2,5) → (1,5) → (1,4) のように"移動"する。ここまででマスの"移動"は7回起きていて，このときス

タックには経過を示す4個の座標が格納されている。さらに探索を続けて，始めから13回目の“移動”が終了した時点では，スタックには　　ア　　個の座標が格納されている。

〔迷路の解を全て求めて表示するプログラム〕

　迷路の解を全て求めて表示するプログラムを考える。プログラム中で使用する主な変数，定数及び配列を表1に示す。配列の添字は全て0から始まり，要素の初期値は全て0とする。迷路を探索してマスを“移動”する関数visitのプログラムを図3に，メインプログラムを図4に示す。メインプログラム中の変数及び配列は大域変数とする。

表1　プログラム中で使用する主な変数，定数及び配列

名称	種類	内容
maze[x][y]	配列	迷路図情報を格納する2次元配列
OK	定数	OK フラグ
NG	定数	NG フラグ
VISITED	定数	足跡フラグ
start_x	変数	始点の x 座標
start_y	変数	始点の y 座標
goal_x	変数	終点の x 座標
goal_y	変数	終点の y 座標
stack_visit[k]	配列	それまでの経過を格納するスタック
stack_top	変数	スタックポインタ
sol_num	変数	見つけた解の総数
paths[u][v]	配列	迷路の全ての解の座標を格納する2次元配列。添字のuは解の番号，添字のvは解を構成する座標の順番である。

```
function visit(x, y)
  maze[x][y] ← VISITED                      //足跡フラグを入れる
  stack_visit[stack_top] ← (x, y)           //スタックに座標を入れる
  if(x が goal_x と等しい かつ y が goal_y と等しい)   //終点に到達
    for(k を 0 から stack_top まで 1 ずつ増やす)
         イ      ← stack_visit[k]
    endfor
    sol_num ← sol_num+1
  else
    stack_top ← stack_top+1
    if(maze[x][y+1]が OK と等しい)
      visit(x, y+1)
    endif
    if(maze[x+1][y]が OK と等しい)
      visit(x+1, y)
    endif
    if(maze[x][y-1]が OK と等しい)
      visit(x, y-1)
    endif
    if(maze[x-1][y]が OK と等しい)
      visit(x-1, y)
    endif
    stack_top ←    ウ
  endif
     エ    ← OK
endfunction
```

図3　関数 visit のプログラム

```
function main
  stack_top ← 0
  sol_num ← 0
  maze[x][y]に迷路図情報を設定する
  start_x, start_y, goal_x, goal_y に始点と終点の座標を設定する
  visit(start_x, start_y)
  if(   オ   が0と等しい)
    "迷路の解は見つからなかった"と印字する
  else
    paths[][]を順に全て印字する
  endif
endfunction
```

図4　メインプログラム

〔解が複数ある迷路〕

　図2は解が複数ある迷路の例で，一つ目の解が見つかった後に，他の解を見つけるために，迷路の探索を続ける。一つ目の解が見つかった後で，最初に実行される関数visitの引数の値は　カ　である。この引数の座標を基点として二つ目の解が見つかるまでに，マスの"移動"は　キ　回起き，その間に座標が (4,2) のマスは，　ク　回"訪問"される。

設問　1

〔迷路の解を見つける探索〕について答えよ。
(1) 図1の例で終点に到達したときに，この探索で"訪問"されなかったマスの総数を，障害物と外壁のマスを除き答えよ。
(2) 本文中の　ア　に入れる適切な数値を答えよ。

設問　2

図3中の　イ　～　エ　に入れる適切な字句を答えよ。

設問　3

図4中の　オ　に入れる適切な字句を答えよ。

設問　4

〔解が複数ある迷路〕について答えよ。
(1) 本文中の　カ　に入れる適切な引数を答えよ。
(2) 本文中の　キ　，　ク　に入れる適切な数値を答えよ。

問3の ポイント 迷路の探索処理に関するプログラム

始点と終点を任意の場所に設定するn×mの2次元のマスで構成される迷路の解を求めるプログラム設計の問題です。アルゴリズムの基本的な流れと再帰処理の動きを問われています。難易度は高く時間がかかるところもありますが，配列や添字の動きをよく理解し，処理を丁寧に追いましょう。アルゴリズムの問題は午後では毎年出題されますので，確実に得点できるようにしましょう。

設問1の解説

□□□

● （1）について

このプログラムが迷路の解を求める手順をまとめておくと，

- マスの移動は，上，右，下，左の優先順位で行われる
- 外壁と障害物がある方向へは進めない
- どの方向にも進めない場合は1マス（進んできたマスに）戻る
- 同じマスを2回以上通らない

というルールです。これを当てはめて考えます。

始点（1,1）から上方向に（1,2）→（1,3）→（1,4）→（1,5）→（2,5）に進み，（1,6）は外壁，（3,5）と（2,4）は障害物なので進めないため，（1,5）→（1,4）→（1,3）まで1マスずつ戻ります。

（1,3）からは（2,3）に移動しますが，（2,3）から先に移動できないので（1,3）に戻ります。

その後は（1,1）まで順に戻り，右方向に進んで，（2,1）→（3,1）→（3,2）→（4,2）→（5,2）→（5,3）→（5,4）→（5,5）で終点に到達します。

この次点で訪問していないマスは，（3,4），（4,4），（5,1）の3つになります。

● （2）について

・【空欄ア】

（1）の手順をたどっていくと，13回目の移動が終了した次点では（2,1）のマスにいます。スタックには「迷路を探索している間，それまでの経過」が格納されているので，この時点のスタックには（1,1）と（2,1）の2個の座標が格納されています。

移動回数	位置(x,y)	Stack_top	スタック内の座標個数と内容	
1回目	1,2	1	2	1,1 1,2
2回目	1,3	2	3	1,1 1,2 1,3
3回目	1,4	3	4	1,1 1,2 1,3 1,4
4回目	1,5	4	5	1,1 1,2 1,3 1,4 1,5
5回目	2,5	5	6	1,1 1,2 1,3 1,4 1,5 2,5
6回目	1,5	4	5	1,1 1,2 1,3 1,4 1,5
7回目	1,4	3	4	1,1 1,2 1,3 1,4
8回目	1,3	2	3	1,1 1,2 1,3
9回目	2,3	3	4	1,1,1,2 1,3 2,3
10回目	1,3	2	3	1,1 1,2 1,3
11回目	1,2	1	2	1,1 1,2
12回目	1,1	0	1	1,1
13回目	2,1	1	2	1,1 2,1

解答	（1）3 （2）ア：2

設問2の解説

□□□

図3の関数visitは，座標（x,y）を引数として与え，始点から終点まで探索し，経路を探すプログラムで，関数visitから自分自身を呼び出す再帰的呼び出しをしていることが特徴です。8行目のelse以降で4回，上マス，右マス，下マス，左マスの順番に再帰的に呼び出しています。これを考慮して空欄を検討します。

・【空欄イ】

if文のコメントに「終点に到達」とあるように，ここはルートが探索できた際の処理です。迷路の探索は複数のルートがある場合が存在するので，すべての経路を探索し終えるまで，解ごとにルートの座標を保存する必要があります。

表1より，解の座標を格納するために配列paths[u][v]が用意されています。uは解の番号なので，見つかった解の数をカウントしている

「sol_num」を与えます。vには解の座標の順番が入るので，カウントアップしている「k」を与えることで，順番に解の座標（stack_visit[k]）を配列pathsに格納できます。したがって，空欄イは「paths[sol_num][k]」が入ります。

・【空欄ウ】

　stack_topは，解の経路を保管するスタックの先頭位置を管理する変数です。空欄ウの段階では，周囲のマスが外壁，障害物，訪問済のマスであり，1マス戻る段階なので，stack_topの位置を−1する必要があります。したがって「stack_top−1」が入ります。

・【空欄エ】

　移動先が外壁，障害物，訪問済で移動できない場合は，今いるマスをOKフラグに戻す必要がありますが，ここではその処理を行っています。したがって，今いるマスである「maze[x][y]」が入ります。

解答	イ：paths[sol_num][k] ウ：stack_top−1 エ：maze[x][y]

設問3の解説
□□□

・【空欄オ】

　「空欄オ」が0と等しい場合に「迷路の解は見つからなかった」と印字するのですから，空欄オには解の数が入っている変数が入ります。それは「sol_num」です。

解答	オ：sol_num

設問4の解説
□□□

● （1）について
・【空欄カ】

　一つ目の解が見つかった後は，図3の4行目にあるif文以降の処理がされ，終点位置にOKフラグを設定し，（5,4）のマスに戻ります。（5,4）では再帰処理の続きが実行され，右，下，左の順番にOKフラグがないかを確認します。ここで，下方向のマス（5,3）が未訪問のマスなので，visit(5,3)が呼ばれます。

● （2）について
・【空欄キ，ク】について

　座標（5,3）を起点にたどると以下の表のようになり，二つ目の解が見つかるまでマスの移動は「22」回起き，座標（4,2）は3回訪問されます。

移動回数	位置（x,y）	移動回数	位置（x,y）
1回目	5,2	12回目	5,3
2回目	5,1	13回目	5,4
3回目	5,2	14回目	4,4
4回目	4,2	15回目	3,4
5回目	3,2	16回目	3,3
6回目	3,1	17回目	3,2
7回目	2,1	18回目	4,2
8回目	3,1	19回目	5,2
9回目	3,2	20回目	5,3
10回目	4,2	21回目	5,4
11回目	5,2	22回目	5,5

解答	（1）カ：5,3 （2）キ：22　　ク：3

問 4　コンテナ型仮想化技術に関する次の記述を読んで，設問に答えよ。

　C社は，レストランの予約サービスを提供する会社である。C社のレストランの予約サービスを提供するWebアプリケーションソフトウェア（以下，Webアプリという）は，20名の開発者が在籍するWebアプリ開発部で開発，保守されている。C社のWebアプリにアクセスするURLは，"https://www.example.jp/" である。

　Webアプリには，機能X，機能Y，機能Zの三つの機能があり，そのソースコードやコンパイル済みロードモジュールは，開発期間中に頻繁に更新されるので，バージョン管理システムを利用してバージョン管理している。また，Webアプリは，外部のベンダーが提供するミドルウェアA及びミ

ドルウェアBを利用しており，各ミドルウェアには開発ベンダーから不定期にアップデートパッチ（以下，パッチという）が提供される。パッチが提供された場合，C社ではテスト環境で一定期間テストを行った後，顧客向けにサービスを提供する本番環境のミドルウェアにパッチを適用している。

このため，Webアプリの開発者は，本番環境に適用されるパッチにあわせて，自分の開発用PCの開発環境のミドルウェアにもパッチを適用する必要がある。開発環境へのパッチは，20台の開発用PC全てに適用する必要があり，作業工数が掛かる。

そこで，Webアプリ開発部では，Webアプリの動作に必要なソフトウェアをイメージファイルにまとめて配布することができるコンテナ型仮想化技術を用いて，パッチ適用済みのコンテナイメージを開発者の開発用PCに配布することで，開発環境へのミドルウェアのパッチ適用工数を削減することについて検討を開始した。コンテナ型仮想化技術を用いた開発環境の構築は，Webアプリ開発部のDさんが担当することになった。

〔Webアプリのリリーススケジュール〕

まずDさんは，今後のミドルウェアへのパッチ適用とWebアプリのリリーススケジュールを確認した。今後のリリーススケジュールを図1に示す。

リリース案件		説明	7月	8月	9月	10月	11月	12月
本番環境へのパッチ適用	ミドルウェアAパッチ適用	バージョン10.1.2パッチの適用			テスト	▲リリース		
	ミドルウェアBパッチ適用	バージョン15.3.4パッチの適用				テスト	▲リリース	
Webアプリ開発	10月1日リリース向け開発	機能 X の変更	設計	開発	テスト	▲リリース		
	11月1日リリース向け開発	機能 Y の変更		設計	開発	テスト	▲リリース	
	12月1日リリース向け開発	機能 Z の変更			設計	開発	テスト	▲リリース

図1　今後のリリーススケジュール

C社では，ミドルウェアの公開済みのパッチを計画的に本番環境に適用しており，本番環境のミドルウェアAのパッチ適用が10月中旬に，ミドルウェアBのパッチ適用が11月中旬に計画されている。また，10月，11月，及び12月に向けて三つのWebアプリ開発案件が並行して進められる予定である。開発者は各Webアプリ開発案件のリリーススケジュールを考慮し，リリース時点の本番環境のミドルウェアのバージョンと同一のバージョンのミドルウェアを開発環境にインストールして開発作業を行う必要がある。

なお，二つのミドルウェアでは，パッチ提供の場合にはバージョン番号が0.0.1ずつ上がることがミドルウェアの開発ベンダーから公表されている。また，バージョン番号を飛ばして本番環境のミドルウェアにパッチを適用することはない。

〔コンテナ型仮想化技術の調査〕

次にDさんは，コンテナ型仮想化技術について調査した。コンテナ型仮想化技術は，一つのOS上に独立したアプリケーションの動作環境を構成する技術であり，　　a　　や　　b　　上に仮想マシンを動作させるサーバ型仮想化技術と比較して　　c　　が不要となり，CPUやメモリを効率良く利用できる。C社の開発環境で用いる場合には，Webアプリの開発に必要な指定バージョンのミドルウェアをコンテナイメージにまとめ，それを開発者に配布する。

〔コンテナイメージの作成〕

まずDさんは，基本的なライブラリを含むコンテナイメージをインターネット上の公開リポジトリからダウンロードし，Webアプリの開発に必要な二つのミドルウェアの指定バージョンをコンテ

ナ内にインストールした。次に，コンテナイメージを作成し社内リポジトリへ登録して，C社の開発者がダウンロードできるようにした。

なお，Webアプリのソースコードやロードモジュールは，バージョン管理システムを利用してバージョン管理し，①コンテナイメージにWebアプリのソースコードやロードモジュールは含めないことにした。Dさんが作成したコンテナイメージの一覧を表1に示す。

表1　Dさんが作成したコンテナイメージの一覧

コンテナイメージ名	説明	ミドルウェアA バージョン	ミドルウェアB バージョン
img-dev_oct	10月1日リリース向け開発用	（省略）	（省略）
img-dev_nov	11月1日リリース向け開発用	d	e
img-dev_dec	12月1日リリース向け開発用	10.1.2	15.3.4

〔コンテナイメージの利用〕

Webアプリ開発部のEさんは，機能Xの変更を行うために，Dさんが作成したコンテナイメージ "img-dev_oct" を社内リポジトリからダウンロードし，開発用PCでコンテナを起動させた。Eさんが用いたコンテナの起動コマンドの引数（抜粋）を図2に示す。

```
-p 10443:443 -v /app/FuncX:/app img-dev_oct
```
図2　Eさんが用いたコンテナの起動コマンドの引数（抜粋）

図2中の-pオプションは，ホストOSの10443番ポートをコンテナの443番ポートにバインドするオプションである。なお，コンテナ内では443番ポートでWebアプリへのアクセスを待ち受ける。さらに，-vオプションは，ホストOSのディレクトリ "/app/FuncX" を，コンテナ内の "/app" にマウントするオプションである。

EさんがWebアプリのテストを行う場合，開発用PCのホストOSで実行されるWebブラウザから②テスト用のURLへアクセスすることで "img-dev_oct" 内で実行されているWebアプリにアクセスできる。また，コンテナ内に作成されたファイル "/app/test/test.txt" は，ホストOSの　　f　　として作成される。

12月1日リリース向け開発案件をリリースした後の12月中旬に，10月1日リリース向け開発で変更を加えた機能Xに処理ロジックの誤りが検出された。この誤りを12月中に修正して本番環境へリリースするために，Eさんは③あるコンテナイメージを開発用PC上で起動させて，機能Xの誤りを修正した。

その後，Dさんはコンテナ型仮想化技術を活用した開発環境の構築を完了させ，開発者の開発環境へのパッチ適用作業を軽減した。

設問　1

〔コンテナ型仮想化技術の調査〕について答えよ。

(1) 本文中の　　a　　～　　c　　に入れる適切な字句を解答群の中から選び，記号で答えよ。

解答群

ア　アプリケーション	イ　ゲストOS	ウ　ハイパーバイザー
エ　ホストOS	オ　ミドルウェア	

(2) 今回の開発で，サーバ型仮想化技術と比較したコンテナ型仮想化技術を用いるメリットとして，最も適切なものを解答群の中から選び，記号で答えよ。

解答群

ア 開発者間で差異のない同一の開発環境を構築できる。
イ 開発用PC内で複数Webアプリ開発案件用の開発環境を実行できる。
ウ 開発用PCのOSバージョンに依存しない開発環境を構築できる。
エ 配布するイメージファイルのサイズを小さくできる。

設問 2

〔コンテナイメージの作成〕について答えよ。
(1) 本文中の下線①について，なぜDさんはソースコードやロードモジュールについてはコンテナイメージに含めずに，バージョン管理システムを利用して管理するのか，20字以内で答えよ。
(2) 表1中の　d　，　e　に入れる適切なミドルウェアのバージョンを答えよ。

設問 3

〔コンテナイメージの利用〕について答えよ。
(1) 本文中の下線②について，Webブラウザに入力するURLを解答群の中から選び，記号で答えよ。

解答群

ア https://localhost/ 　　　　　　イ https://localhost:10443/
ウ https://www.example.jp/ 　　　　エ https://www.example.jp:10443/

(2) 本文中の　f　に入れる適切な字句を，パス名/ファイル名の形式で答えよ。
(3) 本文中の下線③について，起動するコンテナイメージ名を表1中の字句を用いて答えよ。

問4の ポイント　コンテナ型仮想化技術の導入

レストランの予約サービスを提供している会社における，コンテナ型仮想化技術の導入に関する出題です。仮想化，ゲストOS，ハイパーバイザー，コンテナイメージファイルなどの知識を問われています。コンテナ型仮想化は実務で担当していないと難しいと思うかもしれませんが，問題に書かれていることを丁寧に読むことで対応できると思います。

設問1の解説

□□□

仮想化技術

物理サーバのリソースを抽象的に分割してシステムを運用する技術のこと。リソースを仮想的に複数あるものとして分配できるので，効率的な運用が可能である。「ホスト型」「ハイパーバイザー型」「コンテナ型」に大別される。

ホスト型は，物理サーバ上のホストOSから専用の仮想化ソフトウェアを使いゲストOSを起動する。

ハイパーバイザー型は，物理サーバ上に直接設置されたハイパーバイザーからゲストOSを起動する。ホストOSがないため，ホスト型に比べて速度が速いという特徴がある。

コンテナ型は，コンテナという独立空間でアプリケーション環境（本体や設定ファイルなど）を構築・管理する技術を応用した仮想化で，ホストOS上にインストールされた「コンテナエンジン」によって運用・管理される。ゲストOSを

必要としない（ホストOS上で直接動作する）ため，サーバーの起動や処理が速いなどの特徴がある。逆に，ホストOSの環境に依存するため，環境構築の自由度は低い。

● （1）について

・【空欄a，b】

　仮想化技術を検討する際にコンテナ型と比較されるのは，ホスト型とハイパーバイザー型です。それぞれ「ホストOS」上，「ハイパーバイザー」上で，仮想マシンを動作させます。

・【空欄c】

　コンテナ型で不要になるのは「ゲストOS」です。

● （2）について

　コンテナ型仮想化ではゲストOSを使わないので，イメージファイルのサイズが従来のサーバ仮想化に比べて小さくなる特徴があります（**エ**）。

　なお，**ア**，**イ**はコンテナ型仮想化でなくても実現できます。**ウ**は，コンテナ型仮想化ではOSがホストOSに依存するので実現できません。

解答	(1) a：**ウ**　　b：**エ**　　c：**イ**
	(2) **エ**　　　　　　　　（a，b順不同）

設問2の解説
□□□

● （1）について

　「コンテナイメージにWebアプリのソースコードやロードモジュールを含めない」理由を問われています。問題の冒頭に「ソースコードやコンパイル済みロードモジュールは，開発期間中に頻繁に更新されるので，バージョン管理システムを利用して管理している」とありますが，ソースコードを更新する頻度でコンテナイメージを更新してしまうと，開発現場が混乱してしまいます。ソースコード類は，そのままバージョン管理システムで管理するのが適しています。

● （2）について

・【空欄d】

　表1と図1から考えます。img-dev_novは11月1日リリース向け開発用なので，ミドルウェアAの

パッチ適用は10月中旬リリースの「10.1.2」です。

・【空欄e】

　ミドルウェアBのパッチ適用は，バージョン15.3.4のリリースが，11月中旬で適用できないので，その一つ前のバージョンとなります。問題文に，

・バージョン番号は0.0.1ずつ上がること
・バージョン番号を飛ばして適用することはない

とあるので，答えは「15.3.3」となります。

解答	(1) 開発期間中に頻繁に更新されるため（16文字）
	(2) d：10.1.2　　　e：15.3.3

設問3の解説
□□□

● （1）について

　ホストOSの10443番ポートをコンテナの443番ポート（https）にバインドしているので，これを考慮して解答群を検討します。下線②はテスト用のURLであることから，localhostを使います。localhostとは「自分の端末」を意味します。この10443番ポートにアクセスすれば，コンテナ内の443ポートからimg-dev_oct内で実行されるWebアプリにアクセスできます。URLで表すと，「https://localhost:10443/」（**イ**）となります。

● （2）について

・【空欄f】

　図2のコマンドによって，ホストOSの「/app/FuncX」ディレクトリを，コンテナ内の「/app」にマウントしています。したがって，コンテナ内の「/app/test/test.txt」は，ホストOS上では「/app/FuncX/test/test.txt」として作成されます。

● （3）について

　12月中旬の時点で，10月1日リリースした機能Xに不具合があったのですから，コンテナイメージは最新にして，機能Xを修正する必要があります。12月中旬では，コンテナイメージの最新は「img-dev_dec」なので，これが該当します。

解答	(1) **イ**
	(2) f：/app/FuncX/test/test.txt
	(3) img-dev_dec

問5 テレワーク環境への移行に関する次の記述を読んで，設問に答えよ。

　　W社は，東京に本社があり，全国に2か所の営業所をもつ，社員数200名のホームページ制作会社である。W社では本社と各営業所との間をVPNサーバを利用してインターネットVPNで接続している。

　本社のDMZでは，プロキシサーバ，VPNサーバ及びWebサーバを，本社の内部ネットワークではファイル共有サーバ及び認証サーバを運用している。

　W社では，一部の社員が，社員のテレワーク環境からインターネットを介して本社VPNサーバにリモート接続することで，テレワークとWeb会議を試行している。

　W社のネットワーク構成を図1に示す。

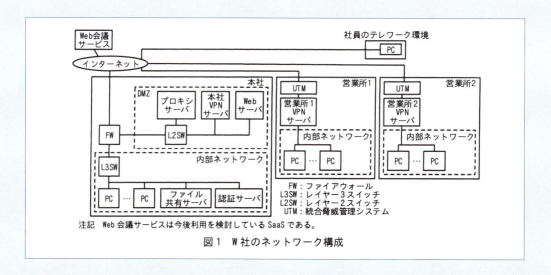

図1　W社のネットワーク構成

〔W社の各サーバの機能〕

　W社の各サーバの機能を次に示す。

・本社VPNサーバは，各営業所のVPNサーバとの間でインターネットVPNで拠点間を接続する。また，社員のテレワーク環境にあるPCにリモートアクセス機能を提供する。

・本社，各営業所及び社員のテレワーク環境のPCのWebブラウザからインターネット上のWebサイトへの接続は，本社のプロキシサーバを経由して行われる。プロキシサーバは，インターネット上のWebサイトへのアクセス時のコンテンツフィルタリングやログの取得を行う。

・ファイル共有サーバには，社員ごとや組織ごとに保存領域があり，PCにはファイルを保存しない運用をしている。

・認証サーバでは，社員のID，パスワードなどを管理して，PCやファイル共有サーバへのログイン認証を行っている。

　現在利用している本社のインターネット接続回線は，契約帯域が100Mビット／秒（上り／下り）で帯域非保証型である。

〔テレワークの拡大〕

　W社では，テレワークを拡大することになり，情報システム部のX部長の指示でYさんがテレワーク環境への移行を担当することになった。

　Yさんが移行計画を検討したところ，テレワークに必要なPC（以下，リモートPCという），VPNサーバ及びリモートアクセスに必要なソフトウェアとそのライセンスの入手は即時可能であるが，本社のインターネット接続回線の帯域増強工事は，2か月掛かることが分かった。そこでYさんは，ネットワークの帯域増強工事が完了するまでの間，ネットワークに流れる通信量を監視しながら移行を進めることにした。

〔W社が採用したリモートアクセス方式〕

今回Yさんが採用したリモートアクセス方式は，　　　a　　　で暗号化された　　　b　　　通信を用いたインターネットVPN接続機能によって，社員がリモートPCのWebブラウザからVPNサーバを経由して本社と各営業所の内部ネットワークのPC（以下，内部PCという）を遠隔操作する方式である。ここで，リモートPCからの内部PCの遠隔操作は，内部PCのOSに標準装備された機能を利用して，ネットワーク経由で内部PCのデスクトップ画面情報をリモートPCが受け取って表示し，リモートPCから内部PCのデスクトップ操作を行うことで実現する。

この方式では，リモートPCから内部PCを直接操作することになるので，従来の社内作業をそのままリモートPCから行うことができる。リモートPCからの遠隔操作で作成した業務データもファイル共有サーバに保存するので，社員が出社した際にも業務データをそのまま利用できる。

なお，本社VPNサーバと各営業所のVPNサーバとの間を接続する通信で用いられている暗号化機能は，　　　a　　　とは異なり，ネットワーク層で暗号化する　　　c　　　を用いている。

〔リモートアクセスの認証処理〕

Webサーバにリモートアクセス認証で必要なソフトウェアをインストールして，あらかじめ社員ごとに払い出されたリモートアクセス用IDなどを登録しておく。また，①リモートPCにはリモートアクセスに必要な2種類の証明書をダウンロードする。

テレワークの社員がリモートアクセスするときの認証処理は，次の二段階で行われる。

第一段階の認証処理は，本社VPNサーバにリモートPCのWebブラウザからVPN接続をする際の認証である。まず，社員はWebサーバのリモートログイン専用のページにアクセスして，リモートアクセス用のIDを入力することによってVPN接続に必要で一定時間だけ有効な　　　d　　　を入手する。このリモートログイン専用のページにアクセスする際には，リモートPC上の証明書が利用される。次にWebブラウザから本社VPNサーバにアクセスして，リモートアクセス用のIDと　　　d　　　を入力することによってリモートPC上の証明書と合わせてVPN接続の認証が行われる。

第二段階の認証処理は，通常社内で内部PCにログインする際に利用するIDとパスワードを用いて，　　　e　　　で行われる。

〔テレワークで利用するWeb会議サービス〕

テレワークで利用するWeb会議サービスは，インターネット上でSaaSとして提供されているV社のWeb会議サービスを採用することになった。このWeb会議サービスは，内部PCのWebブラウザとSaaS上のWeb会議サービスとを接続して利用する。Web会議サービスでは，同時に複数のPCが参加することができ，ビデオ映像と音声が参加しているPC間で共有される。利用者はマイクとカメラの利用の要否をそれぞれ選択することができる。

〔テレワーク移行中に発生したシステムトラブルの原因と対策〕

テレワークへの移行を進めていたある日，リモートPCから内部PCにリモート接続するPC数が増えたことで，リモートPCでは画面応答やファイル操作などの反応が遅くなったり，Web会議サービスでは画面の映像や音声が中断したりする事象が頻発した。

社員から業務に支障を来すと申告を受けたYさんは，直ちに原因を調査した。

Yさんが原因を調査した結果，次のことが分かった。

(1) 社内ネットワークを流れる通信量を複数箇所で測定したところ，本社のインターネット接続回線の帯域使用率が非常に高い。

(2) 本社のインターネット接続回線を流れる通信量を通信の種類ごとに調べたところ，Web会議サービスの通信量が特に多い。このWeb会議サービスの②通信経路に関する要因のほかに，映像通信が集中して通信量が増大することが要因となったのではないかと考え，利用者1人当たりの10分間の平均転送データ量を実測した。その結果は，映像と音声を用いた通信方式の場合で120Mバイトであった。これを通信帯域に換算すると　　　f　　　Mビット／秒となる。

社員200名のうち60％の社員が同時にこのWeb会議サービスの通信方式を利用する場合，使用する通信帯域は　g　Mビット／秒となり，この通信だけで本社のインターネット接続回線の契約帯域を超えてしまう。

　Yさんは，本社のインターネット接続回線を流れる通信量を抑える方策として，営業所1と営業所2に設置された③UTMを利用してインターネットの特定サイトへアクセスする設定と営業所PCのWebブラウザに例外設定とを追加した。

　Yさんは，今回の原因調査の結果と対策案をX部長に報告しトラブル対策を実施した。その後本社のインターネット接続回線の帯域増強工事が完了し，UTMと営業所PCのWebブラウザの設定を元に戻し，テレワーク環境への移行が完了した。

設問　1

本文中の　a　～　c　に入れる適切な字句を解答群の中から選び，記号で答えよ。

解答群

㋐ FTP	㋑ HTTPS	㋒ IPSec
㋓ Kerberos	㋔ LDAP	㋕ TLS

設問　2

〔リモートアクセスの認証処理〕について答えよ。
(1) 本文中の下線①について，どのサーバの認証機能を利用するために必要な証明書か。図1中のサーバ名を用いて全て答えよ。
(2) 本文中の　d　に入れる適切な字句を片仮名10字で答えよ。
(3) 本文中の　e　に入れる適切な字句を，図1中のサーバ名を用いて8字以内で答えよ。

設問　3

〔テレワーク移行中に発生したシステムトラブルの原因と対策〕について答えよ。
(1) 本文中の下線②について，要因となるのはどのようなことか。適切な記述を解答群の中から選び，記号で答えよ。

解答群

　㋐ Web会議サービスの全ての通信が営業所1内のUTMを通る。
　㋑ Web会議サービスの全ての通信が本社のインターネット接続回線を通る。
　㋒ 社員の60％がWeb会議サービスを利用する。
　㋓ 本社VPNサーバの認証処理を利用しない。
　㋔ 本社のファイル共有サーバと本社の内部PCとの通信は本社の内部ネットワーク内を通る。

(2) 本文中の　f　，　g　に入れる適切な数値を答えよ。
(3) 本文中の下線③の設定によって，UTMに設定されたアクセスを許可する，FW以外の接続先を図1中の用語を用いて全て答えよ。

問5のポイント　テレワーク環境への移行

ホームページ制作会社におけるテレワーク環境への移行に関する問題です。VPN，レイヤー2スイッチ，レイヤー3スイッチ，プロキシサーバの基礎知識や応用知識を問われています。用語を正しく理解していないと解答できないレベルの出題で，難易度は高いといえるでしょう。この機会にしっかり理解してください。

インターネットVPN

インターネット上に存在する離れた二つ以上のネットワーク拠点をVPN（Virtual Private Network：仮想的な専用線）で結ぶための技術である。インターネットという公開ネットワークをインフラとして利用するため，暗号化や認証機能を使って通信を流すことでセキュリティを確保する。

IPSec（Security Architecture for Internet Protocol）

インターネットでの暗号通信を行うために，暗号技術を用いて，IPパケット単位でデータの改ざん防止やデータ秘匿機能を実現するネットワーク層のプロトコル。IPSecを用いると，上位層が暗号化に対応していない場合でも，通信路のセキュリティを確保できる。以下の動作モードがある。

・トランスポートモード
　パケットデータ部のみを暗号化しヘッダは暗号化しないモード
・トンネルモード
　パケットヘッダ部分を含めたパケット全体を「データ」として暗号化し，このデータに新たにIPヘッダを付加する。このモードは，主にVPNで使用されている

UTM（Unified Threat Management）

統合脅威管理システム。システムネットワークに関する複数の異なるセキュリティ対策機能を一つのハードウェアに統合し，集中的にネットワーク管理を行うための装置。不正侵入，攻撃，ワーム，コンピュータウイルスなどの脅威に対抗するため，ファイアウォールの機能に加え，アンチウィルス，アンチスパム，Webフィルタリング等の機能を提供する。

設問1の解説
□□□

・【空欄a，b，c】
　問題の文意から，空欄aと空欄cには暗号化方式が入ります。解答群の中でこれに該当するのはIPSecとTLSの2つです。このうち，空欄cは「ネットワーク層で暗号化する」とあるので，IPSec（ク）が該当します。
　よって，空欄aにはTLS（カ）が入ります。また，空欄bはTLSを利用するHTTPS（ウ）になります。

解答	a：カ	b：イ	c：ク

設問2の解説
□□□

● （1）について
　リモートアクセスに必要な2種類の証明書とあります。〔リモートアクセスの認証処理〕には「社員はWebサーバのリモートログイン専用のページにアクセスして，～（中略）～リモートPC上の証明書が利用される」との記載があります。これが1つ目の証明書で，「Webサーバ」で利用しています。
　2つ目の証明書は，「次にWebブラウザから本社VPNサーバにアクセスして，リモートPC上の証明書と合わせてVPN接続の認証が行われる」と記載されており，「本社VPNサーバ」で利用しています。

● （2）について
・【空欄d】
　一定時間だけ有効な認証方法としては，時間制限付きのメール認証やワンタイムURL，ワンタイムパスワードなどさまざまな方法がありますが，問題文に「片仮名10字」と指定されているので，ここは「ワンタイムパスワード」になります。

● （3）について

・【空欄e】

通常社内で内部PCにログインする際に利用するIDとパスワードを管理しているのは、〔W社各サーバの機能〕の説明から「認証サーバ」とわかります。

解答	(1) Webサーバ、本社VPNサーバ (2) d：ワンタイムパスワード (3) e：認証サーバ

設問3の解説
□□□

● （1）について

図1や〔W社の各サーバの機能〕から、W社のネットワーク上のブラウザからの通信は、本社VPNサーバ、Webサーバ、プロキシサーバを経由して行われるため、Web会議サービスの通信の場合も、インターネットとDMZ間の回線がひっ迫します。したがって、**ア**が正解です。

● （2）について

・【空欄f】

利用者一人あたり10分間の平均転送データが、120Mバイトです。これを1秒あたりのビットでのデータ量に変換すると、

> 120M×8ビット／（10×60秒）
> ＝1.6Mビット／秒

になります。

・【空欄g】

社員200名のうち60%が利用する場合を考えるので、200×0.6＝120名です。この人数を1.6Mビット／秒に乗じればよいので、

> 120名×1.6Mビット／秒＝192Mビット／秒

になります。

● （3）について

本社のインターネット接続回線を流れる通信量を抑える方策を考えます。Web会議サービスの通信量が多いことがわかっているので、本社VPNサーバを経由している営業所1と2のWeb会議サービスの通信を、直接通信するように設定するのが妥当です。したがって、本社FW以外に「Web会議サービス」との通信を許可します。

解答	(1) **ア** (2) f：1.6　　g：192 (3) Web会議サービス

問6 スマートデバイス管理システムのデータベース設計に関する次の記述を読んで、設問に答えよ。

J社は、グループ連結で従業員約3万人を抱える自動車メーカーである。従来は事業継続性・災害時対応施策の一環として、本社の部長職以上にスマートフォン及びタブレットなどのスマートデバイス（以下、情報端末という）を貸与していた。昨今の働き方改革の一環として、従業員全員がいつでもどこでも作業できるようにするために、情報端末の配布対象をグループ企業も含む全従業員に拡大することになった。

現在は情報端末の貸与先が少人数なので、表計算ソフトでスマートデバイス管理台帳（以下、管理台帳という）を作成して貸与状況などを管理している。今後は貸与先が3万人を超えるので、スマートデバイス管理システム（以下、新システムという）を新たに構築することになった。情報システム部門のKさんは、新システムのデータ管理者として、新システム構築プロジェクトに参画した。

〔現在の管理台帳〕

現在の管理台帳の項目を表1に示す。管理台帳は，一つのワークシートで管理されている。

表1　管理台帳の項目

項目名	説明	記入例
情報端末 ID	情報端末ごとに一意に付与される固有の識別子	G6TF809G0D4Q
機種名	情報端末の機種の型名	IP12PM
回線番号	契約に割り当てられた外線電話番号	080-0000-0000
内線電話番号	内線電話を情報端末で発着信できるように回線番号と紐づけられている内線電話の番号	1234-567890
通信事業者名	契約先の通信事業者の名称	L 社
料金プラン名	契約している料金プランの名称	プラン M
暗証番号	契約の変更手続を行う際に必要となる番号	0000
利用者所属部署名	利用者が所属する部署の名称	N 部
利用者氏名	利用者の氏名	試験 太郎
利用者メールアドレス	利用者への業務連絡が可能なメールアドレス	shiken.taro@example.co.jp
利用開始日	J 社の情報端末の運用管理担当者（以下，運用管理担当者という）から利用者に対して情報端末を払い出した日	2020-09-10

表1　管理台帳の項目（続き）

項目名	説明	記入例
利用終了日	利用者から運用管理担当者に対して情報端末を返却した日	2022-09-10
交換予定日	J 社では情報セキュリティ対策の観点から同一の回線番号のままで 2 年ごとに旧情報端末から新情報端末への交換を行っており，新情報端末に交換する予定の日	2022-09-10
廃棄日	情報端末を廃棄事業者に引き渡した日	2022-10-20

〔現在の管理方法における課題と新システムに対する要件〕

Kさんは，新システムの設計に際して，まず，現在の情報端末の運用について，運用管理担当者に対して課題と新システムに対する要件をヒアリングした。ヒアリング結果を表2に示す。

表2　ヒアリング結果

項番	課題	要件
1	利用者が情報端末ごとに通信事業者や料金プランを選択できるので，結果として高い料金プランを契約して利用しているケースがある。	通信事業者を原則として L 社に統一し，かつ，より低価格の料金プランで契約できるようにする。
2	情報端末に関する費用は本社の総務部で一括して負担しており，利用者のコスト意識が低く，利用状況次第で高額な請求が発生するケースがある。	従業員の異動情報に基づいて請求を年月ごと，部署ごとに管理できるようにする。
3	情報端末に対しては利用可能な機能やアプリケーションプログラム（以下，アプリという）に制限を設けており，利用者から機能制限解除の依頼やアプリ追加の依頼があっても，管理が煩雑となるので認められない状況である。	業務上必要な機能やアプリについては，利用者に使用目的を確認し，従業員と情報端末の組合せごとに個別に許可できる仕組みにする。
4	契約ごとに異なる暗証番号を設定することで利用者による不正な契約変更の防止を図っているが，運用管理担当者は全ての契約の暗証番号を自由に参照できてしまうので，運用管理担当者による不正な契約変更が発生するリスクが残っている。	暗証番号は運用管理担当者の上長（以下，上長という）しか参照できないようにアクセスを制御する。運用管理担当者は契約変更が必要な都度，上長に申請し，上長が契約変更を行う仕組みにする。

〔新システムのE-R図〕

　Kさんは，表1の管理台帳の項目と表2のヒアリング結果を基に，新システムのE-R図を作成した。E-R図（抜粋）を図1に示す。なお，J社内の部署の階層構造は，自己参照の関連を用いて表現する。

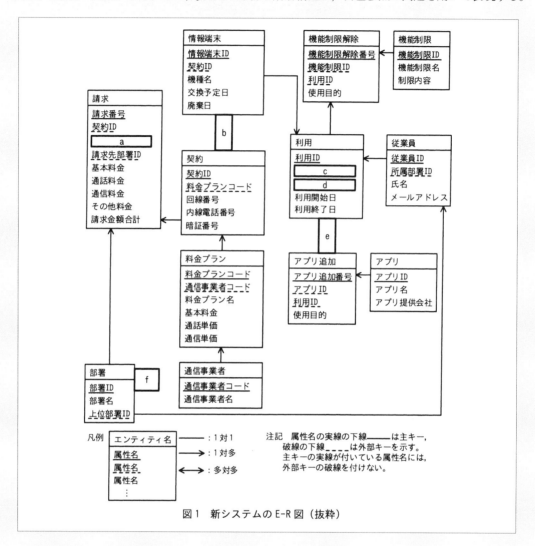

図1　新システムのE-R図（抜粋）

〔表定義〕

　このデータベースでは，E-R図のエンティティ名を表名にし，属性名を列名にして，適切なデータ型で表定義した関係データベースによって，データを管理する。Kさんは，図1のE-R図を実装するために，詳細設計として表定義の内容を検討した。契約表の表定義を表3に，料金プラン表の表定義を表4に示す。

　表3及び表4のデータ型欄には，適切なデータ型，適切な長さ，精度，位取りを記入する。PK欄は主キー制約，UK欄はUNIQUE制約，非NULL欄は非NULL制約の指定をするかどうかを記入する。指定する場合にはYを，指定しない場合にはNを記入する。ただし，主キーに対してはUNIQUE制約を指定せず，非NULL制約は指定するものとする。

表3　契約表の表定義

項番	列名	データ型	PK	UK	非NULL	初期値	アクセス制御	その他の指定内容
1	契約ID	CHAR(8)	g	h	i		上長（ユーザーアカウント名：ADMIN）による参照が必要	（省略）
2	料金プランコード	CHAR(8)	N	N	Y			料金プラン表への外部キー
3	回線番号	CHAR(13)	N	N	Y			（省略）
4	内線電話番号	CHAR(11)	N	N	N	NULL		（省略）
5	暗証番号	CHAR(4)	N	N	Y		上長（ユーザーアカウント名：ADMIN）による参照が必要	（省略）

表4　料金プラン表の表定義

項番	列名	データ型	PK	UK	非NULL	初期値	アクセス制御	その他の指定内容
1	料金プランコード	CHAR(8)	g	h	i			（省略）
2	通信事業者コード	CHAR(4)	N	N	Y	1234		通信事業者表への外部キー。行挿入時に，初期値としてL社の通信事業者コード'1234'を設定する。
3	料金プラン名	VARCHAR(30)	N	N	Y			（省略）
4	基本料金	DECIMAL(5,0)	N	N	Y			（省略）
5	通話単価	DECIMAL(5,2)	N	N	Y			（省略）
6	通信単価	DECIMAL(5,4)	N	N	Y			（省略）

〔表の作成とアクセス制御〕

　Kさんは，実装に必要な各種SQL文を表定義に基づいて作成した。表3のアクセス制御を設定するためのSQL文を図2に，表4の料金プラン表を作成するためのSQL文を図3に示す。なお，運用管理担当者のユーザーアカウントに対しては適切なアクセス制御が設定されているものとする。

```
GRANT          j          ON 契約 TO ADMIN
```

図2　表3のアクセス制御を設定するためのSQL文

```
CREATE TABLE 料金プラン
(料金プランコード CHAR(8) NOT NULL,
 通信事業者コード        k        ,
 料金プラン名 VARCHAR(30) NOT NULL,
 基本料金 DECIMAL(5,0) NOT NULL,
 通話単価 DECIMAL(5,2) NOT NULL,
 通信単価 DECIMAL(5,4) NOT NULL,
    l    (料金プランコード),
    m    (通信事業者コード) REFERENCES 通信事業者(通信事業者コード))
```

図3　表4の料金プラン表を作成するためのSQL文

設問 1

図1中の　a　～　f　に入れる適切なエンティティ間の関連及び属性名を答え，E-R図を完成させよ。なお，エンティティ間の関連及び属性名の表記は，図1の凡例に倣うこと。

設問 2

表3，表4中の　g　～　i　に入れる適切な字句の組合せを解答群の中から選び，記号で答えよ。

解答群

記号	g	h	i
ア	N	N	N
イ	N	N	Y
ウ	N	Y	N
エ	N	Y	Y
オ	Y	N	Y
カ	Y	Y	Y

設問 3

図2，図3中の　j　～　m　に入れる適切な字句又は式を答えよ。

問6のポイント　スマートデバイス管理システムのDB設計

　自動車メーカーにおけるスマートデバイス管理用のデータベース設計に関する問題です。E-R図，エンティティ，テーブル定義用SQL構文の知識や主キー，外部キー，制約な

どの知識が要求されています。応用情報技術者試験ではデータベース関係の問題は何回も出題されているので，特にE-R図，SQL構文は，よく理解しておく必要があります。

設問1の解説

□□□

・【空欄a】

　ここには，請求の属性が入ります。表2のヒアリング結果の項番2に「～請求を年月ごと，部署ごとに管理できるようにする」と記載されています。請求先部署IDは既に記載されているので，ここには「年月」が入ります。「請求年月」としてもよいでしょう。

・【空欄b】

　情報端末と契約の関係を問われています。情報端末は2年に1回交換されます。したがって，契

約「1」に対して情報端末が「多」の関係なので，「↑」になります。

・【空欄c，d】

　利用の項目を問われています。利用は従業員と情報端末とを紐付けるので，「情報端末ID」と「従業員ID」が必要です。それぞれ，情報端末エンティティ及び従業員エンティティの主キーを参照する外部キーになります。

・【空欄e】

　利用とアプリ追加の関係を問われています。表2の項番3に情報端末には利用者ごとに，複数のアプリが追加できる旨が記載されています。したがって，利用「1」に対してアプリ追加が「多」

なので，「↓」が入ります。
・【空欄f】

部署は部署IDを主キーとして，外部キーに上位部署IDをもっています（システム企画室の上位組織は情報システム部など）。このことから，部署は自分自身を参照する自己参照関係となり，E-R図でも自分自身を指すように表現します。

解答	a：年月 　　　　　　 b：↑ c：情報端末ID 　　 d：従業員ID （cdは順不同） e：↓ 　　　　　　　 f：⤶

設問2の解説
□□□

制約

データベースの整合性を維持するために用いられる機能を制約と呼ぶ。必ず有効値である非ナル制約，指定した項目の重複を許さないUNIQUE制約（一意性制約），参照関係がある（複数）テーブル間において相互整合性を維持するためデータの入力や削除を制限する参照制約などがある。

・【空欄g，h，i】

契約表の契約，料金プランコード表の料金プランコードは，図1より主キーであることがわかります。したがって，主キー制約（空欄g）は「Y」です。また，〔表定義〕に「主キーに対してはUNIQUE制約を指定せず，非NULL制約は指定するものとする」とあるので，空欄hは「N」，空欄iは「Y」になります。したがって，YNYのオとなります。

解答	オ

設問3の解説
□□□

GRANT

GRANTは，指定したユーザーグループ，指定した表に参照（SELECT），挿入（INSERT），更新（UPDATE），削除（DELETE）の権限を設定する。

・例①：特定ユーザー（aUSER）に商品表（SHOHIN）を参照する権限（SELECT（項目名））を与える場合

　　　 GRANT SELECT (項目名) ON SHOHIN
　　　 TO aUSER
・例②：全ユーザーに対して，商品表（SHOHIN）にアクセスするすべての権限を与える場合

　　　 GRANT ALL ON SHOHIN TO PUBLIC

・【空欄j】

表3の項番1と5に「上長（ADMIN）による参照が必要」とあるので，ADMINに契約表の契約IDと暗証番号を参照する権限を与えるGRANT文を記述する必要があります（囲み内の例①を参照）。GRANT文全体では，

　　 GRANT SELECT (契約ID ,暗唱番号) ON 契約
　　 TO ADMIN

のように記述すればよいでしょう。よって，空欄jには「SELECT (契約ID ,暗唱番号)」が入ります。
・【空欄k】

表4より，通信事業者コードは，データ型が「CHAR(4)」，非NULL制約指定（NOT NULL），初期値（DEFAULT）が1234です。これをSQL文で記述すると，以下のようになります。

　　 CHAR(4) NOT NULL DEFAULT '1234'
・【空欄l】

料金プランコードは主キーなので，主キーの指定には「PRIMARY KEY」を使います。
・【空欄m】

通信事業者コードは外部キーなので，「FOREIGN KEY」を使います。

解答	j：SELECT (契約ID, 暗唱番号) k：CHAR(4) NOT NULL DEFAULT '1234' l：PRIMARY KEY m：FOREIGN KEY

問 7 傘シェアリングシステムに関する次の記述を読んで，設問に答えよ。

I社は，鉄道駅，商業施設，公共施設などに無人の傘貸出機を設置し，利用者に傘を貸し出す，傘シェアリングシステム（以下，本システムという）を開発している。

本システムの構成を図1に，傘貸出機の外観を図2に示す。

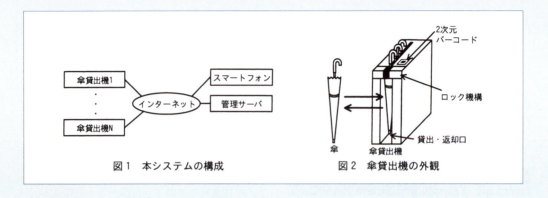

図1　本システムの構成　　　　図2　傘貸出機の外観

傘貸出機は，スマートフォンで動作する専用のアプリケーションプログラム（以下，アプリという）と組み合わせて傘の貸出し又は返却を行う。利用者がアプリを使って，利用する傘貸出機に貼り付けてある2次元バーコードの情報を読み，傘貸出機を特定する。アプリは，管理サーバへ傘の貸出要求又は返却要求を送る。管理サーバは，アプリからの要求に従って指定の傘貸出機へ指示を送り，貸出し又は返却が実施される。傘貸出機の構成を図3に示す。

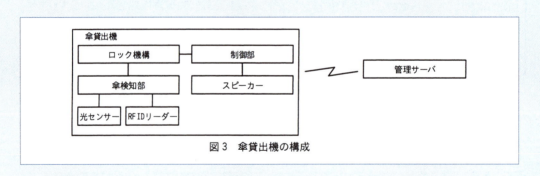

図3　傘貸出機の構成

〔傘貸出機の処理〕
・貸出・返却口に内蔵されているロック機構は，制御部からの指示で貸出・返却口のロックを制御する。ロック機構は，1度の操作で傘貸出機から1本の傘の貸出し，又は，1本の傘の返却ができる。ロックが解除されると，制御部はスピーカーから音声を出力して，ロックが解除されたことを利用者に知らせる。また，ロック機構は，貸出時と返却時とでロックの解除方法が異なっており，貸出時のロックの解除では，傘の貸出しだけが可能となり，返却時のロックの解除では，傘の返却だけが可能となる。
・ロック機構の傘検知部は，傘検知部を通過する傘を検知する光センサー（以下，センサーという）及び傘に付与される識別情報を記録したRFIDタグを読み取るRFIDリーダーで構成される。①制御部は，傘検知部のセンサー出力の変化を検出すると10ミリ秒周期で出力を読み出し，5回連続で同じ値が読み出されたときに，確定と判断し，その値を確定値とする。傘の特定には，RFIDリーダーで読み出した情報（以下，RFIDタグの情報という）が使用される。傘貸出機が貸出し，返却を行うためのロックを解除した後10秒経過しても傘の貸出し，返却が行われなかった場合は，異常と判断し，ロックを掛ける。異常の際は，制御部がスピーカーから音声を出力して，異常が発生したことを利用者に知らせる。

・傘貸出機内の傘の本数は，制御部で管理する。本システムの管理者は，初回の傘設置の際，管理サーバ経由で傘の本数の初期値を傘貸出機に登録する。
・傘貸出機は，利用者への傘の貸出し又は返却が終了すると，自機が保有する傘の本数及び傘を識別するRFIDタグの情報（以下，これらを管理情報という）を更新し，管理サーバに送信する。傘貸出機は，全ての管理情報を管理サーバから受信し記憶する。

〔制御部のソフトウェア構成〕
　制御部のソフトウェアには，リアルタイムOSを使用する。制御部の主なタスクの一覧を表1に示す。

表1　制御部の主なタスクの一覧

タスク名	処理概要
メイン	・管理サーバから指示を受信すると，貸出タスク又は返却タスクへ送信する。 ・"RFID 情報"を受けると，RFID タグの情報を確認し，"正常"又は"異常"を必要とする送信元タスクへ送信する。 ・"ロック解除完了"を受けると，傘の貸出し又は返却が可能なことを知らせる音声をスピーカーから出力する。 ・"完了"を受けると，管理情報を更新し，管理サーバへ管理情報を送信する。 ・"異常終了"を受けると，異常を知らせる音声をスピーカーから出力し，管理サーバに異常終了を送信する。
貸出	・要求を受けると，センサーで傘を検知し，RFID リーダーで RFID タグの情報を読み出し，"RFID 情報"をメインタスクに送信してから，傘貸出機のロックを解除し，"ロック解除完了"をメインタスクに送信する。 ・傘が取り出されたことをセンサーで検知すると，傘貸出機のロックを掛け，メインタスクへ"完了"を送信する。 ・ロックを解除した後，10 秒経過しても傘が取り出されなかった場合は，傘貸出機のロックを掛け，メインタスクへ"異常終了"を送信する。
返却	・要求を受けると，センサーで傘を検知し，RFID リーダーで RFID タグの情報を読み出し，"RFID 情報"をメインタスクに送信する。送信後"正常"を受けると，傘貸出機のロックを解除し，"ロック解除完了"をメインタスクに送信する。 ・傘が傘貸出機へ返却されたことをセンサーで検知すると，傘貸出機のロックを掛け，メインタスクへ"完了"を送信する。 ・"異常"を受けると，傘貸出機のロックを掛け，メインタスクへ"異常終了"を送信する。 ・ロックを解除した後，10 秒経過しても傘が返却されなかった場合は，傘貸出機のロックを掛け，メインタスクへ"異常終了"を送信する。

設問　1

傘貸出機の処理について答えよ。
(1) 本文中の下線①について答えよ。
　(a) 制御部が確定値を算出するのに，複数回センサー出力を読出しする理由を20字以内で答えよ。
　(b) 制御部がセンサー出力の変化を検出してからセンサー出力の確定ができるまで最小で何ミリ秒か。答えは小数点以下を切り捨てて，整数で答えよ。
(2) ロックを解除した後の異常を10kHzのカウントダウンタイマーを使用して，タイマーの値が0になったときに異常と判断する。タイマーに設定する値を10進数で求めよ。ここで，$1k=10^3$とする。

設問　2

制御部の主なタスクについて答えよ。
(1) 貸出タスクがロックを解除した後，利用者が傘を取り出さなかった場合の処理について，次

の文章中の　a　，　b　に入れる適切な字句を表1中の字句を用いて答えよ。

　　貸出タスクがロックを解除したにもかかわらず，利用者が傘を取り出さなかった場合は，貸出タスクが異常と判断し，　a　タスクに送信する。"異常終了"を受けた　a　タスクは，　b　に異常終了を送信する。

(2) 返却時のタスクの処理について記述した次の文章中の　c　，　d　に入れる適切な字句を解答群の中から選び，記号で答えよ。

　　メインタスクは，不正な傘を返却させないように，返却タスクが傘から読み出した　c　に対し，　d　と異なっていないか確認し，異なっていなければ，返却タスクに"正常"を送信する。返却タスクはメインタスクから"正常"を受けるまで，ロックを解除しない。

解答群
ア RFIDタグの情報　　　　　　イ RFIDリーダー
ウ 傘の本数　　　　　　　　　エ 貸出中の傘
オ センサー出力　　　　　　　カ 不正な傘
キ 返却タスク　　　　　　　　ク メインタスク

設問 3

制御部のタスクの処理について答えよ。
(1) 次の文章中の　e　～　h　入れる適切な字句を答えよ。

　　傘の貸出しを行う場合，メインタスクから要求を受けた貸出タスクは，傘検知部のセンサーを起動し，傘を検知する。傘が検知されたらRFIDリーダーでRFIDタグの情報を読み出し，"RFID情報"をメインタスクに送信する。"RFID情報"を送信後，傘貸出機のロックを解除し，"　e　"をメインタスクに送信する。傘が傘貸出機から取り出されたことを　f　すると，傘貸出機の　g　，メインタスクへ"　h　"を送信する。

(2) "完了"を受けた場合のメインタスクの処理を25字以内で答えよ。

設問 1 の解説
□□□

● (1) について
・(a)
制御部が確定値を算出するのに複数回センサー

出力を読み出しする理由を問われています。傘検知部では，傘は動きながら（変化しながら）センサーで捕捉されることから，周囲のさまざまなノイズも一緒に検知してしまい，誤動作につながる恐れがあります。そこで，複数回センサー出力を読み出し，同じ出力結果になったときに傘の状態

を確定することで，極力誤検知を防いでいます。

・(b)

　傘検知部のセンサーの変化を検知すると10ミリ秒周期で出力を読み出し，5回連続で同じ値が読み出されたときに確定します。したがって，最小となるのは最初から5回連続で同じ値が読み出せたときです。

```
開始：読み出し（1回目）
　　　→10ミリ秒後：読み出し（2回目）
　　　→20ミリ秒後：読み出し（3回目）
　　　→30ミリ秒後：読み出し（4回目）
　　　→40ミリ秒後：読み出し（5回目・確定）
```

　よって，最小で40ミリ秒となります。

● (2) について

　10kHzのカウントダウンタイマーとは，1秒間に10k（10,000）回のカウントができるものです。これを使って10秒をカウントするので，設定する数字は，

```
10k×10＝100k＝100,000
```

になります。

解答	(1)　(a)：傘の通過に関して誤検知を起こすため（17文字） 　　　(b)：40　ミリ秒 (2)　100,000

設問2の解説
□□□

● (1) について

・【空欄a，b】

　表1の「貸出」タスクを確認すると，「ロックを解除した後，10秒経過しても傘が取り出されなかった場合は，傘貸出機のロックを掛け，メインタスクへ"異常終了"を送信する」とあるので，異常終了を送信する相手は「メイン」タスク（空欄a）です。

　また，表1の「メイン」タスクを確認すると，異常終了を受けた場合は「管理サーバに異常終了を送信する」とあるので，空欄bは「管理サーバ」です。

● (2) について

・【空欄c】

　表1の「返却」タスクには，「センサーで傘を検知し，RFIDリーダーでRFIDタグの情報を読み出し〜」とあるので，返却タスクで傘から読み出すのは「RFIDタグの情報」（ア）です。

・【空欄d】

　返却タスクは"正常"を受けるとロックを解除することから，メインタスクは自機が貸し出した傘のRFIDタグの情報と一致している場合に"正常"を送信することがわかります。解答群では「貸出中の傘」（エ）が適切です。

解答	(1)　a：メイン　　　b：管理サーバ (2)　c：ア　　　　　d：エ

設問3の解説
□□□

● (1) について

・【空欄e〜h】

　表1の「貸出」タスクの処理概要を言いなおしているだけです。空欄eは「ロック解除完了」，空欄fは「センサーで検知」，空欄gは「ロックを掛け」，空欄hは「完了」になります。

● (2) について

　表1の「メイン」タスクに，「"完了"を受けると，管理情報を更新し，管理サーバへ管理情報を送信する」とあります。これを25字以内で解答すればよいでしょう。

解答	(1)　e：ロック解除完了 　　　f：センサーで検知 　　　g：ロックを掛け　　　h：完了 (2)　管理情報を更新し，管理サーバへ管理情報を送信する（24文字）

設計レビューに関する次の記述を読んで，設問に答えよ。

A社は，中堅のSI企業である。A社は，先頃，取引先のH社の情報共有システムの刷新を請け負うことになった。A社は，H社の情報共有システムの刷新プロジェクトを立ち上げ，B氏がプロジェクトマネージャとしてシステム開発を取り仕切ることになった。H社の情報共有システムは，開発予定規模が同程度の四つのサブシステムから成る。

A社では，プロジェクトの開発メンバーをグループに分けて管理することにしている。B氏は，それにのっとり，開発メンバーを，サブシステムごとにCグループ，Dグループ，Eグループ，Fグループに振り分け，グループごとに十分な経験があるメンバーをリーダーに選定した。

〔A社の品質管理方針〕

設計上の欠陥がテスト工程で見つかった場合，修正工数が膨大になるので，A社では，設計上の欠陥を早期に検出できる設計レビューを重視している。また，レビューで見つかった欠陥の修正において，新たな欠陥である二次欠陥が生じないように確認することを徹底している。

〔A社のレビュー形態〕

A社の設計工程でのレビュー形態を表1に示す。

表1　設計工程でのレビュー形態

実施時期	レビュー実施方法
設計途中（グループのリーダーが進捗状況を考慮して決定）	グループのメンバーがレビュアとなる。①設計者が設計書（作成途中の物も含む）を複数のレビュアに配布又は回覧して，レビュアが欠陥を指摘する。誤字，脱字，表記ルール違反は，この段階でできるだけ排除する。誤字，脱字，表記ルール違反のチェックには，修正箇所の候補を抽出するツールを利用する。
外部設計，内部設計が完了した時点	グループ単位でレビュー会議を実施する。必要に応じて別グループのリーダーの参加を求める。レビュー会議の目的は，設計上の欠陥（矛盾，不足，重複など）を検出することである。検出した欠陥の対策は，欠陥の検出とは別のタイミングで議論する。設計途中のレビューで対応が漏れた誤字，脱字，表記ルール違反もレビュー会議で検出する。②レビュー会議の主催者（以下，モデレーターという）が全体のコーディネートを行う。参加者が明確な役割を受けもち，チェックリストなどに基づいた指摘を行い，正式な記録を残す。レビュー会議の結果は，次の工程に進む判断基準の一つになっている。

外部設計や内部設計が完了した時点で行うレビュー会議の手順を表2に示す。

表2　レビュー会議の手順

項番	項目	内容
1	必要な文書の準備	設計者が設計書を作成してモデレーターに送付する。 モデレーターがチェックリストなどを準備する。
2	キックオフミーティング	モデレーターは，設計書，チェックリストを配布し，参加者がレビューの目的を達成できるように，設計内容の背景，前提，重要機能などを説明する。 モデレーターは，集合ミーティングにおける設計書の評価について，次の基準に基づいて定性的に判断することを説明する。 　"合格"…………軽微な修正が必要かもしれないが，フォローアップミーティングは不要である。 　"条件付合格"…小規模な修正が必要で，フォローアップミーティングで修正を検証する。 　"やり直し"……大規模な修正が必要，又は，欠陥や課題の検出が十分でないのでレビュー会議をやり直す。 評価を導く意思決定のルール（モデレーターによる決定，多数決，全員一致）についても，参加者全員の合意を得る。 モデレーターは，集合ミーティングにおける読み手，記録係，レビュアを指名する。

3	参加者の事前レビュー	集合ミーティングまでに、レビュアが各自でチェックリストに従って設計書のレビューを行い、欠陥を洗い出す。
4	集合ミーティング	読み手がレビュー対象の設計書を参加者に説明して、レビュアから指摘された欠陥を記録係が記録する。 　　　 a 　　　は、集合ミーティングの終了時に、意思決定のルールに従い"合格"、"条件付合格"、"やり直し"の評価を導く。
5	発見された欠陥の解決	集合ミーティングで発見された欠陥を設計者が解決する。
6	フォローアップミーティング	評価が"条件付合格"の場合に、モデレーターと設計者を含めたメンバーとで実施する。 欠陥が全て解決されたことを確認する。 設計書の修正が　　　 b 　　　を生じさせることなく正しく行われたことを確認する。

〔モデレーターの選定〕

　B氏は、グループのリーダーにモデレーターの経験を積ませたいと考えた。しかし、グループのリーダーは自グループの開発内容に精通しているので、自グループのレビュー会議にはモデレーターではなく、レビュアとして参加させることにした。

　また、B氏自身は開発メンバーの査定に関わっており、参加者が欠陥の指摘をためらうおそれがあると考え、レビュー会議には参加しないことにした。

　B氏は、これらの考え方に基づいて、各グループのレビュー会議の③モデレーターを選定した。

〔レビュー会議におけるレビュー結果の評価〕

　A社の品質管理のための基本測定量（抜粋）を表3に示す。

表3　基本測定量（抜粋）

対象工程	基本測定量		単位	補足
設計工程	設計書の規模		ページ	
	レビュー工数		人時	表2のレビュー会議の手順の項番3と項番4に要した工数の合計を測定する。 工数を標準化するために、育成目的などで標準的なスキルをもたないレビュアを参加させる場合は、その工数は含めない。
	レビュー指摘件数	第1群	件	誤字、脱字、表記ルール違反の件数を測定する。
		第2群	件	誤字、脱字、表記ルール違反以外の、設計上の欠陥の件数を測定する。

　レビュー会議における設計書のレビュー結果を、基本測定量から導出される指標を用いて分析する。設計書のレビュー結果の指標を表4に示す。

表4　設計書のレビュー結果の指標

指標	説明
レビュー工数密度	1ページ当たりのレビュー工数
レビュー指摘密度（第1群）	1ページ当たりの第1群のレビュー指摘件数
レビュー指摘密度（第2群）	1ページ当たりの第2群のレビュー指摘件数

　レビュー工数密度には、下方管理限界（以下、LCLという）と上方管理限界（以下、UCLという）を適用する。

　④レビュー指摘密度（第1群）にはUCLだけ適用する。レビュー指摘密度（第2群）には、LCLとUCLを適用する。レビュー指摘密度（第1群）が高い場合、設計途中に実施したグループのメンバーによるレビューが十分に行われていないことが多く、レビュー指摘密度（第2群）も高くなる

傾向にある。

　H社の情報共有システムの内部設計が完了して，内部設計書のレビュー会議の集合ミーティングの結果は，全てのグループについて"条件付合格"であった。指標の集計が完了して，フォローアップミーティングも終了した段階で，B氏は，次の開発工程に進むかどうかを判断するために，内部設計書のレビュー結果の詳細，及び指標を確認した。

　開発グループごとに，レビュー工数密度を横軸に，レビュー指摘密度を縦軸にとった，レビューのゾーン分析のグラフを図1に示す。

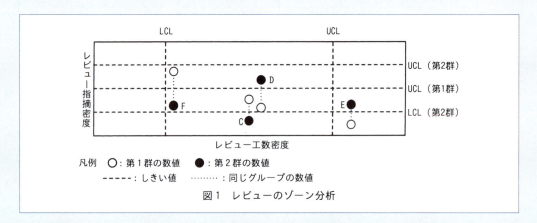

図1　レビューのゾーン分析

　B氏が，各グループのモデレーターにレビュー会議の状況について確認した結果と，B氏の対応を表5に示す。

表5　レビュー会議の状況についての確認結果と対応

グループ	確認結果	対応
C	特に課題なし。	c
D	計画した時間内にチェックリストの項目を全て確認した。	しきい値内であり，問題なしと判断した。
E	集合ミーティングの時間中に，一部の欠陥の修正方法，修正内容の議論が始まってしまい，会議の予定時間を大きくオーバーした。 レビュー予定箇所を全てチェックしたものの，集合ミーティングの後半部分で取り上げた設計書のレビューがかなり駆け足になった。	レビュー会議の進め方についてレビュー効率向上の観点から⑤改善指針を示した上で，レビュー会議のやり直しをモデレーターに指示した。
F	指摘件数が多かったので，欠陥の抽出は十分と考えて，集合ミーティングの終了予定時刻より前に終了させた。	レビューが不十分なおそれが大きく，追加のレビューを実施するようにモデレーターに指示した。

　B氏は，表5の対応後に，対応状況を確認して，次の工程に進めると判断した。

設問 1

〔A社のレビュー形態〕について答えよ。
(1) 表1中の下線①及び下線②で採用されているレビュー技法の種類をそれぞれ解答群の中から選び，記号で答えよ。

解答群

　　　　ア　インスペクション　　　　　　イ　ウォークスルー
　　　　ウ　パスアラウンド　　　　　　　エ　ラウンドロビン

(2) 表2中の　　a　　に入れる適切な役割を本文中の字句を用いて答えよ。
(3) 表2中の　　b　　に入れる適切な字句を本文中の字句を用いて答えよ。

設問 2

　本文中の下線③において，モデレーターに選定した人物を，本文中又は表中に登場する人物の中から20字以内で答えよ。

設問 3

　〔レビュー会議におけるレビュー結果の評価〕について答えよ。
(1) 本文中の下線④でLCLを不要とした理由を20字以内で答えよ。
(2) 表5中の　　c　　に入れる最も適切な対応を解答群の中から選び，記号で答えよ。

解答群
ア しきい値内であり，問題なしと判断した。
イ 設計不良なので，再レビューをモデレーターに指示した。
ウ レビューが不十分なおそれが大きく，追加のレビューを実施するようにモデレーターに指示した。
エ レビュー指摘密度（第2群）がUCL（第2群）より十分に小さいので，設計上の欠陥はないと判断した。
オ レビューの進め方，体制に問題がないか点検するようにモデレーターに指示した。

(3) 表5中の下線⑤の改善指針を，25字以内で答えよ。

問8の ポイント　設計レビューの実施

　SI（システムインテグレーション）企業におけるソフトウェア開発の品質管理に資するレビューの問題です。ラウンドロビン，ウォークスルー，パスアラウンド，インスペクションなどのレビュー技法や管理図の知識が要求されています。問題を読めば解答につながるヒントがわかるので，落ち着いて対応してください。

設問1の解説

□□□

● (1) について

　解答群の字句の意味は次のとおりです。

インスペクション	責任者（モデレーター）を中心にミーティングを実施し，仕様書やソースコードなどの成果物を確認して不具合の有無を検証するレビュー技法。ウォークスルー同様，プログラムを実際に動かすのではなく，人間の目で検証していく。検証結果や見つかった欠陥についてはログをとり，追跡調査を行う。
ウォークスルー	レビュー対象物の作成者が説明者になり，プログラムの実行を疑似的に机上でシミュレーションしながら行うレビュー技法。
パスアラウンド	成果物を確認者（レビュア）に個別に送付して確認してもらうレビュー技法。確認者を集めて行う技法に比べて負担が少ないため，より多くの確認者にチェックしてもらいやすい。ただし，集まらない方式のため，議論して内容を深めることは難しいという一面もある。
ラウンドロビン	参加者全員が持ち回りで責任者を務めながら行うレビュー技法。参加者全員の参画意欲が高まるなどの効果がある。

　下線①は「設計者が設計書を複数のレビュアに配布または回覧して～」と書かれています。これに該当するレビュー技法は「パスアラウンド」（**ウ**）です。
　下線②には「モデレーターが全体のコーディネー

トを行う」という記述があります。モデレーターを立てるレビュー技法は「インスペクション」（**ア**）です。

● （2）について
・【空欄a】
　ミーティングの終了時に評価を導くのは誰かが問われています。

　表2の項番2には，モデレーターが，設計書の評価について "合格" "条件付合格" "やり直し" を定性的に判断することが記されています。したがって，空欄aは「モデレーター」です。

● （3）について
・【空欄b】
　設計書を修正した結果，空欄bを生じさせないことを考えます。問題文を確認すると，〔A社の品質管理方針〕に，「レビューで見つかった欠陥の修正において，新たな欠陥である二次欠陥が生じないように確認することを徹底している」と記載されているので，これが該当します。よって，空欄bは「二次欠陥」が入ります。

解答	(1) ①：**ウ**　②：**ア** (2) a：モデレーター (3) b：二次欠陥

設問2の解説
□□□

　〔モデレーターの選定〕には，「B氏は，グループのリーダーにモデレーターの経験を積ませたいと考えた」が，「自グループのレビュー会議にはモデレーターではなく，レビュアとして参加させることにした」とあります。また，B氏自身は「レビュー会議には参加しない」と記載されています。

　自グループではないリーダーについて，「本文中又は表中に登場する人物」から探すと，表1に「別グループのリーダー」とあるので，これが該当します。

解答	別グループのリーダー （10文字）

設問3の解説
□□□

● （1）について
　レビュー指摘密度の第1群は誤字脱字等に関するものですが，表1の第一段「設計途中」にて行われる回覧形式のレビューにて「誤字，脱字，表記ルール違反は，この段階でできるだけ排除する」とあります。したがって，このことを解答すればよいでしょう。

● （2）について
・【空欄c】
　図1を見ると，Cグループの第1群のレビュー指摘密度は基準値内ですが，第2群（誤字脱字等以外）は基準値から外れています（指摘が少なすぎる）。さらに，表5の「確認結果」においても「特に課題なし」とされています。

　これは，レビュー自体は満足に行われたものの，出席者などの知識やスキルに不足があり，十分に欠陥を指摘できなかった可能性があります。したがって，レビュー体制が十分なものであったかを確認する必要があります（**オ**）。

● （3）について
　表5のグループEの「確認結果」には，「一部の欠陥の修正方法，修正内容の議論が始まってしまい，会議の予定時間を大きくオーバーした」旨の説明がされています。このため，この対応としては「検出した欠陥の対策については別の会議で議論する」ことを徹底することが必要です。

解答	(1) 第1群の除去は設計途中で行われているから （20文字） (2) c：**オ** (3) 検出した欠陥の対策については別の会議で議論する （23文字）

問9 プロジェクトのリスクマネジメントに関する次の記述を読んで，設問に答えよ。

K社は機械部品を製造販売する中堅企業であり，昨今の市場の変化に対応するために新生産計画システムを導入することになった。K社は，この新生産計画システムに，T社の生産計画アプリケーションソフトウェアを採用し，新生産計画システム導入プロジェクト（以下，本プロジェクトという）を立ち上げた。本プロジェクトのプロジェクトマネージャに，情報システム部のL君が任命された。本プロジェクトのチームは，業務チーム及び基盤チームで構成される。

本年7月に本プロジェクトの計画を作成し，8月初めから10月末まで要件定義を行い，11月から基本設計を開始して，来年6月に本番稼働予定である。T社の生産計画アプリケーションソフトウェアには，生産計画の作成を支援するためのAI機能があり，K社はこのAI機能を利用する。ただし，生産計画を含む日次バッチ処理時間に制約があるので，AI機能の処理時間（以下，AI処理時間という）の検証を基盤チームが担当する。K社はこれまでAI機能を利用した経験がないので，要件定義の期間中に，T社と技術支援の契約を締結してAI処理時間の検証（以下，AI処理時間検証という）を実施する。このAI処理時間検証が要件定義のクリティカルパスである。

〔リスクマネジメント計画の作成〕

L君は，リスクマネジメント計画を作成し，特定されたリスクへの対応に備えてコンティンジェンシー予備を設定し，それを使用する際のルールを記載した。また，リスクカテゴリに関して，特定された全てのリスクを要因別に区分し，そこから更に個々のリスクが特定できるよう詳細化していくことでリスクを体系的に整理するために　　 a 　　を作成することとした。

〔リスクの特定〕

L君は，プロジェクトの計画段階で次の方法でリスクの特定を行うこととした。
(1) 本プロジェクトのK社内メンバーによるブレーンストーミング
(2) K社の過去のプロジェクトを基に作成したリスク一覧を用いたチェック
(3) 業務チーム，基盤チームとのミーティングによる整理

この方法について上司に報告したところ，上司から，①K社の現状を考慮すると，この方法ではAI機能の利用に関するリスクの特定ができないので見直しが必要であると指摘された。また，上司から次のアドバイスを受けた。
・リスクの原因の候補が複数想定されることがしばしばある。その場合，　　 b 　　を用いて，リスクとリスクの原因の候補との関係を系統的に図解して分類，整理することが，リスクに関する情報収集や原因の分析に有効である。

L君は，上司の指摘やアドバイスを受け入れて，方法を見直して7月末までにリスクを特定し，リスクへの対応を定めた。また，リスクマネジメントの進め方として，プロジェクトの進捗に従ってリスクへの対応の進捗をレビューすることにした。

現在は8月末であり要件定義を実施中である。L君は，各チームと進捗の状況を確認するミーティングを行った。基盤チームから"AI処理時間検証の10月に予定している作業が難航しそうで，想定の期間内で終わりそうにない。"という懸念が示された。L君は，この懸念が，現在実施中の要件定義で顕在化する可能性があることから対応の緊急性が高いと判断し，新たなリスクとして特定した。

〔リスク対策の検討〕

L君はこのリスクについて，詳細を確認した結果，次のことが分かった。
・AI処理時間検証に当たっては，技術支援の契約に基づきT社製AIの専門家であるT社のU氏にAI処理時間について問合せをしながら作業している。その問合せ回数をプロジェクト開始時には最大で4回／週までと見積もっていて，8月の実績は4回／週であった。U氏は週4回までの問合せにしか対応できない契約なので，問合せ回数が5回／週以上になると，U氏からの回答が遅れ，AI処理時間検証も遅延する。今の見通しでは，9月は問合せ回数が最大で4回／週で，5回／週以

上に増加する週はないが，10月は5回／週以上に増加する週が出る確率が30％と見込まれる。なお，10月に問合せ回数が増加したとしても，8回／週を超える可能性はなく，10月初めから要件定義の完了までの問合せ回数の合計は最大で32回と見込まれる。
・AI処理時間の問合せへの回答には，T社製AIに関する専門知識を要する。K社内にその専門知識をもつ要員はおらず，習得するにはT社の講習の受講が必要で，受講には稼働日で20日を要する。
・AI処理時間検証が遅延すると，要件定義全体のスケジュールが遅延する。要件定表の完了が予定の10月末から遅延すると，その後の遅延回復のために要員追加などが必要になり，遅延する稼働日1日当たりで20万円の追加コストが発生する。
・何も対策をしない場合，仮に10月以降，問合せ回数が5回／週以上の週が出ると，要件定義の完了は稼働日で最大20日遅延する。
・AI機能の利用に関する作業量は想定よりも増加している。T社の技術支援が終了する基本設計以降に備えて早めに要員を追加しないと今後の作業が遅延する。

　L君は，このリスクへの対応を検討した。まず，基盤チームのメンバーであるM君の担当作業の工数が想定よりも小さく，他のメンバーに作業を移管できるので，9月第2週目の終わりまでに移管し，M君を今後，作業量が増加するAI機能の担当とする。次に，問合せ回数の増加への対応として，表1に示すT社との契約を変更する案，及びM君にT社の講習を受講させる案を検討した。ここで1か月の稼働日数は20日，1週間の稼働日数は5日とする。

表1　AI処理時間検証遅延リスクへの対応検討結果

項番	対応	効果	対応までに必要な稼働日数	対応に要する追加コスト
1	T社との契約を変更し問合せへの回答回数を増やす。	U氏1人だけで8回／週までの問合せに回答可能となる。	契約変更手続日数10日	10万円／日
2	M君がT社講習を受け，問合せに回答する。	U氏とM君の2人で8回／週までの問合せに回答可能となる。	講習受講日数20日	50万円[1]
3	何もしない。	－	－	0円

注[1]　M君の講習受講費用のプロジェクトでの負担額

　L君は状況の確定する10月に入って対応を決定するのでは遅いと考え，現時点から2週間後の9月第2週目の終わりに，問合せ回数が5回／週以上に増加する週が出る確率を再度確認した上で，対応を決定することとした。L君は，9月第2週目の終わりの時点で表1の対応を実施した場合の効果を，それぞれ次のように考えた。
・項番1の対応の場合，T社との契約変更が9月末に完了でき，10月に問合せ回数が5回／週以上の週があっても対応することが可能となる。
・項番2の対応の場合，9月第3週目の初めからM君は，T社講習の受講を開始する。M君が受講を終え，AI処理時間について4回／週までの問合せ回答ができるのは，10月第3週目の初めとなる。これによって，10月の第1週目と第2週目はU氏だけでの問合せ回答となり，10月第3週目の初めからU氏とM君が問合せ回答を行えるようになる。この結果，要件定義は当初予定から最大で5日遅れの，11月第1週目の終わりに完了する見込みとなる。

　L君は，表1の対応による効果を検討するために，問合せ回数増加の発生確率の今の見通しを基に図1のデシジョンツリーを作成した。

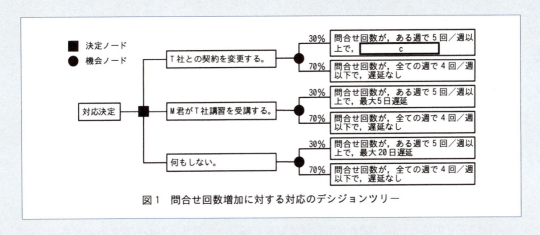

図1　問合せ回数増加に対する対応のデシジョンツリー

さらにL君は，図1を基に対応に要する追加コストと，要件定義の完了の遅延によって発生する追加コストの最大値を算出し，表2の対応と追加コスト一覧にまとめた。

表2　対応と追加コスト一覧

項番	対応	対応に要する追加コスト（万円）	10月の1週間当たりの問合せ回数	発生確率	最大遅延日数（日）	遅延によって発生する追加コストの最大値（万円）	追加コスト合計の最大値の期待値（万円）
1	T社との契約を変更し問合せへの回答回数を増やす。	＿＿	ある週で5回～8回	30%	＿＿	＿＿	＿＿
			全ての週で4回以下	70%	＿＿	＿＿	
2	M君がT社講習を受け，問合せに回答する。	＿＿	ある週で5回～8回	30%	＿＿	＿＿	＿＿
			全ての週で4回以下	70%	＿＿	＿＿	
3	何もしない。	＿＿	ある週で5回～8回	30%	＿＿	＿＿	＿＿
			全ての週で4回以下	70%	＿＿	＿＿	

注記　表中の＿部分は，省略されている。

　9月第2週目の終わりに，問合せ回数増加の発生確率が今の見通しから変わらない場合，コンティンジェンシー予備の範囲に収まることを確認した上で，追加コスト合計の最大値の期待値が最も小さい対応を選択することにした。

〔リスクマネジメントの実施〕
　L君は，現時点でのリスクと対応を整理したことで，本プロジェクトのリスクの特定を完了したと考え，今後はこれまでに特定したリスクを対象にプロジェクト完了まで定期的にリスクへの対応の進捗をレビューしていく進め方とし，上司に報告した。しかし，上司からは，その進め方では，リスクマネジメントとして不十分であると指摘された。そこでL君は②ある活動をリスクマネジメントの進め方に追加することにした。

設問　1

　〔リスクマネジメント計画の作成〕について，本文中の　　a　　に入れる適切な字句をアルファベット3字で答えよ。

設問 2

〔リスクの特定〕について答えよ。
(1) 本文中の下線①の理由は何か。25字以内で答えよ。
(2) 本文中の b に入れる適切な字句を解答群の中から選び，記号で答えよ。

解答群
　　　ア 管理図　　　イ 散布図　　　ウ 特性要因図　　　エ パレート図

設問 3

〔リスク対策の検討〕について答えよ。
(1) 図1中の c に入れる適切な字句を答えよ。
(2) 9月第2週目の終わりに，問合せ回数増加の発生確率が今の見通しから変わらない場合，L君が選択する対応は何か。表2の対応から選び，項番で答えよ。また，そのときの追加コスト合計の最大値の期待値（万円）を答えよ。

設問 4

〔リスクマネジメントの実施〕の本文中の下線②について，リスクマネジメントの進め方に追加する活動とは何か。35字以内で答えよ。

問9のポイント　AI機能を利用するプロジェクトのリスク対策

専門用語を問う問題，計算問題などさまざまな形式の設問が盛り込まれています。専門用語の場合，知らなければ正解できないため，選択問題を決める際の判断ポイントにするといいかもしれません。

計算問題は決して難解ではありませんが，本文に長々と前提や条件が設定されているため，計算に必要な条件の見落としがないように注意してください。

設問1の解説
□□□

・【空欄a】

考えられるリスクを洗い出した後，階層的に分類し，表現することで，リスクを整理するリスクマネジメント手法としては，RBS（Risk Breakdown Structure）があります。アルファベット3字にも該当するので，こちらを解答すればよいでしょう。

解答	a：RBS

設問2の解説
□□□

● (1) について

下線①には「K社の現状を考慮すると，この方法ではAI機能の利用によるリスクの特定ができない」とあるので，AI機能に関するK社の現状について記述されている箇所を探します。

すると，本文の冒頭に「K社はこれまでAI機能を利用した経験がない」と書かれています。一方，〔リスクの特定〕に挙げられた（1）から（3）の方法は，いずれもK社やK社メンバーの過去の経験をもとにしたリスク特定の方法です。このため，AI機能ならではのリスクが漏れてしまいます。

● (2) について

・【空欄b】

解答群のそれぞれの字句の意味は以下のとおりです。

字句	意味
管理図 	中心線と上方管理限界線，下方管理限界線で構成され，点の並びから，個々の製品の品質のばらつきを分析するグラフ
散布図 	2つの要素を縦軸と横軸それぞれにプロットし，互いの要素の相関関係を表現するグラフ
特性要因図 	特性（特定の結果）とさまざまな要因との関係を，矢印で樹状に表現した図
パレート図 	分類された項目を値の大きい順に並べ，累積の構成比を表現する折れ線グラフ

リスクを"特性"に，リスクの原因を"要因"に置き換えれば，特性要因図（**ウ**）が空欄bに合致するとわかります。

解答	(1) AI機能を利用した経験がなく，リスクが漏れる（22文字） (2) b：**ウ**

設問3の解説
□□□

● (1) について

・【空欄c】

問題文の表1によれば，T社との契約を変更する場合には，8回／週までの問合せに回答可能に

なります。

また，〔リスク対策の検討〕によれば，「10月に問合せ回数が増加したとしても，8回／週を超える可能性はなく」と書かれています。

したがって，図1において，T社との契約を変更する場合，問合せ回数が，ある週で5回／週以上となっても，問合せに対して遅延が発生することはありません。

● (2) について

表2の対応について考えます。

・項番1
　対応に要する追加コストは，表1から，
　　10万円／日×20日（1か月の稼働日数）＝
　　200万円
　問合せ回数に関係なく遅延は発生しないため，遅延によって発生する追加コストの最大値はゼロ。したがって，追加コスト合計の最大値の期待値は200万円。

・項番2
　対応に要する追加コストは，表1から，50万円。最大遅延日数は，図1から，5日で30%の確率で発生し，遅延した場合には，稼働日1日当たりで20万円の追加コストが発生するため，遅延によって発生する追加コストの最大値の期待値は，
　　20万円×5日×0.3＝30万円
　したがって，追加コスト合計の最大値の期待値は80万円。

・項番3
　対応に要する追加コストは，ゼロ。
　最大遅延日数は，図1から，20日で30%の確率で発生し，遅延した場合には，稼働日1日当たりで20万円の追加コストが発生するため，遅延によって発生する追加コストの最大値の期待値は，
　　20万円×20日×0.3＝120万円
　したがって，追加コスト合計の最大値の期待値は120万円。

以上から，L君が選択するべき対応は，期待値が最小の80万円となる項番2です。

解答	(1) c：遅延なし (2) 項番：2　　期待値：80（万円）

　工程が進むにつれて，今まで検知できなかった新たなリスクの発生する余地があります。「これまでに特定したリスクを対象にプロジェクト完了まで定期的にリスクへの対応の進捗をレビューし

ていく」だけに留まらず，新たなリスクの発生の有無を定期的にチェックする活動が求められます。

解答	新たなリスクの発生の有無を定期的にチェックする活動（25文字）

問 10　サービス変更の計画に関する次の記述を読んで，設問に答えよ。

　D社は，中堅の食品販売会社で，D社の営業部は，小売業者に対する受注業務を行っている。D社の情報システム部が運用する受注システムは，オンライン処理とバッチ処理で構成されており，受注サービスとして営業部に提供されている。

　情報システム部には業務サービス課，開発課，基盤構築課の三つの課があり，受注サービスを含め複数のサービスを提供している。業務サービス課は，サービス運用における利用者管理，サービスデスク業務，アプリケーションシステムのジョブ運用などの作業を行う。開発課は，サービスの新規導入や変更に伴う業務設計，アプリケーションソフトウェアの設計と開発などの作業を行う。基盤構築課は，サーバ構築，アプリケーションシステムの導入，バッチ処理のジョブの設定などの作業を行う。

　業務サービス課にはE君を含む数名のITサービスマネージャがおり，E君は受注サービスを担当している。業務サービス課では，運用費用の予算は，各サービスの作業ごとの1か月当たりの平均作業工数の見積りを基に作成している。運用費用の実績は，各サービスの作業ごとの1か月当たりの作業工数の実績を基に算出し，作業ごとに毎月の実績が予算内に収まるように管理している。運用費用の予算はD社の会計年度単位で計画され，今年度は，各サービスの作業ごとに前年度の1か月当たりの平均作業工数の実績に対して10％の工数増加を想定して見積もった予算が確保されている。

〔D社の変更管理プロセス〕

　D社の変更管理プロセスでは，変更要求を審査して承認を行う。変更要求の内容がサービスに重大な影響を及ぼす可能性がある場合は，社内から専門能力のあるメンバーを集めて，サービス変更の計画から移行までの活動を行う。また，サービス変更の計画の活動では，①変更を実施して得られる成果を定めておき，移行の活動が完了してサービス運用が開始した後，この成果の達成を検証する。

〔受注サービスの変更〕

　これまで営業部では，受注してから商品の出荷までに，受注先の小売業者の信用情報の確認を行っていた。このほど，売掛金の回収率を高めるという営業部の方針で，与信管理を強化することとなり，受注時点で与信限度額チェックを行うことにした。そこで，営業部の体制増強が必要となり，取引実績のあるM社に営業事務作業の業務委託を行うことになった。

　受注サービスの変更の活動は，情報システム部の業務サービス課，開発課及び基盤構築課が実施し，業務サービス課の課長がリーダーとなった。

　システム面の実現手段として，ソフトウェアパッケージ販売会社であるN社から信用情報管理，与信限度額チェックなどの与信管理業務の機能をもつソフトウェアパッケージの導入提案を受けた。この提案によると，N社のソフトウェアパッケージをサブシステムとして受注システムに組み込み，与信管理データベースを構築することになる。また，受注システムのバッチ処理でN社の提供する情報サービスに接続し，信用情報を入手して与信管理データベースを毎日更新する。D社は

この提案を採用し，受注サービスを変更することにした。変更後の受注サービスは，今年度後半から運用を開始する予定である。

　E君は，各課を取りまとめるサブリーダーとして参加し，受注サービス変更後のサービス運用における追加作業項目の洗い出しと必要な作業工数の算出を行う。

〔追加作業項目の洗い出し〕
　E君は，今回の受注サービス変更後の，サービス運用における情報システム部の追加作業項目を検討した。その結果，E君は追加で次の作業項目が必要であることを確認した。
・利用者管理の作業にサービス利用の権限を与える利用者としてM社の要員を追加する。また，サービスデスク業務の作業に利用者からの与信管理業務の機能についての問合せへの対応とFAQの作成・更新を追加する。
・受注システムのバッチ処理に，"信用情報取得ジョブ"のジョブ運用を追加する。このジョブは，毎日の受注システムのオンライン処理終了後に自動的に起動され，起動後はバッチ処理のジョブフロー制御機能によってN社の提供する情報サービスに接続して，更新する信用情報を受信し，与信管理データベースを更新する。バッチ処理が実行されている間，業務サービス課の運用担当者が受注システムに対して行う作業はないが，N社の情報サービスへの接続，情報受信，及びデータベース更新のそれぞれの処理が完了した時点で，運用担当者は，処理が正常に完了したことを確認する。正常に完了していない場合には，開発課が作成したマニュアルに従い，再実行などの対応を行う。
・N社から，機能アップグレード用プログラムが適宜提供され，N社ソフトウェアパッケージの機能を追加することができる。営業部は，追加される機能の内容を確認し，利用すると決定した場合は業務変更のための業務設計と機能アップグレードの適用を情報システム部の開発課に依頼する。なお，機能アップグレードの適用は，テスト環境で検証した後，受注システムの稼働環境に展開する手順となる。
・また，N社からは機能アップグレード用プログラムのほかに，ソフトウェアの使用性向上や不具合対策用の修正プログラム（以下，パッチという）が，臨時に提供される。このパッチは業務に影響を与えることはなく，パッチの適用や結果確認の手順は定型化されている。
　E君は，情報システム部の追加作業項目とその作業内容の一覧を，表1のとおり作成した。

表1　情報システム部の追加作業項目とその作業内容の一覧

作業	作業項目	作業内容
利用者管理	1. 利用者登録と削除	M社の要員の利用者登録と削除
サービスデスク業務	2. 問合せ対応	与信管理業務機能についての問合せ対応
	3. FAQ作成・更新	与信管理業務機能についてのFAQ作成と更新
ジョブ運用	4. 信用情報取得ジョブ対応	信用情報取得ジョブの各処理の結果確認
	5. 信用情報取得ジョブの処理結果が正常でない場合の対応	開発課が作成したマニュアルに従った再実行などの対応
臨時作業	6. 機能アップグレードする場合の対応	機能アップグレードの適用
	7. パッチの対応	パッチの適用と結果確認

　E君は，表1をリーダーにレビューしてもらった。リーダーから，"表1の作業項目　　a　　には情報システム部が行う作業内容が漏れているので，追加するように"と指摘された。E君は，各チームで必要となる作業を再検討し，表1の作業項目　　a　　に②漏れていた作業内容を追加した。

〔サービス運用に必要な作業工数の算出〕
　E君は，追加が必要な作業のうち，定常的に必要となる利用者管理，サービスデスク業務及びジョブ運用の作業工数を算出した。算出手順として，表2に示す受注サービスの変更前の作業工数の実績一覧を基に，変更後の作業工数を見積もった。なお，変更前の1か月当たりの平均作業工数の実績は，予算作成に用いた前年度の1か月当たりの平均作業工数の実績と同じであった。

表2　受注サービスの変更前の作業工数の実績一覧

作業	1回当たりの平均 作業工数（人日）	発生頻度 （回／月）	1か月当たりの平均 作業工数（人日）
利用者管理	0.2	5.0	1.0
サービスデスク業務	0.5	80.0	40.0
ジョブ運用 [1]	0.5	20.0	10.0

注 [1]　運用担当者は受注サービス以外の運用作業も行っていることから，ジョブ
運用の作業工数には，システム処理の時間は含めないものとする。

E君は，関係者と検討を行い，追加で必要となる作業工数を算出する前提を次のとおりまとめた。
・利用者管理及びサービスデスク業務の発生頻度は，今回予定しているM社の要員の利用者追加
によって，それぞれ10％増加する。
・与信管理業務の機能の追加によって問合せが増加するので，サービスデスク業務の発生頻度は，
利用者追加によって増加した発生頻度から，更に5％増加する。
・利用者管理及びサービスデスク業務について1回当たりの平均作業工数は変わらない。
・ジョブ運用について，信用情報取得ジョブは，現在のバッチ処理のジョブに追加されるので，
その運用の発生頻度は，現在と変わらず月に20回である。ジョブ1回当たりのシステム処理及び
運用担当者の確認作業の実施時間は表3のとおりである。

表3　信用情報取得ジョブ1回当たりの実施時間

実施内容	実施内容の種別	実施時間（分）
N社の情報サービスへの接続処理	システム処理	15
N社の情報サービスへの接続処理の確認	運用担当者の確認作業	6
情報受信処理	システム処理	27
情報受信処理結果の確認	運用担当者の確認作業	8
データベース更新処理	システム処理	30
データベース更新処理結果の確認	運用担当者の確認作業	10
合計		96

表2と，追加が必要となる作業工数算出の前提及び表3から，E君は，サービス変更後のサービス
運用に必要な作業工数を算出した。作業工数の算出においては，ジョブ運用の1回当たりの平均作
業工数は，表2の受注サービスの変更前の平均作業工数に表3の信用情報取得ジョブ1回当たりの実
施時間から算出した作業工数の合計を加算した。なお，運用担当者は1日3交替のシフト勤務をし
ているので，作業時間の単位 "分" を "日" に換算する場合は，情報システム部では480分を1日
として計算する規定としている。算出結果を表4に示す。

表4　サービス変更後のサービス運用に必要な作業工数

項番	作業	1回当たりの平均作業工数 （人日）	発生頻度 （回／月）	1か月当たりの平均 作業工数（人日）
1	利用者管理	0.2	＿＿＿＿	b
2	サービスデスク業務	0.5	＿＿＿＿	c
3	ジョブ運用	＿＿	20.0	d

注記　表中の＿＿部分は，省略されている。

E君は，サービス変更後の作業ごとの1か月当たりの平均作業工数を算出した結果，③ある作業
には問題点があると考えた。その問題点についてリーダーと相談して対策方針を決め，対策を実

施することになった。

設問 　1

〔D社の変更管理プロセス〕の本文中の下線①の"変更を実施して得られる成果"について，今回のサービス変更における内容を，〔受注サービスの変更〕の本文中の字句を用いて，20字以内で答えよ。

設問 　2

〔追加作業項目の洗い出し〕について，作業項目　　a　　は何か。表1の作業項目の中から一つ選び，作業項目の先頭に記した番号で答えよ。また，下線②の漏れていた作業内容を15字以内で答えよ。

設問 　3

〔サービス運用に必要な作業工数の算出〕について答えよ。
(1) 表4中の　　b　　～　　d　　に入れる適切な数値を答えよ。なお，計算の最終結果で小数第2位の小数が発生する場合は，小数第2位を四捨五入し，答えは小数第1位まで求めよ。
(2) 本文中の下線③について，問題点があると考えた作業は何か。表4の項番で答えよ。また，問題点の内容を15字以内，E君が1か月当たりの平均作業工数を算出した結果を見て問題点があると考えた根拠を30字以内で答えよ。

問10の ポイント　ITサービスの変更に対する取組

　本問には計算問題が含まれています。しかも計算の結果が後続の問題に影響する出題構成になっていて，失点を重ねてしまう可能性があります。設定された条件を注意深く読む癖をつけてください。

　一方，サービスマネジメントの専門用語に関する設問，業務知識を必要とする設問が見られないため，自身の適性によって問を選択すると，良い結果に結びつくはずです。

設問1の解説
□□□

　〔受注サービスの変更〕のうち，「売掛金の回収率を高めるという営業部の方針で，与信管理を強化することになり，受注時点で与信限度額チェックを行うことにした」の部分が，変更を実施して得られる成果にひもづきます。
・変更：受注時点で与信限度額チェックを行う
・成果：売掛金の回収率を高める
と考えられます。

解答	受注時点で与信限度額チェックを行う（17文字）

設問2の解説
□□□

・【空欄a】
　〔追加作業項目の洗い出し〕の機能アップグレードの説明に，「利用すると決定した場合は業務変更のための業務設計と機能アップグレードの適用を情報システム部の開発課に依頼する。なお，機能アップグレードの適用は，テスト環境で検証した後，受注システムの稼働環境に展開する手順となる」とあります。
　一方，表1の「6. 機能アップグレードする場合の対応」についての作業内容には「機能アップグレードの適用」としか書かれていません。

したがって，作業が漏れているのは作業項目6で，漏れている内容は「業務変更のための業務設計」です。

解答	a：6 作業内容：業務変更のための業務設計 （12文字）

設問3の解説
□□□

● (1) について

1か月当たりの平均作業工数は，「1回当たりの平均作業工数×発生頻度」で求まります。したがって，1回当たりの平均作業工数と発生頻度が変更前後でどのように変わるのかを考えます。

・【空欄b】

利用者管理の1回当たりの平均作業工数は変わらず，発生頻度が10%増加します。したがって，1か月当たりの平均作業工数も10%増加します。

1か月当たりの平均作業工数
＝変更前の1か月当たりの平均作業工数×1.1
＝1.0×1.1＝1.1（人日）

・【空欄c】

サービスデスク業務も1回当たりの平均作業工数は変わりません。発生頻度は10%の増加に対して，さらに5%増加します。

1か月当たりの平均作業工数
＝変更前の1か月当たりの平均作業工数×1.1×1.05
＝40.0×1.1×1.05＝46.2（人日）

・【空欄d】

作業工数の算出において，「表2の受注サービスの変更前の平均作業工数に表3の信用情報取得ジョブ1回当たりの実施時間から算出した作業工数の合計を加算した」と書かれています。ただし，表2の注に「ジョブ運用の作業工数には，システム処理の時間は含めないものとする」と書かれていることにも留意します。

表3の実施内容のうち，実施内容の種別に「システム処理」と書かれているものを除いて実施時間の合計を算出すると，実施時間＝6＋8＋10＝24（分）となります。

480分を1日として，1回当たりの平均作業工数を求めると，0.5＋（24÷480）＝0.55（人日）となります。発生頻度は20回のままのため，1か月当たりの平均作業工数は，

1か月当たりの平均作業工数
＝1回当たりの平均作業工数×発生頻度
＝0.55×20＝11.0（人日）

● (2) について

本問の冒頭に，「今年度は，各サービスの作業ごとに前年度の1か月当たりの平均作業工数の実績に対して10%の工数増加を想定して見積もった予算が確保されている」という記述があります。

(1) で求めた平均作業工数を用いて，各作業に対して，前年度と比較した場合の工数の増加の割合を求めると，次のようになります。

作業	1か月当たりの平均作業工数		増加の割合
	前年度	変更後	
利用者管理	1.0	1.1（空欄b）	10%
サービスデスク業務	40.0	46.2（空欄c）	16%
ジョブ運用	10.0	11.0（空欄d）	10%

サービスデスク業務（項番2）は16%の工数増加になり，あらかじめ確保されている予算を超えてしまいます。

したがって，問題点の内容としては「確保した予算を超過する」，そう考えた根拠は「前年度の10%を上回る工数の増加になるため」とすればよいでしょう。

解答	(1) b：1.1　　c：46.2　　d：11.0 (2) 作業：2 　　内容：確保した予算を超過する 　　　　　（11文字） 　　根拠：前年度の10%を上回る工数 　　　　　の増加になるため（21文字）

問 11 テレワーク環境の監査に関する次の記述を読んで，設問に答えよ。

　　大手のマンション管理会社であるY社は，業務改革の推進，感染症拡大への対応などを背景として，X年4月からテレワーク環境を導入し，全従業員の約半数が業務内容に応じて利用している。このような状況の下，テレワーク環境の不適切な利用に起因して，情報漏えいなども発生するおそれがあり，情報セキュリティ管理の重要性は増大している。

　　Y社の内部監査部長は，このような状況を踏まえて，システム監査チームに対して，テレワーク環境の情報セキュリティ管理をテーマとして，監査を行うよう指示した。システム監査チームは，X年9月に予備調査を行い，次の事項を把握した。

〔テレワーク環境の利用状況〕
(1) テレワーク環境で利用するPCの管理

　　Y社の従業員は，貸与されたPC（以下，貸与PCという）を，Y社の社内及びテレワーク環境で利用する。

　　システム部は，全従業員分の貸与PCについて，貸与PC管理台帳に，PC管理番号，利用する従業員名，テレワーク環境の利用有無などを登録する。貸与PC管理台帳は，貸与PCを利用する従業員が所属する各部に配置されているシステム管理者も閲覧可能である。

(2) テレワーク環境の利用者の管理

　　従業員は，テレワーク環境の利用を申請する場合に，テレワーク環境利用開始届（以下，利用届という）を作成し，所属する部のシステム管理者の確認，及び部長の承認を得て，システム部に提出する。利用届には，申請する従業員の氏名，利用開始希望日，Y社の情報セキュリティ管理基準の遵守についての誓約などを記載する。システム部は，利用届に基づき，貸与PCをテレワーク環境でも利用できるように，VPN接続ソフトのインストールなどを行う。

　　各部のシステム管理者は，従業員が異動，退職などに伴い，テレワーク環境の利用を終了する場合に，テレワーク環境利用終了届（以下，終了届という）を作成しシステム部に提出する。終了届には，テレワーク環境の利用を終了する従業員の氏名，事由などを記載する。システム部は，終了届に基づき，貸与PCをテレワーク環境で利用できないようにし，終了届の写しをシステム管理者に返却する。

(3) テレワーク環境のアプリケーションシステム

　　テレワーク環境では，従業員の利用権限に応じて，基幹業務システム，社内ポータルサイト，Web会議システムなど，様々なアプリケーションシステムを利用することができる。これらのアプリケーションシステムのうち，Web会議システムは，X年6月から社内及びテレワーク環境で利用可能となっている。また，従業員は，基幹業務システムなどを利用して，顧客の個人情報，営業情報などにアクセスし，貸与PCのハードディスクに一時的にダウンロードして，加工・編集する場合がある。

〔テレワーク環境に関して発生した問題〕
(1) 顧客の個人情報の漏えい

　　Y社の情報セキュリティ管理基準では，テレワーク環境への接続に利用するWi-Fiについて，パスワードの入力を必須とすることなど，セキュリティ要件を定めている。

　　X年5月20日に，業務管理部の従業員が，セキュリティ要件を満たさないWi-Fiを利用してテレワーク環境に接続したことによって，貸与PCのハードディスクにダウンロードされた顧客の個人情報が漏えいする事案が発生した。

(2) 貸与PCの紛失・盗難

　　テレワーク環境の導入後，貸与PCを社外で利用する機会が増えたことから，貸与PCの紛失・盗難の事案が発生していた。

　　各部のシステム管理者は，従業員が貸与PCを紛失した場合，貸与PCのPC管理番号，紛失日，紛失状況，最終利用日，システム部への届出日などを紛失届に記載し，遅くとも紛失日の翌日までに，システム部に提出する。システム部は，提出された紛失届の記載内容を確認し，受付日

を記載した後に，紛失届の写しをシステム管理者に返却する。

営業部のZ氏は，X年8月9日に営業先から自宅に戻る途中で貸与PCを紛失したまま，紛失日の翌日から1週間の休暇を取得した。同部のシステム管理者は，Z氏からX年8月17日に報告を受け，同日中に当該PCの紛失届をシステム部に提出した。

〔情報セキュリティ管理状況の点検〕
(1) 点検の体制及び時期

システム部は毎年1月に，各部における情報セキュリティ管理状況の点検（以下，セキュリティ点検という）について，年間計画を策定する。各部のシステム管理者は，年間計画に基づき，セキュリティ点検を実施し，点検結果，及び不備事項の是正状況をシステム部に報告する。システム部は，点検結果を確認し，また，不備事項の是正状況をモニタリングする。X年の年間計画では，2月，5月，8月，11月の最終営業日にセキュリティ点検を実施することになっている。
(2) 点検の項目，内容及び対象

システム部は，毎年1月に，利用されるアプリケーションシステムなどのリスク評価結果に基づき，セキュリティ点検の項目及び内容を決定する。また，新規システムの導入，システム環境の変化などに応じて，リスク評価を随時行い，その評価結果に基づき，セキュリティ点検の項目及び内容を見直すことになっている。各部のシステム管理者は，前回点検日以降3か月間を対象にして，セキュリティ点検を実施する。X年のセキュリティ点検の項目及び内容の一部を表1に示す。

表1　セキュリティ点検の項目及び内容（一部）

項番	点検項目	点検内容
1	テレワーク環境の利用者の管理状況	テレワーク環境を利用する必要がなくなった従業員について，終了届をシステム部に提出しているか。
2	テレワーク環境に関するセキュリティ要件の周知状況	テレワーク環境への接続に利用する Wi-Fi について，セキュリティ要件は周知されているか。
3	貸与 PC の管理状況	貸与 PC を紛失した場合，遅くとも紛失日の翌日までに，紛失届をシステム部に提出しているか。
4	アプリケーションシステムの利用権限の設定状況	セキュリティ点検対象のアプリケーションシステムに対して，適切な利用権限が設定されているか。

(3) 点検の結果

業務管理部及び営業部のシステム管理者は，テレワーク環境導入後のセキュリティ点検の結果，表1の項番2及び項番3について，不備事項を報告していなかった。

〔内部監査部長の指示〕

内部監査部長は，システム監査チームから予備調査で把握した事項について報告を受け，X年11月に実施予定の本調査で，テレワーク環境に関するセキュリティ点検について重点的に確認する方針を決定し，次のとおり指示した。
(1) 表1項番1について，　　a　　と　　b　　を照合した結果と，セキュリティ点検の結果との整合性を確認すること。
(2) 表1項番2について，業務管理部におけるセキュリティ点検の結果を考慮して，システム管理者が　　c　　しているかどうか，確認すること。
(3) 表1項番3について，紛失届に記載されている　　d　　と　　e　　を照合した結果と，セキュリティ点検の結果との整合性を確認すること。
(4) 表1項番4について，システム部が　　f　　の結果に基づいて，X年8月のセキュリティ点検対象のアプリケーションシステムとして，　　g　　の追加を検討したかどうか，確認すること。

(5) セキュリティ点検で不備事項が発見された場合，システム管理者が不備事項の是正状況を報告しているかどうか確認するだけでは，監査手続として不十分である。システム部が ‎ h ‎ しているかどうかについても確認すること。

設問 1

〔内部監査部長の指示〕(1)の ‎ a ‎， ‎ b ‎ に入れる適切な字句を，それぞれ15字以内で答えよ。

設問 2

〔内部監査部長の指示〕(2)の ‎ c ‎ に入れる適切な字句を15字以内で答えよ。

設問 3

〔内部監査部長の指示〕(3)の ‎ d ‎， ‎ e ‎ に入れる適切な字句を，それぞれ10字以内で答えよ。

設問 4

〔内部監査部長の指示〕(4)の ‎ f ‎， ‎ g ‎ に入れる適切な字句を，それぞれ10字以内で答えよ。

設問 5

〔内部監査部長の指示〕(5)の ‎ h ‎ に入れる適切な字句を20字以内で答えよ。

問11の ポイント　テレワーク環境に対するシステム監査

従業員のテレワーク環境の情報セキュリティに関するシステム監査が本問のテーマです。システム部と各部のシステム管理者が分担して点検に当たっているため，誰がどのような役割を担っているのか整理することが大切です。

似たような設問が多いため，それぞれの空欄の前後の文章をしっかりと読み，出題者の意図とずれた解答をしないよう注意してください。

設問1の解説

□□□

・【空欄a，b】

　テレワーク環境を利用する必要がなくなった従業員とは，異動や退職した従業員のことです。貸与PC管理台帳には全従業員分の貸与PCについて利用する従業員名やテレワーク環境の利用有無が記され，各部のシステム管理者も閲覧可能です。したがって，貸与PC管理台帳で異動や退職した従業員の貸与PCの状況を把握できます。

　退職した従業員にPCが貸与されているなど不整合がある場合には，終了届（テレワーク環境利用終了届）と照合することで，現在の管理状況を詳細に調査できます。

解答	a：貸与PC管理台帳(8文字) b：終了届（3文字）　　(a, b順不同)

設問2の解説

☐☐☐

・【空欄c】

〔テレワーク環境に関して発生した問題〕（1）の中で，「Y社の情報セキュリティ管理基準では，テレワーク環境への接続に利用するWi-Fiについて，パスワードの入力を必須とすることなど，セキュリティ要件を定めている」とあります。

したがって，利用するWi-Fiについて，セキュリティ要件が周知されていることを確かめるひとつの具体的な手段として，パスワードの入力を必須としているか，システム管理者が確認するのが適当です。

| 解答 | c：パスワードの入力を必須と（12文字） |

設問3の解説

☐☐☐

・【空欄d，e】

空欄d，eの直前に「紛失届に記載されている」と書かれていることから，〔テレワーク環境に関して発生した問題〕（2）にある紛失届の項目に着目します。表1項番3の点検項目，「遅くとも紛失日の翌日までに，紛失届をシステム部に提出しているか」を点検するためには，紛失届に記載されている項目のうち，紛失日とシステム部への届出日を照合すれば一目瞭然です。

| 解答 | d：紛失日（3文字）　　　（d，e順不同）
e：システム部への届出日（10文字） |

設問4の解説

☐☐☐

・【空欄f】

毎年1月に，利用されるアプリケーションシス

テムなどのリスク評価結果に基づき，セキュリティ点検の項目及び内容を決定することから，空欄fに入る字句としては「リスク評価」が適切です。

・【空欄g】

セキュリティ点検はX年の年間計画によれば，2月，5月，8月，11月の最終営業日に実施されるため，X年8月のセキュリティ点検対象のアプリケーションシステムとして，5月の最終営業日から8月の最終営業日までの間に追加されたものが検討対象になります。

問題文を見ると，〔テレワーク環境の利用状況〕（3）に，テレワーク環境のアプリケーションシステムとして，「Web会議システムは，X年6月から社内及びテレワーク環境で利用可能となっている」と記述されているため，「Web会議システム」が適当と考えられます。

| 解答 | f：リスク評価（5文字）
g：Web会議システム（9文字） |

設問5の解説

☐☐☐

・【空欄h】

〔情報セキュリティ管理状況の点検〕（1）に，「各部のシステム管理者は，点検結果，及び不備事項の是正状況をシステム部に報告する」とありますが，これを確認するだけでは，監査手続として不十分という指示です。

不備事項の是正状況をモニタリングするだけではなく，さらにシステム部が是正結果を確認すれば，各部のシステム管理者からの報告が適切であるという証明になります。

| 解答 | h：不備事項の是正結果を確認（12文字） |

令和4年度
春期

応用情報技術者

【午前】試験時間　2時間30分

問題は次の表に従って解答してください。

問題番号	選択方法
問1～問80	全問必須

【午後】試験時間　2時間30分

問題は次の表に従って解答してください。

問題番号	選択方法
問1	必須
問2～問11	4問選択

問題文中で共通に使用される表記ルール

各問題文中に注記がない限り，次の表記ルールが適用されているものとする。

1．論理回路

図記号	説明
	論理積素子（AND）
	否定論理積素子（NAND）
	論理和素子（OR）
	否定論理和素子（NOR）
	排他的論理和素子（XOR）
	論理一致素子
	バッファ
	論理否定素子（NOT）
	スリーステートバッファ
	素子や回路の入力部又は出力部に示される○印は，論理状態の反転又は否定を表す。

2．回路記号

図記号	説明
	抵抗（R）
	コンデンサ（C）
	ダイオード（D）
	トランジスタ（Tr）
	接地
	演算増幅器

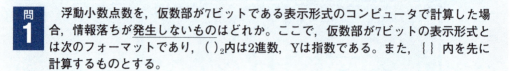

問 **1**　浮動小数点数を，仮数部が7ビットである表示形式のコンピュータで計算した場合，情報落ちが発生しないものはどれか。ここで，仮数部が7ビットの表示形式とは次のフォーマットであり，（ ）$_2$内は2進数，Yは指数である。また，｛｝内を先に計算するものとする。

$$(1. X_1 X_2 X_3 X_4 X_5 X_6 X_7)_2 \times 2^Y$$

ア　$\{(1.1)_2 \times 2^{-3} + (1.0)_2 \times 2^{-4}\} + (1.0)_2 \times 2^5$

イ　$\{(1.1)_2 \times 2^{-3} - (1.0)_2 \times 2^{-4}\} + (1.0)_2 \times 2^5$

ウ　$\{(1.0)_2 \times 2^5 + (1.1)_2 \times 2^{-3}\} + (1.0)_2 \times 2^{-4}$

エ　$\{(1.0)_2 \times 2^5 - (1.0)_2 \times 2^{-4}\} + (1.1)_2 \times 2^{-3}$

問 **2**　全体集合S内に異なる部分集合AとBがあるとき，$\overline{A \cap B}$に等しいものはどれか。ここで，A∪BはAとBの和集合，A∩BはAとBの積集合，$\overline{A}$はSにおけるAの補集合，A−BはAからBを除いた差集合を表す。

ア　$\overline{A} - B$

イ　$(\overline{A} \cup \overline{B}) - (A \cap B)$

ウ　$(S - A) \cup (S - B)$

エ　$S - (A \cap B)$

問 **3**　M/M/1の待ち行列モデルにおいて，窓口の利用率が25%から40%に増えると，平均待ち時間は何倍になるか。

ア　1.25　　　　**イ**　1.60　　　　**ウ**　2.00　　　　**エ**　3.00

解答・解説

問 1　浮動小数点数の情報落ちに関する問題

情報落ちとは，絶対値が大きく異なる数の加算や減算を行う際，浮動小数点数の指数部を合わせることで，絶対値の小さな数の仮数部の数値が無くなってしまう現象です。選択肢**ウ**を基に調べてみましょう。

① $(1.0)_2 \times 2^5$（32）
　$= 1.\underline{0000000} \times 2^5$
② $(1.1)_2 \times 2^{-3}$（0.1875）
　$= 1.\underline{1000000} \times 2^{-3}$

ウの ｛｝内の計算で，この二つの数の加算を先に行います。指数部の値は異なるので，このままでは計算できません。

②の指数部を同じ2^5にするためには，仮数部の有効桁数を最大にする正規化をあきらめて，指数部を5−（−3）＝8桁ずらす必要があります。

②′ 0.000000011×2^5（0.1875）
　$= 0.\underline{0000000}11 \times 2^5$

ここで，7桁の仮数部に対して2桁分のデータがあふれました。これが「情報落ち」です。

ア：｛｝内の計算を先に行うと，$(1.0)_2 \times 2^{-2}$になります。次に，$(1.0)_2 \times 2^{-2} + (1.0)_2 \times 2^5$の計

算をしますが，指数部の差は7桁に収まりデータも1桁なので，情報落ちは発生しません。

- **イ**：{} 内の計算を先に行うと，$(1.0)_2 \times 2^{-3}$ になります。加算を行う $(1.0)_2 \times 2^5$ との指数部の差が8桁あり，情報落ちが発生します。
- **ウ**：{} 内の計算において，指数部の差が8桁あり，データも2桁分あるので，情落ちが発生します。
- **エ**：{} 内の計算において，指数部の差が9桁あるので，情報落ちが発生します。

なお，仮数部を $(1.X_1 X_2 X_3 X_4 \cdots)$ とする表現方法は，IEEE 754で使用される一般的な方法です。IEEE 754では「0」は特別な扱いで，仮数部も指数部も全てのビットを「0」にします（仮数部を0にしても1.000000…となって，0にならないため）。

問 2 等しい部分集合を見つける問題

まず，$\overline{A} \cap \overline{B}$ がどのような集合か考えます。全体集合Sに対する補集合$\overline{A}$，$\overline{B}$は，ベン図で示すとそれぞれ次のようになります。

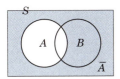 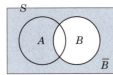

$\overline{A} \cap \overline{B}$は，これらの積すなわち共通部分なので，次のようになります。

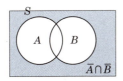

次に差集合について考えます。差集合$A-B$は，Aに含まれる要素の中から，Bに含まれる要素を取り払うことで得られる集合です。

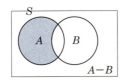

それぞれの選択肢をベン図で表すと，次のよう

になります。

したがって，$\overline{A} \cap \overline{B}$と等しいのは**ア**です。

問 3 M/M/1の待ち行列モデルの利用率と待ち時間に関する問題

M/M/1待ち行列は，一つの窓口にランダム（ポアソン分布）に到着するお客を，窓口がランダム（指数分布）な時間で処理する場合の平均待ち時間や窓口の利用率を求めるモデルです。ここでよく知られた公式があります。

$$T_W = \frac{\rho}{1-\rho} \times T_s$$

※T_W：平均待ち時間
　T_s：平均サービス時間
　ρ：利用率

問題ではρが25％から40％に増えたときのT_Wの増加率が問われています。T_sに変化はないのでこれを無視すると，

$$T_W (25\%) = \frac{0.25}{1-0.25} = \frac{0.25}{0.75} = \frac{1}{3}$$

$$T_W (40\%) = \frac{0.4}{1-0.4} = \frac{0.4}{0.6} = \frac{2}{3}$$

よって，利用率が40％に増えると平均待ち時間は2倍になります。

解答	問1 **ア**	問2 **ア**	問3 **ウ**

問 4　ハミング符号とは，データに冗長ビットを付加して，1ビットの誤りを訂正できるようにしたものである。ここでは，X_1，X_2，X_3，X_4の4ビットから成るデータに，3ビットの冗長ビットP_3，P_2，P_1を付加したハミング符号$X_1X_2X_3P_3X_4P_2P_1$を考える。付加したビットP_1，P_2，P_3は，それぞれ

$$X_1 \oplus X_3 \oplus X_4 \oplus P_1 = 0$$
$$X_1 \oplus X_2 \oplus X_4 \oplus P_2 = 0$$
$$X_1 \oplus X_2 \oplus X_3 \oplus P_3 = 0$$

となるように決める。ここで，$\oplus$は排他的論理和を表す。

　ハミング符号1110011には1ビットの誤りが存在する。誤りビットを訂正したハミング符号はどれか。

　ア　0110011　　　**イ**　1010011　　　**ウ**　1100011　　　**エ**　1110111

問 5　リストには，配列で実現する場合とポインタで実現する場合とがある。リストを配列で実現した場合の特徴として，適切なものはどれか。ここで，配列を用いたリストは配列に要素を連続して格納することによってリストを構成し，ポインタを用いたリストは要素と次の要素へのポインタを用いることによってリストを構成するものとする。

　ア　リストにある実際の要素数にかかわらず，リストに入れられる要素の最大個数に対応した領域を確保し，実際には使用されない領域が発生する可能性がある。

　イ　リストの中間要素を参照するには，リストの先頭から順番に要素をたどっていくことから，要素数に比例した時間が必要となる。

　ウ　リストの要素を格納する領域の他に，次の要素を指し示すための領域が別途必要となる。

　エ　リストへの挿入位置が分かる場合には，リストにある実際の要素数にかかわらず，要素の挿入を一定時間で行うことができる。

問 6　再入可能プログラムの特徴はどれか。

　ア　主記憶上のどのアドレスから配置しても，実行することができる。

　イ　手続の内部から自分自身を呼び出すことができる。

　ウ　必要な部分を補助記憶装置から読み込みながら動作する。主記憶領域の大きさに制限があるときに，有効な手法である。

　エ　複数のタスクからの呼出しに対して，並行して実行されても，それぞれのタスクに正しい結果を返す。

問 4 ハミング符号に関する問題

与えられた条件式

$$X_1 \oplus X_3 \oplus X_4 \oplus P_1 = 0$$
$$X_1 \oplus X_2 \oplus X_4 \oplus P_2 = 0$$
$$X_1 \oplus X_2 \oplus X_3 \oplus P_3 = 0$$

は，要素を排他的論理和で結んだものです。正しいハミング符号であれば，この計算結果が0となります。

与えられたハミング符号は「1110011」なので，これをそれぞれの式に代入すると，次の表のようになります。

X_1		X_2		X_3		P_3		X_4		P_2		P_1		結果
1	$\oplus$			1	$\oplus$			0	$\oplus$			1	=	1
1	$\oplus$	1	$\oplus$					0	$\oplus$	1			=	1
1	$\oplus$	1	$\oplus$	1	$\oplus$	0	$\oplus$						=	1

1箇所のデータを変更することで結果を全て0にするためにはX_1を変更すればよいので，データの誤りはX_1にあったということがわかります。したがって，正しいハミング符号は「0110011」となります（**ア**）。

問 5 配列とポインタを使ったリストの特徴に関する問題

リストとは，順序つきデータの集合です。「"G", "I", "H", "Y", "O"」というデータを例に説明すると，配列を利用した場合，配列名をcとすれば次のように連続したメモリ領域にデータの保管場所を確保してデータを保存します。

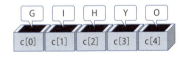

[］内の数字を添字といい，任意のデータを取出すには，添字の数値を指定してアクセスします。

一方，ポインタを使った線形リストの場合は，次のように一つの要素がデータとポインタの組になっています。

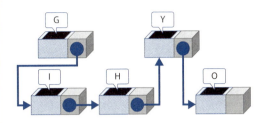

ポインタは次のデータの場所（一般的にはメモリのアドレス）を示しているので，ポインタをたどることで，リストの条件である「順序付きデータ」を格納することができます。それぞれの要素は独立した場所に保存されるので，必要となったときに確保することもできます。

ア：正しい。配列は静的に保存場所を確保するので，最大個数分の領域を確保する必要があります。

イ：ポインタで実現する場合の特徴です。リストを使う場合は添字で直接指定できます。ポインタを使う場合は，中間要素を直接指定することができません。

ウ：ポインタで実現する場合の特徴です。

エ：ポインタで実現する場合の特徴です。ポインタはデータの挿入をポインタの値を変更するだけで実現できるので時間は一定です。

問 6 再入可能プログラムの特徴に関する問題

再入可能プログラムは，複数のタスクから同時に呼出しが行われても正しく動作する特徴をもっています。これを実現するために，動作に必要なリソースを，呼び出しごとに確保する必要があります。

ア：再配置可能プログラムの特徴です。メモリを相対アドレスでアクセスする必要があります。

イ：再帰的プログラムの特徴です。再帰的プログラムは再入可能である必要があります。

ウ：オーバレイ方式による実行方法です。

エ：正しい。

解答	問4 **ア**	問5 **ア**	問6 **エ**

問7　プログラム言語のうち，ブロックの範囲を指定する方法として特定の記号や予約語を用いず，等しい文字数の字下げを用いるという特徴をもつものはどれか。

　　ア　C　　　　　　　イ　Java　　　　　　ウ　PHP　　　　　　エ　Python

問8　プロセッサの高速化技法の一つとして，同時に実行可能な複数の動作を，コンパイルの段階でまとめて一つの複合命令とし，高速化を図る方式はどれか。

　　ア　CISC　　　　　イ　MIMD　　　　　　ウ　RISC　　　　　　エ　VLIW

問9　キャッシュメモリのアクセス時間が主記憶のアクセス時間の1/30で，ヒット率が95%のとき，実効メモリアクセス時間は，主記憶のアクセス時間の約何倍になるか。

　　ア　0.03　　　　　イ　0.08　　　　　　ウ　0.37　　　　　　エ　0.95

問10　キャッシュメモリのフルアソシエイティブ方式に関する記述として，適切なものはどれか。

　　ア　キャッシュメモリの各ブロックに主記憶のセットが固定されている。
　　イ　キャッシュメモリの各ブロックに主記憶のブロックが固定されている。
　　ウ　主記憶の特定の1ブロックに専用のキャッシュメモリが割り当てられる。
　　エ　任意のキャッシュメモリのブロックを主記憶のどの部分にも割り当てられる。

解答・解説

問7　プログラム言語の特徴に関する問題

C言語やJava，PHPにおける字下げ（インデン

ト）は，プログラムの見やすさ，可読性のために用いられます。ブロックは {}（中括弧）で区別されます。

　一方で，Pythonでは同じ位置にインデントさ

れている文を同じブロックとして扱います。インデントが異なるとエラーとなります。したがって，答えは**エ**です。

```
●Pythonプログラムの例
pls = 1
sum = 0
while pls <= 100 :
    sum = sum + pls      whileで繰り返されるプ
    pls = pls + 1        ログラム中のブロック
print(sum)
```

問 8 プロセッサの高速化技法に関する問題

ア：CISC（Complex Instruction Set Computer）
…多様で複雑な機能をもった高度な命令をもち，一つの命令でより高度な処理を行い，CPUの命令当たりの処理能力を向上させることで，全体の処理能力を高めるようにしたものです。メインフレーム（汎用コンピュータ）の多くが採用しています。

イ：MIMD（Multiple Instruction Multiple Data）
…マルチプロセッサ制御方式の一つで，複数のプロセッサを独立に動作させ，複数の命令が異なるデータを並列に処理する方式です。

ウ：RISC（Reduced Instruction Set Computer）
…命令を使用頻度の高い基本的なものに限定して命令長を固定化し，各命令の実行を高速化することで全体の処理能力を高めるようにしたものです。CPUの実行プロセスの各段階で並行処理を行うパイプラインに適しています。

エ：VLIW（Very Long Instruction Word）…正しい。コンパイラにおいて並列処理可能な動作を複数にまとめた複合命令を生成し，実行段階ではなくコード生成段階でプロセッサの各フェーズを考慮した最適化を図る方式です。

問 9 実効アクセス時間に関する計算問題

主記憶のアクセス時間を1とすると，キャッシュメモリのアクセス時間は1／30で，これが全体の95％を占めます。したがって，アクセス時間は，

$$1 \times 1／30 \times 0.95 ≒ 0.032$$

となります。

一方，主記憶へのアクセス時間はミスキャッシュした残りの5％なので，

$$1 \times 0.05 ＝ 0.05$$

となり，実効アクセス時間はこれらを合計した0.082で，答えは**イ**です。

問 10 キャッシュメモリのフルアソシエイティブ方式に関する問題

一般的にキャッシュメモリは複数のブロックに分割されています。ブロックをいくつかまとめたものをセットといいます。主記憶のブロックに対してどのキャッシュメモリを割り当てるか決める方法に，フルアソシエイティブ方式，ダイレクトマップ方式，セットアソシエイティブ方式があります。

ア：主記憶はセットにまとめられていないので誤りです。

イ：主記憶のあるブロックが決められた単一のキャッシュのブロックにしか置けない方式をダイレクトマップ方式といいます。

ウ：ダイレクトマップ方式に似ていますが，キャッシュメモリは複数の主記憶ブロックからハッシュによる計算で求められるため共用となります。よってこの説明は誤りです。

エ：正しい。フルアソシアティブ方式では，キャッシュメモリの任意の空きブロックを主記憶のどの部分からでも利用できます。

なお，選択肢に含まれないセットアソシエイティブ方式は，主記憶のあるブロックが，キャッシュメモリのセットに割り当てられ，セットの中の空きブロックを利用する方法です。

解答	問7 **エ**	問8 **エ**
	問9 **イ**	問10 **エ**

問11 8Tバイトの磁気ディスク装置6台を，予備ディスク（ホットスペアディスク）1台込みのRAID5構成にした場合，実効データ容量は何Tバイトになるか。

ア 24 **イ** 32 **ウ** 40 **エ** 48

問12 プロセッサ数と，計算処理におけるプロセスの並列化が可能な部分の割合とが，性能向上へ及ぼす影響に関する記述のうち，アムダールの法則に基づいたものはどれか。

ア 全ての計算処理が並列化できる場合，速度向上比は，プロセッサ数を増やしてもある水準に漸近的に近づく。

イ 並列化できない計算処理がある場合，速度向上比は，プロセッサ数に比例して増加する。

ウ 並列化できない計算処理がある場合，速度向上比は，プロセッサ数を増やしてもある水準に漸近的に近づく。

エ 並列化できる計算処理の割合が増えると，速度向上比は，プロセッサ数に反比例して減少する。

問13 ホットスタンバイシステムにおいて，現用系に障害が発生して待機系に切り替わる契機として，最も適切な例はどれか。

ア 現用系から待機系へ定期的に送信され，現用系が動作中であることを示すメッセージが途切れたとき

イ 現用系の障害をオペレータが認識し，コンソール操作を行ったとき

ウ 待機系が現用系にたまった処理の残量を定期的に監視していて，残量が一定量を上回ったとき

エ 待機系から現用系に定期的にロードされ実行される診断プログラムが，現用系の障害を検出したとき

問14 MTBFを長くするよりも，MTTRを短くするのに役立つものはどれか。

ア エラーログ取得機能 **イ** 記憶装置のビット誤り訂正機能
ウ 命令再試行機能 **エ** 予防保全

解答・解説

問11 予備ディスクを含むRAID構成のデータ容量に関する問題

RAID（Redundant Arrays of Independent Disks）は，複数のディスクを利用して処理速度や信頼性を高める技術です。RAID5は一つのデータを記録する際に誤り訂正のデータを付加し，データと誤り訂正データを複数のディスクに分割して書込むことで信頼性と速度の向上を図ります。

RAID5をn台のディスクで構成した場合，一つのデータを記録する際にn−1台にデータを分散して記録し，その誤り訂正データを残りの1台に記録します。このため，記憶容量は，n−1台のディスクの合計になります。

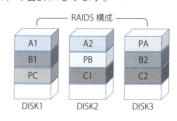

図で示した3台のRAID5構成の磁気ディスクでは，Aというデータを書き込む場合，DISK1とDISK2にA1とA2にデータを分散させて書き込み，そのパリティPAをDISK3に書き込みます。常にDISK1台分のパリティが必要になるので，システムの容量は磁気ディスク2台分になります。

問題では6台のディスクを使ってRAID5を構成しますが，そのうち1台は予備ディスクなので，5台のディスクを使ったRAID5を考えます。記録容量は5－1＝4台分になるので，8Tバイトの磁気ディスクであれば，実効データ容量は，8×4＝32Tバイトになります。

問12 プロセッサの並列処理とアムダールの法則に関する問題

複数のプロセッサを使って並列処理を行おうとしても，計算処理の中には計算順序が決まっているなど並列化できないプロセスも存在します。このようなプロセスは並列処理ができないので速度の向上に至りません。プロセッサの数と性能向上の比率，並列処理可能なプロセスの割合の関係式をアムダールの法則といい，次の式で示すことができます。

●アムダールの法則

$$E = \dfrac{1}{(1-P) + \dfrac{P}{N}}$$

※E：処理高速化比率
　N：プロセッサ数
　P：並列化可能な割合

ア：計算処理が並列化できれば性能は向上します。
イ：並列化できない計算処理がある場合，プロセッサの性能向上はある水準に漸近的に近づきます。
ウ：正しい。
エ：並列化できる計算処理の割合が増えれば，プロセッサ数に比例して性能が向上します。

問13 ホットスタンバイシステムに関する問題

ホットスタンバイシステムは，障害発生を自律的に検知してすぐに待機システムに切替えができ

るよう，常に待機システムを通電し待機状態にしておくシステムです。

ア：正しい。システムの死活監視を行う方法の一つで，心臓の鼓動にたとえてハートビートと呼ばれています。逆向きに，待機系から現用系へ定期的に死活確認を行うやり方もあります。
イ：オペレータが介在しているので誤りです。
ウ：ホットスタンバイシステムは，障害発生時にはすぐに待機系に切り替えるので誤りです。
エ：現用系の診断を現用系で実行しているので誤りです。障害発生時には正常に動作せず，障害を検出できない可能性があります。

問14 MTTRの短縮と信頼性に関する問題

ア：正しい。エラーログを取得しておくことで，故障個所を特定することが容易になります。これにより，修理を迅速に行うことができMTTRを短くすることに貢献できます。
イ：外的な要因などで記憶装置にビット誤りが発生したときに自動的に修正する機能です。エラーが自動的に修正され，システム障害とならないのでMTBFを長くすることに貢献します。
ウ：命令実行中にエラーが発生したことを検知し，自動的に再実行し，システム障害を回避する機能です。処理は無停止で自動的に行われるのでMTBFを長くすることに貢献します。
エ：予防保守とは，定期的に交換が必要な部品や，使用頻度や消耗によって交換が必要な部品などを障害が発生する前に予防的に交換することをいいます。これによって故障の発生を未然に防止することが期待できるので，MTBFを長くすることに貢献します。

| 解答 | 問11 **イ** | 問12 **ウ** |
| | 問13 **ア** | 問14 **ア** |

問 15　2台のプリンタがあり，それぞれの稼働率が0.7と0.6である。この2台のいずれか一方が稼働していて，他方が故障している確率は幾らか。ここで，2台のプリンタの稼働状態は独立であり，プリンタ以外の要因は考慮しないものとする。

ア　0.18　　　　　**イ**　0.28　　　　　**ウ**　0.42　　　　　**エ**　0.46

問 16　ジョブ群と実行の条件が次のとおりであるとき，一時ファイルを作成する磁気ディスクに必要な容量は最低何Mバイトか。

〔ジョブ群〕

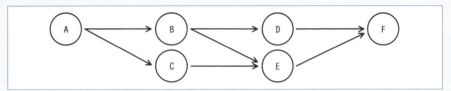

〔実行の条件〕
(1) ジョブの実行多重度を2とする。
(2) 各ジョブの処理時間は同一であり，他のジョブの影響は受けない。
(3) 各ジョブは開始時に50Mバイトの一時ファイルを新たに作成する。
(4) Ⓧ→Ⓨ の関係があれば，ジョブXの開始時に作成した一時ファイルは，直後のジョブYで参照し，ジョブYの終了時にその一時ファイルを削除する。直後のジョブが複数個ある場合には，最初に生起されるジョブだけが先行ジョブの一時ファイルを参照する。
(5) Ⓧ⟨ⓎⓏ はジョブXの終了時に，ジョブY，ジョブZのようにジョブXと矢印で結ばれる全てのジョブが，上から記述された順に優先して生起されることを示す。
(6) ⓍⓎ→Ⓩ は先行するジョブX，Y両方が終了したときにジョブZが生起されることを示す。
(7) ジョブの生起とは実行待ち行列への追加を意味し，各ジョブは待ち行列の順に実行される。
(8) OSのオーバヘッドは考慮しない。

ア　100　　　　　**イ**　150　　　　　**ウ**　200　　　　　**エ**　250

問15 稼働率に関する問題

2台のプリンタがあり，それぞれのプリンタが稼働中や故障中であったりするので，「2台のいずれか一方が稼働していて他方が故障している確率」を求めるには，それぞれの状態をマトリックスにして考えるとわかりやすくなります。

稼働状態にあるときを〇，故障状態にあるときを×として，それぞれの状態の確率を式にまとめたマトリックス表は次のようになります。

A状態	B状態	確率（式）
〇	〇	0.7×0.6＝0.42
〇	×	0.7×（1−0.6）＝0.28
×	〇	（1−0.7）×0.6＝0.18
×	×	（1−0.7）×（1−0.6）＝0.12

このときの色枠内が，どちらかが稼働していて他方が故障している状態なので，これらの確率を合計します。

$$0.28＋0.18＝0.46$$

答えは**エ**となります。

【別解】

ベン図を書いてもこの状態を整理することが可能です。2台のプリンタをそれぞれA，Bとします。

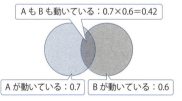

どちらかのプリンタが動いている確率は，それぞれのプリンタの稼働率から，両方のプリンタが動いている確率を引いたものの和なので，次のように求まります。

$$（0.7−0.42）＋（0.6−0.42）$$
$$＝0.28＋0.18＝0.46$$

問16 ジョブ実行時のリソースに関する問題

ジョブの実行の条件（1）〜（6）を整理します。

(1)	同時に実行できるジョブは二つまでである
(2)	同時に生起されたジョブは同時に終了する
(3)	ジョブの開始時に一時ファイルを作成する
(4)	X→Yの関係があれば，Xの一時ファイルを参照し，Yの終了時にXの一時ファイルを削除する。直後に複数のジョブがある場合は，最初に生起されたジョブのみが前のジョブの一時ファイルを参照する
(5)	直後に複数のジョブがあれば，実行多重度が許す範囲で優先度の高い上に記述されたジョブから実行する
(6)	直前に複数のジョブがあれば，全てのジョブが終了した後にジョブが生起される

また，ジョブの処理時間が同じであるなら，ジョブ実行の推移と一時ファイルの関係を次のように整理できます。

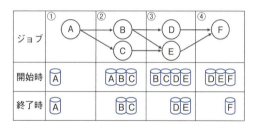

①ジョブAが生起し，一時ファイルAを作成
②ジョブB，Cが生起し，一時ファイルB，Cを作成，ジョブB終了後にファイルAを削除
③ジョブD，Eが生起し，一時ファイルD，Eを作成，ジョブD，E終了時にファイルB，Cを削除
④ジョブFが生起し，一時ファイルFを作成，ジョブF終了時にファイルD，Eを削除

一時ファイルの数が最大となるのは，③開始時なので，容量は50Mバイト×4＝200Mバイトです（**ウ**）。

解答	問15 **エ**	問16 **ウ**

問 17 一つのI²Cバスに接続された二つのセンサがある。それぞれのセンサ値を読み込む二つのタスクで排他的に制御したい。利用するリアルタイムOSの機能として，適切なものはどれか。

ア　キュー
イ　セマフォ
ウ　マルチスレッド
エ　ラウンドロビン

問 18 フラグメンテーションに関する記述のうち，適切なものはどれか。

ア　可変長ブロックのメモリプール管理方式では，様々な大きさのメモリ領域の獲得や返却を行ってもフラグメンテーションは発生しない。

イ　固定長ブロックのメモリプール管理方式では，可変長ブロックのメモリプール管理方式よりもメモリ領域の獲得と返却を速く行えるが，フラグメンテーションが発生しやすい。

ウ　フラグメンテーションの発生によって，合計としては十分な空きメモリ領域があるにもかかわらず，必要とするメモリ領域を獲得できなくなることがある。

エ　メモリ領域の獲得と返却の頻度が高いシステムでは，フラグメンテーションの発生を防止するため，メモリ領域が返却されるたびにガーベジコレクションを行う必要がある。

問 19 複数のクライアントから接続されるサーバがある。このサーバのタスクの多重度が2以下の場合，タスク処理時間は常に4秒である。このサーバに1秒間隔で4件の処理要求が到着した場合，全ての処理が終わるまでの時間はタスクの多重度が1のときと2のときとで，何秒の差があるか。

ア　6
イ　7
ウ　8
エ　9

問 20 FPGAの説明として，適切なものはどれか。

ア　電気的に記憶内容の書換えを行うことができる不揮発性メモリ
イ　特定の分野及びアプリケーション用に限定した特定用途向け汎用集積回路
ウ　浮動小数点数の演算を高速に実行する演算ユニット
エ　論理回路を基板上に実装した後で再プログラムできる集積回路

解答・解説

問 17　リアルタイムOSの機能に関する問題

I²Cバス（Inter Integrated Circuit bus）は，SCL（Serial CLock）とSDA（Serial DAta）の2本の信号線でデータのやりとりを行うためのIoT機器向けシリアル通信規格です。ArduinoやRaspberry Piといった小型のマイコンやコンピュータと，センサやモータなど複数の機器間の通信に広く使われています。I²Cにはさまざまなライブラリが用意されているので，デバイスを簡単に制御できます。

ア：キュー… ジョブの到着順に処理を行う仕組み（FIFO：First In, First Out…先入れ先出し）です。

イ：セマフォ… 正しい。共有する資源の排他制御を行う仕組みです。I²Cバスではマスタとなるコンピュータが，スレーブとなるI²Cデバイス固有のアドレスを指定して通信したいデバイスだけを占有してバスを使用します。

ウ：マルチスレッド… 複数のスレッドを同時に実行する機能です。排他的ではありません。

エ：ラウンドロビン… 資源や時間の利用要求を順番に割り当てて処理する方法です。二つのタスクが別の二つのセンサを利用しているので，ラウンドロビンにはあたりません。

問
18 フラグメンテーションに関する問題

メモリやディスクの空き領域が，連続した領域に収まらず断片化し，空き領域に無駄が生じることを**フラグメンテーション**といいます。

ア：可変長ブロックのほうが，フラグメンテーションが発生しやすくなります。

イ：固定長ブロックでは，全てのメモリ領域の獲得と返却が同じ大きさとなるのでフラグメンテーションが発生しません。

ウ：正しい。合計のメモリ領域が十分であっても，フラグメンテーションによって連続したメモリ領域を確保することができず，大きなメモリ領域を獲得できなくなります。

エ：ガーベジコレクションは，プログラムが確保しているメモリ領域を監視して，不要になったのに確保され続けている領域を解放するための処理です。正しく返却されているメモリ領域に対しては何もしません。また，断片化を防ぐこともできません。

問
19 タスクの多重度に関する問題

サーバのタスクの多重度が1と2の場合を，それぞれ図式化して比べてみます。

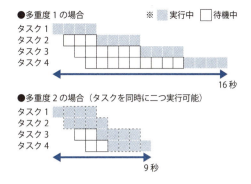

●多重度１の場合　　※ ▨ 実行中　□ 待機中
タスク１
タスク２
タスク３
タスク４
16秒

●多重度２の場合（タスクを同時に二つ実行可能）
タスク１
タスク２
タスク３
タスク４
9秒

よって，差は7秒です。

問
20 FPGAに関する問題

FPGA（Field Programmable Gate Array）は，汎用の論理回路を備え，HDL（ハードウェア記述言語）によってプログラムを作成することで，目的に合った論理回路を構築できる半導体部品です。

ア：EEPROM（Electrically Erasable Programmable Read-Only Memory）の説明です。不揮発性なので電源を切ってもデータが保持されます。EEPROMの一種であるフラッシュメモリが，現在広く使われています。

イ：ASIC（Application Specific Integrated Circuit）の説明です。FPGAと同様に特定の目的に合った論理回路を構成できますが，設計製造した後の仕様変更が困難です。消費電力や製造単価面でメリットがあり，大量生産に向きます。

ウ：FPU（Floating Point Unit）の説明です。かつてはプロセッサ（CPU）とは別のコプロセッサとして実装されていましたが，今日ではプロセッサと一体化されているのが一般的です。

エ：正しい。

解答	問17 **イ**	問18 **ウ**
	問19 **イ**	問20 **エ**

問 21 次の方式で画素にメモリを割り当てる640×480のグラフィックLCDモジュールがある。始点（5，4）から終点（9，8）まで直線を描画するとき，直線上のx＝7の画素に割り当てられたメモリのアドレスの先頭は何番地か。ここで，画素の座標は（x，y）で表すものとする。

〔方式〕
・メモリは0番地から昇順に使用する。
・1画素は16ビットとする。
・座標（0，0）から座標（639，479）までメモリを連続して割り当てる。
・各画素は，x＝0からX軸の方向にメモリを割り当てていく。
・x＝639の次はx＝0とし，yを1増やす。

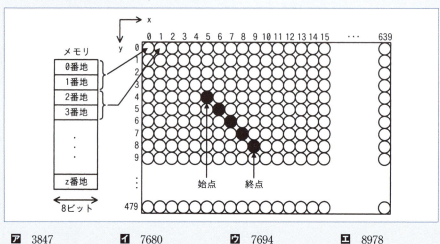

| ア | 3847 | イ | 7680 | ウ | 7694 | エ | 8978 |

問 22 アクチュエータの説明として，適切なものはどれか。

ア 与えられた目標量と，センサから得られた制御量を比較し，制御量を目標量に一致させるように操作量を出力する。
イ 位置，角度，速度，加速度，力，温度などを検出し，電気的な情報に変換する。
ウ エネルギー源からのパワーを，回転，直進などの動きに変換する。
エ マイクロフォン，センサなどが出力する微小な電気信号を増幅する。

問 21　グラフィックスメモリのアドレスに関する問題

始点（5，4）から終点（9，8）まで引かれた直線上のx＝7の画素の座標を調べます。問題文の図や次のように簡単な作図で求めることができます。

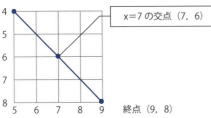

始点（5，4）

4

6

8

x＝7の交点（7，6）

終点（9，8）

5　6　7　8　9

> 始点のy座標＋x座標の差×直線の傾き

を計算しても求めることができます。x＝7の画素のy座標は，次のとおりです。

> 4＋（7－5）×1＝6

次に1画素は16ビットであることから，メモリ番地を求めます。問題の図より16ビット＝2番地ですから，

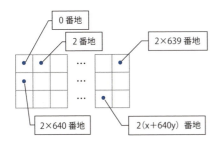

0番地

2番地

2×639番地

2×640番地

2（x＋640y）番地

よって座標点（7，6）の番地は，

> 2×（7＋640×6）＝7694（番地）

となります（**ウ**）。

問 22　アクチュエータに関する問題

アクチュエータは，電気や空気圧，油圧などのエネルギーを回転や直進，曲げ，振動など，何ら
かの動きに変換する装置です。アクチュエータの例とその特徴は次のようになります。

方式	種類	特徴
電気	振動モータ	電気を加えると変形する圧電素子や電流をコイルに流し，鉄を吸い寄せ直線運動に変換するソレノイドなどで電気を振動に変換する。スマートフォンのバイブレータなどに用いられる。
	モータ	電動機とも呼ばれる電気を回転運動に変換する一般的なモータ。一般に電気によって発生させた磁力を使って駆動力に変換する。電気ソースが直流か交流かによりいくつもの種類がある。
	ステッピングモータ	パルス信号に同期して，一定の角度ずつ動きを制御できるモータ。ただし，後述のサーボモータのようにフィードバック制御は行われていないので，信頼性は劣るが安価である。
	サーボモータ	求める位置や角度，速度などを精密に制御できるモータ。エンコーダによって現在の動作状況をフィードバック制御して実現する。大型のロボットからIoT機器まで広く使われている。
	リニアモータ	電気を一般的な回転運動ではなく，直線運動に変換するモータ。通常のモータと同様に，ステッピングやサーボなどの制御を行うものもある。
油圧	シリンダ	シリンダ内のピストンを油圧によって移動させて直線運動を得る仕組み。シリンダの内径が異なるものを接続して，テコの原理のように小さな力を大きな力に変換することが可能である。このため建設機械などに広く使われる。
空気	シリンダ	圧縮空気を媒体として油圧シリンダと同様の動きを行う装置。空気を用いるので，構造が単純で初期の動きがゆるやかになる。

ア：**フィードバック制御**の説明です。

イ：各種の**センサ**の説明です。

ウ：正しい。

エ：**増幅器**（amplifier：**アンプ**）の説明です。

解答	問21 **ウ**	問22 **ウ**

問 **23** マイクロプロセッサの耐タンパ性を向上させる手法として，適切なものはどれか。

- ア ESD（Electro Static Discharge）に対する耐性を強化する。
- イ チップ検査終了後に検査用パッドを残しておく。
- ウ チップ内部を物理的に解析しようとすると，内部回路が破壊されるようにする。
- エ 内部メモリの物理アドレスを整然と配置する。

問 **24** ユーザインタフェースのユーザビリティを評価するときの，利用者が参加する手法と専門家だけで実施する手法との適切な組みはどれか。

	利用者が参加する手法	専門家だけで実施する手法
ア	アンケート	回顧法
イ	回顧法	思考発話法
ウ	思考発話法	ヒューリスティック評価法
エ	認知的ウォークスルー法	ヒューリスティック評価法

問 **25** レイトレーシング法の説明として，適切なものはどれか。

- ア スクリーンの全ての画素について，視線と描画の対象となる物体との交点を反射属性や透明属性なども含めて計算し，その中から視点に最も近い交点を選択する。
- イ スクリーンの走査線ごとに視点とその走査線を結ぶ走査面を作成し，各走査面と描画の対象となる物体との交差を調べて交差線分を求め，奥行き判定を行うことによって描画する。
- ウ 描画の対象となる二つの物体のうち，一方が近くに，もう一方が遠くにあるときに，まず遠くの物体を描いてから近くの物体を重ね書きする。
- エ 描画の対象となる物体の各面をピクセルに分割し，ピクセルごとに視点までの距離を計算し，その最小値を作業領域に保持することによって，視点までの距離が最小となる面を求める。

問 **26** CAP定理におけるAとPの特性をもつ分散システムの説明として，適切なものはどれか。

- ア 可用性と整合性と分断耐性の全てを満たすことができる。
- イ 可用性と整合性を満たすが分断耐性を満たさない。
- ウ 可用性と分断耐性を満たすが整合性を満たさない。
- エ 整合性と分断耐性を満たすが可用性を満たさない。

解答・解説

問 **23**	マイクロプロセッサの耐タンパ性に関する問題

耐タンパ性（tamper resistant）とは，改ざん

や解析，意図しない操作など，システムへの干渉のやりにくさを示す表現です。

- ア：ESDとは静電気のことです。静電気による破壊耐性は耐タンパ性とは関係ありません。

イ：外部からアクセス可能な検査用パッドがあれば，これを用いて構造解析が行われる可能性があるため誤りです。

ウ：正しい。

エ：システムの構成要素を整然と配置することは，解析を容易にするため誤りです。

問 24　ユーザインタフェースの ユーザビリティ評価に関する問題

選択肢に出てくる評価手法について説明します。

方法	内容	実施者
アンケート	インタビューなどで質問をして調査を行う方法	利用者または専門家
回顧法	利用者にタスクを実行させた後，インタビューを行い（回顧）問題点の抽出を行う方法	利用者
思考発話法	利用者にタスクを実行させる際に，考えていることを発話してもらいながら問題点を記録する方法	利用者
ヒューリスティック評価法	経験則（ヒューリスティック）に基づく基準によって専門家が評価する方法	専門家
認知的ウォークスルー法	専門家が利用者になったつもりでタスクを実行し，問題点を指摘する方法	専門家

よって，答えは**ウ**です。

問 25　レイトレーシング法に関する問題

3DCGにおいて，物体を表現するためにまず，その物体を数値化（モデリング）し，そのデータを使って可視化（レンダリング）を行います。選択肢はそれぞれレンダリングの手法について述べたものです。

※3Dグラフィックソフトによるレイトレーシングの例

ア：正しい。現実世界では光源から放たれた光が物体に反射，あるいは屈折をして目に届きますが，レイトレーシング法（Ray Tracing）では，視点に届く光を描画対象の物体や光源までさかのぼって反射や屈折を計算し，スクリーンの全ての画素の明るさを計算します。

イ：スキャンライン方式（Scan Line）の説明です。レイトレーシングより高速に処理できます。

ウ：Zソート法の説明です。ZはZ軸（奥行き方向）の意味です。隠れている物体を見えないようにする処理（陰面消去）が不要です。

エ：Zバッファ法（Z-buffer）の説明です。見える部分だけを計算することで，処理を高速化します。

問 26　CAP定理に関する問題

CAP定理とは，クラウドアプリケーションなどの分散環境におけるアプリケーションの設計と展開に関する「整合性（Consistency）」「可用性（Availability）」「分断耐性（Partition-tolerance）」の三つのシステム要件の関係性を示したものです。ブリュワーの定理とも呼ばれます。これらの要件は，全てを同時に満たすことができないとされています。問題では。Aが可用性，Pが分断耐性を意味していることがわかれば，回答を導くことができます。

ア：全てを満たすことはできないので誤りです。

イ：AとCの特性をもつシステムです。

ウ：正しい。

エ：CとPの特性をもつシステムです。

解答	問23 **ウ**	問24 **ウ**
	問25 **ア**	問26 **ウ**

問 27　ANSI/SPARC3層スキーマモデルにおける内部スキーマの設計に含まれるものはどれか。

ア　SQL問合せ応答時間の向上を目的としたインデックスの定義

イ　エンティティ間の"1対多","多対多"などの関連を明示するE-Rモデルの作成

ウ　エンティティ内やエンティティ間の整合性を保つための一意性制約や参照制約の設定

エ　データの冗長性を排除し,更新の一貫性と効率性を保持するための正規化

 問 28　第1,第2,第3正規形とリレーションの特徴a,b,cの組合せのうち,適切なものはどれか。

a：どの非キー属性も,主キーの真部分集合に対して関数従属しない。
b：どの非キー属性も,主キーに推移的に関数従属しない。
c：繰返し属性が存在しない。

	第1正規形	第2正規形	第3正規形
ア	a	b	c
イ	a	c	b
ウ	c	a	b
エ	c	b	a

問 29　undo/redo方式を用いた障害回復におけるログ情報の要否として,適切な組合せはどれか。

	更新前情報	更新後情報
ア	必要	必要
イ	必要	不要
ウ	不要	必要
エ	不要	不要

問 27　内部スキーマの設計に関する問題

3層スキーマモデルとは，データベースを外部スキーマ，概念スキーマ，内部スキーマとして構造を定義したものです。

スキーマ	説明
外部スキーマ	データのアクセス方法など利用者からの見え方を表現する
概念スキーマ	現実世界を抽象化したデータベース全体の論理的な構造を表現する
内部スキーマ	ディスクへの格納方法など，コンピュータ上で表現される物理的なファイルやデータベースの構造を定義する

ア：正しい。インデックスの定義はデータベースの物理構造を示しています。内部スキーマの設計に分類されます。

イ：E-Rモデルは，データベースの論理構造を示すので，概念スキーマに分類されます。

ウ：整合性などデータベースの各種制約は，論理的な構造なので概念スキーマに分類されます。

エ：冗長性を排除し，正規化を図ることはデータベースの論理構造を示すので，概念スキーマに分類されます。

問 28　データベースの正規形に関する問題

第1～第3正規形の特徴と関数従属（ある列の値を定めた場合，他の列の値が一意に決まること）についての知識が問われています。

次のような台帳があるとします。

学生番号	氏名	学科No	学科名	科目No	科目名	開講
1003	牛久保	A001	経営	S01	情報Ⅰ	月2
				S02	情報Ⅱ	月3
1021	原	B001	心理	K01	認知学	火1
				S01	情報Ⅰ	水2

第1正規形では，繰り返し項目を独立させ二つのテーブルに分割します。なお，下線のある列は主キーとなっています。

　<u>学生番号</u>，氏名，学科No，学科名
　<u>学生番号</u>，<u>科目No</u>，科目名，開講

第2正規形では，学生番号と科目Noのような主キーが連結キーとなっている場合に，全ての項目が決まらなくても関数従属しない項目を分離します。つまり，主キーの真部分集合に対して関数従属する部分を分離します。

　<u>学生番号</u>，氏名，学科No，学科名
　<u>学生番号</u>，<u>科目No</u>，開講
　<u>科目No</u>，科目名

第3正規形では，主キー以外の項目の中で，キー項目になり得る項目と，それに関数従属する項目を分離します。つまり，非キー項目が推移的に（どれとどれをとっても）関数従属しないように，分離します。

　<u>学生番号</u>，氏名，学科No
　<u>学科No</u>，学科名
　<u>学生番号</u>，<u>科目No</u>，開講
　<u>科目No</u>，科目名

以上のことから，答えは**ウ**です。

問 29　undo/redo方式による障害回復に関する問題

ログを用いた障害回復には表に示した三つの方式があります。undo/redo方式のundoは更新の取消し（ロールバック），redoは更新のやり直し（ロールフォワード）を意味します。

方式	特徴
no-undo/redo	更新後情報（トランザクションログ）のみログに記録する
undo/no-redo	更新前情報（スナップショット）のみログに記録する
undo/redo	更新前／後のデータをログに両方記録する（状況に応じてundo/redoが可能）

したがって，更新前情報と更新後情報の両方が必要です（**ア**）。

解答	問27 **ア**	問28 **ウ**	問29 **ア**

問30 ビッグデータの利用におけるデータマイニングを説明したものはどれか。

ア 蓄積されたデータを分析し，単なる検索だけでは分からない隠れた規則や相関関係を見つけ出すこと

イ データウェアハウスに格納されたデータの一部を，特定の用途や部門用に切り出して，データベースに格納すること

ウ データ処理の対象となる情報を基に規定した，データの構造，意味及び操作の枠組みのこと

エ データを複数のサーバに複製し，性能と可用性を向上させること

問31 IPv6アドレスの表記として，適切なものはどれか。

ア 2001:db8::3ab::ff01　　　　　　　イ 2001:db8::3ab:ff01

ウ 2001:db8.3ab:ff01　　　　　　　　エ 2001.db8.3ab.ff01

問32 シリアル回線で使用するものと同じデータリンクのコネクション確立やデータ転送を，LAN上で実現するプロトコルはどれか。

ア MPLS　　　　　イ PPP　　　　　ウ PPPoE　　　　　エ PPTP

問33 UDPを使用しているものはどれか。

ア FTP　　　　　イ NTP　　　　　ウ POP3　　　　　エ TELNET

解答・解説

問30 データマイニングに関する問題

　データマイニングとは，データベースに蓄積された多くのデータの中からフィールド間の相互関係や類似，特異なパターンなどを見出すことで，一般的な分析とは異なった角度から意味のある新たな情報を導き出す技術です。

ア：正しい。

イ：大規模データベースから用途に合わせて一部

を加工して取り出したものを，データマート（Data Mart）といいます。

ウ：データディクショナリの説明です。データディクショナリでは，データ構造や登録，参照情報などの管理を行います。

エ：データベースクラスタの説明です。クラスタの構成によって，高可用性・並列処理・性能向上などの要求に応えることができます。

問31 IPv6アドレス表記に関する問題

IPv6は128ビットで構成されRFC 4291で表記方法が定められています。またRFC 5952で推奨表記が提示されています。

> ルール1：128ビットのアドレスを16ビットごとにアルファベットを小文字とした16進数（フィールド）で表記し，区切り文字は「:」とする
> 2001:0db8:0000:0000:0000:0000:03ab:ff01
> ルール2：フィールド内の先頭から連続する0は省略できる。また，0が連続するフィールドのうち1組は::と置き換えることができる
> 2001:db8::3ab:ff01

ア：「::」が2箇所あるため不適切です。

イ：正しい。

ウ：「.」が使われているので不適切です。

エ：「.」が使われているので不適切です。

問32 シリアル回線と同じプロトコルに関する問題

ア：MPLS（Multi-Protocol Label Switching）…IPアドレスの代わりに経路情報の書かれたラベルを用いてルーティングを行うプロトコルです。

イ：PPP（Point to Point Protocol）…シリアルインタフェースを使って2点間を接続し通信するためのプロトコルです。認証プロトコルも備えているので，アクセスポイントに接続する際にも用いられます。

ウ：PPPoE（PPP over Ethernet）…正しい。PPPをイーサネット上でも利用できるように拡張したプロトコルです。PPP同様にネットワー

クの認証が可能で，フレッツ光などプロバイダの接続サービスで使われてきましたが，NTE（Network Termination Equipment）への集中が起きやすいので，ボトルネックの生じにくいIPoE（IP over Ethernet）への転換が進んでいます。

エ：PPTP（Point to Point Tunneling Protocol）…PPPを暗号化しTCP/IPパケットとして使えるようにしたVPN用のプロトコルです。主にインターネットを経由したLAN間接続や社内ネットワークへの接続に使用されます。

問33 UDPに関する問題

IPネットワーク上でデータを運ぶためのトランスポート層プロトコルに，TCP（Transmission Control Protocol）とUDP（User Datagram Protocol）があります。トランスポート層ではポート番号によってアプリケーションを分類しますが，TCPがコネクションによって伝達保証性の確保を行うのに対して，UDPではコネクションを省略することで伝達保証性はありません。その代わり，UDPはその分軽量なためリアルタイム性が高いなどの特徴があります。

ア：FTP（File Transfer Protocol）…ファイル転送を行うためのプロトコルです。信頼性が要求されるのでTCPを使います。

イ：NTP（Network Time Protocol）…正しい。サーバやクライアントの時刻を同期させるためのプロトコルです。NTPサーバと呼ばれる正確な時刻を保持しているサーバに問合せを行います。通信に伴う遅延は補正されますが通信量は少なく，リアルタイム性が求められるのでUDPを用います。

ウ：POP3（Post Office Protocol version 3）…電子メールを受信する際に用いられるプロトコルです。信頼性が要求され，TCPを使います。

エ：TELNET（TELetype NETwork）…インターネットなどのIPネットワークを経由し他のコンピュータに接続して遠隔操作を行うためのプロトコルで，TCPを用います。

解答	問30 **ア**	問31 **イ**
	問32 **ウ**	問33 **イ**

問34 IPv4で192.168.30.32/28のネットワークに接続可能なホストの最大数はどれか。

ア 14 イ 16 ウ 28 エ 30

問35 OpenFlowを使ったSDN（Software-Defined Networking）に関する記述として，適切なものはどれか。

ア インターネットのドメイン名を管理する世界規模の分散データベースを用いて，IPアドレスの代わりに名前を指定して通信できるようにする仕組み

イ 携帯電話網において，回線交換方式ではなく，パケット交換方式で音声通話を実現する方式

ウ ストレージ装置とサーバを接続し，WWN（World Wide Name）によってノードやポートを識別するストレージ用ネットワーク

エ データ転送機能とネットワーク制御機能を論理的に分離し，ネットワーク制御を集中的に行うことを可能にしたアーキテクチャ

問36 複数のシステムやサービスの間で利用されるSAML（Security Assertion Markup Language）はどれか。

ア システムの負荷や動作状況に関する情報を送信するための仕様

イ 脆弱性に関する情報や脅威情報を交換するための仕様

ウ 通信を暗号化し，VPNを実装するための仕様

エ 認証や認可に関する情報を交換するための仕様

問37 サイバーキルチェーンの偵察段階に関する記述として，適切なものはどれか。

ア 攻撃対象企業の公開Webサイトの脆弱性を悪用してネットワークに侵入を試みる。

イ 攻撃対象企業の社員に標的型攻撃メールを送ってPCをマルウェアに感染させ，PC内の個人情報を入手する。

ウ 攻撃対象企業の社員のSNS上の経歴，肩書などを足がかりに，関連する組織や人物の情報を洗い出す。

エ サイバーキルチェーンの2番目の段階をいい，攻撃対象に特化したPDFやドキュメントファイルにマルウェアを仕込む。

解答・解説

問34 IPv4ネットワークに接続可能なホスト数に関する問題

IPv4の192.168.30.32/28のネットワークのサブ

ネットワークは次のようになります。

ネットワーク部 28ビット		ホスト部 4ビット
11000000.10101000.000111	10.0010	0000
192 . 168 . 30		32

IPアドレスとして表現できるのは，ホスト部の4ビットが全て0となる192.168.30.32から，4ビットが全て1となる192.168.30.47までの16個となります（問題を解く場合は，単純にホスト部が32−28＝4ビットだから2^4＝16個と考えればよい）。このうち，ホスト部のビットが全て0となるネットワークアドレスと，1となるブロードキャストアドレスは予約されているので，これらを引いた14個がホストアドレスとして使用できる数です。

| 問 35 | OpenFlowを使ったSDNに関する問題 |

従来のネットワーク機器は，データ転送と経路制御を同一の機器で行っていましたが，OpenFlowプロトコルは，これらを分離し外部からプログラム可能とするためのプロトコルです。

一方，SDN（Software Defined Networking）はネットワークを仮想化して動的に制御する考え方をいいます。Open Flowとの相性も良く，例えば仮想サーバと仮想ネットワークを組み合わせて用い，柔軟なネットワークを構築することができます。

ア：DNS（Domain Name System）の説明です。

イ：携帯電話網では音声通信は1対1で通信回線を占有し通信を行う回線交換方式が使われてきましたが，データ通信用のLTE回線を使い，音声通信も一緒にパケット通信でやりとりするようになりました。これをVoLTE（Voice over LTE）といいます。

ウ：ストレージネットワークの代表的なものにFC-SAN（Fibre Channel - Storage Area Network）があります。WWNはFC-SANにおいて動的にノードやポートを識別するアドレスです。

エ：正しい。

| 問 36 | SAMLに関する問題 |

SAML（Security Assertion Markup Language）はSSO（Single Sign On）を実現する規格の一つです。サービスを提供するサービスプロバイダ（SP）が，認証を行うプロバイダ（IdP）に認証要求を行い，その結果をSPに伝えます。

ア：SNMP（Simple Network Management Protocol）が最も一般的に使われています。

イ：TAXII（Trusted Automated eXchange of Indicator Information）の説明です。

ウ：IPSecなど，いくつかのプロトコルがあります。

エ：正しい。

| 問 37 | サイバーキルチェーンの偵察段階に関する問題 |

サイバーキルチェーンは，標的型攻撃などのサイバー侵入活動の特定と予防のためのモデルです。侵入者が目的達成のために何を行うかを示します。

サイバーキルチェーンの7段階	説明
RECONNAISSANCE（偵察）	会議など企業内部情報や電子メールアドレスなどの調査
WEAPONIZATION（武器化）	バックドア構築などを行うマルウェアの作成
DELIVERY（配送）	電子メールやUSB，Webなどを使ってマルウェアを配送
EXPLOITATION（攻撃）	脆弱性を利用し攻撃対象のシステムでマルウェアを実行
INSTALLATION（インストール）	対象システムにマルウェアをインストール（感染）
COMMAND & CONTROL（遠隔操作）	攻撃対象システムの遠隔操作を可能にする
ACTIONS ON OBJECTIVES（目的実行）	ハンズオンキーボード（自動化によらない洗練された攻撃）で，情報の摂取など本来の目的を達成

したがって，答えは**ウ**です。

| 解答 | 問34 **ア** | 問35 **エ** |
| | 問36 **エ** | 問37 **ウ** |

問38 チャレンジレスポンス認証方式に該当するものはどれか。

ア 固定パスワードを，TLSによる暗号通信を使い，クライアントからサーバに送信して，サーバで検証する。

イ 端末のシリアル番号を，クライアントで秘密鍵を使って暗号化し，サーバに送信して，サーバで検証する。

ウ トークンという機器が自動的に表示する，認証のたびに異なる数字列をパスワードとしてサーバに送信して，サーバで検証する。

エ 利用者が入力したパスワードと，サーバから受け取ったランダムなデータとをクライアントで演算し，その結果をサーバに送信して，サーバで検証する。

問39 メッセージの送受信における署名鍵の使用に関する記述のうち，適切なものはどれか。

ア 送信者が送信者の署名鍵を使ってメッセージに対する署名を作成し，メッセージに付加することによって，受信者が送信者による署名であることを確認できるようになる。

イ 送信者が送信者の署名鍵を使ってメッセージを暗号化することによって，受信者が受信者の署名鍵を使って，暗号文を元のメッセージに戻すことができるようになる。

ウ 送信者が送信者の署名鍵を使ってメッセージを暗号化することによって，メッセージの内容が関係者以外に分からないようになる。

エ 送信者がメッセージに固定文字列を付加し，更に送信者の署名鍵を使って暗号化することによって，受信者がメッセージの改ざん部位を特定できるようになる。

問40 Webブラウザのcookieに関する設定と，それによって期待される効果の記述のうち，最も適切なものはどれか。

ア サードパーティcookieをブロックする設定によって，当該Webブラウザが閲覧したWebサイトのコンテンツのキャッシュが保持されなくなり，閲覧したコンテンツが当該Webブラウザのほかの利用者に知られないようになる。

イ サードパーティcookieをブロックする設定によって，当該Webブラウザが複数のWebサイトを閲覧したときにトラッキングされないようになる。

ウ ファーストパーティcookieを承諾する設定によって，当該WebブラウザがWebサイトの改ざんをcookieのハッシュ値を用いて検知できるようになる。

エ ファーストパーティcookieを承諾する設定によって，当該Webブラウザがデジタル証明書の失効情報を入手でき，閲覧中のWebサイトのデジタル証明書の有効性を確認できるようになる。

問 38 チャレンジレスポンス認証方式に関する問題

チャレンジレスポンス認証方式では，通信途中でパスワードが盗聴されないように，サーバが作成した乱数（チャレンジ）とパスワードから一方向性関数を使って計算したレスポンスを作成してサーバに返信することで認証情報の確認を行います。

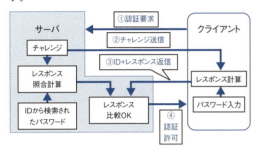

ア：チャレンジレスポンスでは，パスワードとチャレンジからレスポンスを計算してサーバに送ります。

イ：端末（クライアント）のシリアル番号は使用しません。

ウ：時刻同期を行うトークンを用いたワンタイムパスワード方式の説明です。

エ：正しい（図を参照のこと）。

問 39 デジタル署名の署名鍵に関する問題

デジタル署名は，公開鍵暗号方式を用いた検証方法です。公開鍵暗号方式では，一方の鍵で暗号化したデータはもう一方の鍵でしか復号できないという特徴をもつ鍵のペア（秘密鍵と公開鍵）を作成して利用します。

送信者は，秘密鍵を自らの署名鍵としてメッセージから計算したハッシュを暗号化し署名を作成します。そしてもう一方の公開鍵を認証局など信頼できる機関で公開します。

受信者は，送信者の公開鍵を認証局から入手して署名を復号し，メッセージから計算したハッシュと等しければメッセージが本物であること，すなわち送信者が本物であることとメッセージの改ざんがないことを確認できます。

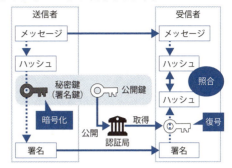

ア：正しい。適切な署名鍵の使用方法です。

イ：署名では，受信者の署名鍵は使用しません。

ウ：送信者の署名鍵と対になる公開鍵は認証局から誰でも取得できるので，暗号化通信の鍵の使い方としては誤りです。

エ：固定文字列がハッシュだったとしても，メッセージの改ざん部位を特定することはできません。

問 40 Webブラウザのcookieの設定に関する問題

cookieは，Webブラウザに情報を保存する仕組みです。ファーストパーティcookieは実際に訪問したWebサイトが発行するcookieであり，サードパーティcookieは訪問したドメイン以外（広告など）が発行するcookieです。

ア：cookieとコンテンツのキャッシュは無関係です。

イ：正しい。サードパーティcookieをブロックすることでトラッキングを防止できます。

ウ：Webサイトの改ざんは検知できません。

エ：ブラウザがCRLなどの失効情報を確認する際，cookieは利用しません。

解答	問38 **エ**	問39 **ア**	問40 **イ**

問41 クライアント証明書で利用者を認証するリバースプロキシサーバを用いて，複数のWebサーバにシングルサインオンを行うシステムがある。このシステムに関する記述のうち，適切なものはどれか。

ア　クライアント証明書を利用者のPCに送信するのは，Webサーバではなく，リバースプロキシサーバである。

イ　クライアント証明書を利用者のPCに送信するのは，リバースプロキシサーバではなく，Webサーバである。

ウ　利用者IDなどの情報をWebサーバに送信するのは，リバースプロキシサーバではなく，利用者のPCである。

エ　利用者IDなどの情報をWebサーバに送信するのは，利用者のPCではなく，リバースプロキシサーバである。

問42 パスワードクラック手法の一種である，レインボー攻撃に該当するものはどれか。

ア　何らかの方法で事前に利用者IDと平文のパスワードのリストを入手しておき，複数のシステム間で使い回されている利用者IDとパスワードの組みを狙って，ログインを試行する。

イ　パスワードに成り得る文字列の全てを用いて，総当たりでログインを試行する。

ウ　平文のパスワードとハッシュ値をチェーンによって管理するテーブルを準備しておき，それを用いて，不正に入手したハッシュ値からパスワードを解読する。

エ　利用者の誕生日や電話番号などの個人情報を言葉巧みに聞き出して，パスワードを類推する。

問43 JIS Q 27000:2019（情報セキュリティマネジメントシステム―用語）における"リスクレベル"の定義はどれか。

ア　脅威によって付け込まれる可能性のある，資産又は管理策の弱点

イ　結果とその起こりやすさの組合せとして表現される，リスクの大きさ

ウ　対応すべきリスクに付与する優先順位

エ　リスクの重大性を評価するために目安とする条件

解答・解説

問41 クライアント証明書による シングルサインオンに関する問題
□□□

クライアント証明書を使って利用者を認証する

リバースプロキシサーバでは，次のような流れで利用者を認証し，通信を中継します。

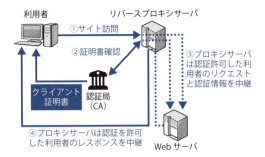

利用者　リバースプロキシサーバ
①サイト訪問
②証明書確認
③プロキシサーバは認証許可した利用者のリクエストと認証情報を中継
クライアント証明書　認証局（CA）
④プロキシサーバは認証を許可した利用者のレスポンスを中継
Webサーバ

ア：クライアント証明書を利用者のPCに送信するのは認証局（CA）です。

イ：クライアント証明書を利用者のPCに送信するのは認証局（CA）です。

ウ：利用者IDなどの情報をWebサーバに送信するのはリバースプロキシサーバです。

エ：正しい。

問42 パスワードクラック手法のレインボー攻撃に関する問題

　システムに保管されるパスワードは，ユーザが入力する平文の文字列ではなく，一方向性関数によって変換されたハッシュ値で保管されます。

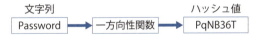

文字列　Password → 一方向性関数 → ハッシュ値　PqNB36T

　パスワードを照合する際には，入力された文字列から一方向性関数でハッシュ値の計算をし，パスワードテーブルに保存されたハッシュ値と同じかどうか確かめます。仮にパスワードテーブルが漏洩してもハッシュ値から元のパスワードは復元できない（一方向性）ので安全です。

　しかし，攻撃者が文字列から一方向性関数によって生成されるハッシュ値の一覧表をもっていた場合，ハッシュ値の比較をするだけでパスワードがわかってしまいます。このハッシュ値の一覧表（レインボーテーブル）を効率よく作成するために，まずパスワード規則に則った任意平文からハッシュ値を求め，そのハッシュ値からパスワード規則に則った平文を生成する還元関数を使い，平文を作成します。生成された平文から，またハッシュ値を作るという作業を繰り返してチェーンを作成して管理することで，効率よく一覧表との比較ができるように工夫された攻撃方法が**レインボー攻撃**です。

　レインボー攻撃は漏洩したハッシュ値をベースに行うものなので，まずハッシュ値が漏洩しないようにすることと，単純な一方向性関数ではなくソルトと呼ばれるランダムな文字列を付加してからハッシュ値を生成するなどの対策が有効とされています。

ア：**パスワードリスト攻撃**の説明です。不正に入手したIDとパスワードのリストを使って，複数の会員向けサイトへのログオンを試行し，パスワードをクラックします。

イ：**総当たり攻撃（ブルートフォース攻撃）**の説明です。

ウ：正しい。

エ：**ソーシャルエンジニアリング**によって得られた情報からの類推を使った攻撃手法です。

問43 情報セキュリティマネジメントシステムにおけるリスクレベルに関する問題

　JIS Q 27000:2019は，情報セキュリティマネジメントシステム（ISMS）の概要で用いられる用語や定義について定めた規格です。

ア：脆弱性の定義です。

イ：正しい。同規格において「結果とその起こりやすさの組合せとして表現される，リスクの大きさ」と定義されます。

ウ：JIS Q 27000:2019には，リスクに対する優先順位の定義はありません。この項目はリスクアセスメントに該当し，JIS Q 31010:2012（リスクマネジメント－リスクアセスメント技法）にリスクの優先順位についての記述があります。

エ：リスク基準の定義です。

解答	問41 **エ**	問42 **ウ**	問43 **イ**

問44　内部ネットワークのPCからインターネット上のWebサイトを参照するときに，DMZに設置したVDI（Virtual Desktop Infrastructure）サーバ上のWebブラウザを利用すると，未知のマルウェアがPCにダウンロードされるのを防ぐというセキュリティ上の効果が期待できる。この効果を生み出すVDIサーバの動作の特徴はどれか。

　　ア　Webサイトからの受信データを受信処理した後，IPsecでカプセル化し，PCに送信する。
　　イ　Webサイトからの受信データを受信処理した後，実行ファイルを削除し，その他のデータをPCに送信する。
　　ウ　Webサイトからの受信データを受信処理した後，生成したデスクトップ画面の画像データだけをPCに送信する。
　　エ　Webサイトからの受信データを受信処理した後，不正なコード列が検知されない場合だけPCに送信する。

問45　ファジングに該当するものはどれか。

　　ア　サーバにFINパケットを送信し，サーバからの応答を観測して，稼働しているサービスを見つけ出す。
　　イ　サーバのOSやアプリケーションソフトウェアが生成したログやコマンド履歴などを解析して，ファイルサーバに保存されているファイルの改ざんを検知する。
　　ウ　ソフトウェアに，問題を引き起こしそうな多様なデータを入力し，挙動を監視して，脆弱性を見つけ出す。
　　エ　ネットワーク上を流れるパケットを収集し，そのプロトコルヘッダやペイロードを解析して，あらかじめ登録された攻撃パターンと一致するものを検出する。

問46　モジュールの独立性の尺度であるモジュール結合度は，低いほど独立性が高くなる。次のうち，モジュールの独立性が最も高い結合はどれか。

　　ア　外部結合　　　　イ　共通結合　　　　ウ　スタンプ結合　　　　エ　データ結合

 解答・解説

問44	VDIサーバ上のWebブラウザに関する問題

VDI（Virtual Desktop Infrastructure）は，手元

の端末で，キーボードやマウスなどの入出力デバイスの処理を行い，VDIサーバ上に構築される仮想化されたPC環境で実際の処理を行います。実行された結果は手元の端末に画面転送されるの

で，利用者は通常の端末操作と同様の処理を行っているように見えます。VDIを使ってインターネット上のサイトをWebブラウザで表示させた場合の構築イメージは次のとおりです。

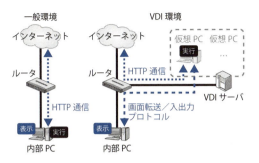

一般環境では，内部PCでインターネット上のサービスを利用するためにHTTPの他さまざまなパケットを通過させる必要があります。一方VDI環境では，ネットワーク通信は内部PCとVDIサーバの間で画面転送プロトコル（入出力の中継はこれに含みます）だけを行えばよく，インターネットとの直接通信を完全に遮断することも可能です。

プログラムの実行は，VDIサーバに構築された仮想PCで行われ，マルウェアに感染しても内部PCには感染せず，仮想PCのみが影響を受けます。仮想PCをWebブラウザのみに利用していたとすれば，感染した仮想PCは消去して再構築すればよいので内部ネットワークには影響なくセキュリティ上の効果も期待できます。

ア：PCとVDIサーバ間の通信をIPsecでカプセル化する実装はありますが，PCがマルウェアに感染しにくくなることとは無関係です。

イ：VDIがPCと送受信するのは，ユーザインタフェースの入出力と画面転送のみです。

ウ：正しい。VDIサーバはCPUやメモリなどの資源を割り当てた仮想PCを構築し，OSなどの動作環境を整備して仮想デスクトップ画面を生成します。全ての処理はこの仮想PC上で行い，実行した結果の画像イメージをPCに送信します。

エ：不正なコード列などを検知する場合，仮想PCあるいは通信経路上で行う必要があります。PCには入出力と画面転送のみを通信します。

問 45 ファジングに関する問題

ア：FINスキャンと呼ばれるポートスキャンの手法です。RSTパケットが返ってくればサービスが稼働していると判断できます。

イ：ホスト型IDS（Intrusion Detection System：侵入検知システム）の機能です。

ウ：正しい。ファジングとは，ファズ（fuzz：不明瞭）といわれる異常データを含む大量のデータを使ってソフトウェアをテストする手法です。

エ：ネットワーク型IDSの機能です。

問 46 モジュール結合度に関する問題

モジュール結合度とは，モジュール間の関連性の高低（強弱）を表し，モジュールの独立性を評価する尺度の一つです。モジュール間の結合度が弱いほどモジュール間の独立性は高くなります。なお，モジュールが他のモジュールをどのように利用するかによって，次のように分類されます（非直接結合を除く）。

モジュール結合度	独立性
内部結合	強 低
共通結合	
外部結合	
制御結合	
スタンプ結合	
データ結合	弱 高

解答	問44 **ウ**	問45 **ウ**	問46 **エ**

<table>
<tr><td>問
47</td><td>次の流れ図において，判定条件網羅（分岐網羅）を満たす最少のテストケースの組みはどれか。</td></tr>
</table>

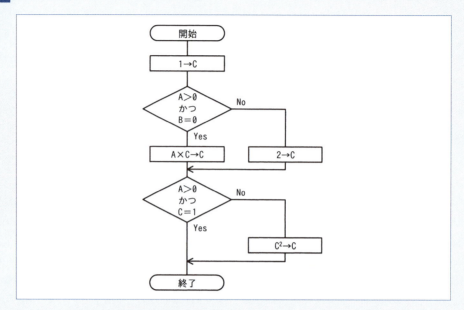

ア (1) A＝0, B＝0 (2) A＝1, B＝1
イ (1) A＝1, B＝0 (2) A＝1, B＝1
ウ (1) A＝0, B＝0 (2) A＝1, B＝1 (3) A＝1, B＝0
エ (1) A＝0, B＝0 (2) A＝0, B＝1 (3) A＝1, B＝0

<table>
<tr><td>問
48</td><td>問題は発生していないが，プログラムの仕様書と現状のソースコードとの不整合を解消するために，リバースエンジニアリングの手法を使って仕様書を作成し直す。これはソフトウェア保守のどの分類に該当するか。</td></tr>
</table>

ア 完全化保守　　　　　　　　　　**イ** 是正保守
ウ 適応保守　　　　　　　　　　　**エ** 予防保守

問47 ホワイトボックステストで用いられる判定条件網羅に関する問題

判定条件網羅（分岐網羅）や条件網羅は、プログラムの内部構造がわかっている場合に行われるホワイトボックステストで用いられるテストケースです。

● **判定条件網羅（分岐網羅）**
プログラム中の判定条件による分岐を網羅するようにテストデータを作成してテストする（分岐の結果を網羅する）

● **条件網羅**
判定条件が複数の条件で構成されている場合に、それぞれの条件の真偽を網羅するようにテストデータを作成してテストする（分岐の条件を網羅する）

問題の流れ図では、二つ目の分岐でCの結果が必要となります。このため条件式にA、Bを当てはめるだけでは回答が得られません。AとBの値の組合せに同じものがいくつもあるので、先にCを計算しておいたほうがミスも少なく計算も速くなります。

一つ目の分岐では次のようになります。

A	B	A>0かつB=0	C
0	0	No	2
0	1	No	2
1	0	Yes	1×1→1
1	1	No	2

判定条件網羅では、二つある分岐の両方がYesとNoを1回以上通る必要があります。一つ目の分岐では「A=1、B=0」の場合をテストしないとYesに分岐しないので、この組み合わせをテストしていない**ア**はこの時点で除外できます。

次に、得られたCの値を残りの選択肢に加えます。

イ: (1) A=1、B=0、C=1 (2) A=1、B=1、C=2

ウ: (1) A=0、B=0、C=2 (2) A=1、B=1、C=2 (3) A=1、B=0、C=1

エ: (1) A=0、B=0、C=2 (2) A=0、B=1、C=2 (3) A=1、B=0、C=1

続いて、それぞれの値を代入したときに判定条件網羅を満たしているか確認します。

	A>0かつB=0	A>0かつC=1
イ		
(1) A=1、B=0、C=1	Yes	Yes
(2) A=1、B=1、C=2	No	No
ウ		
(1) A=0、B=0、C=2	No	No
(2) A=1、B=1、C=2	No	No
(3) A=1、B=0、C=1	Yes	Yes
エ		
(1) A=0、B=0、C=2	No	No
(2) A=0、B=1、C=2	No	No
(3) A=1、B=0、C=1	Yes	Yes

イ〜**エ**では二つの分岐のYesとNoを1回以上通っているので、全て判定条件網羅を満たしています。ここでは「最小のテストケース」を回答する必要があるので、**イ**が答えとなります。

問48 ソフトウェア保守で用いるリバースエンジニアリングに関する問題

JIS X 0161で保守は次のように分類できます。

適応保守	状況の変化に対応するための保守
改良保守	新しい要求を満たすための保守
是正保守	実際に起きた誤りを修正する保守
完全化保守	潜在的な障害が故障として現れる前に検出し修正するための保守
予防保守	潜在的な誤りが検出されたための修正

問題文より「問題は発生していない→潜在的」、「仕様書とコードの不整合→プログラムの誤りは検出されていない」なので、完全化保守に分類されます（**ア**）。

解答	問47 **イ**	問48 **ア**

問49 アジャイル開発の手法の一つであるスクラムにおいて，決められた期間における
スクラムチームの生産量を相対的に表現するとき，尺度として用いるものはどれ
か。

ア スプリント   イ スプリントレトロスペクティブ
ウ バックログ   エ ベロシティ

問50 ソフトウェア開発に使われるIDEの説明として，適切なものはどれか。

ア エディタ，コンパイラ，リンカ，デバッガなどが一体となったツール
イ 専用のハードウェアインタフェースでCPUの情報を取得する装置
ウ ターゲットCPUを搭載した評価ボードなどの実行環境
エ タスクスケジューリングの仕組みなどを提供するソフトウェア

問51 ある組織では，プロジェクトのスケジュールとコストの管理にアーンドバリュー
マネジメントを用いている。期間10日間のプロジェクトの，5日目の終了時点の状
況は表のとおりである。この時点でのコスト効率が今後も続くとしたとき，完成時
総コスト見積り（EAC）は何万円か。

管理項目	金額（万円）
完成時総予算（BAC）	100
プランドバリュー（PV）	50
アーンドバリュー（EV）	40
実コスト（AC）	60

ア 110   イ 120   ウ 135   エ 150

問52 プロジェクトのスケジュールを短縮するために，アクティビティに割り当てる資
源を増やして，アクティビティの所要期間を短縮する技法はどれか。

ア クラッシング   イ クリティカルチェーン法
ウ ファストトラッキング   エ モンテカルロ法

解答・解説

**問49 アジャイル開発手法の
スクラムに関する問題**
□□□

アジャイル開発のスクラムでは，スクラムと呼

ばれる反復を繰り返しながら，開発を進めていき
ます。

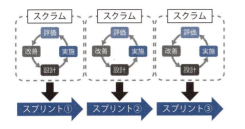

ア：スプリント…スクラムを繰り返す際の時間枠で，一般に1〜4週間の期間をとります。

イ：スプリントレトロスペクティブ…スプリントが終了するごとに行われる振り返りです。

ウ：バックログ（スプリントバックログ）…今回のスプリントで追加する機能のリストです。

エ：ベロシティ…正しい。スプリントでチームが行う平均作業量です。

問 50 ソフトウェア開発で用いられる IDEに関する問題

　IDE（Integrated Development Environment）は，プログラムの開発に必要となるテキストエディタ，コンパイラ，リンカ，デバッガやその他の支援ツールを一つのソフトウェアにまとめた開発環境です。Microsoft社のVisual Studioなどがあります。

ア：正しい。

イ：ICE（In Circuit Emulator）の説明です。CPUをエミュレートし，詳細情報やデバッグ環境を提供します。

ウ：ターゲットマシン以外の環境で開発を行うことをクロス開発といいますが，そのような開発環境で用いられる機材の説明です。

エ：OSの基本機能として備わっています。

問 51 アーンドバリューマネジメントに関する問題

　アーンドバリューマネジメント（EVM：Earned Value Management）とは，プロジェクトの成果を定量的に測定する手法です。次のような指標を使って，スケジュールやコストの進捗状況を，その時点での成果物を金額に換算して測定します。

完成時総予算 （BAC：Budget At Completion）	プロジェクトが完成するまでに必要な総予算
プランドバリュー （PV：Planed Value）	測定時において終了すると予定していた作業量の金額
アーンドバリュー （EV：Earned Value）	その時点までに実際に終了した作業量の金額
実コスト （AC：Actual Cost）	その時点までに費やした作業量の金額

　完成時総コスト見積り（EAC：Estimate At Completion）は，次の計算式で求めることができます。

> EAC＝AC＋（BAC−EV）／CPI
> ※CPI（Cost Performance Index：コスト効率指数）は，CPI＝EV／ACで求めます。

　計算すると，

> EAC＝60＋（100−40）／（40／60）
> 　　＝150万円

となります（エ）。

問 52 プロジェクトのスケジュール短縮に関する問題

　プロジェクトの期間を短縮する方法に，クラッシング（crashing）とファストトラッキング（fast tracking）があります。

ア：クラッシング…正しい。人員や資金などの資源を追加投入して工程の期間を短縮します。

イ：クリティカルチェーン法…工程管理の手法PERTにおいて，作業Aが終了しないと作業Bが開始できないという作業工程上の従属関係があります。これに加えて，作業Aと作業Bは並行して行えるが，要員や設備などのリソースが足らなくて並行して行えないという制約条件の従属関係を考慮した管理手法です。

ウ：ファストトラッキング…通常は順を追って行うフェーズ（プロジェクトの各段階や工程）やアクティビティ（活動）を並行的に行うことによって所要期間を短縮する手法です。

エ：モンテカルロ法…乱数を大量に使用してシミュレーションを繰り返して，近似解を求める数値計算の手法の一つです。

解答	問49 **エ**	問50 **ア**
	問51 **エ**	問52 **ア**

ソフトウェア開発プロジェクトにおいて，表の全ての作業を完了させるために必要な期間は最短で何日間か。

作業	作業の開始条件	所要日数（日）
要件定義	なし	30
設計	要件定義の完了	20
製造	設計の完了	25
テスト	製造の完了	15
利用者マニュアル作成	設計の完了	20
利用者教育	テストの完了及び 利用者マニュアル作成の完了	10

ア 80　　　　**イ** 95　　　　**ウ** 100　　　　**エ** 120

プロジェクトのコンティンジェンシ計画において決定することとして，適切なものはどれか。

ア あらかじめ定義された，ある条件のときにだけ実行する対応策
イ 活動リストの活動ごとに必要な資源
ウ プロジェクトに適用する品質の要求事項及び規格
エ プロジェクトのステークホルダの情報及びコミュニケーションのニーズ

あるシステムにおけるデータ復旧の要件が次のとおりであるとき，データのバックアップは最長で何時間ごとに取得する必要があるか。

〔データ復旧の要件〕
・RTO（目標復旧時間）：3時間
・RPO（目標復旧時点）：12時間前

ア 3　　　　**イ** 9　　　　**ウ** 12　　　　**エ** 15

解答・解説

問53　ソフトウェア開発プロジェクトの作業完了に必要な日数に関する問題

「要求定義，設計，製造，テスト，利用者マニ

ュアル作成，利用者教育」の全ての作業が完了するまでに必要な日数を求める問題です。各作業の所要日数を単純合計すると120日になりますが，各作業をいつ開始できるかに注目します。

要求定義からテストまでは，「要求定義→設計→製造→テスト」の順に行わなければなりません。「利用者マニュアル作成」は，「設計」が完了すると開始できるので，「製造」や「テスト」と並行して行うことができます。また，「利用者教育」は「テスト」が完了し，「利用者マニュアル作成」が完了すると開始できます。

直列に行わなければならない作業と並行して行うことができる作業，必要な日数を図で表すと次のようになります。

利用者マニュアル作成は設計が完了すると製造と並行して行うことができるので，全ての作業を完了させるために必要な日数は，

30＋20＋25＋15＋10＝100

となります（**ウ**）。

問54 コンティンジェンシ計画に関する問題

コンティンジェンシ計画（contingency plan）は緊急時対応計画ともいい，IPAの資料によれば「その策定対象が潜在的に抱える脅威が万一発生した場合に，その緊急事態を克服するための理想的な手続きが記述された文書である」とされています。

コンティンジェンシには不測の事態という意味があります。災害や事故，事件といった不測の事態が発生した場合の対応策や行動手順をあらかじめ定めておいて，その被害や影響を最小限に抑えて事業やプロジェクトに支障を来さないようにするための計画です。

東京証券取引所の東証市場における売買に関するコンティンジェンシ計画の一部を例示します。

想定されケース	対応
売買システムに障害が発生した場合	1. 媒介系　売買継続が困難な銘柄は，売買を中止する。 2. 発注系　…
相場報道システムに障害が発生した場合	・全面ダウン又は一般気配情報が配信されない場合等，市場の価格形成を歪めるおそれがある障害が発生した場合には売買を停止する。 ・また，…
地震，風水害，テロ及び電力，通信網等の社会インフラ障害が発生した場合等	1. 当社が有価証券等の売買監理を行うことができない場合 ・災害やテロ等で当社役職員が避難をすることが必要な場合など業務継続が困難となり，有価証券等の売買監理が不十分になると当社が判断した場合には，当社は，当該有価証券等の売買を停止する。 2. …

このように，コンティンジェンシ計画は不測の事態で想定される状況によって実行する対応策を定めたものなので，答えは**ア**です。

ア：正しい。

イ：経営資源の割り振りにおける決定です。

ウ：品質マネジメントシステムの事項です。

エ：プロジェクトマネジメントの"プロセスコミュニケーションの計画"で決定することです。

問55 データのバックアップの取得頻度に関する問題

RTO（Recovery Time Objective：目標復旧時間）とは，障害が発生してから復旧までにかかる時間です。システムをいつまでに復旧させればよいか，という目標時間になります。RTOが3時間であれば，3時間以内に復旧させないといけないことになります。

一方，RPO（Recovery Point Objective：目標復旧時点）とは，障害が発生してから過去のどの時点までのデータを復元させるかの目標値です。RPOが12時間であれば，12時間前のデータを復旧させることができます。すなわち12時間前にバックアップを取得していればよいことになります。したがって，答えは**ウ**です。

解答	問53 **ウ**	問54 **ア**	問55 **ウ**

問56　ITIL 2011 editionでは，可用性管理における重要業績評価指標（KPI）の例として，"保守性を表す指標値"の短縮を挙げている。保守性を表す指標に該当するものはどれか。

ア　一定期間内での中断の数
イ　平均故障間隔
ウ　平均サービス・インシデント間隔
エ　平均サービス回復時間

問57　基幹業務システムの構築及び運用において，データ管理者（DA）とデータベース管理者（DBA）を別々に任命した場合のDAの役割として，適切なものはどれか。

ア　業務データ量の増加傾向を把握し，ディスク装置の増設などを計画して実施する。
イ　システム開発の設計工程では，主に論理データベース設計を行い，データ項目を管理して標準化する。
ウ　システム開発のテスト工程では，主にパフォーマンスチューニングを担当する。
エ　システム障害が発生した場合には，データの復旧や整合性のチェックなどを行う。

問58　事業継続計画（BCP）について監査を実施した結果，適切な状況と判断されるものはどれか。

ア　従業員の緊急連絡先リストを作成し，最新版に更新している。
イ　重要書類は複製せずに，1か所で集中保管している。
ウ　全ての業務について，優先順位なしに同一水準のBCPを策定している。
エ　平時にはBCPを従業員に非公開としている。

問59　監査調書に関する記述のうち，適切なものはどれか。

ア　監査調書には，監査対象部門以外においても役立つ情報があるので，全て企業内で公開すべきである。
イ　監査調書の役割として，監査実施内容の客観性を確保し，監査の結論を支える合理的な根拠とすることなどが挙げられる。
ウ　監査調書は，通常，電子媒体で保管されるが，機密保持を徹底するためバックアップは作成すべきではない。
エ　監査調書は監査の過程で入手した客観的な事実の記録なので，監査担当者の所見は記述しない。

解答・解説

問56　ITILの可用性管理のKPIに関する問題

ITサービスの可用性管理は，信頼性，保守性，

サービス性で構成されています。

信頼性	ITサービスを必要とされたときにどれだけ利用できるか，システムが故障しづらいことを示す指標で，平均サービス・インシデント間隔（MTBSI：Mean Time Between Service Incidents），平均故障間隔（MTBF：Mean Time Between Failure），一定期間内のサービス停止回数で表される
保守性	障害が発生したときにどれだけ早く障害が回復して，サービスを利用できるかの指標で，平均サービス回復時間（MTRS：Mean Time to Restore Service），平均修理時間（MTTR：Mean Time To Repair）で表される
サービス性	サプライヤが合意したサービスレベルの可用性，信頼性，保守性を含めた指標

ア：信頼性の指標値です。

イ：MTBF（Mean Time Between Failures）で，信頼性の指標値です。

ウ：MTBSI（Mean Time Between Service Incidents）で，信頼性の指標値です。

エ：正しい。

問57 データ管理者（DA）とデータベース管理者（DBA）に関する問題

DA（Data Administrator）は，データ管理のポリシー作成や標準化，モデル化などを担当します。

一方，DBA（Data Base Administrator）は，データベースというシステムの管理者であり，データそのものの管理ではなく，システムの安定稼働のために必要となるデータ量の分析やパフォーマンスチューニングを行い，障害発生時のデータ復旧の計画策定や実施，整合性の確認などの業務を行います。

ア，**ウ**，**エ**はDBAの役割です。したがって，答えは**イ**になります。

問58 BCPに関する問題

事業継続計画（BCP：Business Continuity Plan）とは，自然災害，大火災，テロ攻撃などの予期せぬ事象が発生した場合に，企業が最低限の業務（中核となる業務）を継続，あるいは早期に復旧・再開できるようにするために，緊急時における事業継続のための方法，手段などを事前に取り決めておく行動計画のことです。

災害や事故が発生した場合には，まず「BCPを発動」して，「最も緊急度の高い業務を対象に，代替設備や代替手段に切り替え，復旧作業の推進，要員などの経営資源のシフトを実施」して業務を再開します。次のステップとしては，「代替設備や代替手段の運営を継続しながら，さらに業務範囲を拡大」し，平常運用の全面回復へとつなげていきます。

ア：正しい。緊急時に確実に従業員と連絡が取れるように体制を整えておくべきです。

イ：集中管理している場所で災害や事故が発生すると，重要書類が滅失する可能性があります。

ウ：事象が発生した場合には，最も緊急度の高い核業務から再開を図るので，各業務には優先度を付けておく必要があります。

エ：BCPは平時から全従業員に周知徹底しておかないと，緊急時にうまく対応できません。

問59 監査調書に関する問題

システム監査基準によれば，監査調書は，システム監査の実施内容の客観性などを確保するために作成します。監査のプロセスを記録して，これを基に監査の結論を導く合理的な根拠となるものなので，適切に保管しなければなりません。

ア：十分な注意を払って保管し，散逸，改ざんなどに留意しなければならないので，全てを企業内に公開すべきではありません。

イ：正しい。

ウ：監査調書の受け渡し，持ち出しなどのルールを定め，未承認アクセスに対する防止策，及び適切なバックアップ対策を講じます。

エ：システム監査人が発見した事実（事象，原因，影響範囲など）及び発見事実に関するシステム監査人の所見を記述します。

解答	問56 **エ**	問57 **イ**
	問58 **ア**	問59 **イ**

問60 監査証拠の入手と評価に関する記述のうち，システム監査基準（平成30年）に照らして，適切でないものはどれか。

ア　アジャイル手法を用いたシステム開発プロジェクトにおいては，管理用ドキュメントとしての体裁が整っているものだけが監査証拠として利用できる。

イ　外部委託業務実施拠点に対する監査において，システム監査人が委託先から入手した第三者の保証報告書に依拠できると判断すれば，現地調査を省略できる。

ウ　十分かつ適切な監査証拠を入手するための本調査の前に，監査対象の実態を把握するための予備調査を実施する。

エ　一つの監査目的に対して，通常は，複数の監査手続を組み合わせて監査を実施する。

問61 システム管理基準（平成30年）によれば，ITシステムの運用・利用におけるログ管理に関する記述のうち，適切なものはどれか。

ア　取得したログは，不正なアクセスから保護し，内容が改ざんされないように保管する。

イ　通常の運用範囲を超えたアクセスや違反行為に関するログを除外し，運用の作業ログ，利用部門の活動ログを記録し，保管する。

ウ　特権的アクセスのログは，あまり重要ではないので，分析対象から除外する。

エ　保管したログは，情報セキュリティインシデントが発生した場合にだけ分析し，分析結果に応じて必要な対策を講じる。

問62 SOAの説明はどれか。

ア　会計，人事，製造，購買，在庫管理，販売などの企業の業務プロセスを一元管理することによって，業務の効率化や経営資源の全体最適を図る手法

イ　企業の業務プロセス，システム化要求などのニーズと，ソフトウェアパッケージの機能性がどれだけ適合し，どれだけかい離しているかを分析する手法

ウ　業務プロセスの問題点を洗い出して，目標設定，実行，チェック，修正行動のマネジメントサイクルを適用し，継続的な改善を図る手法

エ　利用者の視点から業務システムの機能を幾つかの独立した部品に分けることによって，業務プロセスとの対応付けや他ソフトウェアとの連携を容易にする手法

解答・解説

問60 監査証拠の入手と評価に関する問題

ア：正しい。アジャイル開発手法について，システム監査基準は，「アジャイル開発手法の本

来の意義を損なわないように留意して，監査実施のタイミング，サイクル，作業負荷，及び監査証拠の範囲・種類などを特定して計画を立案する」，「必ずしも管理用ドキュメントとしての体裁が整っていなくとも監査証拠と

して利用できる場合があることに留意する」としています。したがって，監査証拠として利用できるものは，管理用ドキュメントとしての体裁が整っているものだけに限りません。

イ：委託先が第三者による保証を受けている場合は，省略できます。

ウ：監査手続きは，予備調査を実施し，それを踏まえて本調査が実施されます。

エ：監査手続きは，単独で実施されることもありますが，通常は一つの監査目的に対して複数の監査手続きを組み合わせて実施されます。

問61　システム管理基準のITシステムの運用・利用におけるログ管理に関する問題

システム管理基準（平成30年）の運用・利用は，「情報システム及びソフトウェア製品を運用し，情報システム及びソフトウェア製品の利用部門への支援を運用管理者が提供するフェーズ」として，運用管理ルール，運用管理，情報セキュリティ管理，データ管理，ログ管理，構成管理，ファシリティ管理，サービスレベル管理，インシデント管理，サービスデスク管理の10を規定しています。

ログ管理では，「情報システムで発生した問題を識別するためにログを取得し，定期的に分析すること」として，以下が示されています。

①通常の運用範囲を超えたアクセスや違反行為を含めて，運用の作業ログ，利用部門の活動ログを記録し，保管する。

②情報セキュリティインシデント，障害の内容ログ及び原因ログを記録し，保管する。

③取得したログを，認可されていないアクセスから保護し，内容が改ざんされないように保管する。

④保管したログを定期的に分析し，分析結果に応じて必要な対策を講じる。

⑤一定期間保管したログを，適切に廃棄する。

⑥特権的アクセスのログは，その重要性から，多頻度で厳密に分析するなど特別に厳格な管理をする。

⑦組織の関連する全ての情報システムのクロックを，単一の参照時刻源と同期させる。

また，「情報セキュリティ方針に基づいて，適切なツールを利用するなどして，全てのログを一元管理し，即時に分析して，可及的速やかにセキュリティインシデントの予兆や痕跡を取得し，対策を講じる」としています。

ア：正しい。

イ：通常の範囲を超えたアクセスや違反行為に関するログも対象です。

ウ：特権的アクセスのログは特別に厳格な管理をします。

エ：保管したログは，定期的に分析します。

問62　SOAに関する問題

SOA（Service Oriented Architecture：サービス指向アーキテクチャ）とは，アプリケーションやその機能の一部を独立した部品にした「サービス」という単位で扱い，それらを組み合わせてシステムを作成する手法です。

サービスは，あるまとまった処理ができて，標準化されたインタフェースによって呼び出すことができます。個々に独立して稼働し，他のソフトウェアとの連携機能をもち，実装方法や稼働するためのプラットフォームは問わないものです。

SOAを取り入れることによって，システムの作成や変更を柔軟に行え，サービスをさまざまなシステムから呼び出して使うことができるので，サービスの再利用の向上も期待できます。

ア：ERP（企業資源計画）の説明です。

イ：フィット＆ギャップ分析の説明です。

ウ：PDCAサイクルの説明です。

エ：正しい。

解答	問60 **ア**	問61 **ア**	問62 **エ**

問 63　BPOの説明はどれか。

ア　災害や事故で被害を受けても，重要事業を中断させない，又は可能な限り中断期間を短くする仕組みを構築すること

イ　社内業務のうちコアビジネスでない事業に関わる業務の一部又は全部を，外部の専門的な企業に委託すること

ウ　製品の基準生産計画，部品表及び在庫情報を基に，資材の所要量と必要な時期を求め，これを基準に資材の手配，納入の管理を支援する生産管理手法のこと

エ　プロジェクトを，戦略との適合性や費用対効果，リスクといった観点から評価を行い，情報化投資のバランスを管理し，最適化を図ること

問 64　IT投資効果の評価方法において，キャッシュフローベースで初年度の投資によるキャッシュアウトを何年後に回収できるかという指標はどれか。

ア　IRR（Internal Rate of Return）　　　**イ**　NPV（Net Present Value）

ウ　PBP（Pay Back Period）　　　**エ**　ROI（Return On Investment）

問 65　非機能要件の使用性に該当するものはどれか。

ア　4時間以内のトレーニングを受けることで，新しい画面を操作できるようになること

イ　業務量がピークの日であっても，8時間以内で夜間バッチ処理を完了できること

ウ　現行のシステムから新システムに72時間以内に移行できること

エ　地震などの大規模災害時であっても，144時間以内にシステムを復旧できること

問 66　UMLの図のうち，業務要件定義において，業務フローを記述する際に使用する，処理の分岐や並行処理，処理の同期などを表現できる図はどれか。

ア　アクティビティ図　　　**イ**　クラス図

ウ　状態マシン図　　　**エ**　ユースケース図

解答・解説

問 63　BPOに関する問題

BPO（Business Process Outsourcing）とは，自社の業務を外部に委託する（アウトソーシング）することです。外部のノウハウや専門スキルを活用できて効率的な業務運用を図ることができる，コストの削減が期待できる，中核的な業務

（コアビジネス）に集中できるなどの効果が期待できます。

ア：災害や事故などが発生しても事業を継続できるように策定しておく事業継続計画（BCP：Business Continuity Plan）の説明です。

イ：正しい。

ウ：生産計画を基に製品の構成部品（資材）の最適な発注量と発注時期を求めて発注する所要量計画（MRP：Material Requirement Planning）の説明です。

エ：情報化投資のバランスを管理して，全体の最適化を図るITポートフォリオの説明です。

問
64
IT投資効果の評価方法に関する問題

ア：IRR（Internal Rate of Return）…内部収益率。投資期間のキャッシュフローの正味現在価値（NPV）が0となる割引率（将来の価値を現在の価値に換算するために用いられる割合）とされ，投資期間を考慮した投資判断の指標の一つです。

イ：NPV（Net Present Value）…正味現在価値。将来得られるキャッシュフローの現在価値から投資額を差し引いたもので投資判断の指標の一つです。NPV>0なら，投資する価値があると判断されます。

ウ：PBP（Pay Back Period）…正しい。資金回収期間で，投資額が何年で回収できるかその期間を示した数字。投資するか，投資を見送るか，判断する指標の一つです。

エ：ROI（Return on Investment）…投資利益率。投資額に対する利益の割合で，投資額に見合った利益を出しているか（投資対効果）評価するための指標です。

問
65
非機能要件の使用性に関する問題

非機能要件の使用性とは，「利用者が製品又はシステムを利用することができる度合い」（JIS X 2510:2013：システム及びソフトウェア製品の品質特性）です。適切度認識性，習得性，運用操作性などの副特性があります。

JIS X 2510:2013では使用性の他，機能適合性，性能効率性，互換性，信頼性，セキュリティ，保守性，移植性を特性として規定しています。

ア：正しい。使用性のうちの習得性（製品又はシステムを使用するために，学習目標を達成するために利用できる度合い）です。

イ：性能効率性の時間効率性（製品又はシステムの機能を実行するとき，応答時間，実行時間などが要求事項を満たす度合い）です。

ウ：移植性の置換性（同じ環境において，同じ目的の別の製品と置き換えることができる度合い）です。

エ：信頼性の回復性（中断又は故障時に直接影響を受けたデータを回復し，システムを希望する状態に復元できる度合い）です。

問
66
業務フローを記述する図に関する問題

ア：アクティビティ図…正しい。流れ図に似ているUMLで，処理の流れ（実行順序や条件，制御などの依存関係）を表現する図です。流れ図と異なり，並列や同期の振る舞いを表すこともできます。

イ：クラス図…UMLの中で最もよく使われる図で，クラスの構造やクラス間の静的な関係を表します。

ウ：状態マシン図…オブジェクトの状態がイベントによって遷移する状態を表す図です。各状態の内容や遷移する条件なども明示します。

エ：ユースケース図…UMLにおいて，利用者から見たシステムを表した図です。システムの全体像，システムの機能と利用者の境界を明確に表現できます。

解答	問63 **イ**	問64 **ウ**
	問65 **ア**	問66 **ア**

問 67

PPMにおいて，投資用の資金源として位置付けられる事業はどれか。

ア 市場成長率が高く，相対的市場占有率が高い事業
イ 市場成長率が高く，相対的市場占有率が低い事業
ウ 市場成長率が低く，相対的市場占有率が高い事業
エ 市場成長率が低く，相対的市場占有率が低い事業

問 68

アンゾフの成長マトリクスを説明したものはどれか。

ア 外部環境と内部環境の観点から，強み，弱み，機会，脅威という四つの要因について情報を整理し，企業を取り巻く環境を分析する手法である。
イ 企業のビジョンと戦略を実現するために，財務，顧客，内部ビジネスプロセス，学習と成長という四つの視点から事業活動を検討し，アクションプランまで具体化していくマネジメント手法である。
ウ 事業戦略を，市場浸透，市場拡大，製品開発，多角化という四つのタイプに分類し，事業の方向性を検討する際に用いる手法である。
エ 製品ライフサイクルを，導入期，成長期，成熟期，衰退期という四つの段階に分類し，企業にとって最適な戦略を立案する手法である。

問 69

バイラルマーケティングの説明はどれか。

ア 顧客の好みや欲求の多様化に対応するために，画一的なマーケティングを行うのではなく，顧客一人ひとりの興味関心に合わせてマーケティングを行う手法
イ 市場全体をセグメント化せずに一つとして捉え，一つの製品を全ての購買者に対し，画一的なマーケティングを行う手法
ウ 実店舗での商品販売，ECサイトなどのバーチャル店舗販売など複数のチャネルを連携させ，顧客がチャネルを意識せず購入できる利便性を実現する手法
エ 人から人へ，プラスの評価が口コミで爆発的に広まりやすいインターネットの特長を生かす手法

問 70

半導体産業において，ファブレス企業と比較したファウンドリ企業のビジネスモデルの特徴として，適切なものはどれか。

ア 工場での生産をアウトソーシングして，生産設備への投資を抑える。
イ 自社製品の設計，マーケティングに注力し，新市場を開拓する。
ウ 自社製品の販売に注力し，売上げを拡大する。
エ 複数の企業から生産だけを専門に請け負い，多くの製品を低コストで生産する。

問67 プロダクトポートフォリオマネジメント（PPM）に関する問題

PPMは，製品（事業）を市場成長率と市場占有率の面から，次の四つに区分して，どの位置に属しているかによって評価する手法です。

花形	成長性が高く，占有率も相対的に高く，占有率を維持するためにこれからも投資が必要な製品（事業）
金のなる木	成長性は低いが，占有率の高い成熟した安定した収益を確保できる製品（事業）
問題児	市場の成長性は高いが，まだ占有率が低いため，さらに投資が必要な製品（事業）
負け犬	成長率も占有率も低く，これ以上の投資を避けて事業からの撤退を検討すべき製品（事業）

投資用の資金源と位置付けられるものなので，安定した収益を確保できる「金のなる木」で，「市場成長率が低く，相対的市場占有率が高い事業」です（**ウ**）。

問68 成長マトリクスに関する問題

成長マトリクスとは，H.I アンゾフが提唱した経営戦略の方法論です。縦軸に市場，横軸に製品をとり，それぞれに既存，新規の区分を設けた2次元の表を作り，四つの戦略に分類して配置したものです。

		製品	
		既存	新規
市場	既存	市場浸透	新製品開発
	新規	新市場開拓	多角化

市場浸透戦略	現在の市場で現在の製品の販売を伸ばしていく戦略
新製品開発戦略	現在の市場に新製品を投入していく戦略
新市場開拓戦略	新しい市場に現在の製品を投入していく戦略
多角化戦略	新しい市場に新製品を投入していく戦略

ア：**SWOT分析**の説明です。

イ：**バランススコアカード**の説明です。

ウ：正しい。

エ：**プロダクトライフサイクル**（製品ライフサイクル）の説明です。

問69 バイラルマーケティングに関する問題

バイラルマーケティング（viral marketing）とは，製品やサービスの情報を口コミによって不特定多数に広まっていくようにするマーケティングの手法です。拡散するための主要なツールとしてSNSを活用するので，コストを抑えてマーケティングできる利点があります。また，口コミは好みや年齢が共通する層の間で広がるので，狙った層へマーケティングできます。

バイラルマーケティングを行うためには，バイラルコンテンツといわれるコンテンツ（動画が多い）を作成してSNSで発信します。コンテンツが利用者同士で広まっていくと，非常に高い宣伝効果が期待できます。

ア：**ワンツーワンマーケティング**の説明です。

イ：**マスマーケティング**の説明です。

ウ：**オムニチャネル**の説明です。

エ：正しい。

問70 ファウンドリ企業のビジネスモデルに関する問題

半導体産業において**ファブレス企業**（fabless）とは，生産設備を持っていなく，工場での生産は他企業に委託する企業です。自社では，製品の企画・設計や販売などを行い（設計だけを行う企業もある），生産は行いません。

これに対して，**ファウンドリ企業**（foundry）は，生産設備を持っていて，他社の設計データに基づいて，半導体製品の生産を請け負って行う企業です。したがって，答えは**エ**です。

解答	問67 **ウ**	問68 **ウ**
	問69 **エ**	問70 **エ**

問71

XBRLで主要な取扱いの対象とされている情報はどれか。

ア　医療機関のカルテ情報　　　　　イ　企業の顧客情報
ウ　企業の財務情報　　　　　　　　エ　自治体の住民情報

問72

"かんばん方式"を説明したものはどれか。

ア　各作業の効率を向上させるために，仕様が統一された部品，半製品を調達する。
イ　効率よく部品調達を行うために，関連会社から部品を調達する。
ウ　中間在庫を極力減らすために，生産ラインにおいて，後工程が必要とする部品を自工程で生産できるように，必要な部品だけを前工程から調達する。
エ　より品質が高い部品を調達するために，部品の納入指定業者を複数定め，競争入札で部品を調達する。

問73

製造業のA社では，NC工作機械を用いて，四つの仕事a〜dを行っている。各仕事間の段取り時間は表のとおりである。合計の段取り時間が最小になるように仕事を行った場合の合計段取り時間は何時間か。ここで，仕事はどの順序で行ってもよく，a〜dを一度ずつ行うものとし，FROMからTOへの段取り時間で検討する。

単位　時間

FROM ＼ TO	仕事 a	仕事 b	仕事 c	仕事 d
仕事 a		2	1	2
仕事 b	1		1	2
仕事 c	3	2		2
仕事 d	4	3	2	

ア　4　　　　　　イ　5　　　　　　ウ　6　　　　　　エ　7

問74

会議におけるファシリテータの役割として，適切なものはどれか。

ア　技術面や法律面など，自らが専門とする特定の領域の議論に対してだけ，助言を行う。
イ　議長となり，経営層の意向に合致した結論を導き出すように議論をコントロールする。
ウ　中立公平な立場から，会議の参加者に発言を促したり，議論の流れを整理したりする。
エ　日程調整，資料準備，議事録作成など，会議運営の事務的作業に特化した支援を行う。

解答・解説

問71　XBRLに関する問題

XBRL（extensible Business Reporting Language）とは，財務情報を作成，流通，利用できるように標準化されたXMLベースのコンピュータ言語です。日本産業規格としてJIS X 7201「拡張可能な事業報告言語（XBRL）2.1」が制定

されています。また，金融庁が運営する「金融商品取引法に基づく有価証券報告書などの開示書類に関する電子開示システム」EDINETでは，XBRLを使って財務情報を作成します。XBRLは，タクソミと呼ばれる財務報告の電子ひな型を基に財務情報の枠組みを作成し，インスタンスと呼ばれる内容（データ）を記入します。

XBRL利用して財務情報を作成すると，企業は迅速な決算報告ができます。また，開示された財務情報を利用する投資家，金融機関などは情報を閲覧するだけでなく，データをダウンロードし，加工して利用することができる利点があります。国際的な標準言語なので，海外の財務情報の閲覧や再利用も可能です。

したがって，答えは**ウ**です。

問72 かんばん方式に関する問題

かんばん方式とは，中間在庫をなるべく持たないようにするために，「必要なものを，必要になったとき，必要なだけ作る（ジャスト・イン・タイム）」，トヨタ自動車で考案されて実施した生産方式です。

生産ラインの後工程において部品が必要になったとき，部品の数量を示した作業指示票（これをかんばんという）を前工程に渡して，必要な分だけの部品を調達する仕組みで，他の製造業にも波及しています。

問73 最小の合計段取り時間に関する問題

段取り表を「FROM→TO」で書き直すと，次のようになります。

a→b：2	a→c：1	a→d：2
b→a：1	b→c：1	b→d：2
c→a：3	c→b：2	c→d：2
d→a：4	d→b：3	d→c：2

合計段取り時間が最小になるように仕事を進めなければならないので，FROM TOの各組合せで時間が最小の1に着目します。仕事はどの順序で行ってもよいので，時間が1のa→c，b→a，b→cから始めるとして，以降の組合せを選んでいく

と，段取り時間は以下のようになります。

・a→c→b→d：5
・a→c→d→b：6
・b→a→c→d：4
・b→a→d→c：5
・b→c→a→d：6
・b→c→d→a：7

したがって，合計の段取り時間が最小になるのは「b→a→c→d」で4です（**ア**）。

問74 ファシリテータの役割に関する問題

ファシリテータ（facilitator）は，会議などが円滑に進むように支援する，ファシリテーション（facilitation）を担当する人です。日本ファシリテーション協会によれば，次の四つのスキルが求められるとしています。

- 場のデザインのスキル…最適な議論の進め方や論点を提案してメンバーに共有してもらう
- 対人関係のスキル…話し合いでは，多くの意見や考えを引き出してアイデアを広げ，幅広い論点で考えられるようにする
- 構造化のスキル…出た個々の意見をわかりやすく整理して，論点を絞っていく
- 合意形成のスキル…絞られた論点から，異なる意見を調整して結論を導く

ア：専門外の議論でも発言を促して，議論を広げていくようにします。

イ：中立の立場で議論を支援します。

ウ：正しい。

エ：事務的作業ではなく会議を円滑に進め，結論の形成を支援します。

解答	問71 **ウ**	問72 **ウ**
	問73 **ア**	問74 **ウ**

リーダシップ論のうち，PM理論の特徴はどれか。

ア 優れたリーダシップを発揮する，リーダ個人がもつ性格，知性，外観などの個人的資質の分析に焦点を当てている。
イ リーダシップのスタイルについて，目標達成能力と集団維持能力の二つの次元に焦点を当てている。
ウ リーダシップの有効性は，部下の成熟（自律性）の度合いという状況要因に依存するとしている。
エ リーダシップの有効性は，リーダがもつパーソナリティと，リーダがどれだけ統制力や影響力を行使できるかという状況要因に依存するとしている。

問
76
新製品の設定価格とその価格での予測需要との関係を表にした。最大利益が見込める新製品の設定価格はどれか。ここで，いずれの場合にも，次の費用が発生するものとする。
　　　固定費：1,000,000円
　　　変動費：600円／個

新製品の設定価格（円）	新製品の予測需要（個）
1,000	80,000
1,200	70,000
1,400	60,000
1,600	50,000

ア 1,000　　　イ 1,200　　　ウ 1,400　　　エ 1,600

問
77
A社は，B社と著作物の権利に関する特段の取決めをせず，A社の要求仕様に基づいて，販売管理システムのプログラム作成をB社に委託した。この場合のプログラム著作権の原始的帰属に関する記述のうち，適切なものはどれか。

ア A社とB社が話し合って帰属先を決定する。
イ A社とB社の共有帰属となる。
ウ A社に帰属する。
エ B社に帰属する。

解答・解説

問
75 **PM理論に関する問題**

リーダシップ論は，個人の個性や素質の共通点から優れたリーダの条件を探る「特性理論」から，リーダの行動に注目した「行動理論」，環境・状況によってリーダの対応は変わってくるとする「状況適合理論」など，現在も多くの研究が行わ

れています。

PM理論は，1966年に提唱された行動理論に分類されるリーダシップ論の一つです。リーダ像を目標達成能力（P：Performance function）と集団のチームワークを強化し維持する集団維持能力（M：Maintenance function）の高低（強弱）による組み合わせによってPM型，Pm型，pM型，pm型の四つの型に類型化して表したものです。PとMの大文字はその能力が高いことを，小文字は低いことを表しています。P・Mとも高いPM型が理想的なリーダとされています。

	Pm 型	PM 型
高 ↑ 目標達成能力（P）↓ 低	成果はあげられるが集団をまとめられない	成果をあげられ，集団をまとめられる **理想のリーダ**
	pm 型	pM 型
	成果をあげられなく，集団もまとめられない **リーダ不適格**	集団をまとめられるが成果をあげられない

低 ← 集団維持能力（M） → 高

ア：リーダシップ特性理論（あるいは資質論）です。

イ：正しい。

ウ：リーダは，「部下の成熟の度合い（経験や仕事の習熟度）に合わせて，部下に対する行動を変えることが有効である」とするSL理論です。

エ：状況適応理論のフィードラー理論です。

問 76 最大利益が見込める新製品の設定価格に関する問題

利益および売上は次の式で求めます。

・利益＝売上－費用（固定費＋変動費）
・売上＝設定価格×予測需要

ア：価格設定1,000円，需要予測80,000個の場合
売上＝1,000×80,000＝80,000,000円
費用＝1,000,000＋（600×80,000）
　　　＝49,000,000円
利益＝80,000,000－49,000,000
　　　＝31,000,000円

イ：価格設定1,200円，需要予測70,000個の場合
売上＝1,200×70,000＝84,000,000円
費用＝1,000,000＋（600×70,000）

（右段）

　　　＝43,000,000円
利益＝84,000,000－43,000,000
　　　＝41,000,000円

ウ：設定価格1,400円，需要予測60,000個の場合
売上＝1,400×60,000＝84,000,000円
費用＝1,000,000＋（600×60,000）
　　　＝37,000,000円
利益＝84,000,000－37,000,000
　　　＝47,000,000円

エ：設定価格1,600円，需要予測50,000個の場合
売上＝1,600×50,000＝80,000,000円
費用＝1,000,000＋（600×50,000）
　　　＝31,000,000円
利益＝80,000,000－31,000,000
　　　＝49,000,000円

最大利益が見込める設定価格は，**エ**です。

問 77 著作権に関する問題

プログラムの著作物は，作成した者に著作権が帰属するのが基本です。ただし，法人などに所属している従業員が法人などの発意に基づいて，職務上作成したプログラムは，別段の定めがなければ著作権は法人などに帰属します。

作成の形態による著作権の原始帰属は，次のようになります。

作成形態	著作権の原始帰属
個人	作成者本人
職務	所属している法人など
共同	持ち分を均等に保有
委託	委託先
請負	発注先
派遣	派遣先法人など

問題では，「B社にプログラム作成を委託」しています。著作権の帰属について著作権の譲渡など特段の取決めをしないでB社に委託したので，著作権はB社に帰属します（**エ**）。A社の要求仕様に基づいて作成したことは関係ありません。

解答	問75 **イ**	問76 **エ**	問77 **エ**

問78 不正アクセス禁止法で規定されている，"不正アクセス行為を助長する行為の禁止"規定によって規制される行為はどれか。

ア 業務その他正当な理由なく，他人の利用者IDとパスワードを正規の利用者及びシステム管理者以外の者に提供する。

イ 他人の利用者IDとパスワードを不正に入手する目的で，フィッシングサイトを開設する。

ウ 不正アクセスの目的で，他人の利用者IDとパスワードを不正に入手する。

エ 不正アクセスの目的で，不正に入手した他人の利用者IDとパスワードをPCに保管する。

問79 A社はB社に対して業務システムの設計，開発を委託し，A社とB社は請負契約を結んでいる。作業の実態から，偽装請負とされる事象はどれか。

ア A社の従業員が，B社を作業場所として，A社の責任者の指揮命令に従ってシステムの検証を行っている。

イ A社の従業員が，B社を作業場所として，B社の責任者の指揮命令に従ってシステムの検証を行っている。

ウ B社の従業員が，A社を作業場所として，A社の責任者の指揮命令に従って設計書を作成している。

エ B社の従業員が，A社を作業場所として，B社の責任者の指揮命令に従って設計書を作成している。

問80 欧州へ電子部品を輸出するには，RoHS指令への対応が必要である。このRoHS指令の目的として，適切なものはどれか。

ア 家電製品から有用な部分や材料をリサイクルし，廃棄物を減量するとともに，資源の有効利用を推進する。

イ 機器が発生する電磁妨害が，無線通信機器及びその他の機器が意図する動作を妨げるレベルを超えないようにする。

ウ 大量破壊兵器の開発及び拡散，通常兵器の過剰備蓄に関わるおそれがある場合など，国際社会の平和と安全を脅かす輸出行為を防止する。

エ 電気電子製品の生産から処分までの全ての段階で，有害物質が環境及び人の健康に及ぼす危険を最小化する。

解答・解説

問78 不正アクセス禁止法の不正アクセス行為を助長する行為の禁止に関する問題

不正アクセス禁止法は，「不正アクセス行為の

禁止等に関する法律」といい，「不正アクセスを行う者に対する不正アクセス行為等の禁止・処罰」，「アクセス管理者に対する識別符号等の漏洩防止，アクセス制御機能の高度化等の防御措置と

それを講じるための援助措置」を定めています。

　不正アクセス行為とは，コンピュータネットワークを通じて行われる次の行為です。

> ・他人の識別符号（ID・パスワード，指紋，虹彩，音声，署名など）を無断で入力して利用する不正ログイン。
> ・コンピュータプログラムの不備を衝く，セキュリティホールへの攻撃。

　その他，次の行為が禁止されています。

> ①他人の識別符号を不正に取得する
> 　不正アクセス行為を行うため，あるいは第三者が不正アクセス行為を行うと知っていて，その第三者に提供するために不正に取得する。
> ②不正アクセス行為を助長する行為
> 　「業務その他正当な理由による場合」を除いて，他人の識別符号を提供する行為は全て禁止されています。
> ③他人の識別符号を不正に保管する行為
> 　保管する認識があり，不正アクセスする目的で保管することが禁止されています。
> ④識別符号の入力を不正に要求する行為
> 　フィッシングサイトを公開する，電子メールによってID・パスワードを搾取するフィッシング行為が禁止されています。

ア：正しい。
イ：識別符号の入力を不正に要求する行為です。
ウ：他人の識別符号を不正に取得する行為です。
エ：他人の識別符号を不正に保管する行為です。

問79　請負契約に関する問題

　請負契約とは，注文元から仕事を請け負って，自社の従業員によって仕事を行う契約方式です。A社，B社，B社の従業員の関係は次のようになります。

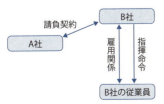

　この関係から，B社の従業員はB社から指揮命令を受けて作業しなければなりません。

ア：委託元としての検証です。
イ：A社の従業員がB社に出向いて行う作業です。
ウ：正しい。偽装請負とは，契約上は請負契約ですが，実態は従業員を注文元の企業で，注文元の指揮命令を受けて作業をさせることです。
エ：B社の責任者の指揮命令に従って作業するので，請負契約です。

問80　RoHS指令への目的に関する問題

　RoHS指令（Directive on the Restriction of the use of certain Hazardous Substances in electrical equipment）とは，特定有害物質使用制限と呼ばれ，冷蔵庫や掃除機などの大型・小型家庭用電気製品，パソコンや携帯電話などの情報技術・電気通信機器，テレビ・アンプ・楽器などの民生用機器，照明機器，電気・電子工具，医療機器，自動販売機など11分類の電気・電子機器類について，有害な物質の使用を禁止するEU（欧州連合）の指令（法令の種類の一つ）です。

　対象となる製品をEU域内へ輸出するときは，RoHS指令に対する適合性評価を行なって，CEマークを貼付する必要があります（CEマーキングという）。適正なCEマークが添付されていないと，EC域内で販売・流通させることができません。

ア：家電リサイクル法（特定家庭用機器再商品化法）の目的です。
イ：EMC（ElectroMagnetic Compatibility：電磁両立）指令の目的です。
ウ：安全保障貿易管理（安全保障輸出管理）の目的です。
エ：正しい。

解答	問78　ア	問79　ウ	問80　エ

〔問題一覧〕
●問1（必須）

問題番号	出題分野	テーマ
問1	情報セキュリティ	通信販売サイトのセキュリティインシデント対応

●問2～問11（10問中4問選択）

問題番号	出題分野	テーマ
問2	経営戦略	化粧品製造販売会社でのゲーム理論を用いた事業戦略の検討
問3	プログラミング	パズルの解答を求めるプログラム
問4	システムアーキテクチャ	クラウドサービスの活用
問5	ネットワーク	ネットワークの構成変更
問6	データベース	クーポン発行サービス
問7	組込みシステム開発	ワイヤレス防犯カメラの設計
問8	情報システム開発	システム間のデータ連携方式
問9	プロジェクトマネジメント	販売システムの再構築プロジェクトにおける調達とリスク
問10	サービスマネジメント	サービスマネジメントにおけるインシデント管理と問題管理
問11	システム監査	販売物流システムの監査

次の問1は必須問題です。必ず解答してください。

問1 通信販売サイトのセキュリティインシデント対応に関する次の記述を読んで，設問1～4に答えよ。

　R社は，文房具やオフィス家具を製造し，店舗及び通信販売サイトで販売している。通信販売サイトでの購入には会員登録が必要である。通信販売サイトはECサイト用CMS（Content Management System）を利用して構築している。通信販売サイトの管理及び運用は，R社システム部門の運用担当者が実施していて，通信販売サイトに関する会員からの問合せは，システム部門のサポート担当者が対応している。

〔通信販売サイトの不正アクセス対策〕
　通信販売サイトはR社のデータセンタに設置されたルータ，レイヤ2スイッチ，ファイアウォール（以下，FWという），IPS（Intrusion Prevention System）などのネットワーク機器とCMSサーバ，データベースサーバ，NTPサーバ，ログサーバなどのサーバ機器と各種ソフトウェアとで構成されている。通信販売サイトは，会員情報などの個人情報を扱うので，様々なセキュリティ対策を実施している。R社が通信販売サイトで実施している不正アクセス対策（抜粋）を表1に示す。

表1 通信販売サイトの不正アクセス対策（抜粋）

項番	項目	対策
1	ネットワーク	IPS による，ネットワーク機器及びサーバ機器への不正侵入の防御
2		ルータ及び FW での不要な通信の遮断
3	ログサーバ	各ネットワーク機器，サーバ機器及び各種ソフトウェアのログを収集
4	CMS サーバ データベースサーバ	不要なアカウントの削除，不要な　　a　　の停止
5		OS，ミドルウェア及び CMS について修正プログラムを毎日確認し，最新版の修正プログラムを適用
6		CMS サーバ上の Web アプリケーションへの攻撃を，　　b　　を利用して検知し防御

　IPSは不正パターンをシグネチャに登録するシグネチャ型であり，シグネチャは毎日自動的に更新される。
　項番4の対策をCMSサーバ及びデータベースサーバ上で行うことで不正アクセスを受けにくくしている。R社では，①項番5の対策を実施するために，OS，ミドルウェア及びCMSで利用している製品について必要な管理を実施して，脆弱性情報及び修正プログラムの有無を確認している。また，項番6の対策で利用している　　b　　は，ソフトウェア型を導入していて，シグネチャはR社の運用担当者が，システムへの影響がないことを確認した上で更新している。

〔セキュリティインシデントの発生〕
　ある日，通信販売サイトが改ざんされ，会員が不適切なサイトに誘導されるというセキュリティインシデントが発生した。通信販売サイトを閉鎖し，ログサーバが収集したログを解析して原因を調査したところ，特定のリクエストを送信すると，コンテンツの改ざんが可能となるCMSの脆弱性を利用した不正アクセスであることが判明した。
　R社の公式ホームページでセキュリティインシデントを公表し，通信販売サイトの復旧とCMSの脆弱性に対する暫定対策を実施した上で，通信販売サイトを再開した。
　今回の事態を重く見たシステム部門のS部長は，セキュリティ担当のT主任に今回のセキュリティインシデント対応で確認した事象と課題の整理を指示した。

〔セキュリティインシデント対応で確認した事象と課題〕
　T主任は関係者から，今回のセキュリティインシデント対応について聞き取り調査を行い，確認した事象と課題を表2にまとめて，S部長に報告した。

表2 セキュリティインシデント対応で確認した事象と課題（抜粋）

項番	確認した事象	課題
1	CMS の脆弱性を利用して不正アクセスされた。	CMS への修正プログラム適用は手順どおり実施されていたが，今回の不正アクセスに有効な対策がとられていなかった。
2	b　　のシグネチャが更新されていなかった。	b　　は稼働していたが，運用担当者がシグネチャを更新していなかった。
3	通信販売サイトが改ざんされてからサイト閉鎖まで時間を要した。	サイト閉鎖を判断し指示するルールが明確になっていなかった。
4		改ざんが行われたことを短時間で検知できなかった。
5	原因調査に時間が掛かり，R社の公式ホームページなどでの公表が遅れた。	ログサーバ上の各機器やソフトウェアのログを用いた相関分析に時間が掛かった。

S部長はT主任からの報告を受け，セキュリティインシデントを専門に扱い，インシデント発生時の情報収集と各担当へのインシデント対応の指示を行うインシデント対応チームを設置するとともに，今回確認した課題に対する再発防止策の立案をT主任に指示した。

〔再発防止策〕
　T主任は，再発防止のために，表2の各項目への対策を実施することにした。
　項番1については，CMSサーバを構成するOS，ミドルウェア及びCMSの脆弱性情報の収集や修正プログラムの適用は実施していたが，②今回の不正アクセスのきっかけとなった脆弱性に対応する修正プログラムはまだリリースされていなかった。このような場合，OS，ミドルウェア及びCMSに対する③暫定対策が実施可能であるときは，暫定対策を実施することにした。
　項番2については，　　b　　の運用において，新しいシグネチャに更新した際に，デフォルト設定のセキュリティレベルが厳し過ぎて正常な通信まで遮断してしまう　　c　　を起こすことがあり，運用担当者はしばらくシグネチャを更新していなかったことが判明した。運用担当者のスキルを考慮して，運用担当者によるシグネチャ更新が不要なクラウド型　　b　　サービスを利用することにした。
　項番3については，　　d　　がセキュリティインシデントの影響度を判断し，サイト閉鎖を指示するルールを作成して，サイト閉鎖までの時間を短縮するようにした。
　項番4については，サイトの改ざんが行われたことを検知する対策として，様々な検知方式の中から未知の改ざんパターンによるサイト改ざんも検知可能であること，誤って検知することが少ないことから，ハッシュリスト比較型を利用することにした。
　項番5については，④各ネットワーク機器，サーバ機器及び各種ソフトウェアからログを収集し時系列などで相関分析を行い，セキュリティインシデントの予兆や痕跡を検出して管理者へ通知するシステムの導入を検討することにした。
　T主任は対策を取りまとめてS部長に報告し，了承された。

設問 1

表1中の　　a　　に入れる適切な字句を5字以内で答えよ。

設問 2

本文及び表1，2中の　　b　　に入れる適切な字句をアルファベット3字で答えよ。

設問 3

本文中の下線①で管理するべき内容を解答群の中から全て選び，記号で答えよ。

解答群
- ア　販売価格
- イ　バージョン
- ウ　名称
- エ　ライセンス

設問 4

〔再発防止策〕について，(1)～(5)に答えよ。
(1) 本文中の下線②の状況を利用した攻撃の名称を8字以内で答えよ。
(2) 本文中の下線③について，暫定対策を実施可能と判断するために必要な対応を解答群の中から選び，記号で答えよ。

解答群

ア 過去の修正プログラムの内容を確認
イ 修正プログラムの提供予定日を確認
ウ 脆弱性の回避策を調査
エ 同様の脆弱性が存在するソフトウェアを確認

(3) 本文中の ┌─ c ─┐ に入れる適切な字句を解答群の中から選び，記号で答えよ。

解答群

ア 過検知 　　**イ** 機器故障 　　**ウ** 未検知 　　**エ** 予兆検知

(4) 本文中の ┌─ d ─┐ に入れる適切な組織名称を本文中の字句を用いて15字以内で答えよ。
(5) 本文中の下線④のシステム名称をアルファベット4字で答えよ。

問1の ポイント 　セキュリティインシデントの対策

　セキュリティインシデントの種類とその対策に関する問いで，それぞれの専門用語について問われる設問を中心に構成されています。問1の情報セキュリティについては，毎回用語に関する設問が多い傾向であるため，最新の用語を押さえておきましょう。本問を解答するのに直接関係はありませんが，問題文に登場する，レイヤ2スイッチ，IPS，NTPサーバ，シグネチャなどネットワークやセキュリティに関する用語については，こういった機会に再点検してください。

設問1の解説
□□□

・【空欄a】

　コンピュータの稼働中にバックグラウンドに常駐し，実行を続けているプログラムがあります。外部のコンピュータと通信するような機能がサービスとして利用されています。

　不要なサービスが起動していることで，以下のデメリットが挙げられます。

> ・CPUやメモリなどのリソースをムダに消費する
> ・サービスを悪用して，不正にアクセスされるおそれがある

　そのため，不要なサービスは停止するべきです。

解答	a：サービス（4文字）

設問2の解説
□□□

・【空欄b】

　WAF（Web Application Firewall）は，Webアプリケーションへの不正な攻撃を防ぐためのファイアウォールです。通常のファイアウォールやIDS，IPS（侵入検知・防御システム）では検知できないWebアプリケーションの通信をチェックできます。

　WAFには，以下の種類があります。

種類	特徴
アプライアンス型	ネットワーク上に検知のための専用のハードウェアを設置し，運用する方式
ソフトウェア型	Webアプリケーションサーバに，セキュリティソフトウェアをインストールし，運用する方式
クラウド型	クラウドサービスにWAFが提供され，これを利用する方式

解答	b：WAF

設問3の解説

□□□

　セキュリティの脆弱性をふさぐためには，OSやミドルウェアのアップデートを定期的に実施することが有効です。対象となるプログラムとその最新バージョンを確認し，必要に応じてアップデートという流れになるため，プログラムの名称（**ｲ**）とバージョンの管理（**ｳ**）が必要です。

　一方，すでに利用しているOSやミドルウェアに対するアップデートのため，セキュリティ情報を管理する上で，販売価格（**ｱ**）やライセンス（**ｴ**）は必要ありません。

解答	**ｲ**，**ｳ**

設問4の解説

□□□

● （1）について

　下線②の状況を利用した攻撃について問われています。OSやミドルウェアのセキュリティにおける脆弱性が発見され，対策が講じられるまでの間にその脆弱性を突いて攻撃する手法を，ゼロデイ攻撃といいます。

● （2）について

　暫定対策ということは，脆弱性をふさぐための修正プログラムが提供されていない状況で，サイトの運営を続行することを意味します。そのためには回避策を実施し，利用者が安心してサイトを利用できる状態へ進めなければいけません。つまり，**ｳ**の回避策の調査が必要となります。

ｱ：過去の修正プログラムの内容を確認しても，現在発生している攻撃の対策になりません。

ｲ：修正プログラムの提供予定日が判明すれば，サイトを安心して利用してもらうまでに要する期間はわかりますが，それまでサイトを停止しなければいけません。

ｴ：同様の脆弱性が存在するソフトウェアを確認しても，問題となっている攻撃に対する対策にはなりません。

● （3）について

・【空欄c】

　誤検知には2通りのパターンがあります

> ①false negative：不正や異常に対して，正常であると見逃してしまうこと。検知漏れ。
> ②false positive：正常な事象に対して，不正や異常が発生したと誤って判定してしまうこと。過検知。

　本問のように，セキュリティレベルが厳し過ぎて正常な通信まで遮断してしまうのは，false positive（過検知：**ｱ**）になります。

● （4）について

・【空欄d】

　項番3の課題は，「サイト閉鎖を判断し指示するルールが明確になっていなかった」ことです。

　一方，〔セキュリティインシデント対応で確認した事象と課題〕には，インシデント対応チームの設置の目的として，「セキュリティインシデントを専門に扱い，インシデント発生時の情報収集と各担当へのインシデント対応の指示を行う」と書かれています。

　双方の記述を見比べれば，セキュリティインシデントを判断し指示するのは，このインシデント対応チームがふさわしいと考えられます。

● （5）について

　下線④のように，各ネットワーク機器，サーバ機器及び各種ソフトウェアからログを収集し時系列などで相関分析を行い，セキュリティインシデントの予兆や痕跡を検出して管理者へ通知する仕組みが，SIEM（Security Information and Event Management）です。SIEMは，単一の機器のログでは検出の困難な攻撃手法に対して効果を発揮し，分析に手間をかけずにセキュリティインシデントを早期発見できます。反面，適切なルール制定に時間を要することやトラフィックが高くなるデメリットもあります。

解答	(1) ゼロデイ攻撃（6文字） (2) **ｳ** (3) c：**ｱ** (4) d：インシデント対応チーム（11文字） (5) SIEM

次の問2〜問11については**4問を選択**し，答案用紙の選択欄の問題番号を○印で囲んで解答してください。
　なお，5問以上○印で囲んだ場合は，**はじめの4問**について採点します。

問 2　化粧品製造販売会社でのゲーム理論を用いた事業戦略の検討に関する次の記述を読んで，設問1〜3に答えよ。

　A社は，国内大手の化粧品製造販売会社である。国内に八つの工場をもち，自社で企画した商品の製造を行っている。販売チャネルとして，全国の都市に約30の販売子会社と約200の直営店をもち，更に加盟店契約を結んだ約2万の化粧品販売店（以下，加盟店という）がある。卸売会社を通さずに販売子会社から加盟店への流通チャネルを一本化して販売価格を維持してきた。加盟店から加盟店料を徴収する見返りに，販売棚などの什器の無償貸出やA社の美容販売員の加盟店への派遣などのA社独自の手厚い支援を通じて，共存共栄の関係を築いてきた。化粧品販売では実際に商品を試してから購入したいという顧客ニーズが強く，A社の事業は加盟店の販売網による店舗販売が支えていた。また，各工場に隣接された物流倉庫から各店舗への配送は，外部の運送会社に従量課金制の契約で業務委託している。
　A社の主な顧客層は，20〜60代の女性だが，近年は10代の若者層が増えている。取扱商品は，スキンケアを中心にヘアケア，フレグランスなど，幅広く揃えており，粗利益率の高い中高価格帯の商品が売上全体の70％以上を占めている。

〔A社の事業の状況と課題〕
　A社の昨年度の売上高は7,600億円，営業利益は800億円であった。A社は，戦略的な観点から高品質なイメージとブランド力の維持に努め，工場及び直営店を自社で保有し，積極的に広告宣伝及び研究開発を行ってきた。A社では，売上高にかかわらず，これらの設備に係る費用，広告宣伝費及び研究開発費に毎年多額の費用を投入してきたので，総費用に占める固定費の割合が高い状態であった。
　A社の過去3年の売上高及び営業利益は微増だったが，今年度は，売上高は横ばい，営業利益は微減の見通しである。A社は，これまで規模の経済を生かして市場シェアを拡大し，売上高を増やすことによって営業利益を増やすという事業戦略を採ってきたが，景気の見通しが不透明であることから，景気が悪化しても安定した営業利益を確保することを今後の経営の事業方針とした。①これまでの事業戦略は今後の経営の事業方針に適合しないので，主に固定費と変動費の割合の観点から費用構造を見直し，これに従った事業戦略の策定に着手した。

〔ゲーム理論を用いた事業戦略の検討〕
　事業戦略の検討を指示された経営企画部は，まず固定費の中で金額が大きい自社の工場への設備投資に着目し，今後の設備投資に関して次の三つの案を挙げた。
(1) 積極案：全8工場の生産能力を拡大し，更に新工場を建設する。
(2) 現状維持案：全8工場の生産能力を現状維持する。
(3) 消極案：主要6工場の生産能力を現状維持し，それ以外の2工場を閉鎖する。
　表1は，景気の見通しにおける設備投資案ごとの営業利益の予測である。それぞれの営業利益の予測は，過去の知見から信頼性の高いデータに基づいている。

表1　景気の見通しにおける設備投資案ごとの営業利益の予測

単位　億円

営業利益の予測		景気の見通し		
		悪化	横ばい	好転
設備投資案	積極案	640	880	1,200
	現状維持案	720	800	960
	消極案	740	780	800

　景気の見通しは不透明で，その予測は難しい。ここで，②設備投資案から一つの案を選択する場合の意思決定の判断材料の一つとしてゲーム理論を用いることが有効だった。この結果，A社の事業方針に従い　　a　　に基づくと，消極案が最適になることが分かった。

　次に，これから最も強力な競合相手となるプレイヤーを加えたゲーム理論を用いた検討を行った。トイレタリー事業最大手B社が，3年前に化粧品事業に本格的に参入してきた。強力な既存の流通ルートを生かし，現在は低価格帯の商品に絞ってドラッグストアやコンビニエンスストアで販売して，化粧品の全価格帯を合わせた市場シェア（以下，全体市場シェアという）を伸ばしている。現在の全体市場シェアはA社が38％，B社が24％である。今後，中高価格帯の商品の市場規模は現状維持で，低価格帯の商品の市場規模が拡大すると予測しているので，両社の全体市場シェアの差は更に縮まると懸念している。

　経営企画部は，これを受けて今後A社が注力すべき商品の価格帯について，次の二つの案を挙げた。ここから一つの案を選択する。
(1) A1案（中高価格帯に注力）：粗利益率が高い中高価格帯の割合を更に増やす。
(2) A2案（低価格帯に注力）：売上高の増加が見込める低価格帯の割合を増やす。
　これに対して，B社もB1案（中高価格帯に注力）又はB2案（低価格帯に注力）から一つを選択するものとする。両社の強みをもつ市場が異なるので，中高価格帯市場で競合した場合は，A社がより有利に中高価格帯の市場シェアを獲得できる。逆に，低価格帯市場で競合した場合は，B社に優位性がある。表2は，A社とB社がそれぞれの案の下で獲得できる全体市場シェアを予測したものである。

表2　注力すべき商品の価格帯の案ごとの全体市場シェアの予測

単位　％

全体市場シェアの予測		B社	
		B1案（中高価格帯に注力）	B2案（低価格帯に注力）
A社	A1案（中高価格帯に注力）	41，22	37，28
	A2案（低価格帯に注力）	36，24	35，30

注記　各欄の左側の数値はA社の全体市場シェア，右側の数値はB社の全体市場シェアの予測を表す。

　A社とB社のそれぞれが，相手が選択する案に関係なく自社がより大きな全体市場シェアを獲得できる案を選ぶとすると，両社が選択する案の組合せは"A社はA1案を選択し，B社はB2案を選択する"ことになる。両社ともここから選択する案を変更すると全体市場シェアは減ってしまうので，あえて案を変更する理由がない。これをゲーム理論では　　b　　の状態と呼び，A社はA1案を選択すべきであるという結果になった。"A1案とB2案"の組合せでのA社の全体市場シェアは37％で，現状よりも減少すると予測されたものの，③A社の全体の営業利益は増加する可能性が高いと考えた。
　後日，経営企画部は，設備投資及び注力すべき商品の価格帯の検討結果を事業戦略案としてまとめ，経営会議で報告し，その内容についておおむね賛同を得た。一方，設備投資に関して

a に基づくと消極案が最適となったことに対し，"景気好転のケースを想定して，顧客チャネルを拡充したらどうか。"という意見が出た。また，注力すべき商品の価格帯に関して中高価格帯を選択することに対し，"更に中高価格帯に注力することには同意するが，低価格帯市場はB社の独壇場になり，将来的に中高価格帯市場までも脅かされるのではないか。"という意見が出た。

〔事業戦略案の策定〕
　経営企画部は，前回の経営会議での意見に従って事業戦略案を策定し，再び経営会議で報告した。
(1) 売上高重視から収益性重視への転換
　・低価格帯中心の商品であるヘアケア分野から撤退する。
　・主要6工場の生産能力は現状維持とし，主にヘアケア商品を生産している2工場を閉鎖する。
　・不採算の直営店を閉鎖し，直営店数を現在の約200から半減させる。
(2) 新たな商品ラインの開発
　・若者層向けのエントリモデルとして低価格帯の商品を拡充する。中高価格帯の商品とは異なるブランドを作り，販売チャネルも変える。具体的には，自社製造ではなく④OEMメーカに製造を委託して需要の変動に応じて生産する。また，直営店や加盟店では販売せずに⑤ドラッグストアやコンビニエンスストアで販売し，A社の美容販売員の派遣を行わない。
(3) デジタル技術を活用した新たな事業モデルの開発
　・インターネットを介した中高価格帯の商品販売などのサービス（以下，ECサービスという）を開始する。2年後のECサービスによる売上高の割合を30％台にすることを目標にする。
　・店舗サービスとECサービスとを連動させて，顧客との接点を増やす顧客統合システムを開発する。

　新たな事業モデルにおけるECサービスでは，例えば，顧客がECサービスを利用して気になる商品があったら，顧客の同意を得てWeb上で希望する加盟店を紹介する。顧客がその加盟店に訪れるのが初めての場合でも，美容販売員は，顧客がECサービスを利用した際に登録した顧客情報を参照して的確なカウンセリングやアドバイスを行うことができるので，効果的な商品販売が期待できる。⑥この事業モデルであれば店舗サービスとECサービスとが両立できることを加盟店に理解してもらう。

　経営企画部の事業戦略案は承認され，実行計画の策定に着手することになった。

設問 1

〔A社の事業の状況と課題〕について，(1)，(2) に答えよ。
(1) A社として固定費に分類される費用を解答群の中から選び，記号で答えよ。

解答群
　ア　化粧品の原材料費　　　　　　　イ　正社員の人件費
　ウ　製造ラインで作業する外注費　　エ　配送を委託する外注費

(2) 本文中の下線①のこれまでの事業戦略が今後の経営の事業方針に適合しないのは，総費用に占める固定費の割合が高い状態が営業利益にどのような影響をもたらすからか。30字以内で述べよ。

設問 2

〔ゲーム理論を用いた事業戦略の検討〕について，(1) ～ (3) に答えよ。
(1) 本文中の下線②について，設備投資案の選択にゲーム理論を用いることが有効だったが，そ

れは表1中の景気の見通し及び営業利益の予測がそれぞれどのような状態で与えられていたからか。30字以内で述べよ。

(2) 本文中の　　a　　，　　b　　に入れる適切な字句を解答群の中から選び，記号で答えよ。

解答群

- ア　混合戦略
- イ　ナッシュ均衡
- ウ　パレート最適
- エ　マクシマックス原理
- オ　マクシミン原理

(3) 本文中の下線③について，このように考えた理由を，25字以内で述べよ。

設問 3

〔事業戦略案の策定〕について，(1)，(2) に答えよ。

(1) 本文中の下線④及び下線⑤の施策について，固定費と変動費の割合の観点から費用構造の変化に関する共通点を，15字以内で答えよ。

(2) 本文中の下線⑥について，A社の経営企画部が新たな事業モデルにおいて店舗サービスとECサービスとが両立できると判断した化粧品販売の特性を，本文中の字句を使って25字以内で述べよ。

問2の ポイント　ゲーム理論を用いた事業戦略

　化粧品製造販売会社におけるゲーム理論を使った事業戦略に関する出題です。ナッシュ均衡，マクシマックス・マクシミン原理など「ゲーム理論の基礎知識，応用力」が問われています。実務的な内容ではありますが，問題をしっかり読み込むことで解答できると思います。

ゲーム理論

　ビジネスで用いられる「ゲーム理論」は主に経営戦略において，自社を有利に導く意思決定に関して使われる。たとえば，景気見通しが不透明な状況下で，景気が良かった場合の最良の結果を重視するか（マクシマックス原理），景気が最悪な状況で，最良の結果を求めることを重視するか（マクシミン原理）など。

設問1の解説
□□□

● (1) について

　選択肢の中から固定費に分類されるものを選びます。固定費とは，商品やサービスの製造にかかる経費のうち，製造数に関わりなく固定的にかかる経費（正社員の人件費，本社にかかるコストな

ど）のことです。

　これに対して，生産数に応じて必要となる経費を変動費といいます。変動費の例としては，材料費，加工費，製造数比例外注費などがあります。

- ア：材料は変動費です。
- イ：固定費です。
- ウ：製造にかかる外注費は変動費です。
- エ：配送数に応じて変動するので変動費です。

● (2) について

　〔A社の事業の状態と課題〕に「A社は総費用に占める固定費（設備費用，広告宣伝費，研究開発費を毎年多額に投入）が高い状態」との内容が記載されています。これまでA社は規模の経済を活かして市場シェアを拡大し，売上高を増やすことによって営業利益を増やす戦略をとっていたので固定費が高くても営業利益が出ていました。しか

し，売上が伸びなくても利益を出すためには，固定費を減らす必要があります。

| 解答 | (1) **ア** |
| | (2) 景気が悪化し，売上が減ると営業利益の確保が難しくなる（25文字） |

設問2の解説
□□□

● （1）について

ゲーム理論は「想定できない不確かな複数の状態（景気など）で起こり得る結果（売上や利益など）を比較検討し，どれを選択するか」を意思決定する場合に向いています。したがって，今回のケースのように，「設備投資案毎の営業利益予想は信頼性が高く，景気の見通しは不透明」の場合の意思決定に有用と考えられます。

● （2）について

・【空欄a】

消極案では，景気悪化の場合の営業利益の額が最も高くなっています。これは，「マクシミン原理」で選んだ結果です。なお，「マクシマックス原理」で選ぶ場合は，最も景気が良かった場合に期待される営業利益が高い1,200の積極案を選ぶことになります。

・【空欄b】

この状態は「ナッシュ均衡」と呼ばれます。ナッシュ均衡とは，ゲーム理論で使われる用語の1つで，複数のプレイヤーが互いに相手と交渉をしない状態で，参加者はとりうる手として最適で，あえて手を変える必要がない状態のことをいいます。

● （3）について

A1案とB2案の組み合わせの結果，全体シェアはA社が37%に減少（現行の38%から1%減少）しますが，A1案でA社は粗利益率が高い中高価格帯の割合を増やすので，A社全体の営業利益は増加する可能性が高いと思われます。

解答	(1) 営業利益予想は信頼性が高く，景気の見通しは不透明な状態（27文字）
	(2) a：**オ** b：**イ**
	(3) 今よりも粗利益率の高い中高価格帯の割合が増えるため（25文字）

設問3の解説
□□□

● （1）について

OEMメーカに製造を委託すると，製造経費は変動費になります。また，直営店や加盟店は固定費がかかるので，それらを使わないと固定費が減ります。したがって，共通するのは「固定費を減らし，変動費率を上げる」ことです。

● （2）について

「化粧品は実際に商品を試してから購入したいというニーズが強い」ことから，デジタルだけでは売上が上がらない可能性が高いと考えられます。そこで，「(3) デジタル技術を活用した新たな事業モデルの開発」に記載されているような，デジタルで集客した見込み客に，店舗で試してもらって購入につながるような流れが有効と考えられます。

| 解答 | (1) 固定費を減らし変動費率を上げる（15文字） |
| | (2) 商品を試してから購入したい顧客ニーズが強いため（23文字） |

問3 パズルの解答を求めるプログラムに関する次の記述を読んで，設問1～3に答えよ。

太線で3×3の枠に区切られた9×9のマスから成る正方形の盤面に，1～9の数字を入れるパズルの解答を求めるプログラムを考える。このパズルは，図1に示すように幾つかのマスに数字が入れられている状態から，数字の入っていない各マスに，1～9のうちのどれか一つの数字を入れていく。このとき，盤面の横1行，縦1列，及び太線で囲まれた3×3の枠内の全てにおいて，1～

9の数字が一つずつ入ることが，このパズルのルールである。パズルの問題例を図1に，図1の解答を図2に示す。

　このパズルを解くための方針を次に示す。

> 方針：数字が入っていない空白のマスに，
> 1〜9の数字を入れて，パズルのルー
> ルにのっとって全部のマスを埋
> めることができる解答を探索する。

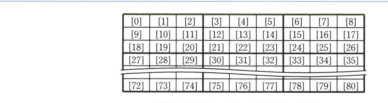

図1　問題例　　　　図2　図1の解答

　この方針に沿ってパズルを解く手順を考える。

〔パズルを解く手順〕
(1) 盤面の左上端から探索を開始する。マスは左端から順に右方向に探索し，右端に達したら一行下がり，左端から順に探索する。
(2) 空白のマスを見つける。
(3) (2) で見つけた空白のマスに，1〜9の数字を順番に入れる。
(4) 数字を入れたときに，その状態がパズルのルールにのっとっているかどうかをチェックする。
　(4-1) ルールにのっとっている場合は，(2) に進んで次の空白のマスを見つける。
　(4-2) ルールにのっとっていない場合は，(3) に戻って次の数字を入れる。このとき，入れる数字がない場合には，マスを空白に戻して一つ前に数字を入れたマスに戻り，(3) から再開する。
(5) 最後のマスまで数字が入り，空白のマスがなくなったら，それが解答となる。

〔盤面の表現〕
　この手順をプログラムに実装するために，9×9の盤面を次のデータ構造で表現することにした。
・9×9の盤面を81個の要素をもつ1次元配列boardで表現する。添字は0から始まる。各要素にはマスに入れられた数字が格納され，空白の場合は0を格納する。
　配列boardによる盤面の表現を図3に示す。ここで括弧内の数字は配列boardの添字を表す。

[0]	[1]	[2]	[3]	[4]	[5]	[6]	[7]	[8]
[9]	[10]	[11]	[12]	[13]	[14]	[15]	[16]	[17]
[18]	[19]	[20]	[21]	[22]	[23]	[24]	[25]	[26]
[27]	[28]	[29]	[30]	[31]	[32]	[33]	[34]	[35]

|[72]|[73]|[74]|[75]|[76]|[77]|[78]|[79]|[80]|

図3　配列 board による盤面の表現

〔ルールのチェック方法〕
　パズルのルールにのっとっているかどうかのチェックでは，数字を入れたマスが含まれる横1行の左端のマス，縦1列の上端のマス，3×3の枠内の左上端のマスを特定し，行，列，枠内のマスに既に格納されている数字と，入れた数字がそれぞれ重複していないことを確認する。このチェックを"重複チェック"という。

〔解法のプログラム〕
　プログラムで使用する配列，関数，変数及び定数の一部を表1に示す。なお，表1の配列及び変数は大域変数とする。

表1　プログラムで使用する配列，関数，変数及び定数の一部

名称	種類	内容
board[ ]	配列	盤面の情報を格納する配列。 初期化時には問題に合わせて要素に数字が設定される。
solve(x)	関数	パズルを解くための手順を実行する関数。 盤面を表すboard[ ]の添字xを引数とする。
row_ok(n, x)	関数	横1行の重複チェックを行う関数。チェック対象の数字n，チェック対象のマスを示す添字xを引数とする。 数字の重複がない場合はtrue，重複がある場合はfalseを返す。
column_ok(n, x)	関数	縦1列の重複チェックを行う関数。チェック対象の数字n，チェック対象のマスを示す添字xを引数とする。 数字の重複がない場合はtrue，重複がある場合はfalseを返す。
frame_ok(n, x)	関数	3×3の枠内の重複チェックを行う関数。チェック対象の数字n，チェック対象のマスを示す添字xを引数とする。 数字の重複がない場合はtrue，重複がある場合はfalseを返す。
check_ok(n, x)	関数	row_ok, column_ok, frame_okを呼び出し，全ての重複チェックを実行する関数。チェック対象の数字n，チェック対象のマスを示す添字xを引数とする。 全てのチェックで数字の重複がない場合はtrue，一つ以上のチェックで数字の重複がある場合はfalseを返す。
div(n, m)	関数	整数nを整数mで割った商を求める関数。
mod(n, m)	関数	整数nを整数mで割った剰余を求める関数。
print_board( )	関数	board[ ]の内容を9×9の形に出力する関数。
row_top	変数	数字を入れようとするマスが含まれる横1行の左端のマスを示す添字を格納する変数。
column_top	変数	数字を入れようとするマスが含まれる縦1列の上端のマスを示す添字を格納する変数。
frame_top	変数	数字を入れようとするマスが含まれる3×3の枠内の左上端のマスを示す添字を格納する変数。
MAX_BOARD	定数	盤面に含まれるマスの数を表す定数で81。

　解法のプログラムのメインプログラムを図4に，関数solveのプログラムを図5に，重複チェックを行うプログラムの一部を図6に示す。

```
function main()
  board[]を初期化する    //問題を盤面に設定する
  solve(0)               //盤面の左上端のマスを示す添字を引数として関数 solve を呼び出す
endfunction
```

図4　メインプログラム

```
function solve(x)
  if (x が MAX_BOARD－1 より大きい)
    print_board()                         //解答を出力する
    exit()                                //メインプログラムの処理を終了する
  else
    if (        ア        )               //対象のマスが空白でない場合
      solve (    イ    )                  //次の探索
    else
      for (n を 1 から 9 まで 1 ずつ増やす)  //1~9 の数字を順にマスに入れる
        if (        ウ        )
          board[x] ← n
          solve (    イ    )              //次の探索
          board[x] ←    エ               //再帰から戻った場合のマスの初期化
        endif
      endfor
    endif
  endif
endfunction
```

図5　関数 solve のプログラム

```
function row_ok(n, x)                        //横1行の重複チェック
    row_top ← [      オ      ]               //行の左端のマスを示す添字を求める
    for (i を 0 から 8 まで 1 ずつ増やす)
        if ( [          カ          ] )
            return false
        endif
    endfor
    return true
endfunction

function column_ok(n, x)                     //縦1列の重複チェック
    column_top ← [      キ      ]            //列の上端のマスを示す添字を求める
    for (i を 0 から 8 まで 1 ずつ増やす)
        if ( [          ク          ] )
            return false
        endif
    endfor
    return true
endfunction

function frame_ok(n, x)                      //3×3 の枠内の重複チェック
    frame_top ← x − [    ケ    ] − mod(x, 3) //枠内の左上端のマスを示す添字を求める
    for (i を 0 から 2 まで 1 ずつ増やす)
        for (j を 0 から 2 まで 1 ずつ増やす)
            if (board[frame_top + 9 * i + j]が n と等しい)
                return false
            endif
        endfor
    endfor
    return true
endfunction
```

図6　重複チェックを行うプログラムの一部

〔プログラムの改善〕

　解法のプログラムは深さ優先探索であり，探索の範囲が広くなるほど，再帰呼出しの回数が指数関数的に増加し，重複チェックの実行回数も増加する。

　そこで，重複チェックの実行回数を少なくするために，各マスに入れることができる数字を保持するためのデータ構造Zを考える。データ構造Zは盤面のマスの数×9の要素をもち，添字xは0から，添字nは1から始まる2次元配列とする。Z[x][n]は，ゲームのルールにのっとってboard[x]に数字nを入れることができる場合は要素に1を，できない場合は要素に0を格納する。データ構造Zの初期化処理と更新処理を表2のように定義した。

　なお，データ構造Zは大域変数として導入する。

表2　データ構造 Z の初期化処理と更新処理

処理の名称	処理の内容
初期化処理	初期化時の盤面に対し，個々の空白のマスについて 1～9 の数字を入れた場合の重複チェックを行う。 重複チェックの結果によって，初期化時の盤面の状態で個々の空白のマスに入れることができない数字は，データ構造 Z の該当する数字の要素に 0 を設定する。それ以外の要素には 1 を設定する。
更新処理	空白のマスに数字を入れたとき，そのマスが含まれる横1行，縦1列，3×3の枠内の全てのマスを対象に，データ構造 Z の該当する数字の要素を 0 に更新する。

　〔パズルを解く手順〕の (1) の前にデータ構造Zの初期化処理を追加し，〔パズルを解く手順〕の (2) ～ (5) を次の (2) ～ (4) のように変更した。

(2) 空白のマスを見つける。

(3) データ構造Zを参照し，(2) で見つけた空白のマスに入れることができる数字のリストを取得し，リストの数字を順番に入れる。

  (3-1) 入れる数字がある場合，①処理Aを行った後，マスに数字を入れる。その後，データ構造Zの更新処理を行い，(2) に進んで次の空白のマスを見つける。

  (3-2) 入れる数字がない場合，マスを空白に戻し，②処理Bを行った後，一つ前に数字を入れたマスに戻り，戻ったマスで取得したリストの次の数字から再開する。

(4) 最後のマスまで数字が入り，空白のマスがなくなったら，それが解答となる。

設問 1

図5中の ア ～ エ に入れる適切な字句を答えよ。

設問 2

図6中の オ ～ ケ に入れる適切な字句を答えよ。

設問 3

〔プログラムの改善〕について，下線①の処理A及び下線②の処理Bの内容を，"データ構造Z"という字句を含めて，それぞれ20字以内で述べよ。

問3の ポイント　パズルの解答を求めるプログラム

9×9のマスで構成される盤面を使ったパズルの解答を求めるプログラムの設計に関する問題です。アルゴリズムの基本的な流れと再帰処理の動きを問われています。難易度は高く時間がかかるところもありますが，配列や添字の動きをよく理解し，処理を丁寧に追いましょう。アルゴリズムの問題は午後では毎回出題されますので，確実に得点できるようにしましょう。

設問1の解説
□□□

このアルゴリズムは，9×9のマスを左上から図3の[0] → [80]の順に処理をします。マスが空白でない場合は処理をせず，空白の場合は1～9の数字を埋めます。ただし入れる数字は，処理中のマスの「横1行，縦1列，3×3の9マス内の全てのマス内に重複がないように数字を選ぶ」必要があります。これを重複チェックと呼び，関数「check_ok(n,x)」で実施します。

関数solveは，引数xが81に到達するとパズルの解答をプリントして終了します。それまでの間（xが80以下の間）はマスを順番に処理し，空白でない場合は次のマスに移り，空白の場合は1～9の数字をマスに入れて重複チェックを行う仕様になっています。これを理解して空欄ア～エを検討します。

・【空欄ア】

「対象のマスが空白でない場合」とコメントにあるので，ここには処理中のマスが空白でない意味の式が入ります。処理中のマスはboard[x]なので，「board[x]が0と等しくない」となります。

・【空欄イ】

対象のマスが空白でない場合は「次の検索」に進みます。いま探索を行っているのはsolve(x)ですから，次はsolve(x+1)に進みます。したがって，空欄イには「x+1」が入ります。

・【空欄ウ】

コメントにあるように，ここでは1～9の数字を順にマスに入れる処理を行っています。数字を入れることができるのは，重複チェックがOKだった場合です。表1より，チェック対象の数字をn，チェック対象のマスをxとした場合の重複チェックはcheck_ok(n, x)で行うことができ，重複がない場合はtrueを返すとあるので，空欄ウは「check_ok(n, x)がtrueと等しい」となります。

ここでマスにいったん数字を入れて，次のマスに移るため「x＋1」を引数に関数solveを呼び出し，以降81のマスすべてが埋まるように関数solveが再帰処理されます。

・【空欄エ】

コメントには「再帰から戻った場合のマスの初期化」とありますので，ここは一旦入れたマスの数字を初期値に戻す「0」が入ります。

> このプログラムでは，あるマスに重複チェックを行い，その時点で問題のない1～9の数字を入れた場合であっても，後続で重複チェックが通らず，数字が入らない場合が発生します。その場合は，最初に入れた数字が正しくなかったことになるので，その数字を変えて再度重複チェックを行い，問題ない次の数字を入れて，以降のマスを同様に処理する必要があります。
>
> 図1の問題例の場合，左上から右に2マス目（x＝1）には，1と2は重複チェックが通らないので入れることができません（横1行に重複数字あり）。3は重複がないのでいったん入ります。左から4マス目（x＝3）にも4が入りますが，6マス目（x＝5）には，6～9の数字は重複があるため，入れることができません。
>
> この場合，左から2マス目（x＝1）の3を0に変更（空欄エの「初期化」）し，nの数字をカウントアップしながら同じように処理を繰り返します。最終的にここには8が入り，以降図2の数字になるよう続けられ，処理が終了することになります。

解答	ア：board[x]が0と等しくない イ：x＋1 ウ：check_ok(n, x)がtrueと等しい エ：0

設問2の解説

図6は重複チェックの機能を持つ関数のプログラムです。このうち，空欄オとカは横1行のチェックロジックです。

・【空欄オ】

処理中のマス（添字x）が属する横1行を特定する左端の位置を求めます。図3を見ながら考えていくとわかりやすいと思います。具体的にはx＝4の場合は0，x＝34の場合は27が求まるような式です。

このためにはxを9で除して商を出し，これに9を乗ずることで求めることができます。たとえば，x＝4の場合，4÷9の商は0で，これに9を乗ずると0×9→0になります。また，x＝34の場合，34÷9の商は3で，これに9を乗ずると3×9＝27になります。これを表1の関数を用いて表すと「div(x, 9)＊9」となります。

・【空欄カ】

空欄カの条件式の結果，falseで上位プログラムに戻っていますので，ここは行の重複があった場合の条件式が入ります。チェックを開始するマスは，「board[row_top]」で，これを横方面の1から9マスを順番にチェックし，nと等しいという意味の式が入るので，「board[row_top＋i]がnと等しい」となります。

・【空欄キ】

処理中のマス（添字はx）が属する縦1列を特定する上端の番号を求めます。これも図3を見ながら考えるとわかりやすいでしょう。たとえば，x＝4の場合は4が求まり，x＝34の場合は，7が求まるような式を考えます。このためには，xを9で除して剰余を出します。たとえば，x＝4の場合，4÷9の商は0で剰余は4です。またx＝34の場合，34÷9の商は3，剰余は7です。したがって，「mod(x, 9)」が入ります。

・【空欄ク】

空欄クの条件式の結果，falseで上位プログラムに戻っています。ここは列の重複があった場合の条件式が入ります。チェックを開始するマスは，「board[column_top]」で，これを縦1～9のマスを順番にチェックし，nと等しいという意味の式が入ります。列の場合は＋9ずつxを増やす必要があるので，「board[column_top＋9＊i]がn

と等しい」が入ります。

・【空欄ケ】

ここでは，frame_topに代入する値，つまり，xが属する3×3マスの左上のマスの添字を求める式を考えます。まず，空欄ケを確認しましょう。

frame_top ← x－ ［ ケ ］ －mod(x, 3)

ここで最後に引いているmod(x, 3)は，xを3で除した結果の剰余ですので，処理中のマス（x）の横3マスの位置が求まります。

x＝0の場合，0÷3→商は0，剰余は0
x＝1の場合，1÷3→商は0，剰余は1
x＝2の場合，2÷3→商は0，剰余は2
x＝3の場合，3÷3→商は1，剰余は0
x＝4の場合，4÷3→商は1，剰余は1
x＝5の場合，5÷3→商は1，剰余は2
                                          ：

このように，剰余は3×3マスの上左端の位置から3マス内の横位置にいくつ離れているかを表現しています。つまり「－mod(x, 3)」することで，xが属する3×3マスの左端を求めることができます。

次に「x－ ［ ケ ］」の意味を考えます。ここでxが属する3×3マスの最上段の添字を求めることができれば，その数字を「－mod（x,3）」することで，xが属する3×3マスの左上端の添字（つまりframe_top）が求められることがわかります。

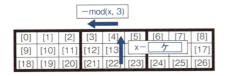

まず，xが何行目にあるかは，xを9で除した商（div(x, 9)）で求めることができます。そして，その行が3×3マスの何行目であるかは，3で除した剰余で求めることができます。これを関数で表すと「mod(div(x, 9), 3)」となります。

これで3×3マス内の何行目にあるかがわかったので，この数字に1行のマスの数である9を乗じてxから減じれば，3×3マスの最上段の添字が求まります。つまり，frame_topに代入する式は次のようになります。

x－mod(div(x, 9), 3)＊9－mod(x, 3)

したがって，空欄ケには「mod(div(x, 9), 3)＊9」が入ります。

解答	オ：div(x, 9)＊9 カ：board[row_top＋i]がnと等しい キ：mod(x, 9) ク：board[column_top＋9＊i]がnと等しい ケ：mod(div(x, 9), 3)＊9

設問3の解説

現在のプログラムの重複チェック回数を減らすために，あらかじめ各マスに入れることができない数字をデータ構造Zに用意しておき，これを使わないようにします。また，空マスに入れた数字は，その数字の重複チェックに使われる要素（横1行，縦1列，3×3の枠内）にも0を更新し，使えないようにします。このように，プログラムを見直した結果の処理Aと処理Bを検討します。

このプログラムでは，先のマスに数字が入っても，後ろのマスで数字が入らないと前に遡って数字を変えてやり直します。この特性から，各チェックで重複する数字を先にデータ構造Zに更新してしまった場合，後続マスで数字が入らなかった場合にデータ構造Zの更新をキャンセル（最初の更新前に復元）する必要があります。

したがって，処理Bは「データ構造Zを処理Aで保存した状態に復元」が入ります。また，処理Aは復元用のデータ構造Zを退避する必要があるので，「データ構造Zの更新前の状態を保存する」になります。

解答	処理A：データ構造Zの更新前の状態を保存する（18文字） 処理B：データ構造Zを処理Aで保存した状態に復元（20文字）

クラウドサービスの活用に関する次の記述を読んで，設問1〜4に答えよ。

J社は自社のデータセンタからインターネットを介して名刺管理サービスを提供している。このたび，運用コストの削減を目的として，クラウドサービスの活用を検討することにした。

〔非機能要件の確認〕

クラウドサービス活用後も従来のサービスレベルを満たすことを基本方針として，その非機能要件のうち性能・拡張性の要件について表1のとおり整理した。

表1　性能・拡張性の要件（抜粋）

中項目	小項目	メトリクス（指標）
業務処理量	通常時の業務量	オンライン処理 ・名刺登録処理 1,000 件／時間， 　データ送受信量 5M バイト／トランザクション ・名刺参照処理 4,000 件／時間， 　データ送受信量 2M バイト／トランザクション
		バッチ処理 ・BI ツール連携処理 1 件／日
	業務量増大度	オンライン処理数増大率 ・1 年の増大率 2.0 倍
性能目標値	オンラインレスポンス	・名刺登録処理 10 秒以内，遵守率 90% ・名刺参照処理 3 秒以内，遵守率 95%
	バッチレスポンス	・BI ツール連携処理 30 分以内

注記　BI：Business Intelligence

〔クラウドサービスの概要〕

クラウドサービスの一覧を表2に示す。

表2　クラウドサービスの一覧

サービス	特徴	料金及び制約
FW	インターネットからの不正アクセスを防ぐことを目的として，インターネットと内部ネットワークとの間に設置する。	・料金 　1 台当たり 50 円／時間
ストレージ	HTML，CSS，スクリプトファイルなどの静的コンテンツ，アプリケーションプログラム（以下，アプリケーションという）で利用するファイルなどを保存，送受信する。	・料金（次の合計額） 　1G バイトの保存 10 円／月 　1G バイトのデータ送信 10 円／月 　1G バイトのデータ受信 10 円／月
IaaS	OS，ミドルウェア，プログラム言語，開発フレームワークなどを自由に選択できる。設定も自由に変更できるので，実行時間の長いバッチ処理なども可能である。ただし，OS やミドルウェアのメンテナンスをサービス利用者側が実施する必要がある。	・料金 　1 台当たり 200 円／時間
PaaS	OS，ミドルウェア，プログラム言語，開発フレームワークはクラウドサービス側が提供する。サービス利用者は開発したアプリケーションをその実行環境に配置して利用する。配置されたアプリケーションは常時稼働し，リクエストを待ち受ける。事前の設定が必要だが，トランザクションの急激な増加に応じて，　　a　　できる。	・料金 　1 台当たり 200 円／時間 ・制約 　1 トランザクションの最大実行時間は 10 分

FaaS	PaaS 同様，アプリケーション実行環境をサービスとして提供する。PaaS では，受信したリクエストを解析してから処理を実行し，結果をレスポンスとして出力するところまで開発する必要があるのに対して，FaaS では，実行したい処理の部分だけをプログラム中で ____b____ として実装すればよい。また，____a____ は事前の設定が不要である。	・料金（次の合計額） 1 時間当たり 10 万リクエストまで 0 円，次の 10 万リクエストごとに 20 円 CPU 使用時間 1 ミリ秒ごとに 0.02 円 ・制約 1 トランザクションの最大実行時間は 10 分。20 分間一度も実行されない場合，応答が 10 秒以上掛かる場合がある。	
CDN	ストレージ，IaaS，PaaS 又は FaaS からのコンテンツをインターネットに配信する。ストレージからの静的コンテンツは，一度読み込むと，更新されるまで ____c____ して再利用される。	・料金（次の合計額） 1 万リクエストまで 0 円，次の 1 万リクエストごとに 10 円 1G バイトのデータ送信 20 円／月	

注記　FW：ファイアウォール
　　　CDN：Content Delivery Network

〔システム構成の検討〕

　現在運用中のサービスは，OSやミドルウェアがPaaSやFaaSの実行環境のものよりも1世代古いバージョンである。アプリケーションに改修を加えずに，そのままのOSやミドルウェアを利用する場合，利用するクラウドサービスはIaaSとなる。

　しかし，①運用コストを抑えるためにオンライン処理はPaaS又はFaaSを利用することを検討する。PaaS又はFaaSでのアプリケーションは，Web APIとして実装する。そのWeb APIは，ストレージに保存されたスクリプトファイルが ____d____ とFWを介してWebブラウザへ配信され，実行されて呼び出される。

　バッチ処理については，登録データ量が増加した場合，②PaaSやFaaSを利用することには問題があることから，IaaSを利用することにした。

　検討したシステム構成案を図1に示す。

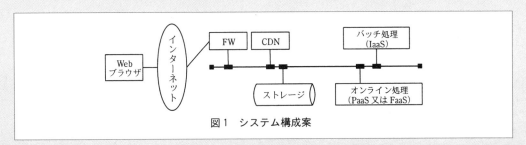

図1　システム構成案

〔PaaSとFaaSとのクラウドサービス利用料金の比較〕

　アプリケーションの実行環境として，PaaS又はFaaSのどちらのサービスを採用した方が利用料金が低いか，通常時の業務量の場合に掛かる料金を算出して比較する。クラウドサービス利用料金の試算に必要な情報を表3に整理した。

表3　クラウドサービス利用料金の試算に必要な情報

項目	情報
PaaS 1 台当たりの処理能力	性能目標値を満たす 1 時間当たりの処理件数 ・名刺登録処理　200 件／台 ・名刺参照処理　500 件／台
FaaS でオンライン処理を実行する場合の CPU 使用時間	・名刺登録処理　50 ミリ秒／件 ・名刺参照処理　10 ミリ秒／件

PaaSの場合，通常時の業務量から，オンライン処理で必要な最小必要台数を求めると，名刺登録処理では5台，名刺参照処理では　　e　　台となる。したがって，1時間当たりの費用は，　　f　　円と試算できる。

FaaSの場合，通常時の業務量から1時間当たりのリクエスト数とCPU使用時間を求め，1時間当たりの費用を試算すると，その費用は　　g　　円となる。

試算結果を比較した結果，FaaSを採用した。

〔オンラインレスポンスの課題と対策〕

クラウドサービスを活用したシステムの運用が始まるとすぐに，早朝や深夜にシステムを利用した際，はじめの画面は表示されるが名刺登録や名刺参照を実行すると，データが表示されるまでに10秒以上の時間を要することがある，との課題が報告された。クラウドサービスで提供されている各サービスのログを確認したところ，　　h　　の制約が原因であることが判明した。そこで，採用したクラウドサービスを別のものには変更せずに，③ある回避策を施したことで，課題を解消することができた。

設問 1

表2中の　　a　　～　　c　　に入れる適切な字句を答えよ。

設問 2

〔システム構成の検討〕について，(1) ～ (3) に答えよ。
(1) 本文中の下線①について，IaaSと比較して運用コストを抑えられるのはなぜか。40字以内で述べよ。
(2) 本文中の　　d　　に入れる適切な字句を，表2中のサービスの中から答えよ。
(3) 本文中の下線②にある問題とは何か。30字以内で述べよ。

設問 3

本文中の　　e　　～　　g　　に入れる適切な数値を答えよ。

設問 4

〔オンラインレスポンスの課題と対策〕について，(1)，(2) に答えよ。
(1) 本文中の　　h　　に入れる適切な字句を，表2中のサービスの中から答えよ。
(2) 本文中の下線③の回避策とは何か。40字以内で述べよ。

問4の ポイント　クラウドサービスの活用

名刺管理サービスを提供する会社のクラウドサービスに関する出題です。IaaS，PaaS，FaaSなどの知識などを問われています。計算問題もあり，時間配分には工夫が必要であるものの，特に難しい用語もなく内容はすべて問題に書かれているので解答しやすいと思います。

IaaS／PaaS／FaaS

3つともコンピュータを稼働させる資源を事業者からサービス型で提供される形態。それぞれ，サービスを提供する範囲の広さに違いがある。

IaaS（Infrastructure as a Service）はサーバ機材やネットワーク回線などのインフラ資源をサービスとして提供する形態。利用者はOSやミドルウェアは自分で用意するため，自由度は高いがそれらを管理運用する必要がある。

PaaS（Platform as a Service）はOSやミドルウェアも含めてサービス事業者が提供する形態で，利用者はアプリケーションの開発やサーバの運用管理に集中できる。

FaaS（Function as a Service）はインフラやOS，ミドルウェアに加え，データベースや関数（ファンクション）までもサービス事業者が提供する形態。利用者は常時サーバを運用する必要がなく，処理が必要なときだけ稼働させて利用することが可能となる。ちなみに，このように常時稼働するサーバを必要としない構成を「サーバレス」という。

Web API

API（Application Programming Interface）は，あるシステムのプログラムが必要とする機能を外部の別のプログラムから呼び出して使う考え方。このような機能をWeb上で利用できるように提供されているのがWeb APIである。

設問1の解説
□□□

・【空欄a】

トランザクションの急増など，サーバ負荷に応じて，自動的にサーバの台数を増やすことを「スケールアウト」といいます。逆に減らすことを「スケールイン」といいます。

・【空欄b】

Faasにおいて，必要に応じて利用するのは「関数」です。「ファンクション」と解答してもおそらく大丈夫でしょう。

・【空欄c】

「一度読み込むと更新するまで再利用される」とあるので，これは「キャッシュ」です。

解答	a：スケールアウト　　b：関数 c：キャッシュ

設問2の解説
□□□

● （1）について

IaaSとPaaSの違いは，前者がOSやミドルウェアの管理を利用者が行う必要があることに対し，後者は，それらを事業者が行い，利用者が行う必要がない点です。したがって，「サービス利用側がOSやミドルウェア運用を行う必要がなく運用コストを減らせるから」となります。

● （2）について
・【空欄d】

「Web APIは，ストレージに保存されたスクリプトファイルが　d　とFWを介してWebブラウザに配信されて実行される」と記載されています。図1を見ると，ストレージとWebブラウザの間には，FWと並んでCDNが配置されています。表2の説明でも，「コンテンツをインターネットに配信する」とあるので，ここは「CDN」です。

● （3）について

表2のPaaSとFaaSの制約には，どちらも「1トランザクションの最大実行時間は10分」であることが記載されています。しかし，表1のバッチレスポンスの性能目標値には，「BIツール連携処理30分以内」とありますので，10分ではバッチ処理を終えることができない事態が発生することが考えられます。

解答	(1) サービス利用側がOSやミドルウェア運用を行う必要がなく運用コストを減らせるから（39文字） (2) d：CDN (3) バッチ処理の処理実行時間が最大実行時間の10分を超過する（28文字）

設問3の解説
□□□

・【空欄e】

通常時の業務量では，表1から「名刺参照処理4,000件／時間」が必要です。PaaSの処理能力は，表3より1時間1台あたり名刺参照処理が500件処理できるとあります。したがって，

$$4{,}000件 \div 500件 = 8台$$

が必要です。

・【空欄f】

　名刺登録で5台，名刺参照で8台なので，合計では13台利用することになります。料金は，表2から1時間あたり200円とわかるので，

$$13台 \times 200円 = 2{,}600円$$

となります。

・【空欄g】

　表3より，名刺登録処理で1件あたり50ミリ秒のCPUを使います。これが，1時間あたり1,000件，単価が1ミリ秒あたり0.02円なので，名刺登録処理には1時間あたり

$$50ミリ秒 \times 1{,}000件 \times 0.02円 = 1000円$$

かかります。同様に，名刺参照処理は1件あたり10ミリ秒のCPU利用，1時間あたり4,000件，単価が1ミリ秒あたり0.02円なので，

$$10ミリ秒 \times 4{,}000件 \times 0.02円 = 800円$$

かかります。

　なお，1時間あたり10万リクエスト以下なので，リクエスト数課金は0円です。したがって，1時間あたりの費用は，

$$1{,}000円 + 800円 = 1{,}800円$$

となります。

解答	e：8　　f：2,600　　g：1,800

設問4の解説
□□□

● （1）について

・【空欄h】

　「データが表示されるまでに10秒以上の時間を要する」という記述が手がかりです。表2のFaaSの制約には「20分間一度も実行されない場合，応答が10秒以上掛かる場合がある」と説明されています。したがって，空欄hは「FaaS」の制約です。

● （2）について

　20分間一度も実行されない場合，応答に10秒以上掛かる可能性が出てくるので，20分間一度も実行されない状態を解消することが必要です。

解答	(1) FaaS (2) 20分間一度も実行されない状態を避けるため，定期的にトランザクションを実行する（39文字）

問5 ネットワークの構成変更に関する次の記述を読んで，設問1～3に答えよ。

　P社は，本社と営業所をもつ中堅商社である。P社では，本社と営業所の間を，IPsecルータを利用してインターネットVPNで接続している。本社では，情報共有のためのサーバ（以下，ISサーバという）を運用している。電子メールの送受信には，SaaS事業者のQ社が提供する電子メールサービス（以下，Mサービスという）を利用している。ノートPC（以下，NPCという）からISサーバ及びMサービスへのアクセスは，HTTP Over TLS（以下，HTTPSという）で行っている。P社のネットワーク構成（抜粋）を図1に示す。

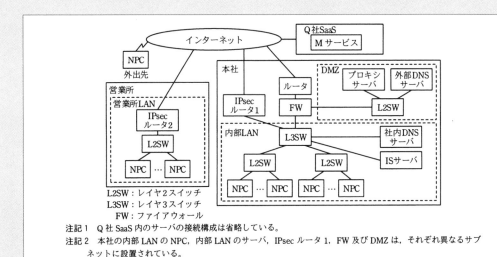

図1　P社のネットワーク構成（抜粋）

L2SW：レイヤ2スイッチ
L3SW：レイヤ3スイッチ
FW：ファイアウォール

注記1　Q社SaaS内のサーバの接続構成は省略している。
注記2　本社の内部LANのNPC，内部LANのサーバ，IPsecルータ1，FW及びDMZは，それぞれ異なるサブ
　　　　ネットに設置されている。

〔P社のネットワーク機器の設定内容と動作〕
　P社のネットワークのサーバ及びNPCの設定内容と動作を次に示す。
・本社及び営業所（以下，社内という）のNPCは，社内DNSサーバで名前解決を行う。
・社内DNSサーバは，内部LANのサーバのIPアドレスを管理し，管理外のサーバの名前解決要求
　は，外部DNSサーバに転送する。
・外部DNSサーバは，DMZのサーバのグローバルIPアドレスを管理するとともに，DNSキャッ
　シュサーバ機能をもつ。
・プロキシサーバでは，利用者認証，URLフィルタリングを行うとともに，通信ログを取得する。
・外出先及び社内のNPCのWebブラウザには，HTTP及びHTTPS通信がプロキシサーバを経由する
　ように，プロキシ設定にプロキシサーバのFQDNを登録する。ただし，社内のNPCからISサーバ
　へのアクセスは，プロキシサーバを経由せずに直接行う。
・ISサーバには，社内のNPCだけからアクセスしている。
・外出先及び社内のNPCからMサービス及びインターネットへのアクセスは，プロキシサーバ経由
　で行う。

　NPCによる各種通信時に経由する社内の機器又はサーバを図2に示す。ここで，L2SWの記述は
省略している。

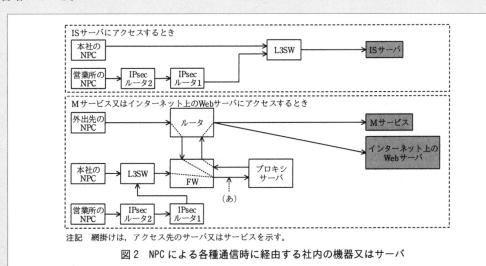

注記　網掛けは，アクセス先のサーバ又はサービスを示す。

図2　NPCによる各種通信時に経由する社内の機器又はサーバ

FWに設定されている通信を許可するルール（抜粋）を表1に示す。

表1　FWに設定されている通信を許可するルール（抜粋）

項番	アクセス経路	送信元	宛先	プロトコル／宛先ポート番号
1	インターネット	any	a	TCP／53，UDP／53
2	→DMZ	any	プロキシサーバ	TCP／8080[1)]
3	DMZ→インター	外部DNSサーバ	any	TCP／53，UDP／53
4	ネット	b	any	TCP／80，TCP／443
5	内部LAN→DMZ	c	外部DNSサーバ	TCP／53，UDP／53
6		社内のNPC	プロキシサーバ	TCP／8080[1)]

注記　FWは，応答パケットを自動的に通過させる，ステートフルパケットインスペクション機能をもつ。

注 [1)]　TCP／8080は，プロキシサーバでの代替HTTPの待受けポートである。

このたび，P社では，サーバの運用負荷の軽減と外出先からの社内情報へのアクセスを目的に，ISサーバを廃止し，Q社が提供するグループウェアサービス（以下，Gサービスという）を利用することにした。Gサービスへの通信は，Mサービスと同様にHTTPSによって安全性が確保されている。Gサービスを利用するためのネットワーク（以下，新ネットワークという）の設計を，情報システム部のR主任が担当することになった。

〔新ネットワーク構成と利用形態〕

R主任が設計した，新ネットワーク構成（抜粋）を図3に示す。

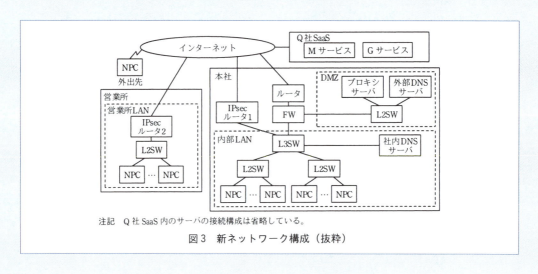

注記　Q社SaaS内のサーバの接続構成は省略している。

図3　新ネットワーク構成（抜粋）

新ネットワークでは，サービスとインターネットの利用状況を管理するために，外出先及び社内のNPCからMサービス，Gサービス及びインターネットへのアクセスを，プロキシサーバ経由で行うことにした。

R主任は，ISサーバの廃止に伴って不要になる，次の設定情報を削除した。

・①NPCのWebブラウザの，プロキシ例外設定に登録されているFQDN
・社内DNSサーバのリソースレコード中の，ISサーバのAレコード。

〔Gサービス利用開始後に発生した問題と対策〕

表Gサービス利用開始後，インターネットを経由する通信の応答速度が，時間帯によって低下するという問題が発生した。FWのログの調査によって，FWが管理するセッション情報が大量にな

ったことによる，FWの負荷増大が原因であることが判明した。そこで，FWを通過する通信量を削減するために，Mサービス及びGサービス（以下，二つのサービスを合わせてq-SaaSという）には，プロキシサーバを経由せず，外出先のNPCはHTTPSでアクセスし，本社のNPCはIPsecルータ1から，営業所のNPCはIPsecルータ2から，インターネットVPNを経由せずHTTPSでアクセスすることにした。この変更によって，q-SaaSの利用状況は，プロキシサーバの通信ログに記録されなくなるので，Q社から提供されるアクセスログによって把握することにした。

外出先及び社内のNPCからq-SaaSアクセス時に経由する社内の機器を図4に示す。ここで，L2SWの記述は省略している。

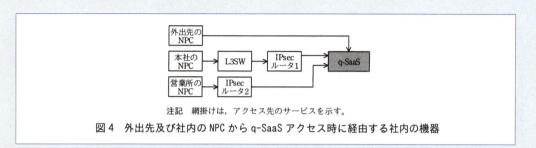

注記　網掛けは，アクセス先のサービスを示す。

図4　外出先及び社内の NPC から q-SaaS アクセス時に経由する社内の機器

図4に示した経路に変更するために，R主任は，②L3SWの経路表に新たな経路の追加，及びIPsecルータ1とIPsecルータ2の設定変更を行うとともに，NPCのWebブラウザでは，q-SaaS利用時にプロキシサーバを経由させないよう，プロキシ例外設定に，Mサービス及びGサービスのFQDNを登録した。

設定変更後のIPsecルータ1の処理内容（抜粋）を表2に示す。IPsecルータ1は，受信したパケットと表2中の照合する情報とを比較し，パケット転送時に一致した項番の処理を行う。

表2　設定変更後の IPsec ルータ 1 の処理内容（抜粋）

項番	照合する情報			処理
	送信元	宛先	プロトコル	
1	内部 LAN	d	HTTPS	NAPT 後にインターネットに転送
2	内部 LAN	e	any	インターネット VPN に転送

IPsecルータ2もIPsecルータ1と同様の設定変更を行う。これらの追加設定と設定変更によってFWの負荷が軽減し，インターネット利用時の応答速度の低下がなくなり，R主任は，ネットワークの構成変更を完了させた。

設問　1

〔P社のネットワーク機器の設定内容と動作〕について，(1) ～ (3)に答えよ。

(1) 業所のNPCがMサービスを利用するときに，図2中の（あ）を通過するパケットのIPヘッダ中の宛先IPアドレス及び送信元IPアドレスが示す，NPC，機器又はサーバ名を，図2中の名称でそれぞれ答えよ。

(2) 外出先のNPCからインターネット上のWebサーバにアクセスするとき，L2SW以外で経由する社内の機器又はサーバ名を，図2中の名称で全て答えよ。

(3) 表1中の a ～ c に入れる適切な機器又はサーバ名を，図1中の名称で答えよ。

設問　2

本文中の下線①について，削除するFQDNをもつ機器又はサーバ名を，図1中の名称で答えよ。

〔Gサービス利用開始後に発生した問題と対策〕について，(1)，(2) に答えよ。

(1) 本文中の下線②について，新たに追加する経路を，"q-SaaS" という字句を用いて，40字以内で答えよ。

(2) 表2中の [d]，[e] に入れる適切なネットワークセグメント，サーバ又はサービス名を，本文中の名称で答えよ。

問5の ポイント ネットワークの構成変更

中堅商社におけるネットワーク構成変更に関する問題です。レイヤ2スイッチ，レイヤ3スイッチ，プロキシサーバ，内部・外部DNSサーバの基礎知識や応用知識を問われています。用語を正しく理解していれば比較的簡単に解答できるレベルの出題です。この機会にしっかり理解してください。

レイヤ2スイッチ，レイヤ3スイッチ

スイッチは，無駄な通信を絞って回線効率を向上させたり，通信内容を秘匿するために，特定のネットワークや端末に通信を振り分ける機能をもつネットワークの中継機器を指す。

OSI参照モデルのデータリンク層（第2層＝レイヤ2）で，MACアドレスで通信の宛先を判断して転送を行う機能を持つものを**レイヤ2スイッチ（L2SW）**と呼ぶ（スイッチングハブともいう）。

レイヤ2スイッチにルーティング機能を持たせ，OSI参照モデルのネットワーク層（第3層＝レイヤ3）でIPアドレスで通信の宛先を判断して転送を行う機能を持つものを**レイヤ3スイッチ（L3SW）**と呼ぶ。同じくレイヤ3の中継機能を持つルータよりも通信の高速性が確保される。これは，レイヤ3スイッチでは使用するプロトコルをTCP/IPに特化し，ハードウェアレベルでルーティング処理を行うため（ルータはソフトウェアレベルで多様なプロトコルに対応する）。

ファイアウォール

オープンな外部ネットワーク（インターネット等）から内部ネットワークを守る防火壁の役割を担うのがファイアウォールである。内部ネットワークは，ウイルスによる被害，不正侵入による重要データの盗聴・破壊などのリスクを抱えているが，これらから内部ネットワークを保護するため，ファイアウォールは外部からの通信の認証，不正通信の廃棄などを行う。

DMZ

DMZ（DeMilitarized Zone）は，インターネットなど外部のネットワークと内部のネットワークの中間に置かれるセグメントのこと（直訳すると「非武装地帯」）。ファイアウォールで囲まれたセグメントとして設置し，外部に開放するサーバ群をインターネットからの不正なアクセスから保護するとともに，内部ネットワークへの被害拡散を防止する。たとえば，Webサーバやメールサーバなどインターネットに公開しなければならないサーバをDMZに設置する。

DNS

DNS（Domain Name System）は，インターネット上のIPアドレスとホスト名を相互変換するための仕組みで，IPアドレスからホスト名を求めたり，その逆を行うことができる。これを「ホストの名前解決」と呼ぶ。

プロキシサーバ

プロキシサーバとは，内部ネットワークに接続されたクライアントPCに代わって外部ネットワーク（インターネット等）とのアクセス（送受信）を行うためのサーバで，キャッシュ機能による負荷軽減，検索速度向上や情報秘匿効果を目的としている。

- ①キャッシュ機能：一度参照したWebページを キャッシュしておき，検索速度を向上させる
- ②情報秘匿機能：クライアントPCのIPアドレス など，情報を外部から秘匿する（外部サイトへ の送信元は，クライアントPCの情報ではなく， プロキシサーバの情報に書き換えられる）

ポート番号

TCPおよびUDP通信において，通信元を特定 するために使用する番号のこと。IPアドレスで は，通信元，通信先のホスト（PCやサーバ）し か特定できないが，ホスト上では複数のサービ スやアプリケーションが動作しているため，ど のサービスやアプリケーションの用途で通信さ れているかを特定する手段が必要になる。これ がポート番号で，たとえばHTTPはポート80， HTTPSはポート443，SMTPはポート25になる。 このように一般に広く使われるポート番号は WELL KNOWN PORT NUMBERと呼ばれ，0〜1023 の範囲で推奨値が決められている。

アプリケーション層で使うポート番号はシス テムで決められ，社外に秘匿することで通信セ キュリティを確保する。

設問1の解説
□□□

●（1）について

〔P社のネットワーク機器の設定内容と動作〕 には，「・外出先及び社内のNPCのWebブラウザ には，HTTP及びHTTPSの通信がプロキシサーバ を経由するように，FQDNを登録する」と記載さ れています。FQDN（完全修飾ドメイン名）と は，サブドメイン名やホスト名などを省略せずに 表記してあるドメイン名のことです。

したがって，営業所のNPCが外部のMサービス を使う場合は，プロキシサーバに向けてIPアドレ スが設定されます。また，（あ）の時点ではプロ キシサーバによって送信元IPアドレスは書き換え られていないので，送信元のIPアドレスは営業所 のNPCのままです。

●（2）について

外出先のNPCからインターネット上のWebサー バまでの通信経路を図2で確認すると，外出先の

NPC→ルータ→FW→プロキシサーバ→FW→ルー タ→インターネット上のWebサーバ，となりま す。したがって，経由するのは「ルータ」「FW」 「プロキシサーバ」です。

●（3）について

・【空欄a】

空欄aはインターネット→DMZの宛先なので， 図1より，DMZ内にある外部DNSとプロキシサー バの2つが考えられます。ポート番号53がDNSの 待受ポートと覚えていれば「外部DNSサーバ」と すぐにわかります。覚えていない場合は，表1の 項番5が項番1と同様にDMZへの通信であり，か つ「TCP／53，UDP／53」宛となっていることか ら，「外部DNSサーバ」が導けます。

・【空欄b】

空欄bはDMZ→インターネットの送信元なの で，空欄aと同様にDMZ内の外部DNSとプロキシ サーバの2つが考えられます。ポート番号80は HTTP，443はHTTPSのポート番号と知っていれ ば，内部からインターネットを利用するための通 信の許可とわかり，「プロキシサーバ」が導けま す。知らない場合は，表の注記にある「8080が プロキシサーバでの代替HTTPポート」という記 述から，「80はHTTPのポート？」と推察するか， 外部DNSサーバがほかの機能も兼用しているよう な記述が問題文にないことから，消去法で「プロ キシサーバ」に絞り込めるかと思います。

・【空欄c】

空欄cは内部LAN→DMZにある外部DNSサーバ への通信です。〔P社のネットワーク機器の設定 内容と動作〕を確認すると，社内DNSサーバは， 管理外のサーバの名前解決要求は，外部サーバに 転送することが記載されていますので，この通信 を許可する必要があります。したがって「社内 DNSサーバ」が入ります。

解答	(1) 宛先IPアドレスが示す，NPC，機器又はサーバ名：プロキシサーバ 送信元IPアドレスが示す，NPC，機器又はサーバ名：営業所のNPC
	(2) ルータ，FW，プロキシサーバ
	(3) a：外部DNS
	b：プロキシサーバ
	c：社内DNSサーバ

設問2の解説

□□□

〔P社のネットワーク機器の設定内容と動作〕には，「社内のNPCからISサーバへのアクセスは，プロキシサーバを経由せずに直接行う」との記載があります。したがって，「ISサーバ」のFQDNが設定されているので，これを削除する必要があります。

解答	ISサーバ

設問3の解説

□□□

● (1) について

以前のネットワークでは，Q社のSaaSを使うにはプロキシサーバを経由する必要があったことから，FWに負荷がかかっている状況でしたが，見直しによってプロキシサーバを経由せずにアクセスできるようになります。このうち，L3SWを経由するのは本社のNPCからの通信です。

〔Gサービス利用開始後に発生した問題と対策〕には，「本社のNPCはIPsecルータ1から（中略）インターネットVPNを経由せずHTTPSでアクセスすることにした」とありますので，この経路をL3SWに追加する必要があります。したがって，「宛先IPアドレスがq-SaaSである通信をIPsecルータ1に転送する経路」となります。

● (2) について

・【空欄d】

表2の項番1はHTTPSプロトコルでインターネットに転送していることから，先述の「本社のNPCはIPsecルータ1から（中略）インターネットVPNを経由せずHTTPSでアクセスすることにした」の通信とわかります。したがって，空欄dには「q-SaaS」が入ります。

・【空欄e】

表2の項番2の「処理」に「インターネットVPNに転送」とあるので，IPsecルータ1からIPsecルータ2への通信とわかります。したがって，空欄eには「営業所LAN」が入ります。

解答	(1) 宛先IPアドレスがq-SaaSである通信をIPsecルータ1に転送する経路（37文字） (2) d：q-SaaS　　e：営業所LAN

問6 クーポン発行サービスに関する次の記述を読んで，設問1～4に答えよ。

K社は，インターネットでホテル，旅館及びレストラン（以下，施設という）の予約を取り扱う施設予約サービスを運営している。各施設は幾つかの利用プランを提供していて，利用者はその中から好みのプランを選んで予約する。会員向けサービスの拡充施策として，現在稼働している施設予約サービスに加え，クーポン発行サービスを開始することにした。

発行するクーポンには割引金額が設定されていて，施設予約の際に料金の割引に利用することができる。K社は，施設，又は都道府県，若しくは市区町村を提携スポンサとして，提携スポンサと合意した割引金額，枚数のクーポンを発行する。

クーポン発行に関しては，提携スポンサによって各種制限が設けられているので，クーポンの獲得，及びクーポンを利用した予約の際に，制限が満たされていることをチェックする仕組みを用意する。

提携スポンサによって任意に設定可能なチェック仕様の一部を表1に，クーポン発行サービスの概要を表2に示す。

表1　提携スポンサによって任意に設定可能なチェック仕様（一部）

提携スポンサ	クーポンの獲得制限	クーポンを利用した予約制限
施設	・同一会員による同一クーポンの獲得可能枚数を，1枚に制限する（以下，"同一会員1枚限りの獲得制限"という）。	・設定した施設だけを予約可能にする。 ・利用金額が設定金額以上の予約だけを可能にする。
都道府県，市区町村	・設定地区に居住する会員だけが獲得可能にする。	・設定地区にある施設だけを予約可能にする。

表2　クーポン発行サービスの概要

利用局面	概要
クーポンの照会	・発行予定及び発行中クーポンの情報は，会員向けのメール配信によって会員に周知され，施設予約サービスにおいて検索，照会ができる。
クーポンの獲得	・発行中のクーポンを利用するためには，会員がクーポン獲得を行う必要がある。 ・クーポン獲得を行える期間は定められている。 ・クーポンの発行枚数が上限に達すると，以降の獲得はできない。
クーポンの利用	・獲得したクーポンは，施設予約サービスにおいて料金の割引に利用できる。 ・1枚のクーポンは一つの予約だけに利用できる。 ・クーポンを利用した予約をキャンセルすると，そのクーポンを別の予約に利用できる。 ・クーポンの利用期間は定められていて，期限を過ぎたクーポンは無効となる。

〔クーポン発行サービスと施設予約サービスのE-R図〕

　クーポン発行サービスと施設予約サービスで使用するデータベース（以下，予約サイトデータベースという）のE-R図（抜粋）を図1に示す。予約サイトデータベースでは，E-R図のエンティティ名をテーブル名に，属性名を列名にして，適切なデータ型で表定義した関係データベースによってデータを管理する。

　クーポン管理テーブルの列名の先頭に"獲得制限"又は"予約制限"が付く列は，クーポンの獲得制限，又はクーポンを利用した予約制限のチェック処理で使用し，チェックが必要ない場合にはNULLを設定する。"獲得制限_1枚限り"には，"同一会員1枚限りの獲得制限"のチェックが必要なときは'Y'を，不要なときはNULLを設定する。

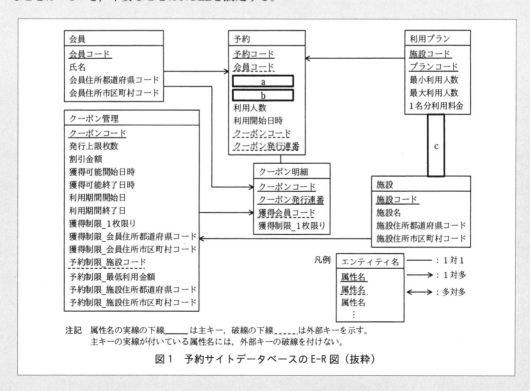

図1　予約サイトデータベースのE-R図（抜粋）

データベース設計者であるL主任は, "同一会員1枚限りの獲得制限"を制約として実装するために, 図2のSQL文によってクーポン明細テーブルに対して, UNIQUE制約を付けた。なお, 予約サイトデータベースにおいては, UNIQUE制約を構成する複数の列で一つの列でもNULLの場合は, UNIQUE制約違反とならない。

```
  d     クーポン明細 ADD CONSTRAINT クーポン明細_IX1
UNIQUE(クーポンコード , 獲得会員コード , 獲得制限_1枚限り)
```

図2 "同一会員1枚限りの獲得制限"を制約とするためのSQL文

L主任は, ①予約テーブルの"クーポンコード", "クーポン発行連番"に対しても, UNIQUE制約を付けた。

予約サイトデータベースでは, 更新目的の参照処理と更新処理においてレコード単位にロックを掛け, 多重処理を行う設定としている。ロックが掛かるとトランザクションが終了するまでの間, 他のトランザクションによる同一レコードに対する処理はロック解放待ちとなる。

〔クーポン獲得処理の連番管理方式〕
クーポン発行サービスと施設予約サービスのCRUD図(抜粋)を図3に示す。
クーポン新規登録処理では, 1種類のクーポンにつき1レコードをクーポン管理テーブルに追加する。クーポン獲得チェック処理では, 獲得可能期間, 会員住所による獲得制限, 発行上限枚数に関するチェックを行う。チェックの結果, エラーがない場合に表示される同意ボタンを押すことによって, クーポン獲得処理を行う。

処理名		テーブル名			
		会員	予約	クーポン管理	クーポン明細
クーポン発行サービス	クーポン新規登録	−	−	C	−
	クーポン獲得チェック	R	−	R	R
	クーポン獲得	R	−	②R	③CR
施設予約サービス	施設予約前チェック	R	R	R	R
	施設予約実行	R	C	−	R
	施設予約キャンセル	R	RD	−	−

注記 C:追加, R:参照, U:更新, D:削除
図3 クーポン発行サービスと施設予約サービスのCRUD図(抜粋)

クーポン発行サービスでは, 上限の定められた発行枚数分のクーポンを抜けや重複なく連番管理する方式が必要になる。特に, 提携スポンサが都道府県, 市区町村であるクーポンは割引金額が大きく, クーポンの発行直後にトラフィックが集中することが予想される。発行上限枚数到達後にクーポン獲得処理が動作する場合の考慮も必要である。L主任は, トラフィック集中時のリソース競合によるレスポンス悪化を懸念して, ロック解放待ちを発生させない連番管理方式(以下, ロックなし方式という)のSQL文(図4)を考案した。このSQL文では, ロックを掛けずに参照し, 主キー制約によってクーポン発行連番の重複レコード作成を防止する。

ここで, 関数COALESCE (A, B)は, AがNULLでないときはAを, AがNULLのときはBを返す。また, ":クーポンコード", ":会員コード"は, 該当の値を格納する埋込み変数である。

```
INSERT INTO クーポン明細 (クーポンコード, クーポン発行連番, 獲得会員コード, 獲得制限_1枚限り)
WITH 発行済枚数取得 AS (SELECT COALESCE(MAX(      e      ), 0) AS 発行済枚数
  FROM クーポン明細 WHERE クーポンコード = :クーポンコード)
SELECT :クーポンコード,
      (SELECT 発行済枚数 + 1 FROM 発行済枚数取得 WHERE
        (SELECT 発行済枚数 FROM 発行済枚数取得) < 発行上限枚数),
      :会員コード, 獲得制限_1枚限り
  FROM クーポン管理 WHERE クーポンコード = :クーポンコード
```

図4　ロックなし方式のSQL文

〔クーポン獲得処理の連番管理方式の見直し〕

ロックなし方式をレビューしたM課長は，トラフィック集中時に主キー制約違反が発生することによって，会員による再オペレーションが頻発するデメリットを指摘し，ロック解放待ちを発生させることによって更新が順次行われる連番管理方式（以下，ロックあり方式という）の検討と方式の比較，高負荷試験の実施を指示した。

L主任は，クーポン管理テーブルに対して初期値が0の"発行済枚数"という列を追加し，このデータ項目のカウントアップによって連番管理をするロックあり方式のSQL文（図5）を考案した。

```
UPDATE クーポン管理 [          f          ]
  WHERE クーポンコード = :クーポンコード AND 発行済枚数 < [    g    ];
INSERT INTO クーポン明細 (クーポンコード, クーポン発行連番, 獲得会員コード, 獲得制限_1枚限り)
SELECT :クーポンコード, 発行済枚数, :会員コード, 獲得制限_1枚限り
  FROM クーポン管理 WHERE クーポンコード = :クーポンコード;
```

図5　ロックあり方式のSQL文

④ロックあり方式では，図3のCRUD図の一部に変更が発生する。
L主任は，ロックなし方式とロックあり方式の比較を表3にまとめ，高負荷試験を実施した。

表3　ロックなし方式とロックあり方式の比較

方式	ロック解放待ち	主キー制約違反による再オペレーション	発行上限枚数に到達後の動作
ロックなし	発生しない	発生する	副問合せで取得する発行済枚数+1の値がNULLになり，クーポン明細テーブルのクーポン発行連番がNULLのレコードを追加しようとして，主キー制約違反となる。
ロックあり	発生する	発生しない	更新が行われず，クーポン明細テーブルのクーポン発行連番が [g] のレコードを追加しようとして，主キー制約違反となる。

注記　表3中の [g   ] には，図5中の [g   ] と同じ字句が入る。

高負荷試験実施の結果，どちらの方式でも最大トラフィック発生時のレスポンス，スループットが規定値以内に収まることが確認できた。そこで，会員による再オペレーションの発生しないロックあり方式を採用することにした。

設問　1

〔クーポン発行サービスと施設予約サービスのE-R図〕について，(1)〜(3)に答えよ。
(1) 図1中の [a   ]〜[c   ] に入れる適切なエンティティ間の関連及び属性名を答え，

E-R図を完成させよ。

なお，エンティティ間の関連及び属性名の表記は図1の凡例及び注記に倣うこと。

(2) 図2中の　　d　　に入れる適切な字句を答えよ。

(3) 本文中の下線①は，どのような業務要件を実現するために行ったものか。30字以内で述べよ。

設問 2

図4中の　　e　　に入れる適切な字句を答えよ。

設問 3

図5中の　　f　　，　　g　　に入れる適切な字句を答えよ。

設問 4

本文中の下線④について，図3中の下線②，下線③の変更後のレコード操作内容を，注記に従いそれぞれ答えよ。

問6の ポイント ｜ クーポン発行サービス

ホテルや旅館，レストランなどの施設予約サービスのクーポン発行サービスの設計に関する問題です。E-R図，エンティティ，データ抽出用クエリなどの知識や主キー，外部キー，制約などの知識が要求されています。午

前問題も含めて，応用情報技術者試験ではデータベース関係の問題はよく出題されるので，特にE-R図（巻頭11ページを参照），クエリについてはよく理解しておく必要があります。

設問1の解説

□□□

● （1）について

・【空欄a，b】

予約に必要な2つの項目を問われています。図1より，予約は利用プランと1対多の関係なので，予約側に利用プランの主キー（施設コード，プランコード）を参照できる外部キーが必要です。したがって，空欄a，bには「施設コード」「プランコード」が入ります。

・【空欄c】

1つの施設には複数の利用プランが関係しますが，利用プランから見ると，1つの施設としか関係しません。したがって，施設→利用プランの1対多の関係になり，空欄cでは上向きの矢印「↑」が入ります。

● （2）について

制約

データベースの整合性を維持するために用いられる機能を制約と呼ぶ。主キーは必ず有効値とする非ナル制約，指定した項目の重複を許さない一意性制約（UNIQUE制約），参照関係がある（複数）テーブル間において相互整合性を維持するためデータの入力や削除を制限する参照制約などがある。

・【空欄d】

UNIQUE制約を既存表に追加する場合は，下記の書式を用います。

```
ALTER TABLE テーブル名
ADD CONSTRAINT 制約名
UNIQUE （項目1，項目2，……）
```

したがって，空欄dには「ALTER TABLE」が入ります。

● （3）について
「予約テーブルの "クーポンコード"，"クーポン発行連番" に対しても，UNIQUE制約を付けた」というのは，予約に同じクーポンコード，クーポン連番が1回しか登録できないことを意味します。これは表2の「クーポンの利用」にある「1枚のクーポンは一つの予約だけに利用できる」を実現するためです。

解答	(1) a：施設コード （a，b順不同） 　　 b：プランコード 　　 c：↑ (2) d：ALTER TABLE (3) 1枚のクーポンは，一つの予約 　　 だけに利用できる（22文字）

設問2の解説
□□□

WITH句
副問い合わせ（サブクエリ）に名前を付け，一時テーブルのように利用できる。以下①ではAS以下のクエリをデータ取得という名前で定義し，②データ取得を全件検索している。
①WITH データ取得 AS （SELECT ＊ FROM テーブル名 WHERE 条件）
②SELECT ＊ FROM データ取得

・【空欄e】
図4のSQL文では，クーポン明細を追加しています。2行目のWITH句は，ASで "発行済枚数" という名前を付け，MAX（ [e] ）として空欄eの最高値を取り出しています。

MAX（項目名）　テーブル項目の最大値を求める

4行目のSELECT以下で発行済枚数＋1を行い，それが，クーポン管理の発行上限枚数以下などの条件を入れていることから，空欄eはクーポン明細の「クーポン発行連番」が入ります。

解答	e：クーポン発行連番

設問3の解説
□□□

UPDATE文の書式は下記となります。

UPDATE（テーブル名）SET（項目名）＝（値）WHERE（条件）

・【空欄f】
「クーポン管理テーブルに初期値が0の "発行済枚数" という列を追加し，このデータ項目のカウントアップによって連番管理をする」と記載されています。
空欄fではクーポン管理にUPDATEしているので，ここは，追加した発行済枚数に1を加算しているものが入ると考えられます。したがって，「SET 発行済枚数＝発行済枚数＋1」になります。
・【空欄g】
クーポンが無限に発行されることがないよう，発行上限枚数を定めていますので，ここには「発行上限枚数」が入ります。

解答	f：SET 発行済枚数＝発行済枚数＋1 g：発行上限枚数

設問4の解説
□□□

ロックあり方式では，クーポン明細のクーポン発行連番ではなく，クーポン管理の発行済枚数を使うように変更されています。このことを反映する必要があります。
下線②のクーポン管理は，参照（R）に加え，追加した発行済枚数の更新（U）が発生するので，「RU」になります。
下線③のクーポン明細は，追加（C）はありますが，参照（R）がなくなります。

解答	下線②：RU 下線③：C

問7 ワイヤレス防犯カメラの設計に関する次の記述を読んで，設問1〜4に答えよ。

　I社は有線の防犯カメラを製造している。有線の防犯カメラの設置には通信ケーブルの配線，電源の電気工事などが必要である。そこで，充電可能な電池を内蔵して，太陽電池と接続することで，外部からの電力の供給が不要なワイヤレス防犯カメラ（以下，ワイヤレスカメラという）を設計することになった。

　ワイヤレスカメラは，人などの動体を検知したときだけ，一定時間動画を撮影する。撮影の開始時にスマートフォン（以下，スマホという）に通知する。また，スマホから要求することで，現在の状況をスマホで視聴することができる。

〔ワイヤレスカメラのシステム構成〕

　ワイヤレスカメラのシステム構成を図1に示す。ワイヤレスカメラはWi-Fiルータを介してインターネットと接続し，サーバ及びスマホと通信を行う。

- カメラ部はカメラ及びマイクから構成される。動画用のエンコーダを内蔵しており，音声付きの動画データを生成する。
- 動体センサは人体などが発する赤外線を計測して，赤外線の量の変化で人などの動体を検知する。

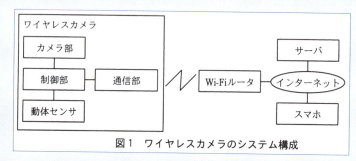

図1　ワイヤレスカメラのシステム構成

- 通信部はWi-FiでWi-Fiルータを介してサーバ及びスマホと通信する。
- 制御部は，カメラ部，動体センサ及び通信部を制御する。

〔ワイヤレスカメラの機能〕

　ワイヤレスカメラには，自動撮影及び遠隔撮影の機能がある。

(1) 自動撮影
- 動体を検知すると撮影を開始する。撮影を開始したとき，スマホに撮影を開始したことを通知する。
- 撮影を開始してからTa秒間撮影する。ここで，Taはパラメタである。
- 撮影した動画データは，一時的に制御部のバッファに書き込まれる。このとき，動画データはバッファの先頭から書き込まれる。Ta秒間の撮影が終わるとバッファの動画データはサーバに送信される。
- 撮影中に新たに動体を検知すると，バッファにあるその時点までの動画データをサーバに送信し始めると同時に，更にTa秒間撮影を行う。このとき，動画データはバッファの先頭から書き込まれる。

(2) 遠隔撮影
- スマホから遠隔撮影開始が要求されると撮影を開始する。
- 撮影した動画データはスマホに送信され，そのままスマホで視聴することができる。
- スマホから遠隔撮影終了が要求される，又は撮影を開始してから60秒経過すると撮影を終了する。
- 撮影中に再度，遠隔撮影開始が要求されると，その時点から60秒間又は遠隔撮影終了が要求されるまで，撮影を続ける。
- ワイヤレスカメラとスマホが通信するときに通信障害が発生すると，データの再送は行わず，障害発生中の送受信データは消滅するが，撮影は続ける。

〔ワイヤレスカメラの状態遷移〕

(1) 状態

ワイヤレスカメラの状態を表1に示す。

表1　ワイヤレスカメラの状態

状態名	説明
待機状態	カメラ部には電力が供給されておらず，撮影していない状態
自動撮影状態	自動撮影だけを行っている状態
遠隔撮影状態	遠隔撮影だけを行っている状態
マルチ撮影状態	自動撮影と遠隔撮影を同時に行っている状態

(2) イベント

状態遷移のトリガとなるイベントを表2に示す。

表2　状態遷移のトリガとなるイベント

イベント名	説明
遠隔撮影開始イベント	スマホから遠隔撮影開始が要求されたときに通知されるイベント
遠隔撮影終了イベント	スマホから遠隔撮影終了が要求されたときに通知されるイベント
動体検知通知イベント	動体センサで動体を検知したときに通知されるイベント
動画データ通知イベント	カメラ部からのエンコードされた動画データが生成されたときに通知されるイベント
自動撮影タイマ通知イベント	自動撮影で使用するタイマで Ta 秒後に通知されるイベント
遠隔撮影タイマ通知イベント	遠隔撮影で使用するタイマで 60 秒後に通知されるイベント

(3) 処理

状態遷移したときに行う処理を表3に示す。それぞれのタイマは新たに設定されると，直前の
タイマ要求は取り消される。

表3　状態遷移したときに行う処理

項番	処理名	処理内容
①	カメラ初期化	撮影を開始するとき，カメラ部に電力を供給して初期化する。
②	撮影終了	カメラ部の電力の供給を停止して撮影を終了する。
③	撮影開始	バッファを初期化して，スマホに撮影を開始したことを通知する。
④	バッファに書込み	動画データをバッファに書き込む。
⑤	サーバに動画データ送信	バッファの動画データをサーバに送信する。
⑥	スマホに動画データ送信	動画データをスマホに送信する。
⑦	自動撮影タイマ設定	自動撮影時の Ta 秒のタイマを設定する。
⑧	遠隔撮影タイマ設定	遠隔撮影時の 60 秒のタイマを設定する。

ワイヤレスカメラの状態遷移図を図2に示す。

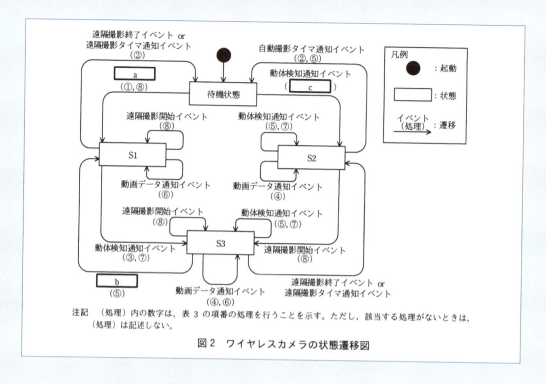

図2 ワイヤレスカメラの状態遷移図

〔サーバに送られた動画データの不具合〕

　自動撮影のテストを行ったとき，サーバに異常な動画データが送られてくる不具合が発生した。通信及びハードウェアには問題がなかった。

　この不具合は，自動撮影中に動体を検知したときに発生しており，バッファの使い方に問題があることが判明した。

　そこで，撮影中に新たに動体を検知した時点で，書き込まれているバッファの続きから動画データを書き込み，バッファの　　d　　まで書き込んだ場合は，バッファの　　e　　に戻る方式の　　f　　に変更した。

設問 1

　時刻t_1に動体を検知して自動撮影を開始した。時刻t_1から時刻t_2まで途切れることなく自動撮影を続けており，時刻t_2に最後の動体を検知した。このときの自動撮影は何秒間行われたか。時間を表す式を答えよ。ここで，処理の遅延及び通信の遅延は無視できるものとする。

設問 2

　スマホから要求を行い動画の視聴を開始した。その10秒後に送受信の通信障害が20秒間発生した。通信障害が発生してから5秒後にスマホから遠隔撮影開始を要求した。スマホでの視聴が終了するのは視聴を開始してから何秒後か。整数で答えよ。ここで，処理の遅延及び通信の遅延は無視できるものとする。

設問 3

　〔ワイヤレスカメラの状態遷移〕について，(1)〜(3)に答えよ。
(1) 図2の状態遷移図の状態S1，S2に入れる適切な状態名を，表1中の状態名で答えよ。
(2) 図2中の　　a　　，　　b　　に入れる適切なイベント名を，表2中のイベント名で答えよ。

(3) 図2中の　　c　　に入れる適切な処理を，表3中の項番で全て答えよ。

設問 4

〔サーバに送られた動画データの不具合〕について，（1）～（3）に答えよ。
(1) 不具合が発生した理由を40字以内で述べよ。
(2) 本文中の　　d　　，　　e　　に入れる適切な字句を答えよ。
(3) 本文中の　　f　　に入れるバッファの名称を答えよ。

設問1の解説
□□□

問題文には「時刻t_1から時刻t_2まで途切れることなく自動撮影を続けた」と記載されているので，この間の撮影時間は「撮影終了時刻－撮影開始時刻」つまり「t_2-t_1」です。

また，「t_2で最後の動体を検知した」とあるので，t_2から自動撮影が終わるまでの時間Taが加わります。これらを合計した「$(t_2-t_1)+Ta$」が撮影時間になります。

撮影終了時刻をt_2+Taとして，「$(t_2+Ta)-t_1$」と計算してもいいでしょう。

解答	$(t_2-t_1)+Ta$　別解：$(t_2+Ta)-t_1$

設問2の解説
□□□

スマホから要求する遠隔撮影の場合は，要求後60秒間か，スマホから停止を指示するまで撮影動画がスマホに配信されます。今回の場合は停止を指示していないので60秒間続きますが，途中で通信障害（要求開始から10秒後に20秒間）が発生しています。

障害発生の5秒後に再度撮影開始を要求していますが，通信障害中なのでこの要求は届きません。また，「障害発生中の送受信データは消滅す

るが，撮影は続ける」とあるので，通信障害中の20秒間の動画はロストしており，この20秒分が60秒に加算されることはありません。したがって，最初の「60秒」で視聴は終了します。

解答	60秒

設問3の解説
□□□

● （1）について

S1，S2，S3は「状態」を表現しています。それぞれ，自動撮影状態，遠隔撮影状態，マルチ状態のどれかが入ります。図2を見ると，S1には遠隔撮影開始イベント（⑧）が繰り返し通知されるようになっているので，S1は「遠隔撮影状態」です。同様に，S2は動体検知通知イベント（⑤，⑦）が繰り返し通知されるようになっているので，こちらは「自動撮影状態」です。

S3には両方のイベントが通知されるので「マルチ撮影状態」になります。

● （2）について
・【空欄a】

このイベント通知で行われる処理は，①と⑧です。①はカメラ初期化，⑧は遠隔撮影タイマ設定で，その後S1（遠隔撮影状態）に遷移します。したがって，表2の中で該当するのは「遠隔撮影

開始イベント」です。

・【空欄b】

S3（マルチ撮影状態）からS1（遠隔撮影状態）に遷移しています。これは，自動撮影と遠隔撮影を両方行っていた状態から，自動撮影が完了（タイマによる計測時間が終了）して，遠隔撮影状態へ遷移することを表しています。したがって，表2の中で該当するのは「自動撮影タイマ通知イベント」です。

● （3）について

・【空欄c】

待機状態から動体検知通知イベントによりS2（自動撮影状態）に遷移しています。動体検知通知イベントの処理は，カメラの撮影開始となるので，これを構成する「①カメラ初期化」「③撮影開始」，そして自動撮影の終了時間を設定する「⑦自動撮影タイマ設定」の3つになります。

解答	(1) S1：遠隔撮影状態 　　　S2：自動撮影状態 (2) a：遠隔撮影開始イベント 　　　b：自動撮影タイマ通知イベント (3) c：①，③，⑦

設問4の解説
□□□

● （1）について

「バッファの使い方に問題がある」に関係する記述としては，〔ワイヤレスカメラの機能〕の

（1）に「撮影中に新たに動体を検知すると，バッファにあるその時点までの動画データをサーバに送信し始めると同時に，さらにTa秒間撮影を行う。このとき，動画データはバッファの先頭から書き込まれる」があります。この記述から「新たな動画データが，バッファの先頭から書き込まれ，前の動画データが上書きされた」ことが想定されます。

● （2）について

・【空欄d，e】

バッファの使い方の問題を避けるために，新たな動画データはバッファの先頭からでなく，前の動画データが書き込まれているバッファの続きから書き込み，バッファの終端（空欄d）まで書き込んだら，バッファの先頭（空欄e）に戻るバッファ方式にします。

● （3）について

・【空欄f】

このような方式のバッファをリングバッファといいます。動画や音楽再生などのストリーミング再生を行う際のバッファリング技術としてよく利用されています。

解答	(1) 新たな動画データが，バッファの先頭から書き込まれ，前の動画データが上書きされた（39文字） (2) d：終端　　e：先頭 (3) f：リングバッファ

問8 システム間のデータ連携方式に関する次の記述を読んで，設問1〜5に答えよ。

バスターミナルを運営するC社は，再開発に伴い，これまで散在していた小規模なバスターミナルを統合した，新たなバスターミナル（以下，新バスターミナルという）を運営することになった。

C社が運営する新バスターミナルには，複数のバス運行事業者（以下，運行事業者という）の高速バス，観光バス，路線バスが発着する。このうち高速バスと観光バスは指定席制又は定員制であり，空席がない場合は乗車できない。乗車券の販売は，各運行事業者が用意する販売端末やホームページで行う。

新バスターミナルでは，新バスターミナルシステムとして，バスの発着を管理する運行管理システム，及びバスの発車時刻，発車番線，空席の有無などを利用者に案内する案内表示システムを導入することになり，C社の情報システム部に所属するD君が，運行事業者から空席の情報を取得するデータ連携方式の設計を行うことになった。

〔新バスターミナルシステムの概要〕
　新バスターミナルシステムの概要を図1に示す。

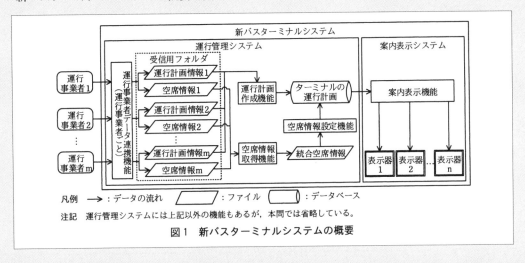

図1　新バスターミナルシステムの概要

　運行管理システムがもつ案内表示に関連する機能を表1に，案内表示システムがもつ機能を表2に，表示器の表示項目の例を表3に示す。

表1　運行管理システムがもつ案内表示に関連する機能

機能	概要
運行事業者データ連携機能	各運行事業者から月に1回提供される運行計画情報，及び各運行事業者との連携によって一定の間隔で得られる空席情報を運行管理システムに取り込む。取り込んだ情報を収めたファイルは，受信用フォルダに格納する。その際，運行事業者ごとに決められたファイル名を使用し，同名のファイルがある場合は，最新のファイルで上書きする。
運行計画作成機能	受信用フォルダに格納された各運行事業者の運行計画情報を基に，新バスターミナルを発着するバスの運行予定を表すターミナルの運行計画を月に1回作成する。このとき，ターミナルの運行計画の空席数には初期値として null を設定する。運休などの変更発生時は，運行事業者からC社に変更情報が送付され，ターミナルの運行計画を変更する。作成したターミナルの運行計画は，案内表示システムからも参照が可能である。
空席情報取得機能	受信用フォルダに格納された高速バスや観光バスを運行する運行事業者の空席情報ファイルを取得し，情報を併合して，高速バス，観光バスの発車日，便ごとの識別情報と空席数を保持する統合空席情報ファイルを作成する。一部の運行事業者の空席情報ファイルが取得できない場合は，取得できた分だけで統合空席情報ファイルを作成する。
空席情報設定機能	統合空席情報ファイルに格納された発車日，便ごとの空席数を基に，ターミナルの運行計画に空席数を設定する。情報は上書きする。統合空席情報ファイルに空席数の情報がない便は，何もしない。

表2　案内表示システムがもつ機能

機能	概要
案内表示機能	ターミナルの運行計画を基に，表3の例のように表示器に出発便の案内表示を行う。表示器は複数の場所に設置されていて，総合案内所や乗り場などの設置場所によって表示の仕方を変える。ターミナルの運行計画に空席数が設定されている便については，空席数に対応する空席記号（〇，△，×）を表示する。表示する空席記号は別途定義するしきい値によって決定する。ターミナルの運行計画の空席数が null の場合は，"―"を表示する。

表3　表示器の表示項目の例

発車時刻	種別	路線・行先	運行事業者	発車番線	空席記号
12:00	高速バス	路線A 〇〇行	F社	1	〇
12:30	路線バス	路線B □□行	E社	4	―
12:45	観光バス	■■周遊コース	H社	2	×
⋮	⋮	⋮	⋮	⋮	⋮

〔運行事業者の概要と連携機能の有無〕

運行事業者データ連携機能の空席情報を取得する処理について，運行事業者が空席情報を含むデータの連携機能をもつ場合には，それを活用する方針とした。そこで，D君は，高速バス，観光バスの運行事業者であるE社，F社，G社，H社について，運行している全てのバスの種別と連携機能の有無を調査した。調査結果を表4に示す。

なお，高速バス，観光バスの運行事業者は上記の4社だけであるが，路線バスだけを運行する運行事業者であるS社，T社が存在する。

表4　E社，F社，G社，H社の調査結果

運行事業者	種別	空席情報に関する連携機能の有無
E社	高速バス 路線バス	高速バスについて，空席情報を含むファイルを作成し，ファイル転送を行う機能がある。ファイル形式は固定長，ファイルの文字コードはシフトJISコードである。
F社	高速バス	要求を受け付け，便ごとの空席数を回答するAPIを提供している。回答の形式はXML，文字コードはUTF-8である。
G社	高速バス 観光バス	高速バス，観光バスについて，空席情報を含むファイルを作成する機能がある。ファイル形式はCSV，ファイルの文字コードはUTF-8である。
H社	観光バス	空席情報に関するファイル作成やAPIの機能はない。ただし，H社Webページに便ごとの空席情報を掲載している。

E社，F社，G社の空席情報の連携機能が提供しているデータ項目の書式と例を表5に示す。

表5　空席情報の連携機能が提供しているデータ項目の書式と例（抜粋）

運行事業者	書式／例	発車日	発車時刻	路線コード	便コード	空席数	座席数
E社	書式	YYYYMMDD	hhmm	3桁	3桁	4桁	4桁
	例	20220510	1200	101	200	0020	0040
F社	書式	YYMMDD	hhmm	5桁[1]		可変長	可変長
	例	220510	1300	90001		10	30
G社	書式	YYYY-MM-DD	hh:mm	3桁	2桁	可変長	可変長
	例	2022-05-10	18:00	301	10	8	40

注記　複数の種別のバスを運行する運行事業者は，路線コードと便コードを共通の書式で管理している。
注[1]　F社は一つのコードで路線と便を管理している。

〔データ項目の検討〕

D君は，表5の情報を基に，運行管理システムが運行事業者から取得する空席情報ファイルのレコード構成，データ項目を検討した。

・空席情報ファイルは，ヘッダレコード1件と必要な数のデータレコードから成り，ヘッダレコードには，作成日，作成時刻に加え，データレコード件数を含めることにした。
・路線コード，便コードが運行事業者間で重複しないよう，二つのコードを結合し，運行事業者ごとのコードを付加した一つのコード（以下，統合便コードという）として取り扱うことにした。この統合便コードは，新バスターミナルシステム全体で使用する。この検討において，①表5の運行事業者以外の情報も調査し，問題がないことを確認した。
・②ファイル形式はCSV形式，文字コードはUTF-8とし，各項目の書式を揃えた。
空席情報ファイルのデータレコードの内容を表6に示す。

表6　空席情報ファイルのデータレコードの内容

発車日	発車時刻	統合便コード	空席数	座席数
YYYYMMDD	hhmm	路線コードと便コードとを結合した文字列の先頭に，運行事業者ごとのコード一文字（運行事業者コード：E, F, G, H, …）を付加して，8桁のコードにする。桁数が8桁に満たない場合は，運行事業者コードの後にゼロパディングを行う。	可変長	可変長

〔連携方法の検討〕
　D君は，連携方法について，それぞれの運行事業者と調整を行った。H社については運行する便数が少ないこともあり，開発費用が比較的安価である③Webページから情報を抽出する方法を用いることにした。連携方法に関する調整結果を表7に示す。

表7　連携方法に関する調整結果

運行事業者	概要
E 社	E 社サーバが E 社の空席情報を含むファイルを C 社向けに変換し，E 社サーバ内に格納する。 E 社サーバが 5 分ごとに FTP で E 社サーバ内の空席情報ファイルを C 社サーバ内の受信用フォルダに送信する。
F 社	C 社サーバが 5 分ごとに F 社 API で空席情報を要求し，API の回答から F 社の空席情報ファイルを作成して C 社サーバ内の受信用フォルダに格納する。
G 社	G 社サーバが G 社の空席情報を含むファイルを C 社向けに変換し，G 社サーバ内に格納する。 C 社サーバが 5 分ごとに FTP で G 社サーバ内の空席情報ファイルを取得し，C 社サーバ内の受信用フォルダに格納する。
H 社	C 社サーバが 5 分ごとに H 社 Web ページから空席情報を取得し，H 社の空席情報ファイルを作成して C 社サーバ内の受信用フォルダに格納する。

〔空席情報取得機能と空席情報設定機能の処理について〕
　D君が検討した空席情報取得機能と空席情報設定機能を用いた空席情報ファイルの取得から設定の処理について，図2に示す。

(1)　受信用フォルダの空席情報ファイルを基に，空席情報を発車日，発車時刻順に格納した統合空席情報ファイルを作成する。
(2)　(1)で使用した運行事業者ごとの空席情報ファイルを，退避用のフォルダに移動し，受信用フォルダから削除する。
(3)　(1)で作成した統合空席情報ファイルを読み込み，ターミナルの運行計画と照合する。発車日，統合便コードが一致するターミナルの運行計画に空席数を設定する。

図2　空席情報ファイルの取得から設定の処理の検討内容

　表7及び図2で検討した処理について，情報システム部内でレビューを実施したところ，次のような指摘があった。
（i）運行事業者とのデータ連携においてFTPによるファイル転送を用いる場合は，ファイル全体が正しく転送されたことを確認する必要がある。
（ii）特定の運行事業者から空席情報が取得できなかった場合，その運行事業者のバスについて表示器に古い空席記号が表示され続けてしまう。
　D君は，（i）の指摘に対して運行事業者データ連携機能に空席情報ファイルの　 a 　と　 b 　が一致することを確認する処理を追加する対策案，及び（ii）の指摘に対して④図2の処理（3）の最初に新たな処理を追加する対策案の検討を行い，再度レビューを実施した。
　D君は対策案が承認された後，後続の開発作業に着手した。

設問　1

　〔データ項目の検討〕について，(1)，(2) に答えよ。
(1)　本文中の下線①について，表5以外に調査した運行事業者を全て答えよ。
(2)　表5のG社の例について，発車日，発車時刻，統合便コード，空席数を表6に合わせて変換した場合の変換後の値を答えよ。

設問 2

本文中の下線②について，CSVファイルの特徴として適切なものを解答群の中から全て選び，記号で答えよ。

解答群

- ア XMLファイルと比較して，1レコード当たりのデータサイズが小さい。
- イ XMLファイルと比較して，処理速度が遅い。
- ウ 固定長ファイルと比較して，項目の桁数や文字数に関する自由度が低い。
- エ 固定長ファイルと比較して，処理速度が遅い。

設問 3

本文中の下線③の名称として適切な字句を解答群の中から選び，記号で答えよ。

解答群

- ア WAI
- イ Web API
- ウ Webコンテンツ
- エ Webスクレイピング

設問 4

本文中の　　a　　，　　b　　に入れる適切な字句を，20字以内で答えよ。

設問 5

本文中の下線④で追加した処理の内容を35字以内で述べよ。

問8の ポイント　システム間のデータ連携方式

　バスターミナルを運営する会社のデータ連携設計がテーマです。この問題では，XMLやCSVなどのファイルの形式，固定長／可変長，データの件数チェック，データ編集処理，Webスクレイピングなどの知識が必要となります。今まで身につけた知識を駆使し，問題をしっかり読んで取りこぼしのないようにしてください。

設問1の解説

□□□

● （1）について

〔運行事業者の概要と連携機能の有無〕より，C社バスターミナルは，高速バス，観光バスの運行事業者としてE社，F社，G社，H社と，路線バスだけの運行事業者として，S社とT社が利用します。したがって，表5の3社以外はH社，S社，T社になります。

● （2）について

表6で決められた書式に従うように考えます。

- 発車日はYYYYMMDDなので「20220510」
- 発車時刻はhhmmなので「1800」
- 統合便コードはG＋路線コード＋便コードなので「G30110」ですが，このままだと6桁なので，運行事業者コードGの後に2桁をゼロパディングして「G0030110」
- 空席数は可変長なので，そのまま「8」

解答	（1）H社，S社，T社 （2）発車日：20220510 　　　発車時刻：1800 　　　統合便コード：G0030110 　　　空席数：8

設問2の解説
□□□

XMLファイルや固定長ファイルと比べたCSVの特徴を問われています。

XML
Extensible Markup Languageの略で，タグと呼ばれる情報の管理項目とデータが両方格納されるデータ形式。HTMLなどと同様，マークアップ言語と呼ばれる形式の一種で，データの意味とデータが一緒になっているので，記述形式がわかりやすいという特徴がある。

CSV
Comma-Separated Values（カンマ区切り）の略で，その名のとおり，項目をカンマ「,」で区切って格納したデータ形式。表計算ソフトなどで多く利用される。

固定長ファイル
あらかじめ決まったデータ格納位置に，データが設定されている形式。単純で処理も早いが，データ構造の変更時にデータの移行や既に使用しているシステムの影響が大きい場合がある。

ア：正しい。XMLはタグと呼ばれる項目が付加されており，カンマよりもデータ量が多くなります。

イ：誤り。XMLよりCSVのほうがシンプルなので処理時間は早い。

ウ：誤り。固定長よりもCSVのほうが自由度が高くなります。

エ：正しい。CSVはカンマが入っている可変長ファイルなので，構造がシンプルな固定長ファイルよりも処理時間が遅くなります。

解答	**ア，エ**

設問3の解説
□□□

Webサイトで表示されている情報（たとえば統計データなど）の中から特定の情報だけを抽出する考え方や技術のことを**Webスクレイピング**といいます。必要な情報を自動抽出するためのプ

ログラムを作成して，Webページを巡回させる方法が一般的です。

解答	**エ**

設問4の解説
□□□

・【空欄a, b】

（i）の指摘とあるので，「ファイル全体が正しく転送された」ことを確認する方法を考えます。空欄aの直前に「空席情報ファイルの」とあるので，空席情報ファイルに関する記述を問題文から探すと，〔データ項目の検討〕に，空席情報ファイルの「ヘッダレコードにはデータレコード件数を含めることにした」とあります。これを利用して，ヘッダレコード中のレコード件数（空欄a）と転送されたデータレコードの件数（空欄b）を比較すれば，ファイル全体が正しく転送されたことを確認できます。

解答	a：ヘッダレコード中のデータレコード件数（18文字） b：転送されたデータレコードの件数（15文字）

設問5の解説
□□□

空席情報を使って表示器の内容を更新していく仕組みなので，空席情報ファイルが取得できない場合は更新がされず，古い空席記号がいつまでも表示されてしまう，というのが指摘（ii）の問題点です。

このように空席情報ファイルが取得できない場合に，空席ありの記号を出しておくと，実際には空席がないかもしれないので，トラブルの原因となります。表示器には「-」を出すしかないので，表示のインプットになるターミナルの運行計画の空席数に「-」を出すためにnullを設定します。

解答	ターミナルの運行計画の空席数にnullを設定する（24文字）

問9 販売システムの再構築プロジェクトにおける調達とリスクに関する次の記述を読んで，設問1〜3に答えよ。

D社は，若者向け衣料品の製造・インターネット販売業を営む企業である。売上の拡大を目的に，販売システムを再構築することになった。再構築では，営業部門が販売促進の観点で要望した，購買傾向を分析した商品の絞込み機能，及びお薦め商品の紹介機能を追加する。あわせて，販売システムとデータ接続している現行の在庫管理システム，生産管理システムなどのシステム群（以下，業務系システムという）を新しいデータ接続仕様に従って改修する。また，スマートフォン向けの画面デザインや操作性を向上させる。これらを実現するために，販売システムの再構築及び業務系システムの改修を行うプロジェクト（以下，再構築プロジェクトという）を立ち上げた。

再構築プロジェクトのプロジェクトマネージャにはシステム部のE課長が任命された。D社の要員はE課長と開発担当のF君の2名である。業務系システムの改修は，このシステムの保守を担当しているY社に依頼する。販売システムの再構築の要員は，Y社以外の外部委託先から調達する。

〔販売システムの要件定義〕

販売システムの要件定義を3月に開始した。実現する機能を整理するため，営業部門にヒアリングした上で要求事項を確定する。この作業を実施するために，E課長から外部委託先の選定を指示されたF君は，衣料品販売業のシステム開発実績はないが他業種での販売システムの開発実績が豊富であるZ社から派遣契約で要員を調達することにした。派遣労働者の指揮命令者に任命されたF君は，次の条件をZ社に提示したいとE課長に報告した。

(a) 作業場所はD社内であること
(b) F君が派遣労働者への作業指示を直接行うこと
(c) 派遣労働者に衣料品販売業務に関するD社の社内研修をD社の費用負担で受講してもらうこと
(d) F君が事前に候補者と面接して評価し，派遣労働者を選定すること

これに対してE課長から，①これらの条件のうち労働者派遣法に抵触する条件があると指摘されたので，これを是正した上でZ社に依頼し，要員を調達した。

E課長は，要件定義作業を始めてから，営業部門が新機能を盛り込んだ業務フローのイメージを十分につかめていないことに気がついた。営業部門に紙ベースの画面デザインだけを用いて説明していることが原因であった。そこで，②システムが提供する機能と利用者との関係を利用者の視点でシステムの動作や利用例を使って表現した，UMLで記述する際に使用される図法で作成した図を使って説明し，営業部門と合意して要件定義作業は3月末に終了した。

〔開発スケジュールの作成〕

要件定義作業を終えたF君は，次の項目を考慮して図1に示す再構築プロジェクトの開発スケジュールを作成した。

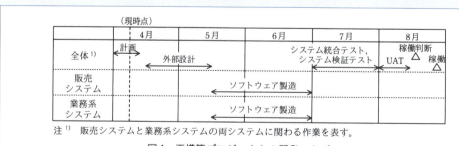

注 1) 販売システムと業務系システムの両システムに関わる作業を表す。
図1 再構築プロジェクトの開発スケジュール

・外部設計で，画面レイアウト，画面遷移と操作方法，ユーザインタフェースなどを定義した画面設計書を作成する。また，販売システムと業務系システムとのデータ接続仕様を決定する。

- 外部設計完了後，ソフトウェア設計～ソフトウェア統合テスト（以下，ソフトウェア製造という）を，販売システム，業務系システムでそれぞれ実施する。
- 販売システム及び業務系システムのソフトウェア製造完了後，両システムを統合して要件を満たしていることを検証するシステム統合テスト，更にシステム全体が要件どおりに実現されていることを検証するシステム検証テストを実施する。
- システム検証テストと営業部門によるユーザ受入れテスト（UAT：User Acceptance Test）の結果を総合的に評価して，稼働可否を判断する。稼働が承認された場合，営業部門が要求している8月下旬に新しい販売システムを稼働してサービスを開始する。

〔外部委託先との開発委託契約〕

販売システムの再構築作業は，要件定義作業で派遣労働者を調達したZ社に開発委託することにした。F君は，③Z社との開発委託契約を，次のとおり作業ごとに締結しようと考え，E課長から承認された。

- 外部設計は，作業量に応じて報酬を支払う履行割合型の準委任契約を結ぶ。
- ソフトウェア製造は，請負契約を結ぶ。Z社に図1のソフトウェア製造の詳細なスケジュールを作成してもらい，週次の進捗確認会議で進捗状況を報告してもらう。
- ソフトウェア製造作業を終了したZ社からの納品物（設計書，プログラム，テスト報告書など）に対して，D社は6月最終週に　　a　　し，その後，支払手続に入る。
- ソフトウェア製造でZ社が開発した販売システムのソフトウェアをD社が他のプロジェクトで再利用できるように，開発委託契約の条文中に"ソフトウェアの　　b　　はD社に帰属する"という条項を加える。
- システム統合テスト及びシステム検証テストは，履行割合型の準委任契約を結ぶ。

一方，業務系システムの改修作業は，Z社と同様の開発委託契約にすることをY社と合意しており，現在の業務系システムの保守に支障を来さないことも確認済みである。

〔開発リスクの特定と対応策〕

E課長は，F君が作成した開発スケジュールをチェックして，販売システムの再構築に関するリスクを三つ特定し，それらを回避又は軽減する対応策を検討した。

一つ目に，外部設計で作成した画面設計書を提示された営業部門が，画面操作のイメージをつかむのにかなりの時間を要し，後続のソフトウェア製造の期間になってから仕様変更要求が相次いで，外部設計に手戻りが発生するリスクを挙げた。この対応策として，外部設計でプロトタイピング手法を活用して開発することにした。D社が調査したところ，Z社にはプロトタイピング手法による開発実績が多数あり，Z社の開発標準は今回の販売システムの開発でも適用できることが分かった。プロトタイピング手法による開発は，営業部門が理解しやすく，意見の吸収に有効である。しかし，営業部門の意見に際限なく耳を傾けると外部設計の完了が遅れるという新たなリスクが生じる。E課長はF君に，追加・変更の要求事項の　　c　　，提出件数の上限，及び対応工数の上限を定め，提出された追加・変更の要求事項の優先度を考慮した上でスコープを決定するルールを事前に営業部門と合意しておくように指示した。

二つ目に，Z社の製造したプログラムの品質が悪いというリスクを挙げた。外部設計書に正しく記載されているにもかかわらず，Z社での業界慣習の理解不足でプログラムが適切に製造されず，後続の工程で多数の品質不良が発覚すると，不良の改修が8月下旬のサービス開始に間に合わなくなる。これに対し，E課長はF君に，Z社に対して業界慣習に関する教育を行うように指示した。さらに，④ソフトウェア製造は請負契約であるが，D社として実行可能な品質管理のタスクを追加し，このタスクを実施することを契約条項に記載するように指示した。

三つ目に，スマートフォン向けの特定のWebブラウザ（以下，ブラウザという）では正しく表示されるが，他のブラウザでは文字ずれなどの問題が生じるリスクを挙げた。E課長は，利用が想定される全てのブラウザで動作確認することで問題発生のリスクを軽減することにした。しかし，利用が想定されるブラウザは5種類以上あるが，開発スケジュール内では最大2種類のブラウザの動作確認しかできないことが分かった。現状のスマートフォン向けのブラウザの国内利用シェアを調

べると，上位2種類のブラウザで約95％を占めることが分かった。E課長は，営業部門と8月下旬の
サービス開始前に⑤ある情報を公表することを前提に，上位2種類のブラウザに絞って動作確認す
ることで合意した。

設問 1

〔販売システムの要件定義〕について，(1)，(2) に答えよ。
(1) 本文中の下線①について，E課長が指摘した条件を，本文中の (a) ～ (d) の中から選び，
記号で答えよ。
(2) 本文中の下線②の図を一般的に何と呼ぶか。10字以内で答えよ。

設問 2

〔外部委託先との開発委託契約〕について，(1)，(2) に答えよ。
(1) 本文中の下線③について，D社が本文のとおりにZ社と契約を締結した場合，D社の立場と
して正しいものを解答群の中から選び，記号で答えよ。

解答群
　ア　外部設計に携わったZ社要員を，引き続きソフトウェア製造に従事させることができる。
　イ　合意した外部設計に基づいたソフトウェア製造は，Z社に完成責任を問える。
　ウ　システム統合テスト時にはZ社が製造したプログラムの不良を知り速やかに通知しても，Z
社に契約不適合責任を問えない。
　エ　ソフトウェア製造時にZ社が携わった外部設計の不良が発覚した場合，Z社に契約不適合責
任を問える。

(2) 本文中の　　a　　，　　b　　に入れる適切な字句を5字以内で答えよ。

設問 3

〔開発リスクの特定と対応策〕について，(1) ～ (3) に答えよ。
(1) 本文中の　　c　　に入れる適切な字句を5字以内で答えよ。
(2) 本文中の下線④について，追加すべき品質管理のタスクを，20字以内で述べよ。
(3) 本文中の下線⑤について，8月下旬のサービス開始前に公表する情報とは何か。35字以内で
述べよ。

問9の
ポイント

外部委託によるシステム開発

　午後の記述式問題では，問題文にヒントが
書かれていて，そのヒントを上手く活用して
解答に結びつけるテクニックを要求される場
合がありますが，本問では経験則で解答せざ
るを得ない設問が多く見られます。

　学生のように業務経験が不足する受験生の
場合，参考書などに書かれていることを丸暗
記するのではなく，業務の流れやシステム開
発のイメージを持ちながら勉強する姿勢で臨
むといいでしょう。

設問1の解説

□□□

● (1) について
　派遣契約（労働者派遣法）に関する知識を問わ
れています。

記号	内容
(a)	派遣契約においては，派遣先の指定する就業場所にて派遣労働者が働く形態をとります。派遣先の事業所であるD社を作業場所とすることは問題ありません。
(b)	派遣契約においては，派遣先の指揮命令を受けて派遣労働者が働く形態をとります。派遣先のF君が派遣労働者へ直接指示を行うことは問題ありません。
(c)	業務に必要なD社の社内研修をD社の費用負担で受講させるというのは，広義の意味で派遣先から派遣労働者への直接の指揮命令ととらえることができます。(b) と同様，問題ありません。
(d)	派遣契約においては，事前面接や履歴書の提出要請など，派遣先による派遣労働者を特定するための行為が禁止されています。これは派遣先が派遣労働者を雇用するのと同等の状況になるのを防ぐため，規定されています。

したがって，労働者派遣法に抵触するのは(d) です。

● （2）について

UML（Unified Modeling Language）とは，オブジェクト指向開発においてデータや処理の流れなど仕様を表現するための記法を規定したものです。クラス図，ユースケース図，シーケンス図が代表的な図として知られています。

・**クラス図**：クラスで定義されている属性や操作と，クラス間の関係を表現した図。

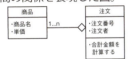

・**ユースケース図**：利用者と利用するシステムの振る舞いの関係を表現した図。

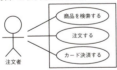

・**シーケンス図**：オブジェクト間の処理の流れを時系列に沿って表現した図。

これらのうち，下線②の記述に該当するのは「ユースケース図」になります。

解答	(1) (d) (2) ユースケース図（7文字）

設問2の解説
□□□

● （1）について

Z社との開発委託契約はそれまでの派遣契約ではなく，工程に応じて，準委任契約や請負契約を締結する内容となっています。

ア：外部設計からソフトウェア製造へ工程が進むとともに，契約も準委任契約から請負契約へ変更されます。請負契約の際，作業者を特定・指名することは禁止されています。

イ：請負契約とは，仕事の完成に対して対価を支払う契約です。ソフトウェア製造工程では請負契約になるため，合意された設計書に基づく仕事に対して，完成責任を問うことができます（正しい）。

ウ：Z社の製造したプログラムの不良ということは，請負契約で対応したソフトウェア製造工程の成果物です。瑕疵期間内であれば，Z社には不具合を修正する契約不適合責任を問うことができます。

エ：外部設計はZ社が準委任契約で対応した成果物です。準委任契約に契約不適合責任はないため，Z社に設計書を修正させるためには別途契約を締結しなければいけません。

● （2）について

・【空欄a】

請負契約において，契約ごとに「検収」を行い，支払手続に入るのが一般的な流れです。

検収とは，発注側が納品物が契約のとおりにできていることを確認し，問題がなければ契約が履行されていることを承認する行為です。通常は検収書に対して印鑑を押して委託先へ渡します。

・【空欄b】

ソフトウェアには「著作権」があり，著作権者の許可なくソフトウェアをコピーする，販売するといった行為は罰せられます。そのため，システム開発の際には開発後のソフトウェアの著作権が発注側と委託側のどちらに帰属されるのか，取り決めを行います。自社に著作権があれば，他のプロジェクトで再利用など自由に行うことができます。

解答	(1) **イ** (2) a：検収　　b：著作権

設問3の解説

□□□

● （1）について

・【空欄c】

　システム開発の場合，ユーザ部門の要望を聞き始めると，際限なく出てきて収拾がつかなくなるのはよくある出来事です。これに歯止めをかけることを，プロジェクトマネージャは検討しなければいけません。一例として，下記のような対策が考えられます。

> ・優先度の高いものを中心に対応することを明言し，要望に対して優先度をつけてもらう
> ・それぞれのユーザ部門の責任者の承認のもと，要望を提出してもらう（担当者個人の好みによる要望を排除するため）
> ・要望の提出期限を設定する

　本問では提出期限の設定が適切と考えられます。

● （2）について

　E課長がF君に下線④の対策を指示した背景として，Z社での業界慣習の理解不足でプログラムが適切に製造されないことを挙げています。

対策のひとつとして挙げた業界慣習に関する教育の実施は，事前（プログラム製造前）の対策となります。

　事後の対策としては，製造したプログラムに対するレビューの実施が挙げられます。後続のテスト工程の前にレビューを実施し，D社もレビューに参加することで，Z社の担当者の理解不足を早い段階で検知できます。

● （3）について

　D社のインターネットサイトを利用する上で，同社が動作保証するブラウザと対象バージョンを公開したと考えられます。事前に注意事項が公開されていれば，動作検証していないブラウザでアクセスを試みるユーザは減りますし，万が一問題が発生した場合でも，D社の責任に問われません。

解答	(1) c：提出期限（4文字） (2) レビューを実施してD社も参加する（16文字） (3) サイトの利用の上でD社が動作保証するブラウザと対象バージョン（30文字）

問10 サービスマネジメントにおけるインシデント管理と問題管理に関する次の記述を読んで，設問1～3に答えよ。

　団体Xは，職員約200名から成る公益法人で，県内の企業に対して，新規事業の創出や販路開拓の支援を行っている。団体Xの情報システム部は，団体Xの業務部部員の業務遂行に必要な業務日報機能や情報共用機能をもつ業務システム（以下，Wシステムという）を開発・保守・運用し，業務部部員（以下，利用者という）に対して，Wサービスとして提供している。

　団体Xの情報システム部には，H部長の下，システムの開発・保守及び技術サポートを担当する技術課と，システムの運用を担当する運用課がある。運用課は，管理者のJ課長，運用業務のとりまとめを行うK主任及び数名のシステムの運用担当者で構成され，Wシステムの運用を行っている。また，運用課は，監視システムを使ってWシステムの稼働状況を監視している。監視システムは，Wサービスの提供に影響を与える変化を検知し，監視メッセージとして運用担当者に通知する。

　情報システム部は，インシデント管理，問題管理，変更管理などのサービスマネジメント活動を行い，サービスマネジメントのそれぞれの活動に，対応手順を定めている。運用課は，インシデント管理を担当している。また，技術課は，主に，問題管理及び変更管理を担当している。

〔インシデント管理の概要〕

　運用担当者は，監視メッセージの通知や利用者からの問合せ内容から，インシデントの発生を認識し，K主任に報告する。K主任は，運用担当者の中から解決担当者を割り当てる。解決担当者

は，情報システム部で定めたインシデントの対応手順に従って，インシデントを解決し，サービスを回復する。インシデントの対応手順を表1に示す。

表1　インシデントの対応手順

手順	概要
記録・分類	(1)　インシデントの内容をインシデント管理ファイルに記録する。 (2)　インシデントを，あらかじめ決められたカテゴリ（ストレージの障害など）に分類する。
優先度の割当て	(1)　インシデントの及ぼす影響と緊急度を考慮して，インシデントに優先度を割り当てる。優先度は，情報システム部で規定する基準に基づいて“高”，“中”，“低”のいずれかが付けられる。 (2)　優先度には，優先度に対応した解決目標時間が定められている。 　　（優先度“高”：30分，優先度“中”：2時間，優先度“低”：6時間）
エスカレーション	(1)　優先度が“高”又は“中”の場合は，技術課に機能的エスカレーションを行う。優先度が“低”の場合は，解決担当者だけでインシデントの解決を試み，解決できなければ技術課に機能的エスカレーションを行う。 (2)　解決担当者は，優先度にかかわらず解決目標時間内にインシデントを解決できない可能性があると判断した場合は，運用課課長に階層的エスカレーションを行う。
解決	(1)　技術課に機能的エスカレーションを行った場合は，技術課から提示される回避策を適用しインシデントを解決する。 (2)　技術課に機能的エスカレーションを行わなかった場合は，解決担当者が既知の誤り [1] を調査して回避策を探し，見つけることができたときは回避策を適用してインシデントを解決する。回避策を見つけることができなかったときは，技術課に機能的エスカレーションを行う。
終了	(1)　利用者に影響のあったインシデントの場合は，インシデントが解決したことを利用者に連絡し，サービスが問題なく利用できることを確認する。 (2)　インシデント管理ファイルの記録を更新し終了する。

注記　インシデントの記録は，対応した処置とともに随時更新する。
注 [1]　既知の誤りとは，“根本原因が特定されているか，又は回避策によってサービスへの影響を低減若しくは除去する方法がある問題”のことで，問題管理ファイルに記録されている。既知の誤りは，問題管理の活動として，技術課によって記録される。

　表1で，機能的エスカレーションを受け付けた技術課は，インシデントの内容を確認し，インシデントを解決するための回避策が問題管理ファイルにある場合は，その回避策を運用課に提示する。まだ回避策がない場合は，新たな回避策を策定し，運用課に提示する。また，表1で，階層的エスカレーションを受け付けた運用課課長は，必要な要員を割り当てるなど，インシデントの解決に向けた対策をとる。

〔問題管理の概要〕
　インシデントの原因となる問題については，問題管理の手順を実施する。問題管理を担当する技術課は，問題をインシデントとひも付けて問題管理ファイルに記録する。
　問題管理の対応手順は，記録から終了までの手順で構成されている。これらの手順のうち，手順“解決”の活動内容を表2に示す。

表2　問題管理の手順“解決”の活動内容

活動	内容
調査と診断	(1)　問題を調査し，診断する。 (2)　問題にひも付けられたインシデントの回避策が必要な場合は，回避策を策定する。 (3)　根本原因を特定し，問題の解決策の特定に取り組む。
既知の誤りの記録	(1)　“根本原因が特定されているか，又は回避策によってサービスへの影響を低減若しくは除去する方法がある問題”を既知の誤りとして問題管理ファイルに記録する。
問題の解決	(1)　特定された解決策を適用する。ここで，解決策が構成品目の変更を必要とする場合は，　　　a　　　を提出し，変更管理 [1] の対応手順を使って，解決する。

注記　問題管理の活動では，対応した内容に基づいて，随時，問題管理ファイルを更新する。
注 [1]　変更管理では，変更の内容に応じた変更の開発やテストが必要であり，変更の実施に時間が掛かる場合がある。

〔Wサービスにおけるインシデントの発生とインシデントの対応手順の改善〕

　ある日，Wシステムの業務日報機能の日締処理が，異常停止した。日締処理は業務部の勤務時間外に行われるが，このとき業務部ではまだWサービスを利用していたので，利用者に影響のあるインシデントとなった。解決担当者に割り当てられたL君は，次の対応を行った。

(1) インシデントの内容をインシデント管理ファイルに記録し，インシデントをあらかじめ決められたカテゴリに分類した。

(2) 規定の基準に基づき優先度を“中”と判定し，解決目標時間は2時間となった。

(3) 機能的エスカレーションを行い，技術課のM君が対応することになった。

(4) インシデント発生から1時間経過してもM君からL君への回答がないので，L君は，M君に対応状況を確認した。M君はエスカレーションされた当該インシデントの内容を調査している途中に，他の技術課員から要請のあった技術課内の緊急性の高い業務の対応を行っていて，当該インシデントの対応にしばらく時間が掛かるとのことであった。その後，M君は，インシデントの内容を確認し，今回のインシデントは過去の同じ問題で発生した再発インシデントであることを突き止め，その回避策をL君に回答した。L君が回答を受領した時点で，インシデント発生から1時間40分が経過していた。

(5) L君は，技術課から提示された回避策の適用には少なくとも30分掛かり，解決目標時間を超過してしまうと考えたが，早くインシデントを解決することが重要と判断し，直ちに回避策を適用してインシデントを解決した。結局，インシデント発生から解決までに2時間30分掛かり，解決目標時間を超過した。

(6) L君は，インシデントの対応手順の手順“終了”を行い，その後，状況をJ課長に報告した。

　インシデント対応について報告を受けたJ課長は，①L君の対応に，インシデントの対応手順に即していない問題点があることを指摘した。また，J課長は，インシデントの対応手順を修正することで，今回のインシデントは解決目標時間内に解決できた可能性があると考えた。そこでJ課長は，②表1の手順“エスカレーション”に，優先度が“高”又は“中”の場合，技術課に機能的エスカレーションを行う前に運用課で実施する手順を追加する対策案を検討することとした。

　また，J課長は，以前から，優先度“低”の場合において，運用課だけで解決できたインシデントが少なく，早期解決を難しくしているという課題を認識していた。そこで，運用課では，この課題を解決するために，“運用課だけで解決できるインシデントを増やしたいので対策をとってほしい”という技術課への要望をまとめ，H部長に提示するとともに技術課と協議を行うこととした。

　今回のインシデント対応において，M君が技術課内の業務を優先させた点について，運用課と技術課で対策を検討した。その結果，機能的エスカレーションを行う場合は，運用課は解決目標時間を技術課に通知し，技術課は解決目標時間を念頭に，適宜運用課と情報を共有し，連携してインシデント対応を行うとの結論が得られ，運用課と技術課で　　b　　を取り交わした。

〔問題管理の課題と改善策〕

　技術課は，今回のインシデント対応の不備と運用課との協議を踏まえ，改善活動に取り組むこととした。

　まず，技術課は，問題管理ファイルの内容を調査して，問題管理の活動実態を分析することにした。その結果，回避策が策定されていたにもかかわらず，問題管理ファイルに回避策が記録されるまでタイムラグが発生しているという問題点が存在することが明らかとなった。技術課は，回避策が策定されている問題については，早急に問題管理ファイルに記録していくこととした。

　次に，今回のインシデントが再発インシデントであったことを踏まえ，再発インシデントの発生状況を調査した。調査した結果，表2の活動“問題の解決”を行っていれば防ぐことのできた再発インシデントが過半数を占めていることが分かった。そこで，技術課は，再発インシデントが多数発生している状況を解消するために，③問題管理ファイルから早期に解決できる問題を抽出し，解決に必要なリソースを見積もった。

　技術課は，情報システム部のH部長から，運用課からの要望に応えるため，技術課として改善目標を設定するように指示を受けて，改善目標を設定することとした。そして，現在の機能的エスカレーションの数や運用課が解決に要している時間などを分析して，改善目標を“回避策を策定し

た日に問題管理ファイルに漏れなく記録する"，"現在未解決の問題の数を1年後30％削減する"と設定した。技術課は，H部長から，"これらの改善目標を達成することによって，　　c　　割合を増やすことができ，技術課の負担も軽減することができる"とのアドバイスを受け，改善目標を実現するための取組に着手した。

さらに，技術課は，問題管理として今まで実施していなかった④プロアクティブな活動を継続的に行っていくべきだと考え，改善活動を進めていくことにした。

設問　1

表2中の　　a　　及び本文中の　　b　　に入れる最も適切な字句を解答群の中から選び，記号で答えよ。

解答群

- **ア** RFC
- **イ** RFI
- **ウ** 傾向分析
- **エ** 契約書
- **オ** 合意文書
- **カ** 予防処置

設問　2

〔Wサービスにおけるインシデントの発生とインシデントの対応手順の改善〕について，(1)，(2) に答えよ。

(1) 本文中の下線①の"インシデントの対応手順に即していない問題点"について，30字以内で述べよ。

(2) 本文中の下線②について，表1の手順"エスカレーション"に追加する手順の内容を，25字以内で述べよ。

設問　3

〔問題管理の課題と改善策〕について，(1) ～ (3) に答えよ。

(1) 本文中の下線③について，問題管理ファイルから抽出すべき問題の抽出条件を，表2中の字句を使って，30字以内で答えよ。

(2) 本文中の　　c　　に入れる適切な字句を，25字以内で述べよ。

(3) 本文中の下線④の活動として正しいものを解答群の中から選び，記号で答えよ。

解答群

- **ア** 発生したインシデントの解決を図るために，機能的エスカレーションされたインシデントの回避策を策定する。
- **イ** 発生したインシデントの傾向を分析して，将来のインシデントを予防する方策を立案する。
- **ウ** 問題解決策の有効性を評価するために，解決策を実施した後にレビューを行う。
- **エ** 優先度"低"のインシデントが発生した場合においても，直ちに運用課から技術課に連絡する。

問10の ポイント　**インシデント対応の改善活動**

　インシデント対応手順が提示され，手順と運用との間の矛盾や，手順そのものの改善について出題されています。サービスマネジメントの分野では，本問のようなインシデント管理や問題管理が定番になります。インシデント管理の関連用語について整理するとともに，どういった改善が求められるのか改めて勉強するのがいいでしょう。

設問1の解説

□□□

解答群のそれぞれの字句の意味は以下のとおりです。

字句	意味
RFC	Request for Change（変更要求）。変更管理において，システムやサービスの変更を要求する際に起票する書類。何を，どうして，どのように変更するのか，といった書式を定めておき，履歴として参照できるように記録・管理する
RFI	Request For Information（情報提供依頼書）。業務の発注にあたり，候補となる企業に情報提供を依頼する文書
傾向分析	過去の結果に基づき，将来を予測する手法
契約書	当事者間の取引に関する約束事項を文書化したもの
合意文書	不測の事態が発生した場合など，取引以外で当事者間の約束事項を文書化したもの
予防処置	不測の事態を未然に防ぐため，前もって対策を講じること

・【空欄a】

構成品目の変更を要求するための変更管理の手順が当てはまることから，RFCが適切です。

・【空欄b】

社内の部門間で取り交わしている文書であることから，契約書ではなく，合意文書が適切です。

解答	a：ア　　b：オ

設問2の解説

□□□

● （1）について

表1の「エスカレーション」の項の（2）に，「解決担当者は優先度にかかわらず解決目標時間内にインシデントを解決できない可能性があると判断した場合は，運用課課長に階層的エスカレーションを行う」と記載されています。

L君は今回のインシデントの発生から解決までに2時間30分掛かり，解決目標時間を超過してしまいましたが，J課長に報告したのは事後になりました。タイムリーにエスカレーションできなかったことが，インシデントの対応手順に即していない問題点として挙げられます。

● （2）について

表1の「エスカレーション」の項の（1）に，「優先度が "高" 又は "中" の場合は，技術課に機能的エスカレーションを行う」と記載されています。そのためL君は自身で解決を試みず，M君へエスカレーションを行いました。ところが，結果的に今回のインシデントは過去の同じ問題で発生した再発インシデントであったため，L君で既知の誤りを調査して回避策を探していれば，解決目標時間内に解決できていた可能性があります。

したがって，技術課に機能的エスカレーションを行う前に，解決担当者が既知の誤りを調査して回避策を探すことが挙げられます。

解答	（1）運用課課長に階層的エスカレーションを行っていないこと（26文字） （2）解決担当者が既知の誤りを調査して回避策を探すこと（24文字）

設問3の解説

□□□

● （1）について

表2の字句を使って，と指定されていることから，表2に着目します。

表2の注記に，「変更管理では変更の内容に応じた変更の開発やテストが必要であり，変更の実施には時間が掛かる場合がある」と書かれています。このような問題は早期に解決できません。そして表2の「問題の解決」によれば，このような変更の開発やテストが発生するのは，「（特定された）解決策が構成品目の変更を必要とする場合」と記載されています。したがって，解決策が構成品目の変更を必要としない場合であることが抽出条件になります。

● （2）について

・【空欄c】

回避策を策定した日に問題管理ファイルに漏れなく記録すること，現在未解決の問題の数を1年後30%削減することで，問題管理ファイルの内容が充実するはずです。そうなれば，運用課の解決担当者が問題管理ファイルを見ながら問い合わせに対して対応できる割合が増えると考えられます。技術課にエスカレーションする頻度が減るため，技術課の負

担の軽減につながります。

● （3）について
　プロアクティブには「積極的な」という意味があります。問題管理においてプロアクティブな活動とは，将来のインシデントを予見し，事前に予防対策することが該当します。解答群の中では，**イ**が当てはまります。
　これ以外の選択肢はいずれも，発生したインシデントに対する解決のための活動です。このような活動をプロアクティブに対して，リアクティブといいます。

解答	（1）特定された解決策が構成品目の変更を必要としない場合であること（30文字） （2）c：運用課内でインシデントを解決できる（17文字） （3）**イ**

問11 販売物流システムの監査に関する次の記述を読んで，設問1～4に答えよ。

　食品製造販売会社であるU社は，全国に10か所の製品出荷用の倉庫があり，複数の物流会社に倉庫業務を委託している。U社では，健康食品などの個人顧客向けの通信販売が拡大していることから，倉庫業務におけるデータの信頼性の確保が求められている。
　そこで，U社の内部監査室では，主として販売物流システムに係るコントロールの運用状況についてシステム監査を実施することにした。

〔予備調査の概要〕
　U社の販売物流システムについて，予備調査で入手した情報は次のとおりである。
（1）販売物流システムの概要
　① 販売物流システムは，顧客からの受注情報の管理，倉庫への出荷指図，売上・請求管理，在庫管理，及び顧客属性などの顧客情報管理の機能を有している。
　② 物流会社は，会社ごとに独自の倉庫システム（以下，外部倉庫システムという）を導入し，倉庫業務を行っている。外部倉庫システムは，物流会社や倉庫の規模などによって，システムや通信の品質・性能・機能などに大きな違いがある。したがって，販売物流システムと外部倉庫システムとの送受信の頻度などは必要最小限としている。
　③ 販売物流システムのバッチ処理は，ジョブ運用管理システムで自動実行され，実行結果はログとして保存される。
　④ 販売物流システムでは，責任者の承認を受けたID申請書に基づいて登録された利用者IDごとに入力・照会などのアクセス権が付与されている。また，利用者IDのパスワードは，セキュリティ規程に準拠して設定されている。
　⑤ 倉庫残高データは，日次の出荷作業後に外部倉庫システムから販売物流システムに送信されている。倉庫残高データは，倉庫ごとの当日作業終了後の品目別の在庫残高数量を表したものである。当初はこの倉庫残高データを利用して受注データの出荷可否の判定を行っていた。しかし，2年前から販売物流システムの在庫データに基づいて出荷判定が可能となったので，現状の倉庫残高データは製品の実地棚卸などで利用されているだけである。
（2）販売物流システムの処理プロセスの概要
　販売物流システムの処理プロセスの概要は，図1のとおりである。

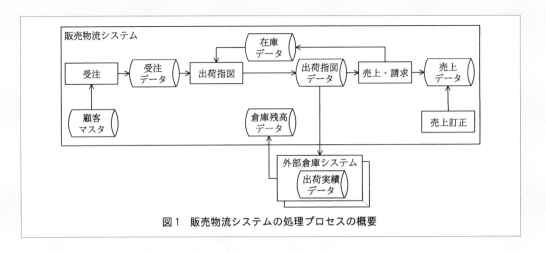

図1　販売物流システムの処理プロセスの概要

① 顧客からの受注データは，自動で在庫データと照合される。その結果，出荷可能と判定されると受注分の在庫データが引当てされ，出荷指図データが生成される。出荷指図データには，出荷・納品に必要な顧客名，住所，納品情報などが含まれている。

② 出荷指図データは，販売物流システムから外部倉庫システムに送信される。送信処理が完了した販売物流システムの出荷指図データには，送信完了フラグが設定される。

③ データの送受信を必要最小限とするために販売物流システムは出荷実績データを受信せず，出荷指図データに基づいて，日次バッチ処理で売上データの生成及び在庫データの更新を行っている。

④ 出荷間違い，単価変更などの売上の訂正・追加・削除は，売上訂正処理として行われる。この売上訂正処理では，売上データを生成するための元データがなくても入力が可能である。現状では，売上訂正処理権限は，営業担当者に付与されている。

〔監査手続の検討〕
　システム監査担当者は，予備調査に基づき，表1のとおり監査手続を策定した。

表1　監査手続

項番	監査要点	監査手続
1	利用者 ID に設定されている権限とパスワードが適切に管理されているか。	① 利用者 ID に設定されている権限が申請どおりであるか確かめる。 ② 利用者 ID のパスワード設定がセキュリティ規程と一致しているか確かめる。
2	顧客情報が適切に保護されているか。	① 販売物流システムの顧客情報の参照・コピーなどについて，利用者及び利用権限が適切に制限されているか確かめる。
3	出荷指図に基づき倉庫で適切に出荷されているか。	① 1 か月分の出荷指図データと売上データが一致しているか確かめる。
4	倉庫の出荷作業結果に基づき売上データが適切に生成されているか。	① 売上データ生成の日次バッチ処理がジョブ運用管理システムに正確に登録され，適切に実行されているか確かめる。

　内部監査室長は，表1をレビューし，次のとおりシステム監査担当者に指摘した。
(1) 項番1の①について，権限の妥当性についても確かめるべきである。特に売上訂正処理は，日次バッチ処理による売上データ生成とは異なり，　　　a　　　がなくても可能なので，不正のリスクが高い。このリスクに対して①現状の運用では対応できない可能性があるので，運用の妥当性について本調査で確認する必要がある。

(2) 項番2の監査要点を確かめるためには，販売物流システムだけを監査対象とすることでは不十分である。 b についても監査対象とするかどうかを検討すべきである。

(3) 項番3の①の監査手続では，出荷指図データどおりに出荷されていることを確かめることにならない。また，この監査手続は，倉庫の出荷作業手続が適切でなくても c と d が一致する場合があるので，コントロールの運用状況を評価する追加の監査手続を策定すべきである。

(4) 項番4の①の監査手続は， e と f が一致していることを前提とした監査手続となっている。したがって，項番4の監査要点を確かめるためには，項番4の①の監査手続に加えて，販売物流システム内のデータのうち， g と h を照合するコントロールが整備され，有効に運用されているか，本調査で確認すべきである。

設問 1

〔監査手続の検討〕の a ， b に入れる適切な字句をそれぞれ10字以内で答えよ。

設問 2

〔監査手続の検討〕の（1）において，内部監査室長が下線①と指摘した理由を25字以内で述べよ。

設問 3

〔監査手続の検討〕の c ， d に入れる適切な字句をそれぞれ10字以内で答えよ。

設問 4

〔監査手続の検討〕の e ～ h に入れる最も適切な字句を解答群の中から選び，記号で答えよ。

解答群

ア ID申請書　　　　　　イ 売上訂正処理　　　　ウ 売上データ
エ 在庫データ　　　　　オ 受注データ　　　　　カ 出荷指図データ
キ 出荷実績データ　　　ク 倉庫残高データ　　　ケ 利用者IDの権限

問11の ポイント　販売物流業務におけるシステム監査

販売物流の業務の流れは，受注→出荷指図→出荷→売上です。この業務の流れを正しく知らないと，もしくは問題文から正しく読み取れないと，正解を導けません。そのうえで問題の設定がこの業務の流れと不整合を起こしていることに気がつかなければいけません。

業務経験があると有利に働く内容のため，特に学生の受験生にとってはハードルの高い問題かもしれません。

設問1の解説

☐☐☐

・【空欄a】

売上訂正処理については，〔予備調査の概要〕の（2）販売物流システムの処理プロセスの概要の④に説明されています。この売上訂正処理では，売上データを生成するための元データがなくても入力が可能であると書かれていることから，空欄aには元データに相当するデータが入ります。出荷指図データに基づいて，日次バッチ処理で売上データの生成が行われることから，空欄a

に入る元データとは，すなわち「出荷指図データ」になります。

元データがなくても入力が可能であれば，営業担当者が自由に金額などを訂正できてしまい，不正につながります。

・【空欄b】

の問題に登場するのは販売物流システムと外部倉庫システムのみであることから，消去法で外部倉庫システムと予想できます。

詳しく見ていくと，〔予備調査の概要〕の(2)販売物流システムの処理プロセスの概要の①と②にて，出荷指図データには顧客名や住所など顧客情報が含まれていて，さらに出荷指図データは販売物流システムから外部倉庫システムに送信される，と書かれています。ということは，送信先の外部倉庫システムについても監査対象とするかどうかを検討すべきです。したがって，空欄bには「外部倉庫システム」が入ります。

解答	a：出荷指図データ（7文字） b：外部倉庫システム（8文字）

設問2の解説
□□□

担当者による不正のリスクが高い業務に対しては，通常，ワークフローによって上長に承認されてはじめて当該処理が実行される仕組みが採用されます。ところがこの販売物流システムについてはワークフローの概念がなく，上長による承認がなくても業務が遂行できてしまうところに課題があります。

このような場合には，売上訂正処理の行われたデータを定期的にチェックするなど，不正防止のためになにかしらの対策が必要となるはずです。

解答	売上訂正処理の結果を承認する仕組みがないこと（22文字）

設問3の解説
□□□

・【空欄c，d】

〔予備調査の概要〕の(2)販売物流システムの処理プロセスの概要の③で，「販売物流システムは出荷実績データを受信せず，出荷指図データに基づい

て，日次バッチ処理で売上データの生成及び在庫データの更新を行っている」と書かれています。

出荷実績データと照合しないため，出荷指図データどおりに出荷されていることを確かめることにはなりません。出荷指図データと出荷実績とに差異があっても，例えば売上訂正処理で売上データを変更すれば，出荷指図データと売上データを故意に一致させることができます。

解答	c：出荷指図データ（7文字） d：売上データ（5文字）（c，d順不同）

設問4の解説
□□□

・【空欄e，f】

表1の項番4の監査要点は，出荷実績と売上データとの整合性に関する内容です。

一方，項番4に対する監査手続として，売上データ生成の日時バッチ処理の正確性や適切性について挙げられています。これは出荷指図データから売上データが正しく生成されていることを確認する内容です。

監査要点と監査手続とがズレていますが，出荷指図データ（カ）と出荷実績データ（キ）が一致する前提の場合に限って有効となります。

・【空欄g，h】

出荷実績データがあれば比較照合できますが，出荷実績データは外部倉庫システムのもので，販売物流システム内のデータではありません。そのため，出荷実績データに代わる同等のデータで照合するべきで，倉庫残高データに着目します。

倉庫残高データの特徴として，〔予備調査の概要〕から下記のことが読み取れます。

- 日次の出荷作業の結果に基づくデータである
- 在庫残高数量を表したものである。現在は在庫データで出荷判定を行っているため，実地棚卸のときにしか使用されない

そのため，倉庫残高データ（ク）と在庫データ（エ）を照合し，差異があれば出荷作業が正しく行われていない裏づけになります。

解答	e：カ　　f：キ　（e，f順不同） g：エ　　h：ク　（g，h順不同）

令和3年度 秋期

応用情報技術者

【午前】試験時間　2時間30分

問題は次の表に従って解答してください。

問題番号	選択方法
問1～問80	全問必須

【午後】試験時間　2時間30分

問題は次の表に従って解答してください。

問題番号	選択方法
問1	必須
問2～問11	4問選択

問題文中で共通に使用される表記ルール

各問題文中に注記がない限り，次の表記ルールが適用されているものとする。

1．論理回路

図記号	説明
	論理積素子（AND）
	否定論理積素子（NAND）
	論理和素子（OR）
	否定論理和素子（NOR）
	排他的論理和素子（XOR）
	論理一致素子
	バッファ
	論理否定素子（NOT）
	スリーステートバッファ
	素子や回路の入力部又は出力部に示される○印は，論理状態の反転又は否定を表す。

2．回路記号

図記号	説明
	抵抗（R）
	コンデンサ（C）
	ダイオード（D）
	トランジスタ（Tr）
	接地
	演算増幅器

問 1　非線形方程式 $f(x)=0$ の近似解法であり，次の手順によって解を求めるものはどれか。ここで，$y=f(x)$ には接線が存在するものとし，(3) で x_0 と新たな x_0 の差の絶対値がある値以下になった時点で繰返しを終了する。

〔手順〕
(1)　解の近くの適当な x 軸の値を定め，x_0 とする。
(2)　曲線 $y=f(x)$ の，点 $(x_0,\ f(x_0))$ における接線を求める。
(3)　求めた接線と，x 軸の交点を新たな x_0 とし，手順 (2) に戻る。

ア　オイラー法　　　　　　　　　イ　ガウスの消去法
ウ　シンプソン法　　　　　　　　エ　ニュートン法

問 2　ATM（現金自動預払機）が1台ずつ設置してある二つの支店を統合し，統合後の支店にはATMを1台設置する。統合後のATMの平均待ち時間を求める式はどれか。ここで，待ち時間はM/M/1の待ち行列モデルに従い，平均待ち時間にはサービス時間を含まず，ATMを1台に統合しても十分に処理できるものとする。

〔条件〕
(1)　統合後の平均サービス時間：T_s
(2)　統合前のATMの利用率：両支店とも ρ
(3)　統合後の利用者数：統合前の両支店の利用者数の合計

ア　$\dfrac{\rho}{1-\rho}\times T_s$　　イ　$\dfrac{\rho}{1-2\rho}\times T_s$　　ウ　$\dfrac{2\rho}{1-\rho}\times T_s$　　エ　$\dfrac{2\rho}{1-2\rho}\times T_s$

問 3　AIにおけるディープラーニングに最も関連が深いものはどれか。

ア　ある特定の分野に特化した知識を基にルールベースの推論を行うことによって，専門家と同じレベルの問題解決を行う。
イ　試行錯誤しながら条件を満たす解に到達する方法であり，場合分けを行い深さ優先で探索し，解が見つからなければ一つ前の場合分けの状態に後戻りする。
ウ　神経回路網を模倣した方法であり，多層に配置された素子とそれらを結ぶ信号線で構成されたモデルにおいて，信号線に付随するパラメタを調整することによって入力に対して適切な解が出力される。
エ　生物の進化を模倣した方法であり，与えられた問題の解の候補を記号列で表現して，それらを遺伝子に見立てて突然変異，交配，とう汰を繰り返して逐次的により良い解に近づける。

解答・解説

問1 非線形方程式の近似解法に関する問題

　非線形方程式とは，グラフが直線にならない方程式です。$f(x)=0$ となる x を近似するため，グラフにしたときに y 座標が0になる x 座標を求めます。

ア：オイラー法… 一定の間隔で x を変化させたときの座標の変化を，一つ前のグラフに対する接線で近似します。x 座標の変化は一定とするので，計算で求める手順（3）に該当しません。

イ：ガウスの消去法… 連立一次方程式の行列計算を使った解法です。

ウ：シンプソン法… $f(x)$ を2次関数で近似します。接線は1次関数なので該当しません。

エ：ニュートン法… 正しい。任意の予測値 x_0 における $y=f(x_0)$ の接線を利用し，$y=0$ となる x の値（x_1）を予測値として得ます。次に x_1 を新たな予測値 x_0 として計算を繰り返し，x_0 と x_1 の差が十分小さくなったところを近似値とします。

問2 M/M/1待ち行列に関する問題

　M/M/1の待ち行列の一般式から考えてみましょう。

　行列の長さ $\dfrac{\rho}{1-\rho}$ に T_s をかけたもの（**ア**）が，一般的な待ち時間の公式です。

　問題では，二つの支店を統合してATMが1台になったとあります。お客さんの数は二つの支店での合計なので，単純に2倍になったと考えればよいでしょう。

　ここで，利用率 ρ を求める公式を使います。

$$\text{利用率}\ \rho = \frac{\text{到着率}\ \lambda}{\text{サービス率}\ \mu}$$

　λ は単位時間あたりに到着するお客さんの数，μ は単位時間あたりの平均サービス処理数です。問題の場合，λ が2倍になって μ が変わらないこ

とになるので，利用率 ρ は，支店統合前の2倍になります。

　したがって，統合後の平均待ち時間は，

$$\frac{2\rho}{1-2\rho} \times T_s$$

となり，答えは**エ**です。

問3 AIにおけるディープラーニングに関する問題

ア：エキスパートシステムの説明です。「知識ベース」と「推論機構」によって構成されます。

イ：バックプロパゲーション（誤差逆伝播法）の説明です。

ウ：正しい。ディープラーニングで用いられるニューラルネットワーク（神経回路網を模したモデル）では，ラベル付けされた大量のデータから自動的に学習を行うことで特徴の抽出を行い，適切な解を導きます。

エ：遺伝的アルゴリズムの説明です。成績の良いものを残すことを繰り返して最適解を得ます。

| 解答 | 問1 **エ** | 問2 **エ** | 問3 **ウ** |

問4 図のように16ビットのデータを4×4の正方形状に並べ，行と列にパリティビットを付加することによって何ビットまでの誤りを訂正できるか。ここで，図の網掛け部分はパリティビットを表す。

1	0	0	0	1
0	1	1	0	0
0	0	1	0	1
1	1	0	1	1
0	0	0	1	

ア 1 　　　　**イ** 2 　　　　**ウ** 3 　　　　**エ** 4

問5 バブルソートの説明として，適切なものはどれか。

ア ある間隔おきに取り出した要素から成る部分列をそれぞれ整列し，更に間隔を詰めて同様の操作を行い，間隔が1になるまでこれを繰り返す。

イ 中間的な基準値を決めて，それよりも大きな値を集めた区分と，小さな値を集めた区分に要素を振り分ける。次に，それぞれの区分の中で同様の操作を繰り返す。

ウ 隣り合う要素を比較して，大小の順が逆であれば，それらの要素を入れ替えるという操作を繰り返す。

エ 未整列の部分を順序木にし，そこから最小値を取り出して整列済の部分に移す。この操作を繰り返して，未整列の部分を縮めていく。

問6 プログラム特性に関する記述のうち，適切なものはどれか。

ア 再帰的プログラムは再入可能な特性をもち，呼び出されたプログラムの全てがデータを共用する。

イ 再使用可能プログラムは実行の始めに変数を初期化する，又は変数を初期状態に戻した後にプログラムを終了する。

ウ 再入可能プログラムは，データとコードの領域を明確に分離して，両方を各タスクで共用する。

エ 再配置可能なプログラムは，実行の都度，主記憶装置上の定まった領域で実行される。

問7 静的型付けを行うプログラム言語では，コンパイル時に変数名の誤り，誤った値の代入などが発見できる。Webプログラミングで用いられるスクリプト言語のうち，変数の静的型付けができるものはどれか。

ア ECMAScript 　　**イ** JavaScript 　　**ウ** TypeScript 　　**エ** VBScript

問4 パリティによる誤り訂正に関する問題

パリティでは，データ中の1となるビットの数が偶数か奇数かを調べることで，1ビットの誤り検出が可能ですが，誤り箇所を特定することはできません。

そこで，行方向（水平パリティ）と列方向（垂直パリティ）の2次元でパリティを組み合わせて使うことによって，誤りが検出された場所の交点1ビットの誤りを訂正することができるようになります（**ア**）。

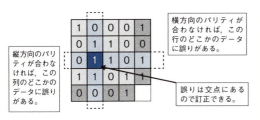

なお，パリティでは2ビット以上の誤りがあった場合，偶数個の誤りは検出されず，また奇数個の誤りについてもいくつ誤りがあるかを特定することはできません。このため，これを組み合わせても誤りを訂正することは不可能になります。

1	0	0	0	1
1	1	0	1	1

データが2ビット異なってもパリティは同じ。

問5 バブルソートに関する問題

- **ア**：シェルソートの説明です。
- **イ**：クイックソートの説明です。
- **ウ**：正しい。バブルソートは，データの先頭から隣り合うデータの大小を比較し，大小の順が逆の場合に入れ替えることを繰り返します。
- **エ**：ヒープソートの説明です。

(例)4つのデータによるバブルソート
ソート開始(右側の方が大きい順にする)

2	7	1	5

↓①右側(7)の方が大きいのでそのまま

2	7	1	5

↓②右側(1)の方が小さいので入れ替える

2	1	7	5

↓③右側(5)の方が小さいので入れ替える

2	1	5	7

④右端データが確定したので、次に左側3つのデータで
同じ作業をする。以下全てのデータが確定したら終了

問6 プログラム特性に関する問題

- **ア**：再帰的プログラムは，プログラム処理の過程で自分自身を呼び出す特性をもつプログラムです。再入可能な特性をもちますが，データのみを共有すると再入可能にならないので呼び出しごとに独立して管理します。
- **イ**：正しい。再使用可能プログラムは，主記憶へのロードを最初に呼び出されたときだけ行います。あるタスクから呼び出されて処理を行った後プログラムを終了しますが，ロードはされたままにして別のタスクからの呼び出しに備えます。このとき，変数を初期化しないと正しく動作しない可能性があります。
- **ウ**：再入可能プログラムは，複数のタスクから同時に呼び出しをされても，正しく動作するという特徴をもちます。このため，タスクごとにデータ領域を分離させる必要があります。
- **エ**：再配置可能なプログラムは，主記憶装置のどの領域でも実行可能なプログラムです。

問7 変数の静的型付けに関する問題

静的型付けとは，変数や関数を定義する際にその値や引数が数値なのか，文字なのかといった情報をあらかじめ定義することです。多くのスクリプト言語では，事前に型を定義する必要のない動的型付けを採用しています。

JavaScript	1995年にWebブラウザ「Netscape Navigator」のために開発されたスクリプト言語。ブラウザ上で動作するのが特徴
ECMAScript	JavaScriptを標準化した規格
TypeScript	ECMAScript 2015を基に，マイクロソフト社が静的型付けやクラスなどのオブジェクト指向の機能を拡張したもの
VBScript	マイクロソフト社がVisual Basicを基に開発したスクリプト言語

したがって，答えは**ウ**のTypeScriptです。

解答	問4 **ア**	問5 **ウ**
	問6 **イ**	問7 **ウ**

問 8　演算レジスタが16ビットのCPUで符号付き16ビット整数$x1$，$x2$を16ビット符号付き加算（$x1+x2$）するときに，全ての$x1$，$x2$の組合せにおいて加算結果がオーバフロー**しないもの**はどれか。ここで，$|x|$はxの絶対値を表し，負数は2の補数で表すものとする。

ア　$|x1|+|x2|\leqq32,768$の場合
イ　$|x1|$及び$|x2|$がともに32,767未満の場合
ウ　$x1\times x2>0$の場合
エ　$x1$と$x2$の符号が異なる場合

問 9　メモリインタリーブの説明として，適切なものはどれか。

ア　主記憶と外部記憶を一元的にアドレス付けし，主記憶の物理容量を超えるメモリ空間を提供する。
イ　主記憶と磁気ディスク装置との間にバッファメモリを置いて，双方のアクセス速度の差を補う。
ウ　主記憶と入出力装置との間でCPUとは独立にデータ転送を行う。
エ　主記憶を複数のバンクに分けて，CPUからのアクセス要求を並列的に処理できるようにする。

問 10　USB Type-Cのプラグ側コネクタの断面図はどれか。ここで，図の縮尺は同一ではない。

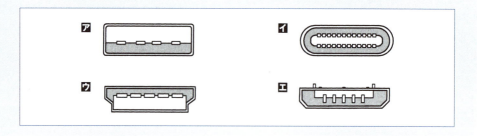

問 11　表に示す仕様の磁気ディスク装置において，1,000バイトのデータの読取りに要する平均時間は何ミリ秒か。ここで，コントローラの処理時間は平均シーク時間に含まれるものとする。

回転数	6,000 回転／分
平均シーク時間	10 ミリ秒
転送速度	10 M バイト／秒

ア　15.1　　　　**イ**　16.0　　　　**ウ**　20.1　　　　**エ**　21.0

問8 符号付き16ビット整数のオーバフローに関する問題

この問題は単純に考えれば，符号付き16ビット整数同士を足し算したときに，結果が符号付き16ビット整数の範囲に収まり，オーバフローしない組合せはどれかという問題です。

符号付き16ビット整数の範囲は，下記となります。

$$-2^{15}（-32,768）〜+2^{15}-1（32,767）$$

ア：$|x1|+|x2|$の計算結果が32,768の場合，符号付き16ビット整数は正の数として32,767までしか表現できないので誤りとなる可能性があります。

イ：$x1$と$x2$が同じ符号で絶対値が大きければオーバフローする可能性があります。

ウ：同じ符号で積を計算すれば非常に大きな数となる可能性があるので誤り。

エ：正しい。$x1$と$x2$は，それぞれ符号付き16ビット整数であり，符号が異なる数を加算すれば，絶対値として元の数より小さくなり，符号付き16ビットの範囲に入ります。

問9 メモリインタリーブに関する問題

ア：仮想記憶方式のメモリ管理の説明です。

イ：キャッシュメモリの説明です。

ウ：DMA（Direct Memory Access）の説明です。

エ：正しい。

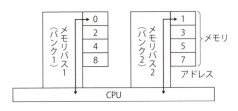

このように連続したアドレスをアクセスする場合にも二つのバンク（2ウェイインタリーブの場合）を同時にアクセスし，メモリアクセスを高速化できます。

問10 USB Type-Cのプラグ形状に関する問題

USB（Universal Serial Bus）は，コンピュータなどの情報機器と周辺機器を接続するための規格です。コネクタには，A（ホスト側），B（周辺機器側）などのほか，MiniやMicroといった大きさの違いによって分類されるものもあります。USB Type-Cは，2014年に策定され，機器の小型化に対応するため標準的なサイズがコンパクトになったほか，表裏がないため，差し込む向きを気にする必要がないなどの特徴があります。

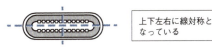

上下左右に線対称となっている

ア：Type-Aのコネクタです。PCなどのホスト側コネクタとしてよく使われています。USB 3.0に対応したものは青色となり，内部の奥にピンが追加されています。

イ：正しい。

ウ：Mini-Bタイプのコネクタです。

エ：Micro-Bタイプのコネクタです。

問11 磁気ディスク装置のデータ読取り時間に関する問題

次のようにして求めます。

データ読取りに要する平均時間	=	回転待ち時間	+	シーク時間	+	転送時間

・回転待ち時間… 1回転の半分の時間待つことを平均とします。6,000回転／分のディスクなので100回転／秒，1回転当たりの時間は1/100秒＝10ミリ秒。したがって，平均待ち時間はその半分の5ミリ秒

・シーク時間… 10ミリ秒

・データ転送時間… 10Mバイト／秒＝10Kバイト／ミリ秒なので，1,000バイト（1Kバイト）のデータ転送は0.1ミリ秒

これらを合計して，15.1ミリ秒となります。

解答	問8 **エ**	問9 **エ**
	問10 **イ**	問11 **ア**

問12 システムが使用する物理サーバの処理能力を，負荷状況に応じて調整する方法としてのスケールインの説明はどれか。

ア システムを構成する物理サーバの台数を増やすことによって，システムとしての処理能力を向上する。

イ システムを構成する物理サーバの台数を減らすことによって，システムとしてのリソースを最適化し，無駄なコストを削減する。

ウ 高い処理能力のCPUへの交換やメモリの追加などによって，システムとしての処理能力を向上する。

エ 低い処理能力のCPUへの交換やメモリの削減などによって，システムとしてのリソースを最適化し，無駄なコストを削減する。

問13 信頼性設計においてフールプルーフを実現する仕組みの一つであるインタロックの例として，適切なものはどれか。

ア ある機械が故障したとき，それを停止させて代替の機械に自動的に切り替える仕組み

イ ある条件下では，特定の人間だけが，システムを利用することを可能にする仕組み

ウ システムの一部に不具合が生じたとき，その部分を停止させて機能を縮小してシステムを稼働し続ける仕組み

エ 動作中の機械から一定の範囲内に人間が立ち入ったことをセンサが感知したとき，機械の動作を停止させる仕組み

問14 コンテナ型仮想化の説明として，適切なものはどれか。

ア アプリケーションの起動に必要なプログラムやライブラリなどをまとめ，ホストOSで動作させるので，独立性を保ちながら複数のアプリケーションを稼働できる。

イ サーバで仮想化ソフトウェアを動かし，その上で複数のゲストOSを稼働させるので，サーバのOSとは異なるOSも稼働できる。

ウ サーバで実行されたアプリケーションの画面情報をクライアントに送信し，クライアントからは端末の操作情報がサーバに送信されるので，クライアントにアプリケーションをインストールしなくても利用できる。

エ ホストOSで仮想化ソフトウェアを動かし，その上で複数のゲストOSを稼働させるので，物理サーバへアクセスするにはホストOSを経由する必要がある。

問15 1件のデータを処理する際に，読取りには40ミリ秒，CPU処理には30ミリ秒，書込みには50ミリ秒掛かるプログラムがある。このプログラムで，n件目の書込みと並行して$n+1$件目のCPU処理と$n+2$件目の読取りを実行すると，1分当たりの最大データ処理件数は幾つか。ここで，OSのオーバヘッドは考慮しないものとする。

ア 500　　　　**イ** 666　　　　**ウ** 750　　　　**エ** 1,200

問12 サーバの処理能力を調整するスケールインに関する問題

サーバの処理能力を，負荷状況に応じて調整する方法には次のようなものがあります。

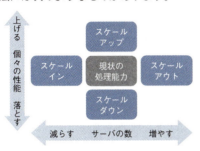

したがって，台数を減らす**イ**が答えとなります。

問13 信頼性設計におけるインタロックに関する問題

フールプルーフ（Fool Proof）は，人為的なミスが起きても適切な処置を行いシステムの正常な運用を妨げない設計思想です。このうちインタロックは，一定の条件が成立しないと，他の動作ができなくなる機構です。

ア：フェールオーバの一例です。

イ：アクセス制御のことです。

ウ：縮退運転（フォールバック）の一例です。不具合を切り離してシステムの能力を減少させてもシステム運用を継続しています。

エ：正しい。条件が成立しなくなったので動作を停止させています。インタロックの一例です。

問14 コンテナ型仮想化に関する問題

ア：正しい。コンテナ型仮想化は，OSは共有し，アプリの動作環境一式（コンテナ）を独立させます。

イ：ハイパーバイザ型仮想化の説明です。

ウ：仮想デスクトップ基盤（VDI）の説明です。アプリケーションはサーバの仮想環境で実行し，入出力をクライアントで行います。

エ：ホスト型仮想化の説明です。

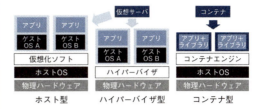

問15 データ処理件数に関する問題

問題文に「n件目の書込みと並行して$n+1$件目のCPU処理と$n+2$件目の読取りを実行する」とあるので，まずこの部分を「書込み」を"+"，「CPU処理」を"X"，「読取り」を"0"，10ミリ秒を1文字として図式化します。

n	+++++
n+1	XXX
n+2	0000

次に，それぞれの処理が重複しないように，何もしない時間を"_"として図式化していくと，一つの処理にかかる時間がわかります。

n	+++++0000_XXX__ +++++0000_XXX__ ……
n+1	XXX__ +++++0000_XXX__ +++++0000_ ……
n+2	0000_XXX__ +++++0000_XXX__ +++++……

このように，1件のデータ処理に"+++++0000_XXX__"すなわち150ミリ秒かかることがわかります。3件が同時処理可能なので，1ミリ秒当たりでは3／150＝0.02件，これを1分当たりに直すと，

0.02×1000×60＝1200件

となります（**エ**）。

解答	問12 **イ**	問13 **エ**
	問14 **ア**	問15 **エ**

問16 ページング方式の仮想記憶において，ページ置換えの発生頻度が高くなり，システムの処理能力が急激に低下することがある。このような現象を何と呼ぶか。

- ア　スラッシング
- イ　スワップアウト
- ウ　フラグメンテーション
- エ　ページフォールト

問17 主記憶へのアクセスを1命令当たり平均2回行い，ページフォールトが発生すると1回当たり40ミリ秒のオーバヘッドを伴うシステムがある。ページフォールトによる命令実行の遅れを1命令当たり平均0.4マイクロ秒以下にするために許容できるページフォールト発生率は最大幾らか。ここで，他のオーバヘッドは考慮しないものとする。

- ア　5×10^{-6}
- イ　1×10^{-5}
- ウ　5×10^{-5}
- エ　1×10^{-4}

問18 分散開発環境において，各開発者のローカル環境に全履歴を含んだ中央リポジトリの完全な複製をもつことによって，中央リポジトリにアクセスできないときでも履歴の調査や変更の記録を可能にする，バージョン管理ツールはどれか。

- ア　Apache Subversion
- イ　CVS
- ウ　Git
- エ　RCS

問19 仮想記憶方式における補助記憶の機能はどれか。

- ア　主記憶からページアウトされたページを格納する。
- イ　主記憶が更新された際に，更新前の内容を保存する。
- ウ　主記憶と連続した仮想アドレスを割り当てて，主記憶を拡張する。
- エ　主記憶のバックアップとして，主記憶の内容を格納する。

解答・解説

問16　ページング方式の仮想記憶に関する問題

ア：**スラッシング**（Thrashing）…正しい。仮想記憶を用いるシステムでプログラムの多重度が増加し，主記憶が不足すると，タスクの切替えを行うごとにページ置換えの処理が発生します。これにより主記憶と仮想記憶とのデータ転送が頻発し，システムの全体の処理能力が低下する現象をスラッシングといいます。

イ：**スワップアウト**（Swap-out）…主記憶上に確保された領域のアクセス頻度が低い場合，空き容量を確保するなどのために内容を仮想記憶に書き出すことです。

ウ：**フラグメンテーション**（Fragmentation）…ファイルやメモリ管理システムにおいて，領域の削除と追加を繰り返したため空き領域が細切れとなり，連続した空き領域を確保できなくなった状態です。

エ：ページフォールト（Page-fault）…プログラムが要求した論理ページが，主記憶上に存在しない場合に発生する割込みです。この割込みが発生した場合，ページ置換えの処理を行います。

問 17 ページフォールトの発生率に関する問題 □□□

問題文の「主記憶へのアクセスを1命令当たり平均2回行い」の部分を，「同じアドレスへ2回」と勘違いしないように注意しましょう。

まず単位をマイクロ秒に合わせると，1命令当たり40ミリ秒＝40,000マイクロ秒（1回当たりのオーバヘッド）となります。

1命令当たり平均2回の主記憶へのアクセスをするので，1命令に対して2回ともオーバヘッドが発生すると，40,000×2＝80,000マイクロ秒かかります。

したがって，ページフォールトによる命令実行の遅れを1命令当たり0.4マイクロ秒以下にするために許容される発生確率は，

0.4マイクロ秒÷80,000マイクロ秒
＝0.000005
＝5×10^{-6}（ア）

となります。

問 18 分散開発環境におけるバージョン管理ツールに関する問題 □□□

分散開発環境は，プロジェクトの開発において開発拠点が社内，社外あるいは在宅など複数の拠点に分散して同時進行で行う開発環境です。リポジトリとは，開発リソースなどを保存しておく書庫を意味し，主にファイルの共有や同期，バックアップを行います。リソースの管理方法によって，開発者が常に中央リポジトリに接続して使う「集中型」と，ローカル環境にリポジトリをもち，ある程度の進捗の後，中央リポジトリとの同期を行う「分散型」があります。問題文には「中央リポジトリにアクセスできないときでも」とあるので，分散型のバージョン管理ツールを指しています。

ア：Apache Subversion… オープンソースの集中型バージョン管理システムです。CVSの後継としてディレクトリ管理や暗号化など，さまざまな部分で強化されています。

イ：CVS（Concurrent Versions System）… CVSサーバを用意してファイル共有を行う集中型バージョン管理システムです。分散リポジトリをサポートしない，ファイル名やディレクトリの変更を扱えないなどの欠点がありました。

ウ：Git… 正しい。オープンソースの分散型バージョン管理システムです。ファイルの変更履歴を管理し，必要があれば任意の時点のファイルに戻すことができるなど，バージョン管理システムとして十分な機能をもつと同時に，常に中央リポジトリにアクセスする必要がないなど，分散型のメリットを享受できるため，現在，広く使われています。

エ：RCS（Revision Control System）… 初期のバージョン管理システムで，複数のユーザの同時作業は想定されていません。

問 19 仮想記憶方式における補助記憶の機能に関する問題 □□□

ア：正しい。主記憶に割当てがないアドレス空間へのアクセス要求があると，主記憶の内容をページアウトして補助記憶に退避し，要求のあったアドレス空間をページャが主記憶に割り当てます。

イ：更新前の内容を保存する必要はありません。

ウ：仮想記憶方式ではページングによってアドレス空間を主記憶や仮想記憶に割り当てます。このため，主記憶と補助記憶が連続したアドレスになる保障はありません。

エ：主記憶の内容がページアウトによって補助記憶に書き込まれることはありますが，その目的はバックアップではなく退避（移動）です。

解答	問16 ア	問17 ア
	問18 ウ	問19 ア

問 20 RFIDのパッシブ方式のRFタグの説明として，適切なものはどれか。

ア アンテナで受け取った電力を用いて通信する。
イ 可視光でデータ通信する。
ウ 静電容量の変化を捉えて位置を検出する。
エ 赤外線でデータ通信する。

 問 21 組込みシステムにおける，ウォッチドッグタイマの機能はどれか。

ア あらかじめ設定された一定時間内にタイマがクリアされなかった場合，システム異常とみなしてシステムをリセット又は終了する。
イ システム異常を検出した場合，タイマで設定された時間だけ待ってシステムに通知する。
ウ システム異常を検出した場合，マスカブル割込みでシステムに通知する。
エ システムが一定時間異常であった場合，上位の管理プログラムを呼び出す。

問 22 1桁の2進数A，Bを加算し，Xに桁上がり，Yに桁上げなしの和（和の1桁目）が得られる論理回路はどれか。

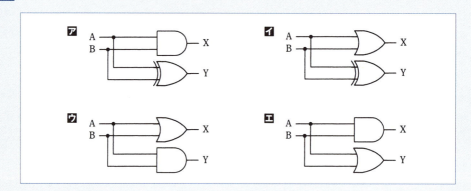

問 20 パッシブ式のRFIDに関する問題

RFID（Radio Frequency Identification）は，ID情報を埋め込んだ小型のICチップをタグやカードの形に埋め込み，無線通信によって情報のやりとりを行います。物流管理や万引き防止タグ，電子マネーなどさまざまな分野で使われています。

ア：正しい。パッシブ方式のRFタグは，ICチップに内蔵または外付けされたアンテナで受信した電波や電磁誘導によって得られた電力を直流に変換し，ICチップの電源として利用します。このため電池切れの心配なく利用できますが，アンテナから得られる電力は微弱なため，通信可能な距離は短くなります。電池を内蔵する方式はアクティブ方式といいます。

イ：RFIDは電磁波または電波で通信します。

ウ：スマートフォンなどに用いられる静電式タッチパネルの説明です。

エ：RFIDは電磁波または電波で通信します。

問 21 ウォッチドッグタイマに関する問題

ウオッチドッグタイマ（Watchdog timer）は，メインのプログラムがハングアップするなど不正な停止状態になったときに，システムの再起動を行うために用いられるハードウェアタイマです。

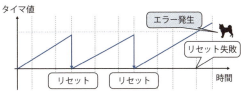

ウォッチドッグには番犬の意味があり，システム状態を監視します。実際の動作ではプログラムの動作中，プログラムとは無関係のハードウェアタイマが一定期間ごとにタイマ値を増やしていき，周期的なプログラムの操作によってタイマ値をリセットします。プログラムが停止しタイマがリセットされなかった場合に，他に優先するノン

マスカブル割込みを発生させ，システム再起動のきっかけを作ります。

したがって，機能としては**ア**が該当します。

問 22 論理回路の半加算器に関する問題

1桁の2進数A，Bを加算した場合，次のような結果になります。

A	B	和	桁上がり
0	0	0	0
0	1	1	0
1	0	1	0
1	1	0	1

使われている論理回路は次の3種類です。論理回路を記号で表したものをMIL記号といいます。

AND 回路（論理積）

A	B	OUT
0	0	0
0	1	0
1	0	0
1	1	1

AとBの両方が1のとき，OUT（出力）が1になる

OR 回路（論理和）

A	B	OUT
0	0	0
0	1	1
1	0	1
1	1	1

AとBのどちらかが1のとき，OUT（出力）が1になる

XOR 回路（排他的論理和）

A	B	OUT
0	0	0
0	1	1
1	0	1
1	1	0

AとBが等しいときに0，異なるときに1を出力する

これらを比較すれば，和をXOR回路，桁上がりをAND回路で構成すればよいことがわかります。したがって答えは，**ア**です。

解答	問20 **ア**	問21 **ア**	問22 **ア**

問23 マイコンの汎用入出力ポートに接続されたLED1を，LED2の状態を変化させずに点灯したい。汎用入出力ポートに書き込む値として，適切なものはどれか。ここで，使用されている汎用入出力ポートのビットは全て出力モードに設定されていて，出力値の読出しが可能で，この操作の間に汎用入出力ポートに対する他の操作は行われないものとする。

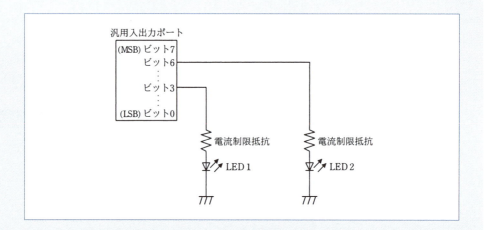

- ア 汎用入出力ポートから読み出した値と16進数の08との論理積
- イ 汎用入出力ポートから読み出した値と16進数の08との論理和
- ウ 汎用入出力ポートから読み出した値と16進数の48との論理積
- エ 汎用入出力ポートから読み出した値と16進数の48との論理和

問24 ビットマップフォントよりも，アウトラインフォントの利用が適している場合はどれか。

- ア 英数字だけでなく，漢字も表示する。
- イ 各文字の幅を一定にして表示する。
- ウ 画面上にできるだけ高速に表示する。
- エ 文字を任意の倍率に拡大して表示する。

問25 コンピュータグラフィックスに関する記述のうち，適切なものはどれか。

- ア テクスチャマッピングは，全てのピクセルについて，視線と全ての物体との交点を計算し，その中から視点に最も近い交点を選択することによって，隠面消去を行う。
- イ メタボールは，反射・透過方向への視線追跡を行わず，与えられた空間中のデータから輝度を計算する。
- ウ ラジオシティ法は，拡散反射面間の相互反射による効果を考慮して拡散反射面の輝度を決める。
- エ レイトレーシングは，形状が定義された物体の表面に，別に定義された模様を張り付けて画像を作成する。

問 23 汎用入出力ポートの制御に関する問題

汎用入出力ポート（GPIO：General Purpose Input/Output）は，プログラムからディジタル信号の入出力が可能となるインタフェースです。ラズベリーパイ（Raspberry Pi）などIoT機器を構成するマイクロコンピュータが外部機器を制御する際に広く用いられています。

問題の条件を整理します。

・ビット3に接続されたLED1は点灯させる
・ビット6に接続されたLED2の状態は変えない

LEDを点灯させるだけであれば，そのビットを1にしたビット列をGPIOに書き込めばよいのですが，「変えない」という条件があるので一度現在の状態を読み込んで演算する必要があります。

A	B	出力
0	0	0
0	1	1
1	0	1
1	1	1

ここで，論理和の真理値表をよく見てみると，Bが "0" の場合にはAの値が，"1" の場合には常に "1" が出力されています。これは，GPIOから読み込んだ現在の値と，LED1を点灯させたいビット3を "1" に，LEDの状態を変えたくないビット6を "0" にして論理和を計算させます。つまり "x0xx 1xxx" との論理和です。xを0とすれば，"0000 1000" すなわち，16進数では08との論理和を計算すればよいことになります。

問 24 ビットマップフォントと比較したアウトラインフォントの利点に関する問題

画面やプリンタに文字を出力する際には，文字の形をデータ化した「フォント」が必要となります。ビットマップフォントは文字の形をドットの集合体として記録し，アウトラインフォントではベクトルデータとして記録します。

ア：文字セットの問題です。どちらかが適している訳ではありません。

イ：等幅フォントの説明です。どちらのフォントでも作成できます。

ウ：一般的に，ビットマップフォントの方がデータ量が少ないので高速に表示できます。

エ：正しい。ビットマップフォントでも任意の倍率に拡大することは可能ですが，斜めの線や曲線の境界線がギザギザとなり目立つので，アウトラインフォントの方が適しています。

ビットマップフォント（左）とアウトラインフォント（右）

問 25 コンピュータグラフィックスに関する問題

ア：Zバッファ法の説明です。Zバッファ法では，視点からの光線が物体と交わる点のうち一番近い点を抽出して表示します。それより奥にある点は隠れて見えないことを利用して計算量を抑えることができます。

イ：メタボールは形状生成手法の一つで，電荷を帯びた複数の球体を集めて，等電位となった部分をつなぎ合わせた形状によってモデリングを行います。滑らかな形状や，雲のような自然現象を表現するのに適した方法です。

ウ：正しい。一般的なシェーディング手法では，光源として設定された直接光以外の光は，環境光として一様な光があるものとして計算していました。ラジオシティ法では，壁面からの反射光なども含めた計算を行うことで，より写実的な表現が可能になります。

エ：テクスチャマッピングの説明です。2次元の画像を3次元の物体表面に貼り付けて表示することで，写実的な表現を簡単に行うことができます。例えばボトルの形状をした物体に，ワインのラベル等を含んだ瓶の外観を貼り付けるなどの表現を行います。

解答	問23 **イ**	問24 **エ**	問25 **ウ**

問 26 関係Rと関係Sに対して，関係Xを求める関係演算はどれか。

R

ID	A	B
0001	a	100
0002	b	200
0003	d	300

S

ID	A	B
0001	a	100
0002	a	200

X

ID	A	B
0001	a	100
0002	a	200
0002	b	200
0003	d	300

ア IDで結合　　**イ** 差　　**ウ** 直積　　**エ** 和

問 27 データベースの障害回復処理に関する記述として，適切なものはどれか。

ア 異なるトランザクション処理プログラムが，同一データベースを同時更新することによって生じる論理的な矛盾を防ぐために，データのブロック化が必要となる。

イ システムが媒体障害以外のハードウェア障害によって停止した場合，チェックポイントの取得以前に終了したトランザクションについての回復作業は不要である。

ウ データベースの媒体障害に対して，バックアップファイルをリストアした後，ログファイルの更新前情報を使用してデータの回復処理を行う。

エ トランザクション処理プログラムがデータベースの更新中に異常終了した場合には，ログファイルの更新後情報を使用してデータの回復処理を行う。

問 28 受注入力システムによって作成される次の表に関する記述のうち，適切なものはどれか。受注番号は受注ごとに新たに発行される番号であり，項番は1回の受注で商品コード別に連番で発行される番号である。

なお，単価は商品コードによって一意に定まる。

受注日	受注番号	得意先コード	項番	商品コード	数量	単価
2021-03-05	995867	0256	1	20121	20	20,000
2021-03-05	995867	0256	2	24005	10	15,000
2021-03-05	995867	0256	3	28007	5	5,000

ア 第1正規形でない。

イ 第1正規形であるが第2正規形でない。

ウ 第2正規形であるが第3正規形でない。

エ 第3正規形である。

問26 関係演算に関する問題

ア：結合演算は，二つの関係が共通してもつ属性を結び付けて新しい関係をつくる演算です。以下はIDで等結合した例です。

R.ID	R.A	R.B	S.ID	S.A	S.B
0001	a	100	0001	a	100
0002	b	200	0002	a	200

※R.IDは関係Rの属性IDの意味

イ：差集合R−Sは，表Rに属し，かつ表Sに属さない行で構成される表です。

ID	A	B
0002	b	200
0003	d	300

ウ：直積集合R×Sでは一方の表の1行に対して，他方の表の全てを対応づけます。

ID	A	B	ID	A	B
0001	a	100	0001	a	100
0001	a	100	0002	a	200
0002	b	200	0001	a	100
0002	b	200	0002	a	200
0003	d	300	0001	a	100
0003	d	300	0002	a	200

エ：正しい。和集合R∪Sではどちらかの表に属する行を全て表示します。

問27 データベースの障害回復に関する問題

ア：データのブロック化ではなく，データのロック（またはレコードロック）が必要です。

イ：正しい。チェックポイントではその時点でのスナップショットによるバックアップが保存されています。チェックポイント以前のデータの更新については，バックアップに保存されているため回復作業は不要です。

ウ：ロールフォワードです。この処理の前に媒体の修理や交換が必要です。

エ：最初にロールバックによる回復が必要です。ロールバック処理では，ログファイルの更新前情報を用いて，データ更新前の状態までデータベースを巻き戻して元の状態に戻します。

問28 データベースの正規形に関する問題

データの正規化とは，複数の関係表から重複するデータを取り除いて，データ項目間の関係を再構成して単純化する作業です。正規化されたデータ構造を正規形といいます。

正規化レベル	条件
第1正規形	値が固定された列や，繰り返される列が存在しない。例えば「資格」という列が複数あってそれぞれに「ITパスポート試験」，「基本情報処理技術者」のような項目が割り当てられてはいけない
第2正規形	第1正規形を満たし，候補キーが複数あり，一部の候補キーから候補キー以外（非キー属性）への関数従属性がない
第3正規形	第2正規形を満たし，候補キーから推移的に候補キー以外の属性が決まらない

・候補キーとは，行を一意に決めることのできる列または列の組合せです
・主キーとは，候補キーの一つでナル値（値がない）が認められないキーです
・関数従属性とは，ある列または列の組合せが決まると，別の列または列の組合せが自動的に決まる性質をいいます

問題の表では，同じ名前の列やその性質から値が決まっている列はありません（受注日は値が決まっているようにも見えますが，これは別の日の受注があれば別の値になると考えられます）。このため，第1正規形には該当します。

次に候補キーを調べます。「項番」「商品コード」「数量」「単価」が行ごとに異なっていますが，問題文に「受注番号は受注ごとに新たに発行される」，「項番は1回の受注で商品コード別に連番で発行される」とあるので，この組合せ（受注番号と項番）が候補キーであり，必ず番号が発行されるので主キーにすることができます。この主キーから受注日や得意先コードは関数従属性をもっているので，第2正規形とは認められません。第2正規形でなければ第3正規形になることはないので，答えは**イ**になります。

解答	問26 **エ**	問27 **イ**	問28 **イ**

問 29 "部門別売上"表から，部門コードごと，期ごとの売上を得るSQL文はどれか。

部門別売上

部門コード	第1期売上	第2期売上
D01	1,000	4,000
D02	2,000	5,000
D03	3,000	8,000

〔問合せ結果〕

部門コード	期	売上
D01	第1期	1,000
D01	第2期	4,000
D02	第1期	2,000
D02	第2期	5,000
D03	第1期	3,000
D03	第2期	8,000

ア
```
SELECT 部門コード, '第1期' AS 期, 第1期売上 AS 売上
    FROM 部門別売上
    INTERSECT
    (SELECT 部門コード, '第2期' AS 期, 第2期売上 AS 売上
        FROM 部門別売上)
    ORDER BY 部門コード, 期
```

イ
```
SELECT 部門コード, '第1期' AS 期, 第1期売上 AS 売上
    FROM 部門別売上
    UNION
    (SELECT 部門コード, '第2期' AS 期, 第2期売上 AS 売上
        FROM 部門別売上)
    ORDER BY 部門コード, 期
```

ウ
```
SELECT A.部門コード, '第1期' AS 期, A.第1期売上 AS 売上
    FROM 部門別売上 A
    CROSS JOIN
    (SELECT B.部門コード, '第2期' AS 期, B.第2期売上 AS 売上
        FROM 部門別売上 B) T
    ORDER BY 部門コード, 期
```

エ
```
SELECT A.部門コード, '第1期' AS 期, A.第1期売上 AS 売上
    FROM 部門別売上 A
    INNER JOIN
    (SELECT B.部門コード, '第2期' AS 期, B.第2期売上 AS 売上
        FROM 部門別売上 B) T ON A.部門コード = T.部門コード
    ORDER BY 部門コード, 期
```

問 30 分散データベースにおける"複製に対する透過性"の説明として，適切なものはどれか。

ア それぞれのサーバのDBMSが異種であっても，プログラムはDBMSの相違を意識する必要がない。

イ 一つの表が複数のサーバに分割されて配置されていても，プログラムは分割された配置を意識する必要がない。

ウ 表が別のサーバに移動されても，プログラムは表が配置されたサーバを意識する必要がない。

エ 複数のサーバに一つの表が重複して存在しても，プログラムは表の重複を意識する必要がない。

解答・解説

問 29 SQLに関する問題

SQL文を使った問題は，まず選択肢ごとに異なる命令がある場合はその命令の意味を整理し，同じ命令で計算順序が異なる場合には，その順序を書き出すと解きやすくなります。

ア	INTERSECT	SELECT文を組み合わせて重複のない積集合（AND）を作る
イ	UNION	SELECT文を組み合わせて重複のない和集合（OR）を作る
ウ	CROSS JOIN	二つのテーブルの全ての組合せ（交差結合）を作る
エ	INNER JOIN	二つのテーブルから特定のフィールドが一致するレコードを連結する

次に，各選択肢共通で使われているSELECT文の実行結果を書き出します。

・①SELECT 部門コード, '第1期' AS 期, 第1期売上 AS 売上 FROM 部門別売上

部門コード	期	売上
D01	第1期	1,000
D02	第1期	2,000
D03	第1期	3,000

・②SELECT 部門コード, '第2期' AS 期, 第2期売上 AS 売上 FROM 部門別売上

部門コード	期	売上
D01	第2期	4,000
D02	第2期	5,000
D03	第2期	8,000

ア：①と②は期が異なるので積集合はありません。

イ：正しい。①と②の和集合を部門コード，期で並べ替えるので〔問合せ結果〕のようになります。

ウ：交差集合は，①と②の部門コードの数の組合せとなるので，3行×3行＝9行となり誤りです。

部門コード	期	売上	部門コード	期	売上
D01	第1期	1,000	D01	第2期	4,000
D01	第1期	1,000	D02	第2期	5,000
D01	第1期	1,000	D03	第2期	8,000
D02	第1期	2,000	D01	第2期	4,000
D02	第1期	2,000	D02	第2期	5,000
D02	第1期	2,000	D03	第2期	8,000
D03	第1期	3,000	D01	第2期	4,000
D03	第1期	3,000	D02	第2期	5,000
D03	第1期	3,000	D03	第2期	8,000

エ：部門コードが一致する行を連結するので，問合せ結果は3行となります。

部門コード	期	売上	部門コード	期	売上
D01	第1期	1,000	D01	第2期	4,000
D02	第1期	2,000	D02	第2期	5,000
D03	第1期	3,000	D03	第2期	8,000

問 30 分散データベースにおける"複製に対する透過性"に関する問題

分散データベースにおける"透過性"とは「利用者から見てわからない」ことを意味します。透過性にはいくつかの種類があり，代表的なものに次のものがあります。

・位置に対する透過性（location transparency）
・移動に対する透過性（migration transparency）
・複製に対する透過性（replication transparency）
・分割に対する透過性（fragmentation transparency）
・障害に対する透過性（failure transparency）
・データモデルに対する透過性（data model transparency）

ア：データモデルに対する透過性の説明です。例えばNoSQL型DBとRDBを併用したデータベースを横断的に検索できる仕組みが該当します。

イ：分割に対する透過性の説明です。

ウ：移動に対する透過性の説明です。

エ：正しい。複製に対する透過性の説明です。データベースを複製することで可用性や応答性を高めることができますが，利用者からは内部構成や複製による更新動作を見えないように実装します。

解答	問29 **イ**	問30 **エ**

問31　イーサネットで用いられるブロードキャストフレームによるデータ伝送の説明として，適切なものはどれか。

ア　同一セグメント内の全てのノードに対して，送信元が一度の送信でデータを伝送する。
イ　同一セグメント内の全てのノードに対して，送信元が順番にデータを伝送する。
ウ　同一セグメント内の選択された複数のノードに対して，送信元が一度の送信でデータを伝送する。
エ　同一セグメント内の選択された複数のノードに対して，送信元が順番にデータを伝送する。

問32　TCP/IPネットワークにおけるARPの説明として，適切なものはどれか。

ア　IPアドレスからMACアドレスを得るプロトコルである。
イ　IPネットワークにおける誤り制御のためのプロトコルである。
ウ　ゲートウェイ間のホップ数によって経路を制御するプロトコルである。
エ　端末に対して動的にIPアドレスを割り当てるためのプロトコルである。

問33　PCが，NAPT（IPマスカレード）機能を有効にしているルータを経由してインターネットに接続されているとき，PCからインターネットに送出されるパケットのTCPとIPのヘッダのうち，ルータを経由する際に書き換えられるものはどれか。

ア　宛先のIPアドレスと宛先のポート番号
イ　宛先のIPアドレスと送信元のIPアドレス
ウ　送信元のポート番号と宛先のポート番号
エ　送信元のポート番号と送信元のIPアドレス

問34　UDPのヘッダフィールドにはないが，TCPのヘッダフィールドには含まれる情報はどれか。

ア　宛先ポート番号　　　　　　　　　イ　シーケンス番号
ウ　送信元ポート番号　　　　　　　　エ　チェックサム

解答・解説

問31　ブロードキャストフレームに関する問題

　TCP/IPを利用したネットワークで，一般的に1対1の通信に用いられる**ユニキャスト**と呼ばれる形態です。また，複数の選択されたノードと1対Nで通信を行う形態を**マルチキャスト**といいます。

　ブロードキャストは，同一セグメント内の全てのノードに対して同時に通信を行う形態で，ARPやDHCPなどのプロトコルで用いられます。

ア：正しい。
イ：ブロードキャストでは一度の通信で全てのノードに対して通信が行われます。
ウ：マルチキャストの説明です。
エ：マルチキャストの通信では，対応するルータで通信するノード数分パケットがコピーされて通信を行います。

問 32 ARPに関する問題

ARP

ARP（Address Resolution Protocol）は，EthernetにおいてIPアドレスからMACアドレスに変換するためのプロトコルです。Ethernetで通信を行うホストは，ARPテーブルと呼ばれるIPアドレスとMACアドレスの対応表をもっていて，ARPテーブルを参照しながら，EthernetフレームにIPパケットを格納します。

ア：正しい。

イ：TCP（Transmission Control Protocol）の説明です。

ウ：RIP（Routing Information Protocol）の説明です。

エ：DHCP（Dynamic Host Configuration Protocol）の説明です。

問 33 NAPT機能を使った際のヘッダ情報に関する問題

NAPT（Network Address Port Translation）機能は，一つのグローバルアドレスを複数の端末で共有するために行うアドレス変換技術です。TCP/IPによる通信は，IPパケットの中にTCPパケットのデータを載せる形で行われます。パケットの中には，それぞれパケットヘッダと呼ばれる部分があり，通信経路で必要となる情報が格納されています。IPヘッダには，宛先のIPアドレスと送信元のIPアドレスが含まれており，TCPヘッダには，宛先のポート番号と送信元のポート番号が含まれています。

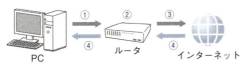

NAPTを用いたネットワーク通信

パケットの流れを順に説明します。

①PCからインターネットにパケットを送りたいとき，PCの送信元アドレスとポート番号をセットし，宛先にはインターネットのアドレスとポート番号をセットしてパケットを送ります。

②PCから直接インターネットに接続できないので，パケットはデフォルトゲートウェイであるルータに届きます。ルータはパケットを解釈し，送信元ポート番号とアドレスを自分のものに付け替えます。このとき，どのポート番号とIPアドレスを何に付け替えたのか変換テーブルに記憶します。

③ヘッダを付け替えたパケットをインターネットに送ります。

④インターネットからパケットのレスポンスがあった場合，変換テーブルを参照して逆の変換を行い，PCにパケットを届けます。

したがって，付け替えられるのは，送信元のポート番号とIPアドレスになります（**エ**）。

問 34 TCP/UDPのヘッダ情報に関する問題

TCPおよびUDPは，ネットワーク層のIPの上位レイヤであるトランスポート層のプロトコルです。どちらもポート番号を使ってパケットを区別しますが，TCPではコネクションと呼ばれる仮想的な経路を作ります。データをセグメントという単位に分割し，それぞれにコネクションの中での順序を示すシーケンス番号を付けてやりとりします。伝送路中で一部のパケットが消失したり遅れたりしてもシーケンス番号で発見できるので，高い信頼性をもちます。一方，UDPはコネクションを使わず，次々とデータを送ります。

ア：宛先ポート番号は，TCP/UDP双方のプロトコルで用います。受信側はポート番号を見てサービスに接続します。

イ：正しい。シーケンス番号はTCPでのみ使われます。UDPの場合は，パケットが届いた順に処理されます。

ウ：送信元ポート番号は，TCP/UDP双方のプロトコルで用います。パケットを送信側に返す際に必要です。

エ：チェックサムは，TCP/UDP双方のプロトコルで用います。16ビットの値をもっています。

解答	問31 **ア**	問32 **ア**
	問33 **エ**	問34 **イ**

357

令和3年度秋期　午前　午後

IPv4ネットワークにおいて，あるホストが属するサブネットのブロードキャストアドレスを，そのホストのIPアドレスとサブネットマスクから計算する方法として，適切なものはどれか。ここで，論理和，論理積はビットごとの演算とする。

- ア IPアドレスの各ビットを反転したものとサブネットマスクとの論理積を取る。
- イ IPアドレスの各ビットを反転したものとサブネットマスクとの論理和を取る。
- ウ サブネットマスクの各ビットを反転したものとIPアドレスとの論理積を取る。
- エ サブネットマスクの各ビットを反転したものとIPアドレスとの論理和を取る。

IPv6において，拡張ヘッダを利用することによって実現できるセキュリティ機能はどれか。

- ア URLフィルタリング機能
- イ 暗号化通信機能
- ウ 情報漏えい検知機能
- エ マルウェア検知機能

IoT推進コンソーシアム，総務省，経済産業省が策定した"IoTセキュリティガイドライン（Ver1.0）"における"要点 17．出荷・リリース後も安全安心な状態を維持する"に対策例として挙げられているものはどれか。

- ア IoT機器及びIoTシステムが収集するセンサデータ，個人情報などの情報の洗い出し，並びに保護すべきデータの特定
- イ IoT機器のアップデート方法の検討，アップデートなどの機能の搭載，アップデートの実施
- ウ IoT機器メーカ，IoTシステムやサービスの提供者，利用者の役割の整理
- エ PDCAサイクルの実施，組織としてIoTシステムやサービスのリスクの認識，対策を行う体制の構築

ソフトウェア製品の脆弱性を第三者が発見し，その脆弱性をJPCERTコーディネーションセンターが製品開発者に通知した。その場合における製品開発者の対応のうち，"情報セキュリティ早期警戒パートナーシップガイドライン（2019年5月）"に照らして適切なものはどれか。

- ア ISMS認証を取得している場合，ISMS認証の停止の手続をJPCERTコーディネーションセンターに依頼する。
- イ 脆弱性関連の情報を集計し，統計情報としてIPAのWebサイトで公表する。
- ウ 脆弱性情報の公表に関するスケジュールをJPCERTコーディネーションセンターと調整し，決定する。
- エ 脆弱性の対応状況をJVNに書き込み，公表する。

解答・解説

問35 ブロードキャストアドレスの計算方法に関する問題

32ビットのIPv4アドレスは，ネットワークを管理する単位でネットワークアドレス部とホストア

ドレス部に分割して使います。このアドレスの境界線を示すのがサブネットマスクで，ビットが全て0になっている部分がホストアドレス部を示しています。

ここで，IPアドレスのホストアドレス部のビッ

トを全て1にしたアドレスを**ブロードキャストア**
ドレスといいます。ネットワークに所属する全て
のホストに対して1対多で通信することができま
す。

ブロードキャストアドレスは，サブネットマス
クのビットを反転し，IPアドレスとの論理和
（OR）で計算できます。

問36 IPv6の拡張ヘッダに関する問題

OSI基本参照モデルにおいて暗号化によるセキ
ュリティ機能は第6層（プレゼンテーション層）
と第3層（ネットワーク層）で用いられます。第
6層の暗号化はプログラム間での通信で用いられ
るのに対して，第3層の暗号化はパケットレベル
での暗号化を示しています。

第3層のプロトコルであるIPでは，IPv4には暗
号化機能がないのでIPsecが用いられていました。
IPv6ではIPsecと同様の暗号化が組み込まれてお
り，拡張ヘッダを使うだけで利用できます。

選択肢のうち，第3層で実現できるのは，**イ**の
暗号化機能だけです。

問37 IoT機器のセキュリティガイドラインに関する問題

"IoTセキュリティガイドライン（Ver1.0）"は，
IoT機器やシステム，サービスに対してリスクに
応じた適切なサイバーセキュリティ対策を検討す
るための考え方を，分野を特定せずまとめたもの
です。このうち要点17では，「IoT機器のセキュリ
ティ上重要なアップデートなどを必要なタイミン
グで適切に実施する方法を検討し，適用する」と
して次の対策例が挙げられています。

・アップデート方法の検討
・アップデートなどの機能の搭載
・アップデートの実施

ア："要点3．守るべきものを特定する"の対策例
です。
イ：正しい。
ウ："要点20．IoTシステム・サービスにおける関
係者の役割を認識する"の対策例です。
エ："要点1．経営者がIoTセキュリティにコミッ
トする"の対策例です。

問38 情報セキュリティ早期警戒パートナーシップガイドラインに関する問題

"情報セキュリティ早期警戒パートナーシップ
ガイドライン（2019年5月）"は，脆弱性に対処
するプロセスを示したものです。情報処理推進機
構（IPA）を受付機関，JPCERTコーディネーショ
ンセンター（JPCERT/CC）を調整機関としていま
す。

ア：ガイドラインでは，ISMS認証について示し
ていません。ISMS認証停止の手続きをする
場合には，認証を取得する時に審査を受けた
認証機関に依頼します。
イ：IPAは，受け付けた脆弱性関連情報を集計し
て，四半期ごとに統計情報としてインター
ネット等で公表します。
ウ：正しい。
エ：IPAおよびJPCERT/CCは，脆弱性の対策方法
および対応状況を，JVNを通じて公表します。
JVN（Japan Vulnerability Notes）は，JPCERT/
CCとIPAが共同で運営している脆弱性対策情
報ポータルサイトです。

解答	問35 **エ**	問36 **イ**
	問37 **イ**	問38 **ウ**

問 39 JIS Q 27000:2019（情報セキュリティマネジメントシステム―用語）において定義されている情報セキュリティの特性に関する説明のうち，否認防止の特性に関するものはどれか。

- **ア** ある利用者があるシステムを利用したという事実が証明可能である。
- **イ** 認可された利用者が要求したときにアクセスが可能である。
- **ウ** 認可された利用者に対してだけ，情報を使用させる又は開示する。
- **エ** 利用者の行動と意図した結果とが一貫性をもつ。

問 40 IoTデバイスの耐タンパ性の実装技術とその効果に関する記述として，適切なものはどれか。

- **ア** CPU処理の負荷が小さい暗号化方式を実装することによって，IoTデバイスとサーバとの間の通信経路での情報の漏えいを防止できる。
- **イ** IoTデバイスにGPSを組み込むことによって，紛失時にIoTデバイスの位置を検知して捜索できる。
- **ウ** IoTデバイスに光を検知する回路を組み込むことによって，ケースが開けられたときに内蔵メモリに記録されている秘密情報を消去できる。
- **エ** IoTデバイスにメモリカードリーダを実装して，IoTデバイスの故障時にはメモリカードをIoTデバイスの予備機に差し替えることによって，IoTデバイスを復旧できる。

問 41 基本評価基準，現状評価基準，環境評価基準の三つの基準で情報システムの脆弱性の深刻度を評価するものはどれか。

- **ア** CVSS
- **イ** ISMS
- **ウ** PCI DSS
- **エ** PMS

問 42 盗まれたクレジットカードの不正利用を防ぐ仕組みのうち，オンラインショッピングサイトでの不正利用の防止に有効なものはどれか。

- **ア** 3Dセキュアによって本人確認する。
- **イ** クレジットカード内に保持されたPINとの照合によって本人確認する。
- **ウ** クレジットカードの有効期限を確認する。
- **エ** セキュリティコードの入力によって券面認証する。

解答・解説

問 39 情報セキュリティの特性に関する問題

ア：正しい。否認防止（non-repudiation）について，JIS Q 27000では，「主張された事象または処理の発生，およびそれを引き起こしたエンティティを証明する能力」と定義されています。

イ：可用性（availability）の説明です。

ウ：機密性（confidentiality）の説明です。

エ：信頼性（reliability）の説明です。

問40 耐タンパ性に関する問題

耐タンパ性のタンパ（tamper）とは，不正な変更を行うという意味です。情報工学における耐タンパ性は，不正な変更に加えて，解析が困難な特性という意味でも用います。IPAが公開している「IoT開発におけるセキュリティ設計の手引き」（2021年）によれば，対策方法の候補として次の機能が挙げられています。

耐タンパ（ハードウェア）	筐体開封を検知して内部情報を自動消去するなど，ハードウェア技術を用いて，内部構造や記憶しているデータの解析を困難とする
耐タンパ（ソフトウェア）	プログラムやデータ構造の難読化など，ソフトウェア技術を用いて，内部構造や記憶しているデータの解析を困難とする

- ア：耐タンパ性という意味では関係がありません。むしろそれによって暗号化強度が落ちるとすればマイナスとなります。
- イ：紛失時に内部のデータを消去するなら耐タンパ性の向上になりますが，捜索に用いるのであれば耐タンパ性への対策ではありません。
- ウ：正しい。プログラムやデータのほか，共通鍵暗号の暗号鍵や公開鍵暗号の秘密鍵などの物理的に躯体を破壊しての解析やデータの吸い出しについても考慮する必要があります。
- エ：MTTRを小さくして可用性の向上に役立ちますが，簡単にメモリカードのデータにアクセスできるのは機密性や耐タンパ性に問題があります。

問41 情報システムの脆弱性に対する指標の問題

- ア：CVSS（Common Vulnerability Scoring System：共通脆弱性評価システム）… 正しい。
- イ：ISMS（Information Security Management System）… 情報セキュリティマネジメントシステム。情報資産を機密性，完全性，可用性からバランスよく維持管理し，また改善していくことを目的とした仕組みです。

- ウ：PCI DSS（Payment Card Industry Data Security Standard）… 会員情報の保護を目的としたクレジットカード会社5社が策定した，業界の統一情報セキュリティ基準です。
- エ：PMS（Personal information protection Management Systems）… 個人情報保護マネジメントシステム。「事業者が，自らの事業の用に供する個人情報を保護するための方針，体制，計画，実施，監査及び見直しを含むマネジメントシステム」のことです（JIS Q 15001）。

問42 クレジットカードの不正利用を防ぐ仕組みに関する問題

- ア：正しい。3Dセキュアは，あらかじめカード会社に登録しておいたパスワードを入力して，カード会社が照合し本人であるか認証します。登録したパスワードは本人しか分からないので，なりすましなどカードの不正利用を防ぐことができます。
- イ：PIN（Personal Identification Number）は，店舗などに設置された端末からカードのPINを読み出す認証方式です。端末がないオンラインショッピングでの不正利用防止には有効ではありません。
- ウ：有効期限はカードに表示されているので，他人でもカード番号と有効期限を入力してオンラインショッピングができます。
- エ：セキュリティコードはカードに表示されており，他人でも使用できるので不正利用は防げません。

解答	問39 ア	問40 ウ
	問41 ア	問42 ア

問43 OSI基本参照モデルのネットワーク層で動作し，"認証ヘッダ（AH）"と"暗号ペイロード（ESP）"の二つのプロトコルを含むものはどれか。

ア IPsec　　**イ** S/MIME　　**ウ** SSH　　**エ** XML暗号

問44 オープンリダイレクトを悪用した攻撃に該当するものはどれか。

ア HTMLメールのリンクを悪用し，HTMLメールに，正規のWebサイトとは異なる偽のWebサイトのURLをリンク先に指定し，利用者がリンクをクリックすることによって，偽のWebサイトに誘導する。

イ Webサイトにアクセスすると自動的に他のWebサイトに遷移する機能を悪用し，攻撃者が指定した偽のWebサイトに誘導する。

ウ インターネット上の不特定多数のホストからDNSリクエストを受け付けて応答するDNSキャッシュサーバを悪用し，攻撃対象のWebサーバに大量のDNSのレスポンスを送り付け，リソースを枯渇させる。

エ 設定の不備によって，正規の利用者以外からの電子メールやWebサイトへのアクセス要求を受け付けるプロキシを悪用し，送信元を偽った迷惑メールの送信を行う。

問45 化学製品を製造する化学プラントに，情報ネットワークと制御ネットワークがある。この二つのネットワークを接続し，その境界に，制御ネットワークのセキュリティを高めるためにDMZを構築し，制御ネットワーク内の機器のうち，情報ネットワークとの通信が必要なものをこのDMZに移した。DMZに移した機器はどれか。

ア 温度，流量，圧力などを計測するセンサ

イ コントローラからの測定値を監視し，設定値（目標値）を入力する操作端末

ウ センサからの測定値が設定値に一致するように調整するコントローラ

エ 定期的にソフトウェアをアップデートする機器に対して，情報ネットワークから入手したアップデートソフトウェアを提供するパッチ管理サーバ

問46 CRUDマトリクスの説明はどれか。

ア ある問題に対して起こり得る全ての条件と，各条件に対する動作の関係を表形式で表現したものである。

イ 各機能が，どのエンティティに対して，どのような操作をするかを一覧化したものであり，操作の種類には生成，参照，更新及び削除がある。

ウ システムやソフトウェアを構成する機能（又はプロセス）と入出力データとの関係を記述したものであり，データの流れを明確にすることができる。

エ データをエンティティ，関連及び属性の三つの構成要素でモデル化したものであり，業務で扱うエンティティの相互関係を示すことができる。

解答・解説

問43	認証ヘッダおよび暗号ペイロードに関する問題

ア：IPsec… 正しい。OSI基本参照モデルのネットワーク層のプロトコルです。ネットワーク層で動作するので，より上位のプロトコルに

依存しないという特徴があります。次の三つのプロトコルから構成されます。

> ・AH（Authentication Header）
> データを認証するためのプロトコルで，IPパケットに認証情報を付加し，パケットの改ざんが行われていないかどうか認証する
> ・ESP（Encapsulated Security Payload）
> データの暗号化を行うためのプロトコルで，AH同様パケットが改ざんされていないか認証を行う
> ・IKE（Internet Key Exchange）
> 暗号化に用いる共通鍵を交換するためのプロトコル

イ：S/MIME（Secure Multipurpose Internet Mail Extension）… RSAによって提案された，RSA公開鍵暗号方式を用いる電子メールの暗号化とディジタル署名についての標準規格です。アプリケーション層のプロトコルです。

ウ：SSH（Secure Shell）… ネットワーク上のコンピュータに安全にログオンして遠隔操作するためのプロトコルです。動作するレイヤはアプリケーション層です。

エ：XML暗号（XML Encryption）… XML文書の暗号化を定めたW3C勧告です。XML文書の中に暗号化するよう指定された要素や，暗号化の方法を示したリストを含みます。動作するレイヤはアプリケーション層です。

問 44　オープンリダイレクトを悪用した攻撃に関する問題

■■■

ア：HTMLの<a>タグを用いた脆弱性です。<a>タグでは実際のリンク先と表記は一致しないので，偽のWebサイトに誘導できます。

イ：正しい。オープンリダイレクトは，正規のWebサイトに偽サイトのURLを引数として与えて偽サイトへ自動的に遷移させる脆弱性です。

ウ：DNSキャッシュポイズニングの説明です。

エ：公開プロキシサーバを悪用する際の説明です。

問 45　DMZの利用方法に関する問題

■■■

ここで登場する機器は，「センサ」「コントローラ」「制御端末」「パッチ管理サーバ」です。このうち，パッチは情報ネットワーク（外部）から取得する必要があるので，パッチ管理サーバを制御と情報の両方のネットワークと通信可能なDMZに置きます。

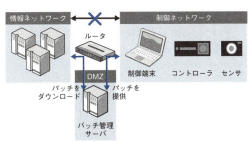

問 46　CRUDマトリクスに関する問題

■■■

CRUDマトリクスの例を示します。

機能 ＼ エンティティ	顧客	製品	受注	受注明細
顧客登録・更新	C R U D			
顧客検索	R			
製品登録・更新		C R U		
製品検索		R		
受注登録・更新	R	R	C U	C U
受注検索	R	R	R	R

ア：デシジョンテーブル（決定表）の説明です。

イ：正しい。CRUDは，データベースの操作に必要な四つの操作「生成（Create），読み取り（Read），更新（Update），削除（Delete）」の頭文字を表したものです。どの操作をする際に，どのエンティティ（ファイルや帳票，人など「実体」のこと）に，どのような操作が行われるかを一覧にしたものをCRUDマトリクスといいます。

ウ：DFD（Data Flow Diagram）の説明です。

エ：E-R図の説明です。

解答	問43 **ア**	問44 **イ**
	問45 **エ**	問46 **イ**

UMLにおける振る舞い図の説明のうち，アクティビティ図のものはどれか。

ア ある振る舞いから次の振る舞いへの制御の流れを表現する。
イ オブジェクト間の相互作用を時系列で表現する。
ウ システムが外部に提供する機能と，それを利用する者や外部システムとの関係を表現する。
エ 一つのオブジェクトの状態がイベントの発生や時間の経過とともにどのように変化するかを表現する。

図は，ある図形描画ツールのクラス図の一部である。新たな形状や線種で図形を描画する機能の追加を容易にするために，リファクタリング"継承の分割"を行った。変更後のクラス図はどれか。

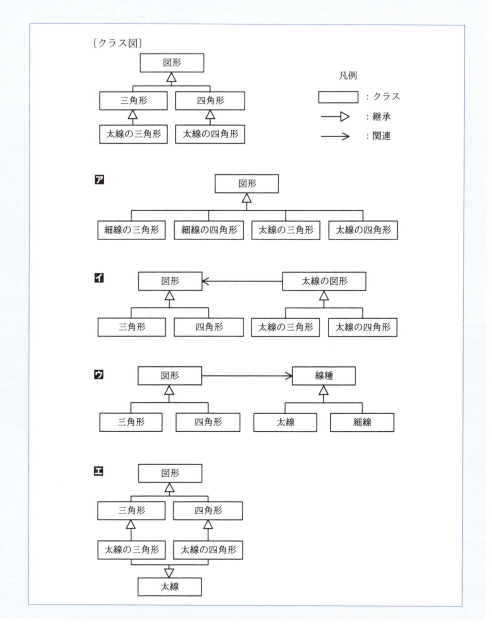

関連	学校→生徒のように矢印をつけた場合は, 学校を構成する要素として生徒がいるといった関係です。「has-a関係」とも表現される（A school has a student.）

問47 UMLにおける振る舞い図に関する問題

UML（Unified Modeling Language）は, オブジェクト指向の開発手法で使用される統一モデリング言語の一つです。アクティビティ図は, フローチャートのような一連の手続きを可視化できる図です。分岐やマージなどのほか, 並行処理や例外処理が考慮されており, これらをわかりやすく表現できるようになっています。

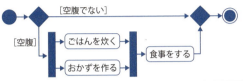

●	開始ノード	アクティビティ全体の開始点
◉	終了ノード	アクティビティ全体の終了点
▭	アクション	個々のアクティビティ（処理）
◆	判断／マージ	矢印が出ていく方が判断, 集約するのがマージ
▬	フォーク／ジョイン	複数の処理が同時に実行される（フォーク）, その処理が終わる（ジョイン）

ア：正しい。

イ：シーケンス図の説明です。

ウ：ユースケース図の説明です。

エ：状態遷移図の説明です。

問48 クラス図のリファクタリングに関する問題

クラス図やオブジェクト指向の用語を押さえていれば難しい問題ではありません。一つずつ確認していきましょう。

リファクタリング	ソフトウェアの品質を改善するために再構成を行うこと。この問題の場合は, 「図形」というクラスの本質は変わらないものの, どのようにクラスを分割して関係性をわかりやすくするのかという点がポイントになる
継承	汎化と説明した方がわかりやすい。バナナ──▷果物, を例にすると, バナナは果物のうちの一つであり, バナナをサブクラス, 果物をスーパクラスといいます。バナナは果物から派生したクラスであるという言い方をします。「is-a関係」とも表現される（A banana is a fruit.）

ア：「新たな形状や線種で図形を描画する機能」を追加する場合, 全ての組合せのクラスが必要になります。機能追加は容易ではなく誤りです。

イ：「太線の図形」→「図形」という関連に誤りがあります。

ウ：正しい。それぞれのクラス間の継承／関連が正しく定義されており, また「図形」というスーパクラスを「図形」と「線種」に分割したことで継承も分割されています。

エ：「太線の三角形／四角形」から「三角形／四角形」と「太線」に向かって2種類の継承が行われます。このような継承を多重継承といいます。継承を分割したのではなく重層化しているので誤りです。

解答	問47 **ア**	問48 **ウ**

問 49 アジャイル開発におけるプラクティスの一つであるバーンダウンチャートはどれか。ここで，図中の破線は予定又は予想を，実線は実績を表す。

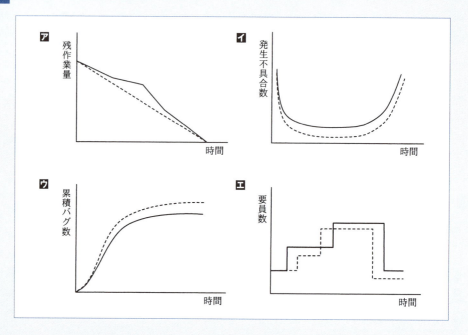

問 50 アジャイル開発手法の一つであるスクラムでは，プロダクトオーナ，スクラムマスタ，開発者でスクラムチームを構成する。スクラムマスタが行うこととして，最も適切なものはどれか。

ア 各スプリントの終わりにプロダクトインクリメントのリリースの可否を判断する。
イ スクラムの理論とプラクティスを全員が理解するように支援する。
ウ プロダクトバックログアイテムを明確に表現する。
エ プロダクトバックログの優先順位を決定する。

問 51 PMBOKガイド第6版によれば，プロジェクトの各フェーズが終了した時点で実施する"フェーズ・ゲート"の目的として，適切なものはどれか。

ア 現在のプロジェクトのパフォーマンスを測定し，ベースラインと比較してプロジェクトの状況を把握する。
イ 第三者がプロジェクトの成果物をレビューすることによって，設計の不具合の有無を確認する。
ウ プロジェクトの全体リスク及び特定された個別リスクについて，リスク対応策の有効性を評価する。
エ プロジェクトのパフォーマンスや進捗状況を評価して，プロジェクトの継続や中止を判断する。

<table>
<tr><td>問
49</td><td>アジャイル開発におけるバーンダウン
チャートに関する問題</td></tr>
</table>

ア：正しい。進捗状況をチーム全体で把握するために，残作業量を可視化したグラフが**バーンダウンチャート**です。縦軸に残作業量，横軸に経過時間をとっているので，原則として右下がりのグラフになります。予想の線よりも実績の線が上にあれば作業が遅れており，下にあれば前倒しで作業が進んでいることを意味します。途中でやり直し作業が入ると残作業が増加することもあります。

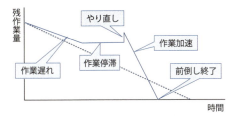

イ：**故障率曲線（バスタブ曲線）**です。機械や装置の故障率の変化を示すグラフの特性は，経験的にこのような形を描きます。これは，初期には製造上の問題で故障率が高く，その後安定的な稼働期を経過し，最後に機器の消耗や経年劣化によって再び故障率が上昇することに起因します。

ウ：**ソフトウェア信頼度成長曲線**です。ソフトウェアのバグ発生件数は，縦軸に累積個数，横軸にテスト時間（あるいはテスト個数）をとってグラフ化するとS字型の成長曲線を描くことが知られています。

エ：**リソースヒストグラム**です。プロジェクト開発において，人材というリソースを時間ごとにどのように投入するかという管理計画を立てるために用います。山積み表と呼ばれる場合もあります。

<table>
<tr><td>問
50</td><td>アジャイル開発におけるスクラムマスタ
の役割に関する問題</td></tr>
</table>

スクラムは，数人規模の開発チームが1ヶ月以内に固定した短期間の作業（スプリント）単位

で，チームレビューしながら反復（イテレーション）し，開発を重ねていく方法です。プロダクトオーナ，スクラムマスタ，開発者は，それぞれ次のような役割（ロール）を実施していきます。

プロダクト オーナ	開発の投資に対する効果を最大にするためにプロダクトに必要な機能を定義して，プロダクトバックログというリストを作成し優先順位を決定する
スクラム マスタ	スクラムによる開発が上手くいくようにコーディネートする。開発者が抱える問題を解決し，障害を取り除く
開発者	それぞれの役割を超えて自律的な開発を行う

ア：プロダクトインクリメント（＝成果物）のリリース可否は開発者が行います。

イ：正しい。スクラムの理論（＝考え方）とプラクティス（＝やり方）をメンバに伝えて円滑な開発が行えるようマスタがマネジメントします。

ウ，エ：プロダクトオーナが行います。

<table>
<tr><td>問
51</td><td>プロジェクト終了時における
フェーズ・ゲートの目的に関する問題</td></tr>
</table>

PMBOKにおけるフェーズは，プロジェクトライフサイクルを「プロジェクトの開始」→「組織編成と準備」→「作業の遂行」→「プロジェクトの完了」と，プロジェクトの流れを分割したものです。フェーズは一つ以上の成果物が得られると終了し，レビューを実施します。このレビューが，**フェーズ・ゲート**です。フェーズ・ゲートはフェーズのチェックポイントで，次のいずれかを判断します。

- ・次のフェーズへ進む
- ・修正して次のフェーズへ進む
- ・プロジェクトやプログラムを中断する

ア：パフォーマンス・レビューの説明です。

イ：デザイン・レビューの説明です。

ウ：リスク・レビューの説明です。

エ：正しい。

解答	問49 **ア**	問50 **イ**	問51 **エ**

問52 次のプレシデンスダイアグラムで表現されたプロジェクトスケジュールネットワーク図を，アローダイアグラムに書き直したものはどれか。ここで，プレシデンスダイアグラムの依存関係は全てFS関係とする。

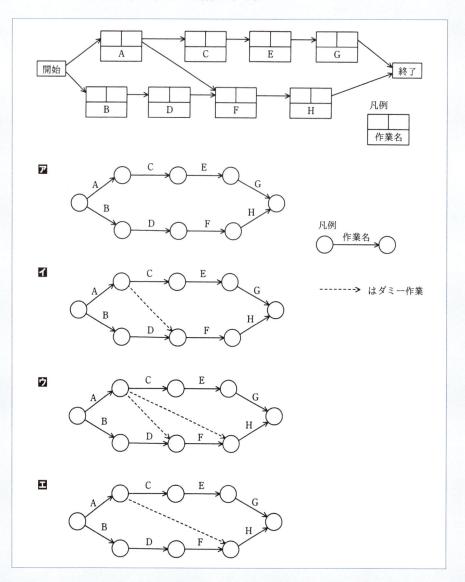

問53 PMBOKガイド第6版によれば，リスクの定量的分析で実施することはどれか。

ア 発生の可能性や影響のみならず他の特性を評価することによって，さらなる分析や行動のためにプロジェクトの個別リスクに優先順位を付ける。

イ プロジェクトの個別の特定した個別リスクと，プロジェクト目標全体における他の不確実性要因が複合した影響を数量的に分析する。

ウ プロジェクトの全体リスクとプロジェクトの個別リスクに対処するために，選択肢の策定，戦略の選択，及び対応処置を合意する。

エ プロジェクトの全体リスクの要因だけでなくプロジェクトの個別リスクの要因も特定し，それぞれの特性を文書化する。

問52 プレシデンスダイアグラムに関する問題

プレシデンスダイアグラムとは，プレシデンスダイアグラム法（PDM）とも呼ばれ，作業工程を表すダイアグラムの一つです。作業（アクティビティ）をノードとして四角形で示し，次の4種類の依存関係あるいは作業順序を矢線（アロー）でつないで表します。

・終了－開始関係（FS関係）
Aが終わるとBが始まる（後続作業の開始は，先行作業の完了に左右される）
・終了－終了関係（FF関係）
Aが終わるとBも終わる（後続作業の完了は，先行作業の完了に左右される）
・開始－開始関係（SS関係）
Aが始まるとBも始まる（後続作業の開始は，先行作業の開始に左右される）
・開始－終了関係（SF関係）
Aが始まるとBが終わる（後続作業の完了は，先行作業の開始に左右される）

アローダイアグラムは，アローダイアグラム法（ADM）とも呼ばれ，作業の開始から終了までの流れを，ノード（作業の始点と終点）を丸で，作業を矢線（アロー）で表してノードをつないで表現します。プロジェクトの日程管理や工程管理で用いられる手法です。ノードとノードの依存関係はFS関係だけを表すことができます。

問題のプレシデンスダイアグラムの依存関係は全てFS関係ですので，どのノードも先行作業が終わると後続作業を始めることができます。この点でアローダイアグラムと同じと考えることができるので，ノードの四角形を丸に置き換えて矢線でつなげば書き直すことができます。

ア：FはAが完了しないと開始できないことが表現できていません。
イ：正しい。FはAとDが完了しないと開始できないので正しい。
ウ：A→Hの関係はありません。
エ：HはAの完了に左右されず，Fが完了すれば開始できます。

問53 PMBOKガイド第6版のリスクの定量的分析に関する問題

PMBOKガイド第6版のプロジェクト・リスク・マネジメントには，次のプロセスがあります。

・リスク・マネジメントの計画
・リスクの特定
・リスクの定性的分析
・リスクの定量的分析
・リスク対応の計画
・リスク対応策の実行
・リスクの監視

リスクの定性的分析は，発生の可能性や影響だけでなく他の特性も評価して，プロジェクトの個別リスクに優先順位を付けます。

これに対してリスクの定量的分析は，個別の特定した個別リスクとプロジェクト全体における他の不確実性要因が複合した影響を数量的に分析します。なお，リスクの定量的分析は，全てのプロジェクトに必須とはされていません。リスクの定量的分析において使用できるデータ分析技法の例として，次の技法を示しています。

シミュレーション	プロジェクトの個別リスクとその他の不確実性の源の複合的な影響をシミュレーションするモデルを使用して，プロジェクト目標への影響の可能性を評価する
感度分析	どのプロジェクトの個別リスクまたはその他の不確実性の源がプロジェクトに影響する可能性が高いかを判断するのに有用
デシジョン・ツリー分析	いくつかの行動の代替案の中から最良の選択肢を選択するために使用
インフルエンス・ダイアグラム	図で表示することで不確実性の下で意思決定を行うのに役立つ

※出典：PMBOKガイド第6版

ア：リスクの定性的分析プロセスの説明です。
イ：正しい。
ウ：リスク対応の計画プロセスの説明です。
エ：リスクの特定プロセスの説明です。

解答	問52 イ　　　問53 イ

問54 サービスマネジメントシステムにおける問題管理の活動のうち，適切なものはどれか。

- **ア** 同じインシデントが発生しないように，問題は根本原因を特定して必ず恒久的に解決する。
- **イ** 同じ問題が重複して管理されないように，既知の誤りは記録しない。
- **ウ** 問題管理の負荷を低減するために，解決した問題は直ちに問題管理の対象から除外する。
- **エ** 問題を特定するために，インシデントのデータ及び傾向を分析する。

 問55 次の処理条件で磁気ディスクに保存されているファイルを磁気テープにバックアップするとき，バックアップの運用に必要な磁気テープは最少で何本か。

〔処理条件〕
- (1) 毎月初日（1日）にフルバックアップを取る。フルバックアップは1本の磁気テープに1回分を記録する。
- (2) フルバックアップを取った翌日から次のフルバックアップを取るまでは，毎日，差分バックアップを取る。差分バックアップは，差分バックアップ用としてフルバックアップとは別の磁気テープに追記録し，1本に1か月分を記録する。
- (3) 常に6か月前の同一日までのデータについて，指定日の状態にファイルを復元できるようにする。ただし，6か月前の月に同一日が存在しない場合は，当該月の末日までのデータについて，指定日の状態にファイルを復元できるようにする（例：本日が10月31日の場合は，4月30日までのデータについて，指定日の状態にファイルを復元できるようにする）。

ア 12 **イ** 13 **ウ** 14 **エ** 15

 問56 "24時間365日"の有人オペレーションサービスを提供する。シフト勤務の条件が次のとき，オペレータは最少で何人必要か。

〔条件〕
- (1) 1日に3シフトの交代勤務とする。
- (2) 各シフトで勤務するオペレータは2人以上とする。
- (3) 各オペレータの勤務回数は7日間当たり5回以内とする。

ア 8 **イ** 9 **ウ** 10 **エ** 16

問 54 サービスマネジメントにおける問題管理の活動に関する問題

システムの運用において，障害（インシデント）などのトラブルによってITサービスが中断したときには，その原因を特定して適切な解決策をとることが重要です。

問題管理では，原因が特定されていない未知の根本原因である「問題」と，根本的な原因が特定されている「既知の誤り」に分けて扱います。「問題」であれば調査や分析などを行い，根本原因を特定して解決策を策定します。解決すると（変更要求を出して変更管理に解決を依頼），「既知の誤り」として記録します。また，インシデントが発生する前に，発生する可能性がある問題を予防するプロアクティブな活動を行い，インシデントの再発を防ぎます。

ア：問題管理は，インシデント発生の予防活動や問題の根本原因を特定して解決策を策定するなどしますが，問題を必ず恒久的に解決するものではありません。

イ：記録（データベース）には，問題のデータベースと既知の誤りのデータベースがあり，問題の根本原因が特定されて解決策を策定し，解決すると既知の誤りデータベースに記録します。

ウ：解決した問題は既知の誤りとして記録し，問題管理の対象から除外しません。

エ：正しい。

問 55 バックアップに必要な磁気テープの本数に関する問題

処理条件を整理します。

①毎月初日にフルバックアップ
　→1か月分でテープ1本
②2日以降月末インシデントまで毎日，差分バックアップ
　→1か月分でテープ1本
③6か月前の同一日までのデータの復元を保証

まず，①と②から1か月にテープは2本必要で

す。次に③の条件で，6か月前までのデータについて復元を保証するためには，6か月前までのテープを保管しておく必要があります。

7月のある日に障害が発生したとすると，6か月前は1月です。この場合，1月から6月までのテープが必要です。さらに，7月についてもバックアップテープが必要になります。

したがって，7か月分のテープが必要となり，1か月に2本のテープが必要なので，合計で2×7=14本必要です（**ウ**）。

問 56 オペレーションサービスにおいて必要となる最小のオペレータ数に関する問題

シフト勤務の条件を確認します。

- ・24時間365日のサービス
- ・1日3シフト
- ・各シフト2人以上のオペレータ
- ・オペレータは週に5回以内の勤務

この条件での勤務が365日続くとして，1週間で必要な人数を求めます。

1日3シフトの交代勤務で，各シフトのオペレータは2人以上なので，

1日当たりの人数	3×2＝6人
1週間で必要な人数	6×7＝42人

となり，1週間で延べ42人必要です。

次に勤務条件を加味して必要な人数を求めます。オペレータは週5回以内の勤務なので，

42÷5＝8.4人

となり，1週当たり8.4人必要です。したがって，必要なオペレータの最小人数は，8.4人を繰り上げて9人になります（**イ**）。

解答	問54 **エ**	問55 **ウ**	問56 **イ**

問57

経済産業省"情報セキュリティ監査基準 実施基準ガイドライン（Ver1.0）"における，情報セキュリティ対策の適切性に対して一定の保証を付与することを目的とする監査（保証型の監査）と情報セキュリティ対策の改善に役立つ助言を行うことを目的とする監査（助言型の監査）の実施に関する記述のうち，適切なものはどれか。

ア 同じ監査対象に対して情報セキュリティ監査を実施する場合，保証型の監査から手がけ，保証が得られた後に助言型の監査に切り替えなければならない。

イ 情報セキュリティ監査において，保証型の監査と助言型の監査は排他的であり，監査人はどちらで監査を実施するかを決定しなければならない。

ウ 情報セキュリティ監査を保証型で実施するか助言型で実施するかは，監査要請者のニーズによって決定するのではなく，監査人の責任において決定する。

エ 不特定多数の利害関係者の情報を取り扱う情報システムに対しては，保証型の監査を定期的に実施し，その結果を開示することが有用である。

問58

アジャイル開発を対象とした監査の着眼点として，システム管理基準（平成30年）に照らして，適切なものはどれか。

ア ウォータフォール型開発のように，要件定義，設計，プログラミングなどの工程ごとの完了基準に沿って，開発作業を逐次的に進めていること

イ 業務システムの開発チームが，情報システム部門の要員だけで構成されていること

ウ 業務システムの開発チームは，実装された機能について利害関係者へのデモンストレーションを実施し，参加者からフィードバックを得ていること

エ 全ての開発作業が完了した後に，本番環境へのリリース計画を策定していること

問59

データの生成から入力，処理，出力，活用までのプロセス，及び組み込まれているコントロールを，システム監査人が書面上で又は実際に追跡する技法はどれか。

ア インタビュー法 　　　　　イ ウォークスルー法
ウ 監査モジュール法 　　　　エ ペネトレーションテスト法

問60

システム監査基準（平成30年）に基づいて，監査報告書に記載された指摘事項に対応する際に，**不適切なもの**はどれか。

ア 監査対象部門が，経営者の指摘事項に対するリスク受容を理由に改善を行わないこととする。

イ 監査対象部門が，自発的な取組によって指摘事項に対する改善に着手する。

ウ システム監査人が，監査対象部門の改善計画を作成する。

エ システム監査人が，監査対象部門の改善実施状況を確認する。

解答・解説

問57　情報セキュリティ監査における保証型の監査と助言型の監査に関する問題

保証型の監査と助言型の監査について，ガイドラインでは次のようになっています。

- 助言型の監査と保証型の監査は，排他的なものではなく，二つを目的にすることができる。
- システムの運用環境などが異なるので，助言型の監査にするか保証型の監査にするか，あるいは併用型の監査にするかは慎重に決定する。
- 助言型の監査から手がけ，監査を受ける側の情報セキュリティ対策が一定水準に達した段階で保証型の監査に切り替える方策が考えられる。
- 不特定多数の利害関係者が関与する公共性の高い事業や情報を取り扱うシステムは，保証型の監査を定期的に行い，監査結果を開示して利害者の信頼を得るようにする。

ア：順番としては，助言型の監査から手がけます。
イ：排他的ではありません。
ウ：前提条件，段階的導入や利害関係者の信頼獲得など検討して決定します。
エ：正しい。

問58 アジャイル開発を対象とした監査の着眼点に関する問題

システム管理基準（平成30年）のアジャイル開発における留意点は，次のようになっています。

1. 利用部門，情報システム部門，ビジネス部門が一体となったチームによって開発を行う。
2. 反復開発を実施する。
3. プロダクトオーナは，開発目的を達成するために必要な権限をもつ。
4. 開発チームは，複合的な技能と主体性を持つ。
5. 反復開発によって，ユーザが利用可能な状態の情報システムを継続的にリリースする。
5. 反復開発を開始する前にリリース計画を策定する。
6. 緊密なコミュニケーションを構築するためのミーティングを実施する。
7. イテレーション（計画，実行，評価）ごとに情報システム，その開発プロセスを評価する。
8. 利害関係者へのデモンストレーションを行う。

ア：イテレーションを繰り返す反復開発です。

イ：利用部門，ビジネス部門の要員も加わります。
ウ：正しい。
エ：反復開発を始める前に策定します。

問59 システム監査技法に関する問題

ア：インタビュー法… システム監査人が直接，関係者に口頭で問い合わせ，回答を入手する技法です。
イ：ウォークスルー法… 正しい。
ウ：監査モジュール法… システム監査人が指定した抽出条件に合致したデータをシステム監査人用のファイルに記録し，レポートを出力するモジュールを，本番プログラムに組み込む技法です。
エ：ペネトレーションテスト法… システム監査人が一般ユーザのアクセス権限または無権限で，テスト対象システムへの侵入を試み，システム資源がそのようなアクセスから守られているかどうかを確認する技法です。

問60 監査報告書に記載された指摘事項に関する問題

システム監査人は，監査報告書に指摘事項とその改善提案を記載した場合には，改善が適切に実施されているかフォローアップし，依頼者に報告しなければなりませんが，改善そのものには責任をもちません。また，独立性と客観性を損なうので，改善計画の策定やその実行には関与しません。
ア：監査対象部門による所要の措置には，指摘事項に関するリスクを受容する（追加的な措置を行わないという意思決定）ことが含まれる場合もあるので適切です。
イ：指摘事項に対する改善は，監査対象部門が行ってもよいので適切です。
ウ：正しい。システム監査人は，改善計画の策定には関与しないので不適切です。
エ：システム監査人は，改善実施状況報告書などによって改善状況をモニタリングする必要があるので適切です。

解答	問57 **エ**	問58 **ウ**
	問59 **イ**	問60 **ウ**

問 61
テレワークで活用しているVDIに関する記述として，適切なものはどれか。

ア PC環境を仮想化してサーバ上に置くことで，社外から端末の種類を選ばず自分のデスクトップPC環境として利用できるシステム

イ インターネット上に仮想の専用線を設定し，特定の人だけが利用できる専用ネットワーク

ウ 紙で保管されている資料を，ネットワークを介して遠隔地からでも参照可能な電子書類に変換・保存することができるツール

エ 対面での会議開催が困難な場合に，ネットワークを介して対面と同じようなコミュニケーションができるツール

問 62
物流業務において，10%の物流コストの削減の目標を立てて，図のような業務プロセスの改善活動を実施している。図中のcに相当する活動はどれか。

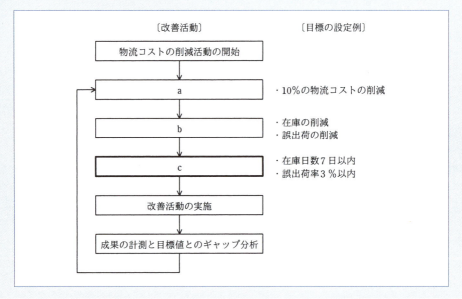

ア CSF（Critical Success Factor）の抽出
イ KGI（Key Goal Indicator）の設定
ウ KPI（Key Performance Indicator）の設定
エ MBO（Management by Objectives）の導入

問 63
事業目標達成のためのプログラムマネジメントの考え方として，適切なものはどれか。

ア 活動全体を複数のプロジェクトの結合体と捉え，複数のプロジェクトの連携，統合，相互作用を通じて価値を高め，組織全体の戦略の実現を図る。

イ 個々のプロジェクト管理を更に細分化することによって，プロジェクトに必要な技術や確保すべき経営資源の明確化を図る。

ウ システムの開発に使用するプログラム言語や開発手法を早期に検討することによって，開発リスクを低減し，投資効果の最大化を図る。

エ リスクを最小化するように支援する専門組織を設けることによって，組織全体のプロジェクトマネジメントの能力と品質の向上を図る。

問61 VDIに関する問題

VDI（Virtual Desktop Infrastructure：仮想デスクトップ基盤）とは，サーバ上に仮想マシンを構築して利用者の端末とインターネットで接続して，データの参照や処理などを行い，利用者の端末にはその画面だけを転送します。利用者の端末にはデータを残さない仕組みになっていて，情報漏えいのリスクが少ないとされ，テレワークで活用されています。

ア：正しい。

イ：VPN（Virtual Private Network：仮想専用線）の説明です。インターネット上に利用者専用（プライベート）の仮想的なネットワークを構築したものです。

ウ：スキャナの説明です。e文書法，電子帳簿保存法の改正によりスキャナによる電子化された資料の保存が可能になりました。

エ：Web会議システムの説明です。オフィス以外の場所で働くテレワーク（リモートワーク）を実現するために有用なツールです。

問62 業務プロセス改善活動に関する問題

選択肢の用語の意味は，次のようになります。

- CSF（Critical Success Factor：主要成功要因）
  経営戦略を実現するために設定した目標や目的を達成する上で決定的な影響を与える要因。
- KGI（Key Goal Indicator：重要目標達成指標）
  業務活動の結果として組織が最終的に達成すべき目標（成果）の指標。
- KPI（Key Performance Indicator：重要業績評価指標）
  最終的な目標であるKGI達成に向けて業務活動が適切に実施されているか，達成合い を中間的に評価するための指標。KPIが想定値よりも低い場合，KGI達成が困難になる可能性があり，業務活動を見直すことが必要になる。

- MBO（Management by Objective：目標管理）
  目標による管理で，あらかじめ上司との間で目標を設定し，対象期間終了時点で目標の達成度合いを評価する方式。

業務プロセスの改善活動に関する問題なので，MBOは該当しません。MBOを除いた各指標の関係性は，「KGI→CSF→KPI」の階層構造になっています。〔目標の設定例〕による【空欄a】～【空欄c】は，次のようになります。

a：「10%の物流コストの削減」… 改善活動の目標なので，「KGIの設定」です。

b：「在庫の削減，誤出荷の削減」…【空欄a】の10%の物流コストを削減する目標を達成するための手段なので，「CSFの抽出」です。

c：「在庫日数7日以内，誤出荷率3%以内」…【空欄b】で設定した手段がどれだけ達成されたかの達成度合いを評価する指標なので，「KPIの設定」です（**ウ**）。

問63 事業目標達成のためのプログラムマネジメントに関する問題

プログラムマネジメント

複雑化，複合化した活動を複数のプロジェクトに分け，各プロジェクト間の調整，連携，相互作用によって目標を達成することを目指すマネジメント手法です。

ア：正しい。複数のプロジェクトを一つの結合体として，プロジェクト間をまとめていくプログラムマネジメントです。

イ：プロジェクトの作業や成果物を管理しやすい単位に分解していくWBSです。

ウ：ここでのプログラムは，システム開発におけるプログラムではありません。

エ：個々のプロジェクトマネジメントを横断的に支援するプロジェクトマネジメントオフィス（プログラムマネジメントオフィス）です。

解答	問61 **ア**	問62 **ウ**	問63 **ア**

問 64 A社は，社員10名を対象に，ICT活用によるテレワークを導入しようとしている。テレワーク導入後5年間の効果（"テレワークで削減可能な費用"から"テレワークに必要な費用"を差し引いた額）の合計は何万円か。

〔テレワークの概要〕
・ テレワーク対象者は，リモートアクセスツールを利用して，テレワーク用PCから社内システムにインターネット経由でアクセスして，フルタイムで在宅勤務を行う。
・ テレワーク用PCの購入費用，リモートアクセスツールの費用，自宅・会社間のインターネット回線費用は会社が負担する。
・ テレワークを導入しない場合は，育児・介護理由によって，毎年1名の離職が発生する。フルタイムの在宅勤務制度を導入した場合は，離職を防止できる。離職が発生した場合は，その補充のために中途採用が必要となる。
・ テレワーク対象者分の通勤費とオフィススペース・光熱費が削減できる。
・ 在宅勤務によって，従来，通勤に要していた時間が削減できるが，その効果は考慮しない。

テレワークで削減可能な費用，テレワークに必要な費用

通勤費の削減額	平均10万円／年・人
オフィススペース・光熱費の削減額	12万円／年・人
中途採用費用の削減額	50万円／人
テレワーク用PCの購入費用	初期費用8万円／台
リモートアクセスツールの費用	初期費用1万円／人
	運用費用2万円／年・人
インターネット回線費用	運用費用6万円／年・人

ア 610 **イ** 860 **ウ** 950 **エ** 1,260

問 65 RFIを説明したものはどれか。

ア サービス提供者と顧客との間で，提供するサービスの内容，品質などに関する保証範囲やペナルティについてあらかじめ契約としてまとめた文書
イ システム化に当たって，現在の状況において利用可能な技術・製品，ベンダにおける導入実績など実現手段に関する情報提供をベンダに依頼する文書
ウ システムの調達のために，調達側からベンダに技術的要件，サービスレベル要件，契約条件などを提示し，指定した期限内で実現策の提案を依頼する文書
エ 要件定義との整合性を図り，利用者と開発要員及び運用要員の共有物とするために，業務処理の概要，入出力情報の一覧，データフローなどをまとめた文書

問 66 半導体メーカが行っているファウンドリサービスの説明として，適切なものはどれか。

ア 商号や商標の使用権とともに，一定地域内での商品の独占販売権を与える。
イ 自社で半導体製品の企画，設計から製造までを一貫して行い，それを自社ブランドで販売する。
ウ 製造設備をもたず，半導体製品の企画，設計及び開発を専門に行う。
エ 他社からの製造委託を受けて，半導体製品の製造を行う。

問64 テレワーク導入による効果に関する問題

テレワーク導入後5年間の効果は，テレワークで削減可能な費用−テレワークに必要な費用なので，それぞれの費用を求めます。

●テレワークで削減可能な費用
・通勤費の削減額：
　10名×10万円×5年＝500万円
・オフィススペース・光熱費の削減額：
　10名×12万円×5年＝600万円
・中途採用費用の削減額：
　50万円×5年間で5名＝250万円
・テレワークで削減可能な費用：
　500万円＋600万円＋250万円＝1,350万円

●テレワークに必要な費用
・テレワーク用PCの購入費用：
　8万円×10名＝80万円
・リモートアクセスツールの費用：
　（1万円×10名）＋（2万円×10名×5年）
　＝110万円
・インターネット回線費用：
　6万円×10名×5年＝300万円
・テレワークに必要な費用：
　80万円＋110万円＋300万円＝490万円

以上から，テレワーク導入後5年間の効果は，1,350万円−490万円＝860万円（**イ**）と求まります。

問65 RFIに関する問題

情報システムの導入や業務委託では，外部業者にRFP（Request For Proposal：提案依頼書）を発行して提案を依頼し，提案内容を検討して業者を決めて契約，実施します。

RFPを作成するとき，自社の要求を取りまとめるために，ベンダから自社ではわからない現在の状況において利用可能な技術・製品，ベンダにおける導入実績など実現手段に関して必要な情報の提供を依頼することがあります。この依頼のための文書をRFI（Request For Information：情報提供依頼書）といいます。

RFIを元にRFPを作成し，ベンダに指定した期限内で効果的な実現策の依頼をするのが一般的です。

ア：SLA（Service Level Agreement：サービス品質保証制度）の説明です。

イ：正しい。

ウ：RFPの説明です。

エ：システム仕様書の説明です。

問66 ファウンドリサービスに関する問題

ア：コンビニや飲食店などのフランチャイズチェーンの本部，フランチャイザーの説明です。フランチャイザーに対して，加盟店のことをフランチャイジーと呼びます。フランチャイジーは，フランチャイザーに対して加盟料やロイヤリティを支払って，商号や商標，ノウハウを使うことができます。

イ：垂直統合型デバイスメーカ（IDM：Integrated Device Manufacturer）の説明です。

ウ：ファブレス企業の説明です。製造設備をもたないで，製品の企画・設計や販売などを行い，製造は他社に委託します。

エ：正しい。ファウンドリサービスとは，半導体製品の委託製造を行うことです。半導体の製造設備をもっていて，製品の開発は行わないで，他社からの委託を受けて製造だけを専門に行う企業を，ファウンドリ企業といいます。

| 解答 | 問64 **イ** | 問65 **イ** | 問66 **エ** |

問67　バリューチェーンの説明はどれか。

ア　企業活動を，五つの主活動と四つの支援活動に区分し，企業の競争優位の源泉を分析するフレームワーク

イ　企業の内部環境と外部環境を分析し，自社の強みと弱み，自社を取り巻く機会と脅威を整理し明確にする手法

ウ　財務，顧客，内部ビジネスプロセス，学習と成長の四つの視点から企業を分析し，戦略マップを策定するフレームワーク

エ　商品やサービスを，誰に，何を，どのように提供するかを分析し，事業領域を明確にする手法

問68　あるメーカがビールと清涼飲料水を生産する場合，表に示すように6種類の組合せ（A～F）によって異なるコストが掛かる。このメーカの両製品の生産活動におけるスケールメリットとシナジー効果に関する記述のうち，適切なものはどれか。

組合せ	ビール（万本）	清涼飲料水（万本）	コスト（万円）
A	20	0	1,500
B	40	0	3,300
C	0	10	500
D	0	20	1,100
E	20	10	1,900
F	40	20	4,200

ア　スケールメリットはあるが，シナジー効果はない。

イ　スケールメリットはないが，シナジー効果はある。

ウ　スケールメリットとシナジー効果がともにある。

エ　スケールメリットとシナジー効果がともにない。

問69　新しい事業に取り組む際の手法として，E.リースが提唱したリーンスタートアップの説明はどれか。

ア　国・地方公共団体など，公共機関の補助金・助成金の交付を前提とし，事前に詳細な事業計画を検討・立案した上で，公共性のある事業を立ち上げる手法

イ　市場環境の変化によって競争力を喪失した事業分野に対して，経営資源を大規模に追加投入し，リニューアルすることによって，基幹事業として再出発を期す手法

ウ　持続可能な事業を迅速に構築し，展開するために，あらかじめ詳細に立案された事業計画を厳格に遂行して，成果の検証や計画の変更を最小限にとどめる手法

エ　実用最小限の製品・サービスを短期間で作り，構築・計測・学習というフィードバックループで改良や方向転換をして，継続的にイノベーションを行う手法

問67　バリューチェーンに関する問題

□□□

バリューチェーンとは，業界における競争優位を得る戦略を策定するために，自社のどの部分に競合他社と比べて強みや弱みがあるかを分析し，戦略の有効性や改善の方向を探る手法です。

バリューチェーンを提唱したポータは，「モノの流れ」に注目して事業の活動を五つの主活動（購買物流，製造・オペレーション，出荷物流，販売・マーケティング，サービス）と，それらを支える四つの支援活動（全般管理，人事・労務管理，技術開発，調達活動）に分類しています。事業活動を分類して，各活動が生み出す付加価値とコストを把握し，各活動が最終的な利益にどれだけ寄与しているかを分析することで，どの活動が強み（あるいは弱み）であるかを知って事業戦略に生かしていきます。

ア：正しい。

イ：SWOT分析（Strength（強み），Weakness（弱み），Opportunity（機会），Threat（脅威））の説明です。

ウ：バランススコアカードの説明です。

エ：CFT分析（Customer（顧客），Function（機能），Technology（技術））の説明です。

問68　スケールメリットとシナジー効果に関する問題

□□□

スケールメリットとは，規模の経済性ともいわれ，規模を大きくすることで得られる効果のことです。製品の生産では，生産量を多くすると原材料を大量購入して購入単価を下げることができ，販売利益が大きくなることが期待できます。

シナジー効果とは，相乗効果ともいい，製品や事業など二つ以上の要素を結びつけることによって，それぞれが事業を展開するよりも大きな効果が得られることです。

問題は，二つの製品の生産量の違いによってコストにスケールメリットやシナジー効果があるかないかなので，組合せによってコストが少なくなるかどうかがポイントになります。

- AとB（ビールのみ）：生産量がA＜Bで，1本当たりのコストはA：75円，B：82.5円なのでスケールメリットはありません
- CとD（清涼飲料水のみ）：生産量がC＜D，1本当たりのコストはC：50円，D：55円なのでスケールメリットはありません
- E：同じ生産量のA＋Cと比べると，Eのコストは1,900万円，A＋Cは2,000万円で，シナジー効果がみられます
- F：同じ生産量のB＋Dと比べると，Fのコストは4,200万円，B＋Dは4,400万円で，シナジー効果がみられます

したがって，「スケールメリットはないが，シナジー効果はある」ことになります（イ）。

問69　リーンスタートアップに関する問題

□□□

リーンスタートアップ（lean startup：無駄がない起業）とは，米国のエリック・リースが提唱した，無駄なく，最短で事業を軌道に乗せるためのマネジメントの手法です。「仮説の構築」→「計測」→「学習」のプロセスを繰り返して，継続的にイノベーションを行います（エ）。

仮説の構築	「どのような製品やサービスが望まれるか」という仮説を立てて，低コスト，短期間で，必要最低限の試作品（MVP：Minimum Value Product）を開発する
計測	MVPが出来上がったら，テクノロジに敏感で，新しい製品やサービスをいち早く入手したい，アーリアダプタと呼ばれる顧客に提供して試用してもらい，試用結果のフィードバックを得る
学習	フィードバックから製品やサービスを市場に出した場合の反応を学習する。フィードバック結果が思わしくない場合には，一般顧客に受け入れてもらえるように改善して，仮説の構築からプロセスを繰り返す

満足のいく結果が得られた場合は「本番の開発に進む」，そうでない場合は「仮説の再検証」や「開発の中止」といった方向転換の判断をします。

解答	問67 ア	問68 イ	問69 エ

問70 SFAを説明したものはどれか。

ア　営業活動にITを活用して営業の効率と品質を高め，売上・利益の大幅な増加や，顧客満足度の向上を目指す手法・概念である。

イ　卸売業・メーカが小売店の経営活動を支援することによって，自社との取引量の拡大につなげる手法・概念である。

ウ　企業全体の経営資源を有効かつ総合的に計画して管理し，経営の効率向上を図るための手法・概念である。

エ　消費者向けや企業間の商取引を，インターネットなどの電子的なネットワークを活用して行う手法・概念である。

問71 IoT活用におけるディジタルツインの説明はどれか。

ア　インターネットを介して遠隔地に設置した3Dプリンタへ設計データを送り，短時間に複製物を製作すること

イ　システムを正副の二重に用意し，災害や故障時にシステムの稼働の継続を保証すること

ウ　自宅の家電機器とインターネットでつながり，稼働監視や操作を遠隔で行うことができるウェアラブルデバイスのこと

エ　ディジタル空間に現実世界と同等な世界を，様々なセンサで収集したデータを用いて構築し，現実世界では実施できないようなシミュレーションを行うこと

問72 個人が，インターネットを介して提示された単発の仕事を受託する働き方や，それによって形成される経済形態を表すものはどれか。

ア　APIエコノミー　　　　　　　　イ　ギグエコノミー

ウ　シャドーエコノミー　　　　　　エ　トークンエコノミー

問73 IoTの技術として注目されている，エッジコンピューティングの説明として，適切なものはどれか。

ア　演算処理のリソースをセンサ端末の近傍に置くことによって，アプリケーション処理の低遅延化や通信トラフィックの最適化を行う。

イ　人体に装着して脈拍センサなどで人体の状態を計測して解析を行う。

ウ　ネットワークを介して複数のコンピュータを結ぶことによって，全体として処理能力が高いコンピュータシステムを作る。

エ　周りの環境から微小なエネルギーを収穫して，電力に変換する。

解答・解説

問70　SFAに関する問題
　■■■

SFA（Sales Force Automation：営業支援シス

テム）とは，IT技術を活用して効率的な営業活動ができるようにするシステムです。経験や勘に頼っていた営業活動を支援するために顧客情報をデータベース化し，商談の進捗状況を管理する，あ

るいは営業部門全体で情報を共有して効率的に営業活動を行って顧客の満足度を高めて売上を向上させることなどが目的です。顧客とのやり取りなどの情報を一元化して活用することで，顧客との関係を密接にしていくCRMの一環とも考えられています。

SFAの主な機能には，「顧客情報管理」「案件情報管理」「見込管理」「商談情報管理」「クレーム管理」などがあります。

ア：正しい。

イ：リテールサポートの説明です。

ウ：ERP（Enterprise Resource Planning：企業資源計画）の説明です。

エ：電子商取引（eコマース）の説明です。

問71 ディジタルツインに関する問題

ディジタルツイン（Digital Twin）とは，現実の世界（物理空間）をコンピュータやネットワーク上のディジタル空間にそっくりに再現するものです。現物と仮想物と二つあるのでディジタルの双子（ツイン）と表現されています。

例えば実物の製品や設備などに接続されたセンサが測定したIoTデータを，リアルタイムでディジタル空間に送り，その振る舞いを実現することができます。これによって現物の状態をリアルタイムで把握して，状況に応じた遠隔地からの指示や故障の予知とその対応をする，現物ではできないようなシミュレーションを行い改善につなげるなどが可能になります。

ア：3Dプリント出力サービスの説明です。

イ：デュプレックスシステムの説明です。

ウ：ウェアラブルデバイスとは，体に装着して持ち歩くことができる情報端末です。

エ：正しい。

問72 さまざまな経済形態に関する問題

ア：APIエコノミー… 自社だけで使用していたAPIを公開することで，他社のサービスと連携した，これまでにはなかった新しいサービスを展開して広がった新たな経済圏や商業圏

です。ビジネスを広げるためにも活用されてきています。

イ：ギグエコノミー… 正しい。

ウ：シャドーエコノミー… 政府が発表する経済統計に現れない影の経済です。地下経済や非公式経済とも呼ばれ，違法な経済活動だけでなく，報告や記録されていない経済活動も含まれます。

エ：トークンエコノミー… 法定貨幣ではなく，トークンやポイントなどと呼ばれる，特定の業者が発行した独自の代替貨幣で形成されている経済形態です。

問73 エッジコンピューティングに関する問題

エッジコンピューティング

あらゆるモノがインターネットにつながるIoT（Internet of Things：モノのインターネット）では，つながるモノが増えるにしたがい，データが発生した場所から遠くにあるクラウドやサーバで処理すると通信自体に時間がかかるため，リアルタイムに処理できないといった問題が出てきます。この問題の解決策として，データが発生する近くにエッジサーバを置いて処理を分散し，膨大なデータを効率よく，リアルタイムで処理する手法がエッジコンピューティングです。

ア：正しい。利用者の近く，ネットワークの末端（エッジ）でデータを処理（コンピューティング）することを指します。

イ：ウェラブルコンピューティングの説明です

ウ：グリッドコンピューティングの説明です。

エ：エネルギーハーベスティング（環境発電技術）の説明です。

解答	問70 **ア**	問71 **エ**
	問72 **イ**	問73 **ア**

問74 リーダシップ論のうち，ハーシイ＆ブランチャードが提唱するSL理論の特徴はどれか。

ア 優れたリーダシップを発揮する，リーダ個人がもつ性格，知性，外観などの個人的資質の分析に焦点を当てている。

イ リーダシップのスタイルについて，目標達成能力と集団維持能力の二つの次元に焦点を当てている。

ウ リーダシップの有効性は，部下の成熟（自律性）の度合いという状況要因に依存するとしている。

エ リーダシップの有効性は，リーダがもつパーソナリティと，リーダがどれだけ統制力や影響力を行使できるかという状況要因に依存するとしている。

問75 いずれも時価100円の株式A～Dのうち，一つの株式に投資したい。経済の成長を高，中，低の三つに区分したときのそれぞれの株式の予想値上がり幅は，表のとおりである。マクシミン原理に従うとき，どの株式に投資することになるか。

単位 円

経済の成長 株式	高	中	低
A	20	10	15
B	25	5	20
C	30	20	5
D	40	10	−10

ア A　　　　**イ** B　　　　**ウ** C　　　　**エ** D

問76 製品X，Yを1台製造するのに必要な部品数は，表のとおりである。製品1台当たりの利益がX，Yともに1万円のとき，利益は最大何万円になるか。ここで，部品Aは120個，部品Bは60個まで使えるものとする。

単位 個

製品 部品	X	Y
A	3	2
B	1	2

ア 30　　　　**イ** 40　　　　**ウ** 45　　　　**エ** 60

問74 SL理論に関する問題

SL（Situational Leadership）理論とは，リーダ（上司）は部下に対して，部下の成熟の度合い（経験や仕事の習熟度）に合わせて部下に対する行動を変えることが有効である，というリーダシップ理論です。状況対応型リーダシップともいいます。例えば新入社員や新業務に不慣れな社員と入社10年で練度が高い社員では，それに合わせた接し方をしていきます。

部下の状況に合わせたリーダシップとして，四つの型に分類しています。

型	リーダシップの例
教示型	新入社員など，習熟度が低い部下に対しては，具体的な指示を出し，事細かに管理し，成果を見守る
説得型	習熟度が上がった若手部下に対しては，コミュニケーションをよくとり，仕事をよく説明し，疑問に答え，成果を見守る
参加型	さらに習熟度が上がった中堅部下に対しては，問題解決や意思決定を適切に行えるように，指示や助言をして支援する
委任型	ベテランで，仕事の習熟度や遂行能力が高く，自信をもっている部下に対しては，権限や責任を委譲し，仕事を任せる

ア：リーダシップ特性理論（あるいはリーダシップ資質論）の説明です。

イ：目標達成機能（Performance function）と集団維持機能（Maintenance function）で構成されているとするPM理論の説明です。

ウ：正しい。

エ：フィードラー理論の説明です。

問75 マクシミン原理による株式投資に関する問題

選択できる戦略が複数ある場合，どの戦略を選ぶかという方法には，マクシミン原理（maximin principle）とマクシマックス原理（maximax principle）があります。

マクシミン原理は，戦略の中で最悪の場合の利益を検討して，利益が最大になる戦略を選びます。これに対してマクシマックス原理は，戦略の中で最良の場合の利益を検討し，利益が最大になる戦略を選びます。

問題はマクシミン原理に従うので，株式A，B，C，Dの値上がり幅の中で最小のもの同士を比べて，その中で最大の値上がり幅の株式を選びます。各株式の予想値上がり幅が最小のものは，次のようになります。

株式	高	中	低
A	20	10	15
B	25	5	20
C	30	20	5
D	40	10	−10

この中ではAの10が最も値上がりが大きいので，株式Aを選びます（**ア**）。

問76 最大利益に関する問題

製品1台当たりの利益がともに1万円なので，利益が最大になるのは，部品を使えるだけ使って最大の個数を製造する場合です。したがって，部品Aを120個，部品Bを60個使って製造できる台数を求めます。製品Xの製造台数をx，製品Yの製造台数をyとすると，部品AとBを使った製造台数の式は次のようになります。

部品Aの使用：$3x+2y=120$…①
部品Bの使用：$x+2y=60$　…②

この連立方程式を計算していきます。

①から②を引くと，
$$2x=60$$
$$x=30 \quad …③$$
③を①に代入して，
$$90+2y=120$$
$$2y=30$$
$$y=15$$

$x+y=45$で製造台数は45台なので，最大の利益は45万円です（**ウ**）。

令和3年度秋期　午前　午後

解答	問74 **ウ**	問75 **ア**	問76 **ウ**

問 77 A社とB社の比較表から分かる，A社の特徴はどれか。

		単位　億円
	A社	B社
売上高	1,000	1,000
変動費	500	800
固定費	400	100
営業利益	100	100

ア　売上高の増加が大きな利益に結び付きやすい。

イ　限界利益率が低い。

ウ　損益分岐点が低い。

エ　不況時にも，売上高の減少が大きな損失に結び付かず不況抵抗力は強い。

問 78 企業が業務で使用しているコンピュータに，記憶媒体を介してマルウェアを侵入させ，そのコンピュータのデータを消去した者を処罰の対象とする法律はどれか。

ア　刑法

イ　製造物責任法

ウ　不正アクセス禁止法

エ　プロバイダ責任制限法

問 79 企業が，"特定電子メールの送信の適正化等に関する法律"に定められた特定電子メールに該当する広告宣伝メールを送信する場合に関する記述のうち，適切なものはどれか。

ア　SMSで送信する場合はオプトアウト方式を利用する。

イ　オプトイン方式，オプトアウト方式のいずれかを企業が自ら選択する。

ウ　原則としてオプトアウト方式を利用する。

エ　原則としてオプトイン方式を利用する。

問 80 労働基準法で定める36協定において，あらかじめ労働の内容や事情などを明記することによって，臨時的に限度時間の上限を超えて勤務させることが許される特別条項を適用する36協定届の事例として，適切なものはどれか。

ア　商品の売上が予想を超えたことによって，製造，出荷及び顧客サービスの作業量が増大したので，期間を3か月間とし，限度時間を超えて勤務する人数や所要時間を定めて特別条項を適用した。

イ　新技術を駆使した新商品の研究開発業務がピークとなり，3か月間の業務量が増大したので，労働させる必要があるために特別条項を適用した。

ウ　退職者の増加に伴い従業員一人当たりの業務量が増大したので，新規に要員を雇用できるまで，特に期限を定めずに特別条項を適用した。

エ　慢性的な人手不足なので，増員を実施し，その効果を想定して1年間を期限とし，特別条項を適用した。

解答・解説

問 77 損益計算書の項目の比較から見た企業の特徴に関する問題

ア：正しい。A社とB社の変動費率（変動費が売

上高に占める割合）を比べます。

　A社：500／1,000＝50%

　B社：800／1,000＝80%

A社の変動費率が低いので，売上高が増加す

ると利益も増加しやすい。

イ：限界利益率とは，限界利益（売上高－変動費）が売上高に占める割合です。

A社：（1,000－500）／1,000＝50%
B社：（1,000－800）／1,000＝20%

したがって，限界利益率はA社の方が高い。

ウ：損益分岐点は，固定費/（1－変動費/売上高）で求めます。

A社：400／（1－500/1,000）＝800万円
B社：100／（1－800/1,000）＝500万円

したがって，損益分岐点はA社の方が高い。

エ：固定費は売上高に関係なく必要な費用なので，売上高が増えれば利益は増え，減少すると利益も減少します。A社の固定費は400万円，B社は100万円とA社の方が高いので，A社は売上高の減少によって大きな損失に結び付きやすいといえます。

<table><tr><td>問
78</td><td>マルウェアによってデータを消去した者を処罰の対象にする法律に関する問題</td></tr></table>

ア：刑法… 正しい。規定された罪を犯した者を処罰する法律です。

イ：製造物責任法… PL（Product Liability）法とも呼ばれ，製造物の欠陥によって生命，身体，財産に損害を被った場合，過失を問わず製造業者などに賠償を求めることができる法律です。

ウ：不正アクセス禁止法… 不正アクセス行為の禁止と防止を目的とした法律です。他人のIDやパスワードを無断で使用する，セキュリティホールを攻撃してコンピュータに侵入する，他人のIDやパスワードを無断で第三者に提供するなどの行為が禁止されています。

エ：プロバイダ責任制限法… インターネットのWebページや掲示板などで個人の権利の侵害があった場合に，プロバイダの損害賠償責任の制限，被害を受けた者が発信者情報の開示を請求する権利を定めた法律です。

<table><tr><td>問
79</td><td>"特定電子メールの送信の適正化等に関する法律"に関する問題</td></tr></table>

略して「特定電子メール法」ともいい，広告電子メールを規制して，電子メール利用の良好な環境を保つための法律です。**オプトアウト方式**とは，メールの送信が自由に行える方式です。受け取りたくない場合は，メールが届いた後に受信拒否の通知をします。これに対して**オプトイン方式**は，送信者に対して事前にメールを送信することの同意や依頼をした受信者に対してのみ送信できる方式です。特定電子メール法では，原則としてオプトイン方式となっています。

ア：SMSも対象で，オプトイン方式です。

イ：原則としてオプトイン方式と決まっています。

ウ：イと同じで，原則オプトイン方式です。

エ：正しい。

<table><tr><td>問
80</td><td>36協定の特別条項の適用に関する問題</td></tr></table>

「労働基準法で定める36協定」とは，時間外及び休日の労働に関するもので，労働基準法の36条に規定されていることから「36（サブロク）協定」と呼ばれています。36協定を結ぶと，原則として月45時間・年360時間まで時間外労働が認められます。臨時的な特別な事情（通常予見することのできない業務量の大幅な増加など）がある場合，労使が合意（特別条項）すると，月100時間未満／2～6か月平均80時間以内／年720時間以内／月45時間を超えるのは年6か月までの制限で，時間外労働が認められます。

ア：正しい。予想を超えた，予見できない業務量の増大です。

イ：新技術・新製品の研究開発業務については，限度時間の適用が除外されています。

ウ：対象期間は定めなければなりません。

エ：臨時的，特別な事情に該当しません。

<table><tr><td rowspan="2">解答</td><td>問77 ア</td><td>問78 ア</td></tr><tr><td>問79 エ</td><td>問80 ア</td></tr></table>

〔問題一覧〕
●問1（必須）

問題番号	出題分野	テーマ
問1	情報セキュリティ	オフィスのセキュリティ対策

●問2〜問11（10問中4問選択）

問題番号	出題分野	テーマ
問2	経営戦略	食品会社でのマーケティング
問3	プログラミング	一筆書き
問4	システムアーキテクチャ	クラウドストレージの利用
問5	ネットワーク	LANのネットワーク構成変更
問6	データベース	企業向け電子書籍サービスの追加設計と実装
問7	組込みシステム開発	IoTを利用した養殖システム
問8	情報システム開発	データ中心設計
問9	プロジェクトマネジメント	家電メーカでのアジャイル開発
問10	サービスマネジメント	変更管理
問11	システム監査	システム構築プロジェクトの監査

> ### 次の問1は必須問題です。必ず解答してください。

問1 オフィスのセキュリティ対策に関する次の記述を読んで，設問1〜3に答えよ。

　A社は，日用雑貨の通信販売会社である。A社では，会員にカタログ冊子を送付し，冊子にとじ込まれた注文書又はインターネットでの注文を受け付けている。

　A社では，情報セキュリティ担当役員を委員長とする情報セキュリティ委員会を設置しており，情報セキュリティの適正な管理を目的として，情報セキュリティ管理規程を制定している。

　A社の通信販売事業は順調に拡大し，大量の個人情報を管理するようになったことから，情報セキュリティ委員会は，今回，物理的対策を中心にオフィスのセキュリティを見直すことにした。

　A社のオフィスレイアウトを図1に示す。

[オフィスの現状]

　A社のオフィスは，入退室管理システムによって，入室制限が行われている。第1ゾーンは，入退室管理システムでの入室制限を行っていない。第2ゾーンには全社員が，第3，4ゾーンには許可された社員だけが入ることができる。社員は，非接触型ICカードである社員カードを所持している。社員カードを部屋の入り口に設置されたCRにかざすと，社員カード内に記録されたIDによって入室の可否が判断される。入室が許可されるとドアが解錠される。

　A社では，ノートPC（以下，NPCという）を全社員に貸与している。オフィスの執務エリアは，間仕切りのない設計になっている。会議室は執務エリアと同じ第2ゾーンに含まれる。執務エリアには，3台の複合機が設置され，複数の課で共有している。執務エリア内で社員が使用する机には

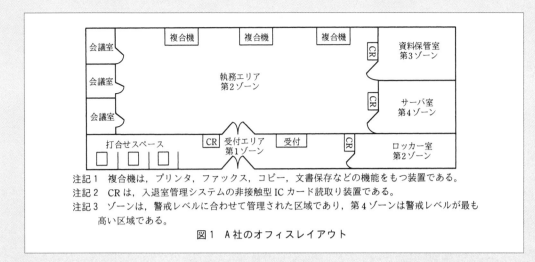

図1　A社のオフィスレイアウト

注記1　複合機は，プリンタ，ファックス，コピー，文書保存などの機能をもつ装置である。
注記2　CRは，入退室管理システムの非接触型ICカード読取り装置である。
注記3　ゾーンは，警戒レベルに合わせて管理された区域であり，第4ゾーンは警戒レベルが最も高い区域である。

鍵付きのサイドキャビネットがあり，個人が管理する書類や外出及び帰宅時のNPCの保管などに使用されている。

　資料保管室とサーバ室は執務エリアと間仕切りされ，入室を許可された社員だけが使用できる。受付エリアの右手奥にロッカー室があり，鍵付きの個人用ロッカーが全社員分設置されている。

　非接触型ICカードでは，カード内に埋め込まれた　　a　　が，CRが発信する　　b　　を電気に変換し，その電気を利用してICカード内のプログラムを動作させ，CRとの間で無線通信を行う。複合機は，情報機器や情報システムなどのITセキュリティを評価するための基準を定めた規格である　　c　　に基づく認証を取得している製品である。

　物理的対策を中心としたオフィスのセキュリティの見直しを決定した情報セキュリティ委員会は，システム部の情報セキュリティリーダであるB主任を，担当者に指名した。B主任は，見直し案を作成するために，現状の問題点の洗い出しと改善策の立案支援を，情報セキュリティ会社のC社に依頼した。

〔現状の問題点〕
　C社のコンサルタントであるD氏は，オフィスの現状を調査し，四つの項目に関する六つの問題点をB主任に報告した。D氏が指摘した問題点を表1に示す。

表1　D氏が指摘した問題点

項番	項目	問題点
1	入退室管理について	共連れでの入室が散見される。
2		来訪者の執務エリア内などでの単独行動が散見される。
3	複合機の運用について	個人データが印刷された書類が複合機に放置されていることがある。
4	執務エリア内への私物の持込みについて	多くの社員が，私物を入れた鞄を執務エリア内に持ち込んでいる。
5	紙文書やNPCの管理について	書類や印刷物などを机の上に放置したままの離席が散見される。
6		NPCにログイン後の，操作が可能な状態での離席が散見される。

〔問題点についての打合せ〕
　D氏から指摘された問題点について，B主任がD氏と打合せを行ったときの二人の会話を次に示す。
B主任：項番1，2については，どのような対策が有効でしょうか。
D氏：　低コストで実現できる項番1の対策としては，CRを入り口側と同様に出口側にも設置して，

アンチパスバックを導入することが有効です。アンチパスバックでは，"入室状態になっていない人が退室しようとした場合は解錠しない"，という処理が行われます。①そのほかにも，アンチパスバックでは，通行を許可された社員カードをCRにかざしても，利用状況によっては異常と判断して解錠しない場合があります。項番2の対策としては，来訪者を入室させる場合は，入室から退室まで担当者が付き添うようにします。しかし，サーバの保守作業など担当者が付き添えない場合もありますから，サーバコンソールでの操作内容のログ取得などの技術的対策のほかに，②第4ゾーンでは，来訪者の行動を事後に確認できるようにします。

B主任：分かりました。アンチパスバックと来訪者の行動を事後に確認できる設備の導入を検討します。また，来訪者を入室させる場合の対応方法については，情報セキュリティ管理規程に明記するようにします。項番3については，印刷物の放置を禁止していますが徹底できていません。何か良い方策はないでしょうか。

D氏： 御社の複合機本体には，社員カードが使用できるICカードリーダを装備できますから，ICカードリーダを装備して，オンデマンド印刷機能を利用することを推奨します。③オンデマンド印刷機能を利用すると，NPCから印刷指示した文書の用紙への印刷は，社員カードを複合機のICカードリーダにかざして認証を受けた後に行われることになります。

B主任：運用方法を検討してみます。項番4については，社員の反対が多く，私物の持込みは禁止できていません。社員に受け入れられる方策はないでしょうか。

D氏： 私物の鞄の持込みは禁止し，代わりに　　d　　鞄を貸与して，その中に入れた私物については，持込みを許可するのが良いでしょう。その場合，持込みを禁止する私物の種類や持ち込んだ私物のオフィス内での使用上の禁止事項を，情報セキュリティ管理規程に明記してください。

B主任：なるほど，その方策なら当社でも実施可能ですから，改善策として検討します。項番5，6については，実施すべき内容を情報セキュリティ管理規程に明記して徹底させるようにします。

D氏： それで良いと思います。

　B主任は打合せ結果を基に，オフィスの物理的対策を中心とした見直し案をまとめて，情報セキュリティ委員会に報告した。見直し案が承認され，情報セキュリティ管理規程の改定と対策案が実施されることになった。

設問 1

本文中の　　a　　～　　c　　に入れる適切な字句を解答群の中から選び，記号で答えよ。

解答群

- ア　CC（Common Criteria）
- イ　ISMS
- ウ　JIS Q 15001
- エ　UHFアンテナ
- オ　Wi-Fi電波
- カ　アンテナコイル
- キ　赤外線
- ク　電磁波
- ケ　ヘリカルアンテナ

設問 2

　表1中の項番5の問題点への対策はクリアデスクと呼ばれるが，項番6の問題点への対策は何と呼ばれているか。10字以内で答えよ。

〔問題点についての打合せ〕について，（1）～（4）に答えよ。
(1) 本文中の下線①について，どのような場合に解錠しないかを，30字以内で答えよ。
(2) 本文中の下線②について，具体的な対策内容を，25字以内で述べよ。
(3) 本文中の下線③の機能が，表1中の項番3の問題を低減させる対策になる理由を，30字以内で述べよ。
(4) 本文中の d に入れる適切な字句を，10字以内で答えよ。また，その鞄の貸与によって，禁止された私物の持込みのほかに，低減できる可能性のある不正行為を，15字以内で答えよ。

問1のポイント　オフィスの情報セキュリティ

　問1の情報セキュリティでは，サイバー攻撃が頻繁に出題されますが，今回は毛色の違うオフィスの情報セキュリティについて出題されました。今の時代のオフィスでは比較的導入されているセキュリティ対策がそのまま出題されているため，オフィス勤めの社会人に有利な問題と感じられます。

　今後もサイバー攻撃以外の色々な分野から出題される可能性があります。問1は必須問題なので，特定の分野に偏らないよう普段からの学習に努めてください。

設問1の解説
☐☐☐

　解答群の字句の意味は以下のとおりです。

字句	意味
Common Criteria	情報セキュリティのための国際標準規格
ISMS	組織が情報資産を管理するための仕組み
JIS Q 15001	個人情報保護を的確に管理するための規格。該当する組織にはプライバシーマークの使用が許可される
UHFアンテナ	テレビ放送（地上波デジタル放送）を受信するためのアンテナ
Wi-Fi電波	Wi-Fiから発信される電波。無線LANに使用される
アンテナコイル	電線を巻き付けて作られたコイル
赤外線	可視光線よりも波長の長い電磁波。リモコンで使用される
電磁波	可視光線，赤外線，電波などの総称
ヘリカルアンテナ	らせん形のアンテナ。衛星通信に使用される

・【空欄】
　非接触型ICカードの中には，アンテナコイルが埋め込まれています。CRから発生している磁界にカードを近づけることで，電磁誘導によりカード内に電力が生じ，その電力でICカード内のプログラムを動作させてCRと通信する仕組みになっ

ています。

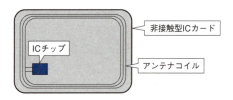

・【空欄b】
　表のとおり，電波は電磁波の一種です。

・【空欄c】
　情報セキュリティの規格であることから，CC（Common Criteria）が適切です。

解答	a：**カ**	b：**ク**	c：**ア**

設問2の解説
☐☐☐

　パソコンを操作しない状態が一定時間続いたときに，パスワードつきのスクリーンセーバを起動するよう設定することで，パソコンの操作が可能な状態での離席を防ぐことができます。このような対処を「クリアスクリーン」といいます。

　設問2に「項番5の問題点への対策はクリアデスクと呼ばれるが」とわざわざヒントが書かれて

いることから，クリアデスクに類する単語であろうと連想して解答することもできる問題です。

解答	クリアスクリーン（8文字）

設問3の解説
□□□

● （1）について

　アンチパスバックとは，入室時の認証記録がないと，退出時に認証が許可されない仕組みです。アンチパスバックが導入されている場合，入室と退室が必ず交互に行われなければいけません。つまり，入室状態になっていない人が退室しようとした場合に開錠がされませんが，その逆である，退室状態になっていない人が入室しようとした場合にも開錠がされません。

　後者の例として，誤って他の人と一緒に（CRの認証を受けずに）退室した場合が挙げられます。

● （2）について

　来訪者の行動を確認するには，監視カメラを設置するしかありません。本問では事後に確認と書かれていることにも注意を払ってください。ただ監視できるだけの監視カメラではなく，録画し，保存できる機能が不可欠です。

● （3）について

　オンデマンド印刷機能というのは，問題文で説明されているように，社員カードを複合機のICカードリーダにかざして認証を受けた後に実際の印刷が行われる仕組みを指しています。

　一方，印刷された書類が複合機に放置されている主な理由として，

・他の業務に追われるなどの理由で，印刷指示したことを忘れてしまった
・印刷指示した直後に，その書類が不要なものであることに気がついた
・印刷指示するつもりがないのに，勝手に印刷機能が動作してしまった

などが挙げられます。オンデマンド印刷機能に変更することで，ICカードをかざしてはじめて書類が出力されることから，ムダな書類が複合機に放置されるという問題点の解消にもつながります。

● （4）について

　私物の中には持込みを禁止したいものと，それ以外のものとがあります。前者の例として，一般的にスマートフォンが挙げられます。スマートフォンのカメラ機能で機密事項を撮影され，外部に持出しされるリスクを嫌う場合があるためです。しかし，ハンカチや目薬などを持込みたいという要望は，当然少なからずあります。

　対策として，透明で中身が確認できる鞄を貸与し，必要な私物はそこに入れ替えて持込みを許可する方法が考えられます。またこの運用に変更することで，会社の備品や情報資産の無断持出し，すなわち盗難の防止にもなります。

解答	（1）退室状態になっていない人が入室しようとした場合（23文字） （2）監視カメラを設置し，録画を一定期間保存する（21文字） （3）ICカードをかざすまで複合機から書類が出力されないため（27文字） （4）d：透明で中身の見える（9文字） 　　不正行為：会社の資産の無断持出し（11文字）

　次の問2～問11については4問を選択し，答案用紙の選択欄の問題番号を○印で囲んで解答してください。
　なお，5問以上○印で囲んだ場合は，はじめの4問について採点します。

問
2

食品会社でのマーケティングに関する次の記述を読んで，設問1～3に答えよ。

　Q社は，スナック菓子の製造・販売会社である。Q社は，老舗のスナック菓子メーカとして知名度があり，長年にわたるファンはいるが，ここ5年間の売上は減少傾向であり，売上拡大が

急務である。Q社の社長は、この状況に危機感を抱き、戦略の策定から実施までを行う戦略マーケティングプロジェクトを立ち上げ、営業企画部のR課長を戦略マーケティングプロジェクトの責任者に任命した。R課長は、商品開発担当者、営業担当者から成るプロジェクトチームを編成し、現状分析とマーケティング戦略の策定に着手した。

〔現状分析〕
　R課長は、次のような3C分析を実施した。
(1) 顧客・市場
・少子高齢化による人口減少で、菓子の需要は低下傾向である。
・従来、主要な顧客は中高生を中心とした子供だったが、大人のスナック菓子の需要が最近増加しており、今後も成長余地がある。
・オフィスでおやつとして食べたり、持ち歩いて小腹のすいたときに適宜食べたりするなど、スナック菓子に対する顧客ニーズが多様化している。
・顧客の健康志向が高まっており、自然の素材を生かすことが求められている。
(2) 競合
・競合他社からQ社の主力商品の素材と似た自然の素材を使った、味もパッケージも同じような新商品が発売され、売上を伸ばしている。
・海外大手メーカから、海外で人気のスナック菓子が発売される予定である。
(3) 自社
・日本全国に販売網をもつ。
・海外でもパートナーシップを通じて販路を拡大している。
・食品の素材に対する専門性が高く、自然の素材を生かした加工技術をもつ。
・新たな利用シーンに対応する商品開発力をもつ。
・商品の種類の多さや見た目のかわいさなどが中高生から支持されており、熱烈なファンが多い。

〔マーケティング戦略の策定〕
　R課長は、〔現状分析〕の結果を基に、戦略マーケティングプロジェクトのメンバと協議し、新商品のターゲティングとポジショニングについて、次のように定めた。
(1) Q社の主要な既存顧客に加えて、新たな顧客のターゲット　　a　　として、普段あまりスナック菓子を食べていない、健康志向の20～40代の女性を設定する。
(2) このターゲット　　a　　に対して、"素材にこだわるという付加価値"を維持しつつ、①"今までとは違う時間や場所で食べることができる機能性"というポジショニングを定める。

　これらを踏まえて、R課長は今後のマーケティング戦略を、次のように定めた。
(1) 希少価値によって話題を集めることで、顧客の購買意欲を高める。
(2) 従来の実店舗や広告に加えて、インターネットを活用したデジタルマーケティングの採用によって、顧客との接点を増やす。

〔商品開発〕
　R課長は、マーケティング戦略に基づき、新商品のコード名を新商品Eとして開発することとし、健康志向の20～40代の女性を対象に、次の (1) アンケート調査と (2) 商品コンセプトの検討を実施した。今後、(3) ～ (5) を実施予定である。
(1) アンケート調査
・"大袋やカップは持ち運びにくい"、"今のスナック菓子の量は多すぎる"などの不満があることが分かった。
・"健康のためにカロリーを少な目にしてほしい"などのニーズが強いことが分かった。
(2) 商品コンセプトの検討
・商品コンセプトとして、"素材にこだわった健康志向で、蓋を閉めて持ち運びができる小さな1人用サイズ"を定めた。

・顧客には"繰り返し密閉でき携行しやすい"というメリットがある。
(3) 試作品の開発
　・商品コンセプトにあわせて複数の味，素材，パッケージなどの試作品をつくる。
(4) テストマーケティング
　・ネット通販限定で，試作品を用いてテストマーケティングを実施する。ただし，他社にアイディアやネーミングを模倣されるリスクがあるので，テストマーケティングを実施する前にそのリスクに対処するための②施策を講じる。
(5) 新商品の市場導入
　・テストマーケティング後に，新商品Eを顧客向けに販売する。
　・③発売当初は，期間限定で出荷数量を絞った集中的なキャンペーンを実施する。

〔プロモーション〕
　R課長は，インターネットを活用したデジタルマーケティングを展開し，商品が売れる仕組みをデジタル技術を活用して作ることにした。消費者行動プロセスに沿ったプロモーションを，次のように設計した。
(1) 認知（Aware）
　・インタビューへの応対などを通じて雑誌のデジタル版などのメディアに自社に関する内容を取り上げてもらう　　b　　や，広告などの施策によって顧客のブランドへの認知度が高まる。
(2) 訴求（Appeal）
　・Q社の運営するSNSの強化に加えて，商品紹介の専用Webページを新設することで，顧客はQ社の商品に，より関心をもつようになる。
(3) 調査（Ask）
　・Q社が，オウンドメディア（自社で所有，運営しているメディア）を充実することで，顧客が，SNSや商品紹介のWebページ上でQ社の商品のレビューに触れる機会が増える。
(4) 行動（Act）
　・Q社が，メールマガジンやデジタル広告などの施策を実施して顧客との接点を増やすことで，顧客の商品購入が促進される。
(5) 推奨（Advocate）
　・顧客は，ブランドに対する　　c　　が高まり，他者へブランドを推奨する。例として，　　d　　が挙げられる。

　R課長は，プロジェクトチームでSNSを担当するS主任に対して，"この消費者行動プロセスに沿ったプロモーションの施策に基づき，Q社の運営するSNS上で新商品Eの情報を公開してほしい。ただし，当社の評判を落とすことにつながる対応は避けるように十分に気を付けてほしい。"と指示をした。
　Q社の運営するSNS上では顧客が直接書き込みできる。新商品Eの情報公開からしばらくして，Q社がSNSに投稿した内容に対して，ある顧客から"差別的な表現が含まれている"というクレームがあった。これに対して，S主任は投稿の意図や意味を丁寧に説明した。
　その後，その顧客から再度クレームがあり，S主任はR課長にこれを報告した。R課長は"今後の対応を決める前に，④SNS特有の事態と，新商品Eの展開を阻害するおそれのあるリスクを慎重に検討するように"とS主任に指示をした。

設問　1

〔マーケティング戦略の策定〕について，(1)，(2) に答えよ。
(1) 本文中の　　a　　に入れるマーケティングの用語として適切な字句を8字以内で答えよ。
(2) 本文中の下線①について，このポジショニングに定めた理由は何か。顧客・市場と自社の両方の観点から，本文中の字句を用いて40字以内で述べよ。

設問 2

〔商品開発〕について，(1)，(2) に答えよ。

(1) 本文中の下線②について，リスクに対処するために事前に講じておくべき施策は何か。10字以内で答えよ。

(2) 本文中の下線③について，Q社がこの施策をとった狙いは何か。本文中の字句を用いて40字以内で述べよ。

設問 3

〔プロモーション〕について，(1) ～ (3) に答えよ。

(1) 本文中の　　b　　，　　c　　に入れる適切な字句を解答群の中から選び，記号で答えよ。

解答群

- ア　カニバリゼーション
- イ　サンプリング
- ウ　パブリシティ
- エ　ビジョン
- オ　ポートフォリオ
- カ　ロイヤルティ

(2) 本文中の　　d　　に入れる適切な字句を解答群の中から選び，記号で答えよ。

解答群

- ア　SEO対策によって，顧客に検索してもらえること
- イ　SNS上で，顧客自身に画像や動画などを公開してもらえること
- ウ　インターネットに広告を出すことで，顧客にブランドが広まること
- エ　顧客にワンクリックで商品を購入してもらえること

(3) 本文中の下線④について，クレーム対応によって想定される事態と，その結果生じるリスクを，あわせて40字以内で述べよ。

問2のポイント　マーケティング戦略の策定

スナック菓子製造販売会社のマーケティング戦略に関する出題です。SNSやコンテンツマーケティングの基礎知識，応用力，知財リスク対策などの知識も問われています。実務的な内容ですが，メーカーの実務知識がないと難しいような設問もなく，問題をしっかり読み込むことで解答できると思います。経営戦略のフレームワークの問題は毎年出題されており，今後も出題されるのでしっかり準備してください。

設問1の解説

□□□

● (1) について

・【空欄a】

〔マーケティング戦略の策定〕には，「ターゲット【空欄a】として，普段あまりスナック菓子を食べていない，健康志向の20～40代の女性を設定する」とあります。このように，嗜好や性別，年齢層などで分割した一つひとつの対象を，マーケティング用語でセグメントといいます。

> **セグメントマーケティング**
>
> 商品やサービスを投入する対象市場を分割（セグメント化）し，それぞれに応じたマーケティング活動を行うこと。かつては商品やサービ

スを大量に生産，販売し，テレビCMなどで告知するマスマーケティング（画一的マーケティング）が主流だったが，近年は人々のニーズが多様化し，嗜好や性別，年齢層などで分けたセグメント向けに，ニーズにあった製品を作り，販売やプロモーションを行うようになっている。

● （2）について

〔現状分析〕の（1）にて，顧客・市場は「オフィスでおやつとして食べたり〜（中略）〜顧客ニーズが多様化している」との分析があります。これに対してQ社は，同（3）にある「新たな利用シーンに対応する商品開発力をもつ」という強みを生かすことを考えます。したがって，「顧客のニーズ多様化によって生じる新たな利用シーンに対応できる商品開発力をもつから」となります。

解答	（1）a：セグメント（5文字） （2）顧客のニーズ多様化によって生じる新たな利用シーンに対応できる商品開発力をもつから（40文字）

設問2の解説
□□□

● （1）について

下線部②の施策は，その直前の問題文にある，「アイディアやネーミングを模倣されるリスク」に対して講じるものです。つまり，「知的所有権の確保」であることが分かります。

● （2）について

下線部③には，「期間限定で出荷数量を絞った集中的なマーケティング」と書かれており，希少性を狙ったマーケティングであることが分かります。これに関連する記述を本文中から探すと，〔マーケティング戦略の策定〕に「希少価値によって話題を集めることで，顧客の購買意欲を高める。」とあるので，これが該当します。

解答	（1）知的所有権の確保（8文字） （2）希少価値によって話題を集めることで，顧客の購買意欲を高めるため。（32文字）

設問3の解説
□□□

● （1）について

解答群の字句の意味は以下のとおりです。

字句	意味
カニバリゼーション	自社製品同士が食い合って全体の売上が伸びないこと
サンプリング	市場調査において，母集団から一定の基準でサンプルとなるグループを抜き出して行う調査法
パブリシティ	メディアに記事にしてもらう広告法
ビジョン	企業における経営目的や達成すべき方向のこと
ポートフォリオ	商品やサービスの構成のこと。収益を得るための商品，顧客を増やすための商品など，意味の違う商品を構成する考え方
ロイヤルティ	忠誠心の意味。顧客が商品や企業に感じる良いイメージや好きという感情のこと

・【空欄b】

メディアに記事にしてもらうことを「パブリシティ」といいます。

・【空欄c】

顧客のブランドに対する愛着や忠誠心を「ロイヤルティ」といい，ファンになっていくことを「ロイヤルティが高まる」といいます。

● （2）について

・【空欄d】

顧客が，他者にブランドを推奨する例が問われています。【空欄c】を正答できていれば，ファンとなった顧客がSNSで購入した服に関する良さを書き込んだり，それを着て街を歩く動画や写真を投稿することが想定できます。

● （3）について

SNS特有の事態とは，いわゆる「炎上」と呼ばれるものです。商品やブランド，あるいは会社自体に対して悪い内容が書き込まれ，それが不特定多数の消費者に拡散していくことです。これにより自社商品やブランド価値が棄損するリスクがあります。

解答	（1）b：ウ　　c：カ （2）d：イ （3）クレーム対応に失敗し，SNS上で炎上・拡散し，Q社の評判が落ちるリスク（35文字）

一筆書きに関する次の記述を読んで，設問1〜4に答えよ。

　グラフは，有限個の点の集合と，その中の2点を結ぶ辺の集合から成る数理モデルである。グラフの点と点の間をつなぐ辺の列のことを経路という。本問では，任意の2点間で，辺をたどることで互いに行き来することができる経路が存在する（以下，強連結という）有向グラフを扱う。強連結な有向グラフの例を図1に示す。辺は始点と終点の組で定義する。各辺には1から始まる番号が付けられている。

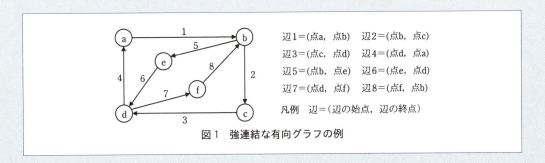

辺1＝(点a，点b)　　辺2＝(点b，点c)
辺3＝(点c，点d)　　辺4＝(点d，点a)
辺5＝(点b，点e)　　辺6＝(点e，点d)
辺7＝(点d，点f)　　辺8＝(点f，点b)

凡例　辺＝(辺の始点，辺の終点)

図1　強連結な有向グラフの例

〔一筆書き〕
　本問では，グラフの全ての辺を1回だけ通り，出発点から出て出発点に戻る閉じた経路をもつグラフを，一筆書きができるグラフとする。

〔一筆書きの経路の求め方〕
　一筆書きの経路を求めるためには，出発点から辺の向きに従って辺を順番にたどり，出発点に戻る経路を見つける探索を行う。たどった経路（以下，探索済の経路という）について，グラフ全体で通過していない辺（以下，未探索の辺という）がない場合は，この経路が一筆書きの経路となる。未探索の辺が残っている場合は，探索済の経路を，未探索の辺が接続する点まで遡り，その点を出発点として，同じ点に戻る経路を見つけて，遡る前までの経路に連結することを繰り返す。
　各点を始点とする辺を接続辺という。グラフの各点に対して接続辺の集合が決まり，辺の番号が一番小さい接続辺を最初の接続辺という。同じ始点をもつ接続辺の集合で，辺の番号を小さいものから順番に並べたときに，辺の番号が次に大きい接続辺を次の接続辺ということにする。
　図1のグラフの各点の接続辺の集合を表1に示す。図1において，点bの最初の接続辺は辺2である。辺2の次の接続辺は辺5となる。辺5の次の接続辺はない。

表1　図1のグラフの各点の接続辺の集合

点	接続辺の集合
点a	辺1
点b	辺2，辺5
点c	辺3
点d	辺4，辺7
点e	辺6
点f	辺8

　一筆書きの経路の探索において，一つの点に複数の接続辺がある場合には，最初の接続辺から順にたどることにする。

図1のグラフで点aを出発点とした一筆書きの経路の求め方を図2に示す。
経路を構成する辺とその順番が，これ以上変わらない場合，確定済の経路という。

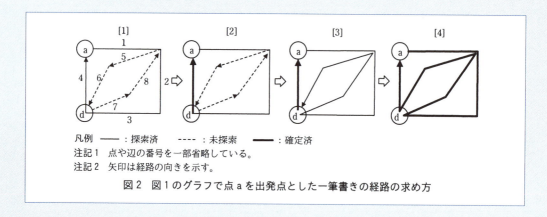

凡例 ——：探索済　----：未探索　——：確定済
注記1　点や辺の番号を一部省略している。
注記2　矢印は経路の向きを示す。

図2　図1のグラフで点aを出発点とした一筆書きの経路の求め方

　図2を参考にした一筆書きの経路を求める手順を次に示す。

〔一筆書きの経路を求める手順〕
　点aから探索する場合は，点aの最初の接続辺である辺1から始め，辺1の終点bの最初の接続辺である辺2をたどり，同様に辺3，辺4をたどる。辺4の終点aからたどれる未探索の辺は存在しないので，これ以上探索が進められない（図2［1］）。
　しかし，未探索の辺5，辺6，辺7，辺8が残っているので，未探索の辺が接続する点まで遡る。
　終点aから辺4を遡ると，辺4の始点dで未探索の辺7が接続している。遡った経路は途中で未探索の辺が存在しないので，これ以上，辺の順番が変わらず，辺4は，一筆書きの経路の一部として確定済の経路となる（図2［2］）。
　点dから同様に辺7→辺8→辺5→辺6と探索できるので，辺3までの経路と連結した新しい探索済の経路ができる（図2［3］）。
　辺6の終点dからは，辺6→辺5→辺8→辺7→辺3→辺2→辺1と出発点の点aまで遡り，これ以上，未探索の辺がないことが分かるので，全ての辺が確定済の経路になる（図2［4］）。

　一筆書きの経路は，次の（1）～（4）の手順で求められる。
（1）一筆書きの経路の出発点を決める。
（2）出発点から，未探索の辺が存在する限り，その辺をたどり，たどった経路を探索済の経路に追加する。
（3）探索済の経路を未探索の辺が接続する点又は一筆書きの経路の出発点まで遡る。遡った経路は，探索済の経路から確定済の経路にする。未探索の辺が接続する点がある場合は，それを新たな出発点として，（2）に戻って新たな経路を見つける。
（4）全ての辺が確定済の経路になった時点で探索が完了して，その確定済の経路が一筆書きの経路になる。

〔一筆書きの経路を求めるプログラム〕
　一筆書きの経路を求める関数directedEのプログラムを作成した。
　実装に当たって，各点を点n（nは1～N）と記す。例えば，図1のグラフでは，点aは点1，点bは点2と記す。
　グラフの探索のために，あらかじめ，グラフの点に対する最初の接続辺の配列edgefirst及び接続辺に対する次の接続辺の配列edgenextを用意しておく。edgenextにおいて，次の接続辺がない場合は，要素に0を格納する。
　図1のグラフの場合の配列edgefirst，edgenextを図3に示す。

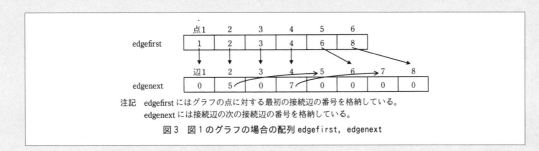

注記　edgefirst にはグラフの点に対する最初の接続辺の番号を格納している。
　　　edgenext には接続辺の次の接続辺の番号を格納している。

図3　図1のグラフの場合の配列 edgefirst, edgenext

edgefirstによって点2の最初の接続辺が辺2であることが分かり，点2から最初にたどる接続辺は辺2となる。edgenextによって，辺2の次の接続辺が辺5であることが分かるので，点2から次にたどる接続辺は辺5となる。辺5の次の接続辺はないので，点2からたどる接続辺はこれ以上ないことが分かる。

プログラム中で使用する定数と配列を表2に，作成した関数directedEのプログラムを図4に示す。全ての配列の添字は1から始まる。

表2　使用する定数と配列

名称	種類	内容
N	定数	グラフの点の個数
M	定数	グラフの辺の個数
start[m]	配列	start[m] には，辺 m の始点の番号が格納されている。
end[m]	配列	end[m] には，辺 m の終点の番号が格納されている。
edgefirst[n]	配列	edgefirst[n] には，点 n の最初の接続辺の番号が格納されている。
edgenext[m]	配列	edgenext[m] には，辺 m の次の接続辺の番号が格納されている。次の接続辺がない場合は 0 が格納されている。
current[n]	配列	current[n] には，点 n を始点とする未探索の辺の中で最小の番号を格納する。点 n を始点とする未探索の辺がない場合は 0 を格納する。
searched[m]	配列	一筆書きの経路を構成する探索済の辺の番号を順番に格納する。（探索済の経路）
path[m]	配列	一筆書きの経路を構成する確定済の辺の番号を順番に格納する。（確定済の経路）

```
function directedE()
    for ( i を 1 から N まで 1 ずつ増やす )  // 各点での未探索の辺の番号を初期化
        current[i] ← edgefirst[i]
    endfor
    top ← 1                      // 探索済の経路の辺の格納位置を初期化
    last ← M                     // 確定済の経路の辺の格納位置を初期化
    x ← 1                        // 出発点は点 1
    while ( ①last が 1 以上 )
        if ( current[x] が   ア   でない )
            temp ← current[x]            // 点 x からたどる接続辺は temp
            searched[top] ← temp         // 接続辺 temp を探索済の経路に登録
            current[x] ←   イ            // 点 x から次にたどる未探索の辺を格納
            x ← end[temp]                // 接続辺 temp の終点を点 x にする
            top ← top + 1
        else
            top ←   ウ                   // 探索済の辺を遡る
            temp ← searched[top]         // 遡った辺は temp
            path[last] ← temp            // 辺 temp を確定済にする
            x ←   エ
            last ← last − 1
        endif
    endwhile
endfunction
```

図4　関数 directedE のプログラム

設問 1

図4中の　ア　～　エ　に入れる適切な字句を答えよ。

設問 2

　図1のグラフで関数directedEを動作させたとき，while文中のif文は，何回実行されるか，数値で答えよ。

設問 3

　一筆書きができない強連結な有向グラフで関数directedEを動作させたとき，探索はどのようになるかを，解答群の中から選び，記号で答えよ。

解答群

　ア　探索が完了するが，配列pathに格納された経路は一筆書きの経路にならない。
　イ　探索が完了せずに終了して，配列pathに格納された経路は一筆書きの経路にならない。
　ウ　探索が無限ループに陥り，探索が終了しない。

設問 4

　図4のプログラムは，配列searchedを配列pathに置き換えることで，使用する領域を減らすことができる。このとき，無駄な繰返しが発生しないように，下線①の繰返し条件を，変数topとlastを用いて変更せよ。

問3の ポイント 一筆書きのグラフに関するプログラム

　一筆書きのグラフに関するプログラム設計を問う問題です。アルゴリズムの基本的な流れと具体的な状態遷移の解釈を問われています。難易度は高く時間がかかるところもあり ますが，配列や変数の動きをよく理解し，処理を丁寧に追いましょう。アルゴリズムの問題は午後では毎年出題されますので，確実に得点できるようにしましょう。

設問1の解説

□□□

　〔一筆書きの経路を求める手順〕を，プログラムでたどる辺に着目して説明すると，下記のようになります。

[1] 点a（edgefirst[1]=1）→辺1→点b（edgefirst[2]=2）→辺2→点c（edgefirst[3]=3）→辺3→点d（edgefirst[4]=4）→辺4→点a（edgenext[1]=0）まで探索が進み，辺の番号［1234］をsearchedに格納していきます。
[2] 点aでedgenextが0となったので，未探索の

辺がある点（edgenextが0ではない点）まで戻ります。このとき，戻った経路を確定済としてpathに格納します。また，戻った分だけsearchedの参照位置も戻しています。ここでは点dまで戻り，戻った経路（辺4）はpath[8]に格納して確定済となります。

[3] 点dから同様に探索します。点d（edgenext[4]=7）→辺7→点f（edgefirst[6]=8）→8→点b（edgenext[2]=5）→辺5→点e（edgefirst[5]=6）→辺6→点d（edgenext[7]=0）まで，辺の番号をsearchedに格納します。今回の探索は［2］で戻った位置から開始しているので，searchedには，［2］までの経路の続き

で今回の探索経路が格納されます。すなわち，［1 2 3 7 8 5 6］という辺の番号が格納されます。

[4] 点dでedgenextが0となったので，再び未探索の辺がある点まで戻ります（戻った辺は確定済としてpathに格納します）。今回は，この時点で全ての点がnextedge=0となるので出発点の点aまで戻り，探索終了となります。点aまで戻った時点でのpathの内容［1 2 3 7 8 5 6 4］が一筆書きの経路となります。

これを図4のプログラムで表現しています。図4のプログラムは，「while（lastが1以上）」の繰り返し処理の中での，「if文以下の処理」と，「else以下の処理」に分かれます。

前者の処理は，点から接続する辺を探索していく処理であり，後者の処理は，遡る処理であることがコメント文からもわかります。これを考慮して【空欄ア～エ】を考えます。

・【空欄ア，イ】

current[x]には，初期値で各点の優先する接続辺の番号（edgefirstの値）が入っており，これから探索する未探索の接続辺となります。この値をtempにとり，探索済の辺としてsearchedに格納しています。そして，次の探索に備えて，この点からの未探索の経路をcurrent[x]に格納します。現在参照している辺（temp）の次の接続辺の番号は，「edgenext[temp]」を参照します（【空欄イ】）。

また，【空欄ア】は，current[x]の値が0でない（＝未探索の接続辺がある）と先に進み，0の場合（＝未探索の接続辺がない）は遡る処理になるので，「0」が入ります。

・【空欄ウ，エ】

else以下では，未探索の辺がなくなったあと，探索済の辺を遡る処理を行っています。現在参照している辺をtempに格納し，確定した経路をpathに格納して，前の点（x）に戻しています。

【空欄ウ】は，コメントに「辺を遡る」と記載されているように，探索済の辺が入っている配列の添字に使っているtopを「－1」する「top－1」が入ります。

【空欄エ】のxは点の番号です。ここでは辺を遡っていますので，いま参照している辺（temp）の始点を指す「start[temp]」が入ります。

解答	ア：0　　イ：edgenext[temp] ウ：top－1　　エ：start[temp]

設問2の解説

while文中の繰り返し処理の中での，「if文の条件判定が何回処理されるか」を問われています。

設問1の解説で動きをなぞりましたが，if文の条件判定では全ての辺について，未探索の辺があれば探索し，未探索の経路がなくなれば戻りながらその経路を確定済としていきます。つまり，順次進む処理（if）と戻りながら確定する処理（else）を各辺ごとに1回ずつ実施するので，8（辺の数）×2で16回となります。

解答	16

設問3の解説

強連結のグラフでは，点と辺の連結を管理しているため，一筆書きができない場合でも，全ての辺を探索可能です。図1は，たまたま一筆書きができる強連結な有向グラフでしたが，一筆書きできない強連結な有向グラフ（下図）について，関数directedEの動作を実際にたどってみましょう。

点1 2 3 4
edgefirst | 1 | 2 | 3 | 4 |

辺1 2 3 4 5
edgenext | 0 | 0 | 0 | 5 | 0 |

[1] 点a→辺1→点b→辺2→点c→辺3→点d→辺4→点aまで探索が進み，辺の番号［1 2 3 4］をsearchedに格納していきます。

[2] 点aでedgenext[1]が0となったので，未探索の辺がある点dまで戻ります（searched［1 2 3］，path[5]に4を格納）。

[3] 点dから同様に探索します。点d→辺5→点bまで，辺の番号をsearchedに格納します（searched［1 2 3 5］）。

[4] 点bでedgenext[2]が0となったので，再び未探索の辺がある点まで戻ります。この時点で全ての辺が探索済となっているので出

発点の点aまで戻り，探索終了となります。このときのpathの内容は［1 2 3 5 4］となります（一筆書きの経路にならない）。

このように，関数directedEでは一筆書きであるかどうかを判定することなく，未探索の辺をすべてたどって開始点まで戻り，たどった経路をpathに格納して探索を完了します。したがって，一筆書きできないグラフでも無限ループに陥ることなく，探索も完了します。また，当然ながら，pathの値は一筆書きの経路にはなりません。

解答	ア

設問4の解説

□□□

設問3で解説したように，このプログラムは一筆書きかを判定せず，全ての辺をたどると終了します。配列searchedを配列pathに置き換えた場合，探索済の経路もpathに格納されるので，全ての辺をたどり終える終了条件を考えます。

いま，変数topは1から辺の数だけカウントアップして，lastは辺の数から1ずつカウントダウンします。topもlastも現在参照している辺の番号なので，lastの値がtopの値以上の間は処理を繰り返せば，辺は全て処理されることになります。

解答	lastがtop以上

問 **4** クラウドストレージの利用に関する次の記述を読んで，設問1，2に答えよ。

L社は，企業のイベントなどで配布するノベルティの制作会社である。L社には，営業部，制作部，製造部，総務部，情報システム部の五つの部があり，500名の社員が勤務している。また，社員の業務時間は平日の9時から18時までである。L社では，各社員が作成した業務ファイルは各社員に1台ずつ配布されているPCに格納してあり，部内の社員間のファイル共有には部ごとに1台のファイル共有サーバ（以下，FSという）を利用している。

L社では，社員の働き方改革として，リモートワークの勤務形態を導入することにした。リモートワークでは，社外から秘密情報にアクセスするので，セキュリティを確保する必要がある。

そこで，L社では業務ファイルをPCに格納しない業務環境を構築することにした。PC内の業務ファイルをM社クラウドサービスのストレージ（以下，クラウドストレージという）に移行し，各PCからクラウドストレージにアクセスして，クラウドストレージ内のファイルを直接読み書きすることにした。また，FS内のファイルについてもクラウドストレージに移行することにした。クラウドストレージを利用した設計，実装，移行は，情報システム部のN君が担当することになった。

〔クラウドストレージ容量の試算〕

N君は，クラウドストレージに必要なストレージ容量を試算するために，PCやFSに格納済の業務ファイルの調査を行った。PCは，500台のPCから50台のPCをランダムに選定し，移行対象のファイルについて，ファイル種別ごとのディスク使用量を調査した。N君が調査した，PC1台当たりのファイル種別ごとのディスク使用量を表1に示す。

表1　PC 1台当たりのファイル種別ごとのディスク使用量

項番	ファイル種別	ディスク使用量（Gバイト）
1	契約書・納品書などの文書ファイル	5
2	ノベルティの図面ファイル	5
3	イベント風景を撮影した写真や動画ファイル	10

FSについては，5台のFSについて，ファイル種別ごとのディスク使用量とファイルの利用頻度ごとのディスク使用量の割合の調査を行った。FS1台当たりのファイル種別ごとのディスク使用量を表2に，ファイルの利用頻度ごとのディスク使用量の割合を表3に示す。ここで，利用頻度とはFSに格納済のファイルの年間読出し回数のことであり，ファイルの読出しはPCからファイルを参照する動作によって発生する。

表2　FS 1台当たりのファイル種別ごとのディスク使用量

項番	ファイル種別	ディスク使用量（Tバイト）
1	契約書・領収書・納品書などの文書ファイル	20
2	ノベルティの図面ファイル	30
3	イベント風景を撮影した写真や動画ファイル	50

表3　ファイルの利用頻度ごとのディスク使用量の割合

項番	利用頻度（回／年）	平均利用頻度（回／年）	ディスク使用量の割合（％）
1	1,000 回以上	1,200	10
2	500 回以上 1,000 回未満	750	5
3	100 回以上 500 回未満	300	5
4	100 回未満	55	80

この調査結果から，L社の全てのPCやFSに格納済のファイルをクラウドストレージに移行すると，現時点では少なくとも　　a　　Tバイトのストレージ容量が必要であることが分かった。

〔クラウドストレージの利用費用の試算〕
クラウドストレージでは，ストレージ種別によって利用料金が異なる。クラウドストレージの料金表を表4に示す。読出し料金とは，クラウドストレージに格納したファイルを読み出すときに発生する料金であり，PCからファイルを参照する動作によって発生する。

表4　クラウドストレージの料金表

項番	ストレージ種別	年間保管料金（円／Gバイト）	読出し料金（円／Gバイト）
1	標準ストレージ	30	0
2	低頻度利用ストレージ	10	0.02
3	長期保管ストレージ	6	0.06

年間のクラウドストレージの利用費用は，次式で算出できる。

　　年間保管料金×保管Gバイト数＋読出し料金×読出しGバイト数

ファイルの利用頻度に応じてストレージ種別を適切に選択することで，利用費用を抑えることができる。
N君は，PC内のファイルは標準ストレージに格納することにし，FS内のファイルは利用頻度によって利用するストレージ種別を表4の項番1～3のストレージ種別から選択した。N君が試算した，ストレージ種別ごとのデータ容量と利用費用を表5に示す。読出しGバイト数は，データ量×表3の平均利用頻度を用いて求めた。

表5　ストレージ種別ごとのデータ容量と利用費用

項番	ストレージ種別	データ容量 （Tバイト）	利用費用	
			年間保管費用 （千円／年）	読出し費用 （千円／年）
1	標準ストレージ	b	（省略）	0
2	低頻度利用ストレージ	（省略）	c	525
3	長期保管ストレージ	400	2,400	d

〔クラウドストレージの実現方式の検討〕
　次にN君は，クラウドストレージの実現方式を検討した。N君が検討した，クラウドストレージの実現方式（案）を図1に示す。

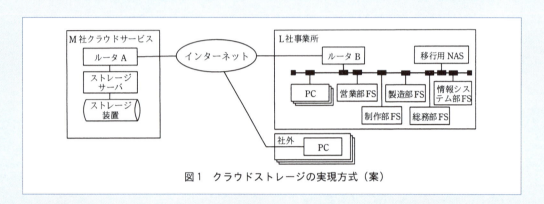

図1　クラウドストレージの実現方式（案）

　M社クラウドサービスにあるストレージサーバ，ストレージ装置，ルータAを利用してクラウドストレージを実現する。ここで，ルータAとルータBの間はVPNで接続されており，平均400Mビット／秒の速度でデータを送受信できる。L社事業所内の各機器は平均800Mビット／秒の速度でデータを送受信できる。また，社外からクラウドストレージを利用する場合には，PCとルータA間をVPNで接続し，通信路のセキュリティを確保する。

〔PC内ファイルの移行方式の検討〕
　N君はPC内のファイルのクラウドストレージへの移行方式を検討した。社員全員が一斉にPC内のファイルを移行すると時間が掛かる。例えば，500名の社員が自分のPCに格納済の20Gバイトのデータを，それぞれクラウドストレージにコピーする場合，各社員のデータが均等に伝送されるものとすると，社員がPCでファイルのコピーの開始を指示してから全ファイルのコピーが完了するまでの時間は　　e　　時間となる。
　そこでN君は，業務繁忙月を避けて1週間の移行期間を設定し，L社事業所内に移行用NASを設置して移行する方式を検討した。移行期間には，500名の社員を100名ずつ五つのグループに分け，グループごとに次の三つの作業を行うことでデータを移行する。
　作業1　業務時間内に各社員がPC内のファイルを移行用NASにコピー
　作業2　業務時間外に移行用NAS内のファイルをクラウドストレージに移動
　作業3　各社員がクラウドストレージのファイルを確認しPCのファイルを削除

　グループごとの移行スケジュールを図2に示す。

	1日目		2日目		3日目		4日目		5日目		6日目	
	業務時間内	業務時間外	業務時間内	業務時間外	業務時間内	業務時間外	業務時間内	業務時間外	業務時間内	業務時間外	業務時間内	業務時間外
グループ1	作業1	作業2	作業3		*		*		*		*	
グループ2			作業1	作業2	作業3		*		*		*	
グループ3					作業1	作業2	作業3		*		*	
グループ4							作業1	作業2	作業3		*	
グループ5									作業1	作業2	作業3	

注記　表中の＊は社員がクラウドストレージを利用して業務を行うことを示す。

図2　グループごとの移行スケジュール

N君は，クラウドストレージの構築とファイルの移行の検討を終え，上司に報告し承認を得た。

設問 1

本文中の　a　及び表5中の　b　～　d　に入れる適切な数値を整数で答えよ。なお，1Tバイトは1,000Gバイトとする。

設問 2

〔PC内ファイルの移行方式の検討〕について，（1）～（3）に答えよ。

(1) 本文中の　e　に入れる適切な数値を答えよ。答えは，小数第1位を四捨五入して整数で求めよ。ただし，PCやクラウドストレージの読込み，書込みスピードは送受信速度に比べて十分に速いものとし，ほかの通信は無視できるものとする。また，1Gバイトは1,000Mバイトとする。

(2) N君が検討した五つのグループに分けて移行する方式とすることで，ある社員がファイルのコピーの開始を指示してから移行用NASに全ファイルのコピーが完了するまでの時間は，500名の社員がクラウドストレージに直接コピーする場合と比べて，何分の一に短縮されるか分数で答えよ。ただし，PC，クラウドストレージ，移行用NASの読込み，書込みスピードは送受信速度に比べて十分に速いものとし，ほかの通信は無視できるものとする。

(3) 移行用NASからクラウドストレージへのファイルの移動を業務時間外に行う理由を，35字以内で述べよ。ただし，移行用NASのデータ容量は十分に大きいものとする。

問4の **ポイント**

クラウドストレージの利用

イベントで配るノベルティグッズの製作会社のクラウドストレージ利用に関する出題です。クラウドストレージ，通信回線などの基礎知識，データ量計算の応用知識などを問われています。計算問題が多く時間配分には工夫が必要であるものの，特に難しい用語もなく内容は全て問題に書かれているので解答しやすいと思います。

設問1の解説

□□□

・【空欄a】

　現在のPCとFSに格納済の全データをクラウドストレージに移す際の合計データ量（Tバイト）を問われています。

> ・PCのデータ量
> 　表1より，1台当たり20Gバイト（5＋5＋10）で，これが500台あるので，
> 　　20Gバイト×500台＝10Tバイト
> ・FSのデータ量
> 　表2より，1台当たり100Tバイト（20＋30＋50）で，これが5台あるので，
> 　　100Tバイト×5台＝500Tバイト

　したがって，合計データ量は両者を足した510Tバイトになります。

・【空欄b，c，d】

　【空欄b，c，d】を求めるには，FS内のファイルがどのストレージ種別に格納されるのかを先に確認する必要があります。

　表3の項番1～4をデータ容量に換算すると，FS1台はデータ使用量がちょうど100Tバイトなので，表3のディスク使用量の割合（％）をそのまま1台当たりの使用量（Tバイト）に置き換えることができます。これが5台あるので，データ使用量は項番1から順に，50，25，25，400（Tバイト）となります。

　表5より，長期保管ストレージには400Tバイトのデータ容量を確保していることから，表3の項番4はここに格納するとわかります。

　低頻度利用ストレージについては，表5の読出し費用：525千円が手がかりです。読出し費用は，「データ量×平均利用頻度×読出し料金」で求めます。なお，表4の単位「円／Gバイト」は，分母と分子に1,000を乗じると「千円／Tバイト」となるため，FSのデータ容量（Tバイト）や表5の利用費用の単位（千円）との間で単位換算する必要がありません。

> ・項番3を低頻度ストレージとした場合
> 　項番3の費用：
> 　　25Tバイト×300回×0.02＝150（＜525）
> ・項番2と3を低頻度ストレージとした場合
> 　項番2の費用：
> 　　25Tバイト×750回×0.02＝375
> 　項番2＋項番3＝375＋150＝525

　計算から，低頻度利用ストレージには表3の項番2と3が格納されることがわかりました。残りの項番1は，標準ストレージに格納します。

　以上より，【空欄b】の標準ストレージのデータ容量は，PCの合計データ量（10Tバイト）と，FSの利用頻度の高いファイル（表3の項番1）のデータ量（50Tバイト）を合計した60Tバイトとなります。

　【空欄c】には，表3の項番2（25Tバイト）と項番3（25Tバイト）を格納するので，データ容量50Tバイトについての年間保管費用を計算します。低頻度利用ストレージの年間保管費用は表4の項番2より10円／Gバイト（＝10千円／Tバイト）なので，

> 50Tバイト×10＝500（千円／年）

と求まります。

　【空欄d】はデータ容量が400Tバイト，平均利用頻度が表3の項番4より55回／年，読出し料金は表4の項番3より0.06円／Gバイト（＝0.06千円／Tバイト）なので，

> 400Tバイト×55×0.06＝1320（千円／年）

になります。

解答	a：510	b：60
	c：500	d：1320

設問2の解説

□□□

● （1）について

・【空欄e】

　L社の事業所のネットワークにあるPCからM社クラウドサービスにデータを転送するには、ルータBからAの通信が発生します。この回線速度は平均400Mビット／秒、バイトになおすと50Mバイト／秒なので、1時間当たりで考えると、

> 50Mバイト×60秒×60分
> ＝180000Mバイト／1時間
> ＝0.18Tバイト／1時間

になります。

　したがって、500人分のPCデータ（10Tバイト）を転送するには、

> 10Tバイト÷0.18Tバイト＝55.555…

小数第1位を四捨五入して56になります。

● （2）について

　この場合、5つのグループに分けたことから、

● 右段

単純に時間も1/5に短縮されると考えることができます。また、NASへのコピーはL社事業所内通信なので、インターネットを経由しません。〔クラウドストレージの実現方式の検討〕にて、VPN接続時の平均通信速度は400Mビット／秒に対して、L社事業所内の各機器は平均800Mビット／秒で通信できるため、回線速度は2倍になり、時間は1/2になります。

　したがって、1/5×1/2＝1/10になり、10分の1の時間で終わります。

● （3）について

　移行作業によるクラウドストレージへのデータ書込みは通信回線への影響が大きいので、既に移行が完了した社員の業務に影響を与えてしまいます。このため、データを移行する作業は夜間に行っています。

解答	
	(1) e：56
	(2) 1/10
	(3) 業務時間内には移行完了した社員がクラウドストレージを使い業務を行うため（35文字）

問5　LANのネットワーク構成変更に関する次の記述を読んで、設問1～4に答えよ。

　K社は、従業員約200名の自動車部品製造会社である。主に国内自動車メーカから注文を受けて、駆動系部品の開発・設計・製造を行っている。K社の事務所は、工場敷地内の3階建ての事務棟に置かれており、各フロアで企画部、開発製造部、営業部及び総務部の、事務所勤務を行う社員約100名が業務を行っている。

　事務棟にはK社LANが敷設されており、社員は一人1台のデスクトップPC（以下、DPCという）を使って各自の業務を行っている。現在のK社LANは、サーバを接続するサーバLAN、DPCを接続するPC LAN、及びDMZの三つのサブネットワークで構成されている。無線LANは未導入で、DPCは有線LANで接続している。各部署の業務で扱っている重要情報と、それを管理するサーバを表1に示す。また、現在のK社ネットワーク構成を図1に示す。

表1　K社が各部署で扱っている重要情報とそれを管理するサーバ

部署名	重要情報名	サーバ名
企画部	経営情報	経営管理サーバ
開発製造部	設計情報	設計管理サーバ
営業部	顧客情報	顧客管理サーバ
総務部	社員情報	社員管理サーバ

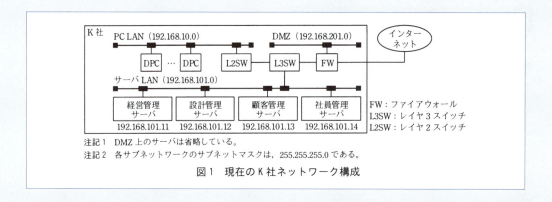

注記1 DMZ上のサーバは省略している。
注記2 各サブネットワークのサブネットマスクは、255.255.255.0である。

図1 現在のK社ネットワーク構成

　PC LANとサーバLANはL3SW及びL2SWで接続されており、各DPCから全てのサーバにアクセスすることができる。各サーバ内の情報には、社員IDとパスワードで認証を行い、許可された社員だけがアクセスできる。

[セキュリティ強化のための対策]
　K社では、サーバの認証情報の設定ミスによって、総務部の一部の社員が顧客情報を入手して閲覧できる状態になっていたというインシデントが発生した。K社では同種のインシデントへの対策として、セキュリティの強化を行うことになった。まず、PC LANを部署ごとに異なるサブネットワークに分割し、サブネットワークごとに接続可能なサーバを定め、それ以外のサーバへのアクセスを遮断することにした。また、ランサムウェアなどの新たな脅威に対応できるウイルス対策ソフトを全てのDPCに導入することにした。サーバLAN上にウイルス対策ソフトの更新サーバを導入し、全てのDPCから定期的にアクセスして、ウイルス定義ファイルを最新の状態にすることにした。更新サーバのIPアドレスは192.168.101.21とした。
　ネットワーク構成の変更を担当することになった総務部のLさんは、各フロアに設置されているL2SWを利用して、既設のPC LANを部署ごとに異なるサブネットワークに分割し、各サブネットワークにVLANを割り当てることを考えた。分割後のK社ネットワーク構成案を図2に、L3SWのアクセスコントロールリストを表2に示す。

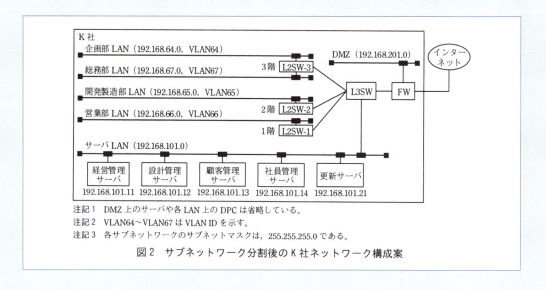

注記1 DMZ上のサーバや各LAN上のDPCは省略している。
注記2 VLAN64～VLAN67はVLAN IDを示す。
注記3 各サブネットワークのサブネットマスクは、255.255.255.0である。

図2 サブネットワーク分割後のK社ネットワーク構成案

表2　L3SW のアクセスコントロールリスト（抜粋）

項番	送信元 IP アドレス	宛先 IP アドレス	処理
1	192.168.64.0/24	（省略）	許可
2	192.168.65.0/24	a	許可
3	192.168.66.0/24	（省略）	許可
4	192.168.67.0/24	（省略）	許可
5	192.168.64.0/ b	192.168.101.21	許可
6	ANY	ANY	遮断

注記1　サブネットマスク長を指定しない IP アドレスはホスト IP アドレス（サーバや DPC に付与する IP アドレス）を示す。
注記2　ANY は対象が全ての IP アドレスであることを示す。
注記3　L3SW のダイナミックパケットフィルタリング機能によって，戻りパケットは通過できるものとする。
注記4　アクセスコントロールリストは，項番の小さい順に参照され，最初に該当したルールが適用される。

　Lさんが検討したセキュリティ強化のための対策案を総務部内で説明したところ，表3に示す課題が指摘された。Lさんは，各課題に対して対策を検討した。

表3　総務部内で指摘された課題

項番	課題
1	既設の PC LAN はカテゴリ 5 の UTP ケーブルを使って配線されており，DPC とは 100BASE-TX で接続している。ネットワークの速度が遅く業務に支障が出ているので，改善してほしいと各部署から要望があがっている。
2	フロア間の管路に余裕がなく，既設のケーブルを撤去しないとフロア間に新しいケーブルを配線できない。
3	近い将来，無線 LAN を導入し，DPC をノート PC に置き換えることを検討したい。各フロアに無線 LAN アクセスポイント（以下，無線 AP という）を設置する準備をしておきたい。
4	部署ごとの人員増減に伴って，近い将来部署を配置するフロアが変更となる可能性がある。その際にもケーブルの配線変更を最小限にしたい。

〔物理配線の検討〕
　表3の項番1，項番2の課題に対応して，既設のPC LAN用のケーブルを撤去し，新たなケーブルを配線することにした。フロア内のL2SWからDPCまでの配線は，①1000BASE-T方式に対応したUTPケーブルとした。また，1階のサーバルームに設置したL3SWから各フロアのL2SWまでは，②最大10Gビット／秒で通信可能な光ファイバケーブルとした。

〔無線LAN導入の検討〕
　表3の項番3の課題に対して，事務棟の各フロアで無線APの設置に適した場所の調査を行った。その結果，電源の確保が困難な設置場所が判明した。また，事務棟が東西方向に約50mと細長く，部屋を仕切る壁が厚いことや金属製の扉が多いことも確認した。
　そこで，各フロアに設置するL2SWを今後リプレースする場合には，UTPケーブルで無線APに電力供給が可能な　c　機能を備える機器を導入することにした。また，③導入予定の無線APと各DPCの設置位置での電波強度の調査を行うことにした。

〔VLAN構成の検討〕
　表3の項番4の課題に対して，一つのフロアに複数部署が混在したり，部署がフロア内やフロア間で移動する可能性を考慮して，ネットワークスイッチのポート単位にVLANを設定するポートベースVLANではなく，一つのポートに複数のVLANを同時に設定できる　d　VLANの機能を備えるネットワークスイッチを導入することにした。

現状の部署の配置を前提とした，ネットワークスイッチのフロア配置を図3に示す。図2のネットワーク構成を図3のネットワークスイッチで構成した場合の，各ネットワークスイッチのVLAN構成の案を表4に示す。

Lさんの検討案は総務部内で承認され，具体的な実施計画を策定することになった。

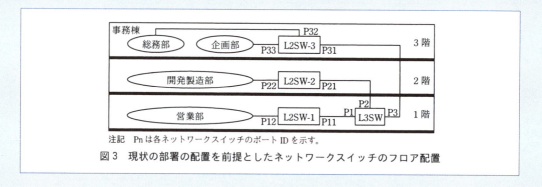

図3　現状の部署の配置を前提としたネットワークスイッチのフロア配置

表4　各ネットワークスイッチの VLAN 構成の案

ネットワークスイッチ	ポート ID	設定する VLAN ID
L3SW	P1	VLAN66
	P2	VLAN65
	P3	e
L2SW-1	P11	VLAN66
	P12	VLAN66
L2SW-2	P21	f
	P22	f
L2SW-3	P31	e
	P32	VLAN67
	P33	VLAN64

設問　1

表2中の　　a　　，　　b　　に入れる適切な字句を答えよ。

設問　2

〔物理配線の検討〕について，(1)，(2) に答えよ。

(1) 本文中の下線①に該当するUTPケーブルの規格を，解答群の中から全て選び，記号で答えよ。

解答群
　　ア　カテゴリ3　　イ　カテゴリ5e　　ウ　カテゴリ6　　エ　カテゴリ6a

(2) 本文中の下線②で，光ファイバケーブルを採用した理由を，UTPケーブルの伝送特性と比較して，20字以内で述べよ。

設問　3

〔無線LAN導入の検討〕について，(1)，(2)に答えよ。
(1) 本文中の　　c　　に入れる適切な字句を，アルファベット3字で答えよ。
(2) 本文中の下線③について，電波強度の調査を実施せずに無線APを導入した場合に，発生するおそれのある不具合を，Lさんの調査結果を踏まえて，30字以内で述べよ。

設問　4

〔VLAN構成の検討〕について，(1)～(3)に答えよ。
(1) 本文中の　　d　　に入れる適切な字句を5字以内で答えよ。
(2) 表4中の　　e　　，　　f　　に入れる適切なVLAN IDを全て答えよ。
(3) 図3のフロア配置に対して，総務部が1階に移動した場合，VLAN構成に変更を加える必要がある。このうち，変更を加えるべきL3SWのポートのポートIDを全て答えよ。また，変更内容を30字以内で述べよ。

問5の ポイント　LANのネットワークの構成変更

自動車部品製造会社におけるLANのネットワーク構成変更に関する問題です。レイヤ2，3スイッチ，サブネットマスクなどの知識や具体的な通信量の応用知識を問われています。用語を正しく理解していないと解答できないレベルの出題で，難易度は高いと言えるでしょう。この機会にしっかり理解してください。

設問1の解説
□□□

最初に，本問を解くために必要となる用語の知識を押さえましょう。

レイヤ3スイッチ（L3SW），レイヤ2スイッチ（L2SW）

スイッチとは，特定のネットワークや端末に通信を振り分ける機能（無駄な通信を絞って回線効率を向上させたり，通信内容を秘匿するなど）をもつ機材のこと。

レイヤ3スイッチは，OSI参照モデルのネットワーク層（第3層＝レイヤ3）で，IPアドレスで通信の宛先を判断して転送を行う。同じくレイヤ3の中継機能をもつルータよりも通信の高速性が確保される。これは，レイヤ3スイッチはハードウェアレベルでルーティング処理を行っているため（ルータはソフトウェアレベルのため比較的低速だが，多様なプロトコルに対応できる）。

レイヤ2スイッチは，OSI参照モデルのデータリンク層（第2層＝レイヤ2）でMACアドレスで通信の宛先を判断して転送を行う機能をもつ。

VLAN（Virtual LAN）

企業内ネットワーク（LAN）において，物理的な接続形態とは独立した端末の仮想的なグループを構成させる技術。一般に，サブネット分割を行ってネットワークを分けていくと物理的な端末の位置やネットワークの設定に影響を与え，社内組織の変更といった論理的な変更や，機器移設のような物理的な変更が発生した際に設定変更作業の手間がかかってしまうが，VLANであれば，ネットワーク分割の作業と物理的な接続状況とを分離するため，運用の手間の軽減やネットワークの負荷軽減が可能。

LAN内通信において，送信元PCは送信先PCのMACアドレスを取得するためにARPフレームをブロードキャストするので，中継するスイッチは全ポートにARPフレームをブロードキャストするが，VLANを使うことで設定した個別VLAN範囲内に限定してARPフレームを送信することが可能となる。

　サブネットとは，ホストアドレスをネットワークアドレスに組み込み，一つのネットワークを分割して，より多くのネットワークを作り出す考え方。32ビットのIPアドレスのうち，ネットワークアドレスとホストアドレスの境界を管理するのが，サブネットマスク。サブネットマスクは，ネットワークアドレス部に1，ホストアドレス部に0を並べたビット列で，1がネットワークアドレス，0がホストアドレスと認識する。

「192.168.199.65/27」について

192.	168.	199.	65
11000000	10101000	11000111	01000001

ネットワークアドレス部 ── ホストアドレス部

サブネットマスク

11111111	11111111	11111111	111 00000

27ビット

　サブネットワークも含めたネットワーク部が，32ビットのIPアドレスのうち，どのビット列かを示す場合に，「192.168.199.65/27」のように表現することがある。これをプレフィックス表記という。

　上記の例では，32ビットのうち，先頭から27ビットをネットワークアドレス部，残りの5ビットがホストアドレス部であることを示す。

・【空欄a】
　表2の項番2の設定を考えます。送信元の192.168.65.0/24は，32ビットのうち，上位24ビットがネットワークアドレス，下位8ビットがホストアドレスなので，開発製造部のLANの全PCが送信元として対象になります。表1より，開発製造部の重要情報は設計管理サーバにあるので，ここにアクセスできなければいけません。したがって，設計管理サーバのIPアドレス「192.168.101.12」が入ります。

・【空欄b】
　表2の項番5は，192.168.101.21（ウイルス対策ソフトの「更新サーバ」）に対してアクセスを許可する設定です。更新サーバに関しては，〔セキュリティ強化のための対策〕にて，「全てのDPCから定期的にアクセスして，ウイルス定義ファイ

ルを最新の状態にすることにした」とあるので，全DPCからの接続を許可する必要があります。

　各LANのネットワークアドレスで設定する方法もありますが，設定が多くなるので，問題文の【空欄b】のようにサブネットマスクを用いて1行で全てのPCからの通信を許可する設定を考えます。各LANのネットワークアドレスの第3オクテットのビット配列は次のとおりです。

LANの種類	第3オクテット	ビット列
企画部	64	01000000
開発製造部	65	01000001
営業部	66	01000010
総務部	67	01000011

　このように，第3オクテットの上位6ビットまで同じビット列です。したがって，第1，第2オクテットの16ビットにこの6ビットを足した上位22ビットを，サブネットマスク長に設定します。

解答	a：192.168.101.12　　b：22

設問2の解説

● （1）について
　1000BASE-T方式に対応しているのは，カテゴリ5以上のケーブル規格です。したがって，解答群の**イ**，**ウ**，**エ**が該当します。

カテゴリ	伝送速度	適合
カテゴリ3（Cat3）	100Mbps	10BASE-T
		100BASE-T4
カテゴリ5e（Cat5e）	1Gbps	10BASE-T
		100BASE-TX
		1000BASE-T
カテゴリ6（Cat6）	1Gbps	10BASE-T
		100BASE-TX
		1000BASE-T
		1000BASE-TX
カテゴリ6a（Cat6a）	10Gbps	10BASE-T
		100BASE-TX
		1000BASE-T
		10GBASE-T

● （2）について
　光ケーブルはUTPケーブルよりも，帯域幅が広く，最大速度10Gbpsの高速通信で大容量のデータを伝送可能です。ノイズにも強く，信号損失が少ないので距離を延ばせる特徴があります。

解答	(1) **イ**, **ウ**, **エ** (2) ノイズに強く配線の距離を長くできるため（19文字）

設問3の解説
□□□

● （1）について
・【空欄a】
　LANケーブルを用いて電力を供給する規格をPoEといいます。

> **PoE（Power over Ethernet）**
> EthernetのLANケーブルを利用して電力を供給する標準規格。IEEE 802.3afとして標準化されている。通信と電源供給を1本のLANケーブルでまかなうことができるため，電源コンセントがない場所や電源を確保しにくい場所であっても，電源工事なしでIP電話や無線LANといった機材を設置できる。

● （2）について
　Lさんの調査結果として，〔無線LAN導入の検討〕に「事務棟が東西方向に約50mと細長く，部屋を仕切る壁が厚いことや金属製の扉が多い」とあります。無線LANの電波は壁などの障害物があったり，距離が長かったりする場合，PCからAPにつながらないことがあります。このことを解答するとよいでしょう。

解答	(1) c：PoE (2) 壁や扉によって電波が遮断され，PCからAPに接続できない（28文字）

設問4の解説
□□□

● （1）について
・【空欄b】
　1つのポートに複数のVLANを同時に設定できるのはタグVLANの特徴です（ポートVLANでは，1つのポートが1つのVLANに対応します）。

> **ポートVLANとタグVLAN**
> 物理ポートに1つのVLANポートを対応させるVLANをポートVLANという。これに対し，タグVLANはタグ情報によってVLANを識別するため，物理的な配線に縛られず，1つのポートを複数のVLANポートに対応させることが可能。

● （2）について
・【空欄e】
　L3SWのP3は企画部（VLAN64）と総務部（VLAN67）のVLANに繋がっているので，VLAN64とVLAN67の両方を設定する必要があります。
・【空欄f】
　L2SW-2は開発製造部に繋がっているので，VLAN65を設定します。

● （3）について
　図3のフロア配置から総務部が1階に移った場合，接続先がL2SW-3からL2SW-1に変更となります。このため，L3SWのP3からVLAN67を削除して，P1に追加することになります。

解答	(1) d：タグ (2) e：VLAN64，VLAN67 　　f：VLAN65 (3) ポートID：P1，P3 　　変更内容：VLAN67をP3から削除して，P1に追加する（23文字）

問6　企業向け電子書籍サービスの追加設計と実装に関する次の記述を読んで，設問1～4に答えよ。

　H社は，個人会員向けに電子書籍の販売及び閲覧サービス（以下，既存サービスという）を提供する中堅企業である。近年，テレワークの普及に伴い，企業での電子書籍の需要が高まってきた。

そこで，既存サービスに加え，企業向け電子書籍サービス（以下，新サービスという）を開発することになった。

　新サービスの開始に向けて，企業向け書籍購入サイトを新たに作成し，既存サービスで提供している電子書籍リーダを改修する。新サービスの機能概要を表1に，検討したデータベースのE-R図の抜粋を図1に示す。

　このデータベースでは，E-R図のエンティティ名を表名にし，属性名を列名にして，適切なデータ型で表定義した関係データベースによって，データを管理する。

表1　新サービスの機能概要

No.	機能名	概要
1	一括購入	企業の一括購入担当者が，電子書籍を一括購入する。購入した電子書籍を企業の社員に割り当てる方法には，次の二つがある。 (1)　一括購入担当者が，配布対象の社員にあらかじめ割り当てておく方法 (2)　社員が，未割当の一括購入された電子書籍を割当依頼する方法
2	企業補助	社員が，自己啓発に役立つビジネスや技術など特定の分類の電子書籍を購入する。その際，企業が購入額の一部を負担する。ただし，企業は負担する上限金額を書籍分類ごとに設定する。
3	割引購入	社員が，個人として読みたい本や雑誌などの電子書籍を購入する。その際，それぞれの企業が H 社と契約した一定の割引率を適用した価格で購入できる。
4	書籍閲覧	社員が，電子書籍リーダに，H 社が付与した企業 ID，社員 ID 及び社員パスワードを用いてログインし，No.1〜3 で購入した電子書籍を閲覧する。 電子書籍リーダにログインすると，一括購入で割り当てられた電子書籍や，社員が購入した電子書籍が一覧表示され，各電子書籍を選択して閲覧できる。

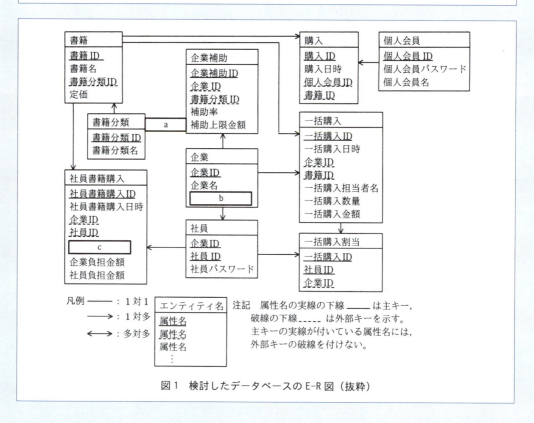

図1　検討したデータベースの E-R 図（抜粋）

〔一括購入機能の社員割当処理の作成〕

　表1中の一括購入機能の概要（2）にある，社員が割当依頼した電子書籍を割り当てる処理を考える。検討した処理の流れを表2に示す。ここで，":一括購入ID"は割当依頼された一括購入IDを，":企業ID"及び":社員ID"は割当依頼した社員の企業IDと社員IDを格納する埋込み変数である。

表2　検討した処理の流れ

手順	処理概要	使用するSQL文
1	社員が割当依頼した一括購入IDから，一括購入数量を取得する。	SELECT 一括購入数量 FROM 一括購入 WHERE 一括購入ID = :一括購入ID
2	社員が割当依頼した一括購入IDのうち，現在割り当てられている数量を取得する。	SELECT 　　d　　 FROM 一括購入割当 WHERE 一括購入ID = :一括購入ID
3	手順1で取得した数量が，手順2で取得した数量より　　e　　場合，手順4に進む。そうでない場合，処理を終了する。	なし
4	割当依頼した社員に一括購入IDを割り当てる。	INSERT INTO 一括購入割当 （一括購入ID, 社員ID, 企業ID） 　　f

　表2のレビューを実施したところ，処理の流れやSQL文に問題はないが，①トランザクションの同時実行制御には専有ロックを用いるように，とのアドバイスを受けた。

〔書籍閲覧機能の作成〕

　電子書籍リーダに，社員がログインした際，閲覧可能な重複を含まない書籍の一覧を取得するSQL文を図2に示す。ここで，":企業ID"及び":社員ID"は，ログインした社員の企業IDと社員IDを格納する埋込み変数である。また，図2の　c　には，図1の　c　と同じ字句が入る。

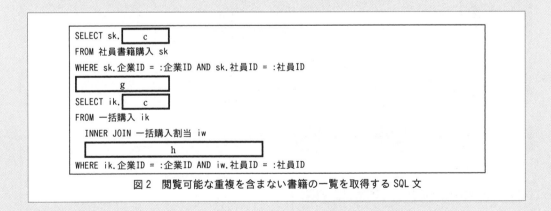

```
SELECT sk.  c
FROM 社員書籍購入 sk
WHERE sk.企業ID = :企業ID AND sk.社員ID = :社員ID
        g
SELECT ik.  c
FROM 一括購入 ik
   INNER JOIN 一括購入割当 iw
        h
WHERE ik.企業ID = :企業ID AND iw.社員ID = :社員ID
```

図2　閲覧可能な重複を含まない書籍の一覧を取得するSQL文

〔書籍閲覧機能の改善〕

　書籍閲覧機能のレビューを実施したところ，既存サービスを個人で利用している社員は，電子書籍リーダのログインIDを個人会員IDから企業IDと社員IDに切り替えて利用しなければならず煩雑である，との指摘を受けた。

　そこで，電子書籍リーダに個人会員IDを用いてログインした際，社員として閲覧できる書籍も一覧に追加して閲覧できるように，E-R図に新たに②一つエンティティを追加し，電子書籍リーダに③一つ画面を追加した上で書籍閲覧機能に改修を施した。

設問 1

　図1中の ［ a ］ ～ ［ c ］ に入れる適切なエンティティ間の関連及び属性名を答え，E-R図を完成させよ。

　なお，エンティティ間の関連及び属性名の表記は，図1の凡例に倣うこと。

設問 2

〔一括購入機能の社員割当処理の作成〕について，(1)，(2) に答えよ。

(1) 表2中の ［ d ］ ～ ［ f ］ に入れる適切な字句を答えよ。

(2) 本文中の下線①の専有ロックを用いなかった場合，どのような問題が発生するか。30字以内で述べよ。

設問 3

　図2中の ［ g ］，［ h ］ に入れる適切な字句又は式を答えよ。

　なお，表の列名には必ずその表の相関名を付けて答えよ。

設問 4

〔書籍閲覧機能の改善〕について，(1)，(2) に答えよ。

(1) 本文中の下線②で追加したエンティティの属性名を全て列挙せよ。

　なお，エンティティの属性名に主キーや外部キーを示す下線は付けなくてよい。

(2) 本文中の下線③とは，どのような画面か。25字以内で述べよ。

問6の **ポイント** 　企業向け電子書籍サービス

　企業向け電子書籍サービスの追加設計と実装に関する問題です。E-R図，エンティティ，データ抽出用クエリなどの知識や主キー，外部キーなどの知識が要求されています。応用 情報技術者試験ではデータベース関係の問題は何回も出題されているので，特にE-R図，クエリについてはよく理解しておく必要があります。

設問1の解説

□□□

E-R図（Entity Relation Diagram）

　リレーショナル型のデータベースのデータ分析に使われるダイアグラムで，分析の対象となる実体（エンティティ）のもつ属性（アトリビュート）やエンティティ同士の関係（リレーション）を表現する。エンティティ同士の関係は，1対1，1対多，多対1，多対多があり，以下のような矢印などの記号で関係を表現する。

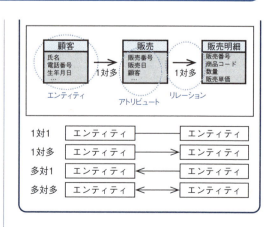

・【空欄a】

　1つの書籍分類には複数の企業補助が関係します。企業補助から見ると，表1の項番2に「企業は負担する上限金額を書籍分類ごとに設定する」とあることから，1つの書籍分類としか関係しません。したがって書籍分類「1」，企業補助「多」の関係になり，【空欄a】には「→」が入ります。

・【空欄b】

　表1の項番3には，「それぞれの企業がH社と契約した一定の割引率を〜」との記載があります。したがって，企業ごとに「割引率」が必要となります。

・【空欄c】

　社員が購入する場合は割引購入できます。それを管理するエンティティが社員書籍購入ですが，ここには購入した書籍IDがありませんのでこれが必要となります。また，書籍IDは書籍エンティティ参照の外部キーとなります。

解答	a：→　　　b：割引率　　　c：書籍ID

設問2の解説

□□□

● （1）について

・【空欄d】

　一括購入割当には，一括購入されたレコードが収録されているので，このレコード数を集計することで割当数量を取得することができます。それにはCOUNTを使います。

COUNT（カラム名）

　行のカラム（項目）の数をカウントする。カラムにNULL値があればカウントしない。また，COUNT(*)の場合は，全行数をカウントする。

　ここではすべてのレコード数を集計したいので，「COUNT(*)」が入ります。

・【空欄e】

　手順1では，一括購入した書籍の全数量を求めています。また，手順2では割当済みの数量を求めています。したがって，割り当てることができる残りの数量がある場合，つまり手順1で取得した数量が手順2で取得した数量より「多い」場合は，手順4の割当処理に進み，そうでない場合は（割当できないので）終了します。

・【空欄f】

　テーブルに行を追加するにはINSERT文を使います。割り当てる内容は，「:一括購入ID」と「:社員ID」と「:企業ID」なので，これをレコードに指定する「VALUES (:一括購入ID, :社員ID, :企業ID)」が入ります。

INSERT文

・挿入する値を指定する場合
　INSERT INTO テーブル名 (列名1, 列名2, …)
　VALUES (値1, 値2, …)
・結果をすべて挿入する場合
　INSERT INTO テーブル名 (列名1, 列名2, …)
　SELECT文

● （2）について

　割当は，割当可能な書籍の数量が残っていれば割当をしていきますが，同タイミングで割当処理を行う場合，データベースの更新タイミングの関係で割当可能数量を超えて割当がされるケースが発生します。このため，テーブルにロックをかけ，更新処理を正しく終了してから以降の割当判定をする必要があります。

解答	(1) d：COUNT(*)　　e：多い f：VALUES (:一括購入ID, :社員ID, :企業ID) (2) 同時に処理される場合一括割当数量を超えて割当される（25文字）

設問3の解説

□□□

・【空欄g】

　電子書籍リーダには，社員書籍購入の書籍と一括購入して社員に割り当てられた書籍を，重複を含まない形で一覧表示する必要があります。【空欄g】の前は社員書籍購入のクエリ，後は一括購入のクエリなので，その結果を重複なく統合する命令「UNION」が入ります。

UNION

　複数のクエリの結果を統合する場合に使う。重複行を削除する場合はUNION，重複行を削除しない場合はUNION ALL。

・【空欄h】

　【空欄h】の下に，対象となる企業IDと社員ID
を条件抽出する記述がありますが，このうち，社
員IDは一括購入にはありません。したがって，一
括購入割当を内部結合（INNER JOIN）して社員
IDを取得する必要があるので，「ik.一括購入ID =
iw.一括購入ID」が入ります。

> **INNER JOIN**
>
> 　INNER JOINは2つの表の結合キーが同じものだ
> けを結合する。
> 　　INNER JOIN [テーブル名] ON [結合条件記述]
> 　このように記述すると，その前で処理してい
> るレコードセットにJOIN（結合）するという意
> 味になる。

解答	g：UNION h：ON ik.一括購入ID = iw.一括購入 　　ID

設問4の解説
□□□

● （1）について

　個人会員IDと法人会員IDを紐付ける必要がある
ので，そのためのエンティティを追加することに
なります。したがって「個人会員ID，企業ID，社
員ID」を入れます。

● （2）について

　追加したエンティティとの関連で考えて，個人
会員IDに企業ID，社員IDを紐付けるための入力画
面が必要なので，これを解答します。

解答	（1）個人会員ID，企業ID，社員ID （2）個人会員に企業ID，社員IDを登 　　録する入力画面（23文字）

問 7　IoTを利用した養殖システムに関する次の記述を読んで，設問1〜3に答えよ。

　　　G社は，海上の生け簀の中で良質な養殖魚の育成を支援する，IoTを利用した養殖システム
（以下，スマート生け簀という）を開発している。

〔スマート生け簀のシステム構成〕
　スマート生け簀の概観を図1に，スマート生け簀のシステム構成を図2に示す。

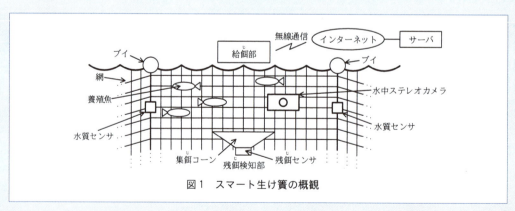

図1　スマート生け簀の概観

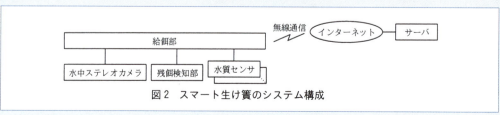

図2　スマート生け簀のシステム構成

スマート生け簀は，網をつるすためのブイに接続された水質センサ，水中ステレオカメラ，残餌検知部，及び給餌部で構成される。給餌部は，海中への餌の投入（以下，給餌という）を行う。残餌検知部は，養殖魚が食べ残して沈んでいく餌（以下，残餌という）を収集する集餌コーン及び残餌センサで構成される。給餌部は，残餌検知部で取得した残餌の量を用いて求めた食べた餌の重量，水質センサの計測データ（以下，水質データという），及び水中ステレオカメラで撮影された動画（以下，動画データという）をサーバに送信する。サーバは，蓄積したデータを基にAIで分析し，与える餌の重量（以下，給餌重量という），及び餌を与える日時（以下，給餌日時という）を決定し，給餌部に送信する。

〔給餌部の動作概要〕
(1) 給餌部は，定期的に動画データ及び水質データを受信してフラッシュメモリに保存する。保存した動画データ及び水質データをサーバに送信する。
(2) 給餌部は，給餌重量及び給餌日時をサーバから受信する。指示された給餌日時になると，給餌部は，給餌重量を基に，給餌を行う回数（以下，給餌予定回数という），1回当たりの餌の重量を求める。さらに，給餌の終了判断に用いるしきい値を決定し，次の動作を開始する。
・給餌部は，1回目の給餌を開始するとともに，残餌検知部を動作させる。
・残餌は，集餌コーンによって集められる。残餌センサは，通過する残餌を1個ずつカウントし，その値をカウント値とする。カウント方法は，アップカウントとする。
・給餌部は，5分間隔でカウント値を読み込み，単位時間当たりのカウント値（以下，Ct値という）を求める。Ct値がしきい値より少ないときは，養殖魚が餌を食べ続けていると判断する。Ct値がしきい値以上のときは，養殖魚が餌を食べなくなったと判断する。
・給餌部は，Ct値がしきい値より少ないときは，給餌予定回数に達するまで給餌を繰り返す。
・給餌予定回数に到達したとき，又はCt値がしきい値以上のとき，給餌を終了する。終了直前で読み込んだカウント値を，給餌終了時のカウント値とする。
・給餌部は，給餌を行った回数を基に，実際に給餌した餌の重量を求める。求めた値を用いて，食べた餌の重量を求める。ここで，給餌を行う1個の餌の重量は均一とする。
・給餌部は，食べた餌の重量をサーバに送信する。

〔サーバの動作概要〕
　サーバは，動画データを基に，養殖魚の大きさ・形状・推定個体数を抽出し，水質データと食べた餌の重量を併せて蓄積する。サーバは，蓄積したデータを基にAIで分析し，良質な養殖魚を育成する上で適した給餌重量及び給餌日時を決定して，給餌部に送信する。

〔装置の機能〕
　スマート生け簀の構成要素の概要を表1に示す。

表1　スマート生け簀の構成要素の概要

構成要素名	機能概要
給餌部	・給餌重量及び給餌日時をサーバから受信する。 ・給餌重量を基に，給餌予定回数，1回当たりの餌の重量を求める。 ・給餌の終了判断に用いるしきい値を決定し，給餌を行う。 ・動画データ及び水質データを受信すると，フラッシュメモリに保存し，サーバに送信する。 ・給餌終了時のカウント値を用いて，食べた餌の重量を求め，サーバに送信する。
残餌検知部	・集餌コーンで残餌を収集し，残餌センサのカウンタで残餌を1個ずつカウントする。
水中ステレオカメラ	・養殖魚を定期的に撮影し，動画データとして給餌部に送信する。
水質センサ	・水温，海中の酸素濃度，塩分濃度を計測し，水質データとして給餌部に送信する。
サーバ	・動画データを基に，養殖魚の大きさ・形状・推定個体数を抽出する。 ・水質データ，食べた餌の重量，及び養殖魚の大きさ・形状・推定個体数を蓄積する。 ・蓄積したデータを基にAIで分析し，給餌重量及び給餌日時を決定して給餌部に送信する。

給餌日時になったときの給餌処理フローを図3に示す。

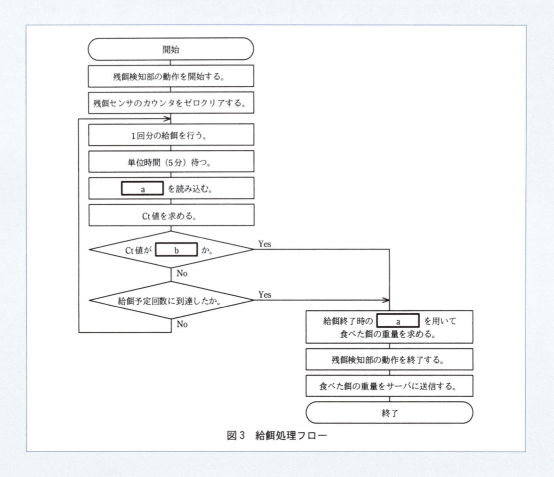

図3　給餌処理フロー

設問 1

スマート生け簀の動作について，(1)，(2) に答えよ。
(1) サーバは良質な養殖魚を育成するために，AIで分析を行って養殖魚を管理している。AIの分析に用いるデータ中には，水質データ，食べた餌の重量，養殖魚の大きさ・形状・推定個体数がある。これらのデータをサーバに蓄積するときに付加すべきデータを答えよ。
(2) 給餌部が給餌を開始してから，カウント値を読み込むまでに単位時間待つ必要がある。その理由を30字以内で述べよ。

設問 2

水中ステレオカメラの動画は，左右それぞれ20フレーム／秒であり，1フレームは800×600ピクセルの画素数で，1画素当たりのデータ長は24ビットである。1回当たり2分間の動画を撮影し，給餌部のフラッシュメモリに保存する。この動画データについて，(1)，(2) に答えよ。ここで，1Gバイト＝10^9バイトとする。
(1) 撮影1回当たりの動画データのサイズは，何Gバイトか。答えは小数第1位を四捨五入して，整数で求めよ。
(2) 動画データを給餌部のフラッシュメモリに保存するために，水中ステレオカメラ内で行う必要がある処理は何か。ここで，給餌部のフラッシュメモリの容量は2Gバイトとする。

給餌処理フローについて，(1)，(2)に答えよ。

(1) 図3中の[　a　]，[　b　]に入れる適切な字句を答えよ。

(2) 養殖魚が食べた餌の重量の算出方法について，次の式中の[　c　]～[　f　]に入れる最も適切な字句を解答群の中から選び，記号で答えよ。

食べた餌の重量＝（[　c　]×[　d　]）－（[　e　]×[　f　]）

解答群

ア Ct値

イ 1回当たりの餌の重量

ウ 1個の餌の重量

エ 給餌開始時のカウント値

オ 給餌終了時のカウント値

カ 給餌重量

キ 給餌予定回数

ク 給餌を行った回数

問7の ポイント ── IoTを利用した養殖システム

海上の生け簀で良質な養殖魚育成を行うためのIoTを活用した養殖システムの設計に関する出題です。センサや画像データ容量計算などを問われています。IoT活用養殖システ ム設計という内容は慣れていないかもしれませんが，出題内容は分かりやすく常識的なものと言えます。しっかり問題文を読んで，考えるようにしてください。

設問1の解説

□□□

● （1）について

問題文に，「AIの分析に用いるデータ中には，水質データ，食べた餌の重量，養殖魚の大きさ・形状・推定個体数がある」との記載があり，これらのデータを使って分析をすることが分かります。これらのデータは期間や経過日数などの切り口で分析する必要があります。このため，「日時」のデータが必要になります。

● （2）について

単位時間を待つ理由が問われています。図1のとおり，給餌部から残餌検知部までは距離があり，餌は給餌部を離れて残餌探知部に到着するまで一定の時間がかかります。したがって，「食べられなかった餌が残餌センサを通過するまで時間がかかるため」となります。

解答	(1) 日時 (2) 食べられなかった餌が残餌センサを通過するまで時間がかかるため（30文字）

設問2の解説

□□□

● （1）について

撮影1回当たりの動画データサイズ（Gバイト）を求めます。ステレオカメラなので左右があり，左右それぞれが下記の動画を撮影します。

- ・1秒当たり20フレーム
- ・1フレーム当たり800×600ピクセル
- ・1画素当たりのデータ長は3バイト
- ・1回当たり2分間撮影（＝120秒）

これらをすべて掛け合わせます。

```
 20×（800×600）×3×120×2
＝6,912,000,000（バイト）
＝6.912（Gバイト）
```

小数第一位を四捨五入して，7Gバイトと求まります。

● （2）について

動画データをフラッシュメモリに保存するために必要な処理を問われています。フラッシュメモリは2Gバイトなので，1回の撮影で7Gバイトになる動画データをそのまま収録することはできません。このため，動画データを圧縮する必要があります。

解答	（1）7Gバイト （2）動画データの圧縮

設問3の解説
□□□

● （1）について

・【空欄a】

〔給餌部の動作概要〕の（2）に，「給餌部は，5分間隔でカウント値を読み込み，単位時間当たりのカウント値（以下，Ct値という）を求める」とあります。図3の給餌処理フローを見ると，そのまま【空欄a】の前後の処理になっています。したがって，読み込むのは「カウント値」です。

・【空欄b】

【空欄b】とその下の「給餌予定回数に到達し たか」を判断した結果，Yesの場合は処理を終了しています。終了の判断は〔給餌部の動作概要〕の（2）にて，「給餌予定回数に到達したとき，又はCt値がしきい値以下のとき，給餌を終了する」とあるので，【空欄b】ではCt値が「しきい値以上」か，が入ります。

● （2）について

食べた餌の重量を求める計算式を問われています。食べた餌は，投入した餌の重量から，食べなかった餌の重量を減算することで算出できます。

・【空欄c，d】

投入した餌の重量を求めています。解答群の中では，「給餌を行った回数（**ク**）」×「1回当たりの餌の重量（**イ**）」で計算できます。

・【空欄e，f】

残った餌の重量を求めます。これは，「1個の餌の重量（**ウ**）」×食べなかった餌の個数で計算できます。このシステムでは「残餌センサのカウンタで残餌を1個ずつカウント」（表1）していることから，「給餌終了時のカウント値（**オ**）」が食べなかった餌の個数となります。

解答	（1）a：カウント値 　　　b：しきい値以上 （2）c：イ　　　d：ク（c，d順不同） 　　　e：ウ　　　f：オ（e，f順不同）

問8　データ中心設計に関する次の記述を読んで，設問1〜4に答えよ。

X社は，30店舗をもつスーパーマーケットチェーンである。X社の店舗は，地域の顧客ニーズに合わせた商品選定，販売戦略によって，売上げを伸ばしている。

X社では，Webサイトで購入した商品を自宅に配送するサービス（以下，ネットスーパーという）を3年前から開始している。近年，他社も同様のサービスを開始し，競争が加熱している。

X社のネットスーパーを支える情報システム（以下，現行システムという）は，システム機能の追加や変更（以下，機能変更という）が多く，ソフトウェアが肥大化，複雑化している。そこで，X社では，顧客や店舗スタッフからの機能変更の要求に迅速に対応することを目的に，新しいネットスーパーシステム（以下，新システムという）を構築することにした。新システムの開発は，システム部門のY君が担当することになった。

〔システム設計方法の調査〕

Y君は，機能変更を繰り返しても，ソフトウェアの構造が複雑になりにくく，変更容易性の高いシステムが構築可能なデータ中心設計について調査した。

X社がこれまで採用してきた　　　a　　　中心設計は，データの設計に先行して機能を設計し，機

能に合わせて必要なデータを設計する手法である。この手法を用いると，業務要件が変わると機能もデータも変更が必要となる。

　一方で，データ中心設計は，データの構造は機能と比較して変わりにくいという点に注目し，機能の設計に先行してデータの設計を行う手法である。データを中心に設計することで，機能変更時にもデータの変更を少なくできる。

〔現行システム機能の調査〕
　Y君は，現行システムの三つの機能と機能変更の頻度について調査した。
(1) 顧客管理機能
　　顧客情報を登録，更新するための機能。顧客には，顧客種別として，個人顧客と法人顧客があり，個人顧客には一般個人顧客とX社電子マネーをもつ会員個人顧客がある。この機能は，過去3年間に顧客種別の追加に関する機能変更が1回だけあった。
(2) 商品表示機能
　　顧客へ商品を表示する機能。商品には，商品種別として，通常商品のほか，通常商品を束ねたセット商品，特売商品，タイムセール商品，事前に予約することによって通常商品を割引価格で購入できる事前予約商品，及び顧客の購入履歴から算出したお勧め商品がある。商品種別ごとに画面の表示方法が異なる。この機能は，顧客にX社のネットスーパーを選択してもらうための重要な機能であり，商品種別の追加に関する機能変更が多い。
(3) 購入機能
　　顧客が商品を購入し，料金を支払う機能。料金支払には，X社電子マネー，クレジットカード，銀行振込，3種類の他社の電子マネーが利用できる。この機能への機能変更は多くない。

〔概念データモデルの設計〕
　Y君は，現行システム機能の調査及び現行システムの関係者に対するヒアリングを行い，新システムが管理するデータの概念データモデルを設計した。図1にY君が設計した概念データモデル（抜粋）を示す。

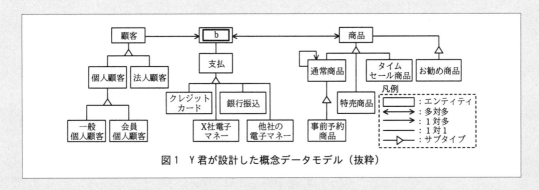

図1　Y君が設計した概念データモデル（抜粋）

　この概念データモデルのうち，通常商品と事前予約商品は　　c　　関係，通常商品とお勧め商品は　　d　　関係である。

〔顧客管理機能の設計〕
　Y君は，顧客管理機能については，システム性能に重点を置きつつ，顧客管理機能への変更が他機能に与える影響を小さくする設計とした。図2にY君が設計した顧客管理機能の論理テーブルとソフトウェアのクラス図（抜粋）を示す。

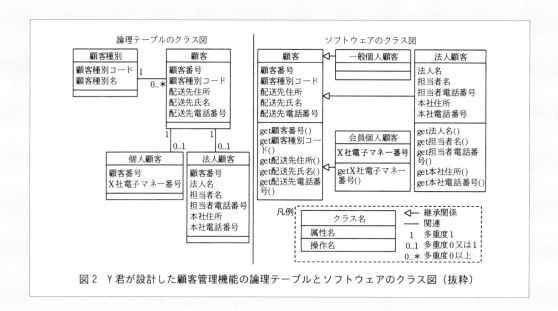

図2 Y君が設計した顧客管理機能の論理テーブルとソフトウェアのクラス図（抜粋）

　　Y君は，顧客管理機能の論理テーブルとして，①顧客種別，顧客，個人顧客，法人顧客の四つのテーブルを設計した。また，ソフトウェアの設計として，②ソフトウェアの肥大化を防止するために顧客クラスを定義し，顧客クラスを継承するクラスとして一般個人顧客，会員個人顧客，法人顧客の三つのクラスを設計した。

〔商品表示機能の設計〕

　　Y君は，商品表示機能は機能変更の頻度が高いことを考慮し，システム性能よりも変更容易性に重点をおいた設計とした。図3にY君が設計した商品表示機能の論理テーブルとソフトウェアのクラス図（抜粋）を示す。

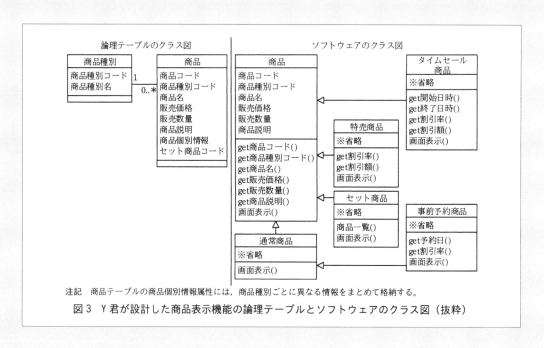

注記　商品テーブルの商品個別情報属性には，商品種別ごとに異なる情報をまとめて格納する。

図3 Y君が設計した商品表示機能の論理テーブルとソフトウェアのクラス図（抜粋）

　　Y君は，商品表示機能の論理テーブルとして，③特売商品テーブル，セット商品テーブルなど商品種別ごとに多数のテーブルを作成するのではなく，商品種別と商品の二つのテーブルを作成し，

運用環境へのリリース時の作業量を低減する設計とした。また，ソフトウェア設計としては商品クラスを定義するとともに，④商品種別ごとに個別のクラスを設計した。

その後Y君は，新システムの設計及び構築を完了させ，X社は新システムを用いたネットスーパーのサービスを開始した。

設問 1

本文中の ☐ a ☐ に入れる，データ中心設計と対比される適切な字句を答えよ。

設問 2

〔概念データモデルの設計〕について，(1) ～ (3) に答えよ。
(1) 図1中の ☐ b ☐ に入れる適切な字句を〔現行システム機能の調査〕内の字句を使って答えよ。
(2) 図1中の通常商品を始点とし通常商品を終点とする1対多の関連は何を意味するか〔現行システム機能の調査〕内の字句を使って答えよ。
(3) 本文中の ☐ c ☐ ， ☐ d ☐ に入れる適切な字句を，解答群の中から選び，記号で答えよ。

解答群
  ア 共存　　　　　**イ** 排他　　　　　**ウ** 包含

設問 3

〔顧客管理機能の設計〕について，(1)，(2) に答えよ。
(1) 本文中の下線①について，一般個人顧客と会員個人顧客を二つのテーブルに分けるのではなく個人顧客というテーブルとした理由として，ふさわしくないものを解答群の中から選び，記号で答えよ。

解答群
  ア 一般個人顧客と会員個人顧客で属性に大きな差がないから
  イ 顧客種別には，多くの変更が入らないことが予想されるから
  ウ テーブルへの列追加時に顧客管理機能のソフトウェアの影響調査の範囲が小さくなるから
  エ 販売実績の集計などを行う場合に，二つのテーブルではテーブル結合が多くなり，データベースサーバの負荷が大きいから

(2) 本文中の下線②について，顧客クラスを定義することでソフトウェアの肥大化が防止できるのはなぜか，30字以内で述べよ。

設問 4

〔商品表示機能の設計〕について，(1)，(2) に答えよ。
(1) 本文中の下線③の設計とすることで，商品種別を追加した際に，運用環境へのリリース時にどのような作業を低減できるか，20字以内で述べよ。
(2) 本文中の下線④について，Y君が商品種別ごとにクラスを定義した理由を，商品表示機能の特徴の観点から20字以内で述べよ。

データ中心設計

スーパーマーケットチェーンのネットスーパー業務に関するデータ中心設計がテーマです。この問題では，概念データモデル，クラス図，多重度，関連，継承関係といった，データ中心設計の専門的な用語の知識が必要となります。今まで身に着けた知識を駆使し，問題をしっかり読んで取りこぼしのないようにしてください。

設問1の解説

□□□

・【空欄a】

用語の知識を問う問題です。データの設計に先行して機能を設計し，機能に合わせて必要なデータを設計する，というのは「プロセス」中心設計の説明です。

データ中心設計とプロセス中心設計

データ中心設計とは，データの構造が機能やプロセスと比較して変更されにくいという点に着目して，データの設計を先行して行う手法のこと。機能やプロセスに変更が加わっても，データはその影響を受けないように設計できるという考え方。

対語としてプロセス中心設計がある。プロセスは変更が多いため，プロセスベースで設計を行うと機能やデータが個別最適になり，業務変更の影響を受けやすくなるという考え方。

解答	a：プロセス

設問2の解説

□□□

● （1）について

・【空欄b】

〔現行システム機能の調査〕には，現行システムの3つの機能として，顧客管理機能，商品表示機能，購入機能が挙げられています。このうち，図1には「顧客」「商品」がすでにあるので，ここには「購入」が入ります。

● （2）について

通常商品の1対多の関係は，通常商品をまとめた商品と考えられます。〔現行システム機能の調査〕内から探すと，（2）に「通常商品を束ねたセット商品」との記載があり，これが該当します。

● （3）について

・【空欄c】

事前予約商品は通常商品を事前予約して割引販売するので，通常商品とは「包含関係」と言えます。

・【空欄d】

通常商品とお勧め商品は独立した別の商品の概念なので，「共存」関係となります。

解答	(1) b：購入
	(2) セット商品
	(3) c：ウ　　d：ア

設問3の解説

□□□

● （1）について

一般個人顧客と会員個人顧客の属性の違いは電子マネーの有無だけです。同じような属性をもつテーブルを複数に分けると，列の変更，削除時に作業労力が高くなりますし，両方の顧客のレコードを取得する際には結合が発生して処理効率が悪くなります。したがってア工はふさわしい記述です。

イは，修正の可能性があるならテーブルを分けておくほうが望ましいのですが，問題文に「システム性能に重点を置きつつ」という表現があることから，今回はふさわしいといえます。

ウは，例えば片方用に列を追加した場合でも，影響はそのテーブルを利用する両方に及ぶため，調査が必要な範囲は広くなります。したがって，ウがふさわしくありません。

● （2）について
　この業務では，個人顧客，会員顧客，法人顧客など，顧客の種類が複数あるものの，属性データと操作は同じです。これを一元管理するために，顧客クラスを定義しています。

解答	（1）　イ （2）　共通する属性と操作を顧客クラスに定義し共有できるため（26文字）

設問4の解説
□□□

● （1）について
　商品種別ごとに専用の別テーブルを作ると，新しい商品種別が追加された際に新しいテーブルを追加する作業が発生してしまいます。このような作業を低減できます。

● （2）について
　〔現行システム機能の調査〕の（2）に「商品種別ごとに表示方法が異なる。～商品種別の追加に関する機能変更が多い」との記載がありますので，これが理由になります。

解答	（1）　追加する商品種別テーブルを作成する作業（19文字） （2）　商品種別によって表示方法が異なるから（18文字）

問9　家電メーカでのアジャイル開発に関する次の記述を読んで，設問1～3に答えよ。

　P社は，中堅の家電メーカである。従来，家電量販店を通じた拡大戦略で事業を伸ばしてきたが，ここ数年の競争激化によって収益性が急速に悪化している。そこで，P社は，ビジネスモデルを，家電量販店を通じた間接販売から，顧客となる消費者へ直接販売するインターネット販売へ転換する戦略を打ち出した。これを受けて，消費者向けのシステムの整備が急務となり，CDO（Chief Digital Officer）は，インターネット販売システム開発プロジェクト（以下，本プロジェクトという）を発足させた。

〔本プロジェクトの計画〕
(1) 本プロジェクトの目的
　・インターネット販売は競合相手が多く，インターネット販売システムへの要求が満たされないと顧客は簡単に競合相手に移ってしまうので，P社として，顧客からの要求に対して，競合相手と比べてより迅速に対応できるようにする。
　・これまで一部のプロジェクトだけで用いていたスクラムによるアジャイル開発を採用し，今後同社での利用を拡大させていく端緒とする。
(2) 本プロジェクトの方針
　・P社にはスクラムの経験者が少ない。そこで試行開発の段階を設けて，スクラム開発の理解を深め，スクラムの開発要員を育成し，プロセスを確立しながら本プロジェクトを遂行する。
　・試行開発を経て，本格的なスクラム開発の人材を確保し，顧客からの要求に迅速に対応できるようにする。
(3) 本プロジェクトのスコープ
　・インターネット販売システムは，Webストア，モバイルアプリケーションソフトウェア（以下，モバイルアプリという）及びSNSの三つのサブシステムから構成される。Webストアから開発に着手することにして，これを試行開発と位置付ける。
　・Webストアのプロダクトバックログアイテムのうち，本プロジェクトの開始時点で洗い出した要件をユーザストーリの形式で記述して，開発の規模，難易度，複雑さなどによる開発作業の量（以下，サイズという）と優先順位で分類し，ストーリポイントを算出した。Webストアのユーザストーリ数と，サイズごとのストーリポイントの合計を表1に示す。

表1　Webストアのユーザストーリ数とサイズごとのストーリポイントの合計

サイズ[1]	ユーザストーリ数				ストーリポイント[3]の合計
	優先順位[2]A	優先順位B	優先順位C	合計	
小	9	0	4	13	26
中	7	0	4	11	33
大	2	1	5	8	40
合計	18	1	13	32	99

注[1]　ユーザストーリをサイズに応じて小，中，大の三つに分類する。
注[2]　優先順位は高い順に A，B，C で表す。プロダクトバックログアイテムをスプリントバックログに割り当てるときに，この優先順位を厳守するものとする。
注[3]　ユーザストーリには，サイズに応じて小に 2，中に 3，大に 5 のポイント（以下，pt という）を付与して，これをストーリポイントとする。

(4)　本プロジェクトの体制
　　本プロジェクトの体制を表2に示す。

表2　本プロジェクトの体制

チーム	役割	役割の説明	担当者名	担当者の開発経験	所属・職位
スクラムチーム	プロダクトオーナ	a	R氏	・システム開発プロジェクトの経験はあるが，アジャイル開発プロジェクトは初めてである。	営業部門・課長
	スクラムマスタ	・スクラムの実施方法を計画・助言する。 ・必要に応じてプロジェクトの関係者とのコラボレーションを促進する。	S氏	・システム開発プロジェクトの経験は豊富で，スクラムによるアジャイル開発プロジェクトを多く経験している。	情報システム部門・主任
	開発チーム	・スプリントの計画を作成する。 ・実際の開発作業に携わる。	（略）	・情報システム部門と営業部門の混成で，専任 8 名をアサインする。8 名のうち，3 名はスクラムによるアジャイル開発プロジェクトを経験している。	情報システム部門及び営業部門・スタッフ
ユーザチーム	ユーザチーム代表	・顧客からの要求を調査・調整するユーザチームの代表	T氏	・アジャイル開発プロジェクトに参加した経験はない。 ・競合相手の状況や顧客の要求などを把握している。	マーケティング部門・課長
（以下，省略）					

　①開発チームは，まずは全メンバでWebストアの開発チームを編成し，Webストアの開発の完了後に，モバイルアプリの開発チームとSNSの開発チームを編成することとする。

〔本プロジェクトの実行と管理〕
　スクラムチームは，本プロジェクトを次のように進めることになった。
(1)　スケジュールとその管理方法
　・競合相手のWebストアは，1年に1～2回程度のリリースであるのに対して，P社のWebストアは，②リリースのサイクルを3か月に1回とした。
　・Webストアのリリースは，リリース1とリリース2から成る。プロダクトバックログアイテムは優先順位によって次の計画でリリースする。
　　・優先順位A…リリース1
　　・優先順位B…リリース1　ただし，今後の進捗状況でリリース2でも可
　　・優先順位C…リリース2
　・リリース内では一連のスプリントを繰り返し実施し，各スプリントはS-01，S-02というように

連番を付けて表す。
- スプリントは2週間を1単位とする。
- 本プロジェクトの進捗状況が計画からどのくらい離れているのかを管理するために，横軸に時間，縦軸にストーリポイントを割り当て，残りのストーリポイントを折れ線グラフで示す　　b　　を用いることにした。

(2) スプリントバックログの対応実績
- Webストアのスプリントバックログ対応実績集計表（S-04終了時点）を表3に示す。

表3　Webストアのスプリントバックログ対応実績集計表（S-04終了時点）

サイズ	リリース1							リリース2
	S-01	S-02	S-03	S-04	S-05	S-06	合計	S-07〜S-12
小	A 2個			A 2個			4個	
	4pt			4pt			8pt	
中	A 2個	A 1個	A 3個				6個	
	6pt	3pt	9pt				18pt	
大		A 1個		A 1個			2個	
		5pt		5pt			10pt	
合計	4個	2個	3個	3個			12個	
	10pt	8pt	9pt	9pt			36pt	

注記1　サイズ別の各スプリントバックログの上段は，優先順位別のユーザストーリ数を表す。下段は，ユーザストーリのptを表す。合計行は終了したスプリントのユーザストーリ数及びptの合計を表す。

注記2　サイズ，優先順位，ptの意味は表1の注を参照すること。

(3) プロダクトバックログアイテムの追加依頼

S-04の途中で，T氏とR氏の間で次の会話が交わされていた。

T氏：重要な新規要件を優先順位Aとして追加することがビジネス上必須となった。

R氏：その要件が重要なことは理解したが，サイズ大のプロダクトバックログアイテム1個を新規追加することになるので，リリース1でリリースする計画のプロダクトバックログアイテムを見直すことになる。

T氏：アジャイル開発なので，要件の柔軟な追加や変更ができると思っていた。新規追加のプロダクトバックログアイテムは優先順位Aなので，これは必ずリリース1に入れてほしい。その上で，アジャイルの作業生産性は高いはずだから，計画したプロダクトバックログアイテムも全てリリース1に入れられるのではないか。

R氏：依頼については理解したが，リリース1でリリースするプロダクトバックログアイテムの見直しは不可避だ。

T氏：納得できないので，別途調整させてほしい。別件だが，機能的に重複するところがある類似の要件を，今後数件追加させてもらう可能性が高い。

R氏：了解した。その件については，プログラムの外部から見た動作を変えずにソースコードの内部構造を整理する　　c　　を実施することで，今後の拡張性・柔軟性を高めたいと思う。

〔プロセスの確立と実施〕

(1) S-04終了時のレトロスペクティブ
- 開発チームは，人，関係，プロセス及びツールの観点からS-04のレトロスペクティブを実施し，うまくいった項目とうまくいかなかった項目を特定・整理した。
- 開発チームは，S氏の助言を得て，③R氏とT氏との今回のプロダクトバックログアイテムの追加依頼の会話を踏まえて，関係者間でのプロセスの確立について検討することにした。
- R氏は，S氏の支援のもと，アジャイル開発は作業生産性の向上を目的とするものではないことをT氏に認識してもらうことにした。

(2) S-05開始時のスプリントプランニング
・S-05, S-06及びリリース2のベロシティとして, S-01〜S-04の各スプリントで測定したベロシティの平均値を用いる。
・R氏は, 確立したプロセスに則って調整した結果, リリース1については, T氏依頼のプロダクトバックログアイテム1個を新規追加した上で, 優先順位Aのプロダクトバックログアイテムのリリース日を守り, リリース2については, 残りの全てのプロダクトバックログアイテムをリリース日までに完了することでT氏と合意した。このとき, リリース2で対応予定のストーリポイントは   d   ptとなり, ベロシティ上の問題はない。

設問 1

〔本プロジェクトの計画〕について, (1), (2) に答えよ。
(1) 表2中の   a   に入れる最も適切な字句を解答群の中から選び, 記号で答えよ。

解答群

ア S-04におけるスプリントバックログを作成する。
イ ガントチャートで本プロジェクトのスケジュールを管理する。
ウ 情報システム部門へのスクラムの導入を指導, トレーニング及びコーチングする。
エ 本プロジェクトのプロダクトバックログアイテムを作成・管理する。

(2) 本文中の下線①の体制とした狙いは何か。本プロジェクトの方針に沿った人材育成の観点から, 40字以内で述べよ。

設問 2

〔本プロジェクトの実行と管理〕について, (1), (2) に答えよ。
(1) 本文中の下線②の狙いは何か。顧客の特性を考慮し, 30字以内で述べよ。
(2) 本文中の   b   ,   c   に入れる適切な字句を解答群の中から選び, 記号で答えよ。

解答群

ア アーンドバリュー イ アローダイアグラム
ウ インクリメンタル エ スパイラル
オ バーンダウンチャート カ プロトタイピング
キ マイルストーン ク リファクタリング

設問 3

〔プロセスの確立と実施〕について, (1), (2) に答えよ。
(1) 本文中の下線③について, 誰とどのようなプロセスを確立しておくべきか。40字以内で述べよ。
(2) 本文中の   d   に入れる適切な数値を整数で答えよ。

アジャイル開発の開発計画

システム開発の現場でアジャイル開発が増えてきました。応用情報技術者の試験でも，今後もアジャイル開発に関する出題はしばらく続くと予想されます。アジャイル開発ではスクラム，イテレーション，スプリントな

ど，他の開発形態と異なる専門用語が使われることから，混同しないように注意が必要です。当然，アジャイル開発の流れを簡単に押さえておくことも大切です。

設問1の解説
□□□

● （1）について
・【空欄a】
　解答群の各選択肢に対して，誰の役割なのかを検討します。

ア：スプリントバックログとは，スプリント期間中における開発タスクを詳細に分解したToDoリストです。表2で示されているように，スプリントの計画は開発チームの役割です。

イ：アジャイル開発ではガントチャートを使用しません。ガントチャートはウォーターフォール開発で使われます。

ウ：アジャイル開発経験のないR氏に，スクラム導入の指導やトレーニング，コーチングはできません。表2で示されているように，スクラムの実施方法を計画・助言するのは，スクラムマスタの役割です。

エ：プロダクトバックログとは，プロジェクト全体に必要なタスクを優先順位をつけてリスト化したものです。プロダクトオーナの役割です。

● （2）について
　〔本プロジェクトの計画〕の（2）本プロジェクトの方針に，人材育成について次のような記述があります。

> ・試行開発の段階を設けて，スクラム開発の理解を深め，スクラムの開発要員を育成し，プロセスを確立しながら本プロジェクトを遂行する。
> ・試行開発を経て，本格的なスクラム開発の人材を確保し，顧客からの要求に迅速に対応できるようにする。

下線①をこの記述に当てはめて検討します。まずは全メンバでWebストアの開発を行うのは，Webストアの開発を試行開発と位置づけて，スクラムの開発要員を育成するためと考えられます。

解答	(1) a：**エ** (2) Webストアの開発を試行開発と位置づけて，スクラムの開発要員を育成するため（37文字）

設問2の解説
□□□

● （1）について
　〔本プロジェクトの計画〕の（1）本プロジェクトの目的に，次の記述があります。

> ・インターネット販売は競合相手が多く，インターネット販売システムへの要求が満たされないと顧客は簡単に競合相手に移ってしまうので，P社として，顧客からの要求に対して，競合相手と比べてより迅速に対応できるようにする。

　顧客の特性を表している説明に相当しますので，30字以内に収まるよう，この部分を要約して解答します。

● （2）について
・【空欄b，c】
　解答群のそれぞれの字句の意味は以下のとおりです。

字句	意味
アーンドバリュー	コストとスケジュール双方の観点から，プロジェクトの進捗状況を定量的に把握する手法
アローダイアグラム	作業の流れと，それぞれの作業にかかる日数とを図で表したもの
インクリメンタル（インクリメンタルモデル）	要求された機能を分割し，機能ごとに順次開発し，リリースしていく開発モデル
スパイラル（スパイラルモデル）	ウォーターフォール開発を細かく繰り返すことで完成形へ近づけていく開発モデル
バーンダウンチャート	時間と残作業量との関係をグラフ化し，プロジェクトの進捗状況を定量的に把握する手法
プロトタイピング	開発の初期段階で試作品を作成し，ユーザ要求の確認に利用する開発手法
マイルストーン	プロジェクトの進捗上における中間目標地点
リファクタリング	ソフトウェアの動作を変えることなく，プログラムの内部構造を整理し改善すること

【空欄b】は，時間と残作業量（ストーリポイント）を折れ線グラフで示すものなので，バーンダウンチャートが入ります。

【空欄c】は，プログラムの動作を変えずにソースコードの内部構造を整理するものなので，リファクタリングが入ります。

解答	(1) 競合相手より迅速に顧客の要求に対応することで顧客離れを防ぐ（29文字） (2) b：**オ**　　c：**ク**

設問3の解説

● （1）について

〔本プロジェクトの実行と管理〕のプロダクトバックログアイテムの追加依頼では，ユーザチーム代表であるT氏から重要な新規要件の追加要求がきています。しかも，計画したプロダクトバックログアイテムも全てリリース1に入れるのが前提で，プロダクトバックログアイテムの見直しには納得できないと主張しています。

これは新規要件の追加時のプロダクトバックロ

グアイテムの見直しのプロセスがプロダクトオーナとユーザチームとの間で確立されていないため，押し問答になったと考えられます。

下線③は開発チームが主語であるため，プロダクトオーナとの間でこのプロセスを調整しなければいけません。

● （2）について

ベロシティとは，開発チームが作業を進められる速度のことです。表3から，S-01のベロシティは10pt，S-02のベロシティは8pt，……となります。

S-05以降のベロシティは，S-01〜S-04の各スプリントで測定したベロシティの平均値を用いることから，

> ・ベロシティの平均値
> 　36pt÷4スプリント＝9pt

です。

一方，Webストア全体のストーリポイントは，表1から99ptとわかりますが，これに新規要件を追加する必要があります。新規要件は，サイズ大のプロダクトバックログアイテム1個なので，5ptの追加になります。

また，すでにS-04までの開発で36ptであることから，S-05以降のストーリポイントの合計は，下記のようになります。

> ・S-05以降のストーリポイント
> 　99＋5−36＝68pt

S-05，S-06でそれぞれベロシティの平均値である9ptが想定されるため，リリース2で対応予定のストーリポイントは，

> ・リリース2のストーリポイント
> 　68−9×2＝50pt

と求まります。

・別解

リリース2については残り（優先順位A以外）の全てのプロダクトバックログアイテムを完了させると書かれていることから，表1をもとに，優先順位BとCのストーリポイントの合計を計算す

る方法でも求めることができます。

・リリース2のストーリポイント（各サイズごとのストーリポイントの合計）
　＝（0+4）×2+（0+4）×3+（1+5）×5
　＝50pt

解答	(1) プロダクトオーナと新規要件の追加時のプロダクトバックログアイテムの見直し（36文字） (2) 50pt

問 10

変更管理に関する次の記述を読んで，設問1〜3に答えよ。

　B社は，中堅の物流企業である。B社のシステム部は，物流管理システムを開発・保守・運用している。物流管理システムは，物流管理サービスとして，B社のサービス利用部署に提供されている。物流管理サービスは，週1回設けているサービス停止時間帯以外であれば，休日，夜間も利用可能である。近年，事業の拡大に伴い，物流管理サービスへの変更要求（以下，RFCという）の件数が増加し，変更管理に関する問題が顕在化してきた。

〔変更管理の現状〕
　システム部では，RFCに基づいて，物流管理サービスの変更を行っている。変更を適用するリリースを稼働環境に展開する作業（以下，展開作業という）は，サービス停止時間帯に行われる。RFCは，事業環境の変化などに対応する適応保守と不具合の修正などの是正保守に大別される。適応保守には，売上げや利益を改善するための修正や法規制対応などが含まれる。変更の費用は，変更管理部署であるシステム部が一旦負担し，その費用をB社の全部署に人数割りで配賦している。
　現在顕在化している変更管理に関する主な問題点は，次のとおりである。
(1) RFCの依頼者は，決められた書式の文書を電子メールに添付してシステム部の変更管理担当に提出する。RFCの依頼者は，依頼部署の上司を写し受信者として，電子メールで提出すればよいので，依頼者の個人的な見解に基づくRFCもある。
(2) 適応保守のうち，法規制対応のRFCは，RFCの依頼者が法規制の施行に基づいて設定した実施希望日に変更が実施されるが，法規制対応以外のRFCは，RFCを受け付けた順に対応しており，システム部の要員の稼働状況によって変更実施日が決められる。RFC件数の増加によって，システム部の要員はひっ迫しており，重要なRFCの変更実施日がRFCの実施希望日を過ぎてしまう場合があって，依頼者からクレームが発生している。
(3) 展開作業の計画が不十分であったり，展開作業中に障害が発生したりするなどの要因で，予定時間内に展開作業が完了しない場合がある。また，展開作業が予定時間に完了しない場合を想定しておらず，終了予定時刻を超過しても展開作業を継続し，サービス開始を遅延させてしまうことがある。
(4) 経営層からは，変更管理について次の指示が出ているが，対応できていない。
　(a) 変更決定者を定め，売上げや利益を改善するための修正は，ROIを考慮してRFCの承認を行うこと。
　(b) 変更の費用は，変更の実施によって利益を受ける受益者が負担すること。その場合，関係する部署でRFCを協議して，費用の取扱いを決定すること。
　(c) 変更実施後の実現効果を利害関係者と確認し，必要に応じて利害関係者と合意した処置をとること。

〔変更管理プロセスの手順案の作成〕
　システム部のC部長は，変更管理の問題点を解決するため，システムの保守・運用の管理を担当しているD課長に，変更管理の改善に着手するよう指示した。D課長は，表1に示す変更管理プロ

セスの手順案を作成した。

表1　変更管理プロセスの手順案

手順	内容
RFCの提出	・変更依頼者は，RFCの内容を取りまとめて，①自部署の部長の承認を得た後，変更管理マネージャに提出する。 ・変更管理マネージャは，D課長が担当する。
RFCの受付	・変更管理マネージャは，受け付けたRFCにRFC番号を割り当てる。 ・変更管理マネージャは，表2の優先度割当表の内容に従って優先度を割り当てる。
RFCの評価	変更決定者が招集する，指名された代表で組織する変更諮問委員会（以下，CABという）が，変更の影響について助言する。 ・CABの構成メンバ（以下，CAB要員という）は，変更管理マネージャ，RFCを提出した依頼者，依頼部署の部長，開発担当者，及び運用担当者である。 ・CABは適宜開催する。 ・変更管理マネージャは，CAB要員にRFCの内容を事前に送付し，CABの開催を通知する。 ・システム部は，RFCの優先度と実施希望日を考慮して，RFCの承認に必要となる　　a　　を作成する。

表1　変更管理プロセスの手順案（続き）

手順	内容
RFCの承認	RFCの承認及び差戻しは，変更決定者が決定権限をもつ。変更決定者の役割は次のとおりである。 ・RFCの受付で設定した優先度が妥当かを判断する。 ・CABに出席し，CAB要員による評価を考慮して，RFCの承認及び差戻しを決定する。 ・RFCの承認及び差戻しの判断基準には，ROIと実現可能性を考慮する。 変更決定者は，C部長が担当する。 RFCが承認された場合は，変更の実施を行う。承認されない場合は，RFCの依頼者にRFCを差し戻し，クローズする。
変更の実施	システム部の担当者が，変更を実施する。 ・承認された変更の詳細計画を作成し，開発（構築）及び試験する。 ・試験された変更を，稼働環境に展開する。
クローズ	変更管理マネージャは変更の実施を確認して，問題がなければRFCをクローズする。

表2　優先度割当表

優先度	内容	件数割合
高	多くのサービス利用者に対して影響を与えるRFC，又は緊急性が高いRFC	20%
低	優先度"高"以外のRFC	80%

〔C部長の指摘〕
　D課長は，C部長に変更管理プロセスの手順案を説明したところ，次の指摘を受けた。
(1) 適応保守の中には，②ROIと実現可能性だけで判断すべきではないRFCもあるので，RFCの承認及び差戻しの意思決定には，この点も考慮すること。
(2) 経営層からの指示に基づき，③変更の費用の費用負担方法を変更すること。これに伴い，CAB要員として必ず　　b　　を参加させること。
(3) 変更管理プロセスの手順案では，変更決定者は自身が務めることになっているが，RFC件数が

増加傾向にあるので，迅速な意思決定ができる仕組みを構築し，自身は優先度の高いRFCの意思決定に専念できるようにすること。

(4) 現状，"展開作業がサービス停止時間帯内に完了しない事例"が発生している。変更管理プロセスの手順案の　　a　　では，サービス開始を遅延させないための④展開作業時に実施する可能性のある作業を計画すること。

(5) 変更を実施した後に，⑤変更実施後のレビュー（以下，PIRという）を行い，変更の有効性をレビューすること。PIRの実施時期については，RFCの承認の際に決定すること。

(6) 現状の変更管理の問題点が解決されたかを確認するために，変更管理プロセスを評価するKPIを設定すること。KPIは，依頼者からのクレームが減ったことが確認できるものとすること。

〔変更管理プロセスの手順案の修正〕
　D課長は，C部長の指摘に漏れなく対応するように，変更管理プロセスの手順案を修正した。そのうち，迅速な意思決定に関する修正，及びKPIの設定は次のとおりである。

(1) 迅速な意思決定については，表2に示す優先度が"低"のRFCの承認及び差戻しの決定は，　　c　　とする。

(2) 変更管理プロセスを評価するKPIとして，次の（a）～（c）を設定する。
　(a) 失敗した展開作業数の削減率
　(b) 変更に起因するインシデント数の削減率
　(c) 実施希望日どおりに変更が実施できたRFCの割合の増加率

設問 1

〔変更管理プロセスの手順案の作成〕について，(1)，(2) に答えよ。

(1) 表1中の下線①の狙いを，25字以内で答えよ。
(2) 表1中の　　a　　に入れる適切な字句を解答群の中から選び，記号で答えよ。

解答群

　ア　エスカレーションフロー　　　　イ　サービスカタログ
　ウ　トレーニング資料　　　　　　　エ　変更スケジュール

設問 2

〔C部長の指摘〕について，(1)～(4) に答えよ。

(1) 本文中の下線②について，該当するRFCを本文中の字句を用いて，10字以内で答えよ。
(2) 本文中の下線③の費用負担方法について，現在の方法をどのように変更するのか。変更前と変更後の方法を含めて，40字以内で述べよ。また，本文中の　　b　　に入れる適切な字句を解答群の中から選び，記号で答えよ。

解答群

　ア　インフラ構築担当者
　イ　サービスデスク要員
　ウ　変更の実施によって利益を受ける部署の代表者
　エ　変更の内容に応じた専門技術をもつシステム部員

(3) 本文中の下線④の内容を，20字以内で答えよ。
(4) 本文中の下線⑤で実施するPIRの目的として，経営層からの指示を踏まえ，最も適切な内容を解答群の中から選び，記号で答えよ。

解答群

ア 変更による実現効果を利害関係者と確認するため

イ 変更の作業を通じて要員の育成が行われたかを確認するため

ウ 変更の実施に伴うインシデントが発生していないかを確認するため

エ 変更の詳細計画どおりに変更の実施が行われたかを確認するため

設問 3

〔変更管理プロセスの手順案の修正〕について，本文中の ［　c　］ に入れる適切な修正内容を30字以内で答えよ。

問10のポイント　変更管理プロセスの問題点の改善

　現状の変更管理プロセスと，そのプロセスの改善案，改善案に対する指摘事項が挙げられています。それぞれの問題点が改善案，指摘事項でどのように変わろうとしているのか，頭の中でしっかりと整理してから問題に取り組む必要があります。

　一部の設問以外は，解答となるキーワードが問題文のどこかに隠れていますので，時間をかけずに確実に見つけてください。

設問1の解説

□□□

● （1）について

　〔変更管理の現状〕として，「依頼部署の上司を写し受信者として，電子メールで提出すればよいので，依頼者の個人的な見解に基づくRFCもある。」と書かれています。部署としての見解に反するRFCがあった場合には，事前に提出させない仕組みを用意しないと，変更管理担当の業務が大変になることから，下線①のような手順案を作成したと考えられます。

● （2）について

・【空欄a】

　解答群のそれぞれの字句の意味は以下のとおりです。

字句	意味
エスカレーションフロー	インシデントが発生し，エスカレーションが行われるまでの流れを図に表した資料。
サービスカタログ	ITサービスの利用者に対して，現状どのようなITサービスが存在し，利用できるのかを表した資料。
トレーニング資料	ITサービスをユーザが利用するにあたり，運用手順などをまとめた資料。
変更スケジュール	リリースされる変更機能の概要とその時期を明記した資料。

　表1の【空欄a】では，前後の文章からRFCの優先度と実施希望日が関係することがわかります。解答群の中では「変更スケジュール」が適切です。

解答	（1）依頼者の個人的な見解に基づくRFCを否認するため（24文字） （2）a：**エ**

設問2の解説

● （1）について

〔変更管理の現状〕では，適応保守として，以下のような実例が挙げられています。

・売上げや利益を改善するための修正
・法規制対応

下線②では，「ROIと実現可能性だけで判断すべきではないRFC」と指摘されていますが，ROIとは投資利益率のことで，投資額に対してどれだけの利益を上げたのかを測る指標です。すなわち，売上げや利益を改善するための修正はROIで判断すべきRFCに含まれます。

一方，法規制対応は法規制が変わるたびに追従しなければならない事項です。これは「ROIと実現可能性だけで判断すべきではないRFC」に該当します。

● （2）について

・変更の方法

〔変更管理の現状〕で，「変更の費用は変更の実施によって利益を受ける受益者が負担すること」と書かれています。一方，現状では「変更の費用は，変更管理部署であるシステム部が一旦負担し，その費用をB社の全部署に人数割りで配賦している」と書かれています。ここから，変更前と変更後の方法の両方に言及しながら，40字以内で収まるように集約して解答します。

・【空欄b】

利益を受ける受益者が負担する方法へ変更することで，最も影響を受けるのは，変更の実施によって利益を受ける部署です。CABに出席してもらい，変更の費用を負担してもらうことを合意した上で手続きを進める必要があります。

● （3）について

下線④では，サービス開始を遅延させないための計画について問われています。〔変更管理の現状〕では，「展開作業が予定時間に完了しない場合を想定しておらず，終了予定時刻を超過しても展開作業を継続し，サービス開始を遅延させてしまうことがある」と書かれています。

展開作業が予定時間に完了しない場合，いわゆるコンティンジェンシープランを想定しなければいけません。そしてコンティンジェンシープランが発動する場合には，予定していた展開作業を延期とし，速やかに切り戻し作業を行う必要があります。

● （4）について

設問の「経営層からの指示を踏まえ」，という但し書きに着目します。

経営層からの指示として〔変更管理の現状〕（4）に3項目が挙げられていますが，本設問に関係しそうなものとしては，（c）の「変更実施後の実現効果を利害関係者と確認し，必要に応じて利害関係者と合意した処置をとること」が挙げられます。これをPIRの目的と考えます。

解答	（1） 法規制対応のRFC（9文字） （2） 変更の方法：全部署に人数割りでの配賦から，利益を受ける受益者に負担させる方法へ変更（35文字） 　　 b：エ （3） 予定時間に完了しない場合の切り戻し作業（19文字） （4） ア

設問3の解説

〔C部長の指摘〕として，「迅速な意思決定ができる仕組みを構築し，自身（C部長）は優先度の高いRFCの意思決定に専念できるようにすること」と書かれています。しかし，優先度の低いRFCに対して変更決定者が決定権限をもつという部分については，表1の手順案を踏襲するべきです。

となると，優先度が"低"のRFCの承認及び差戻しの決定は，C部長の配下のマネージャが行うべきで，D課長が適任となります。

解答	変更管理マネージャであるD課長が担当するもの（22文字）

システム構築プロジェクトの監査に関する次の記述を読んで，設問1〜6に答えよ。

　クレジットカード会社のU社では，顧客利便性の向上，コストの削減などを目的として，インターネットを通じて各種情報を顧客に提供するシステムの構築プロジェクト（以下，本プロジェクトという）を推進している。

　U社の内部監査部長は，年度監査計画に基づき，システム監査チームに対して，本プロジェクトの各段階の適切性を監査するよう指示した。

〔要件定義段階の監査で把握した事項〕
　システム監査チームは，要件定義段階の監査をX年5月に行い，本プロジェクトに関して，次のことを把握した。
　なお，監査の結果，監査報告書に記載すべき重要な指摘事項はなかった。
(1) 要件の区分
　　要件は，機能要件，セキュリティ要件，運用要件などに区分される。
(2) 機能要件
　　従来，クレジットカード利用明細などの顧客向けの情報（以下，カード利用情報という）は，基幹系システムで作成して出力し，広告用パンフレットなどとともに，顧客宛に送付していた。本プロジェクトでは，カード利用情報，広告情報などを顧客がWebブラウザで閲覧できるよう，情報系システムを開発するとともに，基幹系システムを改修する。
(3) セキュリティ要件
　　情報系システム及び基幹系システムの基本設計で定めるセキュリティ対策は，U社の情報セキュリティ対策基準に準拠する。
(4) 要件の管理
　　要件定義段階で未確定の要件（以下，未確定要件という）は，課題管理表に記載し，確定するまで管理する。未確定要件は，基本設計の開始日から2か月以内に確定させる予定である。
(5) 本プロジェクトの運営体制
　　本プロジェクトの重要事項を決定する会議体であるプロジェクト運営委員会は，U社のシステム部の部長を議長とし，業務管理部，顧客サービス部などユーザ部門の各部長，及びプロジェクトマネージャのV氏で構成される。プロジェクト運営委員会は月1回の定例開催に加えて，必要に応じて臨時に開催される。
(6) 本プロジェクトに適用されるプロジェクト標準
　　本プロジェクトには，U社のプロジェクト標準が適用される。プロジェクト標準の一部を表1に示す。

表1　プロジェクト標準（一部）

項番	項目	内容
1	要件定義	・検討した各要件に要件IDを付与し，要件定義書に記載する。
2	基本設計	・基本設計書は，"機能設計"，"セキュリティ設計"，"運用設計"などで構成される。 ・検討した各設計内容に設計IDを付与し，基本設計書に記載する。 ・要件IDと設計IDを対応付けた表（以下，要件対照表という）を作成し，基本設計書に添付する。
3	進捗管理	・プロジェクトの各段階のタスクの進捗状況は，タスク管理表に記載し，タスクが完了するまで管理する。

〔基本設計段階の予備調査で把握した事項〕
　システム監査チームは，要件定義段階の監査に続いて，基本設計段階の監査を行うこととした。まず，予備調査をX年8月下旬に行い，プロジェクト計画書の確認などによって，次のことを把握

した。
(1) 基本設計は，X年7月1日に開始した。
(2) 基本設計検討会は，V氏を議長とし，システム部及びユーザ部門の各部を代表する部員で構成される。基本設計検討会の議事録には，開催日時，出席者，検討事項，検討結果などが記載される。
(3) 機能設計では，Webページの構成，情報系システムと基幹系システムとのインタフェースなどを検討し，その結果を基本設計書に記載する。予備調査の時点では，機能設計に関する複数のタスクが未完了であった。
(4) セキュリティ設計では，アクセスの制御，データの暗号化などを検討し，その結果を基本設計書に記載する。
(5) 要件対照表は，X年8月31日までに作成を完了する予定である。
(6) プロジェクト運営委員会は，プロジェクト標準の内容を充足していることを確認して，X年10月31日に基本設計の終了を承認する予定である。

〔システム監査チームの検討〕
　システム監査チームは，基本設計段階の監査について，予備調査の結果を踏まえて，本調査をX年9月10日～14日と計画した。また，監査結果に基づいて基本設計を見直すことができるよう，監査結果報告をX年□□□ a □□□と計画した。システム監査チームが検討した監査要点及び監査手続の一部を表2に示す。

表2　監査要点及び監査手続（一部）

項番	監査要点	監査手続
1	要件定義の内容と基本設計の内容が整合していること	要件対照表を閲覧して，要件 ID 及び対応する設計 ID が記載されていることを確認する。
2	基本設計検討会での検討結果に基づき，機能が設計されていること	基本設計書及び□□ b □□を閲覧して，基本設計書の"機能設計"の内容が，基本設計検討会での検討結果と整合していることを確認する。
3	情報系システム及び基幹系システムのセキュリティ対策が適切に設計されていること	基本設計書及び□□ c □□を閲覧して，基本設計書の"セキュリティ設計"の内容が，セキュリティ要件を充足していることを確認する。

〔内部監査部長の指示〕
　内部監査部長は，システム監査チームが検討した監査スケジュール，監査要点及び監査手続をレビューし，次のとおり指示した。
(1) 表2項番1の監査手続だけでは，監査要点を確かめるための十分な監査証拠を入手できないので，追加の監査手続を検討すること。
　なお，要件対照表には多数の要件ID及び設計IDが記載されているが，監査要員，監査時間などには制約があるので，効率的な監査手続とすること。
(2) 〔基本設計段階の予備調査で把握した事項〕の (3) を考慮すると，表2項番2の監査手続では，監査要点を確かめるための十分な監査証拠を入手できない可能性がある。その場合に備えて，追加の監査手続を検討すること。
(3) 〔要件定義段階の監査で把握した事項〕の (4) を考慮して，本プロジェクトの未確定要件に関して，表2項番1～3の監査手続以外に，追加の監査手続を検討すること。

　システム監査チームは，内部監査部長の指示を受けて，表3のとおり追加の監査手続を策定して，内部監査部長の承認を得た。

表3　追加の監査手続

項番	内部監査部長の指示	追加の監査手続
1	(1)	①　要件対照表に記載されている全ての要件 ID を [d] として，要件 ID をサンプリングする。 ②　①でサンプリングした要件 ID についての要件定義書の内容と，対応する設計 ID についての [e] が整合していることを確認する。
2	(2)	[f] を閲覧して，機能設計のタスクにおいて，基本設計書の"機能設計"の内容を記載する時期を確認する。
3	(3)	課題管理表を閲覧して，[g] を確認する。

設問 1

〔システム監査チームの検討〕に記述中の [a] に入れる最も適切な字句を解答群の中から選び，記号で答えよ。

解答群
　　ア　9月9日　　　　イ　9月30日　　　　ウ　10月31日　　　　エ　11月1日

設問 2

表2項番2に記述中の [b] に入れる適切な字句を，15字以内で答えよ。

設問 3

表2項番3に記述中の [c] に入れる適切な字句を，15字以内で答えよ。

設問 4

表3項番1について，(1)，(2) に答えよ。
(1)　[d] に入れる適切な字句を，5字以内で答えよ。
(2)　[e] に入れる適切な字句を，10字以内で答えよ。

設問 5

表3項番2に記述中の [f] に入れる適切な字句を，10字以内で答えよ。

設問 6

表3項番3に記述中の [g] に入れる適切な字句を，20字以内で答えよ。

問11の ポイント

計画された監査手続きの見直し

計画されている監査手続きと追加するべき監査手続きが提示され，なにを追加しなければいけないのかを問う形式の設問が中心になっています。今回の問いについては，その多くの答えが問題の本文のどこかに記載されています。なにが問題点なのか，どうすれば問題点が解決するのかを意識しながら，該当する記述箇所を的確に抽出してください。

本問では「空欄に入れる適当な字句を，○字以内で答えよ」という設問が多いわけですが，指定されている字数にも多少気を配りましょう。極端に字数が少なくなりそうな場合には，なにか重要な説明が抜けている可能性があります。

設問1 の解説
□□□

・【空欄a】

監査結果報告の日付は，システム監査の作業がひととおり終了した日になります。監査報告書を作成する期間も考慮しなければならないため，本調査の数日後が適当と考えられます。

今回，本調査を9月10日から14日と計画しているため，選択肢の中では9月30日が最適な日付です。

| 解答 | a：イ |

設問2 の解説
□□□

・【空欄b】

〔基本設計段階の予備調査で把握した事項〕によれば，「基本設計検討会の議事録には，開催日時，出席者，検討事項，検討結果などが記載される」と書かれています。議事録に検討結果が記載されていることから，議事録と基本設計書を照合すれば，基本設計検討会での検討結果との整合を確かめられます。

| 解答 | b：基本設計検討会の議事録（11文字） |

設問3 の解説
□□□

・【空欄c】

〔要件定義段階の監査で把握した事項〕で，「情報系システム及び基幹系システムの基本設計で定めるセキュリティ対策は，U社の情報セキュリティ対策基準に準拠する」と書かれています。この

ことから，情報セキュリティ対策基準がセキュリティ対策の要件に相当するため，同文書と基本設計書との照合が適切であるとわかります。

| 解答 | c：U社の情報セキュリティ対策基準（15文字） |

設問4 の解説
□□□

● （1） について

・【空欄d】

この問題では，サンプリングというキーワードから正解を導く必要があります。表3項番1には，「全ての要件IDを【空欄d】として，要件IDをサンプリングする」と書かれています。サンプリングとは，調査対象となる母集団から直接的に調査する対象を抽出して調査を行うことです。【空欄d】には，サンプリングに対して対象全てを意味する言葉が入ることから，「母集団」が適切です。

● （2） について

・【空欄e】

表2項番1の監査手続きでは，要件対照表に対する監査に留まっています。しかしながら，要件定義の内容と要件対照表とに不整合があるかもしれませんし，基本設計の内容と要件対照表とに不整合があるかもしれません。このため，同項番の監査要点である要件定義の内容と基本設計の内容の整合を確かめたことになりません。

そのため，要件対照表を活用しながら，要件定義の内容と基本設計書の内容の整合を確認する必要があります。

解答	(1) d：母集団 （3文字） (2) e：基本設計書の内容 （8文字）

設問5の解説

□□□

・【空欄f】

〔基本設計段階の予備調査で把握した事項〕の（3）には，「予備調査の時点では，機能設計に関する複数のタスクが未完了であった」とあります。すなわち，基本設計検討会ではこの部分が検討されておらず，監査として不十分と考えられます。

【空欄f】の後に「基本設計書の"機能設計"の内容を記載する時期を確認する」と書かれていることに着目します。記載時期によって判断しようとしていることがわかりますが，この時期はタスク管理表で確認できます。なぜなら，表1項番3で，「プロジェクトの各段階のタスクの進捗状況は，タスク管理表に記載し」と書かれているためです。

解答	f：タスク管理表 （6文字）

設問6の解説

□□□

・【空欄g】

課題管理表については，〔要件定義段階の監査で把握した事項〕の（4）にて，「未確定の要件は，課題管理表に記載し，確定するまで確認する」ことと，「未確定要件は，基本設計の開始日から2か月以内に確定させる予定である」ことが書かれています。

このプロジェクトでは基本設計を7月1日に開始していることから，本調査の行われる9月10日〜14日の時点では，すでに未確定要件が確定されていなければいけません。表3項番3ではこの確認が必要であることを指摘しています。

解答	g：未確定要件がすべて確定していること （17文字）

付録

応用情報技術者試験

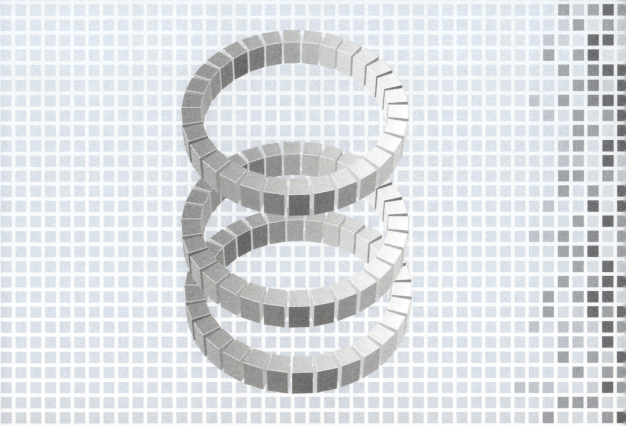

令和5年度春期　解答一覧

午前

問1	ア	問11	ア	問21	イ	問31	イ	問41	ア	問51	エ	問61	ア	問71	イ
問2	ア	問12	ア	問22	ア	問32	ウ	問42	イ	問52	ア	問62	ア	問72	ウ
問3	ア	問13	イ	問23	エ	問33	ウ	問43	エ	問53	イ	問63	ウ	問73	エ
問4	ウ	問14	イ	問24	エ	問34	エ	問44	エ	問54	エ	問64	エ	問74	ウ
問5	ウ	問15	エ	問25	ウ	問35	イ	問45	エ	問55	エ	問65	ア	問75	ウ
問6	エ	問16	エ	問26	ウ	問36	ア	問46	ウ	問56	イ	問66	エ	問76	ア
問7	ア	問17	ウ	問27	エ	問37	ウ	問47	ウ	問57	ウ	問67	ウ	問77	エ
問8	イ	問18	ア	問28	ア	問38	ウ	問48	イ	問58	イ	問68	イ	問78	イ
問9	ウ	問19	エ	問29	エ	問39	ウ	問49	イ	問59	ア	問69	イ	問79	エ
問10	イ	問20	ア	問30	ア	問40	イ	問50	エ	問60	エ	問70	ウ	問80	エ

午後

問1	設問1	(1) ウ (2) a：5
	設問2	(1) 5 (2) イ
	設問3	(1) イ (2) b：3　　c：6　　d：5　（b，cは順不同） (3) ア，ウ
	設問4	(1) ア (2) 鍵のかかる引き出しやロッカーに保管する（19文字）
問2	設問1	(1) エ (2) 慢性的人手不足で設定スキル習得が負担となっている（24文字） (3) a：イ
	設問2	(1) b：イ (2) リピート受注率を高める（11文字） (3) 可能となること：①1回の訪問で修理を完了できる（14文字） 　　　　　　　　　　②故障発生前に部品交換できる（13文字） 　　メリット：要員が計画的に作業できる（12文字） (4) 値引き価格を印字したバーコードラベルを貼る適切な時刻を通知する機能（33文字）
問3	設問1	ア：3×7　　イ：4×12
	設問2	①：48　　②：260　　③：48　　④：84
	設問3	ウ：pow（3, i−1） エ：(i−1) * 3 オ：pe.val1 カ：pe.val2
	設問4	キ：mod（mul, 10） ク：elements[cidx＋2] ケ：elements[cidx]
	設問5	2N
問4	設問1	(1) a：ア (2) b：JSON (3) 閲覧される回数が多い記事（12文字）
	設問2	c：280　　d：200　　e：138　　f：246
	設問3	(1) g：ITNewsDetail 　　h：ITNewsHeadline (2) 処理を受け付けたAPによってITニュース一覧画面の内容が異なる（32文字） (3) ユーザーが参照する記事データはAPで提供するWeb APIを利用して取得するため（40文字）

応用情報技術者［パーフェクトラーニング］過去問題集

問5	設問1	(1) FWf
		(2) L3SW，FWb，L2SWb
	設問2	(1) a：miap.example.jp
		(2) app.f-sha.example.lan
	設問3	(1) b：DNSサーバ c　　c：ゾーン　　　d：TTL
		(2) Mシステムの応答が遅くなったり，使えなくなる（23文字）
		(3) サーバにアクセス中の顧客がいないこと（18文字）
問6	設問1	a：→　　　b：従業員コード
	設問2	(1) c：INNER JOIN
		d：LEFT OUTER JOIN
		e：BETWEEN
		f：B.職務区分＝'02'
		g：GROUP BY 従業員コード，KPIコード
		h：組織ごと_目標実績集計_一時
		i：COUNT(*)
		(2) 従業員コードとKPI項目の値が一致する日別個人実績レコードが存在しない場合（37文字）
問7	設問1	39秒
	設問2	a：246
	設問3	(1) b：前回のデータ送信から600秒経過又は位置通知要求あり
		(2) c：メッセージ名：受信要求
		メッセージの方向：←
		d：メッセージ名：測位可能通知
		メッセージの方向：→
		e：メッセージ名：通信可能通知
		メッセージの方向：→
	設問4	通信モジュールと測位モジュールの通信が同時に実施され，データが破棄される（36文字）
問8	設問1	ロックの解除（6文字）
	設問2	a：develop
		b：main
		c：コミット
	設問3	feature-Aを対象に，（オ）をリバートしてから，（ウ）をリバートする（37文字）
	設問4	下線③：ウ　　　下線④：エ
	設問5	プルしたdevelopブランチをfeatureブランチにマージする（33文字）
問9	設問1	(1) 営業日の業務停止を回避できる（14文字）
		(2) エ
		(3) XパッケージのOSやミドルウェアの制約への適合性（24文字）
	設問2	(1) ステアリングコミッティで対応方針を説明し，承認をもらう（27文字）
		(2) エスカレーション対応にリソースを拡充すること（22文字）
		(3) 移行判定基準（6文字）
	設問3	(1) a：オ　　　b：ア
		(2) 来年3月末以降の保守費用の確保（15文字）
問10	設問1	(1) ア
		(2) a：信頼
	設問2	(1) b：180
		(2) 障害から復旧までにかかる時間（14文字）
		(3) 毎月1回午前2時～午前5時に計画停止時間が生じること（26文字）
	設問3	(1) イ，エ
		(2) バックアップの遠隔地保管の継続が必要（18文字）
		(3) ア
		(4) 重要事業機能への影響（10文字）
問11	設問1	a：ログイン
	設問2	カ
	設問3	d：イ
	設問4	e：ア
	設問5	f：実地棚卸リスト（7文字）　　　g：原料・仕掛品（6文字）　　　h：他人の利用者ID（8文字）

午前

問1	イ	問11	イ	問21	ウ	問31	ウ	問41	イ	問51	ウ	問61	エ	問71	ウ
問2	エ	問12	ウ	問22	エ	問32	ア	問42	イ	問52	イ	問62	イ	問72	イ
問3	ア	問13	ウ	問23	ウ	問33	ウ	問43	ア	問53	エ	問63	ウ	問73	ウ
問4	イ	問14	エ	問24	ア	問34	エ	問44	イ	問54	ウ	問64	イ	問74	イ
問5	イ	問15	ア	問25	エ	問35	エ	問45	イ	問55	イ	問65	エ	問75	エ
問6	エ	問16	イ	問26	エ	問36	ウ	問46	ア	問56	ウ	問66	エ	問76	ウ
問7	エ	問17	ウ	問27	イ	問37	ア	問47	イ	問57	イ	問67	エ	問77	イ
問8	イ	問18	ウ	問28	ウ	問38	ウ	問48	イ	問58	エ	問68	ウ	問78	ウ
問9	イ	問19	ウ	問29	ウ	問39	ア	問49	エ	問59	ウ	問69	イ	問79	エ
問10	エ	問20	ウ	問30	イ	問40	イ	問50	ウ	問60	ア	問70	エ	問80	ア

午後

問1	設問1	(1) a:ア　　b:ケ　　c:ク
		(2) ア
	設問2	(1) 稼働している機器のIPアドレス（15文字）
		(2) ウ
		(3) ア
	設問3	(1) 宛先を変えながらICMPエコー要求パケットを送信（24文字）
		(2) 対象PCをネットワークから隔離する（17文字）
		(3) 管理サーバでログの分析結果を確認する（18文字）
問2	設問1	(1) 強み：業界に先駆けた教育コンテンツの整備力（18文字）
		機会：法人従業員向け教育市場の伸びが期待できる（20文字）
		(2) イ
	設問2	(1) G社での実績を使い，他製造業に展開する（19文字）
		(2) a:ウ
	設問3	(1) b:カ　　c:イ
		(2) d:サブスクリプション
	設問4	(1) 教育SaaSの競争優位性を高める開発投資（20文字）
		(2) e:40　　f:80
問3	設問1	(1) 3
		(2) ア:2
	設問2	イ:paths[sol_num][k]
		ウ:stack_top−1
		エ:maze[x][y]
	設問3	オ:sol_num
	設問4	(1) カ:5,3
		(2) キ:22　　ク:3
問4	設問1	(1) a:ウ　　b:エ　　c:イ　（a, b順不同）
		(2) エ
	設問2	(1) 開発期間中に頻繁に更新されるため（16文字）
		(2) d:10.1.2　　e:15.3.3
	設問3	(1) イ
		(2) f:/app/FuncX/test/test.txt
		(3) img-dev_dec

問5	設問1 a：カ　　b：イ　　c：ウ 設問2 (1) Webサーバ，本社VPNサーバ 　　　(2) d：ワンタイムパスワード 　　　(3) e：認証サーバ 設問3 (1) イ 　　　(2) f：1.6　　g：192 　　　(3) Web会議サービス
問6	設問1 a：年月　　b：↑　　c：情報端末ID　　d：従業員ID　（cdは順不同） 　　　e：↓　　f：↵ 設問2 オ 設問3 j：SELECT (契約ID, 暗唱番号) 　　　k：CHAR(4) NOT NULL DEFAULT '1234' 　　　l：PRIMARY KEY 　　　m：FOREIGN KEY
問7	設問1 (1) (a)：傘の通過に関して誤検知を起こすため（17文字） 　　　　　(b)：40　ミリ秒 　　　(2) 100,000 設問2 (1) a：メイン　　b：管理サーバ 　　　(2) c：ア　　d：エ 設問3 (1) e：ロック解除完了　　f：センサーで検知　　g：ロックを掛け　　h：完了 　　　(2) 管理情報を更新し，管理サーバへ管理情報を送信する（24文字）
問8	設問1 (1) ①：ウ　　②：ア 　　　(2) a：モデレーター 　　　(3) b：二次欠陥 設問2 別グループのリーダー（10文字） 設問3 (1) 第1群の除去は設計途中で行われているから（20文字） 　　　(2) c：オ 　　　(3) 検出した欠陥の対策については別の会議で議論する（23文字）
問9	設問1 a：RBS 設問2 (1) AI機能を利用した経験がなく，リスクが漏れる（22文字） 　　　(2) b：ウ 設問3 (1) c：遅延なし 　　　(2) 項番：2　　期待値：80　万円 設問4 新たなリスクの発生の有無を定期的にチェックする活動（25文字）
問10	設問1 受注時点で与信限度額チェックを行う（17文字） 設問2 a：6 　　　作業内容：業務変更のための業務設計（12文字） 設問3 (1) b：1.1　　c：46.2　　d：11.0 　　　(2) 作業：2 　　　　　内容：確保した予算を超過する（11文字） 　　　　　根拠：前年度の10％を上回る工数の増加になるため（21文字）
問11	設問1 a：貸与PC管理台帳（8文字）　（a, b順不同） 　　　b：終了届（3文字） 設問2 c：パスワードの入力を必須と（12文字） 設問3 d：紛失日（3文字）　（d, e順不同） 　　　e：システム部への届出日（10文字） 設問4 f：リスク評価（5文字） 　　　g：Web会議システム（9文字） 設問5 h：不備事項の是正結果を確認（12文字）

午前

問1	ア	問11	イ	問21	ウ	問31	イ	問41	エ	問51	エ	問61	ア	問71	ウ
問2	ア	問12	ウ	問22	ウ	問32	ウ	問42	ウ	問52	ア	問62	エ	問72	ウ
問3	ウ	問13	ア	問23	ウ	問33	イ	問43	イ	問53	ウ	問63	イ	問73	ア
問4	ア	問14	ア	問24	ウ	問34	ア	問44	ウ	問54	ア	問64	ウ	問74	ウ
問5	ア	問15	エ	問25	ア	問35	エ	問45	ウ	問55	ウ	問65	ア	問75	イ
問6	エ	問16	ウ	問26	ウ	問36	エ	問46	エ	問56	エ	問66	ア	問76	エ
問7	エ	問17	イ	問27	ア	問37	ウ	問47	イ	問57	イ	問67	ウ	問77	エ
問8	エ	問18	ウ	問28	ウ	問38	エ	問48	ア	問58	ア	問68	ウ	問78	ア
問9	イ	問19	イ	問29	ア	問39	ア	問49	エ	問59	イ	問69	エ	問79	ウ
問10	エ	問20	エ	問30	ア	問40	イ	問50	ア	問60	ア	問70	エ	問80	エ

午後

問1	設問1　(a)　サービス（4文字） 設問2　(b)　WAF 設問3　イ，ウ 設問4　(1)　ゼロデイ攻撃（6文字） 　　　　(2)　ウ 　　　　(3)　(c)　ア 　　　　(4)　(d)　インシデント対応チーム（11文字） 　　　　(5)　SIEM
問2	設問1　(1)　イ 　　　　(2)　景気が悪化し，売上が減ると営業利益の確保が難しくなる（25文字） 設問2　(1)　営業利益予想は信頼性が高く，景気の見通しは不透明な状態（27文字） 　　　　(2)　(a)　オ　　　(b)　イ 　　　　(3)　今よりも粗利益率の高い中高価格帯の割合が増えるため（25文字） 設問3　(1)　固定費を減らし変動費率を上げる（15文字） 　　　　(2)　商品を試してから購入したい顧客ニーズが強いため（23文字）
問3	設問1　(ア)　board[x]が0と等しくない 　　　　(イ)　x＋1 　　　　(ウ)　check_ok(n, x)がtrueと等しい 　　　　(エ)　0 設問2　(オ)　div(x, 9)＊9 　　　　(カ)　board[row_top＋i]がnと等しい 　　　　(キ)　mod(x, 9) 　　　　(ク)　board[column_top＋9＊i]がnと等しい 　　　　(ケ)　mod(div(x, 9), 3)＊9 設問3　処理A：データ構造Zの更新前の状態を保存する（18文字） 　　　　処理B：データ構造Zを処理Aで保存した状態に復元（20文字）
問4	設問1　(a)　スケールアウト　　　(b)　関数　　　(c)　キャッシュ 設問2　(1)　サービス利用側がOSやミドルウェア運用を行う必要がなく運用コストを減らせるから（39文字） 　　　　(2)　(d)　CDN 　　　　(3)　バッチ処理の処理実行時間が最大実行時間の10分を超過する（28文字） 設問3　(e)　8　　　(f)　2,600　　　(g)　1,800 設問4　(1)　FaaS 　　　　(2)　20分間一度も実行されない状態を避けるため，定期的にトランザクションを実行する（39文字）

問5	設問1	(1) 宛先IPアドレスが示す，NPC，機器又はサーバ名：プロキシサーバ 送信元IPアドレスが示す，NPC，機器又はサーバ名：営業所のNPC (2) ルータ，FW，プロキシサーバ (3) (a) 外部DNS　　(b) プロキシサーバ　　(c) 社内DNSサーバ
	設問2	ISサーバ
	設問3	(1) 宛先IPアドレスがq-SaaSである通信をIPsecルータ1に転送する経路（37文字） (2) (d) q-SaaS　　(e) 営業所LAN
問6	設問1	(1) (a) 施設コード　　(b) プランコード　　(c) ↑　（a, b順不同） (2) (d) ALTER TABLE (3) 1枚のクーポンは，一つの予約だけに利用できる（22文字）
	設問2	(e) クーポン発行連番
	設問3	(f) SET 発行済枚数＝発行済枚数＋1 (g) 発行上限枚数
	設問4	下線②：RU　　下線③：C
問7	設問1	$(t_2-t_1)+Ta$　　別解：$(t_2+Ta)-t_1$
	設問2	60 秒
	設問3	(1) S1：遠隔撮影状態 S2：自動撮影状態 (2) (a) 遠隔撮影開始イベント　　(b) 自動撮影タイマ通知イベント (3) (c) ①，③，⑦
	設問4	(1) 新たな動画データが，バッファの先頭から書き込まれ，前の動画データが上書きされた（39文字） (2) (d) 終端　　(e) 先頭 (3) (f) リングバッファ
問8	設問1	(1) H社，S社，T社 (2) 発車日：20220510 発車時刻：1800 統合便コード：G0030110 空席数：8
	設問2	ア，エ
	設問3	エ
	設問4	(a) ヘッダレコード中のデータレコード件数（18文字） (b) 転送されたデータレコードの件数（15文字）
	設問5	ターミナルの運行計画の空席数にnullを設定する（24文字）
問9	設問1	(1) (d) (2) ユースケース図（7文字）
	設問2	(1) イ (2) (a) 検収（2文字） (b) 著作権（3文字）
	設問3	(1) (c) 提出期限（4文字） (2) レビューを実施してD社も参加する（16文字） (3) サイトの利用の上でD社が動作保証するブラウザと対象バージョン（30文字）
問10	設問1	(1) (a) ア (b) オ
	設問2	(1) 運用課課長に階層的エスカレーションを行っていないこと（26文字） (2) 解決担当者が既知の誤りを調査して回避策を探すこと（24文字）
	設問3	(1) 解決策が構成品目の変更を必要としない場合であること（25文字） (2) (c) 運用課内でインシデントを解決できる（17文字） (3) イ
問11	設問1	(a) 出荷指図データ（7文字） (b) 外部倉庫システム（8文字）
	設問2	売上訂正処理の結果を承認する仕組みがないこと（22文字）
	設問3	(c) 出荷指図データ（7文字） (d) 売上データ（5文字）（c, d順不同）
	設問4	(e) カ　　(f) キ　（e, f順不同） (g) エ　　(h) ク　（g, h順不同）

午後試験の長文問題は記述式解答方式であるため，複数解答があり得る場合や著者との見解との不一致が生じる可能性があり，本書の解答は必ずしもIPA発表の模範解答と一致しないことがあります。この点につきまして，ご理解のうえご利用くださいますようお願い申し上げます。

午前

問1	エ	問11	ア	問21	ア	問31	ア	問41	ア	問51	エ	問61	ア	問71	エ
問2	エ	問12	イ	問22	ア	問32	ア	問42	ア	問52	イ	問62	ウ	問72	イ
問3	ウ	問13	エ	問23	イ	問33	エ	問43	ア	問53	イ	問63	ア	問73	ア
問4	ア	問14	ア	問24	エ	問34	イ	問44	イ	問54	エ	問64	イ	問74	ウ
問5	ウ	問15	エ	問25	ウ	問35	エ	問45	エ	問55	ウ	問65	イ	問75	ア
問6	イ	問16	ア	問26	エ	問36	イ	問46	イ	問56	イ	問66	エ	問76	ウ
問7	ウ	問17	ア	問27	イ	問37	イ	問47	ア	問57	エ	問67	ア	問77	ア
問8	エ	問18	ウ	問28	イ	問38	ウ	問48	ウ	問58	ウ	問68	イ	問78	ア
問9	エ	問19	ア	問29	イ	問39	ア	問49	ア	問59	イ	問69	エ	問79	エ
問10	イ	問20	ア	問30	エ	問40	ウ	問50	イ	問60	ウ	問70	ア	問80	ア

午後

問1	設問1 (a) カ (b) ク (c) ア 設問2 クリアスクリーン（8文字） 設問3 (1) 退室状態になっていない人が入室しようとした場合（23文字） (2) 監視カメラを設置し，録画を一定期間保存する（21文字） (3) ICカードをかざすまで複合機から書類が出力されないため（27文字） (4) (d)：透明で中身の見える（9文字） 不正行為：会社の資産の無断持出し（11文字）
問2	設問1 (1) (a) セグメント（5文字） (2) 顧客のニーズ多様化によって生じる新たな利用シーンに対応できる商品開発力をもつから（40文字） 設問2 (1) 知的所有権の確保（8文字） (2) 希少価値によって話題を集めることで，顧客の購買意欲を高めるため。（32文字） 設問3 (1) (b) ウ (c) カ (2) (d) イ (3) クレーム対応に失敗し，SNS上で炎上・拡散し，Q社の評判が落ちるリスク（35文字）
問3	設問1 （ア）0 （イ）edgenext[temp] （ウ）top－1 （エ）start[temp] 設問2 16 設問3 ア 設問4 lastがtop以上
問4	設問1 (a) 510 (b) 60 (c) 500 (d) 1320 設問2 (1) (e) 56 (2) 1/10 (3) 業務時間内には移行完了した社員がクラウドストレージを使い業務を行うため（35文字）

問5	設問1	(a) 192.168.101.12　　(b) 22
	設問2	(1) イ，ウ，エ
		(2) ノイズに強く配線の距離を長くできるため（19文字）
	設問3	(1) (c) PoE
		(2) 壁や扉によって電波が遮断され，PCからAPに接続できない（28文字）
	設問4	(1) (d) タグ
		(2) (e) VLAN64，VLAN67　　(f) VLAN65
		(3) ポートID：P1，P3
		変更内容：VLAN67をP3から削除して，P1に追加する（23文字）
問6	設問1	(a) →　　(b) 割引率　　(c) 書籍ID
	設問2	(1) (d) COUNT(*)　　(e) 多い
		(f) VALUES (:一括購入ID, :社員ID, :企業ID)
		(2) 同時に処理される場合一括割当数量を超えて割当される（25文字）
	設問3	(g) UNION
		(h) ON ik.一括購入ID = iw.一括購入ID
	設問4	(1) 個人会員ID, 企業ID, 社員ID
		(2) 個人会員に企業ID, 社員IDを登録する入力画面（23文字）
問7	設問1	(1) 日時
		(2) 食べられなかった餌が残餌センサを通過するまで時間がかかるため（30文字）
	設問2	(1) 7　　Gバイト
		(2) 動画データの圧縮
	設問3	(1) (a) カウント値　　(b) しきい値以上
		(2) (c) イ　　(d) ク　　(e) ウ　　(f) オ　　(c, d及びe, fは順不同)
問8	設問1	(a) プロセス
	設問2	(1) (b) 購入
		(2) セット商品
		(3) (c) ウ　　(d) ア
	設問3	(1) ウ
		(2) 共通する属性と操作を顧客クラスに定義し共有できるため（26文字）
	設問4	(1) 追加する商品種別テーブルを作成する作業（19文字）
		(2) 商品種別によって表示方法が異なるから（18文字）
問9	設問1	(1) (a) エ
		(2) Webストアの開発を試行開発と位置づけて，スクラムの開発要員を育成するため（37文字）
	設問2	(1) 競合相手より迅速に顧客の要求に対応することで顧客離れを防ぐ（29文字）
		(2) (b) オ　　(c) ク
	設問3	(1) プロダクトオーナと新規要件の追加時のプロダクトバックログアイテムの見直し（36文字）
		(2) 50
問10	設問1	(1) 依頼者の個人的な見解に基づくRFCを否認するため（24文字）
		(2) (a) エ
	設問2	(1) 法規制対応のRFC（9文字）
		(2) 変更の方法：全部署に人数割りでの配賦から，利益を受ける受益者に負担させる方法へ変更
		（35文字）
		(b)：ウ
		(3) 予定時間に完了しない場合の切り戻し作業（19文字）
		(4) ア
	設問3	変更管理マネージャであるD課長が担当するもの（22文字）
問11	設問1	(a) イ
	設問2	(b) 基本設計検討会の議事録（11文字）
	設問3	(c) U社の情報セキュリティ対策基準（15文字）
	設問4	(1) (d) 母集団（3文字）
		(2) (e) 基本設計書の内容（8文字）
	設問5	(f) タスク管理表（6文字）
	設問6	(g) 未確定要件がすべて確定していること（17文字）

午後試験の長文問題は記述式解答方式であるため，複数解答があり得る場合や著者との見解との不一致が生じる可能性があり，本書の解答は必ずしもIPA発表の模範解答と一致しないことがあります。この点につきまして，ご理解のうえご利用くださいますようお願い申し上げます。

便利な 答案用紙

答案用紙の使い方

応用情報技術者試験は，午前問題はマークシート方式による「多肢選択式（全問解答）」，午後問題は「記述式（11問出題，5問解答）」で行われます。

本書では，付録として答案用紙を付けました。本試験の形式そのものではありませんが，本番同様受験番号，生年月日の欄を設け，試験の雰囲気が味わえるようにしています。カッターなどで切り取ってご使用ください。

本試験でマークミスに泣くことのないように，答案用紙を活用してください。

答案用紙記入の際の注意

答案用紙の記入に当たっては，次の指示に従ってください。

(1) HBの黒鉛筆を使用してください。訂正の場合は，跡が残らないように消しゴムできれいに消し，消しくずを残さないでください。

(2) 答案用紙は光学式読取り装置で処理しますので，答案用紙のマークの記入方法のとおりマークしてください。

(3) 受験番号欄に，受験番号を記入及びマークしてください。正しくマークされていない場合は，採点されません。

(4) 生年月日欄に，受験票に印字されているとおりの生年月日を記入及びマークしてください。正しくマークされていない場合は，採点されないことがあります。

(5) 午前の解答は，次の例題にならって，解答欄に一つだけマークしてください。

〔午前例題〕　秋の情報処理技術者試験が実施される月はどれか。

　　　　ア　8　　　イ　9　　　ウ　10　　　エ　11

　　　正しい答えは"ウ　10"ですから，次のようにマークしてください。

(6) 「応用情報技術者試験」の午後問題は，次の表に従って解答してください。

問題番号	問1	問2～問11
選択方法	必須	4問選択

選択した問題については，解答用紙にある「選択欄の問題番号」を○印で囲んでください。○印がない場合，採点の対象にはなりません。

(7) 解答は丁寧な字ではっきりと書いてください。読みにくい場合は，減点の対象となります。

■試験時の注意

試験官からの指示があるまで，問題冊子を開いてはいけません。

問題に関する質問をすることはできません。

マークの記入方法 ●

悪いマーク例 ▨ ● うすい ⊖ ○

受験番号

| A | P | | | | | ─ | | | |

0	0	0		0	0	0	0
1	1	1		1	1	1	1
2	2	2		2	2	2	2
3	3	3		3	3	3	3
4	4	4		4	4	4	4
5	5	5		5	5	5	5
6	6	6		6	6	6	6
7	7	7		7	7	7	7
8	8	8		8	8	8	8
9	9	9		9	9	9	9

生年月日

| | 年 | | | | 月 | | 日 |

19	0	0	0	0	0	0
20	1	1	1	1	1	1
	2	2		2	2	2
	3	3		3	3	3
	4	4		4		4
	5	5		5		5
	6	6		6		6
	7	7		7		7
	8	8		8		8
	9	9		9		9

問	解答欄	問	解答欄	問	解答欄
問1	ア イ ウ エ	問31	ア イ ウ エ	問61	ア イ ウ エ
問2	ア イ ウ エ	問32	ア イ ウ エ	問62	ア イ ウ エ
問3	ア イ ウ エ	問33	ア イ ウ エ	問63	ア イ ウ エ
問4	ア イ ウ エ	問34	ア イ ウ エ	問64	ア イ ウ エ
問5	ア イ ウ エ	問35	ア イ ウ エ	問65	ア イ ウ エ
問6	ア イ ウ エ	問36	ア イ ウ エ	問66	ア イ ウ エ
問7	ア イ ウ エ	問37	ア イ ウ エ	問67	ア イ ウ エ
問8	ア イ ウ エ	問38	ア イ ウ エ	問68	ア イ ウ エ
問9	ア イ ウ エ	問39	ア イ ウ エ	問69	ア イ ウ エ
問10	ア イ ウ エ	問40	ア イ ウ エ	問70	ア イ ウ エ
問11	ア イ ウ エ	問41	ア イ ウ エ	問71	ア イ ウ エ
問12	ア イ ウ エ	問42	ア イ ウ エ	問72	ア イ ウ エ
問13	ア イ ウ エ	問43	ア イ ウ エ	問73	ア イ ウ エ
問14	ア イ ウ エ	問44	ア イ ウ エ	問74	ア イ ウ エ
問15	ア イ ウ エ	問45	ア イ ウ エ	問75	ア イ ウ エ
問16	ア イ ウ エ	問46	ア イ ウ エ	問76	ア イ ウ エ
問17	ア イ ウ エ	問47	ア イ ウ エ	問77	ア イ ウ エ
問18	ア イ ウ エ	問48	ア イ ウ エ	問78	ア イ ウ エ
問19	ア イ ウ エ	問49	ア イ ウ エ	問79	ア イ ウ エ
問20	ア イ ウ エ	問50	ア イ ウ エ	問80	ア イ ウ エ
問21	ア イ ウ エ	問51	ア イ ウ エ		
問22	ア イ ウ エ	問52	ア イ ウ エ		
問23	ア イ ウ エ	問53	ア イ ウ エ		
問24	ア イ ウ エ	問54	ア イ ウ エ		
問25	ア イ ウ エ	問55	ア イ ウ エ		
問26	ア イ ウ エ	問56	ア イ ウ エ		
問27	ア イ ウ エ	問57	ア イ ウ エ		
問28	ア イ ウ エ	問58	ア イ ウ エ		
問29	ア イ ウ エ	問59	ア イ ウ エ		
問30	ア イ ウ エ	問60	ア イ ウ エ		

受　験　番　号								
A	P				―			

生年月日		
年	月	日

選択欄	必須	4問選択									
	問1	問2	問3	問4	問5	問6	問7	問8	問9	問10	問11

問1

設問1	(1)		
	(2)	a	
設問2	(1)		
	(2)		
設問3	(1)		
	(2)	b　　　　　c　　　　　d		
	(3)		
設問4	(1)		
	(2)		

問2

設問1	(1)		
	(2)		
	(3)	a	
設問2	(1)	b	
	(2)		
	(3)	可能となること	①	
			②	
		メリット		
	(4)		

問3

設問1	ア		イ	
設問2	①	②	③	④
設問3	ウ		エ	
	オ		カ	
設問4	キ			
	ク			
	ケ			
設問5				

問4

設問1	(1)	a	
	(2)	b	
	(3)		
設問2	c	d	e	f
設問3	(1)	g	h
	(2)		
	(3)		

問5

設問1	(1)	
	(2)	
設問2	(1)	a
	(2)	
設問3	(1)	b	c	d
	(2)	
	(3)	

問6

設問1	a		b	

設問2	(1)	c		d	
		e		f	
		g			
		h			
		i			
	(2)				

問7

設問1			
設問2	a		

設問3	(1)	b			
	(2)	c	メッセージ名		メッセージの方向	
		d	メッセージ名		メッセージの方向	
		e	メッセージ名		メッセージの方向	

設問4			

問8

設問1										

設問2	a		b		c	

設問3										

設問4	下線③		下線④	

設問5										

問9

設問1	(1)									
	(2)									
	(3)									

設問2	(1)									
	(2)									
	(3)									

設問3	(1)	a		b	
	(2)				

問10

設問1	(1)		
	(2)	a	
設問2	(1)	b	
	(2)		
	(3)		
設問3	(1)		
	(2)		
	(3)		
	(4)		

問11

設問1	a	
設問2		
設問3	d	
設問4	e	
設問5	f	
	g	
	h	

マークの記入方法	●		悪いマーク例	塗りつぶし	●	うすい	横線	○

受験番号

A	P				―				

受験番号マーク: 0〜9

生年月日

		年				月		日	

19 20 / 0〜9

問	解答欄	問	解答欄	問	解答欄
問1	ア イ ウ エ	問31	ア イ ウ エ	問61	ア イ ウ エ
問2	ア イ ウ エ	問32	ア イ ウ エ	問62	ア イ ウ エ
問3	ア イ ウ エ	問33	ア イ ウ エ	問63	ア イ ウ エ
問4	ア イ ウ エ	問34	ア イ ウ エ	問64	ア イ ウ エ
問5	ア イ ウ エ	問35	ア イ ウ エ	問65	ア イ ウ エ
問6	ア イ ウ エ	問36	ア イ ウ エ	問66	ア イ ウ エ
問7	ア イ ウ エ	問37	ア イ ウ エ	問67	ア イ ウ エ
問8	ア イ ウ エ	問38	ア イ ウ エ	問68	ア イ ウ エ
問9	ア イ ウ エ	問39	ア イ ウ エ	問69	ア イ ウ エ
問10	ア イ ウ エ	問40	ア イ ウ エ	問70	ア イ ウ エ
問11	ア イ ウ エ	問41	ア イ ウ エ	問71	ア イ ウ エ
問12	ア イ ウ エ	問42	ア イ ウ エ	問72	ア イ ウ エ
問13	ア イ ウ エ	問43	ア イ ウ エ	問73	ア イ ウ エ
問14	ア イ ウ エ	問44	ア イ ウ エ	問74	ア イ ウ エ
問15	ア イ ウ エ	問45	ア イ ウ エ	問75	ア イ ウ エ
問16	ア イ ウ エ	問46	ア イ ウ エ	問76	ア イ ウ エ
問17	ア イ ウ エ	問47	ア イ ウ エ	問77	ア イ ウ エ
問18	ア イ ウ エ	問48	ア イ ウ エ	問78	ア イ ウ エ
問19	ア イ ウ エ	問49	ア イ ウ エ	問79	ア イ ウ エ
問20	ア イ ウ エ	問50	ア イ ウ エ	問80	ア イ ウ エ
問21	ア イ ウ エ	問51	ア イ ウ エ		
問22	ア イ ウ エ	問52	ア イ ウ エ		
問23	ア イ ウ エ	問53	ア イ ウ エ		
問24	ア イ ウ エ	問54	ア イ ウ エ		
問25	ア イ ウ エ	問55	ア イ ウ エ		
問26	ア イ ウ エ	問56	ア イ ウ エ		
問27	ア イ ウ エ	問57	ア イ ウ エ		
問28	ア イ ウ エ	問58	ア イ ウ エ		
問29	ア イ ウ エ	問59	ア イ ウ エ		
問30	ア イ ウ エ	問60	ア イ ウ エ		

受 験 番 号									
A	P				ー				

生年月日		
年	月	日

選択欄	必須	4問選択									
	問1	問2	問3	問4	問5	問6	問7	問8	問9	問10	問11

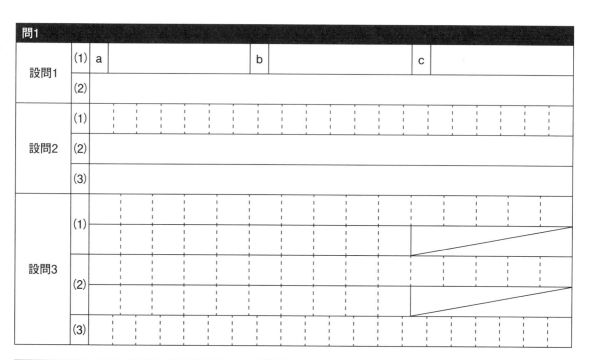

問1

設問1	(1)	a		b		c	
	(2)						
設問2	(1)						
	(2)						
	(3)						
設問3	(1)						
	(2)						
	(3)						

問2

設問1	(1)	強み	
		機会	
	(2)		
設問2	(1)		
	(2)	a	
設問3	(1)	b	c
	(2)	d	
設問4	(1)		
	(2)	e	f

問3

設問1	(1)		
	(2)	ア	
設問2		イ	
		ウ	
		エ	
設問3		オ	
設問4	(1)	カ	
	(2)	キ	ク

問4

設問1	(1)	a	b	c
	(2)			
設問2	(1)			
	(2)	d	e	
設問3	(1)			
	(2)	f		
	(3)			

問5

設問1		a	b	c
設問2	(1)			
	(2)	d		
	(3)	e		
設問3	(1)			
	(2)	f	g	
	(3)			

問6

設問1	a		b	
	c		d	
	e		f	

設問2	

設問3	j	
	k	
	l	
	m	

問7

設問1	(1)	(a)	
		(b)	ミリ秒
	(2)		

設問2	(1)	a		b	
	(2)	c		d	

設問3	(1)	e		f	
		g		h	
	(2)		

問8

設問1	(1)	下線①		下線②	
	(2)	a			
	(3)	b			
設問2					
設問3	(1)				
	(2)	c			
	(3)				

問9

設問1	a	
設問2	(1)	
	(2)	b
設問3	(1)	c
	(2)	項番	
		期待値	万円
設問4		

問10

設問1			
設問2	a		
	作業内容		
設問3	(1)	b　　　　　c　　　　　d	
	(2)	項番	
		内容	
		根拠	

問11

設問1	a	
	b	
設問2	c	
設問3	d	
	e	
設問4	f	
	g	
設問5	h	

マークの記入方法　● | 悪いマーク例　[悪いマーク例図]

受験番号

A　P　　　　　－

0 0 0 　 0 0 0 0
1 1 1 　 1 1 1 1
2 2 2 　 2 2 2 2
3 3 3 　 3 3 3 3
4 4 4 　 4 4 4 4
5 5 5 　 5 5 5 5
6 6 6 　 6 6 6 6
7 7 7 　 7 7 7 7
8 8 8 　 8 8 8 8
9 9 9 　 9 9 9 9

生年月日

	年		月		日

19　0 0 0 0 0 0
20　1 1 1 1 1 1
　 2 2 2 2 2
　 3 3 3 3 3
　 4 4 4 4
　 5 5 5 5
　 6 6 6 6
　 7 7 7 7
　 8 8 8 8
　 9 9 9 9

問	解答欄	問	解答欄	問	解答欄
問1	ア イ ウ エ	問31	ア イ ウ エ	問61	ア イ ウ エ
問2	ア イ ウ エ	問32	ア イ ウ エ	問62	ア イ ウ エ
問3	ア イ ウ エ	問33	ア イ ウ エ	問63	ア イ ウ エ
問4	ア イ ウ エ	問34	ア イ ウ エ	問64	ア イ ウ エ
問5	ア イ ウ エ	問35	ア イ ウ エ	問65	ア イ ウ エ
問6	ア イ ウ エ	問36	ア イ ウ エ	問66	ア イ ウ エ
問7	ア イ ウ エ	問37	ア イ ウ エ	問67	ア イ ウ エ
問8	ア イ ウ エ	問38	ア イ ウ エ	問68	ア イ ウ エ
問9	ア イ ウ エ	問39	ア イ ウ エ	問69	ア イ ウ エ
問10	ア イ ウ エ	問40	ア イ ウ エ	問70	ア イ ウ エ
問11	ア イ ウ エ	問41	ア イ ウ エ	問71	ア イ ウ エ
問12	ア イ ウ エ	問42	ア イ ウ エ	問72	ア イ ウ エ
問13	ア イ ウ エ	問43	ア イ ウ エ	問73	ア イ ウ エ
問14	ア イ ウ エ	問44	ア イ ウ エ	問74	ア イ ウ エ
問15	ア イ ウ エ	問45	ア イ ウ エ	問75	ア イ ウ エ
問16	ア イ ウ エ	問46	ア イ ウ エ	問76	ア イ ウ エ
問17	ア イ ウ エ	問47	ア イ ウ エ	問77	ア イ ウ エ
問18	ア イ ウ エ	問48	ア イ ウ エ	問78	ア イ ウ エ
問19	ア イ ウ エ	問49	ア イ ウ エ	問79	ア イ ウ エ
問20	ア イ ウ エ	問50	ア イ ウ エ	問80	ア イ ウ エ
問21	ア イ ウ エ	問51	ア イ ウ エ		
問22	ア イ ウ エ	問52	ア イ ウ エ		
問23	ア イ ウ エ	問53	ア イ ウ エ		
問24	ア イ ウ エ	問54	ア イ ウ エ		
問25	ア イ ウ エ	問55	ア イ ウ エ		
問26	ア イ ウ エ	問56	ア イ ウ エ		
問27	ア イ ウ エ	問57	ア イ ウ エ		
問28	ア イ ウ エ	問58	ア イ ウ エ		
問29	ア イ ウ エ	問59	ア イ ウ エ		
問30	ア イ ウ エ	問60	ア イ ウ エ		

	受　験　番　号								
A	P					－			

生年月日						
年				月		日

選択欄	必須	4問選択									
	問1	問2	問3	問4	問5	問6	問7	問8	問9	問10	問11

問1

設問1	a	
設問2	b	
設問3		
設問4	(1)	
	(2)	
	(3)	c
	(4)	d
	(5)	

問2

設問1	(1)	
	(2)	
設問2	(1)	
	(2)	a　　　　　b
	(3)	
設問3	(1)	
	(2)	

問3

設問1	ア	
	イ	
	ウ	
	エ	
設問2	オ	
	カ	
	キ	
	ク	
	ケ	

設問3

| | 処理A | |
| | 処理B | |

問4

設問1	a	b
	c	
設問2	(1)	
	(2)	d
	(3)	
設問3	e	f	g
設問4	(1)	h
	(2)	

問5

設問1	(1)	宛先IPアドレスが示す，NPC，機器又はサーバ名				
		送信元IPアドレスが示す，NPC，機器又はサーバ名				
	(2)					
	(3)	a			b	
		c				
設問2						
設問3	(1)					
	(2)	d			e	

問6

設問1	(1)	a			b	
		c				
	(2)	d				
	(3)					
設問2	e					
設問3	f					
	g					
設問4	下線②			下線③		

問7

設問1						
設問2		秒				
設問3	(1)	S1			S2	
	(2)	a			b	
	(3)	c				
設問4	(1)					
	(2)	d			e	
	(3)	f				

問8

設問1	(1)				
	(2)	発車日		発車時刻	
		統合便コード		空席数	
設問2					
設問3					
設問4	a				
	b				
設問5					

問9

設問1	(1)	
	(2)	
設問2	(1)	
	(2)	a ⬚ b ⬚
設問3	(1)	
	(2)	
	(3)	

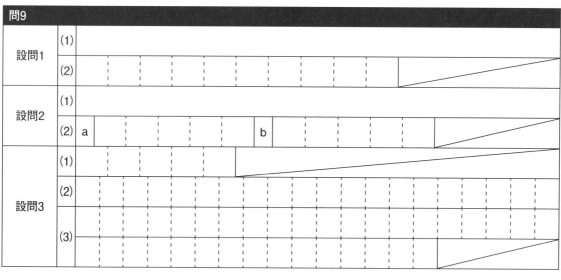

問10

設問1	a ⬚ b ⬚
設問2	(1)
	(2)
設問3	(1)
	(2) c ⬚
	(3)

問11

設問1	a	
	b	
設問2		
設問3	c	
	d	
設問3	e ⬚ f ⬚ g ⬚ h ⬚

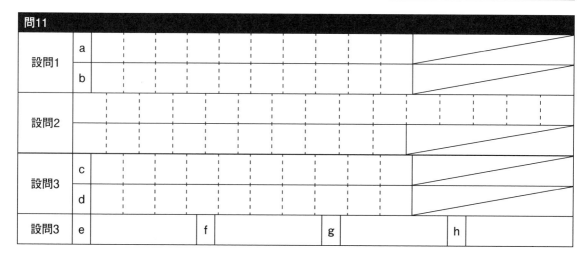

マークの記入方法　●

悪いマーク例　●　うすい

受　験　番　号									
A	P					－				

生年月日			
	年	月	日

受験番号欄の数字：0 1 2 3 4 5 6 7 8 9

生年月日欄：19 20、数字 0 1 2 3 4 5 6 7 8 9

問	解答欄				問	解答欄				問	解答欄			
問1	ア	イ	ウ	エ	問31	ア	イ	ウ	エ	問61	ア	イ	ウ	エ
問2	ア	イ	ウ	エ	問32	ア	イ	ウ	エ	問62	ア	イ	ウ	エ
問3	ア	イ	ウ	エ	問33	ア	イ	ウ	エ	問63	ア	イ	ウ	エ
問4	ア	イ	ウ	エ	問34	ア	イ	ウ	エ	問64	ア	イ	ウ	エ
問5	ア	イ	ウ	エ	問35	ア	イ	ウ	エ	問65	ア	イ	ウ	エ
問6	ア	イ	ウ	エ	問36	ア	イ	ウ	エ	問66	ア	イ	ウ	エ
問7	ア	イ	ウ	エ	問37	ア	イ	ウ	エ	問67	ア	イ	ウ	エ
問8	ア	イ	ウ	エ	問38	ア	イ	ウ	エ	問68	ア	イ	ウ	エ
問9	ア	イ	ウ	エ	問39	ア	イ	ウ	エ	問69	ア	イ	ウ	エ
問10	ア	イ	ウ	エ	問40	ア	イ	ウ	エ	問70	ア	イ	ウ	エ
問11	ア	イ	ウ	エ	問41	ア	イ	ウ	エ	問71	ア	イ	ウ	エ
問12	ア	イ	ウ	エ	問42	ア	イ	ウ	エ	問72	ア	イ	ウ	エ
問13	ア	イ	ウ	エ	問43	ア	イ	ウ	エ	問73	ア	イ	ウ	エ
問14	ア	イ	ウ	エ	問44	ア	イ	ウ	エ	問74	ア	イ	ウ	エ
問15	ア	イ	ウ	エ	問45	ア	イ	ウ	エ	問75	ア	イ	ウ	エ
問16	ア	イ	ウ	エ	問46	ア	イ	ウ	エ	問76	ア	イ	ウ	エ
問17	ア	イ	ウ	エ	問47	ア	イ	ウ	エ	問77	ア	イ	ウ	エ
問18	ア	イ	ウ	エ	問48	ア	イ	ウ	エ	問78	ア	イ	ウ	エ
問19	ア	イ	ウ	エ	問49	ア	イ	ウ	エ	問79	ア	イ	ウ	エ
問20	ア	イ	ウ	エ	問50	ア	イ	ウ	エ	問80	ア	イ	ウ	エ
問21	ア	イ	ウ	エ	問51	ア	イ	ウ	エ					
問22	ア	イ	ウ	エ	問52	ア	イ	ウ	エ					
問23	ア	イ	ウ	エ	問53	ア	イ	ウ	エ					
問24	ア	イ	ウ	エ	問54	ア	イ	ウ	エ					
問25	ア	イ	ウ	エ	問55	ア	イ	ウ	エ					
問26	ア	イ	ウ	エ	問56	ア	イ	ウ	エ					
問27	ア	イ	ウ	エ	問57	ア	イ	ウ	エ					
問28	ア	イ	ウ	エ	問58	ア	イ	ウ	エ					
問29	ア	イ	ウ	エ	問59	ア	イ	ウ	エ					
問30	ア	イ	ウ	エ	問60	ア	イ	ウ	エ					

受 験 番 号								
A	P				―				

生年月日		
年	月	日

選択欄	必須	4問選択									
	問1	問2	問3	問4	問5	問6	問7	問8	問9	問10	問11

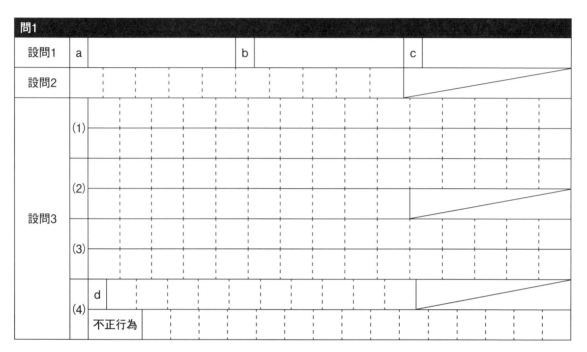

問1

設問1	a		b		c	

設問2

設問3
(1)
(2)
(3)
(4) d
不正行為

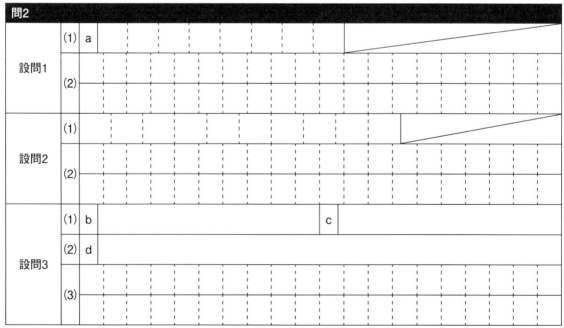

問2

設問1
(1) a
(2)

設問2
(1)
(2)

設問3
(1) b c
(2) d
(3)

問3

設問1	ア	
	イ	
	ウ	
	エ	
設問2		
設問3		
設問4		

問4

設問1	a		b	
	c		d	
設問2	(1)	e	
	(2)	
	(3)	

問5

設問1	a		b	
設問2	(1)	
	(2)	
設問3	(1)	c	
	(2)	
設問4	(1)	d	
	(2)	e		f	
	(3)	ポートID	
		変更内容	

問6

設問1	a		b		c	

設問2	(1)	d	
		e	
		f	
	(2)		

設問3	g	
	h	

設問4	(1)	
	(2)	

問7

設問1	(1)	
	(2)	

設問2	(1)	Gバイト
	(2)	

設問3	(1)	a		b			
	(2)	c		d		e		f	

問8

設問1	a		
設問2	(1)	b	
	(2)		
	(3)	c	d
設問3	(1)		
	(2)		
設問4	(1)		
	(2)		

問9

設問1	(1)	a	
	(2)		
設問2	(1)		
	(2)	b	c
設問3	(1)		
	(2)	d	

問10

設問1	(1)		
	(2)	a	
設問2	(1)		
	(2)	費用負担方法	
		b	
	(3)		
	(4)		
設問3		c	

問11

設問1		a	
設問2		b	
設問3		c	
設問4	(1)	d	
	(2)	e	
設問5		f	
設問6		g	

PDF配布サービス

過去問題・解説ダウンロードサービスについて

　本書に記載されていない「平成22年度春期」から「令和3年度春期」までの計22回分の問題・解説をPDFファイルにまとめました。以下のWebサイト（本書のサポートページ）にアクセスし，ダウンロードしてご利用ください。

https://gihyo.jp/book/2023/978-4-297-13521-8/support

　なお，QRコードからアクセスした場合は，開いたページからさらに「本書のサポートページ」をタップしてページを移動してください。

　ファイルをダウンロードする際は，以下に記載したアクセスIDと，パスワードが必要になります。また，ダウンロードしたPDFファイルを開く際にもこちらのパスワードが必要となります。

アクセスID	R05aAPPL
パスワード	aBD3wkpN

　※令和2年度春期試験は，新型コロナウイルス感染症対策のため，実施されませんでした。したがって，本PDF配布サービスにも収録されておりません。

◖◗ ダウンロード期限について

　本サービスは，2024年2月29日まで利用可能です。なおこの期間は，予告なく変更になることがあります。

◖◗ その他注意事項

　PDFファイルについて，一般的な環境においては特に問題のないことを確認しておりますが，万一障害が発生し，その結果いかなる損害が生じたとしても，小社および著者は責任を負いかねます。必ずご自身の判断と責任においてご利用ください。

　PDFファイルは，著作権法上の保護を受けています。収録されているファイルの一部，あるいは全部について，いかなる方法においても無断で複写，複製，再配布することは禁じられています。

■著者略歴
【午前問題：解答・解説の執筆】
加藤 昭（かとう・あきら）
　　オフィス ケイト
高見澤秀幸（たかみざわ・ひでゆき）
　　秀明大学 英語情報マネジメント学部 IT教育センター 准教授
　　情報処理技術者（アプリケーションエンジニア）
【午後問題：解答・解説の執筆】
矢野龍王（やの・りゅうおう）
　　情報処理技術者（第1種，ネットワークスペシャリスト，プロジェクトマネージャ，システム監査技術者）
　　著書「3週間完全マスター 情報セキュリティアドミニストレータ」（共著：日経BP社）他

◆表紙デザイン　小島トシノブ（NONdesign）
◆DTP　　　　　株式会社トップスタジオ

令和05年【秋期】応用情報技術者
パーフェクトラーニング過去問題集

2009年 2 月 1 日　初　版　第 1 刷発行
2023年 7 月 4 日　第29版　第 1 刷発行

著　者　加藤 昭，高見澤秀幸，矢野龍王
発行者　片岡 巖
発行所　株式会社技術評論社
　　　　東京都新宿区市谷左内町21-13
　　　　電話　03-3513-6150　販売促進部
　　　　　　　03-3513-6166　書籍編集部
印刷／製本　昭和情報プロセス株式会社

定価は表紙に表示してあります。

ISBN978-4-297-13521-8　C3055
Printed in Japan

■お問い合わせについて
　本書に関するご質問は、FAXや書面にてお願いいたします。電話によるお問い合わせには一切お答えできませんのであらかじめご了承ください。また、下記の弊社Webサイトでも質問用フォームを用意しておりますのでご利用ください。
　ご質問の際には、書籍名と質問される該当ページ、返信先を明記してください。e-mailをお使いの方は、メールアドレスの併記をお願いいたします。ご質問は本書に記載されている内容に関するもののみとさせていただきます。
　なお、ご質問の際に記載いただいた個人情報は回答以外の目的には使用いたしません。また、回答後は速やかに削除させていただきます。

■お問い合わせ先
〒162-0846　東京都新宿区市谷左内町21-13
株式会社技術評論社　書籍編集部
「令和05年【秋期】応用情報技術者
　　　パーフェクトラーニング過去問題集」係
FAX番号　　　：03-3513-6183
技術評論社Web：https://gihyo.jp/book/